黑龙江省农垦九三管理局地处美丽的小兴安岭南麓、松嫩平原西北部，素有"中国绿色大豆之都"的美誉。近年来，九三管理局以建设"中国大豆食品专用原料生产基地"为依托，加快大豆全产业链发展，把大豆精深加工业作为经济发展的第一支柱产业，推动产业向价值链中高端迈进。

持续"绿化"九三大豆品质塑造。好大豆生长于好土地。在充分挖掘"中国原生大豆种植标准化示范区""国家高油高蛋白大豆种植标准化示范区"等自然禀赋基础上，大力推进绿色生产和标准化生产；加大"三品一标"认证，强化"九三大豆"品牌保护力度；坚持用养结合，强化黑土地保护性耕作，确保黑土地不减少、不退化，提升耕地地力。目前全局绿色食品大豆种植认证面积达到9.67万公顷，有机食品大豆种植认证面积达到1.45万公顷。

持续"优化"九三大豆品种结构。好销路源自好品种。以市场需求和消费结构变化为导向，管理局在全省率先推行大豆专品种种植，100%实现了单品种种植、单品种收获、单品种贮藏。豆浆豆、芽豆、高脂肪大豆、高蛋白大豆、无腥味大豆等专品种在近百种区域可种植的大豆品种中脱颖而出，在九三大地落地生根，成为禹王、祖名、上海清美、达利集团等30余家企业的专用原料。

持续"强化"九三大豆品牌影响。好品牌依赖于好宣传。九三管理局通过全力推广应用点对点、全生产过程可追溯展示、私人定制营销和众筹、拍卖等新商业模式，综合运用线上线下、代理商分销、联盟、联营等渠道，实现展会营销、互联网营销、品牌抱团营销、全员营销多点发力，九三大豆的市场空间和占有率不断拓展。

持续"六化"九三大豆产业方向。好产业得益于好定位。如今，"大豆品种专用化、大豆种植规模化、大豆生产标准化、大豆经营市场化、大豆发展产业化、大豆产业品牌化"的"六化"发展定位已成为九三大豆产业发展的总体目标，以专品种大豆、绿色腐竹、有机大豆油、休闲食品为主的大豆产业格局不断拓展，大豆就地加工年转化能力达12万吨，大豆精深加工业逐步成为经济发展的第一支柱产业，"九三大豆"也成为北大荒一张靓丽的"黄金名片"。

2013年，"黑龙江大豆（九三垦区）"成为国家地理标志保护产品。2017年，"九三大豆"获得国家农产品地理标志登记，被评为"中国百强农产品区域公用品牌"和"黑龙江省农产品地理标志十大区域品牌"。2018年，"九三大豆"成为黑龙江省唯一获得首届"中国农民丰收节"推荐的大豆品牌，并获得"2018全国绿色农业十大最具影响力地标品牌"荣誉称号。

静宁苹果 ®

　　静宁县位于甘肃省东部，地处黄土高原丘陵沟壑区，属暖温带半湿润半干旱气候，四季分明，降水均衡，是农业农村部划定的黄土高原苹果优势产区之一，是国家级扶贫开发工作重点县，也是全国苹果规模栽培第一县。苹果产业是静宁人民赖以脱贫致富的主导产业，是宣传推介静宁，实现农业增效、农民增收，提升县域经济综合实力，促进经济社会又好又快发展的靓丽名片。

　　静宁苹果个大、形正、色艳、香脆、多汁、甜酸比好，是行业公认全国最好吃的苹果之一。静宁苹果可溶性固形物含量14.0%～14.5%（国家标准为≥13%）；维生素C含量高（每100克检测值7.1毫克）；可滴定酸0.30%～0.34%；糖酸比36∶1；去皮硬度8千克/平方厘米；着色度80%以上；果实整齐，果面光洁、无污染；果型端正高桩、果顶圆形，果形指数0.85～0.95；果肉肉质细，致密，松脆，汁液多，风味独特，香气浓郁，口感好。

　　静宁苹果先后获得"中华名果"等16项国家级大奖、拥有中国驰名商标等9张国家级名片、荣获"中国苹果之乡"等9个国家级荣誉称号，2018年品牌价值评估达133.99亿元。静宁苹果以独特的品质和品牌备受国内外消费者青睐，已进入国内各主要大中城市，摆上了家乐福、沃尔玛等大型连锁超市的货架，出口到欧盟、俄罗斯、南美、东南亚等十多个国家和地区。

　　2019年，全县果园总面积102万亩，挂果果园面积达到76万亩，总产量88万吨，产值39.6亿元，农民人均从苹果产业中收益5 000元，占农民人均纯收入的80%以上。依靠果品产业增收，全县15万人稳定脱贫，苹果产业已真正成为富民强县、发展地方区域经济的主导产业。

甘肃省静宁县苹果产销协会
地址：甘肃省平凉市静宁县北环路51号
电话：0933-2381188，13993357519　联系人：徐武宏

中国福橙之乡

澄迈县

布赫

　　澄迈县位于海南省西北部，毗邻省会海口市，交通便利，区位优势明显。农业自然条件优越，气候温和，日照充足，资源丰富，土壤类型多为火山岩熔灰、玄武岩风化而成的红壤土，土层深厚，有机质和硒元素含量高，是海南省富硒土壤分布较集中、面积较大的市县之一。

　　澄迈福橙是多年生常绿灌木，喜温好光，最适宜生长温度20～30℃，对土壤的适应性广。果实圆大，皮色金黄，肉质橙红，味香清甘，口感爽津。其营养丰富，富含多种维生素和人体必需的铁、锌、钙、镁、硒等多种元素，属富硒农产品，硒元素含量0.02～0.07毫克/千克。

　　澄迈福橙先后被国家有关部门评为"中国十大名橙""中国国宴特供果品""全国最具特色产品"，澄迈县被授予"中国澄迈福橙之乡"称号。

2012年11月，获得国家工商行政管理总局中国地理标志证明商标；
2016年3月，获得农业部农产品地理标志登记；
2016年11月，获得第14届中国国际农产品交易会金奖；
2016年12月，获得海南冬交会最受欢迎十大品牌农产品；
2016年12月，获得海南省著名商标；
2017年12月，获得海南省十佳区域公用品牌；
2018年11月，获得第16届中国国际农产品交易会金奖；
2019年11月，入选中国农业品牌目录2019农产品区域公用品牌。

澄迈福橙科学研究所　澄迈福橙产销协会
地址：海南省澄迈县福山镇红旗坡
电话：0898-67585123

邳州白蒜

邳州是全国著名的大蒜之乡，迄今已有2000多年的种植历史。凭借着"好山、好水、好空气"，邳州白蒜誉满全球、香飘天下。全市常年种植大蒜60万亩左右、年产量70万吨以上，是首批国家级出口大蒜质量安全示范区、全国绿色食品原料标准化生产基地、国家级农业产业化示范基地、国家级外贸转型升级专业型示范基地；邳州大蒜产业园获批创建国家级现代农业产业园区。中国食品土畜进出口商会将国际大蒜峰会永久会址定于邳州。

近年来，邳州坚持把区域品牌培育作为促进大蒜产业高质量发展的关键举措，抓实抓好，邳州白蒜市场竞争力和美誉度不断攀升。2008年，邳州市大蒜协会成功注册"邳州白蒜"商标，品牌授权黎明食品、恒丰宝、天源蒜业、宏昌蒜业、宝蓝蒜业、家园商贸等19家企业使用。以农业产业化国家重点龙头企业徐州黎明食品公司为代表的大蒜企业，建成省级以上出口大蒜示范基地16个，商检备案基地1.73万公顷、GAP认证全覆盖。全市拥有大蒜中国驰名商标1个、中国名牌农产品1个、省名牌产品5个、省著名商标3个。2008年，邳州白蒜被认定为国家地理标志保护产品。

2015年，被江苏省工商行政管理局、新华日报社联合评定为2014江苏农产品和地理标志商标20强；同年，在中国品牌建设促进会、中央电视台联合举办的中国品牌价值评价信息发布会上，"邳州白蒜"以品牌强度791、品牌价值142亿元荣登地理标志保护产品区域品牌价值第24位。2017年，"邳州大蒜及其制品"成功获批为国家生态原产地保护产品；"邳州白蒜"荣获2017全国十佳蔬菜地标品牌、2017供给侧改革领军品牌。2018年，"邳州白蒜"荣获全国绿色农业十佳蔬菜地标品牌，并入编中国农业出版社出版的《中国绿色农业发展报告2018》品牌篇。

（江苏省邳州市农业农村局　吴　川）

中国绿色农业发展报告 2019

ZHONGGUO LÜSE NONGYE FAZHAN BAOGAO 2019

刘连馥　主编

中国农业出版社

北　京

中国绿色农业发展报告 2019
编 纂 委 员 会

顾　　问：马爱国　何　康　尹成杰　刘成果　路　明
　　　　　张延禧　韩德乾　张福锁　周明臣
主　　编：刘连馥
副 主 编：张华荣　葛祥书　罗　斌　孙君茂　杨志华
执行主编：路华卫
编　　委（以姓氏笔画排序）：

丁翔文　王　林　王大生　王锡禄　王蕴琦
申建波　付彦菊　冯建全　兰宝艳　毕文钢
朱建湘　任建生　刘　林　刘文举　刘永杰
刘志刚　许　稳　孙　辉　孙　辉（女）
孙玲玲　孙海波　李　岩　李　勇　杨天锦
杨朝晖　邱玉林　何　庆　宋　伟　宋国成
宋曾民　张　萌　张世荣　张江周　张志华
张逸先　张维谊　张鑫若　陆黎明　陆穗峰
林海丹　周乐峰　郑必昭　郑永利　胡军安
钟雨亭　祝宝林　耿以工　耿继光　高　熠
高继红　唐　伟　康升云　程晓东　满　润

前　言

　　2019年3月，由中国绿色农业联盟编纂、中国农业出版社出版的《中国绿色农业发展报告2018》正式出版发行。人民网、新华网、中经网、科技日报、农民日报、中华合作时报、中国市场监管报、世界农业、大公网、新浪、网易、搜狐等各大媒体及各地农业报刊网站，相继做了宣传报道。舆论普遍认为，《中国绿色农业发展报告2018》为中国农业的绿色发展搭建了一个很好的理论阵地和宣传平台，对推进各地农业供给侧结构性改革、助推乡村振兴战略实施，具有较强的指导作用和很高的参考价值。截至2019年10月底，《中国绿色农业发展报告2018》已发行到全国省级、地市级的农业农村主管部门，各大农业院校、科研院所，以及600多个重点农业县（市、区）、知名地标农产品产区，受到社会各界广泛好评。

　　为贯彻2019年中央1号文件精神，落实国家质量兴农战略规划要求，践行"绿水青山就是金山银山"理念，系统回顾总结近年来中国农业绿色发展中的政策变革、重要事件、理论创新和典型经验，集中展示我国现代农业领域重点地区、主要行业和优质品牌的发展成就，藉此推动乡村振兴事业发展，以优异成绩向中华人民共和国成立70周年献礼，中国绿色农业联盟联合中国农业出版社，自2019年6月起，开始编纂《中国绿色农业发展报告2019》。

　　《中国绿色农业发展报告2019》包括特载篇、综述篇、大事记、理论篇、行业篇、地区篇、机构和人物篇、品牌篇、案例篇及附录等10篇，全面反映了近年来特别是2018年各地绿色食品和绿色农业的发展成就、实践经验和理论成果、经典案例。该书更注重政策性、时效性和理论价值、指导作用，所选综述篇、理论篇文章基本代表了当前绿色农业研究的理论成果，忠实记述了新时代中国农业发展的辉煌成就，并为以后的发展指明了方向；地区篇、案例篇稿件则从不同的维度，客观再现了各地人民群众在绿色农业实践中的杰出创造和突出贡献；品牌篇文章丰富多彩，为我们呈现了绿色农业发展的累累硕果；特载、附录重点收录了国家层面与农业绿色发展有关的政策法规性文章，都是指导我们当前和以后一段时间工作的纲领性文献。

　　《中国绿色农业发展报告2019》的征稿工作得到了各地农业农村部门的大力支持和帮助。2019年7月11日，中国绿色食品发展中心再度专门发文给各省级绿色食品工作机构，协助组织地区篇稿件；全国20多个省份绿办（中心）的负责同志应约担任编委，并组织提供当地宣传稿件。在《中国绿色农业发展报告2019》的编纂工作中，马爱国、何康、尹成杰、刘成果、路明、张延禧、韩德乾、周明臣等领导同志应邀担任顾问，对编纂出版方案提出了很多很好的意见和建议；中国工程院院士张福锁教授专门撰稿《砥砺前行，探寻国家农业绿色发展道路》，极大地提升了该书的学术品位；张华荣、葛祥书、罗斌、孙君茂、杨志华等同志应约担任副主编，热情支持和参与了该书的编辑选稿工作。

　　《中国绿色农业发展报告2019》付梓之际，正值我们伟大的祖国70华诞。在此，谨向关心和支持该书编辑出版的社会各界人士表示感谢，并祝愿伟大祖国更加繁荣昌盛，祝愿我们的农业更强、农村更美、农民更富裕！

2019 年 11 月 26 日

目　　录

七、机构和人物篇 297

八、品牌篇 339

九、案例篇

十、附录 ——————————————————————— 489

一、特载篇

中共中央 国务院关于实施乡村振兴战略的意见①

(2018 年 1 月 2 日)

实施乡村振兴战略，是党的十九大作出的重大决策部署，是决胜全面建成小康社会、全面建设社会主义现代化国家的重大历史任务，是新时代"三农"工作的总抓手。现就实施乡村振兴战略提出如下意见。

一、新时代实施乡村振兴战略的重大意义

党的十八大以来，在以习近平同志为核心的党中央坚强领导下，我们坚持把解决好"三农"问题作为全党工作重中之重，持续加大强农惠农富农政策力度，扎实推进农业现代化和新农村建设，全面深化农村改革，农业农村发展取得了历史性成就，为党和国家事业全面开创新局面提供了重要支撑。5 年来，粮食生产能力跨上新台阶，农业供给侧结构性改革迈出新步伐，农民收入持续增长，农村民生全面改善，脱贫攻坚战取得决定性进展，农村生态文明建设显著加强，农民获得感显著提升，农村社会稳定和谐。农业农村发展取得的重大成就和"三农"工作积累的丰富经验，为实施乡村振兴战略奠定了良好基础。

农业农村农民问题是关系国计民生的根本性问题。没有农业农村的现代化，就没有国家的现代化。当前，我国发展不平衡不充分问题在乡村最为突出，主要表现在：农产品阶段性供过于求和供给不足并存，农业供给质量亟待提高；农民适应生产力发展和市场竞争的能力不足，新型职业农民队伍建设亟须加强；农村基础设施和民生领域欠账较多，农村环境和生态问题比较突出，乡村发展整体水平亟待提升；国家支农体系相对薄弱，农村金融改革任务繁重，城乡之间要素合理流动机制亟待健全；农村基层党建存在薄弱环节，乡村治理体系和治理能力亟待强化。实施乡村振兴战略，是解决人民日益增长的美好生活需要和不平衡不充分的发展之间矛盾的必然要求，是实现"两个一百年"奋斗目标的必然要求，是实现全体人民共同富裕的必然要求。

在中国特色社会主义新时代，乡村是一个可以大有作为的广阔天地，迎来了难得的发展机遇。我们有党的领导的政治优势，有社会主义的制度优势，有亿万农民的创造精神，有强大的经济实力支撑，有历史悠久的农耕文明，有旺盛的市场需求，完全有条件有能力实施乡村振兴战略。必须立足国情农情，顺势而为，切实增强责任感使命感紧迫感，举全党全国全社会之力，以更大的决心、更明确的目标、更有力的举措，推动农业全面升级、农村全面进步、农民全面发展，谱写新时代乡村全面振兴新篇章。

二、实施乡村振兴战略的总体要求

(一)指导思想。全面贯彻党的十九大精神，以习近平新时代中国特色社会主义思想为指导，加强党对"三农"工作的领导，坚持稳中求进工作总基调，牢固树立新发展理念，落实高质量发展的要求，紧紧围绕统筹推进"五位一体"总体布局和协调推进"四个全面"战略布局，坚持把解决好"三农"问题作为全党工作重中之重，坚持农业农村优先发展，按照产业兴旺、生态宜居、乡风文明、治理有效、生活富裕的总要求，建立健全城乡融合发展体制机制和政策体

---

① 资料来源：新华社网站，2018 年 2 月 4 日。

系，统筹推进农村经济建设、政治建设、文化建设、社会建设、生态文明建设和党的建设，加快推进乡村治理体系和治理能力现代化，加快推进农业农村现代化，走中国特色社会主义乡村振兴道路，让农业成为有奔头的产业，让农民成为有吸引力的职业，让农村成为安居乐业的美丽家园。

（二）目标任务。按照党的十九大提出的决胜全面建成小康社会、分两个阶段实现第二个百年奋斗目标的战略安排，实施乡村振兴战略的目标任务是：

到 2020 年，乡村振兴取得重要进展，制度框架和政策体系基本形成。农业综合生产能力稳步提升，农业供给体系质量明显提高，农村一二三产业融合发展水平进一步提升；农民增收渠道进一步拓宽，城乡居民生活水平差距持续缩小；现行标准下农村贫困人口实现脱贫，贫困县全部摘帽，解决区域性整体贫困；农村基础设施建设深入推进，农村人居环境明显改善，美丽宜居乡村建设扎实推进；城乡基本公共服务均等化水平进一步提高，城乡融合发展体制机制初步建立；农村对人才吸引力逐步增强；农村生态环境明显好转，农业生态服务能力进一步提高；以党组织为核心的农村基层组织建设进一步加强，乡村治理体系进一步完善；党的农村工作领导体制机制进一步健全；各地区各部门推进乡村振兴的思路举措得以确立。

到 2035 年，乡村振兴取得决定性进展，农业农村现代化基本实现。农业结构得到根本性改善，农民就业质量显著提高，相对贫困进一步缓解，共同富裕迈出坚实步伐；城乡基本公共服务均等化基本实现，城乡融合发展体制机制更加完善；乡风文明达到新高度，乡村治理体系更加完善；农村生态环境根本好转，美丽宜居乡村基本实现。

到 2050 年，乡村全面振兴，农业强、农村美、农民富全面实现。

（三）基本原则

——坚持党管农村工作。毫不动摇地坚持和加强党对农村工作的领导，健全党管农村工作领导体制机制和党内法规，确保党在农村工作中始终总揽全局、协调各方，为乡村振兴提供坚强有力的政治保障。

——坚持农业农村优先发展。把实现乡村振兴作为全党的共同意志、共同行动，做到认识统一、步调一致，在干部配备上优先考虑，在要素配置上优先满足，在资金投入上优先保障，在公共服务上优先安排，加快补齐农业农村短板。

——坚持农民主体地位。充分尊重农民意愿，切实发挥农民在乡村振兴中的主体作用，调动亿万农民的积极性、主动性、创造性，把维护农民群众根本利益、促进农民共同富裕作为出发点和落脚点，促进农民持续增收，不断提升农民的获得感、幸福感、安全感。

——坚持乡村全面振兴。准确把握乡村振兴的科学内涵，挖掘乡村多种功能和价值，统筹谋划农村经济建设、政治建设、文化建设、社会建设、生态文明建设和党的建设，注重协同性、关联性，整体部署，协调推进。

——坚持城乡融合发展。坚决破除体制机制弊端，使市场在资源配置中起决定性作用，更好发挥政府作用，推动城乡要素自由流动、平等交换，推动新型工业化、信息化、城镇化、农业现代化同步发展，加快形成工农互促、城乡互补、全面融合、共同繁荣的新型工农城乡关系。

——坚持人与自然和谐共生。牢固树立和践行绿水青山就是金山银山的理念，落实节约优先、保护优先、自然恢复为主的方针，统筹山水林田湖草系统治理，严守生态保护红线，以绿色发展引领乡村振兴。

——坚持因地制宜、循序渐进。科学把握乡村的差异性和发展走势分化特征，做好顶层设计，注重规划先行、突出重点、分类施策、典型引路。既尽力而为，又量力而行，不搞层层加码，不搞一刀切，不搞形式主义，久久为功，扎实推进。

三、提升农业发展质量，培育乡村发展新动能

乡村振兴，产业兴旺是重点。必须坚持质量兴农、绿色兴农，以农业供给侧结构性改革为主线，加快构建现代农业产业体系、生产体系、经营体系，提高农业创新力、竞争力和全要素生产率，加快实现由农业大国向农业强国转变。

（一）夯实农业生产能力基础。深入实施藏粮于地、藏粮于技战略，严守耕地红线，确保国家粮食安全，把中国人的饭碗牢牢端在自己手中。全面落实永久基本农田特殊保护制度，加快划定和建设粮食生产功能区、重要农产品生产保护区，完善支持政策。大规模推进农村土地整治和高标准农田建设，稳步提升耕地质量，强化监督考核和地方政府责任。加强农田水利建设，提高抗旱防洪除涝能力。实施国家农业节水行动，加快灌区续建配套与现代化改造，推进小型农田水利设施达标提质，建设一批重大高效节水灌溉工程。加快建设国家农业科技创新体系，加强面向全行业的科技创新基地建设。深化农业科技成果转化和推广应用改革。加快发展现代农作物、畜禽、水产、林木种业，提升自主创新能力。高标准建设国家南繁育种基地。推进我国农机装备产业转型升级，加强科研机构、设备制造企业联合攻关，进一步提高大宗农作物机械国产化水平，加快研发经济作物、养殖业、丘陵山区农林机械，发展高端农机装备制造。优化农业从业者结构，加快建设知识型、技能型、创新型农业经营者队伍。大力发展数字农业，实施智慧农业林业水利工程，推进物联网试验示范和遥感技术应用。

（二）实施质量兴农战略。制定和实施国家质量兴农战略规划，建立健全质量兴农评价体系、政策体系、工作体系和考核体系。深入推进农业绿色化、优质化、特色化、品牌化，调整优化农业生产力布局，推动农业由增产导向转向提质导向。推进特色农产品优势区创建，建设现代农业产业园、农业科技园。实施产业兴村强县行动，推行标准化生产，培育农产品品牌，保护地理标志农产品，打造一村一品、一县一业发展新格局。加快发展现代高效林业，实施兴林富民行动，推进森林生态标志产品建设工程。加强植物病虫害、动物疫病防控体系建设。优化养殖业空间布局，大力发展绿色生态健康养殖，做大做强民族奶业。统筹海洋渔业资源开发，科学布局近远海养殖和远洋渔业，建设现代化海洋牧场。建立产学研融合的农业科技创新联盟，加强农业绿色生态、提质增效技术研发应用。切实发挥农垦在质量兴农中的带动引领作用。实施食品安全战略，完善农产品质量和食品安全标准体系，加强农业投入品和农产品质量安全追溯体系建设，健全农产品质量和食品安全监管体制，重点提高基层监管能力。

（三）构建农村一二三产业融合发展体系。大力开发农业多种功能，延长产业链、提升价值链、完善利益链，通过保底分红、股份合作、利润返还等多种形式，让农民合理分享全产业链增值收益。实施农产品加工业提升行动，鼓励企业兼并重组，淘汰落后产能，支持主产区农产品就地加工转化增值。重点解决农产品销售中的突出问题，加强农产品产后分级、包装、营销，建设现代化农产品冷链仓储物流体系，打造农产品销售公共服务平台，支持供销、邮政及各类企业把服务网点延伸到乡村，健全农产品产销稳定衔接机制，大力建设具有广泛性的促进农村电子商务发展的基础设施，鼓励支持各类市场主体创新发展基于互联网的新型农业产业模式，深入实施电子商务进农村综合示范，加快推进农村流通现代化。实施休闲农业和乡村旅游精品工程，建设一批设施完备、功能多样的休闲观光园区、森林人家、康养基地、乡村民宿、特色小镇。对利用闲置农房发展民宿、养老等项目，研究出台消防、特种行业经营等领域便利市场准入、加强事中事后监管的管理办法。发展乡村共享经济、创意农业、特色文化产业。

（四）构建农业对外开放新格局。优化资源配置，着力节本增效，提高我国农产品国际竞争力。实施特色优势农产品出口提升行动，扩大高附加值农产品出口。建立健全我国农业贸易政策体系。深化与"一带一路"沿线国家和地区农产品贸易关系。积极支持农业走出去，培育具有国际竞争力

的大粮商和农业企业集团。积极参与全球粮食安全治理和农业贸易规则制定，促进形成更加公平合理的农业国际贸易秩序。进一步加大农产品反走私综合治理力度。

（五）促进小农户和现代农业发展有机衔接。统筹兼顾培育新型农业经营主体和扶持小农户，采取有针对性的措施，把小农生产引入现代农业发展轨道。培育各类专业化市场化服务组织，推进农业生产全程社会化服务，帮助小农户节本增效。发展多样化的联合与合作，提升小农户组织化程度。注重发挥新型农业经营主体带动作用，打造区域公用品牌，开展农超对接、农社对接，帮助小农户对接市场。扶持小农户发展生态农业、设施农业、体验农业、定制农业，提高产品档次和附加值，拓展增收空间。改善小农户生产设施条件，提升小农户抗风险能力。研究制定扶持小农生产的政策意见。

四、推进乡村绿色发展，打造人与自然和谐共生发展新格局

乡村振兴，生态宜居是关键。良好生态环境是农村最大优势和宝贵财富。必须尊重自然、顺应自然、保护自然，推动乡村自然资本加快增值，实现百姓富、生态美的统一。

（一）统筹山水林田湖草系统治理。把山水林田湖草作为一个生命共同体，进行统一保护、统一修复。实施重要生态系统保护和修复工程。健全耕地草原森林河流湖泊休养生息制度，分类有序退出超载的边际产能。扩大耕地轮作休耕制度试点。科学划定江河湖海限捕、禁捕区域，健全水生生态保护修复制度。实行水资源消耗总量和强度双控行动。开展河湖水系连通和农村河塘清淤整治，全面推行河长制、湖长制。加大农业水价综合改革工作力度。开展国土绿化行动，推进荒漠化、石漠化、水土流失综合治理。强化湿地保护和恢复，继续开展退耕还湿。完善天然林保护制度，把所有天然林都纳入保护范围。扩大退耕还林还草、退牧还草，建立成果巩固长效机制。继续实施三北防护林体系建设等林业重点工程，实施森林质量精准提升工程。继续实施草原生态保护补助奖励政策。实施生物多样性保护重大工程，有效防范外来生物入侵。

（二）加强农村突出环境问题综合治理。加强农业面源污染防治，开展农业绿色发展行动，实现投入品减量化、生产清洁化、废弃物资源化、产业模式生态化。推进有机肥替代化肥、畜禽粪污处理、农作物秸秆综合利用、废弃农膜回收、病虫害绿色防控。加强农村水环境治理和农村饮用水水源保护，实施农村生态清洁小流域建设。扩大华北地下水超采区综合治理范围。推进重金属污染耕地防控和修复，开展土壤污染治理与修复技术应用试点，加大东北黑土地保护力度。实施流域环境和近岸海域综合治理。严禁工业和城镇污染向农业农村转移。加强农村环境监管能力建设，落实县乡两级农村环境保护主体责任。

（三）建立市场化多元化生态补偿机制。落实农业功能区制度，加大重点生态功能区转移支付力度，完善生态保护成效与资金分配挂钩的激励约束机制。鼓励地方在重点生态区位推行商品林赎买制度。健全地区间、流域上下游之间横向生态保护补偿机制，探索建立生态产品购买、森林碳汇等市场化补偿制度。建立长江流域重点水域禁捕补偿制度。推行生态建设和保护以工代赈做法，提供更多生态公益岗位。

（四）增加农业生态产品和服务供给。正确处理开发与保护的关系，运用现代科技和管理手段，将乡村生态优势转化为发展生态经济的优势，提供更多更好的绿色生态产品和服务，促进生态和经济良性循环。加快发展森林草原旅游、河湖湿地观光、冰雪海上运动、野生动物驯养观赏等产业，积极开发观光农业、游憩休闲、健康养生、生态教育等服务。创建一批特色生态旅游示范村镇和精品线路，打造绿色生态环保的乡村生态旅游产业链。

五、繁荣兴盛农村文化，焕发乡风文明新气象

乡村振兴，乡风文明是保障。必须坚持物质文明和精神文明一起抓，提升农民精神风貌，培育

文明乡风、良好家风、淳朴民风，不断提高乡村社会文明程度。

（一）加强农村思想道德建设。以社会主义核心价值观为引领，坚持教育引导、实践养成、制度保障三管齐下，采取符合农村特点的有效方式，深化中国特色社会主义和中国梦宣传教育，大力弘扬民族精神和时代精神。加强爱国主义、集体主义、社会主义教育，深化民族团结进步教育，加强农村思想文化阵地建设。深入实施公民道德建设工程，挖掘农村传统道德教育资源，推进社会公德、职业道德、家庭美德、个人品德建设。推进诚信建设，强化农民的社会责任意识、规则意识、集体意识、主人翁意识。

（二）传承发展提升农村优秀传统文化。立足乡村文明，吸取城市文明及外来文化优秀成果，在保护传承的基础上，创造性转化、创新性发展，不断赋予时代内涵、丰富表现形式。切实保护好优秀农耕文化遗产，推动优秀农耕文化遗产合理适度利用。深入挖掘农耕文化蕴含的优秀思想观念、人文精神、道德规范，充分发挥其在凝聚人心、教化群众、淳化民风中的重要作用。划定乡村建设的历史文化保护线，保护好文物古迹、传统村落、民族村寨、传统建筑、农业遗迹、灌溉工程遗产。支持农村地区优秀戏曲曲艺、少数民族文化、民间文化等传承发展。

（三）加强农村公共文化建设。按照有标准、有网络、有内容、有人才的要求，健全乡村公共文化服务体系。发挥县级公共文化机构辐射作用，推进基层综合性文化服务中心建设，实现乡村两级公共文化服务全覆盖，提升服务效能。深入推进文化惠民，公共文化资源要重点向乡村倾斜，提供更多更好的农村公共文化产品和服务。支持"三农"题材文艺创作生产，鼓励文艺工作者不断推出反映农民生产生活尤其是乡村振兴实践的优秀文艺作品，充分展示新时代农村农民的精神面貌。培育挖掘乡土文化本土人才，开展文化结对帮扶，引导社会各界人士投身乡村文化建设。活跃繁荣农村文化市场，丰富农村文化业态，加强农村文化市场监管。

（四）开展移风易俗行动。广泛开展文明村镇、星级文明户、文明家庭等群众性精神文明创建活动。遏制大操大办、厚葬薄养、人情攀比等陈规陋习。加强无神论宣传教育，丰富农民群众精神文化生活，抵制封建迷信活动。深化农村殡葬改革。加强农村科普工作，提高农民科学文化素养。

六、加强农村基层基础工作，构建乡村治理新体系

乡村振兴，治理有效是基础。必须把夯实基层基础作为固本之策，建立健全党委领导、政府负责、社会协同、公众参与、法治保障的现代乡村社会治理体制，坚持自治、法治、德治相结合，确保乡村社会充满活力、和谐有序。

（一）加强农村基层党组织建设。扎实推进抓党建促乡村振兴，突出政治功能，提升组织力，抓乡促村，把农村基层党组织建成坚强战斗堡垒。强化农村基层党组织领导核心地位，创新组织设置和活动方式，持续整顿软弱涣散村党组织，稳妥有序开展不合格党员处置工作，着力引导农村党员发挥先锋模范作用。建立选派第一书记工作长效机制，全面向贫困村、软弱涣散村和集体经济薄弱村党组织派出第一书记。实施农村带头人队伍整体优化提升行动，注重吸引高校毕业生、农民工、机关企事业单位优秀党员干部到村任职，选优配强村党组织书记。健全从优秀村党组织书记中选拔乡镇领导干部、考录乡镇机关公务员、招聘乡镇事业编制人员制度。加大在优秀青年农民中发展党员力度。建立农村党员定期培训制度。全面落实村级组织运转经费保障政策。推行村级小微权力清单制度，加大基层小微权力腐败惩处力度。严厉整治惠农补贴、集体资产管理、土地征收等领域侵害农民利益的不正之风和腐败问题。

（二）深化村民自治实践。坚持自治为基，加强农村群众性自治组织建设，健全和创新村党组织领导的充满活力的村民自治机制。推动村党组织书记通过选举担任村委会主任。发挥自治章程、村规民约的积极作用。全面建立健全村务监督委员会，推行村级事务阳光工程。依托村民会议、村民代表会议、村民议事会、村民理事会、村民监事会等，形成民事民议、民事民办、民事民管的多

层次基层协商格局。积极发挥新乡贤作用。推动乡村治理重心下移，尽可能把资源、服务、管理下放到基层。继续开展以村民小组或自然村为基本单元的村民自治试点工作。加强农村社区治理创新。创新基层管理体制机制，整合优化公共服务和行政审批职责，打造"一门式办理""一站式服务"的综合服务平台。在村庄普遍建立网上服务站点，逐步形成完善的乡村便民服务体系。大力培育服务性、公益性、互助性农村社会组织，积极发展农村社会工作和志愿服务。集中清理上级对村级组织考核评比多、创建达标多、检查督查多等突出问题。维护村民委员会、农村集体经济组织、农村合作经济组织的特别法人地位和权利。

（三）建设法治乡村。坚持法治为本，树立依法治理理念，强化法律在维护农民权益、规范市场运行、农业支持保护、生态环境治理、化解农村社会矛盾等方面的权威地位。增强基层干部法治观念、法治为民意识，将政府涉农各项工作纳入法治化轨道。深入推进综合行政执法改革向基层延伸，创新监管方式，推动执法队伍整合、执法力量下沉，提高执法能力和水平。建立健全乡村调解、县市仲裁、司法保障的农村土地承包经营纠纷调处机制。加大农村普法力度，提高农民法治素养，引导广大农民增强尊法学法守法用法意识。健全农村公共法律服务体系，加强对农民的法律援助和司法救助。

（四）提升乡村德治水平。深入挖掘乡村熟人社会蕴含的道德规范，结合时代要求进行创新，强化道德教化作用，引导农民向上向善、孝老爱亲、重义守信、勤俭持家。建立道德激励约束机制，引导农民自我管理、自我教育、自我服务、自我提高，实现家庭和睦、邻里和谐、干群融洽。广泛开展好媳妇、好儿女、好公婆等评选表彰活动，开展寻找最美乡村教师、医生、村官、家庭等活动。深入宣传道德模范、身边好人的典型事迹，弘扬真善美，传播正能量。

（五）建设平安乡村。健全落实社会治安综合治理领导责任制，大力推进农村社会治安防控体系建设，推动社会治安防控力量下沉。深入开展扫黑除恶专项斗争，严厉打击农村黑恶势力、宗族恶势力，严厉打击黄赌毒盗拐骗等违法犯罪。依法加大对农村非法宗教活动和境外渗透活动打击力度，依法制止利用宗教干预农村公共事务，继续整治农村乱建庙宇、滥塑宗教造像。完善县乡村三级综治中心功能和运行机制。健全农村公共安全体系，持续开展农村安全隐患治理。加强农村警务、消防、安全生产工作，坚决遏制重特大安全事故。探索以网格化管理为抓手、以现代信息技术为支撑，实现基层服务和管理精细化精准化。推进农村"雪亮工程"建设。

七、提高农村民生保障水平，塑造美丽乡村新风貌

乡村振兴，生活富裕是根本。要坚持人人尽责、人人享有，按照抓重点、补短板、强弱项的要求，围绕农民群众最关心最直接最现实的利益问题，一件事情接着一件事情办，一年接着一年干，把乡村建设成为幸福美丽新家园。

（一）优先发展农村教育事业。高度重视发展农村义务教育，推动建立以城带乡、整体推进、城乡一体、均衡发展的义务教育发展机制。全面改善薄弱学校基本办学条件，加强寄宿制学校建设。实施农村义务教育学生营养改善计划。发展农村学前教育。推进农村普及高中阶段教育，支持教育基础薄弱县普通高中建设，加强职业教育，逐步分类推进中等职业教育免除学杂费。健全学生资助制度，使绝大多数农村新增劳动力接受高中阶段教育、更多接受高等教育。把农村需要的人群纳入特殊教育体系。以市县为单位，推动优质学校辐射农村薄弱学校常态化。统筹配置城乡师资，并向乡村倾斜，建好建强乡村教师队伍。

（二）促进农村劳动力转移就业和农民增收。健全覆盖城乡的公共就业服务体系，大规模开展职业技能培训，促进农民工多渠道转移就业，提高就业质量。深化户籍制度改革，促进有条件、有意愿、在城镇有稳定就业和住所的农业转移人口在城镇有序落户，依法平等享受城镇公共服务。加强扶持引导服务，实施乡村就业创业促进行动，大力发展文化、科技、旅游、生态等乡村特色产

业，振兴传统工艺。培育一批家庭工场、手工作坊、乡村车间，鼓励在乡村地区兴办环境友好型企业，实现乡村经济多元化，提供更多就业岗位。拓宽农民增收渠道，鼓励农民勤劳守法致富，增加农村低收入者收入，扩大农村中等收入群体，保持农村居民收入增速快于城镇居民。

（三）推动农村基础设施提档升级。继续把基础设施建设重点放在农村，加快农村公路、供水、供气、环保、电网、物流、信息、广播电视等基础设施建设，推动城乡基础设施互联互通。以示范县为载体全面推进"四好农村路"建设，加快实施通村组硬化路建设。加大成品油消费税转移支付资金用于农村公路养护力度。推进节水供水重大水利工程，实施农村饮水安全巩固提升工程。加快新一轮农村电网改造升级，制定农村通动力电规划，推进农村可再生能源开发利用。实施数字乡村战略，做好整体规划设计，加快农村地区宽带网络和第四代移动通信网络覆盖步伐，开发适应"三农"特点的信息技术、产品、应用和服务，推动远程医疗、远程教育等应用普及，弥合城乡数字鸿沟。提升气象为农服务能力。加强农村防灾减灾救灾能力建设。抓紧研究提出深化农村公共基础设施管护体制改革指导意见。

（四）加强农村社会保障体系建设。完善统一的城乡居民基本医疗保险制度和大病保险制度，做好农民重特大疾病救助工作。巩固城乡居民医保全国异地就医联网直接结算。完善城乡居民基本养老保险制度，建立城乡居民基本养老保险待遇确定和基础养老金标准正常调整机制。统筹城乡社会救助体系，完善最低生活保障制度，做好农村社会救助兜底工作。将进城落户农业转移人口全部纳入城镇住房保障体系。构建多层次农村养老保障体系，创新多元化照料服务模式。健全农村留守儿童和妇女、老年人以及困境儿童关爱服务体系。加强和改善农村残疾人服务。

（五）推进健康乡村建设。强化农村公共卫生服务，加强慢性病综合防控，大力推进农村地区精神卫生、职业病和重大传染病防治。完善基本公共卫生服务项目补助政策，加强基层医疗卫生服务体系建设，支持乡镇卫生院和村卫生室改善条件。加强乡村中医药服务。开展和规范家庭医生签约服务，加强妇幼、老人、残疾人等重点人群健康服务。倡导优生优育。深入开展乡村爱国卫生运动。

（六）持续改善农村人居环境。实施农村人居环境整治三年行动计划，以农村垃圾、污水治理和村容村貌提升为主攻方向，整合各种资源，强化各种举措，稳步有序推进农村人居环境突出问题治理。坚持不懈推进农村"厕所革命"，大力开展农村户用卫生厕所建设和改造，同步实施粪污治理，加快实现农村无害化卫生厕所全覆盖，努力补齐影响农民群众生活品质的短板。总结推广适用不同地区的农村污水治理模式，加强技术支撑和指导。深入推进农村环境综合整治。推进北方地区农村散煤替代，有条件的地方有序推进煤改气、煤改电和新能源利用。逐步建立农村低收入群体安全住房保障机制。强化新建农房规划管控，加强"空心村"服务管理和改造。保护保留乡村风貌，开展田园建筑示范，培养乡村传统建筑名匠。实施乡村绿化行动，全面保护古树名木。持续推进宜居宜业的美丽乡村建设。

八、打好精准脱贫攻坚战，增强贫困群众获得感

乡村振兴，摆脱贫困是前提。必须坚持精准扶贫、精准脱贫，把提高脱贫质量放在首位，既不降低扶贫标准，也不吊高胃口，采取更加有力的举措、更加集中的支持、更加精细的工作，坚决打好精准脱贫这场对全面建成小康社会具有决定性意义的攻坚战。

（一）瞄准贫困人口精准帮扶。对有劳动能力的贫困人口，强化产业和就业扶持，着力做好产销衔接、劳务对接，实现稳定脱贫。有序推进易地扶贫搬迁，让搬迁群众搬得出、稳得住、能致富。对完全或部分丧失劳动能力的特殊贫困人口，综合实施保障性扶贫政策，确保病有所医、残有所助、生活有兜底。做好农村最低生活保障工作的动态化精细化管理，把符合条件的贫困人口全部纳入保障范围。

（二）聚焦深度贫困地区集中发力。全面改善贫困地区生产生活条件，确保实现贫困地区基本公共服务主要指标接近全国平均水平。以解决突出制约问题为重点，以重大扶贫工程和到村到户帮扶为抓手，加大政策倾斜和扶贫资金整合力度，着力改善深度贫困地区发展条件，增强贫困农户发展能力，重点攻克深度贫困地区脱贫任务。新增脱贫攻坚资金项目主要投向深度贫困地区，增加金融投入对深度贫困地区的支持，新增建设用地指标优先保障深度贫困地区发展用地需要。

（三）激发贫困人口内生动力。把扶贫同扶志、扶智结合起来，把救急纾困和内生脱贫结合起来，提升贫困群众发展生产和务工经商的基本技能，实现可持续稳固脱贫。引导贫困群众克服等靠要思想，逐步消除精神贫困。要打破贫困均衡，促进形成自强自立、争先脱贫的精神风貌。改进帮扶方式方法，更多采用生产奖补、劳务补助、以工代赈等机制，推动贫困群众通过自己的辛勤劳动脱贫致富。

（四）强化脱贫攻坚责任和监督。坚持中央统筹省负总责市县抓落实的工作机制，强化党政一把手负总责的责任制。强化县级党委作为全县脱贫攻坚总指挥部的关键作用，脱贫攻坚期内贫困县县级党政正职要保持稳定。开展扶贫领域腐败和作风问题专项治理，切实加强扶贫资金管理，对挪用和贪污扶贫款项的行为严惩不贷。将 2018 年作为脱贫攻坚作风建设年，集中力量解决突出作风问题。科学确定脱贫摘帽时间，对弄虚作假、搞数字脱贫的严肃查处。完善扶贫督查巡查、考核评估办法，除党中央、国务院统一部署外，各部门一律不准再组织其他检查考评。严格控制各地开展增加一线扶贫干部负担的各类检查考评，切实给基层减轻工作负担。关心爱护战斗在扶贫第一线的基层干部，制定激励政策，为他们工作生活排忧解难，保护和调动他们的工作积极性。做好实施乡村振兴战略与打好精准脱贫攻坚战的有机衔接。制定坚决打好精准脱贫攻坚战三年行动指导意见。研究提出持续减贫的意见。

九、推进体制机制创新，强化乡村振兴制度性供给

实施乡村振兴战略，必须把制度建设贯穿其中。要以完善产权制度和要素市场化配置为重点，激活主体、激活要素、激活市场，着力增强改革的系统性、整体性、协同性。

（一）巩固和完善农村基本经营制度。落实农村土地承包关系稳定并长久不变政策，衔接落实好第二轮土地承包到期后再延长 30 年的政策，让农民吃上长效"定心丸"。全面完成土地承包经营权确权登记颁证工作，实现承包土地信息联通共享。完善农村承包地"三权分置"制度，在依法保护集体土地所有权和农户承包权前提下，平等保护土地经营权。农村承包土地经营权可以依法向金融机构融资担保、入股从事农业产业化经营。实施新型农业经营主体培育工程，培育发展家庭农场、合作社、龙头企业、社会化服务组织和农业产业化联合体，发展多种形式适度规模经营。

（二）深化农村土地制度改革。系统总结农村土地征收、集体经营性建设用地入市、宅基地制度改革试点经验，逐步扩大试点，加快土地管理法修改，完善农村土地利用管理政策体系。扎实推进房地一体的农村集体建设用地和宅基地使用权确权登记颁证。完善农民闲置宅基地和闲置农房政策，探索宅基地所有权、资格权、使用权"三权分置"，落实宅基地集体所有权，保障宅基地农户资格权和农民房屋财产权，适度放活宅基地和农民房屋使用权，不得违规违法买卖宅基地，严格实行土地用途管制，严格禁止下乡利用农村宅基地建设别墅大院和私人会馆。在符合土地利用总体规划前提下，允许县级政府通过村土地利用规划，调整优化村庄用地布局，有效利用农村零星分散的存量建设用地；预留部分规划建设用地指标用于单独选址的农业设施和休闲旅游设施等建设。对利用收储农村闲置建设用地发展农村新产业新业态的，给予新增建设用地指标奖励。进一步完善设施农用地政策。

（三）深入推进农村集体产权制度改革。全面开展农村集体资产清产核资、集体成员身份确认，加快推进集体经营性资产股份合作制改革。推动资源变资产、资金变股金、农民变股东，探索农村

集体经济新的实现形式和运行机制。坚持农村集体产权制度改革正确方向，发挥村党组织对集体经济组织的领导核心作用，防止内部少数人控制和外部资本侵占集体资产。维护进城落户农民土地承包权、宅基地使用权、集体收益分配权，引导进城落户农民依法自愿有偿转让上述权益。研究制定农村集体经济组织法，充实农村集体产权权能。全面深化供销合作社综合改革，深入推进集体林权、水利设施产权等领域改革，做好农村综合改革、农村改革试验区等工作。

（四）完善农业支持保护制度。以提升农业质量效益和竞争力为目标，强化绿色生态导向，创新完善政策工具和手段，扩大"绿箱"政策的实施范围和规模，加快建立新型农业支持保护政策体系。深化农产品收储制度和价格形成机制改革，加快培育多元市场购销主体，改革完善中央储备粮管理体制。通过完善拍卖机制、定向销售、包干销售等，加快消化政策性粮食库存。落实和完善对农民直接补贴制度，提高补贴效能。健全粮食主产区利益补偿机制。探索开展稻谷、小麦、玉米三大粮食作物完全成本保险和收入保险试点，加快建立多层次农业保险体系。

十、汇聚全社会力量，强化乡村振兴人才支撑

实施乡村振兴战略，必须破解人才瓶颈制约。要把人力资本开发放在首要位置，畅通智力、技术、管理下乡通道，造就更多乡土人才，聚天下人才而用之。

（一）大力培育新型职业农民。全面建立职业农民制度，完善配套政策体系。实施新型职业农民培育工程。支持新型职业农民通过弹性学制参加中高等农业职业教育。创新培训机制，支持农民专业合作社、专业技术协会、龙头企业等主体承担培训。引导符合条件的新型职业农民参加城镇职工养老、医疗等社会保障制度。鼓励各地开展职业农民职称评定试点。

（二）加强农村专业人才队伍建设。建立县域专业人才统筹使用制度，提高农村专业人才服务保障能力。推动人才管理职能部门简政放权，保障和落实基层用人主体自主权。推行乡村教师"县管校聘"。实施好边远贫困地区、边疆民族地区和革命老区人才支持计划，继续实施"三支一扶"、特岗教师计划等，组织实施高校毕业生基层成长计划。支持地方高等学校、职业院校综合利用教育培训资源，灵活设置专业（方向），创新人才培养模式，为乡村振兴培养专业化人才。扶持培养一批农业职业经理人、经纪人、乡村工匠、文化能人、非遗传承人等。

（三）发挥科技人才支撑作用。全面建立高等院校、科研院所等事业单位专业技术人员到乡村和企业挂职、兼职和离岗创新创业制度，保障其在职称评定、工资福利、社会保障等方面的权益。深入实施农业科研杰出人才计划和杰出青年农业科学家项目。健全种业等领域科研人员以知识产权明晰为基础、以知识价值为导向的分配政策。探索公益性和经营性农技推广融合发展机制，允许农技人员通过提供增值服务合理取酬。全面实施农技推广服务特聘计划。

（四）鼓励社会各界投身乡村建设。建立有效激励机制，以乡情乡愁为纽带，吸引支持企业家、党政干部、专家学者、医生教师、规划师、建筑师、律师、技能人才等，通过下乡担任志愿者、投资兴业、包村包项目、行医办学、捐资捐物、法律服务等方式服务乡村振兴事业。研究制定管理办法，允许符合要求的公职人员回乡任职。吸引更多人才投身现代农业，培养造就新农民。加快制定鼓励引导工商资本参与乡村振兴的指导意见，落实和完善融资贷款、配套设施建设补助、税费减免、用地等扶持政策，明确政策边界，保护好农民利益。发挥工会、共青团、妇联、科协、残联等群团组织的优势和力量，发挥各民主党派、工商联、无党派人士等积极作用，支持农村产业发展、生态环境保护、乡风文明建设、农村弱势群体关爱等。实施乡村振兴"巾帼行动"。加强对下乡组织和人员的管理服务，使之成为乡村振兴的建设性力量。

（五）创新乡村人才培育引进使用机制。建立自主培养与人才引进相结合，学历教育、技能培训、实践锻炼等多种方式并举的人力资源开发机制。建立城乡、区域、校地之间人才培养合作与交流机制。全面建立城市医生教师、科技文化人员等定期服务乡村机制。研究制定鼓励城市专业人才

参与乡村振兴的政策。

十一、开拓投融资渠道，强化乡村振兴投入保障

实施乡村振兴战略，必须解决钱从哪里来的问题。要健全投入保障制度，创新投融资机制，加快形成财政优先保障、金融重点倾斜、社会积极参与的多元投入格局，确保投入力度不断增强、总量持续增加。

（一）确保财政投入持续增长。 建立健全实施乡村振兴战略财政投入保障制度，公共财政更大力度向"三农"倾斜，确保财政投入与乡村振兴目标任务相适应。优化财政供给结构，推进行业内资金整合与行业间资金统筹相互衔接配合，增加地方自主统筹空间，加快建立涉农资金统筹整合长效机制。充分发挥财政资金的引导作用，撬动金融和社会资本更多投向乡村振兴。切实发挥全国农业信贷担保体系作用，通过财政担保费率补助和以奖代补等，加大对新型农业经营主体支持力度。加快设立国家融资担保基金，强化担保融资增信功能，引导更多金融资源支持乡村振兴。支持地方政府发行一般债券用于支持乡村振兴、脱贫攻坚领域的公益性项目。稳步推进地方政府专项债券管理改革，鼓励地方政府试点发行项目融资和收益自平衡的专项债券，支持符合条件、有一定收益的乡村公益性项目建设。规范地方政府举债融资行为，不得借乡村振兴之名违法违规变相举债。

（二）拓宽资金筹集渠道。 调整完善土地出让收入使用范围，进一步提高农业农村投入比例。严格控制未利用地开垦，集中力量推进高标准农田建设。改进耕地占补平衡管理办法，建立高标准农田建设等新增耕地指标和城乡建设用地增减挂钩节余指标跨省域调剂机制，将所得收益通过支出预算全部用于巩固脱贫攻坚成果和支持实施乡村振兴战略。推广一事一议、以奖代补等方式，鼓励农民对直接受益的乡村基础设施建设投工投劳，让农民更多参与建设管护。

（三）提高金融服务水平。 坚持农村金融改革发展的正确方向，健全适合农业农村特点的农村金融体系，推动农村金融机构回归本源，把更多金融资源配置到农村经济社会发展的重点领域和薄弱环节，更好满足乡村振兴多样化金融需求。要强化金融服务方式创新，防止脱实向虚倾向，严格管控风险，提高金融服务乡村振兴能力和水平。抓紧出台金融服务乡村振兴的指导意见。加大中国农业银行、中国邮政储蓄银行"三农"金融事业部对乡村振兴支持力度。明确国家开发银行、中国农业发展银行在乡村振兴中的职责定位，强化金融服务方式创新，加大对乡村振兴中长期信贷支持。推动农村信用社省联社改革，保持农村信用社县域法人地位和数量总体稳定，完善村镇银行准入条件，地方法人金融机构要服务好乡村振兴。普惠金融重点要放在乡村。推动出台非存款类放贷组织条例。制定金融机构服务乡村振兴考核评估办法。支持符合条件的涉农企业发行上市、新三板挂牌和融资、并购重组，深入推进农产品期货期权市场建设，稳步扩大"保险＋期货"试点，探索"订单农业＋保险＋期货（权）"试点。改进农村金融差异化监管体系，强化地方政府金融风险防范处置责任。

十二、坚持和完善党对"三农"工作的领导

实施乡村振兴战略是党和国家的重大决策部署，各级党委和政府要提高对实施乡村振兴战略重大意义的认识，真正把实施乡村振兴战略摆在优先位置，把党管农村工作的要求落到实处。

（一）完善党的农村工作领导体制机制。 各级党委和政府要坚持工业农业一起抓、城市农村一起抓，把农业农村优先发展原则体现到各个方面。健全党委统一领导、政府负责、党委农村工作部门统筹协调的农村工作领导体制。建立实施乡村振兴战略领导责任制，实行中央统筹省负总责市县抓落实的工作机制。党政一把手是第一责任人，五级书记抓乡村振兴。县委书记要下大气力抓好"三农"工作，当好乡村振兴"一线总指挥"。各部门要按照职责，加强工作指导，强化资源要素支持和制度供给，做好协同配合，形成乡村振兴工作合力。切实加强各级党委农村工作部门建设，按

照《中国共产党工作机关条例（试行）》有关规定，做好党的农村工作机构设置和人员配置工作，充分发挥决策参谋、统筹协调、政策指导、推动落实、督导检查等职能。各省（自治区、直辖市）党委和政府每年要向党中央、国务院报告推进实施乡村振兴战略进展情况。建立市县党政领导班子和领导干部推进乡村振兴战略的实绩考核制度，将考核结果作为选拔任用领导干部的重要依据。

（二）研究制定中国共产党农村工作条例。根据坚持党对一切工作的领导的要求和新时代"三农"工作新形势新任务新要求，研究制定中国共产党农村工作条例，把党领导农村工作的传统、要求、政策等以党内法规形式确定下来，明确加强对农村工作领导的指导思想、原则要求、工作范围和对象、主要任务、机构职责、队伍建设等，完善领导体制和工作机制，确保乡村振兴战略有效实施。

（三）加强"三农"工作队伍建设。把懂农业、爱农村、爱农民作为基本要求，加强"三农"工作干部队伍培养、配备、管理、使用。各级党委和政府主要领导干部要懂"三农"工作、会抓"三农"工作，分管领导要真正成为"三农"工作行家里手。制定并实施培训计划，全面提升"三农"干部队伍能力和水平。拓宽县级"三农"工作部门和乡镇干部来源渠道。把到农村一线工作锻炼作为培养干部的重要途径，注重提拔使用实绩优秀的干部，形成人才向农村基层一线流动的用人导向。

（四）强化乡村振兴规划引领。制定国家乡村振兴战略规划（2018—2022年），分别明确至2020年全面建成小康社会和2022年召开党的二十大时的目标任务，细化实化工作重点和政策措施，部署若干重大工程、重大计划、重大行动。各地区各部门要编制乡村振兴地方规划和专项规划或方案。加强各类规划的统筹管理和系统衔接，形成城乡融合、区域一体、多规合一的规划体系。根据发展现状和需要分类有序推进乡村振兴，对具备条件的村庄，要加快推进城镇基础设施和公共服务向农村延伸；对自然历史文化资源丰富的村庄，要统筹兼顾保护与发展；对生存条件恶劣、生态环境脆弱的村庄，要加大力度实施生态移民搬迁。

（五）强化乡村振兴法治保障。抓紧研究制定乡村振兴法的有关工作，把行之有效的乡村振兴政策法定化，充分发挥立法在乡村振兴中的保障和推动作用。及时修改和废止不适应的法律法规。推进粮食安全保障立法。各地可以从本地乡村发展实际需要出发，制定促进乡村振兴的地方性法规、地方政府规章。加强乡村统计工作和数据开发应用。

（六）营造乡村振兴良好氛围。凝聚全党全国全社会振兴乡村强大合力，宣传党的乡村振兴方针政策和各地丰富实践，振奋基层干部群众精神。建立乡村振兴专家决策咨询制度，组织智库加强理论研究。促进乡村振兴国际交流合作，讲好乡村振兴中国故事，为世界贡献中国智慧和中国方案。

让我们更加紧密地团结在以习近平同志为核心的党中央周围，高举中国特色社会主义伟大旗帜，以习近平新时代中国特色社会主义思想为指导，迎难而上、埋头苦干、开拓进取，为决胜全面建成小康社会、夺取新时代中国特色社会主义伟大胜利作出新的贡献！

中共中央　国务院印发《乡村振兴战略规划（2018－2022 年）》①

新华社北京 9 月 26 日电　近日，中共中央、国务院印发了《乡村振兴战略规划（2018－2022年）》，并发出通知，要求各地区各部门结合实际认真贯彻落实。

全文如下：

前　言

党的十九大提出实施乡村振兴战略，是以习近平同志为核心的党中央着眼党和国家事业全局，深刻把握现代化建设规律和城乡关系变化特征，顺应亿万农民对美好生活的向往，对"三农"工作作出的重大决策部署，是决胜全面建成小康社会、全面建设社会主义现代化国家的重大历史任务，是新时代做好"三农"工作的总抓手。从党的十九大到二十大，是"两个一百年"奋斗目标的历史交汇期，既要全面建成小康社会、实现第一个百年奋斗目标，又要乘势而上开启全面建设社会主义现代化国家新征程，向第二个百年奋斗目标进军。为贯彻落实党的十九大、中央经济工作会议、中央农村工作会议精神和政府工作报告要求，描绘好战略蓝图，强化规划引领，科学有序推动乡村产业、人才、文化、生态和组织振兴，根据《中共中央　国务院关于实施乡村振兴战略的意见》，特编制《乡村振兴战略规划（2018—2022 年）》。

本规划以习近平总书记关于"三农"工作的重要论述为指导，按照产业兴旺、生态宜居、乡风文明、治理有效、生活富裕的总要求，对实施乡村振兴战略作出阶段性谋划，分别明确至 2020 年全面建成小康社会和 2022 年召开党的二十大时的目标任务，细化实化工作重点和政策措施，部署重大工程、重大计划、重大行动，确保乡村振兴战略落实落地，是指导各地区各部门分类有序推进乡村振兴的重要依据。

第一篇　规划背景

党的十九大作出中国特色社会主义进入新时代的科学论断，提出实施乡村振兴战略的重大历史任务，在我国"三农"发展进程中具有划时代的里程碑意义，必须深入贯彻习近平新时代中国特色社会主义思想和党的十九大精神，在认真总结农业农村发展历史性成就和历史性变革的基础上，准确研判经济社会发展趋势和乡村演变发展态势，切实抓住历史机遇，增强责任感、使命感、紧迫感，把乡村振兴战略实施好。

第一章　重大意义

乡村是具有自然、社会、经济特征的地域综合体，兼具生产、生活、生态、文化等多重功能，与城镇互促互进、共生共存，共同构成人类活动的主要空间。乡村兴则国家兴，乡村衰则国家衰。我国人民日益增长的美好生活需要和不平衡不充分的发展之间的矛盾在乡村最为突出，我国仍处于并将长期处于社会主义初级阶段的特征很大程度上表现在乡村。全面建成小康社会和全面建设社会主义现代化强国，最艰巨最繁重的任务在农村，最广泛最深厚的基础在农村，最大的潜力和后劲也

---

① 资料来源：农业农村部网站，2018 年 9 月 26 日。

在农村。实施乡村振兴战略，是解决新时代我国社会主要矛盾、实现"两个一百年"奋斗目标和中华民族伟大复兴中国梦的必然要求，具有重大现实意义和深远历史意义。

实施乡村振兴战略是建设现代化经济体系的重要基础。农业是国民经济的基础，农村经济是现代化经济体系的重要组成部分。乡村振兴，产业兴旺是重点。实施乡村振兴战略，深化农业供给侧结构性改革，构建现代农业产业体系、生产体系、经营体系，实现农村一二三产业深度融合发展，有利于推动农业从增产导向转向提质导向，增强我国农业创新力和竞争力，为建设现代化经济体系奠定坚实基础。

实施乡村振兴战略是建设美丽中国的关键举措。农业是生态产品的重要供给者，乡村是生态涵养的主体区，生态是乡村最大的发展优势。乡村振兴，生态宜居是关键。实施乡村振兴战略，统筹山水林田湖草系统治理，加快推行乡村绿色发展方式，加强农村人居环境整治，有利于构建人与自然和谐共生的乡村发展新格局，实现百姓富、生态美的统一。

实施乡村振兴战略是传承中华优秀传统文化的有效途径。中华文明根植于农耕文化，乡村是中华文明的基本载体。乡村振兴，乡风文明是保障。实施乡村振兴战略，深入挖掘农耕文化蕴含的优秀思想观念、人文精神、道德规范，结合时代要求在保护传承的基础上创造性转化、创新性发展，有利于在新时代焕发出乡风文明的新气象，进一步丰富和传承中华优秀传统文化。

实施乡村振兴战略是健全现代社会治理格局的固本之策。社会治理的基础在基层，薄弱环节在乡村。乡村振兴，治理有效是基础。实施乡村振兴战略，加强农村基层基础工作，健全乡村治理体系，确保广大农民安居乐业、农村社会安定有序，有利于打造共建共治共享的现代社会治理格局，推进国家治理体系和治理能力现代化。

实施乡村振兴战略是实现全体人民共同富裕的必然选择。农业强不强、农村美不美、农民富不富，关乎亿万农民的获得感、幸福感、安全感，关乎全面建成小康社会全局。乡村振兴，生活富裕是根本。实施乡村振兴战略，不断拓宽农民增收渠道，全面改善农村生产生活条件，促进社会公平正义，有利于增进农民福祉，让亿万农民走上共同富裕的道路，汇聚起建设社会主义现代化强国的磅礴力量。

第二章　振兴基础

党的十八大以来，面对我国经济发展进入新常态带来的深刻变化，以习近平同志为核心的党中央推动"三农"工作理论创新、实践创新、制度创新，坚持把解决好"三农"问题作为全党工作重中之重，切实把农业农村优先发展落到实处；坚持立足国内保证自给的方针，牢牢把握国家粮食安全主动权；坚持不断深化农村改革，激发农村发展新活力；坚持把推进农业供给侧结构性改革作为主线，加快提高农业供给质量；坚持绿色生态导向，推动农业农村可持续发展；坚持在发展中保障和改善民生，让广大农民有更多获得感；坚持遵循乡村发展规律，扎实推进生态宜居的美丽乡村建设；坚持加强和改善党对农村工作的领导，为"三农"发展提供坚强政治保障。这些重大举措和开创性工作，推动农业农村发展取得历史性成就、发生历史性变革，为党和国家事业全面开创新局面提供了有力支撑。

农业供给侧结构性改革取得新进展，农业综合生产能力明显增强，全国粮食总产量连续 5 年保持在 1.2 万亿斤①以上，农业结构不断优化，农村新产业新业态新模式蓬勃发展，农业生态环境恶化问题得到初步遏制，农业生产经营方式发生重大变化。农村改革取得新突破，农村土地制度、农村集体产权制度改革稳步推进，重要农产品收储制度改革取得实质性成效，农村创新创业和投资兴业蔚然成风，农村发展新动能加快成长。城乡发展一体化迈出新步伐，5 年间 8 000 多万农业转移

---

① 斤为非法定计量单位，1 斤＝500 克。下同。

人口成为城镇居民，城乡居民收入相对差距缩小，农村消费持续增长，农民收入和生活水平明显提高。脱贫攻坚开创新局面，贫困地区农民收入增速持续快于全国平均水平，集中连片特困地区内生发展动力明显增强，过去 5 年累计 6 800 多万贫困人口脱贫。农村公共服务和社会事业达到新水平，农村基础设施建设不断加强，人居环境整治加快推进，教育、医疗卫生、文化等社会事业快速发展，农村社会焕发新气象。

同时，应当清醒地看到，当前我国农业农村基础差、底子薄、发展滞后的状况尚未根本改变，经济社会发展中最明显的短板仍然在"三农"，现代化建设中最薄弱的环节仍然是农业农村。主要表现在：农产品阶段性供过于求和供给不足并存，农村一二三产业融合发展深度不够，农业供给质量和效益亟待提高；农民适应生产力发展和市场竞争的能力不足，农村人才匮乏；农村基础设施建设仍然滞后，农村环境和生态问题比较突出，乡村发展整体水平亟待提升；农村民生领域欠账较多，城乡基本公共服务和收入水平差距仍然较大，脱贫攻坚任务依然艰巨；国家支农体系相对薄弱，农村金融改革任务繁重，城乡之间要素合理流动机制亟待健全；农村基层基础工作存在薄弱环节，乡村治理体系和治理能力亟待强化。

第三章　发展态势

从 2018 年到 2022 年，是实施乡村振兴战略的第一个 5 年，既有难得机遇，又面临严峻挑战。从国际环境看，全球经济复苏态势有望延续，我国统筹利用国内国际两个市场两种资源的空间将进一步拓展，同时国际农产品贸易不稳定性不确定性仍然突出，提高我国农业竞争力、妥善应对国际市场风险任务紧迫。特别是我国作为人口大国，粮食及重要农产品需求仍将刚性增长，保障国家粮食安全始终是头等大事。从国内形势看，随着我国经济由高速增长阶段转向高质量发展阶段，以及工业化、城镇化、信息化深入推进，乡村发展将处于大变革、大转型的关键时期。居民消费结构加快升级，中高端、多元化、个性化消费需求将快速增长，加快推进农业由增产导向转向提质导向是必然要求。我国城镇化进入快速发展与质量提升的新阶段，城市辐射带动农村的能力进一步增强，但大量农民仍然生活在农村的国情不会改变，迫切需要重塑城乡关系。我国乡村差异显著，多样性分化的趋势仍将延续，乡村的独特价值和多元功能将进一步得到发掘和拓展，同时应对好村庄空心化和农村老龄化、延续乡村文化血脉、完善乡村治理体系的任务艰巨。

实施乡村振兴战略具备较好条件。有习近平总书记把舵定向，有党中央、国务院的高度重视、坚强领导、科学决策，实施乡村振兴战略写入党章，成为全党的共同意志，乡村振兴具有根本政治保障。社会主义制度能够集中力量办大事，强农惠农富农政策力度不断加大，农村土地集体所有制和双层经营体制不断完善，乡村振兴具有坚强制度保障。优秀农耕文明源远流长，寻根溯源的人文情怀和国人的乡村情结历久弥深，现代城市文明导入融汇，乡村振兴具有深厚文化土壤。国家经济实力和综合国力日益增强，对农业农村支持力度不断加大，农村生产生活条件加快改善，农民收入持续增长，乡村振兴具有雄厚物质基础。农业现代化和社会主义新农村建设取得历史性成就，各地积累了丰富的成功经验和做法，乡村振兴具有扎实工作基础。

实施乡村振兴战略，是党对"三农"工作一系列方针政策的继承和发展，是亿万农民的殷切期盼。必须抓住机遇，迎接挑战，发挥优势，顺势而为，努力开创农业农村发展新局面，推动农业全面升级、农村全面进步、农民全面发展，谱写新时代乡村全面振兴新篇章。

第二篇　总体要求

按照到 2020 年实现全面建成小康社会和分两个阶段实现第二个百年奋斗目标的战略部署，2018 年至 2022 年这 5 年间，既要在农村实现全面小康，又要为基本实现农业农村现代化开好局、起好步、打好基础。

第四章　指导思想和基本原则

第一节　指导思想

深入贯彻习近平新时代中国特色社会主义思想，深入贯彻党的十九大和十九届二中、三中全会精神，加强党对"三农"工作的全面领导，坚持稳中求进工作总基调，牢固树立新发展理念，落实高质量发展要求，紧紧围绕统筹推进"五位一体"总体布局和协调推进"四个全面"战略布局，坚持把解决好"三农"问题作为全党工作重中之重，坚持农业农村优先发展，按照产业兴旺、生态宜居、乡风文明、治理有效、生活富裕的总要求，建立健全城乡融合发展体制机制和政策体系，统筹推进农村经济建设、政治建设、文化建设、社会建设、生态文明建设和党的建设，加快推进乡村治理体系和治理能力现代化，加快推进农业农村现代化，走中国特色社会主义乡村振兴道路，让农业成为有奔头的产业，让农民成为有吸引力的职业，让农村成为安居乐业的美丽家园。

第二节　基本原则

——坚持党管农村工作。毫不动摇地坚持和加强党对农村工作的领导，健全党管农村工作方面的领导体制机制和党内法规，确保党在农村工作中始终总揽全局、协调各方，为乡村振兴提供坚强有力的政治保障。

——坚持农业农村优先发展。把实现乡村振兴作为全党的共同意志、共同行动，做到认识统一、步调一致，在干部配备上优先考虑，在要素配置上优先满足，在资金投入上优先保障，在公共服务上优先安排，加快补齐农业农村短板。

——坚持农民主体地位。充分尊重农民意愿，切实发挥农民在乡村振兴中的主体作用，调动亿万农民的积极性、主动性、创造性，把维护农民群众根本利益、促进农民共同富裕作为出发点和落脚点，促进农民持续增收，不断提升农民的获得感、幸福感、安全感。

——坚持乡村全面振兴。准确把握乡村振兴的科学内涵，挖掘乡村多种功能和价值，统筹谋划农村经济建设、政治建设、文化建设、社会建设、生态文明建设和党的建设，注重协同性、关联性，整体部署，协调推进。

——坚持城乡融合发展。坚决破除体制机制弊端，使市场在资源配置中起决定性作用，更好发挥政府作用，推动城乡要素自由流动、平等交换，推动新型工业化、信息化、城镇化、农业现代化同步发展，加快形成工农互促、城乡互补、全面融合、共同繁荣的新型工农城乡关系。

——坚持人与自然和谐共生。牢固树立和践行绿水青山就是金山银山的理念，落实节约优先、保护优先、自然恢复为主的方针，统筹山水林田湖草系统治理，严守生态保护红线，以绿色发展引领乡村振兴。

——坚持改革创新、激发活力。不断深化农村改革，扩大农业对外开放，激活主体、激活要素、激活市场，调动各方力量投身乡村振兴。以科技创新引领和支撑乡村振兴，以人才汇聚推动和保障乡村振兴，增强农业农村自我发展动力。

——坚持因地制宜、循序渐进。科学把握乡村的差异性和发展走势分化特征，做好顶层设计，注重规划先行、因势利导、分类施策、突出重点、体现特色、丰富多彩。既尽力而为，又量力而行，不搞层层加码，不搞一刀切，不搞形式主义和形象工程，久久为功，扎实推进。

第五章　发展目标

到2020年，乡村振兴的制度框架和政策体系基本形成，各地区各部门乡村振兴的思路举措得以确立，全面建成小康社会的目标如期实现。到2022年，乡村振兴的制度框架和政策体系初步健全。国家粮食安全保障水平进一步提高，现代农业体系初步构建，农业绿色发展全面推进；农村一二三产业融合发展格局初步形成，乡村产业加快发展，农民收入水平进一步提高，脱贫攻坚成果得到进一步巩固；农村基础设施条件持续改善，城乡统一的社会保障制度体系基本建立；农村人居环境显著改善，生态宜居的美丽乡村建设扎实推进；城乡融合发展体制机制初步建立，农村基本公共服务水平进一步提升；乡村优秀传统文化得以传承和发展，农民精神文化生活需求基本得到满足；以党组织为核心的农村基层组织建设明显加强，乡村治理能力进一步提升，现代乡村治理体系初步构建。探索形成一批各具特色的乡村振兴模式和经验，乡村振兴取得阶段性成果。

第六章　远景谋划

到 2035 年，乡村振兴取得决定性进展，农业农村现代化基本实现。农业结构得到根本性改善，农民就业质量显著提高，相对贫困进一步缓解，共同富裕迈出坚实步伐；城乡基本公共服务均等化基本实现，城乡融合发展体制机制更加完善；乡风文明达到新高度，乡村治理体系更加完善；农村生态环境根本好转，生态宜居的美丽乡村基本实现。

到 2050 年，乡村全面振兴，农业强、农村美、农民富全面实现。

第三篇　构建乡村振兴新格局

坚持乡村振兴和新型城镇化双轮驱动，统筹城乡国土空间开发格局，优化乡村生产生活生态空间，分类推进乡村振兴，打造各具特色的现代版"富春山居图"。

第七章　统筹城乡发展空间

按照主体功能定位，对国土空间的开发、保护和整治进行全面安排和总体布局，推进"多规合一"，加快形成城乡融合发展的空间格局。

第一节　强化空间用途管制

强化国土空间规划对各专项规划的指导约束作用，统筹自然资源开发利用、保护和修复，按照不同主体功能定位和陆海统筹原则，开展资源环境承载能力和国土空间开发适宜性评价，科学划定生态、农业、城镇等空间和生态保护红线、永久基本农田、城镇开发边界及海洋生物资源保护线、围填海控制线等主要控制线，推动主体功能区战略格局在市县层面精准落地，健全不同主体功能区差异化协同发展长效机制，实现山水林田湖草整体保护、系统修复、综合治理。

第二节　完善城乡布局结构

以城市群为主体构建大中小城市和小城镇协调发展的城镇格局，增强城镇地区对乡村的带动能力。加快发展中小城市，完善县城综合服务功能，推动农业转移人口就地就近城镇化。因地制宜发展特色鲜明、产城融合、充满魅力的特色小镇和小城镇，加强以乡镇政府驻地为中心的农民生活圈建设，以镇带村、以村促镇，推动镇村联动发展。建设生态宜居的美丽乡村，发挥多重功能，提供优质产品，传承乡村文化，留住乡愁记忆，满足人民日益增长的美好生活需要。

第三节　推进城乡统一规划

通盘考虑城镇和乡村发展，统筹谋划产业发展、基础设施、公共服务、资源能源、生态环境保护等主要布局，形成田园乡村与现代城镇各具特色、交相辉映的城乡发展形态。强化县域空间规划和各类专项规划引导约束作用，科学安排县域乡村布局、资源利用、设施配置和村庄整治，推动村庄规划管理全覆盖。综合考虑村庄演变规律、集聚特点和现状分布，结合农民生产生活半径，合理确定县域村庄布局和规模，避免随意撤并村庄搞大社区、违背农民意愿大拆大建。加强乡村风貌整体管控，注重农房单体个性设计，建设立足乡土社会、富有地域特色、承载田园乡愁、体现现代文明的升级版乡村，避免千村一面，防止乡村景观城市化。

第八章 优化乡村发展布局

坚持人口资源环境相均衡、经济社会生态效益相统一，打造集约高效生产空间，营造宜居适度生活空间，保护山清水秀生态空间，延续人和自然有机融合的乡村空间关系。

第一节 统筹利用生产空间

乡村生产空间是以提供农产品为主体功能的国土空间，兼具生态功能。围绕保障国家粮食安全和重要农产品供给，充分发挥各地比较优势，重点建设以"七区二十三带"为主体的农产品主产区。落实农业功能区制度，科学合理划定粮食生产功能区、重要农产品生产保护区和特色农产品优势区，合理划定养殖业适养、限养、禁养区域，严格保护农业生产空间。适应农村现代产业发展需要，科学划分乡村经济发展片区，统筹推进农业产业园、科技园、创业园等各类园区建设。

第二节 合理布局生活空间

乡村生活空间是以农村居民点为主体、为农民提供生产生活服务的国土空间。坚持节约集约用地，遵循乡村传统肌理和格局，划定空间管控边界，明确用地规模和管控要求，确定基础设施用地位置、规模和建设标准，合理配置公共服务设施，引导生活空间尺度适宜、布局协调、功能齐全。充分维护原生态村居风貌，保留乡村景观特色，保护自然和人文环境，注重融入时代感、现代性，强化空间利用的人性化、多样化，着力构建便捷的生活圈、完善的服务圈、繁荣的商业圈，让乡村居民过上更舒适的生活。

第三节 严格保护生态空间

乡村生态空间是具有自然属性、以提供生态产品或生态服务为主体功能的国土空间。加快构建以"两屏三带"为骨架的国家生态安全屏障，全面加强国家重点生态功能区保护，建立以国家公园为主体的自然保护地体系。树立山水林田湖草是一个生命共同体的理念，加强对自然生态空间的整体保护，修复和改善乡村生态环境，提升生态功能和服务价值。全面实施产业准入负面清单制度，推动各地因地制宜制定禁止和限制发展产业目录，明确产业发展方向和开发强度，强化准入管理和底线约束。

第九章 分类推进乡村发展

顺应村庄发展规律和演变趋势，根据不同村庄的发展现状、区位条件、资源禀赋等，按照集聚提升、融入城镇、特色保护、搬迁撤并的思路，分类推进乡村振兴，不搞一刀切。

第一节 集聚提升类村庄

现有规模较大的中心村和其他仍将存续的一般村庄，占乡村类型的大多数，是乡村振兴的重点。科学确定村庄发展方向，在原有规模基础上有序推进改造提升，激活产业、优化环境、提振人气、增添活力，保护保留乡村风貌，建设宜居宜业的美丽村庄。鼓励发挥自身比较优势，强化主导产业支撑，支持农业、工贸、休闲服务等专业化村庄发展。加强海岛村庄、国有农场及林场规划建设，改善生产生活条件。

第二节 城郊融合类村庄

城市近郊区以及县城城关镇所在地的村庄，具备成为城市后花园的优势，也具有向城市转型的条件。综合考虑工业化、城镇化和村庄自身发展需要，加快城乡产业融合发展、基础设施互联互通、公共服务共建共享，在形态上保留乡村风貌，在治理上体现城市水平，逐步强化服务城市发展、承接城市功能外溢、满足城市消费需求能力，为城乡融合发展提供实践经验。

第三节 特色保护类村庄

历史文化名村、传统村落、少数民族特色村寨、特色景观旅游名村等自然历史文化特色资源丰富的村庄，是彰显和传承中华优秀传统文化的重要载体。统筹保护、利用与发展的关系，努力保持村庄的完整性、真实性和延续性。切实保护村庄的传统选址、格局、风貌以及自然和田园景观等整体空间形态与环境，全面保护文物古迹、历史建筑、传统民居等传统建筑。尊重原住居民生活形态和传统习惯，加快改善村庄基础设施和公共环境，合理利用村庄特色资源，发展乡村旅游和特色产业，形成特色资源保护与村庄发展的良性互促机制。

第四节 搬迁撤并类村庄

对位于生存条件恶劣、生态环境脆弱、自然灾害频发等地区的村庄，因重大项目建设需要搬迁的村庄，以及人口流失特别严重的村庄，可通过易地扶贫搬迁、生态宜居搬迁、农村集聚发展搬迁等方式，实施村庄搬迁撤并，统筹解决村民生计、生态保护等问题。拟搬迁撤并的村庄，严格限制新建、扩建活动，统筹考虑拟迁入或新建村庄的基础设施和公共服务设施建设。坚持村庄搬迁撤并与新型城镇化、农业现代化相结合，依托适宜区域进行安置，避免新建孤立的村落式移民社区。搬迁撤并后的村庄原址，因地制宜复垦或还绿，增加乡村生产生态空间。农村居民点迁建和村庄撤并，必须尊重农民意愿并经村民会议同意，不得强制农民搬迁和集中上楼。

第十章 坚决打好精准脱贫攻坚战

把打好精准脱贫攻坚战作为实施乡村振兴战略的优先任务，推动脱贫攻坚与乡村振兴有机结合相互促进，确保到 2020 年我国现行标准下农村贫困人口实现脱贫，贫困县全部摘帽，解决区域性整体贫困。

第一节 深入实施精准扶贫精准脱贫

健全精准扶贫精准脱贫工作机制，夯实精准扶贫精准脱贫基础性工作。因地制宜、因户施策，探索多渠道、多样化的精准扶贫精准脱贫路径，提高扶贫措施针对性和有效性。做好东西部扶贫协作和对口支援工作，着力推动县与县精准对接，推进东部产业向西部梯度转移，加大产业扶贫工作力度。加强和改进定点扶贫工作，健全驻村帮扶机制，落实扶贫责任。加大金融扶贫力度。健全社会力量参与机制，引导激励社会各界更加关注、支持和参与脱贫攻坚。

第二节 重点攻克深度贫困

实施深度贫困地区脱贫攻坚行动方案。以解决突出制约问题为重点，以重大扶贫工程和到村到户到人帮扶为抓手，加大政策倾斜和扶贫资金整合力度，着力改善深度贫困地区发展条件，增强贫困农户发展能力。推动新增脱贫攻坚资金、新增脱贫攻坚项目、新增脱贫攻坚举措主要用于"三区三州"等深度贫困地区。推进贫困村基础设施和公共服务设施建设，培育壮大集体经济，确保深度贫困地区和贫困群众同全国人民一道进入全面小康社会。

第三节 巩固脱贫攻坚成果

加快建立健全缓解相对贫困的政策体系和工作机制，持续改善欠发达地区和其他地区相对贫困人口的发展条件，完善公共服务体系，增强脱贫地区"造血"功能。结合实施乡村振兴战略，压茬推进实施生态宜居搬迁等工程，巩固易地扶贫搬迁成果。注重扶志扶智，引导贫困群众克服"等靠要"思想，逐步消除精神贫困。建立正向激励机制，将帮扶政策措施与贫困群众参与挂钩，培育提升贫困群众发展生产和务工经商的基本能力。加强宣传引导，讲好中国减贫故事。认真总结脱贫攻坚经验，研究建立促进群众稳定脱贫和防范返贫的长效机制，探索统筹解决城乡贫困的政策措施，确保贫困群众稳定脱贫。

第四篇 加快农业现代化步伐

坚持质量兴农、品牌强农，深化农业供给侧结构性改革，构建现代农业产业体系、生产体系、经营体系，推动农业发展质量变革、效率变革、动力变革，持续提高农业创新力、竞争力和全要素生产率。

第十一章　夯实农业生产能力基础

深入实施藏粮于地、藏粮于技战略，提高农业综合生产能力，保障国家粮食安全和重要农产品有效供给，把中国人的饭碗牢牢端在自己手中。

第一节　健全粮食安全保障机制

坚持以我为主、立足国内、确保产能、适度进口、科技支撑的国家粮食安全战略，建立全方位的粮食安全保障机制。按照"确保谷物基本自给、口粮绝对安全"的要求，持续巩固和提升粮食生产能力。深化中央储备粮管理体制改革，科学确定储备规模，强化中央储备粮监督管理，推进中央、地方两级储备协同运作。鼓励加工流通企业、新型经营主体开展自主储粮和经营。全面落实粮食安全省长责任制，完善监督考核机制。强化粮食质量安全保障。加快完善粮食现代物流体系，构建安全高效、一体化运作的粮食物流网络。

第二节　加强耕地保护和建设

严守耕地红线，全面落实永久基本农田特殊保护制度，完成永久基本农田控制线划定工作，确保到 2020 年永久基本农田保护面积不低于 15.46 亿亩①。大规模推进高标准农田建设，确保到 2022 年建成 10 亿亩高标准农田，所有高标准农田实现统一上图入库，形成完善的管护监督和考核机制。加快将粮食生产功能区和重要农产品生产保护区细化落实到具体地块，实现精准化管理。加强农田水利基础设施建设，实施耕地质量保护和提升行动，到 2022 年农田有效灌溉面积达到 10.4 亿亩，耕地质量平均提升 0.5 个等级（别）以上。

第三节　提升农业装备和信息化水平

推进我国农机装备和农业机械化转型升级，加快高端农机装备和丘陵山区、果菜茶生产、畜禽水产养殖等农机装备的生产研发、推广应用，提升渔业船舶装备水平。促进农机农艺融合，积极推进作物品种、栽培技术和机械装备集成配套，加快主要作物生产全程机械化，提高农机装备智能化水平。加强农业信息化建设，积极推进信息进村入户，鼓励互联网企业建立产销衔接的农业服务平台，加强农业信息监测预警和发布，提高农业综合信息服务水平。大力发展数字农业，实施智慧农业工程和"互联网＋"现代农业行动，鼓励对农业生产进行数字化改造，加强农业遥感、物联网应用，提高农业精准化水平。发展智慧气象，提升气象为农服务能力。

第十二章　加快农业转型升级

按照建设现代化经济体系的要求，加快农业结构调整步伐，着力推动农业由增产导向转向提质导向，提高农业供给体系的整体质量和效率，加快实现由农业大国向农业强国转变。

第一节　优化农业生产力布局

以全国主体功能区划确定的农产品主产区为主体，立足各地农业资源禀赋和比较优势，构建优势区域布局和专业化生产格局，打造农业优化发展区和农业现代化先行区。东北地区重点提升粮食生产能力，依托"大粮仓"打造粮肉奶综合供应基地。华北地区着力稳定粮油和蔬菜、畜产品生产保障能力，发展节水型农业。长江中下游地区切实稳定粮油生产能力，优化水网地带生猪养殖布局，大力发展名优水产品生产。华南地区加快发展现代畜禽水产和特色园艺产品，发展具有出口优势的水产品养殖。西北、西南地区和北方农牧交错区加快调整产品结构，限制资源消耗大的产业规模，壮大区域特色产业。青海、西藏等生态脆弱区域坚持保护优先、限制开发，发展高原特色农牧业。

---

① 亩为非法定计量单位，1 亩＝1/15 公顷。下同。

第二节 推进农业结构调整

加快发展粮经饲统筹、种养加一体、农牧渔结合的现代农业，促进农业结构不断优化升级。统筹调整种植业生产结构，稳定水稻、小麦生产，有序调减非优势区籽粒玉米，进一步扩大大豆生产规模，巩固主产区棉油糖胶生产，确保一定的自给水平。大力发展优质饲料牧草，合理利用退耕地、南方草山草坡和冬闲田拓展饲草发展空间。推进畜牧业区域布局调整，合理布局规模化养殖场，大力发展种养结合循环农业，促进养殖废弃物就近资源化利用。优化畜牧业生产结构，大力发展草食畜牧业，做大做强民族奶业。加强渔港经济区建设，推进渔港渔区振兴。合理确定内陆水域养殖规模，发展集约化、工厂化水产养殖和深远海养殖，降低江河湖泊和近海渔业捕捞强度，规范有序发展远洋渔业。

第三节 壮大特色优势产业

以各地资源禀赋和独特的历史文化为基础，有序开发优势特色资源，做大做强优势特色产业。创建特色鲜明、优势集聚、市场竞争力强的特色农产品优势区，支持特色农产品优势区建设标准化生产基地、加工基地、仓储物流基地，完善科技支撑体系、品牌与市场营销体系、质量控制体系，建立利益联结紧密的建设运行机制，形成特色农业产业集群。按照与国际标准接轨的目标，支持建立生产精细化管理与产品品质控制体系，采用国际通行的良好农业规范，塑造现代顶级农产品品牌。实施产业兴村强县行动，培育农业产业强镇，打造一乡一业、一村一品的发展格局。

第四节 保障农产品质量安全

实施食品安全战略，加快完善农产品质量和食品安全标准、监管体系，加快建立农产品质量分级及产地准出、市场准入制度。完善农兽药残留限量标准体系，推进农产品生产投入品使用规范化。建立健全农产品质量安全风险评估、监测预警和应急处置机制。实施动植物保护能力提升工程，实现全国动植物检疫防疫联防联控。完善农产品认证体系和农产品质量安全监管追溯系统，着力提高基层监管能力。落实生产经营者主体责任，强化农产品生产经营者的质量安全意识。建立农资和农产品生产企业信用信息系统，对失信市场主体开展联合惩戒。

第五节 培育提升农业品牌

实施农业品牌提升行动，加快形成以区域公用品牌、企业品牌、大宗农产品品牌、特色农产品品牌为核心的农业品牌格局。推进区域农产品公共品牌建设，擦亮老品牌，塑强新品牌，引入现代要素改造提升传统名优品牌，努力打造一批国际知名的农业品牌和国际品牌展会。做好品牌宣传推介，借助农产品博览会、展销会等渠道，充分利用电商、"互联网＋"等新兴手段，加强品牌市场营销。加强农产品商标及地理标志商标的注册和保护，构建我国农产品品牌保护体系，打击各种冒用、滥用公用品牌行为，建立区域公用品牌的授权使用机制以及品牌危机预警、风险规避和紧急事件应对机制。

第六节 构建农业对外开放新格局

建立健全农产品贸易政策体系。实施特色优势农产品出口提升行动，扩大高附加值农产品出口。积极参与全球粮农治理。加强与"一带一路"沿线国家合作，积极支持有条件的农业企业走出去。建立农业对外合作公共信息服务平台和信用评价体系。放宽农业外资准入，促进引资引技引智相结合。

第十三章 建立现代农业经营体系

坚持家庭经营在农业中的基础性地位，构建家庭经营、集体经营、合作经营、企业经营等共同发展的新型农业经营体系，发展多种形式适度规模经营，发展壮大农村集体经济，提高农业的集约化、专业化、组织化、社会化水平，有效带动小农户发展。

第一节 巩固和完善农村基本经营制度

落实农村土地承包关系稳定并长久不变政策，衔接落实好第二轮土地承包到期后再延长30年的政策，让农民吃上长效"定心丸"。全面完成土地承包经营权确权登记颁证工作，完善农村承包地"三权分置"制度，在依法保护集体所有权和农户承包权前提下，平等保护土地经营权。建立农村产权交易平台，加强土地经营权流转和规模经营的管理服务。加强农用地用途管制。完善集体林权制度，引导规范有序流转，鼓励发展家庭林场、股份合作林场。发展壮大农垦国有农业经济，培育一批具有国际竞争力的农垦企业集团。

第二节 壮大新型农业经营主体

实施新型农业经营主体培育工程，鼓励通过多种形式开展适度规模经营。培育发展家庭农场，提升农民专业合作社规范化水平，鼓励发展农民专业合作社联合社。不断壮大农林产业化龙头企业，鼓励建立现代企业制度。鼓励工商资本到农村投资适合产业化、规模化经营的农业项目，提供区域性、系统性解决方案，与当地农户形成互惠共赢的产业共同体。加快建立新型经营主体支持政策体系和信用评价体系，落实财政、税收、土地、信贷、保险等支持政策，扩大新型经营主体承担涉农项目规模。

第三节 发展新型农村集体经济

深入推进农村集体产权制度改革，推动资源变资产、资金变股金、农民变股东，发展多种形式的股份合作。完善农民对集体资产股份的占有、收益、有偿退出及抵押、担保、继承等权能和管理办法。研究制定农村集体经济组织法，充实农村集体产权权能。鼓励经济实力强的农村集体组织辐射带动周边村庄共同发展。发挥村党组织对集体经济组织的领导核心作用，防止内部少数人控制和外部资本侵占集体资产。

第四节 促进小农户生产和现代农业发展有机衔接

改善小农户生产设施条件，提高个体农户抵御自然风险能力。发展多样化的联合与合作，提升小农户组织化程度。鼓励新型经营主体与小农户建立契约型、股权型利益联结机制，带动小农户专业化生产，提高小农户自我发展能力。健全农业社会化服务体系，大力培育新型服务主体，加快发展"一站式"农业生产性服务业。加强工商企业租赁农户承包地的用途监管和风险防范，健全资格审查、项目审核、风险保障金制度，维护小农户权益。

第十四章 强化农业科技支撑

深入实施创新驱动发展战略，加快农业科技进步，提高农业科技自主创新水平、成果转化水平，为农业发展拓展新空间、增添新动能，引领支撑农业转型升级和提质增效。

第一节 提升农业科技创新水平

培育符合现代农业发展要求的创新主体，建立健全各类创新主体协调互动和创新要素高效配置的国家农业科技创新体系。强化农业基础研究，实现前瞻性基础研究和原创性重大成果突破。加强种业创新、现代食品、农机装备、农业污染防治、农村环境整治等方面的科研工作。深化农业科技体制改革，改进科研项目评审、人才评价和机构评估工作，建立差别化评价制度。深入实施现代种业提升工程，开展良种重大科研联合攻关，培育具有国际竞争力的种业龙头企业，推动建设种业科技强国。

第二节 打造农业科技创新平台基地

建设国家农业高新技术产业示范区、国家农业科技园区、省级农业科技园区，吸引更多的农业高新技术企业到科技园区落户，培育国际领先的农业高新技术企业，形成具有国际竞争力的农业高新技术产业。新建一批科技创新联盟，支持农业高新技术企业建立高水平研发机构。利用现有资源建设农业领域国家技术创新中心，加强重大共性关键技术和产品研发与应用示范。建设农业科技资源开放共享与服务平台，充分发挥重要公共科技资源优势，推动面向科技界开放共享，整合和完善科技资源共享服务平台。

第三节　加快农业科技成果转化应用

鼓励高校、科研院所建立一批专业化的技术转移机构和面向企业的技术服务网络，通过研发合作、技术转让、技术许可、作价投资等多种形式，实现科技成果市场价值。健全省市县三级科技成果转化工作网络，支持地方大力发展技术交易市场。面向绿色兴农重大需求，加大绿色技术供给，加强集成应用和示范推广。健全基层农业技术推广体系，创新公益性农技推广服务方式，支持各类社会力量参与农技推广，全面实施农技推广服务特聘计划，加强农业重大技术协同推广。健全农业科技领域分配政策，落实科研成果转化及农业科技创新激励相关政策。

第十五章　完善农业支持保护制度

以提升农业质量效益和竞争力为目标，强化绿色生态导向，创新完善政策工具和手段，加快建立新型农业支持保护政策体系。

第一节　加大支农投入力度

建立健全国家农业投入增长机制，政府固定资产投资继续向农业倾斜，优化投入结构，实施一批打基础、管长远、影响全局的重大工程，加快改变农业基础设施薄弱状况。建立以绿色生态为导向的农业补贴制度，提高农业补贴政策的指向性和精准性。落实和完善对农民直接补贴制度。完善粮食主产区利益补偿机制。继续支持粮改饲、粮豆轮作和畜禽水产标准化健康养殖，改革完善渔业油价补贴政策。完善农机购置补贴政策，鼓励对绿色农业发展机具、高性能机具以及保证粮食等主要农产品生产机具实行敞开补贴。

第二节　深化重要农产品收储制度改革

深化玉米收储制度改革，完善市场化收购加补贴机制。合理制定大豆补贴政策。完善稻谷、小麦最低收购价政策，增强政策灵活性和弹性，合理调整最低收购价水平，加快建立健全支持保护政策。深化国有粮食企业改革，培育壮大骨干粮食企业，引导多元市场主体入市收购，防止出现卖粮难。深化棉花目标价格改革，研究完善食糖（糖料）、油料支持政策，促进价格合理形成，激发企业活力，提高国内产业竞争力。

第三节　提高农业风险保障能力

完善农业保险政策体系，设计多层次、可选择、不同保障水平的保险产品。积极开发适应新型农业经营主体需求的保险品种，探索开展水稻、小麦、玉米三大主粮作物完全成本保险和收入保险试点，鼓励开展天气指数保险、价格指数保险、贷款保证保险等试点。健全农业保险大灾风险分散机制。发展农产品期权期货市场，扩大"保险＋期货"试点，探索"订单农业＋保险＋期货（权）"试点。健全国门生物安全查验机制，推进口岸动植物检疫规范化建设。强化边境管理，打击农产品走私。完善农业风险管理和预警体系。

第五篇　发展壮大乡村产业

以完善利益联结机制为核心，以制度、技术和商业模式创新为动力，推进农村一二三产业交叉融合，加快发展根植于农业农村、由当地农民主办、彰显地域特色和乡村价值的产业体系，推动乡村产业全面振兴。

第十六章　推动农村产业深度融合

把握城乡发展格局发生重要变化的机遇，培育农业农村新产业新业态，打造农村产业融合发展新载体新模式，推动要素跨界配置和产业有机融合，让农村一二三产业在融合发展中同步升级、同步增值、同步受益。

第一节　发掘新功能新价值

顺应城乡居民消费拓展升级趋势，结合各地资源禀赋，深入发掘农业农村的生态涵养、休闲观光、文化体验、健康养老等多种功能和多重价值。遵循市场规律，推动乡村资源全域化整合、多元化增值，增强地方特色产品时代感和竞争力，形成新的消费热点，增加乡村生态产品和服务供给。实施农产品加工业提升行动，支持开展农产品生产加工、综合利用关键技术研究与示范，推动初加工、精深加工、综合利用加工和主食加工协调发展，实现农产品多层次、多环节转化增值。

第二节　培育新产业新业态

深入实施电子商务进农村综合示范，建设具有广泛性的农村电子商务发展基础设施，加快建立健全适应农产品电商发展的标准体系。研发绿色智能农产品供应链核心技术，加快培育农业现代供应链主体。加强农商互联，密切产销衔接，发展农超、农社、农企、农校等产销对接的新型流通业态。实施休闲农业和乡村旅游精品工程，发展乡村共享经济等新业态，推动科技、人文等元素融入农业。强化农业生产性服务业对现代农业产业链的引领支撑作用，构建全程覆盖、区域集成、配套完备的新型农业社会化服务体系。清理规范制约农业农村新产业新业态发展的行政审批事项。着力优化农村消费环境，不断优化农村消费结构，提升农村消费层次。

第三节　打造新载体新模式

依托现代农业产业园、农业科技园区、农产品加工园、农村产业融合发展示范园等，打造农村产业融合发展的平台载体，促进农业内部融合、延伸农业产业链、拓展农业多种功能、发展农业新型业态等多模式融合发展。加快培育农商产业联盟、农业产业化联合体等新型产业链主体，打造一批产加销一体的全产业链企业集群。推进农业循环经济试点示范和田园综合体试点建设。加快培育一批"农字号"特色小镇，在有条件的地区建设培育特色商贸小镇，推动农村产业发展与新型城镇化相结合。

第十七章　完善紧密型利益联结机制

始终坚持把农民更多分享增值收益作为基本出发点，着力增强农民参与融合能力，创新收益分享模式，健全联农带农有效激励机制，让农民更多分享产业融合发展的增值收益。

第一节　提高农民参与程度

鼓励农民以土地、林权、资金、劳动、技术、产品为纽带，开展多种形式的合作与联合，依法组建农民专业合作社联合社，强化农民作为市场主体的平等地位。引导农村集体经济组织挖掘集体土地、房屋、设施等资源和资产潜力，依法通过股份制、合作制、股份合作制、租赁等形式，积极参与产业融合发展。积极培育社会化服务组织，加强农技指导、信用评价、保险推广、市场预测、产品营销等服务，为农民参与产业融合创造良好条件。

第二节　创新收益分享模式

加快推广"订单收购＋分红""土地流转＋优先雇用＋社会保障""农民入股＋保底收益＋按股分红"等多种利益联结方式，让农户分享加工、销售环节收益。鼓励行业协会或龙头企业与合作社、家庭农场、普通农户等组织共同营销，开展农产品销售推介和品牌运作，让农户更多分享产业链增值收益。鼓励农业产业化龙头企业通过设立风险资金、为农户提供信贷担保、领办或参办农民合作组织等多种形式，与农民建立稳定的订单和契约关系。完善涉农股份合作制企业利润分配机制，明确资本参与利润分配比例上限。

第三节　强化政策扶持引导

更好发挥政府扶持资金作用，强化龙头企业、合作组织联农带农激励机制，探索将新型农业经营主体带动农户数量和成效作为安排财政支持资金的重要参考依据。以土地、林权为基础的各种形式合作，凡是享受财政投入或政策支持的承包经营者均应成为股东方。鼓励将符合条件的财政资金特别是扶贫资金量化到农村集体经济组织和农户后，以自愿入股方式投入新型农业经营主体，对农户土地经营权入股部分采取特殊保护，探索实行农民负盈不负亏的分配机制。

第十八章 激发农村创新创业活力

坚持市场化方向，优化农村创新创业环境，放开搞活农村经济，合理引导工商资本下乡，推动乡村大众创业万众创新，培育新动能。

第一节 培育壮大创新创业群体

推进产学研合作，加强科研机构、高校、企业、返乡下乡人员等主体协同，推动农村创新创业群体更加多元。培育以企业为主导的农业产业技术创新战略联盟，加速资金、技术和服务扩散，带动和支持返乡创业人员依托相关产业链创业发展。整合政府、企业、社会等多方资源，推动政策、技术、资本等各类要素向农村创新创业集聚。鼓励农民就地创业、返乡创业，加大各方资源支持本地农民兴业创业力度。深入推行科技特派员制度，引导科技、信息、资金、管理等现代生产要素向乡村集聚。

第二节 完善创新创业服务体系

发展多种形式的创新创业支撑服务平台，健全服务功能，开展政策、资金、法律、知识产权、财务、商标等专业化服务。建立农村创新创业园区（基地），鼓励农业企业建立创新创业实训基地。鼓励有条件的县级政府设立"绿色通道"，为返乡下乡人员创新创业提供便利服务。建设一批众创空间、"星创天地"，降低创业门槛。依托基层就业和社会保障服务平台，做好返乡人员创业服务、社保关系转移接续等工作。

第三节 建立创新创业激励机制

加快将现有支持"双创"相关财政政策措施向返乡下乡人员创新创业拓展，把返乡下乡人员开展农业适度规模经营所需贷款按规定纳入全国农业信贷担保体系支持范围。适当放宽返乡创业园用电用水用地标准，吸引更多返乡人员入园创业。各地年度新增建设用地计划指标，要确定一定比例用于支持农村新产业新业态发展。落实好减税降费政策，支持农村创新创业。

第六篇 建设生态宜居的美丽乡村

牢固树立和践行绿水青山就是金山银山的理念，坚持尊重自然、顺应自然、保护自然，统筹山水林田湖草系统治理，加快转变生产生活方式，推动乡村生态振兴，建设生活环境整洁优美、生态系统稳定健康、人与自然和谐共生的生态宜居美丽乡村。

第十九章 推进农业绿色发展

以生态环境友好和资源永续利用为导向，推动形成农业绿色生产方式，实现投入品减量化、生产清洁化、废弃物资源化、产业模式生态化，提高农业可持续发展能力。

第一节 强化资源保护与节约利用

实施国家农业节水行动，建设节水型乡村。深入推进农业灌溉用水总量控制和定额管理，建立健全农业节水长效机制和政策体系。逐步明晰农业水权，推进农业水价综合改革，建立精准补贴和节水奖励机制。严格控制未利用地开垦，落实和完善耕地占补平衡制度。实施农用地分类管理，切实加大优先保护类耕地保护力度。降低耕地开发利用强度，扩大轮作休耕制度试点，制定轮作休耕规划。全面普查动植物种质资源，推进种质资源收集保存、鉴定和利用。强化渔业资源管控与养护，实施海洋渔业资源总量管理、海洋渔船"双控"和休禁渔制度，科学划定江河湖海限捕、禁捕区域，建设水生生物保护区、海洋牧场。

第二节 推进农业清洁生产

加强农业投入品规范化管理，健全投入品追溯系统，推进化肥农药减量施用，完善农药风险评估技术标准体系，严格饲料质量安全管理。加快推进种养循环一体化，建立农村有机废弃物收集、转化、利用网络体系，推进农林产品加工剩余物资源化利用，深入实施秸秆禁烧制度和综合利用，开展整县推进畜禽粪污资源化利用试点。推进废旧地膜和包装废弃物等回收处理。推行水产健康养殖，加大近海滩涂养殖环境治理力度，严格控制河流湖库、近岸海域投饵网箱养殖。探索农林牧渔融合循环发展模式，修复和完善生态廊道，恢复田间生物群落和生态链，建设健康稳定田园生态系统。

第三节 集中治理农业环境突出问题

深入实施土壤污染防治行动计划，开展土壤污染状况详查，积极推进重金属污染耕地等受污染耕地分类管理和安全利用，有序推进治理与修复。加强重有色金属矿区污染综合整治。加强农业面源污染综合防治。加大地下水超采治理，控制地下水漏斗区、地表水过度利用区用水总量。严格工业和城镇污染处理、达标排放，建立监测体系，强化经常性执法监管制度建设，推动环境监测、执法向农村延伸，严禁未经达标处理的城镇污水和其他污染物进入农业农村。

第二十章 持续改善农村人居环境

以建设美丽宜居村庄为导向，以农村垃圾、污水治理和村容村貌提升为主攻方向，开展农村人居环境整治行动，全面提升农村人居环境质量。

第一节 加快补齐突出短板

推进农村生活垃圾治理，建立健全符合农村实际、方式多样的生活垃圾收运处置体系，有条件的地区推行垃圾就地分类和资源化利用。开展非正规垃圾堆放点排查整治。实施"厕所革命"，结合各地实际普及不同类型的卫生厕所，推进厕所粪污无害化处理和资源化利用。梯次推进农村生活污水治理，有条件的地区推动城镇污水管网向周边村庄延伸覆盖。逐步消除农村黑臭水体，加强农村饮用水水源地保护。

第二节 着力提升村容村貌

科学规划村庄建筑布局，大力提升农房设计水平，突出乡土特色和地域民族特点。加快推进通村组道路、入户道路建设，基本解决村内道路泥泞、村民出行不便等问题。全面推进乡村绿化，建设具有乡村特色的绿化景观。完善村庄公共照明设施。整治公共空间和庭院环境，消除私搭乱建、乱堆乱放。继续推进城乡环境卫生整洁行动，加大卫生乡镇创建工作力度。鼓励具备条件的地区集中连片建设生态宜居的美丽乡村，综合提升田水路林村风貌，促进村庄形态与自然环境相得益彰。

第三节 建立健全整治长效机制

全面完成县域乡村建设规划编制或修编，推进实用性村庄规划编制实施，加强乡村建设规划许可管理。建立农村人居环境建设和管护长效机制，发挥村民主体作用，鼓励专业化、市场化建设和运行管护。推行环境治理依效付费制度，健全服务绩效评价考核机制。探索建立垃圾污水处理农户付费制度，完善财政补贴和农户付费合理分担机制。依法简化农村人居环境整治建设项目审批程序和招投标程序。完善农村人居环境标准体系。

第二十一章 加强乡村生态保护与修复

大力实施乡村生态保护与修复重大工程，完善重要生态系统保护制度，促进乡村生产生活环境稳步改善，自然生态系统功能和稳定性全面提升，生态产品供给能力进一步增强。

第一节 实施重要生态系统保护和修复重大工程

统筹山水林田湖草系统治理，优化生态安全屏障体系。大力实施大规模国土绿化行动，全面建设三北、长江等重点防护林体系，扩大退耕还林还草，巩固退耕还林还草成果，推动森林质量精准提升，加强有害生物防治。稳定扩大退牧还草实施范围，继续推进草原防灾减灾、鼠虫草害防治、严重退化沙化草原治理等工程。保护和恢复乡村河湖、湿地生态系统，积极开展农村水生态修复，连通河湖水系，恢复河塘行蓄能力，推进退田还湖还湿、退圩退垸还湖。大力推进荒漠化、石漠化、水土流失综合治理，实施生态清洁小流域建设，推进绿色小水电改造。加快国土综合整治，实施农村土地综合整治重大行动，推进农用地和低效建设用地整理以及历史遗留损毁土地复垦。加强矿产资源开发集中地区特别是重有色金属矿区地质环境和生态修复，以及损毁山体、矿山废弃地修复。加快近岸海域综合治理，实施蓝色海湾整治行动和自然岸线修复。实施生物多样性保护重大工程，提升各类重要保护地保护管理能力。加强野生动植物保护，强化外来入侵物种风险评估、监测预警与综合防控。开展重大生态修复工程气象保障服务，探索实施生态修复型人工增雨工程。

第二节　健全重要生态系统保护制度

完善天然林和公益林保护制度，进一步细化各类森林和林地的管控措施或经营制度。完善草原生态监管和定期调查制度，严格实施草原禁牧和草畜平衡制度，全面落实草原经营者生态保护主体责任。完善荒漠生态保护制度，加强沙区天然植被和绿洲保护。全面推行河长制湖长制，鼓励将河长湖长体系延伸至村一级。推进河湖饮用水水源保护区划定和立界工作，加强对水源涵养区、蓄洪滞涝区、滨河滨湖带的保护。严格落实自然保护区、风景名胜区、地质遗迹等各类保护地保护制度，支持有条件的地方结合国家公园体制试点，探索对居住在核心区域的农牧民实施生态搬迁试点。

第三节　健全生态保护补偿机制

加大重点生态功能区转移支付力度，建立省以下生态保护补偿资金投入机制。完善重点领域生态保护补偿机制，鼓励地方因地制宜探索通过赎买、租赁、置换、协议、混合所有制等方式加强重点区位森林保护，落实草原生态保护补助奖励政策，建立长江流域重点水域禁捕补偿制度，鼓励各地建立流域上下游等横向补偿机制。推动市场化多元化生态补偿，建立健全用水权、排污权、碳排放权交易制度，形成森林、草原、湿地等生态修复工程参与碳汇交易的有效途径，探索实物补偿、服务补偿、设施补偿、对口支援、干部支持、共建园区、飞地经济等方式，提高补偿的针对性。

第四节　发挥自然资源多重效益

大力发展生态旅游、生态种养等产业，打造乡村生态产业链。进一步盘活森林、草原、湿地等自然资源，允许集体经济组织灵活利用现有生产服务设施用地开展相关经营活动。鼓励各类社会主体参与生态保护修复，对集中连片开展生态修复达到一定规模的经营主体，允许在符合土地管理法律法规和土地利用总体规划、依法办理建设用地审批手续、坚持节约集约用地的前提下，利用1%～3%治理面积从事旅游、康养、体育、设施农业等产业开发。深化集体林权制度改革，全面开展森林经营方案编制工作，扩大商品林经营自主权，鼓励多种形式的适度规模经营，支持开展林权收储担保服务。完善生态资源管护机制，设立生态管护员工作岗位，鼓励当地群众参与生态管护和管理服务。进一步健全自然资源有偿使用制度，研究探索生态资源价值评估方法并开展试点。

第七篇　繁荣发展乡村文化

坚持以社会主义核心价值观为引领，以传承发展中华优秀传统文化为核心，以乡村公共文化服务体系建设为载体，培育文明乡风、良好家风、淳朴民风，推动乡村文化振兴，建设邻里守望、诚信重礼、勤俭节约的文明乡村。

第二十二章　加强农村思想道德建设

持续推进农村精神文明建设，提升农民精神风貌，倡导科学文明生活，不断提高乡村社会文明程度。

第一节　践行社会主义核心价值观

坚持教育引导、实践养成、制度保障三管齐下，采取符合农村特点的方式方法和载体，深化中国特色社会主义和中国梦宣传教育，大力弘扬民族精神和时代精神。加强爱国主义、集体主义、社会主义教育，深化民族团结进步教育。注重典型示范，深入实施时代新人培育工程，推出一批新时代农民的先进模范人物。把社会主义核心价值观融入法治建设，推动公正文明执法司法，彰显社会主流价值。强化公共政策价值导向，探索建立重大公共政策道德风险评估和纠偏机制。

第二节　巩固农村思想文化阵地

推动基层党组织、基层单位、农村社区有针对性地加强农村群众性思想政治工作。加强对农村社会热点难点问题的应对解读，合理引导社会预期。健全人文关怀和心理疏导机制，培育自尊自信、理性平和、积极向上的农村社会心态。深化文明村镇创建活动，进一步提高县级及以上文明村和文明乡镇的占比。广泛开展星级文明户、文明家庭等群众性精神文明创建活动。深入开展"扫黄打非"进基层。重视发挥社区教育作用，做好家庭教育，传承良好家风家训。完善文化科技卫生"三下乡"长效机制。

第三节　倡导诚信道德规范

深入实施公民道德建设工程，推进社会公德、职业道德、家庭美德、个人品德建设。推进诚信建设，强化农民的社会责任意识、规则意识、集体意识和主人翁意识。建立健全农村信用体系，完善守信激励和失信惩戒机制。弘扬劳动最光荣、劳动者最伟大的观念。弘扬中华孝道，强化孝敬父母、尊敬长辈的社会风尚。广泛开展好媳妇、好儿女、好公婆等评选表彰活动，开展寻找最美乡村教师、医生、村官、人民调解员等活动。深入宣传道德模范、身边好人的典型事迹，建立健全先进模范发挥作用的长效机制。

第二十三章　弘扬中华优秀传统文化

立足乡村文明，吸取城市文明及外来文化优秀成果，在保护传承的基础上，创造性转化、创新性发展，不断赋予时代内涵、丰富表现形式，为增强文化自信提供优质载体。

第一节　保护利用乡村传统文化

实施农耕文化传承保护工程，深入挖掘农耕文化中蕴含的优秀思想观念、人文精神、道德规范，充分发挥其在凝聚人心、教化群众、淳化民风中的重要作用。划定乡村建设的历史文化保护线，保护好文物古迹、传统村落、民族村寨、传统建筑、农业遗迹、灌溉工程遗产。传承传统建筑文化，使历史记忆、地域特色、民族特点融入乡村建设与维护。支持农村地区优秀戏曲曲艺、少数民族文化、民间文化等传承发展。完善非物质文化遗产保护制度，实施非物质文化遗产传承发展工程。实施乡村经济社会变迁物证征藏工程，鼓励乡村史志修编。

第二节　重塑乡村文化生态

紧密结合特色小镇、美丽乡村建设，深入挖掘乡村特色文化符号，盘活地方和民族特色文化资源，走特色化、差异化发展之路。以形神兼备为导向，保护乡村原有建筑风貌和村落格局，把民族民间文化元素融入乡村建设，深挖历史古韵，弘扬人文之美，重塑诗意闲适的人文环境和田绿草青的居住环境，重现原生田园风光和原本乡情乡愁。引导企业家、文化工作者、退休人员、文化志愿者等投身乡村文化建设，丰富农村文化业态。

第三节　发展乡村特色文化产业

加强规划引导、典型示范，挖掘培养乡土文化本土人才，建设一批特色鲜明、优势突出的农耕文化产业展示区，打造一批特色文化产业乡镇、文化产业特色村和文化产业群。大力推动农村地区实施传统工艺振兴计划，培育形成具有民族和地域特色的传统工艺产品，促进传统工艺提高品质、形成品牌、带动就业。积极开发传统节日文化用品和武术、戏曲、舞龙、舞狮、锣鼓等民间艺术、民俗表演项目，促进文化资源与现代消费需求有效对接。推动文化、旅游与其他产业深度融合、创新发展。

第二十四章　丰富乡村文化生活

推动城乡公共文化服务体系融合发展，增加优秀乡村文化产品和服务供给，活跃繁荣农村文化市场，为广大农民提供高质量的精神营养。

第一节　健全公共文化服务体系

按照有标准、有网络、有内容、有人才的要求，健全乡村公共文化服务体系。推动县级图书馆、文化馆总分馆制，发挥县级公共文化机构辐射作用，加强基层综合性文化服务中心建设，实现乡村两级公共文化服务全覆盖，提升服务效能。完善农村新闻出版广播电视公共服务覆盖体系，推进数字广播电视户户通，探索农村电影放映的新方法新模式，推进农家书屋延伸服务和提质增效。继续实施公共数字文化工程，积极发挥新媒体作用，使农民群众能便捷获取优质数字文化资源。完善乡村公共体育服务体系，推动村健身设施全覆盖。

第二节　增加公共文化产品和服务供给

深入推进文化惠民，为农村地区提供更多更好的公共文化产品和服务。建立农民群众文化需求反馈机制，推动政府向社会购买公共文化服务，开展"菜单式""订单式"服务。加强公共文化服务品牌建设，推动形成具有鲜明特色和社会影响力的农村公共文化服务项目。开展文化结对帮扶。支持"三农"题材文艺创作生产，鼓励文艺工作者推出反映农民生产生活尤其是乡村振兴实践的优秀文艺作品。鼓励各级文艺组织深入农村地区开展惠民演出活动。加强农村科普工作，推动全民阅读进家庭、进农村，提高农民科学文化素养。

第三节　广泛开展群众文化活动

完善群众文艺扶持机制，鼓励农村地区自办文化。培育挖掘乡土文化本土人才，支持乡村文化能人。加强基层文化队伍培训，培养一支懂文艺爱农村爱农民、专兼职相结合的农村文化工作队伍。传承和发展民族民间传统体育，广泛开展形式多样的农民群众性体育活动。鼓励开展群众性节日民俗活动，支持文化志愿者深入农村开展丰富多彩的文化志愿服务活动。活跃繁荣农村文化市场，推动农村文化市场转型升级，加强农村文化市场监管。

第八篇　健全现代乡村治理体系

把夯实基层基础作为固本之策，建立健全党委领导、政府负责、社会协同、公众参与、法治保障的现代乡村社会治理体制，推动乡村组织振兴，打造充满活力、和谐有序的善治乡村。

第二十五章　加强农村基层党组织对乡村振兴的全面领导

以农村基层党组织建设为主线，突出政治功能，提升组织力，把农村基层党组织建成宣传党的主张、贯彻党的决定、领导基层治理、团结动员群众、推动改革发展的坚强战斗堡垒。

第一节　健全以党组织为核心的组织体系

坚持农村基层党组织领导核心地位，大力推进村党组织书记通过法定程序担任村民委员会主任和集体经济组织、农民合作组织负责人，推行村"两委"班子成员交叉任职；提倡由非村民委员会成员的村党组织班子成员或党员担任村务监督委员会主任；村民委员会成员、村民代表中党员应当占一定比例。在以建制村为基本单元设置党组织的基础上，创新党组织设置。推动农村基层党组织和党员在脱贫攻坚和乡村振兴中提高威信、提升影响。加强农村新型经济组织和社会组织的党建工作，引导其始终坚持为农民服务的正确方向。

第二节　加强农村基层党组织带头人队伍建设

实施村党组织带头人整体优化提升行动。加大从本村致富能手、外出务工经商人员、本乡本土大学毕业生、复员退伍军人中培养选拔力度。以县为单位，逐村摸排分析，对村党组织书记集中调整优化，全面实行县级备案管理。健全从优秀村党组织书记中选拔乡镇领导干部、考录乡镇公务员、招聘乡镇事业编制人员机制。通过本土人才回引、院校定向培养、县乡统筹招聘等渠道，每个村储备一定数量的村级后备干部。全面向贫困村、软弱涣散村和集体经济薄弱村党组织派出第一书记，建立长效机制。

第三节　加强农村党员队伍建设

加强农村党员教育、管理、监督，推进"两学一做"学习教育常态化制度化，教育引导广大党员自觉用习近平新时代中国特色社会主义思想武装头脑。严格党的组织生活，全面落实"三会一课"、主题党日、谈心谈话、民主评议党员、党员联系农户等制度。加强农村流动党员管理。注重发挥无职党员作用。扩大党内基层民主，推进党务公开。加强党内激励关怀帮扶，定期走访慰问农村老党员、生活困难党员，帮助解决实际困难。稳妥有序开展不合格党员组织处置工作。加大在青年农民、外出务工人员、妇女中发展党员力度。

第四节　强化农村基层党组织建设责任与保障

推动全面从严治党向纵深发展、向基层延伸，严格落实各级党委尤其是县级党委主体责任，进一步压实县乡纪委监督责任，将抓党建促脱贫攻坚、促乡村振兴情况作为每年市县乡党委书记抓基层党建述职评议考核的重要内容，纳入巡视、巡察工作内容，作为领导班子综合评价和选拔任用领导干部的重要依据。坚持抓乡促村，整乡推进、整县提升，加强基本组织、基本队伍、基本制度、基本活动、基本保障建设，持续整顿软弱涣散村党组织。加强农村基层党风廉政建设，强化农村基层干部和党员的日常教育管理监督，加强对《农村基层干部廉洁履行职责若干规定（试行）》执行情况的监督检查，弘扬新风正气，抵制歪风邪气。充分发挥纪检监察机关在督促相关职能部门抓好中央政策落实方面的作用，加强对落实情况特别是涉农资金拨付、物资调配等工作的监督，开展扶贫领域腐败和作风问题专项治理，严厉打击农村基层黑恶势力和涉黑涉恶腐败及"保护伞"，严肃查处发生在惠农资金、征地拆迁、生态环保和农村"三资"管理领域的违纪违法问题，坚决纠正损害农民利益的行为，严厉整治群众身边腐败问题。全面执行以财政投入为主的稳定的村级组织运转经费保障政策。满怀热情关心关爱农村基层干部，政治上激励、工作上支持、待遇上保障、心理上关怀。重视发现和树立优秀农村基层干部典型，彰显榜样力量。

第二十六章　促进自治法治德治有机结合

坚持自治为基、法治为本、德治为先，健全和创新村党组织领导的充满活力的村民自治机制，强化法律权威地位，以德治滋养法治、涵养自治，让德治贯穿乡村治理全过程。

第一节　深化村民自治实践

加强农村群众性自治组织建设。完善农村民主选举、民主协商、民主决策、民主管理、民主监督制度。规范村民委员会等自治组织选举办法，健全民主决策程序。依托村民会议、村民代表会议、村民议事会、村民理事会等，形成民事民议、民事民办、民事民管的多层次基层协商格局。创新村民议事形式，完善议事决策主体和程序，落实群众知情权和决策权。全面建立健全村务监督委员会，健全务实管用的村务监督机制，推行村级事务阳光工程。充分发挥自治章程、村规民约在农村基层治理中的独特功能，弘扬公序良俗。继续开展以村民小组或自然村为基本单元的村民自治试点工作。加强基层纪委监委对村民委员会的联系和指导。

第二节　推进乡村法治建设

深入开展"法律进乡村"宣传教育活动，提高农民法治素养，引导干部群众尊法学法守法用法。增强基层干部法治观念、法治为民意识，把政府各项涉农工作纳入法治化轨道。维护村民委员会、农村集体经济组织、农村合作经济组织的特别法人地位和权利。深入推进综合行政执法改革向基层延伸，创新监管方式，推动执法队伍整合、执法力量下沉，提高执法能力和水平。加强乡村人民调解组织建设，建立健全乡村调解、县市仲裁、司法保障的农村土地承包经营纠纷调处机制。健全农村公共法律服务体系，加强对农民的法律援助、司法救助和公益法律服务。深入开展法治县（市、区）、民主法治示范村等法治创建活动，深化农村基层组织依法治理。

第三节　提升乡村德治水平

深入挖掘乡村熟人社会蕴含的道德规范，结合时代要求进行创新，强化道德教化作用，引导农民向上向善、孝老爱亲、重义守信、勤俭持家。建立道德激励约束机制，引导农民自我管理、自我教育、自我服务、自我提高，实现家庭和睦、邻里和谐、干群融洽。积极发挥新乡贤作用。深入推进移风易俗，开展专项文明行动，遏制大操大办、相互攀比、"天价彩礼"、厚葬薄养等陈规陋习。加强无神论宣传教育，抵制封建迷信活动。深化农村殡葬改革。

第四节　建设平安乡村

健全落实社会治安综合治理领导责任制，健全农村社会治安防控体系，推动社会治安防控力量下沉，加强农村群防群治队伍建设。深入开展扫黑除恶专项斗争。依法加大对农村非法宗教、邪教活动打击力度，严防境外渗透，继续整治农村乱建宗教活动场所、滥塑宗教造像。完善县乡村三级综治中心功能和运行机制。健全农村公共安全体系，持续开展农村安全隐患治理。加强农村警务、消防、安全生产工作，坚决遏制重特大安全事故。健全矛盾纠纷多元化解机制，深入排查化解各类矛盾纠纷，全面推广"枫桥经验"，做到小事不出村、大事不出乡（镇）。落实乡镇政府农村道路交通安全监督管理责任，探索实施"路长制"。探索以网格化管理为抓手，推动基层服务和管理精细化精准化。推进农村"雪亮工程"建设。

第二十七章　夯实基层政权

科学设置乡镇机构，构建简约高效的基层管理体制，健全农村基层服务体系，夯实乡村治理基础。

第一节　加强基层政权建设

面向服务人民群众合理设置基层政权机构、调配人力资源，不简单照搬上级机关设置模式。根据工作需要，整合基层审批、服务、执法等方面力量，统筹机构编制资源，整合相关职能设立综合性机构，实行扁平化和网格化管理。推动乡村治理重心下移，尽可能把资源、服务、管理下放到基层。加强乡镇领导班子建设，有计划地选派省市县机关部门有发展潜力的年轻干部到乡镇任职。加大从优秀选调生、乡镇事业编制人员、优秀村干部、大学生村官中选拔乡镇领导班子成员力度。加强边境地区、民族地区农村基层政权建设相关工作。

第二节　创新基层管理体制机制

明确县乡财政事权和支出责任划分，改进乡镇财政预算管理制度。推进乡镇协商制度化、规范化建设，创新联系服务群众工作方法。推进直接服务民生的公共事业部门改革，改进服务方式，最大限度方便群众。推动乡镇政务服务事项一窗式办理、部门信息系统一平台整合、社会服务管理大数据一口径汇集，不断提高乡村治理智能化水平。健全监督体系，规范乡镇管理行为。改革创新考评体系，强化以群众满意度为重点的考核导向。严格控制对乡镇设立不切实际的"一票否决"事项。

第三节　健全农村基层服务体系

制定基层政府在村（农村社区）治理方面的权责清单，推进农村基层服务规范化标准化。整合优化公共服务和行政审批职责，打造"一门式办理""一站式服务"的综合服务平台。在村庄普遍建立网上服务站点，逐步形成完善的乡村便民服务体系。大力培育服务性、公益性、互助性农村社会组织，积极发展农村社会工作和志愿服务。开展农村基层减负工作，集中清理对村级组织考核评比多、创建达标多、检查督查多等突出问题。

第九篇　保障和改善农村民生

坚持人人尽责、人人享有，围绕农民群众最关心最直接最现实的利益问题，加快补齐农村民生短板，提高农村美好生活保障水平，让农民群众有更多实实在在的获得感、幸福感、安全感。

第二十八章　加强农村基础设施建设

继续把基础设施建设重点放在农村，持续加大投入力度，加快补齐农村基础设施短板，促进城乡基础设施互联互通，推动农村基础设施提档升级。

第一节　改善农村交通物流设施条件

以示范县为载体全面推进"四好农村路"建设，深化农村公路管理养护体制改革，健全管理养护长效机制，完善安全防护设施，保障农村地区基本出行条件。推动城市公共交通线路向城市周边延伸，鼓励发展镇村公交，实现具备条件的建制村全部通客车。加大对革命老区、民族地区、边疆地区、贫困地区铁路公益性运输的支持力度，继续开好"慢火车"。加快构建农村物流基础设施骨干网络，鼓励商贸、邮政、快递、供销、运输等企业加大在农村地区的设施网络布局。加快完善农村物流基础设施末端网络，鼓励有条件的地区建设面向农村地区的共同配送中心。

第二节　加强农村水利基础设施网络建设

构建大中小微结合、骨干和田间衔接、长期发挥效益的农村水利基础设施网络，着力提高节水供水和防洪减灾能力。科学有序推进重大水利工程建设，加强灾后水利薄弱环节建设，统筹推进中小型水源工程和抗旱应急能力建设。巩固提升农村饮水安全保障水平，开展大中型灌区续建配套节水改造与现代化建设，有序新建一批节水型、生态型灌区，实施大中型灌排泵站更新改造。推进小型农田水利设施达标提质，实施水系连通和河塘清淤整治等工程建设。推进智慧水利建设。深化农村水利工程产权制度与管理体制改革，健全基层水利服务体系，促进工程长期良性运行。

第三节　构建农村现代能源体系

优化农村能源供给结构，大力发展太阳能、浅层地热能、生物质能等，因地制宜开发利用水能和风能。完善农村能源基础设施网络，加快新一轮农村电网升级改造，推动供气设施向农村延伸。加快推进生物质热电联产、生物质供热、规模化生物质天然气和规模化大型沼气等燃料清洁化工程。推进农村能源消费升级，大幅提高电能在农村能源消费中的比重，加快实施北方农村地区冬季清洁取暖，积极稳妥推进散煤替代。推广农村绿色节能建筑和农用节能技术、产品。大力发展"互联网＋"智慧能源，探索建设农村能源革命示范区。

第四节　夯实乡村信息化基础

深化电信普遍服务，加快农村地区宽带网络和第四代移动通信网络覆盖步伐。实施新一代信息基础设施建设工程。实施数字乡村战略，加快物联网、地理信息、智能设备等现代信息技术与农村生产生活的全面深度融合，深化农业农村大数据创新应用，推广远程教育、远程医疗、金融服务进村等信息服务，建立空间化、智能化的新型农村统计信息系统。在乡村信息化基础设施建设过程中，同步规划、同步建设、同步实施网络安全工作。

第二十九章　提升农村劳动力就业质量

坚持就业优先战略和积极就业政策，健全城乡均等的公共就业服务体系，不断提升农村劳动者素质，拓展农民外出就业和就地就近就业空间，实现更高质量和更充分就业。

第一节 拓宽转移就业渠道

增强经济发展创造就业岗位能力，拓宽农村劳动力转移就业渠道，引导农村劳动力外出就业，更加积极地支持就地就近就业。发展壮大县域经济，加快培育区域特色产业，拓宽农民就业空间。大力发展吸纳就业能力强的产业和企业，结合新型城镇化建设合理引导产业梯度转移，创造更多适合农村劳动力转移就业的机会，推进农村劳动力转移就业示范基地建设。加强劳务协作，积极开展有组织的劳务输出。实施乡村就业促进行动，大力发展乡村特色产业，推进乡村经济多元化，提供更多就业岗位。结合农村基础设施等工程建设，鼓励采取以工代赈方式就近吸纳农村劳动力务工。

第二节 强化乡村就业服务

健全覆盖城乡的公共就业服务体系，提供全方位公共就业服务。加强乡镇、行政村基层平台建设，扩大就业服务覆盖面，提升服务水平。开展农村劳动力资源调查统计，建立农村劳动力资源信息库并实行动态管理。加快公共就业服务信息化建设，打造线上线下一体的服务模式。推动建立覆盖城乡全体劳动者、贯穿劳动者学习工作终身、适应就业和人才成长需要的职业技能培训制度，增强职业培训的针对性和有效性。在整合资源基础上，合理布局建设一批公共实训基地。

第三节 完善制度保障体系

推动形成平等竞争、规范有序、城乡统一的人力资源市场，建立健全城乡劳动者平等就业、同工同酬制度，提高就业稳定性和收入水平。健全人力资源市场法律法规体系，依法保障农村劳动者和用人单位合法权益。完善政府、工会、企业共同参与的协调协商机制，构建和谐劳动关系。落实就业服务、人才激励、教育培训、资金奖补、金融支持、社会保险等就业扶持相关政策。加强就业援助，对就业困难农民实行分类帮扶。

第三十章 增加农村公共服务供给

继续把国家社会事业发展的重点放在农村，促进公共教育、医疗卫生、社会保障等资源向农村倾斜，逐步建立健全全民覆盖、普惠共享、城乡一体的基本公共服务体系，推进城乡基本公共服务均等化。

第一节 优先发展农村教育事业

统筹规划布局农村基础教育学校，保障学生就近享有有质量的教育。科学推进义务教育公办学校标准化建设，全面改善贫困地区义务教育薄弱学校基本办学条件，加强寄宿制学校建设，提升乡村教育质量，实现县域校际资源均衡配置。发展农村学前教育，每个乡镇至少办好1所公办中心幼儿园，完善县乡村学前教育公共服务网络。继续实施特殊教育提升计划。科学稳妥推行民族地区乡村中小学双语教育，坚定不移推行国家通用语言文字教育。实施高中阶段教育普及攻坚计划，提高高中阶段教育普及水平。大力发展面向农村的职业教育，加快推进职业院校布局结构调整，加强县级职业教育中心建设，有针对性地设置专业和课程，满足乡村产业发展和振兴需要。推动优质学校辐射农村薄弱学校常态化，加强城乡教师交流轮岗。积极发展"互联网＋教育"，推进乡村学校信息化基础设施建设，优化数字教育资源公共服务体系。落实好乡村教师支持计划，继续实施农村义务教育学校教师特设岗位计划，加强乡村学校紧缺学科教师和民族地区双语教师培训，落实乡村教师生活补助政策，建好建强乡村教师队伍。

第二节 推进健康乡村建设

深入实施国家基本公共卫生服务项目，完善基本公共卫生服务项目补助政策，提供基础性全方位全周期的健康管理服务。加强慢性病、地方病综合防控，大力推进农村地区精神卫生、职业病和重大传染病防治。深化农村计划生育管理服务改革，落实全面两孩政策。增强妇幼健康服务能力，倡导优生优育。加强基层医疗卫生服务体系建设，基本实现每个乡镇都有1所政府举办的乡镇卫生院，每个行政村都有1所卫生室，每个乡镇卫生院都有全科医生，支持中西部地区基层医疗卫生机构标准化建设和设备提档升级。切实加强乡村医生队伍建设，支持并推动乡村医生申请执业（助理）医师资格。全面建立分级诊疗制度，实行差别化的医保支付和价格政策。深入推进基层卫生综合改革，完善基层医疗卫生机构绩效工资制度。开展和规范家庭医生签约服务。树立大卫生大健康理念，广泛开展健康教育活动，倡导科学文明健康的生活方式，养成良好卫生习惯，提升居民文明卫生素质。

第三节　加强农村社会保障体系建设

按照兜底线、织密网、建机制的要求，全面建成覆盖全民、城乡统筹、权责清晰、保障适度、可持续的多层次社会保障体系。进一步完善城乡居民基本养老保险制度，加快建立城乡居民基本养老保险待遇确定和基础养老金标准正常调整机制。完善统一的城乡居民基本医疗保险制度和大病保险制度，做好农民重特大疾病救助工作，健全医疗救助与基本医疗保险、城乡居民大病保险及相关保障制度的衔接机制，巩固城乡居民医保全国异地就医联网直接结算。推进低保制度城乡统筹发展，健全低保标准动态调整机制。全面实施特困人员救助供养制度，提升托底保障能力和服务质量。推动各地通过政府购买服务、设置基层公共管理和社会服务岗位、引入社会工作专业人才和志愿者等方式，为农村留守儿童和妇女、老年人以及困境儿童提供关爱服务。加强和改善农村残疾人服务，将残疾人普遍纳入社会保障体系予以保障和扶持。

第四节　提升农村养老服务能力

适应农村人口老龄化加剧形势，加快建立以居家为基础、社区为依托、机构为补充的多层次农村养老服务体系。以乡镇为中心，建立具有综合服务功能、医养相结合的养老机构，与农村基本公共服务、农村特困供养服务、农村互助养老服务相互配合，形成农村基本养老服务网络。提高乡村卫生服务机构为老年人提供医疗保健服务的能力。支持主要面向失能、半失能老年人的农村养老服务设施建设，推进农村幸福院等互助型养老服务发展，建立健全农村留守老年人关爱服务体系。开发农村康养产业项目。鼓励村集体建设用地优先用于发展养老服务。

第五节　加强农村防灾减灾救灾能力建设

坚持以防为主、防抗救相结合，坚持常态减灾与非常态救灾相统一，全面提高抵御各类灾害综合防范能力。加强农村自然灾害监测预报预警，解决农村预警信息发布"最后一公里"问题。加强防灾减灾工程建设，推进实施自然灾害高风险区农村困难群众危房改造。全面深化森林、草原火灾防控治理。大力推进农村公共消防设施、消防力量和消防安全管理组织建设，改善农村消防安全条件。推进自然灾害救助物资储备体系建设。开展灾害救助应急预案编制和演练，完善应对灾害的政策支持体系和灾后重建工作机制。在农村广泛开展防灾减灾宣传教育。

第十篇　完善城乡融合发展政策体系

顺应城乡融合发展趋势，重塑城乡关系，更好激发农村内部发展活力、优化农村外部发展环境，推动人才、土地、资本等要素双向流动，为乡村振兴注入新动能。

第三十一章　加快农业转移人口市民化

加快推进户籍制度改革，全面实行居住证制度，促进有能力在城镇稳定就业和生活的农业转移人口有序实现市民化。

第一节　健全落户制度

鼓励各地进一步放宽落户条件，除极少数超大城市外，允许农业转移人口在就业地落户，优先解决农村学生升学和参军进入城镇的人口、在城镇就业居住5年以上和举家迁徙的农业转移人口以及新生代农民工落户问题。区分超大城市和特大城市主城区、郊区、新区等区域，分类制定落户政策，重点解决符合条件的普通劳动者落户问题。全面实行居住证制度，确保各地居住证申领门槛不高于国家标准、享受的各项基本公共服务和办事便利不低于国家标准，推进居住证制度覆盖全部未落户城镇常住人口。

第二节 保障享有权益

不断扩大城镇基本公共服务覆盖面，保障符合条件的未落户农民工在流入地平等享受城镇基本公共服务。通过多种方式增加学位供给，保障农民工随迁子女以流入地公办学校为主接受义务教育，以普惠性幼儿园为主接受学前教育。完善就业失业登记管理制度，面向农业转移人口全面提供政府补贴职业技能培训服务。将农业转移人口纳入社区卫生和计划生育服务体系，提供基本医疗卫生服务。把进城落户农民完全纳入城镇社会保障体系，在农村参加的养老保险和医疗保险规范接入城镇社会保障体系，做好基本医疗保险关系转移接续和异地就医结算工作。把进城落户农民完全纳入城镇住房保障体系，对符合条件的采取多种方式满足基本住房需求。

第三节 完善激励机制

维护进城落户农民土地承包权、宅基地使用权、集体收益分配权，引导进城落户农民依法自愿有偿转让上述权益。加快户籍变动与农村"三权"脱钩，不得以退出"三权"作为农民进城落户的条件，促使有条件的农业转移人口放心落户城镇。落实支持农业转移人口市民化财政政策，以及城镇建设用地增加规模与吸纳农业转移人口落户数量挂钩政策，健全由政府、企业、个人共同参与的市民化成本分担机制。

第三十二章 强化乡村振兴人才支撑

实行更加积极、更加开放、更加有效的人才政策，推动乡村人才振兴，让各类人才在乡村大施所能、大展才华、大显身手。

第一节 培育新型职业农民

全面建立职业农民制度，培养新一代爱农业、懂技术、善经营的新型职业农民，优化农业从业者结构。实施新型职业农民培育工程，支持新型职业农民通过弹性学制参加中高等农业职业教育。创新培训组织形式，探索田间课堂、网络教室等培训方式，支持农民专业合作社、专业技术协会、龙头企业等主体承担培训。鼓励各地开展职业农民职称评定试点。引导符合条件的新型职业农民参加城镇职工养老、医疗等社会保障制度。

第二节 加强农村专业人才队伍建设

加大"三农"领域实用专业人才培育力度，提高农村专业人才服务保障能力。加强农技推广人才队伍建设，探索公益性和经营性农技推广融合发展机制，允许农技人员通过提供增值服务合理取酬，全面实施农技推广服务特聘计划。加强涉农院校和学科专业建设，大力培育农业科技、科普人才，深入实施农业科研杰出人才计划和杰出青年农业科学家项目，深化农业系列职称制度改革。

第三节 鼓励社会人才投身乡村建设

建立健全激励机制，研究制定完善相关政策措施和管理办法，鼓励社会人才投身乡村建设。以乡情乡愁为纽带，引导和支持企业家、党政干部、专家学者、医生教师、规划师、建筑师、律师、技能人才等，通过下乡担任志愿者、投资兴业、行医办学、捐资捐物、法律服务等方式服务乡村振兴事业，允许符合要求的公职人员回乡任职。落实和完善融资贷款、配套设施建设补助、税费减免等扶持政策，引导工商资本积极投入乡村振兴事业。继续实施"三区"（边远贫困地区、边疆民族地区和革命老区）人才支持计划，深入推进大学生村官工作，因地制宜实施"三支一扶"、高校毕业生基层成长等计划，开展乡村振兴"巾帼行动"、青春建功行动。建立城乡、区域、校地之间人才培养合作与交流机制。全面建立城市医生教师、科技文化人员等定期服务乡村机制。

第三十三章 加强乡村振兴用地保障

完善农村土地利用管理政策体系，盘活存量，用好流量，辅以增量，激活农村土地资源资产，保障乡村振兴用地需求。

第一节　健全农村土地管理制度

总结农村土地征收、集体经营性建设用地入市、宅基地制度改革试点经验，逐步扩大试点，加快土地管理法修改。探索具体用地项目公共利益认定机制，完善征地补偿标准，建立被征地农民长远生计的多元保障机制。建立健全依法公平取得、节约集约使用、自愿有偿退出的宅基地管理制度。在符合规划和用途管制前提下，赋予农村集体经营性建设用地出让、租赁、入股权能，明确入市范围和途径。建立集体经营性建设用地增值收益分配机制。

第二节　完善农村新增用地保障机制

统筹农业农村各项土地利用活动，乡镇土地利用总体规划可以预留一定比例的规划建设用地指标，用于农业农村发展。根据规划确定的用地结构和布局，年度土地利用计划分配中可安排一定比例新增建设用地指标专项支持农业农村发展。对于农业生产过程中所需各类生产设施和附属设施用地，以及由于农业规模经营必须兴建的配套设施，在不占用永久基本农田的前提下，纳入设施农用地管理，实行县级备案。鼓励农业生产与村庄建设用地复合利用，发展农村新产业新业态，拓展土地使用功能。

第三节　盘活农村存量建设用地

完善农民闲置宅基地和闲置农房政策，探索宅基地所有权、资格权、使用权"三权分置"，落实宅基地集体所有权，保障宅基地农户资格权和农民房屋财产权，适度放活宅基地和农民房屋使用权，不得违规违法买卖宅基地，严格实行土地用途管制，严格禁止下乡利用农村宅基地建设别墅大院和私人会馆。在符合土地利用总体规划前提下，允许县级政府通过村土地利用规划调整优化村庄用地布局，有效利用农村零星分散的存量建设用地。对利用收储农村闲置建设用地发展农村新产业新业态的，给予新增建设用地指标奖励。

第三十四章　健全多元投入保障机制

健全投入保障制度，完善政府投资体制，充分激发社会投资的动力和活力，加快形成财政优先保障、社会积极参与的多元投入格局。

第一节　继续坚持财政优先保障

建立健全实施乡村振兴战略财政投入保障制度，明确和强化各级政府"三农"投入责任，公共财政更大力度向"三农"倾斜，确保财政投入与乡村振兴目标任务相适应。规范地方政府举债融资行为，支持地方政府发行一般债券用于支持乡村振兴领域公益性项目，鼓励地方政府试点发行项目融资和收益自平衡的专项债券，支持符合条件、有一定收益的乡村公益性建设项目。加大政府投资对农业绿色生产、可持续发展、农村人居环境、基本公共服务等重点领域和薄弱环节支持力度，充分发挥投资对优化供给结构的关键性作用。充分发挥规划的引领作用，推进行业内资金整合与行业间资金统筹相互衔接配合，加快建立涉农资金统筹整合长效机制。强化支农资金监督管理，提高财政支农资金使用效益。

第二节　提高土地出让收益用于农业农村比例

开拓投融资渠道，健全乡村振兴投入保障制度，为实施乡村振兴战略提供稳定可靠资金来源。坚持取之于地，主要用之于农的原则，制定调整完善土地出让收入使用范围、提高农业农村投入比例的政策性意见，所筹集资金用于支持实施乡村振兴战略。改进耕地占补平衡管理办法，建立高标准农田建设等新增耕地指标和城乡建设用地增减挂钩节余指标跨省域调剂机制，将所得收益通过支出预算全部用于巩固脱贫攻坚成果和支持实施乡村振兴战略。

第三节　引导和撬动社会资本投向农村

优化乡村营商环境，加大农村基础设施和公用事业领域开放力度，吸引社会资本参与乡村振兴。规范有序盘活农业农村基础设施存量资产，回收资金主要用于补短板项目建设。继续深化"放管服"改革，鼓励工商资本投入农业农村，为乡村振兴提供综合性解决方案。鼓励利用外资开展现代农业、产业融合、生态修复、人居环境整治和农村基础设施等建设。推广一事一议、以奖代补等方式，鼓励农民对直接受益的乡村基础设施建设投工投劳，让农民更多参与建设管护。

第三十五章　加大金融支农力度

健全适合农业农村特点的农村金融体系，把更多金融资源配置到农村经济社会发展的重点领域和薄弱环节，更好满足乡村振兴多样化金融需求。

第一节　健全金融支农组织体系

发展乡村普惠金融。深入推进银行业金融机构专业化体制机制建设，形成多样化农村金融服务主体。指导大型商业银行立足普惠金融事业部等专营机制建设，完善专业化的"三农"金融服务供给机制。完善中国农业银行、中国邮政储蓄银行"三农"金融事业部运营体系，明确国家开发银行、中国农业发展银行在乡村振兴中的职责定位，加大对乡村振兴信贷支持。支持中小型银行优化网点渠道建设，下沉服务重心。推动农村信用社省联社改革，保持农村信用社县域法人地位和数量总体稳定，完善村镇银行准入条件。引导农民合作金融健康有序发展。鼓励证券、保险、担保、基金、期货、租赁、信托等金融资源聚焦服务乡村振兴。

第二节　创新金融支农产品和服务

加快农村金融产品和服务方式创新，持续深入推进农村支付环境建设，全面激活农村金融服务链条。稳妥有序推进农村承包土地经营权、农民住房财产权、集体经营性建设用地使用权抵押贷款试点。探索县级土地储备公司参与农村承包土地经营权和农民住房财产权"两权"抵押试点工作。充分发挥全国信用信息共享平台和金融信用信息基础数据库的作用，探索开发新型信用类金融支农产品和服务。结合农村集体产权制度改革，探索利用量化的农村集体资产股权的融资方式。提高直接融资比重，支持农业企业依托多层次资本市场发展壮大。创新服务模式，引导持牌金融机构通过互联网和移动终端提供普惠金融服务，促进金融科技与农村金融规范发展。

第三节　完善金融支农激励政策

继续通过奖励、补贴、税收优惠等政策工具支持"三农"金融服务。抓紧出台金融服务乡村振兴的指导意见。发挥再贷款、再贴现等货币政策工具的引导作用，将乡村振兴作为信贷政策结构性调整的重要方向。落实县域金融机构涉农贷款增量奖励政策，完善涉农贴息贷款政策，降低农户和新型农业经营主体的融资成本。健全农村金融风险缓释机制，加快完善"三农"融资担保体系。充分发挥好国家融资担保基金的作用，强化担保融资增信功能，引导更多金融资源支持乡村振兴。制定金融机构服务乡村振兴考核评估办法。改进农村金融差异化监管体系，合理确定金融机构发起设立和业务拓展的准入门槛。守住不发生系统性金融风险底线，强化地方政府金融风险防范处置责任。

第十一篇　规划实施

实行中央统筹、省负总责、市县抓落实的乡村振兴工作机制，坚持党的领导，更好履行各级政府职责，凝聚全社会力量，扎实有序推进乡村振兴。

第三十六章　加强组织领导

坚持党总揽全局、协调各方，强化党组织的领导核心作用，提高领导能力和水平，为实现乡村振兴提供坚强保证。

第一节　落实各方责任

强化地方各级党委和政府在实施乡村振兴战略中的主体责任，推动各级干部主动担当作为。坚持工业农业一起抓、城市农村一起抓，把农业农村优先发展原则体现到各个方面。坚持乡村振兴重大事项、重要问题、重要工作由党组织讨论决定的机制，落实党政一把手是第一责任人、五级书记抓乡村振兴的工作要求。县委书记要当好乡村振兴"一线总指挥"，下大力气抓好"三农"工作。各地区要依照国家规划科学编制乡村振兴地方规划或方案，科学制定配套政策和配置公共资源，明确目标任务，细化实化政策措施，增强可操作性。各部门要各司其职、密切配合，抓紧制定专项规划或指导意见，细化落实并指导地方完成国家规划提出的主要目标任务。建立健全规划实施和工作推进机制，加强政策衔接和工作协调。培养造就一支懂农业、爱农村、爱农民的"三农"工作队伍，带领群众投身乡村振兴伟大事业。

第二节　强化法治保障

各级党委和政府要善于运用法治思维和法治方式推进乡村振兴工作，严格执行现行涉农法律法规，在规划编制、项目安排、资金使用、监督管理等方面，提高规范化、制度化、法治化水平。完善乡村振兴法律法规和标准体系，充分发挥立法在乡村振兴中的保障和推动作用。推动各类组织和个人依法依规实施和参与乡村振兴。加强基层执法队伍建设，强化市场监管，规范乡村市场秩序，有效促进社会公平正义，维护人民群众合法权益。

第三节　动员社会参与

搭建社会参与平台，加强组织动员，构建政府、市场、社会协同推进的乡村振兴参与机制。创新宣传形式，广泛宣传乡村振兴相关政策和生动实践，营造良好社会氛围。发挥工会、共青团、妇联、科协、残联等群团组织的优势和力量，发挥各民主党派、工商联、无党派人士等积极作用，凝聚乡村振兴强大合力。建立乡村振兴专家决策咨询制度，组织智库加强理论研究。促进乡村振兴国际交流合作，讲好乡村振兴的中国故事，为世界贡献中国智慧和中国方案。

第四节　开展评估考核

加强乡村振兴战略规划实施考核监督和激励约束。将规划实施成效纳入地方各级党委和政府及有关部门的年度绩效考评内容，考核结果作为有关领导干部年度考核、选拔任用的重要依据，确保完成各项目标任务。本规划确定的约束性指标以及重大工程、重大项目、重大政策和重要改革任务，要明确责任主体和进度要求，确保质量和效果。加强乡村统计工作，因地制宜建立客观反映乡村振兴进展的指标和统计体系。建立规划实施督促检查机制，适时开展规划中期评估和总结评估。

第三十七章　有序实现乡村振兴

充分认识乡村振兴任务的长期性、艰巨性，保持历史耐心，避免超越发展阶段，统筹谋划，典型带动，有序推进，不搞齐步走。

第一节　准确聚焦阶段任务

在全面建成小康社会决胜期，重点抓好防范化解重大风险、精准脱贫、污染防治三大攻坚战，加快补齐农业现代化短腿和乡村建设短板。在开启全面建设社会主义现代化国家新征程时期，重点加快城乡融合发展制度设计和政策创新，推动城乡公共资源均衡配置和基本公共服务均等化，推进乡村治理体系和治理能力现代化，全面提升农民精神风貌，为乡村振兴这盘大棋布好局。

第二节　科学把握节奏力度

合理设定阶段性目标任务和工作重点，分步实施，形成统筹推进的工作机制。加强主体、资源、政策和城乡协同发力，避免代替农民选择，引导农民摒弃"等靠要"思想，激发农村各类主体活力，激活乡村振兴内生动力，形成系统高效的运行机制。立足当前发展阶段，科学评估财政承受能力、集体经济实力和社会资本动力，依法合规谋划乡村振兴筹资渠道，避免负债搞建设，防止刮风搞运动，合理确定乡村基础设施、公共产品、制度保障等供给水平，形成可持续发展的长效机制。

  第三节　梯次推进乡村振兴

  科学把握我国乡村区域差异，尊重并发挥基层首创精神，发掘和总结典型经验，推动不同地区、不同发展阶段的乡村有序实现农业农村现代化。发挥引领区示范作用，东部沿海发达地区、人口净流入城市的郊区、集体经济实力强以及其他具备条件的乡村，到 2022 年率先基本实现农业农村现代化。推动重点区加速发展，中小城市和小城镇周边以及广大平原、丘陵地区的乡村，涵盖我国大部分村庄，是乡村振兴的主战场，到 2035 年基本实现农业农村现代化。聚焦攻坚区精准发力，革命老区、民族地区、边疆地区、集中连片特困地区的乡村，到 2050 年如期实现农业农村现代化。

中共中央 国务院关于坚持农业农村优先发展做好"三农"工作的若干意见[①]

(2019 年 1 月 3 日)

今明两年是全面建成小康社会的决胜期,"三农"领域有不少必须完成的硬任务。党中央认为,在经济下行压力加大、外部环境发生深刻变化的复杂形势下,做好"三农"工作具有特殊重要性。必须坚持把解决好"三农"问题作为全党工作重中之重不动摇,进一步统一思想、坚定信心、落实工作,巩固发展农业农村好形势,发挥"三农"压舱石作用,为有效应对各种风险挑战赢得主动,为确保经济持续健康发展和社会大局稳定、如期实现第一个百年奋斗目标奠定基础。

做好"三农"工作,要以习近平新时代中国特色社会主义思想为指导,全面贯彻党的十九大和十九届二中、三中全会以及中央经济工作会议精神,紧紧围绕统筹推进"五位一体"总体布局和协调推进"四个全面"战略布局,牢牢把握稳中求进工作总基调,落实高质量发展要求,坚持农业农村优先发展总方针,以实施乡村振兴战略为总抓手,对标全面建成小康社会"三农"工作必须完成的硬任务,适应国内外复杂形势变化对农村改革发展提出的新要求,抓重点、补短板、强基础,围绕"巩固、增强、提升、畅通"深化农业供给侧结构性改革,坚决打赢脱贫攻坚战,充分发挥农村基层党组织战斗堡垒作用,全面推进乡村振兴,确保顺利完成到 2020 年承诺的农村改革发展目标任务。

一、聚力精准施策,决战决胜脱贫攻坚

(一)不折不扣完成脱贫攻坚任务。咬定既定脱贫目标,落实已有政策部署,到 2020 年确保现行标准下农村贫困人口实现脱贫、贫困县全部摘帽、解决区域性整体贫困。坚持现行扶贫标准,全面排查解决影响"两不愁三保障"实现的突出问题,防止盲目拔高标准、吊高胃口,杜绝数字脱贫、虚假脱贫。加强脱贫监测。进一步压实脱贫攻坚责任,落实最严格的考核评估,精准问责问效。继续加强东西部扶贫协作和中央单位定点扶贫。深入推进抓党建促脱贫攻坚。组织开展常态化约谈,发现问题随时约谈。用好脱贫攻坚专项巡视成果,推动落实脱贫攻坚政治责任。

(二)主攻深度贫困地区。瞄准制约深度贫困地区精准脱贫的重点难点问题,列出清单,逐项明确责任,对账销号。重大工程建设项目继续向深度贫困地区倾斜,特色产业扶贫、易地扶贫搬迁、生态扶贫、金融扶贫、社会帮扶、干部人才等政策措施向深度贫困地区倾斜。各级财政优先加大"三区三州"脱贫攻坚资金投入。对"三区三州"外贫困人口多、贫困发生率高、脱贫难度大的深度贫困地区,也要统筹资金项目,加大扶持力度。

(三)着力解决突出问题。注重发展长效扶贫产业,着力解决产销脱节、风险保障不足等问题,提高贫困人口参与度和直接受益水平。强化易地扶贫搬迁后续措施,着力解决重搬迁、轻后续帮扶问题,确保搬迁一户、稳定脱贫一户。加强贫困地区义务教育控辍保学,避免因贫失学辍学。落实基本医疗保险、大病保险、医疗救助等多重保障措施,筑牢乡村卫生服务网底,保障贫困人口基本医疗需求。扎实推进生态扶贫,促进扶贫开发与生态保护相协调。坚持扶贫与扶志扶智相结合,加强贫困地区职业教育和技能培训,加强开发式扶贫与保障性扶贫统筹衔接,着力解决"一兜了之"

[①] 资料来源:中央人民政府网站,2019 年 2 月 19 日。

和部分贫困人口等靠要问题，增强贫困群众内生动力和自我发展能力。切实加强一线精准帮扶力量，选优配强驻村工作队伍。关心关爱扶贫干部，加大工作支持力度，帮助解决实际困难，解除后顾之忧。持续开展扶贫领域腐败和作风问题专项治理，严厉查处虚报冒领、贪占挪用和优亲厚友、吃拿卡要等问题。

（四）巩固和扩大脱贫攻坚成果。 攻坚期内贫困县、贫困村、贫困人口退出后，相关扶贫政策保持稳定，减少和防止贫困人口返贫。研究解决收入水平略高于建档立卡贫困户的群众缺乏政策支持等新问题。坚持和推广脱贫攻坚中的好经验好做法好路子。做好脱贫攻坚与乡村振兴的衔接，对摘帽后的贫困县要通过实施乡村振兴战略巩固发展成果，接续推动经济社会发展和群众生活改善。总结脱贫攻坚的实践创造和伟大精神。及早谋划脱贫攻坚目标任务 2020 年完成后的战略思路。

二、夯实农业基础，保障重要农产品有效供给

（一）稳定粮食产量。 毫不放松抓好粮食生产，推动藏粮于地、藏粮于技落实落地，确保粮食播种面积稳定在 16.5 亿亩。稳定完善扶持粮食生产政策举措，挖掘品种、技术、减灾等稳产增产潜力，保障农民种粮基本收益。发挥粮食主产区优势，完善粮食主产区利益补偿机制，健全产粮大县奖补政策。压实主销区和产销平衡区稳定粮食生产责任。严守 18 亿亩耕地红线，全面落实永久基本农田特殊保护制度，确保永久基本农田保持在 15.46 亿亩以上。建设现代气象为农服务体系。强化粮食安全省长责任制考核。

（二）完成高标准农田建设任务。 巩固和提高粮食生产能力，到 2020 年确保建成 8 亿亩高标准农田。修编全国高标准农田建设总体规划，统一规划布局、建设标准、组织实施、验收考核、上图入库。加强资金整合，创新投融资模式，建立多元筹资机制。实施区域化整体建设，推进田水林路电综合配套，同步发展高效节水灌溉。全面完成粮食生产功能区和重要农产品生产保护区划定任务，高标准农田建设项目优先向"两区"安排。恢复启动新疆优质棉生产基地建设，将糖料蔗"双高"基地建设范围覆盖到划定的所有保护区。进一步加强农田水利建设。推进大中型灌区续建配套节水改造与现代化建设。加大东北黑土地保护力度。加强华北地区地下水超采综合治理。推进重金属污染耕地治理修复和种植结构调整试点。

（三）调整优化农业结构。 大力发展紧缺和绿色优质农产品生产，推进农业由增产导向转向提质导向。深入推进优质粮食工程。实施大豆振兴计划，多途径扩大种植面积。支持长江流域油菜生产，推进新品种新技术示范推广和全程机械化。积极发展木本油料。实施奶业振兴行动，加强优质奶源基地建设，升级改造中小奶牛养殖场，实施婴幼儿配方奶粉提升行动。合理调整粮经饲结构，发展青贮玉米、苜蓿等优质饲草料生产。合理确定内陆水域养殖规模，压减近海、湖库过密网箱养殖，推进海洋牧场建设，规范有序发展远洋渔业。降低江河湖泊和近海渔业捕捞强度，全面实施长江水生生物保护区禁捕。实施农产品质量安全保障工程，健全监管体系、监测体系、追溯体系。加大非洲猪瘟等动物疫情监测防控力度，严格落实防控举措，确保产业安全。

（四）加快突破农业关键核心技术。 强化创新驱动发展，实施农业关键核心技术攻关行动，培育一批农业战略科技创新力量，推动生物种业、重型农机、智慧农业、绿色投入品等领域自主创新。建设农业领域国家重点实验室等科技创新平台基地，打造产学研深度融合平台，加强国家现代农业产业技术体系、科技创新联盟、产业创新中心、高新技术产业示范区、科技园区等建设。强化企业技术创新主体地位，培育农业科技创新型企业，支持符合条件的企业牵头实施技术创新项目。继续组织实施水稻、小麦、玉米、大豆和畜禽良种联合攻关，加快选育和推广优质草种。支持薄弱环节适用农机研发，促进农机装备产业转型升级，加快推进农业机械化。加强农业领域知识产权创造与应用。加快先进实用技术集成创新与推广应用。建立健全农业科研成果产权制度，赋予科研人员科技成果所有权，完善人才评价和流动保障机制，落实兼职兼薪、成果权益分配政策。

（五）**实施重要农产品保障战略。**加强顶层设计和系统规划，立足国内保障粮食等重要农产品供给，统筹用好国际国内两个市场、两种资源，科学确定国内重要农产品保障水平，健全保障体系，提高国内安全保障能力。将稻谷、小麦作为必保品种，稳定玉米生产，确保谷物基本自给、口粮绝对安全。加快推进粮食安全保障立法进程。在提质增效基础上，巩固棉花、油料、糖料、天然橡胶生产能力。加快推进并支持农业走出去，加强"一带一路"农业国际合作，主动扩大国内紧缺农产品进口，拓展多元化进口渠道，培育一批跨国农业企业集团，提高农业对外合作水平。加大农产品反走私综合治理力度。

三、扎实推进乡村建设，加快补齐农村人居环境和公共服务短板

（一）**抓好农村人居环境整治三年行动。**深入学习推广浙江"千村示范、万村整治"工程经验，全面推开以农村垃圾污水治理、厕所革命和村容村貌提升为重点的农村人居环境整治，确保到2020年实现农村人居环境阶段性明显改善，村庄环境基本干净整洁有序，村民环境与健康意识普遍增强。鼓励各地立足实际、因地制宜，合理选择简便易行、长期管用的整治模式，集中攻克技术难题。建立地方为主、中央补助的政府投入机制。中央财政对农村厕所革命整村推进等给予补助，对农村人居环境整治先进县给予奖励。中央预算内投资安排专门资金支持农村人居环境整治。允许县级按规定统筹整合相关资金，集中用于农村人居环境整治。鼓励社会力量积极参与，将农村人居环境整治与发展乡村休闲旅游等有机结合。广泛开展村庄清洁行动。开展美丽宜居村庄和最美庭院创建活动。农村人居环境整治工作要同农村经济发展水平相适应、同当地文化和风土人情相协调，注重实效，防止做表面文章。

（二）**实施村庄基础设施建设工程。**推进农村饮水安全巩固提升工程，加强农村饮用水水源地保护，加快解决农村"吃水难"和饮水不安全问题。全面推进"四好农村路"建设，加大"路长制"和示范县实施力度，实现具备条件的建制村全部通硬化路，有条件的地区向自然村延伸。加强村内道路建设。全面实施乡村电气化提升工程，加快完成新一轮农村电网改造。完善县乡村物流基础设施网络，支持产地建设农产品贮藏保鲜、分级包装等设施，鼓励企业在县乡和具备条件的村建立物流配送网点。加快推进宽带网络向村庄延伸，推进提速降费。继续推进农村危房改造。健全村庄基础设施建管长效机制，明确各方管护责任，鼓励地方将管护费用纳入财政预算。

（三）**提升农村公共服务水平。**全面提升农村教育、医疗卫生、社会保障、养老、文化体育等公共服务水平，加快推进城乡基本公共服务均等化。推动城乡义务教育一体化发展，深入实施农村义务教育学生营养改善计划。实施高中阶段教育普及攻坚计划，加强农村儿童健康改善和早期教育、学前教育。加快标准化村卫生室建设，实施全科医生特岗计划。建立健全统一的城乡居民基本医疗保险制度，同步整合城乡居民大病保险。完善城乡居民基本养老保险待遇确定和基础养老金正常调整机制。统筹城乡社会救助体系，完善最低生活保障制度、优抚安置制度。加快推进农村基层综合性文化服务中心建设。完善农村留守儿童和妇女、老年人关爱服务体系，支持多层次农村养老事业发展，加强和改善农村残疾人服务。推动建立城乡统筹的基本公共服务经费投入机制，完善农村基本公共服务标准。

（四）**加强农村污染治理和生态环境保护。**统筹推进山水林田湖草系统治理，推动农业农村绿色发展。加大农业面源污染治理力度，开展农业节肥节药行动，实现化肥农药使用量负增长。发展生态循环农业，推进畜禽粪污、秸秆、农膜等农业废弃物资源化利用，实现畜牧养殖大县粪污资源化利用整县治理全覆盖，下大力气治理白色污染。扩大轮作休耕制度试点。创建农业绿色发展先行区。实施乡村绿化美化行动，建设一批森林乡村，保护古树名木，开展湿地生态效益补偿和退耕还湿。全面保护天然林。加强"三北"地区退化防护林修复。扩大退耕还林还草，稳步实施退牧还草。实施新一轮草原生态保护补助奖励政策。落实河长制、湖长制，推进农村水环境治理，严格乡

村河湖水域岸线等水生态空间管理。

（五）强化乡村规划引领。 把加强规划管理作为乡村振兴的基础性工作，实现规划管理全覆盖。以县为单位抓紧编制或修编村庄布局规划，县级党委和政府要统筹推进乡村规划工作。按照先规划后建设的原则，通盘考虑土地利用、产业发展、居民点建设、人居环境整治、生态保护和历史文化传承，注重保持乡土风貌，编制多规合一的实用性村庄规划。加强农村建房许可管理。

四、发展壮大乡村产业，拓宽农民增收渠道

（一）加快发展乡村特色产业。 因地制宜发展多样性特色农业，倡导"一村一品""一县一业"。积极发展果菜茶、食用菌、杂粮杂豆、薯类、中药材、特色养殖、林特花卉苗木等产业。支持建设一批特色农产品优势区。创新发展具有民族和地域特色的乡村手工业，大力挖掘农村能工巧匠，培育一批家庭工场、手工作坊、乡村车间。健全特色农产品质量标准体系，强化农产品地理标志和商标保护，创响一批"土字号""乡字号"特色产品品牌。

（二）大力发展现代农产品加工业。 以"粮头食尾""农头工尾"为抓手，支持主产区依托县域形成农产品加工产业集群，尽可能把产业链留在县域，改变农村卖原料、城市搞加工的格局。支持发展适合家庭农场和农民合作社经营的农产品初加工，支持县域发展农产品精深加工，建成一批农产品专业村镇和加工强县。统筹农产品产地、集散地、销地批发市场建设，加强农产品物流骨干网络和冷链物流体系建设。培育农业产业化龙头企业和联合体，推进现代农业产业园、农村产业融合发展示范园、农业产业强镇建设。健全农村一二三产业融合发展利益联结机制，让农民更多分享产业增值收益。

（三）发展乡村新型服务业。 支持供销、邮政、农业服务公司、农民合作社等开展农技推广、土地托管、代耕代种、统防统治、烘干收储等农业生产性服务。充分发挥乡村资源、生态和文化优势，发展适应城乡居民需要的休闲旅游、餐饮民宿、文化体验、健康养生、养老服务等产业。加强乡村旅游基础设施建设，改善卫生、交通、信息、邮政等公共服务设施。

（四）实施数字乡村战略。 深入推进"互联网＋农业"，扩大农业物联网示范应用。推进重要农产品全产业链大数据建设，加强国家数字农业农村系统建设。继续开展电子商务进农村综合示范，实施"互联网＋"农产品出村进城工程。全面推进信息进村入户，依托"互联网＋"推动公共服务向农村延伸。

（五）促进农村劳动力转移就业。 落实更加积极的就业政策，加强就业服务和职业技能培训，促进农村劳动力多渠道转移就业和增收。发展壮大县域经济，引导产业有序梯度转移，支持适宜产业向小城镇集聚发展，扶持发展吸纳就业能力强的乡村企业，支持企业在乡村兴办生产车间、就业基地，增加农民就地就近就业岗位。稳定农民工就业，保障工资及时足额发放。加快农业转移人口市民化，推进城镇基本公共服务常住人口全覆盖。

（六）支持乡村创新创业。 鼓励外出农民工、高校毕业生、退伍军人、城市各类人才返乡下乡创新创业，支持建立多种形式的创业支撑服务平台，完善乡村创新创业支持服务体系。落实好减税降费政策，鼓励地方设立乡村就业创业引导基金，加快解决用地、信贷等困难。加强创新创业孵化平台建设，支持创建一批返乡创业园，支持发展小微企业。

五、全面深化农村改革，激发乡村发展活力

（一）巩固和完善农村基本经营制度。 坚持家庭经营基础性地位，赋予双层经营体制新的内涵。突出抓好家庭农场和农民合作社两类新型农业经营主体，启动家庭农场培育计划，开展农民合作社规范提升行动，深入推进示范合作社建设，建立健全支持家庭农场、农民合作社发展的政策体系和管理制度。落实扶持小农户和现代农业发展有机衔接的政策，完善"农户＋合作社""农户＋公司"

利益联结机制。加快培育各类社会化服务组织，为一家一户提供全程社会化服务。加快出台完善草原承包经营制度的意见。加快推进农业水价综合改革，健全节水激励机制。继续深化供销合作社综合改革，制定供销合作社条例。深化集体林权制度和国有林区林场改革。大力推进农垦垦区集团化、农场企业化改革。

（二）深化农村土地制度改革。保持农村土地承包关系稳定并长久不变，研究出台配套政策，指导各地明确第二轮土地承包到期后延包的具体办法，确保政策衔接平稳过渡。完善落实集体所有权、稳定农户承包权、放活土地经营权的法律法规和政策体系。在基本完成承包地确权登记颁证工作基础上，开展"回头看"，做好收尾工作，妥善化解遗留问题，将土地承包经营权证书发放至农户手中。健全土地流转规范管理制度，发展多种形式农业适度规模经营，允许承包土地的经营权担保融资。总结好农村土地制度三项改革试点经验，巩固改革成果。坚持农村土地集体所有、不搞私有化，坚持农地农用、防止非农化，坚持保障农民土地权益、不得以退出承包地和宅基地作为农民进城落户条件，进一步深化农村土地制度改革。在修改相关法律的基础上，完善配套制度，全面推开农村土地征收制度改革和农村集体经营性建设用地入市改革，加快建立城乡统一的建设用地市场。加快推进宅基地使用权确权登记颁证工作，力争 2020 年基本完成。稳慎推进农村宅基地制度改革，拓展改革试点，丰富试点内容，完善制度设计。抓紧制定加强农村宅基地管理指导意见。研究起草农村宅基地使用条例。开展闲置宅基地复垦试点。允许在县域内开展全域乡村闲置校舍、厂房、废弃地等整治，盘活建设用地重点用于支持乡村新产业新业态和返乡下乡创业。严格农业设施用地管理，满足合理需求。巩固"大棚房"问题整治成果。按照"取之于农，主要用之于农"的要求，调整完善土地出让收入使用范围，提高农业农村投入比例，重点用于农村人居环境整治、村庄基础设施建设和高标准农田建设。扎实开展新增耕地指标和城乡建设用地增减挂钩节余指标跨省域调剂使用，调剂收益全部用于巩固脱贫攻坚成果和支持乡村振兴。加快修订土地管理法、物权法等法律法规。

（三）深入推进农村集体产权制度改革。按期完成全国农村集体资产清产核资，加快农村集体资产监督管理平台建设，建立健全集体资产各项管理制度。指导农村集体经济组织在民主协商的基础上，做好成员身份确认，注重保护外嫁女等特殊人群的合法权利，加快推进农村集体经营性资产股份合作制改革，继续扩大试点范围。总结推广资源变资产、资金变股金、农民变股东经验。完善农村集体产权权能，积极探索集体资产股权质押贷款办法。研究制定农村集体经济组织法。健全农村产权流转交易市场，推动农村各类产权流转交易公开规范运行。研究完善适合农村集体经济组织特点的税收优惠政策。

（四）完善农业支持保护制度。按照增加总量、优化存量、提高效能的原则，强化高质量绿色发展导向，加快构建新型农业补贴政策体系。按照适应世贸组织规则、保护农民利益、支持农业发展的原则，抓紧研究制定完善农业支持保护政策的意见。调整改进"黄箱"政策，扩大"绿箱"政策使用范围。按照更好发挥市场机制作用取向，完善稻谷和小麦最低收购价政策。完善玉米和大豆生产者补贴政策。健全农业信贷担保费率补助和以奖代补机制，研究制定担保机构业务考核的具体办法，加快做大担保规模。按照扩面增品提标的要求，完善农业保险政策。推进稻谷、小麦、玉米完全成本保险和收入保险试点。扩大农业大灾保险试点和"保险＋期货"试点。探索对地方优势特色农产品保险实施以奖代补试点。打通金融服务"三农"各个环节，建立县域银行业金融机构服务"三农"的激励约束机制，实现普惠性涉农贷款增速总体高于各项贷款平均增速。推动农村商业银行、农村合作银行、农村信用社逐步回归本源，为本地"三农"服务。研究制定商业银行"三农"事业部绩效考核和激励的具体办法。用好差别化准备金率和差异化监管等政策，切实降低"三农"信贷担保服务门槛，鼓励银行业金融机构加大对乡村振兴和脱贫攻坚中长期信贷支持力度。支持重点领域特色农产品期货期权品种上市。

六、完善乡村治理机制，保持农村社会和谐稳定

（一）增强乡村治理能力。 建立健全党组织领导的自治、法治、德治相结合的领导体制和工作机制，发挥群众参与治理主体作用。开展乡村治理体系建设试点和乡村治理示范村镇创建。加强自治组织规范化制度化建设，健全村级议事协商制度，推进村级事务公开，加强村级权力有效监督。指导农村普遍制定或修订村规民约。推进农村基层依法治理，建立健全公共法律服务体系。加强农业综合执法。

（二）加强农村精神文明建设。 引导农民践行社会主义核心价值观，巩固党在农村的思想阵地。加强宣传教育，做好农民群众的思想工作，宣传党的路线方针和强农惠农富农政策，引导农民听党话、感党恩、跟党走。开展新时代文明实践中心建设试点，抓好县级融媒体中心建设。深化拓展群众性精神文明创建活动，推出一批农村精神文明建设示范县、文明村镇、最美家庭，挖掘和树立道德榜样典型，发挥示范引领作用。支持建设文化礼堂、文化广场等设施，培育特色文化村镇、村寨。持续推进农村移风易俗工作，引导和鼓励农村基层群众性自治组织采取约束性强的措施，对婚丧陋习、天价彩礼、孝道式微、老无所养等不良社会风气进行治理。

（三）持续推进平安乡村建设。 深入推进扫黑除恶专项斗争，严厉打击农村黑恶势力，杜绝"村霸"等黑恶势力对基层政权的侵蚀。严厉打击敌对势力、邪教组织、非法宗教活动向农村地区的渗透。推进纪检监察工作向基层延伸，坚决查处发生在农民身边的不正之风和腐败问题。健全落实社会治安综合治理领导责任制。深化拓展网格化服务管理，整合配优基层一线平安建设力量，把更多资源、服务、管理放到农村社区。加强乡村交通、消防、公共卫生、食品药品安全、地质灾害等公共安全事件易发领域隐患排查和专项治理。加快建设信息化、智能化农村社会治安防控体系，继续推进农村"雪亮工程"建设。坚持发展新时代"枫桥经验"，完善农村矛盾纠纷排查调处化解机制，提高服务群众、维护稳定的能力和水平。

七、发挥农村党支部战斗堡垒作用，全面加强农村基层组织建设

（一）强化农村基层党组织领导作用。 抓实建强农村基层党组织，以提升组织力为重点，突出政治功能，持续加强农村基层党组织体系建设。增加先进支部、提升中间支部、整顿后进支部，以县为单位对软弱涣散村党组织"一村一策"逐个整顿。对村"两委"换届进行一次"回头看"，坚决把受过刑事处罚、存在"村霸"和涉黑涉恶等问题的村"两委"班子成员清理出去。实施村党组织带头人整体优化提升行动，配齐配强班子。全面落实村党组织书记县级党委备案管理制度。建立第一书记派驻长效工作机制，全面向贫困村、软弱涣散村和集体经济空壳村派出第一书记，并向乡村振兴任务重的村拓展。加大从高校毕业生、农民工、退伍军人、机关事业单位优秀党员中培养选拔村党组织书记力度。健全从优秀村党组织书记中选拔乡镇领导干部、考录乡镇公务员、招聘乡镇事业编制人员的常态化机制。落实村党组织5年任期规定，推动全国村"两委"换届与县乡换届同步进行。优化农村党员队伍结构，加大从青年农民、农村外出务工人员中发展党员力度。健全县级党委抓乡促村责任制，县乡党委要定期排查并及时解决基层组织建设突出问题。加强和改善村党组织对村级各类组织的领导，健全以党组织为领导的村级组织体系。全面推行村党组织书记通过法定程序担任村委会主任，推行村"两委"班子成员交叉任职，提高村委会成员和村民代表中党员的比例。加强党支部对村级集体经济组织的领导。全面落实"四议两公开"，健全村级重要事项、重大问题由村党组织研究讨论机制。

（二）发挥村级各类组织作用。 理清村级各类组织功能定位，实现各类基层组织按需设置、按职履责、有人办事、有章理事。村民委员会要履行好基层群众性自治组织功能，增强村民自我管理、自我教育、自我服务能力。全面建立健全村务监督委员会，发挥在村务决策和公开、财产管

理、工程项目建设、惠农政策措施落实等事项上的监督作用。强化集体经济组织服务功能，发挥在管理集体资产、合理开发集体资源、服务集体成员等方面的作用。发挥农村社会组织在服务农民、树立新风等方面的积极作用。

（三）**强化村级组织服务功能。**按照有利于村级组织建设、有利于服务群众的原则，将适合村级组织代办或承接的工作事项交由村级组织，并保障必要工作条件。规范村级组织协助政府工作事项，防止随意增加村级组织工作负担。统筹乡镇站所改革，强化乡镇为农服务体系建设，确保乡镇有队伍、有资源为农服务。

（四）**完善村级组织运转经费保障机制。**健全以财政投入为主的稳定的村级组织运转经费保障制度，全面落实村干部报酬待遇和村级组织办公经费，建立正常增长机制，保障村级公共服务运行维护等其他必要支出。把发展壮大村级集体经济作为发挥农村基层党组织领导作用的重要举措，加大政策扶持和统筹推进力度，因地制宜发展壮大村级集体经济，增强村级组织自我保障和服务农民能力。

八、加强党对"三农"工作的领导，落实农业农村优先发展总方针

（一）**强化五级书记抓乡村振兴的制度保障。**实行中央统筹、省负总责、市县乡抓落实的农村工作机制，制定落实五级书记抓乡村振兴责任的实施细则，严格督查考核。加强乡村振兴统计监测工作。2019年各省（自治区、直辖市）党委要结合本地实际，出台市县党政领导班子和领导干部推进乡村振兴战略的实绩考核意见，并加强考核结果应用。各地区各部门要抓紧梳理全面建成小康社会必须完成的硬任务，强化工作举措，确保2020年圆满完成各项任务。

（二）**牢固树立农业农村优先发展政策导向。**各级党委和政府必须把落实"四个优先"的要求作为做好"三农"工作的头等大事，扛在肩上、抓在手上，同政绩考核联系到一起，层层落实责任。优先考虑"三农"干部配备，把优秀干部充实到"三农"战线，把精锐力量充实到基层一线，注重选拔熟悉"三农"工作的干部充实地方各级党政班子。优先满足"三农"发展要素配置，坚决破除妨碍城乡要素自由流动、平等交换的体制机制壁垒，改变农村要素单向流出格局，推动资源要素向农村流动。优先保障"三农"资金投入，坚持把农业农村作为财政优先保障领域和金融优先服务领域，公共财政更大力度向"三农"倾斜，县域新增贷款主要用于支持乡村振兴。地方政府债券资金要安排一定比例用于支持农村人居环境整治、村庄基础设施建设等重点领域。优先安排农村公共服务，推进城乡基本公共服务标准统一、制度并轨，实现从形式上的普惠向实质上的公平转变。完善落实农业农村优先发展的顶层设计，抓紧研究出台指导意见和具体实施办法。

（三）**培养懂农业、爱农村、爱农民的"三农"工作队伍。**建立"三农"工作干部队伍培养、配备、管理、使用机制，落实关爱激励政策。引导教育"三农"干部大兴调查研究之风，倡导求真务实精神，密切与群众联系，加深对农民感情。坚决纠正脱贫攻坚和乡村振兴工作中的形式主义、官僚主义，清理规范各类检查评比、考核督导事项，切实解决基层疲于迎评迎检问题，让基层干部把精力集中到为群众办实事办好事上来。把乡村人才纳入各级人才培养计划予以重点支持。建立县域人才统筹使用制度和乡村人才定向委托培养制度，探索通过岗编适度分离、在岗学历教育、创新职称评定等多种方式，引导各类人才投身乡村振兴。对作出突出贡献的各类人才给予表彰和奖励。实施新型职业农民培育工程。大力发展面向乡村需求的职业教育，加强高等学校涉农专业建设。抓紧出台培养懂农业、爱农村、爱农民"三农"工作队伍的政策意见。

（四）**发挥好农民主体作用。**加强制度建设、政策激励、教育引导，把发动群众、组织群众、服务群众贯穿乡村振兴全过程，充分尊重农民意愿，弘扬自力更生、艰苦奋斗精神，激发和调动农民群众积极性主动性。发挥政府投资的带动作用，通过民办公助、筹资筹劳、以奖代补、以工代赈等形式，引导和支持村集体和农民自主组织实施或参与直接受益的村庄基础设施建设和农村人居环

境整治。加强筹资筹劳使用监管，防止增加农民负担。出台村庄建设项目简易审批办法，规范和缩小招投标适用范围，让农民更多参与并从中获益。

当前，做好"三农"工作意义重大、任务艰巨、要求迫切，除上述 8 个方面工作之外，党中央、国务院部署的其他各项工作必须久久为功、狠抓落实、务求实效。

让我们紧密团结在以习近平同志为核心的党中央周围，全面贯彻落实习近平总书记关于做好"三农"工作的重要论述，锐意进取、攻坚克难、扎实工作，为决胜全面建成小康社会、推进乡村全面振兴作出新的贡献。

关于印发《国家质量兴农战略规划 (2018—2022 年）》的通知①

各省、自治区、直辖市农业农村（农牧）厅（委、局），发展改革委，科技厅（委、局），财政厅（局），商务主管部门，市场监管局（厅、委），粮食和储备局（粮食局）：

为贯彻落实党中央、国务院关于实施质量兴农战略的决策部署，加快推进农业高质量发展，农业农村部、国家发展改革委、科技部、财政部、商务部、国家市场监督管理总局、国家粮食和物资储备局制定了《国家质量兴农战略规划（2018—2022 年）》，现印发你们，请认真贯彻执行。

农业农村部　国家发展改革委　科技部　财政部

商务部　国家市场监督管理总局　国家粮食和物资储备局

2019 年 2 月 11 日

国家质量兴农战略规划 (2018—2022 年)

（2019 年 2 月）

前　言

中国特色社会主义进入新时代，我国社会主要矛盾已经转化为人民日益增长的美好生活需要和不平衡不充分的发展之间的矛盾，我国经济已由高速增长阶段转向高质量发展阶段。以习近平同志为核心的党中央深刻把握新时代我国经济社会发展的历史性变化，明确提出实施乡村振兴战略，加快推进农业农村现代化。习近平总书记指出，实施乡村振兴战略，必须深化农业供给侧结构性改革，走质量兴农之路。只有坚持质量第一、效益优先，推进农业由增产导向转向提质导向，才能不断适应高质量发展的要求，提高农业综合效益和竞争力，实现我国由农业大国向农业强国转变。为贯彻落实党中央、国务院决策部署，依据《中共中央国务院关于实施乡村振兴战略的意见》和《乡村振兴战略规划（2018—2022 年）》，特编制《国家质量兴农战略规划（2018—2022 年）》。

本规划以习近平新时代中国特色社会主义思想为指导，深入贯彻落实习近平总书记关于做好"三农"工作、实施乡村振兴战略的重要论述精神，按照高质量发展的要求，围绕推进农业由增产导向转向提质导向，突出农业绿色化、优质化、特色化、品牌化，优化农业要素配置、产业结构、空间布局、管理方式，推动农业全面升级、农村全面进步、农民全面发展。

本规划明确了未来五年实施质量兴农战略的总体思路、发展目标和重点任务，部署了若干重大工程、重大行动、重大计划，是指导各地区各部门实施质量兴农战略的重要依据。

第一篇　规划背景

当前，我国农业正处在转变发展方式、优化产业结构、转换增长动力的攻关期。实施质量兴农

---

① 资料来源：农业农村部网站，2019 年 2 月 20 日。

战略，实现农业由总量扩张向质量提升转变，是党中央、国务院科学把握我国社会主要矛盾转化和农业发展阶段作出的重大战略决策。要着眼乡村全面振兴和加快农业农村现代化，切实增强责任感、使命感、紧迫感，不断推进质量兴农取得实效。

第一章　重大意义

实施质量兴农战略是满足人民群众美好生活需要的重大举措。民以食为天。随着我国进入上中等收入国家行列，城乡居民消费结构不断升级，对农产品的需求已经从"有没有""够不够"转向"好不好""优不优"。实施质量兴农战略，增加优质农产品和农业服务供给，有利于更好地满足城乡居民多层次、个性化的消费需求，增强人民群众的幸福感、获得感。

实施质量兴农战略是推动国民经济高质量发展的基础支撑。务农重本，国之大纲。现代农业体系是现代化经济体系的重要组成部分。随着我国经济进入高质量发展阶段，补齐农业短板、促进农业高质量发展的要求更加迫切。实施质量兴农战略，加快构建现代农业产业体系、生产体系、经营体系，有利于建设现代化经济体系，推动经济发展质量变革、效率变革、动力变革，进一步夯实国民经济高质量发展基础。

实施质量兴农战略是实现乡村振兴的有力保障。产业兴，则乡村兴。随着乡村振兴战略的实施，乡村产业对农业农村现代化的基础支撑作用更加凸显。实施质量兴农战略，提高农业发展质量和效益，有利于促进农业全面转型升级，增强发展的内生动力和可持续性，为乡村振兴提供新动能、开拓新局面。

实施质量兴农战略是建设农业强国的必由之路。质量就是竞争力。一个国家农业强不强，归根到底得用质量来衡量。随着国际国内两个市场深度融合，我国农业面临的外部竞争压力越来越大，为全球农业提供中国智慧和中国方案的舞台也越来越大。实施质量兴农战略，做大做强优势特色产业，打造中国农业品牌，探索走出一条中国特色农业现代化道路，有利于提高我国农业竞争力，实现由农业大国向农业强国转变。

实施质量兴农战略是促进农民增收致富的有效途径。质量就是效益。随着农业供给侧结构性改革的深入推进，提质增效越来越成为支撑广大农民收入增长的关键。实施质量兴农战略，拓展农业增值空间，培育农民持续增收新的增长点，有利于亿万农民分享农业高质量发展成果，让农业成为有奔头的产业，让农民成为有吸引力的职业，让农村成为安居乐业的美丽家园。

第二章　发展现状

党的十八大以来，以习近平同志为核心的党中央坚持把解决好"三农"问题作为全党工作重中之重，不断推动"三农"工作理论创新、实践创新、制度创新，我国农业现代化建设取得举世瞩目的成就，农业综合生产能力大幅提高，农村改革深入推进，农民收入持续增加，"三农"发展呈现稳中向好、稳中向优的良好态势，为国民经济持续健康发展奠定了坚实基础。

农业发展取得巨大进步，推动农业进入高质量发展阶段。农业生产布局逐步优化，粮食生产功能区、重要农产品生产保护区划定建设有序推进，特色农产品优势区创建迈出实质性步伐，优质农产品生产布局初步形成。农业资源利用率明显提高，农田灌溉水有效利用系数提高到 0.548，提前三年实现化肥农药使用量零增长，畜禽粪污综合利用率、农膜回收率均超过 60%，农作物秸秆综合利用率超过 80%。设施装备和技术支撑更加有力，建成高标准农田 5.6 亿亩，主要农作物良种覆盖率稳定在 96% 以上，农业科技进步贡献率达到 57.5%，农作物耕种收综合机械化率达到 66%，推广测土配方施肥近 16 亿亩。适度规模经营格局初步形成，新型经营主体总量达到 850 万家，土地托管、服务联盟、产业化联合体等多种形式适度规模经营迅速发展，土地适度规模经营比重超过 40%。产业效益稳步提升，种养业结构调整取得明显成效，农产品加工业产值与农业总产值之比达到 2.2：1，休闲农业和乡村旅游总产值年均增长超过 9%，涌现了一批知名农业品牌。农产品质量安全水平稳中向好，全国农产品质量安全例行监测合格率连续 5 年稳定在 96% 以上，绿色农产品、有机农产品和地理标志农产品数量达到 3.6 万个。

与此同时，推进农业高质量发展仍然面临一系列问题和挑战，主要表现在：农业由增产导向转向提质导向的理念尚未普及，农产品生产结构与市场不匹配，绿色优质特色产品还不能满足人民群众日益增长的需求；农产品按标生产的制度体系还不健全，执法监管力量薄弱，质量安全风险隐患犹存；农业生产经营方式相对粗放，部分地区资源过度消耗、产地环境治理难度大，资源环境约束日益趋紧；农业科技重大原创性前沿性成果不多，科技立项与评价机制不健全，科技和生产"两张皮"现象突出；一二三产业融合深度不够，农产品深加工发展滞后，产销市场衔接不畅；农业大而不强、多而不优问题依然存在，部分产品进口依存度偏高，农业国际竞争力亟待提高。

第三章　发展机遇

实施乡村振兴战略为质量兴农提供了重大历史机遇。乡村振兴战略作为新时代"三农"工作的总抓手已经明确写入党章，成为全党的共同意志。城乡融合发展的政策体系逐步建立，农业农村优先发展成为重大政策导向，为加快构建现代农业产业体系、生产体系、经营体系，持续提高农业创新力、竞争力和全要素生产率，提供了强有力的政治保障和制度保障。

居民消费结构升级为质量兴农提供了广阔市场空间。我国人均国内生产总值已接近 9 000 美元，居民收入水平不断提高，中等收入群体不断壮大，消费层次由温饱型向全面小康型转变，优质农产品和农业多功能需求显著提高，为农业从增产导向转向提质导向提供了强劲动力和发展空间。

各地的实践探索为质量兴农提供了丰富经验。近年来，农业供给侧结构性改革深入推进，农业结构调整不断取得新进展，农业绿色发展实现良好开局。各地在实践中探索出诸多行之有效的做法，创造了一批可复制、可推广的成功模式，为加快推进质量兴农提供了丰富的实践经验和路径借鉴。

综合判断，今后五年是推进农业高质量发展的重要战略机遇期，必须遵循农业发展规律和时代要求，顺势而为，抓住机遇，迎接挑战，全面推进农业发展质量变革、效率变革、动力变革，努力开创质量兴农新局面，为乡村全面振兴和农业农村现代化夯实基础。

第二篇　总体要求

坚持目标导向，明确实施质量兴农战略的指导思想、基本原则，明确到 2022 年的发展目标，为推进质量兴农制定清晰的"时间表""路线图"。

第四章　指导思想和基本原则

第一节　指导思想

深入贯彻习近平新时代中国特色社会主义思想，全面落实党的十九大和十九届二中、三中全会精神，践行新发展理念，强化创新驱动和提质导向，以实施乡村振兴战略为总抓手，以推进农业供给侧结构性改革为主线，以优化农业农村要素配置、产业结构、空间布局、管理方式为关键点，着力优环境、促融合、管安全、强科技、育人才，大力推进农业绿色化、优质化、特色化、品牌化，加快推动农业发展质量变革、效率变革、动力变革，全面提升农业质量效益和竞争力，为更好满足人民美好生活需要和推进乡村全面振兴提供强有力支撑。

第二节　基本原则

——坚持质量第一，效益优先。准确把握质量兴农的科学内涵，强化全产业链开发、优质优价导向，聚焦产地加工、冷链物流、品牌建设等薄弱环节，推进生产、加工、流通、营销产业链全面升级，促进一二三产业深度融合，提升农业发展整体效益。

——坚持政府引导，产管并重。做好顶层设计，完善政策体系，强化宏观调控，更好地发挥政府政策引导作用。坚持"产出来"与"管出来"相结合，严格执法监管，维护公平有序的市场环境。

——坚持绿色引领，持续发展。落实绿水青山就是金山银山理念，以绿色发展引领质量兴农，推进农业投入品减量化、生产清洁化、废弃物资源化、产业模式生态化，促进农业农村发展与生态环境保护协调统一。

——坚持市场主导，农民主体。充分发挥市场在资源配置中的决定性作用，促进城乡要素自由流动、平等交换，用市场机制、价格手段倒逼农业转型升级、提质增效。充分尊重农民意愿，切实发挥农民主体作用，调动农民积极性、主动性、创造性，让质量兴农成果惠及亿万农民。

第五章　发展目标

到 2022 年，质量兴农制度框架基本建立，初步实现产品质量高、产业效益高、生产效率高、经营者素质高、国际竞争力强，农业高质量发展取得显著成效。

——产品质量高。优质农产品供给数量大幅提升，口感更好、品质更优、营养更均衡、特色更鲜明，有效满足个性化、多样化、高品质的消费需求，农产品供需在高水平上实现均衡发展。农产品质量安全例行监测总体合格率稳定在 98% 以上，绿色、有机、地理标志、良好农业规范农产品认证登记数量年均增长 6%。

——产业效益高。一二三产业深度融合，农业多种功能进一步挖掘，农业分工更优化、业态更多元，低碳循环发展水平明显提升，农业增值空间不断拓展。规模以上农产品加工业产值与农业总产值之比达到 2.5：1，畜禽养殖规模化率达到 66%，水产健康养殖示范面积比重达到 65%。

——生产效率高。农业劳动生产率、土地产出率、资源利用率全面提高，农业劳动生产率达到 5.5 万元/人，土地产出率达到 4 000 元/亩，农作物耕种收综合机械化率达 71%，农田灌溉水有效利用系数达到 0.56，主要农作物化肥、农药利用率达到 41%。

——经营者素质高。爱农业、懂技术、善经营的高素质农民队伍不断壮大，专业化、年轻化的新型职业农民比重大幅提升，新型经营主体、社会化服务组织更加规范，对质量兴农的示范带动作用不断增强。培育新型职业农民 500 万人以上，高中以上文化程度职业农民占比达到 35%；县级以上示范家庭农场、国家农民专业合作社示范社认定数量分别达到 100 000 家、10 000 家。

——国际竞争力强。国内农产品品质和农业生产服务比较优势明显提高，统筹利用两种资源、两个市场能力进一步增强。培育形成一批具有国际竞争力的大粮商和跨国涉农企业集团，农业"走出去"步伐加快，农产品出口额年均增长 3%。

到 2035 年，质量兴农制度体系更加完善，现代农业产业体系、生产体系、经营体系全面建立，农业质量效益和竞争力大幅提升，农业高质量发展取得决定性进展，农业农村现代化基本实现。

专栏 1　质量兴农主要指标

类　型	指　标	2017 年基期值	2022 年目标值	指标属性
产品质量高	农产品质量安全例行监测总体合格率（%）	97.1	>98.0	预期性
	绿色、有机、地理标志、良好农业规范农产品的认证登记数量年均增长（%）	6	6	预期性
产业效益高	规模以上农产品加工业产值与农业总产值之比	2.2：1	2.5：1	预期性
	畜禽养殖规模化率（%）	58	66	约束性
	水产健康养殖示范面积比重（%）	55	65	预期性

（续）

类　型	指　　标	2017 年基期值	2022 年目标值	指标属性
生产效率高	农业劳动生产率（万元/人）	3.4	5.5	预期性
	土地产出率（元/亩）	3 200	4 000	预期性
	农作物耕种收综合机械化率（%）	66	71	预期性
	农田灌溉水有效利用系数	0.548	0.560	预期性
	主要农作物农药利用率（%）	38.8	41	预期性
	主要农作物化肥利用率（%）	37.8	41	预期性
经营者素质高	国家农民专业合作社示范社认定数量（家）	6 284	10 000	预期性
	年均培育新型职业农民人次（万人次）	100	100	约束性
国际竞争力强	农产品出口额年均增长（%）	3.5	3.0	预期性

第六章　基本路径

——绿色化。大力推进投入品减量化、生产清洁化、废弃物资源化、产业模式生态化。加快推广节水节肥节药绿色技术，积极推动水土资源节约和化肥、农药高效利用，全面开展农业环境污染防控，着力推进农作物秸秆、畜禽粪污、废旧农膜、农药包装废弃物、农林产品加工剩余物资源化利用，加快发展资源节约型、环境友好型、生态保育型农业。

——优质化。加强优质农产品品种研发推广，构建优势区域布局和专业化生产格局，打造一批特色农产品优势区，稳定发展优质粮食等大宗农产品，积极发展优质高效"菜篮子"产品，扩大优质肉牛肉羊生产，大力促进奶业振兴，发展名优水产品，加快发展现代高效林草业。

——特色化。深入开展特色农林产品种质资源保护，挖掘特色农业文化价值，打造一批彰显地域特色、体现乡村气息、承载乡村价值、适应现代需要的特色产业，形成一批具有鲜明地域特征、深厚历史底蕴的农耕文化名片。推进特色产业精准扶贫，促进贫困群众从产业发展中获得持续稳定收益。

——品牌化。大力推进农产品区域公用品牌、企业品牌、农产品品牌建设，打造高品质、有口碑的农业"金字招牌"。广泛利用传统媒体和"互联网＋"等新兴手段加强品牌市场营销，讲好农业品牌的中国故事。强化品牌授权管理和产权保护，严厉惩治仿冒假劣行为。

第三篇　重点任务

坚持问题导向，重点推进农业绿色发展、农业全程标准化、农业全产业链融合、农业品牌培育提升、农产品质量安全水平提升、农业科技创新、高素质人才队伍建设，持续提高农业创新力、竞争力、全要素生产率，打造质量兴农升级版。

第七章　加快农业绿色发展

第一节　调整完善农业生产力布局

立足匹配水土资源，落实主体功能定位，明确优化发展区、适度发展区、保护发展区，实现保供给和保生态有机统一。加快划定粮食生产功能区、重要农产品生产保护区，实施两区"建管护"工程，2022 年完成 9 亿亩粮食生产功能区、2.3 亿亩重要农产品生产保护区建设任务。持续创建特色农产品优势区，充分发挥示范引领作用，2022 年特色农产品优势区达到 300 个以上。优化生猪养殖布局，引导畜禽养殖向环境容量大的地区转移，加快北方农牧交错带肉牛肉羊产业发展，巩固发展奶牛优势产区，打造我国黄金奶源带。与国土空间规划有效衔接，依法制定出台养殖水域滩涂规划，在确定水域滩涂承载力和环境容量基础上，合理划定水产养殖区、布局限养区、明确禁养区。压减内陆和近海捕捞强度，科学划定江河湖海限捕禁捕区域，在长江流域水生生物保护区实施全面禁捕。建设海洋牧场和渔港经济区，打造海外渔业综合服务基地。

第二节 节约高效利用水土资源

严守耕地红线，全面落实永久基本农田特殊保护制度。优先在粮食生产功能区、重要农产品生产保护区大规模推进高标准农田建设，完善建设标准，探索以县（市、区）为单位整体推进高标准农田建设模式。深入开展耕地质量保护与提升行动，2022 年全国耕地质量平均比 2015 年提高 0.5 个等级以上。加强东北黑土地保护利用，持续推进耕地轮作休耕制度试点。实施"华北节水压采、西北节水增效、东北节水增粮、南方节水减排"等规模化高效节水灌溉，加强节水灌溉工程建设和节水改造，到 2020 年基本完成大型灌区续建配套和节水改造任务，有效减少农田退水对水体的污染。同时按照"先建机制、后建工程"的要求，深化推进农业水价综合改革，农田水利工程设施完善的地区要率先实现改革目标。完善农田灌排工程体系，推行农业灌溉用水总量控制和定额管理，建设高标准节水农业示范区，继续实施华北等地下水超采区综合治理，2022 年全国农业节水灌溉面积达到 6.5 亿亩。推广抗旱节水、高产稳产品种，集成推广深耕深松、保护性耕作、水肥一体化等技术，提高土壤蓄水保墒能力。

第三节 科学使用农业投入品

深入推进化肥减量增效行动，全面推进测土配方施肥，在果菜茶种植优势突出、有机肥资源有保障、产业发展有一定基础的地区，选择重点县（市、区）开展有机肥替代化肥试点，到 2022 年测土配方施肥技术覆盖率达到 90% 以上。完善农药风险评估技术标准体系，加快实施化学农药减量替代计划，统筹实施动植物保护能力提升工程，到 2022 年主要农作物病虫害专业化统防统治覆盖率达到 40% 以上。实施绿色防控替代化学防治行动，建设 300 个绿色防控示范县，主要农作物病虫绿色防控覆盖率达到 50% 以上。加强动物疫病综合防治能力建设，严格落实兽药使用休药期规定，规范使用饲料添加剂，减量使用兽用抗菌药物。

第四节 全面加强产地环境保护与治理

深入实施土壤污染防治行动计划，开展土壤污染状况详查，严格工业和城镇污染物处理和达标排放。编制实施耕地土壤环境质量分类清单，开展污染耕地分类治理和农产品产地土壤重金属污染综合防治，到 2022 年受污染耕地安全利用率达到 90% 以上。继续支持农作物秸秆综合利用，以东北、华北地区为重点整县推进秸秆综合利用，优先支持农作物秸秆就地还田，农作物秸秆综合利用率达到 86% 以上。以畜牧大县为重点，开展畜禽粪污资源化利用整县推进，畜禽粪污综合利用率达到 75% 以上。完善"使用者归集、政府扶持与市场运作相结合"的废旧农膜和农药包装废弃物回收处理体系，开展"谁生产、谁回收"的生产者责任延伸试点，在农膜使用量较高的省份整县推进农膜回收利用，重点用膜区域农膜回收率达到 82% 以上。大力推进种养结合型循环农业试点，集成推广"猪—沼—果"、稻鱼共生、林果间作等成熟适用技术模式，加快发展农牧配套、种养结合的生态循环农业。

专栏 2 农业绿色发展重大工程

1. 高标准农田建设。大规模开展农田土地平整、土壤改良、灌溉排水、田间道路、防护林网、输配电设施等建设，到 2022 年，建成 10 亿亩集中连片、旱涝保收、高产稳产、生态友好、适宜机械化作业的高标准农田。

2. 特色农产品优势区创建。到 2022 年，创建并认定 300 个以上国家级特色农产品优势区，加大对特色农产品优势区品牌的宣传和推介力度，打造一批"中国第一、世界有名"的特色农产品品牌，促进优势特色农业产业做大做强，提高特色农产品的供给质量和市场竞争力。

3. 东北黑土地保护。以耕地质量建设和黑土地保护为重点，统筹土、肥、水、种及栽培等生产要素，到 2022 年在东北 4 省（区）开展 1 亿亩黑土地保护与利用，黑土区耕地质量平均提高 1 个等级以上。

4.农业绿色发展提升行动。深入推进畜禽粪污资源化利用、果菜茶有机肥替代化肥、病虫绿色防控替代化学防治、东北地区秸秆处理、农膜回收和以长江为重点的水生生物保护，从源头上确保优质绿色农产品供给。到2022年主要农作物化肥、农药利用率达到41％以上，秸秆综合利用水平达到86％，畜禽粪污综合利用率达到75％以上，重点用膜区域农膜回收率实现82％。建设300个病虫绿色防控示范县，探索总结技术模式和组织方式。认定100个左右农业可持续发展试验示范区（农业绿色发展先行区），形成一批可复制、可推广典型经验和模式。

5.环境突出问题治理。扩大面源污染综合治理、华北地下水超采区治理实施范围。到2022年建设一批农业面源污染综合治理示范区，华北地区在正常来水情况下大部分地区地下水实现采补平衡，形成一批耕地重金属污染治理技术模式。

6.动植物保护能力提升。针对动植物保护体系、外来生物入侵防控体系的薄弱环节，通过工程建设和完善运行保障机制，形成监测预警体系、疫情灾害应急处置体系、农药风险监控体系和联防联控体系。

第八章　推进农业全程标准化

第一节　健全完善农业全产业链标准体系

加快建立与农业高质量发展相适应的农业标准及技术规范。全面完善食品安全国家标准体系，加快制定农兽药残留、畜禽屠宰等国家标准，到2022年，制（修）订3 500项强制性标准。补充完善种子、肥料、农药、兽药、饲料等农业投入品质量标准、质量安全评价技术规范及合理使用准则。建立健全农产品等级规格、品质评价、产地初加工、农产品包装标识、田间地头冷库、冷链物流与农产品储藏标准体系。构建现代农业工程标准体系，提高工程建设质量和投资效益。

第二节　引进转化国际先进农业标准

加快国内外标准全面接轨，实施"一带一路"农业标准互认协同工程，在适宜地区全面转化推广国际先进农业标准，推动内外销产品"同线同标同质"，加快推动我国农产品质量达到国际先进水平。强化国际标准专业化技术专家队伍建设，深入参与国际食品法典委员会、《国际植保公约》等机制下的涉农国际标准规则制定和转化运用。支持企业申请国际通行的农产品认证，促进政府间标准互认合作。

第三节　全面推进农业标准化生产

建立生产记录台账制度，加快推进规模经营主体按标生产。实施农产品质量全程控制生产基地创建工程，促进产地环境、生产过程、产品质量、包装标识等全流程标准化。在"菜篮子"大县、畜牧大县和现代农业产业园全面推行全程标准化生产，到2022年创建100个国家区域性良种繁育基地、800个绿色食品原料标准化生产基地、120个有机农产品生产基地、500个畜禽养殖标准化示范场、2 500个以上水产健康养殖示范场，大力发展绿色、有机、地理标志等优质特色农产品。

专栏3　农业全程标准化重大工程

1.农业标准化提升行动。对标国际先进标准，加快优质大宗农产品和特色产品生产标准制（修）订，构建形成覆盖农业生产、经营各环节的标准体系，全面推行标准化生产。到2022年，制（修）订农药残留限量标准3 000项、兽药残留限量标准500项、其他行业标准1 000项，基本消除生产经营环节标准空白。

2.农产品认证登记发展计划。积极推动发展绿色、有机、地理标志等优质特色农产品。支持企业申请国际通行的农产品认证，促进政府间标准互认合作。到2022年，绿色食品、有机农产品和地理标志农产品总数达到45 000个。

第九章　促进农业全产业链融合

第一节　深入推进产加销一体化

开展农村一二三产业融合发展推进行动,以加工业为纽带,推进产业交叉融合,建设一批农村产业融合发展先导区、示范园、农业产业化联合体。统筹农产品初加工、精深加工和综合利用加工协调发展,促进农产品加工就地就近转化增值,到 2022 年规模以上食用农产品加工企业自建及订单基地拥有率达到 65%。支持各类新型经营主体建立低碳低耗循环高效的绿色加工体系,发展中央厨房等新型经营模式。组织实施产业兴村强县行动,打造一批现代农业产业园和农村产业融合利益共同体。支持农业产业化龙头企业完善产业链,鼓励互联网企业参与产加销环节,稳定拓展农产品加工企业与各类经营主体间的供销关系、契约关系和资本联结关系,构建紧密型利益联结机制。

第二节　强化产地市场体系建设

加快建设布局合理、分工明确、优势互补的全国性、区域性和田头三级产地市场体系。以优势农产品主产区为重点,建设全国性农产品产地市场,提升价格形成中心、产业信息中心、物流集散中心、科技交流中心和会展贸易中心功能。以特色农产品优势区为重点,改造提升区域性农产品产地市场,配套建设冷藏冷冻、物流配送、信息服务、电子结算、电子监控等基础设施。在村镇生产集中度高、市场基础良好的地区,加快建设田头市场,实施田头市场标准化建设工程,重点开展地面硬化、称重计量、商品化处理、贮藏保鲜、质量检测、信息服务等基础设施建设。引导各地将扶贫专项资金、涉农整合资金、对口帮扶资金支持产地市场体系建设。

第三节　加快建设冷链仓储物流设施

针对不同农产品特性和储运要求,以冷链仓储建设为重点,加快完善农村物流基础设施网络,探索建立"全程温控、标准健全、绿色安全、应用广泛"的农产品全程冷链物流服务体系。重点加强农产品产地市场预冷、储藏、保鲜等物流基础设施建设,降低流通损耗。加强全国性、区域性农产品产地批发市场和田头市场升级改造,提升清洗、烘干、分级、包装、贮藏、冷冻冷藏、查验等设施水平,配备完善尾菜等废弃物分类处置和污染物处理设施,提高农产品冷链保鲜流通比例。支持流通企业拓展产业链条,建立健全停靠、装卸、商品化处理、冷链设施,加强适应市场需求的流通型冷库建设,发展多温层冷藏车等。研发推广经济适用型全程温度监控设备,建设具有集中采购、跨区域配送能力的现代化产地物流集散中心。

第四节　创新农产品流通方式

加快推进农产品按规格品质分级整理、分类包装,减少产销衔接环节,提高产销衔接效率。探索建立农产品产销对接服务体系,引导鼓励家庭农场、农民专业合作社依托产业化龙头企业,发展订单农业、定制农业。积极搭建农产品产销对接平台,扩大农超、农社、农企、农校等对接范围,充分发挥中国国际农产品交易会、中国农民丰收节等展会和重大活动的平台作用。创新产销对接方式,推进电子商务进农村综合示范,谋划推动"互联网＋"农产品出村工程,鼓励小农户和新型农业经营主体与电商平台对接,发展农产品电子商务,加快拍卖、电子结算、直供直销、连锁经营等新流通方式推广运用。深入开展贫困地区"产品出村、助力脱贫"农产品产销对接行动,构建长期稳定的产销衔接机制。开发多种形式特色农产品营销促销平台。深入推进信息进村入户工程,完善农产品电子商务服务功能。

第五节　培育新产业新业态

推动科技、教育、人文等元素融入农业,发展共享农庄、体验农场、创意农业和特色文化产业等新业态。推广分享农业、众筹农业等基于互联网的新型农业产业模式,汇集线上线下资源,推动生产者、消费者、服务者的多维度深层次对接。大力发展农业生产租赁业,探索建立托管经营等多元化农业服务业。实施休闲农业和乡村旅游精品工程,深入发掘农业农村的生态涵养、休闲观光、文化体验、健康养老等多种功能和多重价值，建设一批美丽休闲乡村、乡村民宿等精品项目，到2022年休闲农业和乡村旅游接待游客突破32亿人次。实施农耕文化传承保护工程，开展农业文化遗产发掘认定，组建遗产数据库，建立信息监测和调查评估制度，探索农业文化遗产在保护中利用与传承的新机制，促进中华优秀农耕文化传承与弘扬。实施乡村就业创业促进行动，培育百县千乡万名农村创业创新带头人，建设300个国家农村创新创业园区（基地）。

专栏4 农业全产业链融合重大工程

1. 农产品加工业提升行动。完善农产品加工技术研发体系，依托现有农产品加工聚集区、产业园、工业园等，打造升级一批农产品精深加工示范基地，到2022年农产品加工转换率达到70%。

2. 农产品冷链保鲜工程。支持新型经营主体改善冷库、保鲜库、冷藏车等基础设施，到2022年建成一批农产品保鲜冷库，标准化农产品冷链物流运输车保有量稳步提高。

3. 农产品产地市场建设工程。建设改造直接服务农户的区域性农产品产地市场和田头市场，提升农产品分等分级、预冷、初加工、冷藏保鲜、冷链物流等能力。到2022年建设和改造一批田头市场，促进乡村流通体系现代化。

4. 农村一二三产业融合发展推进行动。开展全国农村一二三产业融合发展示范园、先导区创建，支持新型经营主体围绕挖掘优质农产品功能延长产业链、提升价值链、完善利益链，到2022年建成300个以上农村一二三产业融合发展示范园和300个农村一二三产业融合发展先导区，探索多种模式的一二三产业融合机制。

5. 现代农业产业园提质扩面行动。支持产业园在更高标准上促进农业生产、加工、物流、研发、示范、服务等相互融合，以优势特色产业为纽带，发挥要素集约集聚、技术贯穿渗透、市场互联互通、主体协调统筹等优势，到2022年创建认定300个左右国家现代农业产业园。

6. 产业兴村强县行动。坚持试点先行、逐步推开，培育壮大乡土经济、乡村产业，实现以产兴村、产村融合，提升农村产业融合发展质量和水平，到2022年培育和发展一批产业强、产品优、质量好、功能全、生态美的农业产业强镇，培育县域经济新动能。

第十章 培育提升农业品牌

第一节 构建农业品牌体系

实施农业品牌提升行动，培育一批叫得响、过得硬、有影响力的农产品区域公用品牌、企业品牌、农产品品牌，加快建立差异化竞争优势的品牌战略实施机制，构建特色鲜明、互为补充的农业品牌体系。围绕特色农产品优势区建设，塑强一批农产品区域公用品牌，以县域为重点加强区域公用品牌授权管理和产权保护。结合粮食生产功能区、重要农产品生产保护区和现代农业产业园建设，积极培育粮棉油、肉蛋奶等"大而优"的大宗农产品品牌。以新型农业经营主体为主要载体，创建地域特色鲜明"小而美"的特色农产品品牌。推进农业企业与原料基地紧密结合，加强自主创新、质量管理、市场营销，打造具有较强竞争力的企业品牌。

第二节 完善品牌发展机制

建立农业品牌目录制度，组织开展目录标准制定、品牌征集、审核推荐、推选认定、培育保护等工作，发布品牌权威索引，引导社会消费。建立健全农业品牌管理制度，推行品牌目录动态管理，对进入目录的品牌实行定期审核与退出机制。全面加强农业品牌监管，强化商标及地理标志商标注册和保护，构建我国农业品牌保护体系。加大对套牌和滥用品牌行为惩处力度，加强品牌中介机构行为监管。构建农业品牌危机处理应急机制，推进品牌危机预警、风险规避和紧急事件应对。完善农业品牌诚信体系，构建社会监督体系，将品牌信誉纳入国家诚信体系。

第三节　加强品牌宣传推介

深入挖掘品牌文化内涵，讲好农业品牌故事，充分利用各种传播渠道，大力宣传推介中国农业品牌文化。创新品牌营销方式，充分利用农业展会、产销对接会、电商等营销平台，借助互联网、大数据、云计算等现代信息技术，加强品牌市场营销，提升品牌农产品市场占有率，促进农产品优质优价。探索建立品牌农产品公共服务平台，鼓励发展一批农业品牌建设中介服务组织和服务平台，提供农业品牌设计、营销、咨询等专业服务。

第四节　打造国际知名农业品牌

聚焦重点品种，着力加强市场潜力大、具有出口竞争优势的农业品牌建设。巩固果蔬、茶叶、水产等传统出口产业优势，扩大高附加值农产品出口。建设一批出口农产品质量安全示范基地（区），支持农产品出口交易平台、境外农产品展示中心建设。加强境外农业合作示范区和农业对外开放合作试验区建设，支持农机、种子、农药、化肥和农产品加工等优势产能国际合作。培育具有国际竞争力的大粮商和农业企业集团，推动企业抱团出海，促进产业聚集。支持鼓励有条件的农业企业参加国际知名农业展会，提升中国农业品牌影响力和号召力。

专栏5　农业品牌培育提升重大工程

1. 农业品牌提升工程。建立农业品牌目录制度，加强农业品牌认证、监管、保护各环节的规范与管理，提升我国农业品牌公信力，大力培育和推介一批优势突出、市场占有率高、竞争优势明显、文化底蕴深厚的国家级农业品牌，力争到2022年打造300个国家级农产品区域公用品牌、500个企业品牌、1000个农产品品牌。

2. 农业对外合作支撑工程。支持农业对外合作企业在境内外建设育种研发、加工转化、仓储物流、港口码头等设施。打造农业企业家、技术推广专家、研究学者、行政管理人员等人才队伍，建立农业对外合作人才储备库。到2022年培育5～10家具有国际竞争力的大粮商和跨国企业集团，引进转化一批国际先进农业标准，积极开展农业技术国际合作项目。

3. 特色优势农产品出口提升行动。选择一批特色鲜明、技术先进、优势明显的农产品出口大县，建设一批规模化、标准化生产基地，培育一批精通国际规则、出口规模大的龙头企业，到2022年建成一批出口农产品质量安全示范基地（区）。

第十一章　提高农产品质量安全水平

第一节　加强农产品质量安全监测

制定全国统一的农产品质量安全监测计划，形成以国家为龙头、省为骨干、地市为基础、县乡为补充的农产品质量安全监测网络。改进监测方法，扩大监测范围，提升抽检科学性、针对性和准确性，及时发现问题隐患。深化农产品和食用林产品质量安全例行监测和监督抽查，加强粮食质量安全风险监测，强化监测结果通报与应用，建立健全市场计量保障体系，提升农产品监测数据质量。加强农产品质检体系建设和运行管理，强化质检机构资质认定与考核，提升农产品质检专业化水平。推动实施农产品食品检验员职业资格制度，确定一批农产品质量安全检测技术实训基地。按照"双随机"要求组织开展农业质检机构监督检查，探索建立质检机构诚信档案和重点监管名单制度，充分运用资质评审、能力验证、飞行检查等措施强化农业质检机构证后监管。组织开展农产品质量安全检测技术能力验证，进一步强化检测实验室质量控制，提升检测数据可靠性。

第二节　提高农产品质量安全执法监管能力

以国家农产品质量安全县为基础，健全省、市、县、乡、村五级农产品质量安全监管体系，充实基层监管机构条件和手段。加快建设并扩建农产品质量安全指挥调度中心和监管区域服务站，建设一批监管实训基地，提升农产品质量安全跨区域协调处置能力。将农产品质量安全作为农业综合执法的重点，强化基层执法能力，会同有关部门建立农产品质量安全案件移送机制和重大案件督查督办制度，制定农产品质量安全举报奖励办法。加快农业信用体系建设，出台黑名单管理办法，实施联合惩戒。探索推进智慧监管，建设国家农产品质量安全追溯管理信息平台，推动建立互联共享、上下贯通的数据链条。加快建设农产品质量安全追溯示范点，形成农产品追溯与农业农村重大创建认定、农业品牌推选、农产品认证、农业展会等工作"四挂钩"机制。推动建立食用农产品合格证制度，健全产地准出市场准入衔接机制。深入开展国家农产品质量安全县创建活动，打造农产品质量安全样板。

第三节　强化农产品质量安全风险评估及预警

完善农产品质量安全风险评估体系，深入开展生物毒素、农兽药残留、重金属、致病微生物等危害因子风险评估及对产品营养品质影响评价，全面提升我国农产品质量安全风险评估技术能力。深入推进农产品质量安全风险评估，启动农产品"一品一策"行动，制订一批农产品质量安全风险管控措施。加快建设农产品质量安全风险评估实验室和大数据平台，改善提升实验室和试验基地配套设施条件。建立农产品质量安全风险预警机制，修订农产品质量安全应急预案，组建新的农产品质量安全专家组，快速锁定风险因子，及时发布风险预警信息，有效应对农产品质量安全风险。加强农产品质量安全科技研发，加大快速检测等技术攻关力度。坚持"产、研、管、推"一体化发展，建立农产品质量安全风险防控基地，集成制定农产品全产业链质量安全管控技术措施和对策，推动风险评估服务于农产品质量安全监管和现代农业发展。

专栏 6　农产品质量安全水平提升重大工程

1. 农产品质量安全信用体系建设。创建农产品质量安全信用信息平台，加快建立农产品生产经营主体信用档案，提升信用管理水平。开展信用评价，完善守信联合激励和失信联合惩治机制，将信用评价结果与政策支持、经费扶持、分类监管措施等挂钩。

2. 农产品质量安全提升与样板工程。支持所有"菜篮子"大县创建国家农产品质量安全县，支持扩建并建设农产品质量安全指挥调度中心、区域监管服务站和监管实训基地，认定一批国家级绿色食品原料基地，健全村级质量安全监管队伍。到 2022 年扩建 1 个部级农产品质量安全指挥调度中心，建设 32 个省级指挥调度中心、1.68 万个监管区域服务站，建设绿色食品原料基地 800 个，建设 10 个国家农业检测基准实验室，32 个农产品质量安全实训基地，覆盖主要农产品产区，建设 50 个农产品质量安全风险评估实验室和 50 个主产区实验站。

3. 高效低毒低残留农兽药普及计划。支持农产品生产者使用高效低毒低残留农兽药，到 2022 年普及率达到 60％以上，农产品中农兽药残留合格率达到 98％以上。

4. 农产品质量全程追溯体系建设。构建农产品追溯标准体系，完善"高度开放、覆盖全国、共享共用、通查通识"的国家农产品质量安全追溯管理信息平台，并与国家重要产品追溯管理平台对接。支持县乡农产品质量安全监管机构装备条件和追溯点建设，引导规模生产经营主体实施农产品质量安全追溯管理，建立追溯管理与风险预警、应急召回联动机制。健全完善农药、兽药等农业投入品追溯体系。到 2022 年，建设追溯示范点 28 万个，国家农产品质量安全县域内 80％的农民专业合作社、农业产业化龙头企业等规模以上主体基本实现农产品可追溯。

5. 优质粮食工程。开展"中国好粮油"行动，完善粮食质量安全检验监测体系，建立专业化社会化的粮食产后服务体系，有效增加绿色优质粮食产品供给，促进种粮农民增收，推动形成新型粮食流通体系，力争到 2020 年全国产粮大县的粮油优质品率提高 30％以上。

第十二章　强化农业科技创新

第一节　加强质量导向型科技攻关

深入实施现代种业提升工程，培育一批具有国际竞争力的种业龙头企业，推动建设种业科技强国。培育和推广口感好、品质佳、营养丰、多抗广适新品种，开展专用优质粮食作物、特色经济作物良种联合攻关，加强分子设计育种、高效制繁种、活力纯度快速检测等关键技术研发。加强特色畜禽水产良种资源保护开发利用，全面实施遗传改良计划，提升自主育种能力。以节本增效、质量提升和生态环保作为主攻方向，重点打造 20 个产学研融合的农业科技创新标杆联盟，开展农产品品质评定、安全保障、质量检测等方面共性关键技术研究、集成和示范，布局建设 40 个以上服务农产品加工和质量安全的综合性重点实验室和专业性（区域性）重点实验室，建设一批现代农业产业科技创新中心，搭建以质量提升为导向的科技经济一体化平台。积极引进国内农业发展急需的农产品精深加工、农业生物资源高效利用、农业生物安全防范等国际先进技术，带动提升我国农业科技创新应用水平。

第二节　加快提升农机装备质量水平

推进我国农机装备和农业机械化转型升级，加快高端农机装备和丘陵山区、果菜茶生产、畜禽水产养殖等农机装备的生产研发，大力推进主要农作物生产全程机械化，提升渔业船舶装备水平。到 2022 年创建 500 个主要农作物全程机械化示范县。稳定实施农机购置补贴政策，加强绿色高效新机具新技术示范推广。推进智能农机与智慧农业协同发展，推动植保无人机、无人驾驶农机、农业机器人等新装备在规模种养领域率先应用。推进丘陵山区开展农田"宜机化"改造。

第三节　大力推广绿色高效设施装备和技术

推进设施农业工程、农机和农艺技术融合创新，积极推进农作物品种、栽培技术和机械装备集成配套。加快发展绿色高效设施农业，推广现代化集约型专用设施装备。引入物联网、人工智能等现代信息技术，加快农机装备和农机作业智能化改造。加强老旧农业设施改造更新，推动农机排放标准升级，加快新能源机械使用，全面提升节地、节水、节能、节肥、节药、抗风、抗雪能力。因地制宜，科学利用荒山、荒漠、荒滩、盐碱地、戈壁，建设规模化高效设施种养业。改造老旧果园茶园，建设一批畜禽标准化规模养殖小区，改造建设水产健康养殖场。

第四节　加快数字农业建设

完善重要农业资源数据库和台账，形成耕地、草原、渔业等农业资源"数字底图"。分品种有序推进农业大数据建设，科学调控农产品生产、加工、流通。借力互联网企业、涉农企业数据库，充分依托已有设施，构建"农业云"管理服务公共平台，提高农业行政管理和政务服务信息化水平。实施数字农业工程和"互联网＋"现代农业行动，鼓励对农业生产进行数字化改造，加强农业遥感、大数据、物联网应用，提升农业精准化水平。推进生产标准化、特征标识化、产品身份化，全面提升数字技术在农产品生产、质量监控、商贸物流领域的应用水平，实现农产品"种讲良心、卖得称心、买可放心、吃能安心"。力争到 2022 年，农业主要品种全产业链数字化覆盖率达到 30％。

专栏 7　农业科技创新重大工程

1. 质量导向型科技创新行动。瞄准质量兴农的重大技术瓶颈，改善农业科技创新基础设施条件，提升现代农业科技创新能力，到 2022 年，在农业废弃物资源化利用、农业绿色投入品等核心关键技术上取得突破。

2. 现代种业提升工程。建立布局合理、设施完备、功能完善、机制健全的现代种业体系，建设一批优质专用农作物、畜禽、水产种质资源库（圃、场）、保护区和育种创新基地、品种性状测试鉴定中心。

3. 高效农业机械化技术装备及设施集成应用。加快突破农业机械化发展瓶颈，提升农业全面机械化水平，到2022年，农作物耕种收综合机械化率达到71%。引入物联网、人工智能等现代信息技术，改善设施农业生产环境，到2022年，新增5 000万亩高效设施农业。

4. 数字农业工程。发展数字田园、智慧养殖、智慧农机，着力促进数字技术与现代农业的深度融合，建设航空无人机、田间观测"天空地"一体化的农业遥感应用体系，到2022年，在大田种植、园艺设施、规模养殖等领域率先推广应用数字技术装备，数字技术应用主体劳动生产率提高20%以上。

第十三章　建设高素质农业人才队伍

第一节　发挥新型经营主体骨干带动作用

实施新型农业经营主体培育工程，鼓励通过多种形式开展适度规模经营，将新型经营主体培育成为推进质量兴农的主力军。完善家庭农场人才培育机制，提升家庭农场主质量控制能力。支持农民专业合作社质量提升，鼓励发展农民专业合作社联合社和产业化联合体，示范带动区域内小农户发展优质农产品。不断壮大农业产业化龙头企业，建立现代企业制度，发挥龙头企业在生产、加工、销售全过程的质量控制标杆作用，提升优势主导产业整体质量水平。

第二节　壮大新型职业农民队伍

依托新型职业农民培育工程，大力实施现代青年农场主培养计划、新型农业经营主体带头人轮训计划和农村实用人才带头人培训计划，把质量兴农的知识技能作为培训内容，年均培训新型职业农民100万人以上。实施卓越农林人才教育培养计划2.0，建设一批适应农林新产业新业态发展的涉农新专业，培养一批懂农业、爱农村、爱农民的一流农林人才。推动全面建立职业农民制度，强化政策激励，引导有志青年加入职业农民队伍，鼓励大学生、返乡农民工投身质量兴农建设。鼓励各地开展职业农民职称评定试点。

第三节　培育专业化农业服务组织

健全农业社会化服务体系，支持有条件的农民专业合作社、联合社、农业企业等经营性服务组织和公益性服务组织建设区域性农业社会化服务综合平台，加快建设互联互通的国家农业社会化服务平台，畅通农业生产性服务供需对接，提高服务质量兴农的能力和水平。以质量效益为关键指标，鼓励地方探索建立生产托管服务主体名录和信用评价机制。大力发展主体多元、形式多样、竞争充分的农业社会化服务组织，推广农业生产托管等多样化服务模式，推进托管产业从粮棉油糖等大宗作物向特色经济作物、养殖业生产领域拓展。探索完善全程托管、"互联网＋农机作业""全程机械化＋综合农事"等农机服务新模式，加快发展智慧农机服务合作社。支持专业化服务组织与小农户开展多种形式的联合与合作，推进农业生产全程社会化服务，帮助小农户对接市场、节本增效。

第四节　打造质量兴农的农垦国家队

充分发挥农垦组织化、规模化和产业体系健全的优势，建成一批重要农产品大型绿色生产加工基地。支持农垦率先建立农产品质量等级评价标准体系和农产品全面质量管理平台，推进标准化生产、信息化管理，健全从农田到餐桌的全面质量管理体系。以中国农垦品质为核心打造一批优质农产品品牌，做大做强做优中国农垦公共品牌。在大中城市建设一批农垦绿色产品体验中心，促进产销衔接和优质优价。培育一批具有国际竞争力的农垦企业集团，发挥农垦在质量兴农中的带动引领作用。

专栏8　高素质农业人才队伍建设重大工程

1. 新型农业经营主体培育。开展示范家庭农场、农民专业合作社示范社、农业产业化龙头企业认定，带动提升新型经营主体发展质量，到2022年县级以上示范家庭农场、国家农民专业合作社示范社、国家农业产业化龙头企业认定数量分别达到100 000家、10 000家、1 500家，新型经营主体生产的绿色有机农产品比重达到90%以上。

2. 新型职业农民培育。全面建立职业农民制度，深入开展新型职业农民整建制示范培育，加快建立一支结构合理、素质优良的新型职业农民队伍，到2022年累计实施现代青年农场主、农业职业经理人培养计划、农村实用人才带头人培训计划、新型农业经营主体带头人轮训计划共500万人。

3. 农垦国有经济壮大。加快垦区集团化和农场企业化改革，全面推行现代企业制度，健全法人治理结构，支持农垦率先建设农产品质量等级评价标准体系和农产品全面质量管理平台，全面推广中国农垦公共品牌。

第四篇　规划实施

加快构建质量兴农政策体系、评价体系、考核体系、工作体系，强化政策支持、责任分工、检查督导和组织领导，确保规划各项目标任务落实到位。

第十四章　完善质量兴农政策体系

第一节　加大农业绿色高效生产支持力度

建立以绿色生态为导向的农业补贴制度，支持有机肥、高效新型肥料、低毒低残留农兽药、绿色防控产品研发和推广，选择一批重点县市整建制推进果菜茶有机肥替代化肥和全程绿色防控试点，畅通种养循环渠道。扩大耕地轮作休耕制度试点范围，继续支持耕地保护与质量提升。支持农用为主、多元利用的农作物秸秆综合利用。开发适用于绿色有机农产品和地理标志产品的保险品种。支持先进适用绿色农业节水技术研发与推广，促进信息技术在灌区建设与管理中的推广应用。

第二节　强化用地等配套政策保障

完善农业设施用地政策，满足新型农业经营主体在仓储、加工、农业机械停放等方面的用地需要。支持发展农业托管服务、农田健康管理服务等新型服务方式。对质量兴农领军型企业首次公开发行股票给予优先支持，提高农产品期货交易的现货交割质量标准。探索以质量综合竞争力为核心的增信融资制度，将质量水平、标准水平、品牌价值等纳入经营主体信用评价和贷款发放参考因素。

第十五章　构建质量兴农评价体系

第一节　科学构建评价指标

研究制定质量兴农监测评价办法，围绕评价数据真实可靠、科学合理，明确评价指标范围，将产品质量、产业效益、生产效率、经营者素质、农业国际竞争力作为重要评价内容，合理设置指标权重，准确评价质量兴农水平。

第二节　强化指标数据采集

以县级人民政府为主体，组织农业、林业、统计等相关部门开展评价指标数据的采集、整理、核实，进行本区域质量兴农水平自评价。省级农业农村主管部门会同相关部门审核认定有关县市评价指标数据，并给予指导服务，严禁虚报数据。

第三节　开展第三方评价

完善评价方式方法，采用信息化手段逐步实现过程评价和评价结果部省互联、数据共享。按照公开公平公正的原则，择优选择第三方评估机构，充分发挥第三方独立性和专业性优势，对质量兴农情况开展监测评估，重点对县域质量兴农情况进行评价。强化第三方评估过程痕迹管理，确保评估流程规范有序、评估过程客观公正。建立统一权威的评价信息发布机制，定期发布质量兴农综合评价信息。

第十六章 建立质量兴农考核体系

第一节 强化考核监督

加强质量兴农战略规划实施考核监督，将质量兴农绩效作为乡村振兴考核的重要内容。按照分级负责的原则，明确以县为单位进行考核，在第三方评价结果基础上，重点考核质量兴农的政策措施落实情况和群众满意度，将质量兴农任务清单、年度工作计划、工作台账等工作情况作为考核重要指标。充分考虑各地质量兴农的资源禀赋和发展基础，分区域科学考核评价质量兴农水平。

第二节 完善激励约束机制

建立健全质量兴农战略规划实施激励约束机制，将县级质量兴农工作情况考核结果与年度奖先评优挂钩，把是否发生重大农产品质量安全事故作为一票否决事项。对推进质量兴农取得显著成绩的单位和个人，按照有关规定给予表彰奖励。对落实不力的进行严肃问责，并视情节予采取约谈、通报批评等措施。

第十七章 健全质量兴农工作体系

第一节 加强组织领导

建立质量兴农部际沟通协调机制，将质量兴农作为农业现代化部际联席会议的重要议事内容，由农业农村部牵头，统筹推进质量兴农规划落实，协调解决重大问题，重大情况及时向国务院报告。各成员单位根据任务分工，细化工作措施，明确工作进度，确保工作质量，并根据工作职能，切实强化对本系统本行业的业务指导，形成部门间协同推进质量兴农的工作合力。

第二节 落实各方管理责任

强化地方各级政府落实质量兴农属地管理责任，推动各地主动担当作为。各地要把质量兴农工作纳入年度经济社会发展计划，定期研究推进本区域质量兴农工作，切实将落实质量兴农发展目标同解决当前突出问题结合起来，坚持问题导向，优先补齐短板，形成一级抓一级、层层抓落实的工作格局。要根据本规划确定的发展目标、重点任务进行细化分解，逐一梳理形成可量化、可操作的质量兴农任务清单，形成具体实施方案，制定年度工作计划，建立工作台账。严格按照时间节点抓好组织实施，确保各项工作任务按期完成。

第三节 强化法治保障

各级政府要坚持运用法治思维和法治方式，全面推进质量兴农工作。严格执行现行涉农法律法规，规范开展农业项目安排、资金使用、监督管理等工作，提高规范化、制度化、法治化水平。加快推动法律法规制（修）订，推进农产品质量安全法、生猪屠宰管理条例和农作物病虫害防治条例等制（修）订，强化质量兴农法律支撑。深入推进农业综合执法，强化执法队伍建设，改善执法条件，促进依法护农、依法兴农。开展法治宣传教育，增强各级领导干部、涉农部门和农村基层干部法治观念，引导农民增强学法尊法守法用法意识。

第四节 动员社会参与

着力搭建社会监督参与平台，积极引导农民、媒体、专家、公众、社会组织等各方面广泛参与质量兴农工作，形成共同监督、共同参与的良好氛围。注重发挥农民群众的主体作用，深化农业领域"放管服"改革，创新优化政府服务，激发农民及新型农业经营主体参与质量兴农的积极性创造性。加大质量兴农宣传力度，普及推广农产品质量安全知识，引导形成科学消费观念。建立质量兴农专家决策咨询制度，组织开展基础理论研究，夯实农业高质量发展理论基础。

农业农村部办公厅关于印发
《2019 年农业农村绿色发展工作要点》的通知①

各省、自治区、直辖市及计划单列市农业农村（农牧）厅（局、委），新疆生产建设兵团农业农村局，部计划财务司、乡村产业发展司、农村社会事业促进司、科技教育司、农产品质量安全监管司、种植业管理司、畜牧兽医局、渔业渔政管理局、长江流域渔政监督管理办公室：

为贯彻落实中办国办《关于创新体制机制推进农业绿色发展的意见》和 2019 年中央 1 号文件精神，按照中央农村工作会议和全国农业农村厅局长工作会议部署，持续推进农业绿色发展工作，我部制定了《2019 年农业农村绿色发展工作要点》。现印发你们，请遵照执行。

农业农村部办公厅
2019 年 4 月 2 日

2019 年农业农村绿色发展工作要点

为贯彻落实中办国办《关于创新体制机制推进农业绿色发展的意见》和 2019 年中央 1 号文件精神，按照中央农村工作会议、全国农业农村厅局长会议部署要求，努力提升农业农村绿色发展水平，充分发挥绿色发展对乡村振兴的引领作用，制定 2019 年农业农村绿色发展工作要点。

一、推进农业绿色生产

（一）优化种养业结构。巩固非优势区玉米结构调整成果，适当调减低质低效区水稻种植，调减东北地下水超采区井灌稻种植。继续优化华北地下水超采区和新疆塔里木河流域地下水超采区种植结构，减少高耗水作物。适当调减西南西北条锈病菌源区和江淮赤霉病易发区的小麦。合理调整粮经饲结构，发展青贮玉米、苜蓿等优质饲草料生产。以东北地区和北方农牧交错带为重点，继续扩大粮改饲政策覆盖面和实施规模，完成粮改饲面积 1 200 万亩以上。（种植业司、畜牧兽医局分别负责）

（二）推行标准化生产。加大标准制（修）订力度，加快制定修订一批肥料安全性标准，制定修订农药残留标准 1 000 项、兽药残留标准 100 项，清理一批不适应的标准，制定一批绿色、优质、营养方面的行业标准和生产规程。推进按标生产，在绿色高质高效示范县、果菜茶有机肥替代化肥示范县，加快集成组装一批标准化高质高效技术模式，建设一批全程标准化生产示范基地。鼓励龙头企业、农民合作社、家庭农场等新型经营主体按标生产，发挥示范引领作用。（种植业司、畜牧兽医局、监管司分别负责）

（三）发展生态健康养殖。继续创建 100 家全国畜禽养殖标准化示范场，总结推广畜禽清洁养殖工艺和适用技术。贯彻实施农业农村部等 10 部委印发的《关于加快推进水产养殖业绿色发展的若干意见》，举办全国水产养殖业绿色发展现场会和高峰论坛。深入开展水产健康养殖示范，实施传统池塘升级改造，推进养殖尾水治理。继续扩大稻渔综合种养规模。（畜牧兽医局、渔业渔政局分别负责）

（四）增强绿色优质农产品供给。稳步发展绿色食品，严格准入门槛，加强证后监管和目录动

① 资料来源：农业农村部网站，2019 年 4 月 11 日。

态管理，加大绿色食品宣传和市场推介，提高品牌公信力。发挥系统优势，积极推动有机农产品认证和有机农业发展。开展农产品地理标志资源普查，依托特色农产品优势区创建农产品地理标志培育样板，打造一批乡土品牌。实施全国名特优新农产品推广计划，开展消费引导和产销对接。（监管司牵头）

二、加强农业污染防治

（五）**持续推进化肥减量增效。**深入开展化肥使用量零增长行动，保持化肥使用量负增长，确保到 2020 年化肥利用率提高到 40％以上。继续选择 300 个县开展化肥减量增效试点，组织专家分区域、分作物提炼一批化肥减量增效技术模式，建设一批化肥减量技术服务示范基地，为农民提供全程技术服务。深入推进有机肥替代化肥，继续在苹果、柑橘、设施蔬菜、茶叶优势产区开展果菜茶有机肥替代化肥试点，将试点规模扩大到 175 个县，将实施范围扩大到东北设施蔬菜。对首批 100 个有机肥替代化肥试点县，系统总结技术规程、推广模式、运行机制，加快形成可复制、可推广的组织方式和技术模式，推进有机肥替代化肥在更大范围实施。（种植业司牵头）

（六）**持续推进农药减量增效。**深入开展农药使用量零增长行动，转变病虫防控方式，大力推广化学农药替代、精准高效施药、轮换用药等科学用药技术。加快新型植保机械推广应用步伐，进一步提高农药施用效率和利用率。大力扶持发展植保专业服务组织，提高防控组织化程度，强化示范引领和技术培训，提高统防统治覆盖率和技术到位率。在粮食主产区和果菜茶优势区，打造一批全程绿色防控示范样板，带动引领农药大面积减量增效，力争主要农作物病虫绿色防控覆盖率达到 30％以上，继续保持农药使用量负增长。（种植业司牵头）

（七）**推进畜禽粪污资源化利用。**组织开展 2018 年度工作考核，压实地方政府属地管理责任。落实规模养殖场主体责任，推行"一场一策"，确保 2019 年年底，规模养殖场粪污处理设施装备配套率达到 80％，大型规模养殖场粪污处理设施装备配套率在年底前达到 100％。指导长江经济带、环渤海地区、东北地区等区域加大畜禽粪污资源化利用工作力度。落实北京、天津、上海、江苏、浙江、山东、福建七省整省（市）推进畜禽粪污资源化利用协议，确保提前一年完成目标任务。加快推进畜禽粪污资源化利用整县推进，实现畜牧大县全覆盖。组织开展种养结合试点，以长江经济带等南方水网地区为重点，促进粪污全量就近就地低成本还田利用。印发臭气减排技术指导意见，指导养殖场户减少氨挥发排放。（畜牧兽医局牵头）

（八）**全面实施秸秆综合利用行动。**以东北地区为重点，以肥料化、饲料化、燃料化利用为主攻方向，以县为单位推广深翻还田、捡拾打捆、秸秆离田多元利用等技术，推进秸秆全量利用，培育一批秸秆收储运和综合利用市场化主体。探索秸秆利用区域性补偿制度，整县推动秸秆全量利用。开展秸秆综合利用台账制度建设，搭建资源数据共享平台，为实现秸秆利用精准监测、科学决策提供依据。（科教司牵头）

（九）**深入实施农膜回收行动。**加快出台《农膜管理办法》，强化多部门全程监管，严格农膜市场准入，全面推广标准地膜。深入推进 100 个县开展农膜回收利用，加强回收体系建设，加快全生物降解农膜、机械化捡拾机具研发和应用，组织开展万亩农膜机械化回收示范展示。探索建立"谁生产、谁回收"的农膜生产者责任延伸机制。（科教司牵头）

（十）**强化耕地土壤污染管控与修复。**加快耕地土壤环境质量类别划分，制定分类清单，在江苏、河南、湖南三省率先完成。出台污染耕地安全利用推荐技术目录，建设一批受污染耕地安全利用集中推进区，打造综合治理示范样板，探索安全利用模式。严格管控重度污染耕地，推动种植结构调整、休耕和退耕还林还草。构建农产品产地环境监测网，以土壤重金属、农田氮磷排放、秸秆地膜为重点，开展监测评价，建立监测预警制度。基本完成第二次全国农业污染源普查。实施设施蔬菜净土工程，针对设施蔬菜土壤连作障碍突出问题，选择一批设施蔬菜大县大市，开展土壤改良

治理试点。（科教司、种植业司分别负责）

三、保护与节约利用农业资源

（十一）**扩大耕地轮作休耕制度试点**。进一步完善组织方式、技术模式和政策框架，巩固耕地轮作休耕制度试点成果。调整优化试点区域，将东北地区已实施 3 年到期的轮作试点面积退出，重点支持长江流域水稻油菜、黄淮海地区玉米大豆轮作试点；适当增加黑龙江地下水超采区井灌稻休耕试点面积，并与三江平原灌区田间配套工程相结合，推进以地表水置换地下水。（种植业司牵头，计财司参与）

（十二）**加快发展节水农业**。结合实施国家节水行动，在干旱半干旱地区，大力推广旱作农业技术，以玉米、马铃薯、棉花、蔬菜、瓜果等作物为重点，提高天然降水和灌溉用水利用效率。在农田基础设施较好、有灌溉条件的地区，采用膜下滴灌、浅埋滴灌、垄膜沟灌等模式，建立灌溉施肥制度，配套水溶肥料，实现水肥耦合。在干旱缺水、地下水超采等地区，以蓄集和高效利用自然降水为核心，采用新型软体集雨技术，充分利用窖面、设施棚面及园区道路等作为集雨面，蓄集自然降水，实现集雨补灌。（种植业司牵头）

（十三）**加强农业生物多样性保护**。加强农业野生植物资源管理，推动制定第二批国家重点保护野生植物名录。开展重点保护物种资源调查，加大农业珍稀濒危物种资源抢救性收集力度。做好已建农业野生植物原生境保护区（点）管护工作，新建一批原生境保护区（点）。推动外来物种管理立法，提出第二批国家重点管理外来入侵物种名录。强化综合防控，做好应急防控灭除。（科教司、渔业渔政局、长江办分别负责）

（十四）**着力强化渔业资源养护修复**。在海河、辽河、松花江、钱塘江实施禁渔期制度，实现内陆七大重点流域禁渔期制度全覆盖。抓好海洋伏季休渔，扩大限额捕捞试点范围。推进长江流域重点水域禁捕工作，2019 年底以前，完成 332 个水生生物保护区的渔民退捕工作，全面禁止水生生物保护区内生产性捕捞。推进实施以中华鲟、长江鲟、长江江豚为代表的珍稀濒危物种人工繁育和种群恢复工程。建设国家级海洋牧场示范区 10 个以上。组织开展全国放鱼日等重大增殖放流活动，全年增殖放流水生生物苗种 300 亿尾以上。开展"中国渔政亮剑 2019"系列渔政执法行动，依法打击各类非法捕捞行为。（渔业渔政局、长江办牵头，计财司参与）

四、切实改善农村人居环境

（十五）**强化典型示范**。深入学习推广浙江"千村示范、万村整治"经验，落实全面扎实推进农村人居环境整治会议精神，推动农村人居环境整治工作从典型示范总体转向面上推开。指导各地组织实施好各具特色的"千万工程"，提炼推广一批经验做法、技术路线和建管模式。（社会事业司牵头，计财司参与）

（十六）**实施农村人居环境改善专项行动**。贯彻落实《关于推进农村"厕所革命"专项行动的指导意见》，督促各省（区、市）开展农村改厕情况摸底，明确 2019 年和 2020 年度改厕任务，组织实施农村"厕所革命"整村推进奖补政策，切实提升农村改厕质量。重点围绕"三清一改"，抓住关键节点，开展村庄清洁行动，督促指导各地对村庄环境脏乱差进行集中整治，及时调度各地进展情况，充分调动农民和基层干部的积极性，促进清洁行动常态化。积极推动农村生活垃圾治理、生活污水治理、村容村貌整治提升等相关工作。强化人居环境整治技术支撑，组织开展乡村生活垃圾污水、厕所粪污消纳处理等技术研发，开展农村改厕及粪污资源化利用试点示范，积极推广简单经济实用的模式、技术和产品。（社会事业司牵头，计财司、科教司参与）

（十七）**积极发展乡村休闲旅游**。实施休闲农业和乡村旅游精品工程，挖掘蕴含的特色景观、农耕文化、乡风民俗等优质资源，建设一批设施完备、功能多样的休闲观光园区、乡村民宿、农耕体验、康养基地等，培育一批"一村一景""一村一韵"美丽休闲乡村，打造特色突出、主题鲜明的休闲农业和乡村旅游精品，推介一批中国美丽休闲乡村。（乡村产业司牵头）

五、强化统筹推进和试验示范

（十八）**统筹推动长江经济带绿色发展。**坚持"共抓大保护、不搞大开发"，落实《农业农村部关于支持长江经济带农业农村绿色发展的实施意见》，建立长江经济带农业农村绿色发展工作机制，围绕农业面源污染防治、水生生物保护等重点任务，整区域整建制推进落实。（规划司牵头，有关司局参与）

（十九）**开展第二批国家农业绿色发展先行区评估确定。**指导第一批国家农业绿色发展先行区认真总结典型范例，启动第二批先行区评估确定工作，着力探索可复制可推广的区域绿色生态循环发展模式，全域推进绿色发展。依据管理办法，对先行区工作推进情况和绿色发展水平进行监测评价。推动绿色发展相关项目资金向先行区倾斜，打造全国农业绿色发展综合样板。（规划司牵头，有关司局参与）

（二十）**加强农业绿色发展基础性工作。**完善农业绿色发展研究体系，筹备建立中国农业绿色发展研究会，召开农业绿色发展研讨会，出版发布《中国农业绿色发展报告2018》。继续以国家农业绿色发展先行区为重点，加强农业资源台账建设，建立以农业农村部门为主、相关部门协调配合的台账数据协调机制，编制国家重要农业资源台账，开展农业资源评价。（规划司牵头，有关司局、中国农科院参与）

（二十一）**强化工作落实和调度。**认真贯彻落实《关于创新体制机制推进农业绿色发展的意见》重点工作分工方案，加快推进工作落实。继续实施重点工作季度调度制度，确保各项工作有序推进，重点制度、科研、项目和行动按时完成。（规划司牵头，有关司局参与）

二、综述篇

砥砺前行，探寻国家农业绿色发展道路

张福锁[①]

党的十九大提出，"加快生态文明体制改革，建设美丽中国，坚持走绿色发展之路。"2019 年 4 月 28 日，习近平主席出席 2019 年中国北京世界园艺博览会开幕式，并发表题为《共谋绿色生活，共建美丽家园》的重要讲话，提出绿色发展的"五个追求"——追求人与自然和谐、追求绿色发展繁荣、追求热爱自然情怀、追求科学治理精神、追求携手合作应对，并强调"只有并肩同行，才能让绿色发展理念深入人心、全球生态文明之路行稳致远"。2015 年联合国提出的可持续发展目标旨在从 2015 年到 2030 年间以综合方式彻底解决社会、经济和环境三个维度的发展问题，转向可持续发展道路。国内和国际发展的新态势和新方向要求我们必须走绿色可持续发展之路。我国经过 30 多年的不懈追求，集约化现代农业发展到了一个新的历史转折点，绿色生产方式和绿色循环理念已经成为未来农业发展的必由之路，这也开启了农业绿色发展的新时代。

绿色发展是以效率、和谐、可持续为目标的经济增长和社会发展方式。主要包括以下几个要点：一是要将环境资源作为社会经济发展的内在要素；二是要把实现经济、社会和环境的可持续发展作为绿色发展的目标；三是要把经济活动过程和结果的"绿色化""生态化"作为绿色发展的主要内容和途径。在我国探索"优质、高产、绿色、环保"的绿色可持续现代农业发展道路已成为当务之急，坚持绿色发展是发展观的一场深刻革命。

一、我国农业绿色发展面临的主要挑战

我国是世界第一人口大国，虽然国土资源广阔，可耕种面积却十分有限。然而，新中国成立 70 年来，我国农业用不到全球 7% 的耕地面积解决了世界 22% 人口的吃饭问题，这本身就是一个世界奇迹。目前面对资源的耗竭和环境的污染，我国农业需要一场新的革命，农业绿色发展面临着巨大的挑战。

（一）我国农户作物产量还不够高，但投入却很高

进入 21 世纪，随着化肥农药等农业化学投入品产量的提高和广泛大量的施用，我国农作物生产虽然摆脱了"吃不饱"的困境，却又陷入了"吃撑了"的窘境。我国的化肥农药投入量已成为世界第一，在高农药化肥投入量之下，却没有实现相应的最高产出。目前，我国农民只能实现优良品种产量潜力的 50%～80%，仍有 20%～50% 的增产潜力。因此，我国在农作物增产潜力依然很大，有待进一步挖掘。

（二）我国农产品品质有待提高，生产成本需大幅度降低

当前我国农业生产最大的问题之一是高品质农产品所占比重不够高，不能满足消费者对高质量农产品的需求，这也直接影响了农民的增收，导致需要从国外进口大量高端、高质量的水果等农产品。而我国主要水果蔬菜优质率和出口率都比较低，国际市场的竞争力不高。同时，我国不少农产品产量大，但品质还有待提高。例如，我国的苹果产量占全球产量近 50%，但能满足出口标准的却只有不足 12%。我国农产品生产成本显著高于国外。由此可见，我国农产品质量的提升空间非常大，农产品生产成本还可以大幅度降低。

---

① 作者为中国工程院院士、中国农业大学国家农业绿色发展研究院院长、中国绿色食品发展研究院院长。

（三）我国农业生产的资源环境代价太高

随着人们对生态环境的要求日益提高，绿色、环保、可持续已经成为人们对美好生活向往的目标。然而，我国农业生产的资源环境代价却非常高，例如从 1980—2014 年我国粮食总产量增长了90％，但是化肥消费量增长了180％，过剩氮肥的排放量却增长了240％，我们在保障粮食安全的同时，也付出了很高的资源环境代价。不仅如此，过量施肥还造成农田土壤普遍酸化，严重影响耕地质量和农业生产能力。研究发现，从 20 世纪 80 年代到新世纪，全国农田土壤 pH 平均下降了0.5 个单位。土壤酸化不仅影响作物根系生长，甚至造成铝毒，导致作物减产，还会造成重金属元素活化、土传病虫害加重等一系列问题，进而严重威胁农业生产和生态环境安全。因此，国家适时提出了供给侧结构性调整和农业绿色发展的新要求——即同时实现农产品数量、质量和环境安全三维提升，同时保障粮食数量安全、质量安全和生态环境安全。这就需要全社会共同努力，大力推动农业绿色发展，使农业的发展不再以牺牲资源环境和子孙后代的利益为代价，真正走上高质量发展道路。实际上，仅仅满足数量就很不容易，满足质量需求就更难，同时还要保护资源环境，维护生态平衡，实现绿色可持续发展与人类营养健康，可谓难上加难，所以中国农业绿色发展面临的形势依然严峻，任务相当艰巨。

（四）农业绿色发展对科技创新、社会服务和人才培养提出更高要求

从科技创新来说，目前的研究方法和教科书中的研究技术和案例，大多是单因子单一过程的科学研究，很少有多目标多因子的系统研究。单因子科学研究的优点在于，注重单一过程的解剖和机理解析，可严格对比和定量。但传统单因子试验研究已无法满足现代农业产业发展的需要，单一过程和单项技术突破常常难于解决全产业链系统升级等综合问题。这就要求我们在科技创新上必须走出一条新路子。事实上在产业发展和生产实际中碰到的问题都不是单一存在的，更不是按学校各种不同专业进行分工的，而是综合的、多种因素共同作用的系统性问题。

除了研究目标和因素的多样化和系统化、一体化外，科技创新的主攻方向也应该朝着如何用最少的资源投入生产出数量足、质量好、营养健康的农产品，与此同时还节约资源，保护环境，以满足人们对美好生活向往的需求。这是现代农业科技领域最具挑战的创新方向和主攻目标。过去，农业生产过程消耗了过多的水、肥、药等资源，环境代价很高，但生产效率不高。现在，我们必须创新技术，从系统角度大幅度提高资源利用效率，以尽可能少的资源生产出更多、更好、更健康的农产品，而且保持青山绿水，环境优美。这就要在卡脖子技术的研究上取得突破，在系统优化升级上取得根本性进步，使农业生产，特别是动植物生产与资源和生态环境准确匹配，同时实现粮食安全和环境安全双赢。

农业绿色发展亟须培养"交叉创新—三农情怀—理实兼备—国际视野"的复合型人才。现有人才培养模式的问题往往是从学校到学校，从城里到城里，从文献到文献，从文章到文章，与生产脱节，与用户脱节，与农村农业生产主战场脱节。传统学科划分过细，不能解决农业产业链交叉理论与技术创新；传统培养方式与产业需求脱节，不能培养既能解决产业发展问题，又能创新科技、突破卡脖子问题的复合型人才。新型农业人才培养模式，既要求面向产业一线、知识面广、综合能力强、有情怀、"一懂两爱"，同时要求把握国际前沿、理论创新、技术突破、产业发展专业知识深入。这是一个需要多学科交叉创新的时代。扎根生产一线、零距离是最基本的要求，同时又要利用政府、企业等社会资源，自下而上与自上而下相结合，进行科技创新和技术应用模式创新。

二、探索我国特色农业绿色发展道路

面对以上挑战，中央提出我国农业发展需尽快转变农业发展方式，实现绿色转型，由高投入、高资源环境代价的农业发展方式转变为优质、高效、绿色、环保的可持续现代农业。

（一）制定农业绿色发展"三步走"策略

实现农业产量大幅度增长，质量大幅度提升，农业生产投入和成本大幅度下降，生产效率大幅增加，资源环境得到保护是国家的需求、人们的期望和业界的共同愿望，我们提出"三步走"策略，希望尽快在我国实现绿色可持续发展，即：减肥增效、绿色增产增效和绿色高质高效三大策略。

1. 减肥增效

农业绿色转型第一步要从减少当前化肥、农药等投入品的过量使用开始，希望在保持农产品产量不下降，甚至还可以小幅度增长的基础上，将化肥、农药、灌溉水与地膜等投入量减少 20%～30%，将效率提高 30%以上。我们在全国南北各地大量的试验研究证明，减肥增效完全可能。例如我们在华北小麦－玉米轮作体系和长江流域小麦－水稻轮作体系的研究结果证明，即使减肥30%以上，也不会降低作物产量，但却大幅度降低了氮素向环境中的排放，氨挥发、反硝化和硝酸盐淋失数量都大幅度降低，也就是说，减肥减排不减产的技术是完全可行的。

2. 绿色增产增效

这是第二步策略，希望可以在实现显著增产的同时较大幅度地减少环境污染。我们过去做了大量的工作，在三大粮食主产区试验同时增产增效 20%以上，减排 30%～50%，为国家农业绿色发展提供了坚实的理论支撑与技术支持。

3. 绿色高质高效

最理想的农业发展状态是农产品产量大幅度增长，品质大幅度提升，农民收入实现翻番，同时实现环境保护与绿色发展的目标。这一理想是可以实现的。例如我们在全国小麦、玉米和水稻主产区的田间试验中同时实现增产 30%以上、减少氮素排放 50%以上的好效果。在广西金穗科技小院帮助企业大幅度降低香蕉的裂果率，提高了香蕉品质，产量产值大幅增加，而且水肥药等投入大幅度下降，资源利用效率大幅度提升，环境负效应大幅度减少。在黄土高原、胶东半岛和红土高原的22 个苹果科技小院商品率提升 20%，节肥 30%，增效 35%。这些例子都说明绿色高质高效不仅可能，而且潜力巨大。

（二）农业绿色发展"三大行动"

通过十几年的探索实践，证明"三步走"战略是可行的，接下来的问题就是如何使"三步走"战略真正落地。为此，我们选择了河北省邯郸市曲周县建立绿色发展示范县，实施"三步走"战略，"政产学研用"一体化实现绿色发展，然后将该县的经验推广至全国，为全球建立样板，提供中国模式和可复制可推广的成功案例。"县域落地—全国示范—国际样板"，这就是我们正在推行的三大行动。

1. 县域绿色发展

县域是实施农业绿色发展最基本单元，规模适中、边界清晰，易操作、可评估、可复制，具有示范效应，能实现技术创新成果就地转化，找到零距离落地的综合解决方案。在县域内实现绿色农业转型所需要的不仅是科学技术，还需要政策支持、体制机制创新，尤其需要政府、企业、科技部门与农民联合起来进行尝试与探索。在县域内，实现多元主体共同进行农业绿色转型试验才能真正找到农业绿色发展的根本路径。

曲周县地处黄淮海平原腹地，曾于 1973 年开始进行盐碱地综合治理，成功解决了人民温饱问题，也改变了我国粮食"南粮北运"的历史格局。近十几年来，我们团队在这里开展了减肥增效和绿色增产增效的实践，通过不懈的努力，最终帮助农民实现了增产增收，并减少了环境污染。

未来我们希望通过在曲周县建立"绿色作物生产—绿色种养一体化—绿色产品与产业—绿色生态环境"的县域"全产业链"绿色发展模式，真正实现全县域的绿色发展，进而实现乡村振兴伟大战略。因此我们在曲周县提出了"12345"行动，即根据提质增效与绿色发展两个思路，借助三大模式、四大工程与五项革命，实现打造全国和全球高质量农业新模式的目标，把曲周县打造成全国的绿色发展样板县、全球的示范典范。

2. 全国农业绿色发展行动

在曲周县农业绿色转型实践的基础上，我们将曲周经验推广至全国，希望通过建立全国农业绿色发展协作网推动农业绿色发展。我们先后建立了全国科技小院网络、全国养分管理协作网、全国肥料产业绿色发展协作网，把国家行动与企业大面积示范推广以及科技创新与应用有机结合，在过去 10 年间，与全国 1 152 位科学家、65 420 位农业技术推广人员、13 万名企业服务人员与 2 000 多万名农民一起努力，在全国三大粮食主产区的 5.66 亿亩土地上实现了增产 10%、减肥 15%、增效 30% 以上的好效果。相关文章在《自然》杂志上发表，引起了全球广泛关注。

3. 全球农业绿色发展行动

我们希望将曲周和中国绿色发展的经验推广至国外，为全世界农业绿色可持续发展做出贡献。2013 年我将中国农业如何持续增产、增效、减少污染、走向绿色的思路和经验发表在《自然》杂志上，成为联合国 2016—2030 年全球农业可持续发展议程的对照目标。今后我们要努力实现农业产量提高 30%、效率提高 30%、污染减少 30% 的全球可持续发展目标，任务艰巨，而曲周县的成功经验可以为全球推动绿色农业转型实践提供有力支撑。

（三）利用"科技小院"经验，创新人才培养方式

"三农"的发展总是存在着一些"脱节"的问题，如何在生产一线突破卡脖子问题和解决技术落地的"最后一公里"问题，将科技支撑的作用发挥出来，让成果真正转化为生产力，这些都是全球社会一直关心和面临的问题，也是我们团队长期努力要破解的难题。当前"三农"主要存在以下三大脱节问题：第一个是农民需要科技人员，但科技人员都在城里，农民找不到他们，所以科技人员跟农民脱节；第二个是农业生产和产业发展急需科学技术支撑，特别需要关键技术的创新和在生产中的验证，但是大多数科技人员在实验室、温室和具有国际水平的室内研究环境中做研究、发文章，真正能满足生产与产业需求的科研远远不够，所以科研跟生产需求脱节；第三个是我们需要懂农业、爱农村、爱农民的"一懂两爱"人才，但是每年近千万名大学生和研究生毕业，真正有实践技能、有"三农"情怀的人非常有限，能达到"一懂两爱"要求的就更少。因此，人才培养与社会需求是脱节的。我们要想解决这些脱节的问题，就必须重构我们的教育和人才培养体系，实现专家与农民零距离、科研与生产零距离、育人与用人零距离。

2009 年，我们团队老师带领研究生进驻河北省曲周县白寨乡农家小院，零距离开展科研和社会服务工作，群众亲切地称这个农家小院为"科技小院"，第一个科技小院由此诞生。师生在科技小院里生活、学习、工作，融入农民群众之中，随时跟农民进行交流，吃农家饭、干农家活，成为农民的朋友和自家人，跟他们一起来解决他们的问题。在这个过程中，他们不仅仅给农民做指导和咨询，还利用住在村里的优势条件零距离地给村民做培训、展示各种知识和技术，跟农民到地里一起来发现和解决问题，拿出从种到收全套解决方案。最后在农民地里真正地实现技术的落地应用，达到提高作物产量、降低化肥农药和灌溉水等投入、减少环境污染的好效果。与此同时，为了整体提高农民的知识水平和专业技能，团队还做了覆盖全县 342 个村的入村培训，建立了农民田间学校，对每一个村的农民都进行了多种方式的培训。科技小院扎根基层，在"三农"一线开展科研、社会服务和人才培养，既推动农业发展方式、农业生产关系转变，又培养了有理想、肯奉献的新型人才，创建了与农民、企业和政府"零距离"开展科技创新、技术服务和人才培养的三位一体新模式，把"零距离、零时差、零门槛、零费用"的"四零"服务做到家，落实到田间地头，取得了巨大的成功。

截至 2019 年，全国已建成科技小院 127 个，服务了 45 个作物体系，建立了 105 项技术和 65

套技术规程。在这一过程中，科技小院逐渐成为培育新型经营主体、培养新型职业农民和创新创业的平台。

三、我国农业绿色发展的三大核心任务

农业绿色发展已经成为未来现代农业发展的必由之路，从党的十八大提出绿色发展理念，到农业高质量绿色发展引领乡村振兴，我国已经进入了农业绿色发展的新时代。为积极响应国家农业绿色发展的号召，2018 年 7 月 22 日中国农业大学成立了国家农业绿色发展研究院。同时我们相继在东北、西北、华东、长江经济带、华南等地区建立了农业绿色发展研究中心或相应的支撑平台，瞄准当地农业绿色发展的关键限制因子，整合多学科资源创建跨学科交叉平台推动全国农业绿色发展。

（一）建立多学科交叉创新平台

依托国家农业绿色发展研究院，搭建多学科交叉创新平台，创新农业绿色发展理论和方法体系，突破绿色发展关键技术，研发绿色产品，创建农业绿色可持续发展新模式，支撑国家"绿色发展、乡村振兴"战略。着力打造绿色作物生产、绿色种养一体化、绿色产品与产业、绿色生态环境四大交叉创新平台。绿色作物生产平台致力于建设绿色产地，创制绿色生产资料投入品，全程精准控制绿色生产，保持土壤健康，生产绿色优质农产品等；绿色种养一体化平台致力于绿色优质饲料生产，绿色动物养殖过程的管理，废弃物资源化与循环利用等；绿色产品与产业平台致力于绿色优质农产品加工与利用、绿色消费与人体营养健康，绿色食品及其食物系统绿色发展、农业物联网与人工智能等新技术应用，绿色产业培训与服务等；绿色生态环境平台致力于水—土—气物质循环与污染控制，农业农村生态环境监测系统及优化工程，生态环境建设工程与技术等。

（二）创新高层次人才培养机制

借鉴科技小院"一懂两爱"综合人才培养经验，在产业一线打造人才培养基地，包括新农科实践教育基地、专业学位研究生培养基地、农业应用博士高端人才培养与创新创业基地，新型职业农民培育基地等，为培育造就一支懂农业、爱农村、爱农民的"三农"工作队伍做出应有的贡献。

持续创新科技小院人才培养模式，特别要把这一模式与"一带一路"倡议和全球农业可持续发展急需人才培养相结合。创新的科技小院模式不仅对推进我国农业绿色转型、确保国家粮食安全和生态环境安全具有重要意义，而且对以小农户为主的其他发展中国家都有广泛的借鉴作用。目前，我们在东南亚地区如老挝已经建了科技小院，深受当地农民和政府的欢迎，成效很好；印度尼西亚、缅甸和泰国等国的农业主管领导、农资企业和农民合作社代表也都先后来中国参观学习或接受过我们的培训，当地政府和企业都表现出要将科技小院模式引进并进行推广的强烈愿望；最近全球多个跨国公司和比尔·盖茨基金会也都积极推动，希望能把科技小院引进到非洲去，进行示范推广；随着"一带一路"倡议的深入人心，沿线国家农业技术培训和技术推广对我们的需求越来越迫切，科技小院模式的特点和优势尤为突出，走向世界指日可待。例如 2019 年秋天就有 34 名非洲专业硕士研究生来中国农大学习，希望完全以科技小院模式进行培养，经过在国内两年的学习与实际和在非洲产业一线一年的锻炼，将科技小院模式带回非洲，为非洲农业绿色可持续发展和人才培养走出新路，真正促进当地粮食安全和可持续发展问题的解决。

10 多年来，科技小院已经从最初摸索如何与农民一起应用技术的阶段，发展到扎根生产与农民一起创新技术，培养"一懂两爱"新型人才和推动农业绿色转型的新阶段。下一阶段，随着农业生产规模化的不断推进，农业产业化技术亟须升级，规模化服务模式亟待创新。科技小院本身也会不断创新发展，科技小院培养出来的各类人才将成为新技术和新模式的创造者和推广应用者。希望科技小院能够成为未来现代农业产业发展急需科技人才培养的大学校，新时代农业科技创新的新模

式和社会服务的样板，在推动教育、科研和技术应用机制体制改革方面走出新路子，获得新经验。科技小院团队目前正在和教育部、农业农村部、中国科协等一起探索在全国推广应用科技小院的经验，改革人才培养、科技创新和社会服务模式，进行"政产学研用"融合，发挥政策、科技、产业和广大农民群众的凝聚力，打造农业绿色发展先行示范区和样板。

为了进一步培养高层次人才，经国家留学基金委批准立项的中国农业大学农业绿色发展交叉创新型人才培养项目开始运行，该项目重点开展农业绿色发展多学科交叉创新型高端人才培养、做社会需要的农业绿色发展科技创新、同时探索高层次人才培养新模式。因此该项目依托中国农业大学学科优势、师资优势，与荷兰瓦赫宁根大学联合开展实施。本项目通过引进国际智力和输送优秀人才赴瓦赫宁根大学交流，学习借鉴先进的理念和模式，围绕农业绿色发展的四个关键领域（绿色作物种植、绿色种养一体化、绿色产品与产业和绿色生态环境）开展创新研究。采取以"生产问题导向、理论与技术创新、理论深度与知识广度兼备、创新能力与系统思维结合、增强社会服务意识和情怀、加强社会影响力"为特色的国内外联合培养模式，培养具备国际视野和跨学科思维、创新和实践能力强的紧缺型、复合型人才，构建多学科交叉综合创新的高层次农业人才培养新模式，推动农业绿色发展相关领域的教学和科研创新以及产业的转型升级。

（三）促进全产业链升级，打造农业绿色发展样板

研究院将以典型农业县——河北省曲周县为试点，打造科技创新、人才培养、社会服务三位一体的跨学科、多单位、集团式农业绿色发展综合性创新平台，把曲周打造成全国农业绿色发展样板县。2019年农业农村部正式批准曲周县为农业绿色发展先行示范区；将曲周经验扩展到华北乃至全国，将华北打造成小农户绿色可持续发展的全球示范区；构建"绿色发展、乡村振兴"新模式，实现农业发展方式的根本转变，推动全国农业绿色可持续发展，为全国提供典型样板和解决方案。

党的十八大以来，我国对外积极推动"一带一路"倡议，构建"一带一路"绿色发展国际联盟，推动并引领全球绿色可持续发展；对内明确提出绿色发展、乡村振兴战略，以求根本性解决"三农"发展问题。习近平总书记多次强调，中国要率先落实联合国的可持续发展议程，要为全球提供中国经验、中国模式和中国样板。我们团队将一如既往，砥砺前行，为实现绿色发展目标做出应有的贡献！

我国绿色优质农产品发展思维及方式创新①

张华荣

一、我国绿色优质农产品发展最新成效及经验

(一)重要成效

2018 年,绿色食品工作系统按照农业农村部农产品质量安全工作和"农业质量年"的总体部署,坚持"稳中求进"总基调,围绕高质量发展主线,扎实推进无公害农产品、绿色食品、有机农产品和农产品地理标志(以下简称"三品一标")各项工作,取得了积极进展。

(1)产品发展又好又快。据统计,2018 年绿色食品企业数和产品数量在高位快速增加,绿色食品企业数达 5 970 家,比上年增长 35%,产品 13 310 个,增长 31.9%;有机农产品新认证企业 314 家,产品 628 个,分别增长了 40%和 18.7%;新公告登记保护农产品地理标志 281 个,增长了 18.1%。2018 年向社会提供绿色优质农产品总量超过 3 亿吨。截至 2018 年年底,全国"三品一标"获证单位总数为 58 422 家,产品总数 121 743 个。其中,绿色食品、有机农产品和农产品地理标志总数 37 778 个,比上年增长 18.1%。

(2)产品质量稳定可靠。绿色食品、有机农产品和地理标志农产品质量抽检合格率达到 98%以上,产品标准突出优质、营养特征。

(3)品牌影响进一步增强。绿色食品、有机农产品和农产品地理标志品牌的知名度、美誉度、影响力和竞争力明显提升,在引领农业绿色发展、提高农产品质量安全水平、促进农业提质增效、带动农民增收脱贫等方面的作用越来越凸显。另外,从区域发展来看,2018 年"三品一标"大省向强省迈进,小省向大省迈进,部分地区发展成了新的经济增长点。"三品一标"整体推进、协调持续健康发展,为质量兴农战略和乡村振兴战略的实施发挥了积极的示范带动作用。

(二)重要举措及经验

一年来,整个工作系统履职尽责,主动担当,重点抓了以下几个方面工作:

1. 着眼增加绿色优质农产品供给,稳步扩大总量规模

贯彻落实新发展理念,立足当地资源禀赋和环境优势,突出抓好重点地区、重点企业和重点产品的发展。建立健全审查制度和通报反馈机制,实施"部—省—市"三级审查,落实分段审查责任,提高准入门槛,有效防范审查与认证风险,切实提高审查认证登记的质量和效率。内蒙古、上海、宁夏等地强化审核把关,守住质量安全第一道关口。浙江省积极推动工作重心由产品认证为主转向指导服务生产为重。安徽、江苏、湖南、湖北、海南、广西、吉林等地积极争取省政府支持,加大奖补力度,有效推动了事业加快发展。

2. 着眼提高产品质量,严格证后监管

2018 年,绿色食品工作系统强化责任意识,严格落实监管制度,认真开展监督检查,积极创新监管手段,有效防范质量安全风险,较好应对了舆情危机,全年未发生重大质量安全事件。中国绿色食品发展中心和地方共抽检 6 043 个绿色食品,抽检合格率 99.3%;市场监察抽取了 1 500 多个产品,及时对 140 多个假冒和不合格产品进行了处理,对 320 家农民专业合作社的 327 个产品实施

---

① 资料来源:《农产品质量与安全》,2019 年第 3 期。作者为中国绿色食品发展中心主任。

预警监测，组织开展了有机蔬菜和蟹类农产品地理标志的专项检查工作。湖南、四川、重庆、宁波、新疆生产建设兵团等地从严监管约束机制，督促标准化生产落实，持续开展风险预警，及时排查质量安全隐患。福建强化"监管就是服务"理念，实施"一品一码"准入准出管理。上海、山东等地依托大数据平台和手机 App 实施"智慧监管"。天津、江西、广东等地及时排查、迅速应对舆情事件，有效保障了品牌的公信力和权威性。黑龙江农垦加快稻米质量整体推进，实现"三品一标"稻米质量追溯全覆盖。

3. 着眼提升品牌影响力，加大品牌宣传力度

2018 年绿色食品宣传主题突出，形式多样，投入巨大，上下联动，效果显著。

（1）组织开展了"春风万里，绿食有你——绿色食品宣传月"活动，全国 23 个省、自治区、直辖市 115 个县市举办了 256 场活动，展出了 1 500 余家绿色食品企业的 1 万多个产品，发布新闻报道 1 200 余篇、微信公众号信息 1 万余条，绿色食品专题新闻报道为历年最多。北京、天津、贵州、辽宁、大连等地创新绿色食品进社区、进超市、进学校形式，河南、甘肃、山西等地将"宣传月"活动深入到市、县级城市，活动影响大、效果好。

（2）加大公益宣传力度。在《农民日报》上刊发编辑部文章《中国农业高质量发展探路者》和《优质安全树新标》专题报道，在央视及部分省级卫视频道推出绿色食品公益广告。湖北、浙江等地加强"三品一标"公益宣传力度，通过广播、电视、报纸、互联网、微信平台，积极开展宣传周、品牌日、讲品牌故事等公益宣传活动；陕西、安徽、重庆、云南等地组织开展品牌创建评选、典型示范和样板打造等活动，显著提升了品牌的知名度和美誉度。青岛为上海合作组织青岛峰会提供"三品一标"农产品 130 余吨，展示了绿色优质农产品的品牌形象。

4. 着眼企业增效和农民增收，积极开拓市场

（1）积极发挥展会平台的功能作用。首次将中国绿色食品博览会和中国国际有机食品博览会两个具有较高影响力的品牌展会同期举办，各地组织优质特色"三品一标"农产品同台亮相，组织举办了 36 场形式多样的产品推介会、产销对接会，邀请了 57 家境外企业参展，2 000 多位专业采购商到会考察洽谈，展会达到了"展示成果、促进交流、扩大贸易"的目的，市场化、专业化、品牌化、国际化水平进一步提升。组织企业参加了德国、日本和新加坡等境外展会，搭建进出口贸易平台。湖南、西藏等地积极推动当地特色农产品与大型采购商对接，进一步拓展了产品营销渠道。

（2）积极开拓专业营销新模式。黑龙江、新疆等地开发新型营销项目，积极推进绿色食品、有机农产品和农产品地理标志专营店、专柜和电商平台建设，进一步拓展专业营销网络。青海省建立 6 个优质农产品联盟省外展销中心，积极推动绿色优质农产品走向内地市场。

5. 着眼强化产业支撑，加强技术标准研究力度

（1）继续开展标准体系建设和标准实施。完成了 17 项绿色食品标准制定、修订和 54 项区域性生产操作规程编制工作，启动了 8 项有机农产品生产操作规程编制工作。北京、天津、黑龙江、湖南、湖北、河南、江苏、安徽、四川、福建等地积极配合中国绿色食品发展中心完成了区域性绿色食品生产操作规程编制工作。各地结合当地实际情况，加快了地方生产操作规程制定步伐。目前，现行有效绿色食品标准 140 项，区域性生产操作规程 104 项，地方生产操作规程 400 多项。

（2）进一步加强检验检测体系能力建设。强化"放管结合"，优化布局和考核，组织开展了 13 次"飞行检查"，组织参加农业农村部能力验证和专业培训，强化淘汰退出机制，取消 5 家检测机构资质。

（3）持续开展队伍能力建设。加强培训力度，壮大师资力量，全年组织开展专业队伍培训班 30 余次。内蒙古自治区率先建立了企业内检员网上培训考试系统，提高了培训效率和质量。

（4）加强理论政策与技术研究。积极搭建产学研融合发展研究平台，成立"中国绿色食品发展研究院""华夏有机农业研究院"，以期为事业高质量发展提供战略支撑、理论支撑、技术支撑和人才支撑。

6. 着眼打赢脱贫攻坚战，突出抓好品牌扶贫工作。 将助力产业精准扶贫作为重要政治任务、头等大事，抓紧抓好，真正做到"真情实意谋划，真抓实干扶持，真金白银投入"。

（1）强化合力扶贫。中国绿色食品发展中心出台了《关于加强"三品一标"品牌扶贫工作的意见》，明确了品牌扶贫的总体要求和工作重点，形成了上下联动的良好格局。

（2）强化政策措施。积极搭建基地建设、产品开发、品牌宣传、产销对接、培训指导等 5 个扶持平台。对贫困地区申报产品实施"快车道"和收费减免政策，加快推进贫困地区创建绿色食品、有机农产品标准化生产基地，发展绿色优质农产品。2018 年，中国绿色食品发展中心累计减免贫困地区费用达 920 万元，出资 100 多万元举办了 6 期贫困地区"三品一标"培训班。新疆加大对南疆深度贫困地区品牌扶持力度；河南省召开了品牌扶贫现场会，组织 4 次品牌扶贫产销对接活动；河北省强化对环京津贫困县产业扶贫力度，推动当地特色农产品发展。

二、新形势下发展绿色优质农产品的思维创新

（一）发展绿色优质农产品面临的机遇认知

2020 年是绿色食品事业发展 30 周年，站在新的时间节点，我们既要回顾总结事业发展走过的艰难历程、成功经验和显著成效，更要深入分析事业发展所面临的新形势新任务，登高望远，从长计议。当前和今后一个时期，绿色食品、有机农产品、地理标志农产品处于一个大有可为的发展机遇期。一是政策机遇，二是工作机遇，三是市场机遇，四是技术机遇。抓住机遇也就抓住了政策红利、工作红利、市场红利和技术红利。从政策机遇来看，党中央、国务院高度重视农产品质量安全和农业绿色发展工作，近两年以来，对农产品质量安全提出了新的更高要求，强调要把"着力增加绿色优质农产品的供给"摆在更加突出的位置。

2019 年全国两会期间，习近平总书记在参加河南代表团审议时，要求"保证让老百姓吃上安全放心的农产品"。中共中央办公厅、国务院办公厅年初印发了《地方党政领导干部食品安全责任制规定》，进一步强化地方党政领导对农产品质量安全工作的责任。农业农村部等七部（委、局）联合下发的《国家质量兴农战略规划（2018—2022 年）》，将绿色食品、有机农产品和农产品地理标志列入了质量兴农的主要指标，要求年均增长 6％。新发展理念，特别是绿色发展理念，已经写入党章，进入宪法，上升为全党的意志和全国的意志。党和国家的一系列方针、政策和中央领导重要指示精神，为农业绿色发展指明了方向，提供了强大的动力支持和基本遵循，而"三品一标"是农业绿色发展的重要组成部分，绿色优质农产品发展面临极好的政策机遇，大有可为。关于工作机遇，表现在多个方面，一是各级党委、政府重视支持，出台政策，纳入考核，推动发展；二是工作体系完整，力量增强，整个体系包括检测支撑系统、技术专家队伍齐心协力，有序有效地在开展工作，为事业发展提供了重要的组织保障。关于市场机遇，当前，我国公众消费转型升级，不仅要吃得安全，更要求吃得营养健康，基本解决了"舌尖上的焦虑"，还要进一步解决"舌尖上的美味"，需要绿色食品、有机农产品和农产品地理标志发挥"主力军"作用。培育"大而优""小而美""土字号""乡字号"优质农产品品牌，带动农业产业提质增效和农民增收，绿色食品、有机农产品和地理标志农产品正可以大显身手。关于技术机遇如今科学技术日新月异，信息技术、生物技术、装备技术等在农业生产管理中广泛运用，给确保质量安全、提升效益带来了巨大的技术机遇和技术红利。这些机遇和红利使得绿色食品、有机农产品和地理标志农产品进入了最好的发展时期，给我们的工作增添了信心，增加了责任，注入了新的活力，提供了强大的动力。

（二）存在问题分析

毋庸讳言，绿色食品、有机农产品和地理标志农产品事业发展还面临着一些挑战和问题。社会各界对农产品质量安全关注度和期望值越来越高，增加绿色优质农产品供给的任务越来越重，现有

工作体系力量远远满足不了产品快速发展的需要。由于机构改革，部分工作机构人员调整大，工作职能整合后有所弱化，体系队伍急需再建设、再聚拢、再加强。产业发展不平衡不充分，绿色食品企业用标率不高，专业化营销体系还未建立，优质优价机制尚未充分形成，基础理论研究比较薄弱，信息化技术手段应用不充分队伍的专业素质和能力有待进一步提升。

（三）发展绿色优质农产品的新思维

适应新形势新任务新要求，我们要进一步增强做好绿色食品、有机农产品和农产品地理标志工作的责任感使命感，在目标任务上再聚焦，在工作思路上再梳理，在推进措施上再压实，在工作手段上再创新，努力做到"四个坚持"。

1. 坚持目标导向，积极优化推动事业高质量发展的环境和条件

（1）转变发展观念。发展是事业第一要务，要毫不动摇坚持科学发展和高质量发展的战略思想，统筹数量、质量与效益的关系，切实改变"重数量、轻质量""重认证、轻监管"的思想，真正将发展目标和导向转移到提升产业质量效益和竞争力上来，努力实现高质量发展，即产业水平高、产品质量高、产业效益高、品牌价值高。

（2）加大政策创设。积极争取地方政府和农业农村部门的政策扶持，加大对绿色食品、有机农产品及农产品地理标志的奖补力度，充分调动广大生产经营主体和农民生产绿色优质农产品的积极性和主动性。

（3）尊重市场规律。注重发挥市场在资源配置中的决定性作用，加大品牌宣传，积极培育国际国内两个市场，加快解决绿色优质农产品市场信息不对称、市场失灵等问题，促进优质优价市场机制形成，增强事业发展的内生动力。

（4）强化职能职责要坚持事业发展的公益性定位，抓住改革契机，在机构改革过程中积极争取支持、创造条件，强化工作职能，充实人员力量，做到思想不乱、阵地不换、职能不减、干劲不降，为我国农产品质量安全监管提供坚强的支撑保障作用。

2. 坚持问题导向，加快建立健全质量保障体系

紧盯质量保障体系的薄弱环节和突出问题，加快进行再梳理、再创新、再完善、再落实。

（1）严密制度体系。建立健全质量审核、现场检查、检验检测、标识管理、风险预警等认证制度和质量保障体系，切实做到程序严密、制度完善、措施管用、无缝对接。

（2）推进标准落地。加快将标准转化为生产技术规程，加强生产操作规程的编制、培训和推广力度，大力推进生产操作规程进企入户，促进标准和技术落地生根。

（3）从严审核监管。坚持"严字当头"，严格标准，严格门槛，宁缺毋滥，锁定审核认证登记环节关键控制点，守住底线，严把入口。坚持"趋紧从严"，改进监管手段和方式，引导绿色食品获证主体积极、规范使用标志。

（4）强化退出机制。加大对不合格企业的惩戒力度，释放"从严从紧"信号，让生产经营主体敬畏法规、敬畏质量、敬畏市场、敬畏风险。

3. 坚持服务大局，主动融入农业农村重点工作

提高站位，放大格局，主动将绿色食品、有机农产品和农产品地理标志工作融入农业农村重点工作中来谋划和推动。

（1）融入乡村振兴战略。着力发挥绿色食品、有机农产品和农产品地理标志在壮大主导产业，做强特色产业，促进乡村产业振兴、文化振兴和生态振兴中的示范带动作用。

（2）融入质量兴农战略。充分发挥绿色食品、有机农产品和农产品地理标志在推进农业全程标准化生产，提高农产品质量安全水平，增强绿色优质农产品供给，培育提升农业品牌中的示范引领作用。

（3）融入农业绿色发展。与优化作物品种和区域布局、建设特色农产品优势区、绿色循环优质高效特色农业建设、化肥农药减量增效行动、有机肥替代行动、耕地质量建设、节水农业等重大工程和项目紧密结合，共同推进农业绿色发展。

（4）融入农业产业扶贫。立足贫困地区资源禀赋和生态环境优势，充分发挥绿色食品、有机农产品和农产品地理标志在推进农业绿色化、优质化、特色化、品牌化发展，提高农业产业发展质量效益，带动农民增收脱贫中的积极作用。

4. 坚持底线思维，着力防范化解重大风险

增强忧患意识。绿色食品、有机农产品和农产品地理标志的总量规模越来越大，生产经营主体素质参差不齐，社会关注度、敏感度越来越高，整个工作系统始终处于审核发证的关口、指导服务的窗口和质量安全的风口，质量风险、舆论风险、廉政风险等各种风险内外联动、交织叠加。整个工作系统必须增强忧患意识，坚持未雨绸缪，提高防控能力，既要警惕"黑天鹅"事件，也要防范"灰犀牛"事件。

（1）防范质量风险。建立健全全程质量控制体系和质量安全风险防控责任机制，完善风险预警、风险分析、风险评估和风险报告制度，夯实防范基础，层层传导压力，形成纵向到底、横向到边的责任链条。

（2）化解舆情风险。网络舆论传播速度快、影响广。即使是极个别的农产品质量安全负面信息或偶发事件，通过网络舆论的"蝴蝶效应"，可迅速演化成危机舆情事件，对消费信心、产业发展、品牌形象及政府公信力都会产生严重影响。要时刻绷紧舆情风险防范这根弦，切实提高事前预警、事中处置、事后化危为机的能力。

（3）杜绝廉政风险。要提高免疫力，增强约束力，坚决防范行业"潜规则"，坚决抵制"权钱交易"，持之以恒加强工作系统作风建设，准确把握好"亲"和"清"的关系，确保整个工作系统廉洁自律、风清气正。

三、发展绿色优质农产品的新方式及近期工作重点

2019年绿色食品、有机农产品和农产品地理标志工作，机遇多、挑战大、任务重、要求高。我们要紧紧围绕"推进事业高质量发展"这一主线，守正创新、精准发力，重点推进"四个聚焦、两个强化"，组织实施"五大行动"。

1. 聚焦"提质量、稳增长"，严格审核把关和证后监管

（1）从严审核把关。坚持严字当头，强化风险意识，突出抓好关键点、高风险产品审查。继续完善分级审查、集中审查、专家评审、问题通报等机制。强化各级工作机构审查综合评价，压实各方责任。积极探索信息化技术在现场检查环节的应用，确保现场检查规范有效。

（2）强化证后监管。坚持证前审查和证后监管并重，落实好企业年检、产品抽检、市场监察、风险预警、产品公告等监管制度。继续做好年检督导工作。积极配合做好有机农产品和农产品地理标志专项检查工作。

（3）组织开展绿色食品企业标志规范使用行动。开展企业用标摸底调查、集中监察，进一步强化获证主体用标意识，引导企业主动、规范用标。希望各地积极配合、多措并举，着力解决绿色食品企业标志使用率过低的问题。

（4）组织开展绿色食品生产操作规程入户示范行动。2019年中国绿色食品发展中心计划在5个省份率先启动规程进企入户行动，总结经验、做出样板，以此带动整个工作系统把工作重心转移到为企业和农户提供技术指导和推进标准化生产上来。各地绿办要积极配合，主动作为，大胆尝试，印发规程挂图或单行本，组织专家深入田间地头开展技术指导和服务，切实帮助广大农户落实标准化生产。

（5）积极开展质量追溯管理。按照农业农村部的统一部署和要求，积极跟进绿色食品、有机农产

品和农产品地理标志质量追溯管理工作，将相关生产经营主体纳入国家农产品质量安全追溯平台。

2. 聚焦"强基础、补短板"，加大产业技术支撑体系建设

（1）加快标准制（修）订工作。组织完成21项绿色食品标准制（修）订和3个绿色食品品质、营养功能指标课题研究工作，组织编制58项绿色食品和20项有机农产品生产操作规程。

（2）组织重大课题研究。计划依托中国绿色食品发展研究院，整合中国农业大学、中国科学院、中国社会科学院、中国农业科学院有关科研院所技术力量及工作系统力量，立项开展绿色食品生态环境效应、经济效益和社会效益综合评价重大课题研究。

（3）组织开展定点检测机构能力提升行动。检验检测体系是事业发展不可或缺的重要力量。2019年中国绿色食品发展中心将完善定点检测机构顶层制度设计，统筹组织开展检测机构能力验证、"飞行检查"和专业能力提高培训班等活动，加快建立检测数据传输平台。

（4）加快推进信息化建设步伐。研究制定信息化建设规划，按照打通业务链、产业链、数据链思路，组织开展绿色食品、有机农产品和农产品地理标志信息化平台建设，进一步提升事业信息化管理与服务水平。

（5）支持绿色生资发展。持续推动绿色生资在绿色食品生产企业和基地中广泛应用，通过产销对接会、博览会等平台支持绿色生资产品实现品牌提升和产销衔接。

3. 聚焦"树品牌、增动能"，深入开展品牌宣传和市场建设

品牌宣传和市场建设是激活增长动能、提升内在价值的重要手段，需要常抓不懈，久久为功。

（1）继续组织开展"春风万里，绿食有你"宣传月行动。发挥系统优势，开展多种形式的公益宣传活动，组织开展绿色食品进社区、进学校、进超市，媒体记者进基地、进企业、进农户宣传报道工作。各地要积极与新闻媒体广泛合作，开展品牌形象公益宣传。同时，积极支持农产品地理标志宣传片《源味中国》第二季拍摄有关工作。

（2）积极培育国内外市场。组织举办好第20届中国绿色食品博览会、第13届中国国际有机食品博览会以及中国国际农产品交易会地理标志专展，突出品牌形象，强化产销对接，培育消费市场。鼓励各地继续举办区域性、专业化展会、产销对接会、年货节等活动，为企业搭建有效的贸易平台。

（3）推动专业经销商队伍建设。启动专业经销商队伍建设，引导组建一支绿色食品、有机农产品和农产品地理标志专业经销商队伍，为厂商合作牵线搭桥。

（4）组织实施好地理标志农产品保护工程。中央财政拟通过农业生产发展资金，采取以奖代补方式，选择特色鲜明、具有发展潜力、市场认可度高的200个地理标志农产品，开展保护提升，打造特色产业。各地要积极配合做好方案细化、支持对象遴选、工程建设和实施等工作。

（5）组织开展"寻找最美绿色食品企业"行动。分区域、分行业、分类别挖掘一批在标准化生产、质量监管、品牌宣传、市场营销、环境保护、扶贫攻坚等方面的典型企业，树立一批具有代表性的标杆企业，突出示范带动作用，为庆祝绿色食品30周年提供鲜活的素材。同时，组织开展"我与绿色食品30年"征文、绿色食品随手拍等活动。

4. 聚焦"促融合、同发展"，进一步放大品牌效应

（1）扎实做好品牌扶贫。各地要主动争取当地财政支持和资金投入，加大对品牌扶贫支持力度。要立足贫困地区资源禀赋，加快建设一批绿色食品原料标准化生产基地、有机农产品基地，开发一批具有地方特色的绿色优质农产品，培育一批影响力大、经济效益好、带动能力强的农产品品牌，积极帮助贫困地区开展好品牌宣传、市场营销、培训指导等工作，助力产业精准扶贫。

（2）积极推进基地建设。各地要突出原料供应、产销对接的重点任务，推动基地落实标准化生产，提升基地产品对接率。要压实主体责任，切实严格监管，确保创建对接取得实效。

（3）推动三产融合发展。各地要按照全产业链发展的思路，突出示范引领功能，每个地区争取建成1~2个全国绿色食品或有机农业一二三产业融合发展园区。要发挥系统优势，重视全国有机农产品标准化生产基地建设，将其作为推动有机农业发展的必要措施抓实抓好。

（4）促进品牌融合发展。积极引导"绿色食品＋农产品地理标志""有机农产品＋农产品地理标志"，并与区域公用品牌协同发展，形成品牌叠加效应。支持具备条件的无公害农产品生产主体积极发展绿色食品、有机农产品和农产品地理标志。拓展跨界融合，支持农业文化遗产所在地发展绿色食品、有机农产品和农产品地理标志。

（5）开展境外交流与合作。推进中国绿色食品发展中心和马来西亚棕榈油总署合作，扩大绿色食品在"一带一路"地区国际影响力。加强与国际认证机构合作，稳步扩大境外产品认证规模。支持中国绿色食品协会开展绿色食品、有机农产品对台交流合作。继续参与中欧地理标志互认产品谈判工作，落实第二批中欧地理标志互认清单。

5. 强化制度机制创新

（1）建立"先培训、后申报"制度。修订绿色食品内检员管理办法，将企业内检员培训注册作为申报前置条件，提升企业质量安全意识和标准化生产水平。

（2）降低收费标准。落实国务院"放管服"改革要求，按照农业农村部有关精神，中国绿色食品发展中心决定除实施品牌扶贫全部免收政策外，对所有绿色食品企业认证审核和标志使用费收费标准普降20％，进一步凸显绿色食品事业公益性特点。

（3）加快构建高质量发展评价体系。积极引导把产业结构优化、质量安全、品质提升、品牌宣传、市场培育、效益提高、产业扶贫等纳入各级农业农村部门的有关考核内容，引导政策、资金、人才等各方面资源要素聚合到提高绿色食品、有机农产品、农产品地理标志质量效益上来。

6. 强化队伍能力作风建设

（1）健全体系队伍。要以本轮机构改革为契机，积极争取地方农业农村部门的支持，强化绿色食品、有机农产品和农产品地理标志工作职能，建立健全贯穿"部—省—市—县"工作体系。

（2）强化工作合力。加强与发改、财政、市场监管、科技等部门的沟通协调，发挥科研院所、新闻媒体、社会公众及社会组织的作用，特别是发挥好中国绿色食品协会和全国优质农产品开发服务协会的作用，壮大"同盟军"，活跃"朋友圈"，形成同向发力、协调配合、共同推进的良好局面。

（3）提升专业能力。加大专业技能培训力度，将专业知识和业务能力培训作为今后检查员、监管员培训重点内容，进一步提高整个工作体系队伍的专业素养和业务能力，打造一支"政治坚定、业务精良、担当作为、清正廉洁"的体系队伍，推动绿色食品、有机农产品、农产品地理标志和农产品质量安全监管工作提供有力的支撑保障。

农业生产跃上新台阶，现代农业擘画新蓝图

——新中国成立 70 周年经济社会发展成就系列报告之十二[①]

国家统计局农村经济社会调查司

新中国成立 70 年来，我国农业走过了辉煌的发展历程，取得了举世瞩目的历史性成就，不仅用不到世界 9％的耕地养活了世界近 20％的人口，而且百姓餐桌越来越丰富，品质越来越优良。改革开放后，以家庭联产承包责任制为标志的农村改革全面铺开深化，为农业快速发展提供不竭动力。党的十八大以来，以习近平同志为核心的党中央坚持把解决好"三农"问题作为全党工作重中之重，坚持农业农村优先发展总方针，以实施乡村振兴战略为总抓手，深化农村土地制度改革，深入推进农村集体产权制度改革，不断完善农业支持保护制度，持续深化农业供给侧结构性改革，农业生产跃上新台阶，现代农业发展擘画新蓝图。

一、农业综合生产能力显著增强，农业压舱石作用日益稳固

（一）粮食生产跃上新台阶，有力保障了国家粮食安全

民以食为天，粮食是关系国计民生的重要战略物资。新中国成立以来，我国粮食生产在不懈探索和制度创新中取得新突破、实现新跨越。新中国成立之初，全国粮食总产量为 2 000 多亿斤，1952 年为 3 000 多亿斤，土地改革后粮食生产有了一定发展，但未能突破 4 000 亿斤，直到 1966 年达到4 000亿斤，从3 000多亿斤到4 000多亿斤用了 14 年时间。1978 年全国粮食总产量为 6 000 多亿斤，从 4 000多亿斤到6 000多亿斤用了 12 年时间。改革开放以来，家庭联产承包责任制的建立和农产品提价、工农产品价格"剪刀差"缩小，激发了广大农民的积极性，解放了农业生产力，促进粮食产量快速增长。全国粮食总产量接连跨上新台阶，确保了国家粮食安全，吃不饱饭的问题彻底成为历史。1984 年全国粮食总产量达到8 000亿斤，6 年间登上两个千亿斤台阶，到1993年，全国粮食产量突破9 000亿斤，用了 9 年时间，此后 14 年间分别于 1996 年、1998 年和 1999 年三次达到 10 000亿斤，之后粮食产量有所波动，到 2007 年又重新站上10 000亿斤的台阶。党的十八大以来，以习近平同志为核心的党中央高度重视粮食生产，一再强调，把中国人的饭碗牢牢端在自己手上。粮食综合生产能力在前期连续多年增产、起点较高的情况下，再上新台阶。2012 年我国粮食产量首次突破12 000亿斤大关，2015 年我国粮食产量再上新台阶，突破 13 000 亿斤[②]，之后的几年一直保持在这个水平上。2018 年全国粮食总产量为 13 158 亿斤，比 1949 年增加 4.8 倍，年均增长 2.6％。

（二）经济作物产量快速增长，极大丰富了人们的物质生活

从棉花生产来看，1949 年全国棉花产量 44 万吨，改革开放后，国家实施一系列政策鼓励种植棉花，我国棉花生产迅猛发展，1984 年全国棉花产量达到 626 万吨的历史阶段高点。2000 年后随着纺织业的快速发展，棉花产量迅速攀升，2007 年达到 760 万吨历史最高点。党的十八大以来，棉花生产在农业供给侧结构性改革中平稳发展。2018 年全国棉花产量为 610 万吨，比 1949 年增加

---

① 资料来源：国家统计局网站，2019 年 8 月 5 日。
② 本文中 2007—2017 年全国粮、棉、油、糖播种面积和产量及畜牧业、水产品产量均根据第三次全国农业普查结果进行了修订。

了 12.7 倍，年均增长 3.9%①。

从油料生产来看，随着人民生活水平的提高，油料消费需求逐步增加，油料生产不断发展。党的十八大以来，油料产量在前期处于较高水平的基础上，突破并站稳 3 200 万吨台阶。2018 年全国油料产量达到 3 433 万吨，比 1949 年增加 12.4 倍，年均增长 3.8%。

从糖料生产来看，1949 年全国糖料产量仅有 283 万吨，1978 年增加到 2 382 万吨。改革开放后，糖料生产发展迅速，产量日益增加。2018 年全国糖料产量 11 937 万吨，比 1949 年增加 41.1 倍，年均增长 5.6%。

（三）林业产业健康发展，森林覆盖率明显提高

新中国成立后，我国采取护林造林等措施建设和发展林业产业。改革开放以来，随着国有林场和集体林权制度改革的全面深化，林业产业发展迅速，林产品产量快速增长。经济林产品、松香等主要林产品产量稳居世界第一位，木本油料、林下经济、森林旅游等绿色富民产业蓬勃发展。据国家林业和草原局统计，2018 年全国木材产量 8 811 万立方米，比 1952 年增加 6.1 倍，年均增长 3.0%；油茶籽产量 263 万吨，增加 9.6 倍，年均增长 3.6%。

国家高度重视林业生态建设，广泛开展全民义务植树活动，深入推进退耕还林、"三北"防护林、天然林保护和湿地保护等重点生态工程建设，持续加大生态保护和修复力度，林业生态建设取得显著成效。2018 年全国完成造林面积 707 万公顷。党的十八大将生态文明建设纳入"五位一体"总体布局。习近平总书记提出"绿水青山就是金山银山"，把绿色发展作为新发展理念的重要内容，林业生态建设进入新的历史阶段。根据第八次全国森林资源清查（2009—2013 年）结果，全国林业用地面积为 31 259 万公顷，比 1978 年增长 17.0%；森林面积达到 20 769 万公顷，增长 80.2%；森林覆盖率 21.6%，提高 9.6 个百分点；森林蓄积量 151 亿立方米，增长 67.6%。

（四）畜产品产量快速增长，极大满足人们的消费需求

新中国成立初期，我国畜产品供应总体不足。改革开放后，特别是 1985 年国家放开猪肉、蛋、禽、牛奶等畜产品价格后，大牲畜、生猪等传统养殖业发展迅猛，家禽养殖加快发展，畜产品产量快速增加，主要畜产品产量持续稳居世界第一位。

从猪牛羊肉总产量来看，1952 年全国猪牛羊肉总产量仅有 339 万吨，2018 年增加到 6 523 万吨，增加 18.3 倍，年均增长 4.6%。在主要肉类品种中，1980 年猪肉产量 1 134 万吨，2018 年增加到 5 404 万吨，增加 3.8 倍，年均增长 4.2%。1980 年牛肉和羊肉产量分别为 27 万吨和 44 万吨。随着城乡居民消费结构不断升级，对牛羊肉消费需求持续增加，推动牛羊生产快速发展。2018 年牛肉和羊肉产量分别为 644 万吨和 475 万吨，比 1980 年分别增加 23.0 倍和 9.7 倍，年均分别增长 8.7% 和 6.4%。

从禽蛋产量来看，改革开放后我国禽蛋产业迅速发展，禽蛋产量连续多年位居世界首位。2018 年全国禽蛋产量达 3 128 万吨，比 1982 年增加 10.1 倍，年均增长 6.9%。从牛奶产量来看，改革开放后牛奶生产快速发展，牛奶产量稳步增长。1980 年全国牛奶产量 114 万吨。21 世纪以来，随着奶业市场化改革不断深化和生产技术的发展，我国奶业进入飞速发展期，牛奶产量从 2000 年的 827 万吨，增加到 2006 年的 2 945 万吨。2008 年后我国奶业进入产业调整期，牛奶生产平稳发展。2018 年全国牛奶产量 3 075 万吨，比 1980 年增加 25.9 倍，年均增长 9.1%。

（五）渔业繁荣发展，水产品供应充裕

我国渔业生产快速发展，水产品产量实现了由总体匮乏向总体充足转变。改革开放以来，随着家庭联产承包责任制的全面深化和渔业市场化改革的深入推进，特别是渔业"以养殖为主"发展方针的确立，我国渔业开始繁荣发展，水产品总产量自 1989 年起稳居世界首位，城乡居民"吃鱼难"的问题得到解决。党的十八大以来，国家提出了"生态优先、养捕结合、以养为主"的发展方针，

---

① 因进位问题，年均增长速度、增长速度和分地区占比等与用整数计算略有出入。下同。

我国渔业进入绿色发展期。

2018 年全国水产品产量6 458万吨，比 1949 年增加 143 倍，年均增长 7.5%。

二、农业结构不断优化，优质农产品快速发展

（一）农业产业结构调整成效显著，协调性明显增强

新中国成立 70 年来，我国农业实现了由单一以种植业为主的传统农业向农林牧渔业全面发展的现代农业转变，农业主要矛盾由总量不足转变为结构性矛盾，农业发展由增产导向转向提质导向。从产值构成来看，1952 年农业产值占农林牧渔业产值的比重为 85.9%，处于绝对主导地位，林业、牧业和渔业产值所占比重分别为 1.6%、11.2% 和 1.3%。改革开放后，林、牧、渔业开始全面发展，农林牧渔业结构日益协调合理。2018 年农业产值占农林牧渔业产值的比重为 57.1%，比 1952 年下降28.8 个百分点；林业占 5.0%，提高 3.4 个百分点；牧业占 26.6%，提高 15.4 个百分点；渔业占 11.3%，提高 10.0 个百分点。

从种植业内部来看，种植业生产由单一以粮食作物种植为主向粮经饲协调发展的三元种植结构转变。随着农业供给侧结构性改革不断深化，近三年来累计调减非优势产区籽粒玉米面积5 000多万亩，调减低质低效区水稻面积 800 多万亩，增加大豆面积2 000多万亩，粮改饲面积达到1 400多万亩。经济附加值较高的各类经济作物和特色作物生产发展迅速，青贮玉米、苜蓿等优质饲草料生产规模扩大，粮经饲协调发展的三元结构正在加快形成。

（二）农业生产区域布局不断优化，主产区优势日渐彰显

新中国成立以来，特别是改革开放以来，国家持续推进农产品流通体制向市场化方向转变，引导农民根据市场需求调整生产，开展主体功能区划分和优势农产品布局，支持优势产区发展，农业生产区域布局日趋优化，主产区优势逐渐彰显。

从粮食生产来看，粮食主产区稳产增产能力增强，确保国家粮食安全的作用增大。2018 年主产区粮食产量合计10 354亿斤，比 1949 年增加 5.7 倍；占全国粮食总产量的比重为 78.7%，比 1949 年提高 10.2 个百分点。在主要粮食品种中，小麦主要分布在河南、山东、安徽、河北和江苏等省份，2018 年 5 省小麦产量合计占全国小麦产量的 79.3%，比 1949 年提高 23.8 个百分点。

从经济作物生产来看，棉花、糖料等也进一步向优势产区集中。棉花向优势产区新疆集中。随着国家在新疆实施棉花目标价格改革，新疆棉花生产不断扩大。2018 年新疆棉花产量 511 万吨，占全国棉花产量的比重达 83.8%。糖料向广西、云南和广东 3 省份集中。2018 年广西、云南和广东 3 省份糖料产量合计为10 346万吨，占全国糖料产量的 86.7%。另外，蔬菜、水果、中药材、花卉、苗木、烟叶、茶叶等产品生产也都形成了优势区域和地区品牌。

（三）农产品品种结构不断提升，绿色优质农产品快速发展

质量兴农、绿色兴农战略深入推进，农业绿色化、优质化、特色化、品牌化水平不断提升，农业向高质量发展不断迈进。据农业农村部数据，2018 年优质强筋弱筋小麦面积占比为 30%，节水小麦品种面积占比为 20%。主要农作物良种覆盖率持续稳定在 96% 以上。截至 2018 年年底，我国"三品一标"产品总数 12.2 万个。农业绿色发展不断推进，化肥、农药使用量零增长行动成效明显。2018 年全国农用化肥施用量5 653万吨，比 2015 年减少 369 万吨，下降 6.1%。2018 年全国农药使用量 150 万吨，比 2015 年减少 28 万吨，下降 15.7%。畜禽粪污综合利用率达到 70%，秸秆综合利用率达到 84%，农用地膜回收率达到 60%。

三、农业基础设施明显改善，农业生产技术和科技水平显著提高

（一）农田水利条件明显改善，高标准农田建设稳步推进

国家深入实施藏粮于地、藏粮于技战略，持续加强以农田水利为重点的农业基础设施建设力

度，加大投入兴修农田水利，深化重大水利工程建设，不断完善小型农田水利设施，农田灌溉条件明显改善。据水利部统计，2018年我国耕地灌溉面积10.2亿亩，比1952年增加2.4倍，年均增长1.9%。深入开展"沃土工程"建设，大力改造中低产田，旱涝保收稳产高产的高标准农田建设稳步推进。据农业农村部统计，全国累计建成高标准农田6.4亿亩，完成9.7亿亩粮食生产功能区和重要农产品生产保护区划定任务，确保粮食综合生产能力稳步提升。

（二）农业机械拥有量快速增长，机械化水平大幅提升

农业生产实现了由主要依靠人畜力向主要依靠机械动力的转变。1952年全国农业机械总动力仅18.4万千瓦，拖拉机不到2 000台，联合收获机仅284台。随着农业现代化不断推进，农业机械拥有量快速增加，农作物机械化率大幅提高。2018年全国农业机械总动力达到10.0亿千瓦，拖拉机2 240万台，联合收获机206万台。2018年全国农作物耕种收综合机械化率超过67%，其中主要粮食作物耕种收综合机械化率超过80%。农业机械拥有量较快增长，广泛应用，不仅极大地提高了农业劳动生产率，也逐步把农民从传统的"面朝黄土，背朝天"的高强度农业生产劳动中解放出来。

（三）农业科技进步加快，科技驱动作用增强

新中国成立以来，国家高度重视农业科技发展，坚持科教兴农战略，不断加强生物技术、信息技术等高新技术的研究与开发应用，积极推广优良品种和农业先进适用技术，加快农业科技成果的转化与推广应用，"种子工程""畜禽水产良种工程"、超级稻推广项目等持续推进，科技在农业生产中推动作用日益增强。据科技部资料，2018年我国农业科技进步贡献率达到58.3%，比2005年提高了10.3个百分点。农业科技人才队伍不断壮大。第三次全国农业普查结果显示，受过农业专业技术培训的农业生产经营人员3 467万人。

四、农业生产方式发生深刻变革，新型农业经营体系不断完善

（一）农村土地流转深入推进，适度规模经营快速发展

随着农村土地制度改革不断深化和"三权分置"制度的确立，农村承包地更加有序流转。2004年农村承包地流转面积为0.58亿亩，到2018年，全国家庭承包耕地流转面积超过了5.3亿亩。农村土地流转有力地推动了农业规模化发展，充分发挥适度规模经营在规模、资金、技术、信息、人才和管理等方面的优势，引领和加快推进现代农业建设。根据第三次全国农业普查结果，2016年耕地规模化（南方省份50亩以上、北方省份100亩以上）耕种面积占全部实际耕地耕种面积的比重为28.6%。2016年年末规模化（年出栏生猪200头以上）养殖生猪存栏占全国生猪存栏总数的比重为62.9%，家禽规模化（肉鸡、肉鸭年出栏10 000只及以上，蛋鸡、蛋鸭存栏2 000只及以上，鹅年出栏1 000只及以上）存栏占比达到73.9%。

（二）新型经营主体大量涌现，现代农业活力增强

国家着力培育各类新型农业生产经营主体和服务主体，农民专业合作社、家庭农场、龙头企业等大量涌现。截至2018年年底，全国农民专业合作社注册数量217万个，家庭农场60万个。新型职业农民队伍不断壮大，大量农民工、中高等学校毕业生、退役军人、科技人员等返乡下乡人员加入新型职业农民队伍，成为建设现代农业的主力军。截至2018年，各类返乡下乡创新创业人员累计达780万人，为农业生产引入现代科技、生产方式和经营理念，推动现代农业产业体系、生产体系、经营体系不断完善，为现代农业发展注入新要素，增添新活力和持久动力。

（三）新型生产模式快速发展，拓宽了农业生产时空分布

随着农业生产技术和科技水平的提升，设施农业、无土栽培、观光农业、精准农业等新型农业生产模式快速发展。我国的设施农业在蔬菜、瓜果、花卉苗木等园艺产品产业上取得明显突破，各类大棚、中小棚、温室等农业设施增长较快。2018年年末全国农业设施数量3 000多万个，设施农

业占地面积近4 000万亩。设施农业、无土栽培等新型农业生产模式突破了资源自然条件限制，改变了农业生产的季节性，拓宽了农业生产的时空分布，为城乡居民提供丰富的新鲜瓜果蔬菜。同时新型农业生产模式快速发展促进了农业机械化、规模化、产业化、精准化发展，加快推动了我国农业由传统农业向现代农业转变。

新中国成立70年来，我国农业发展取得了举世瞩目的历史性成就，为国民经济持续健康发展和社会大局稳定发挥了战略后院和压舱石作用，不断推动中国特色社会主义事业开创新局面。但我们也要清醒认识到，我国农业基础依然薄弱，农业发展中依然存在农产品供求结构不平衡，要素配置不合理等问题，农业依然是经济社会发展的短板，是需要着力加强的领域。我们要更加紧密地团结在以习近平同志为核心的党中央周围，坚持以习近平新时代中国特色社会主义思想为指导，坚持稳中求进工作总基调，坚持农业农村优先发展总方针，以实施乡村振兴战略为总抓手，深入推进农业供给侧结构性改革，加快推进农业现代化发展，为实现"两个一百年"奋斗目标、实现中华民族伟大复兴的中国梦作出新的贡献。

农村经济持续发展，乡村振兴迈出大步

——新中国成立70周年经济社会发展成就系列报告之十三[①]

国家统计局农村社会经济调查司

新中国成立70年来，中国共产党立足我国国情农情，领导亿万农民谱写了农村改革发展的壮丽篇章。从开展土地改革到实行农业合作化，从建立家庭联产承包责任制到推进农村承包地"三权"分置，从打好脱贫攻坚战到实施乡村振兴战略，一系列"三农"改革建设的创举，推动了农村体制机制不断创新，促进了农业和农村二、三产业生产力解放发展。党的十八大以来，以习近平同志为核心的党中央，坚持把解决好"三农"问题作为全党工作重中之重，持续加大强农惠农富农政策力度，建立健全城乡融合发展体制机制和政策体系，全面深化农村改革，稳步实施乡村振兴战略，精准扶贫成效举世瞩目，农业农村发展取得了历史性成就、发生了历史性变革，为党和国家开启全面建设社会主义现代化国家新征程提供了重要支撑。

一、农业生产不断迈上新台阶，为经济社会稳定发展提供了坚实基础

（一）粮食产量逐步稳定在较高水平，饭碗牢牢端在自己手中

1949年我国粮食产量2 264亿斤，人均粮食产量209千克，无法满足人们的温饱需求。20世纪50～70年代粮食生产有了一定发展，1978年粮食产量6 095亿斤。改革开放以来，建立和完善以家庭承包经营为基础、统分结合的双层经营体制，启动农产品流通体制改革，彻底取消农业税，建立农业支持保护制度，激发了广大农民的积极性，促进粮食产量快速增长。2012年我国粮食产量[②]12 245亿斤，粮食综合生产能力跃上新台阶。党的十八大以来，以习近平同志为核心的党中央高度重视粮食生产，明确要求把中国人的饭碗牢牢端在自己手中。粮食综合生产能力不断巩固提升，2018年粮食产量13 158亿斤，比1949年增加4.8倍，年均增长2.6%；人均粮食产量472千克，比1949年增加1.3倍，守住了国家粮食安全底线。

（二）农业生产结构不断优化，保持持续协调发展

我国农业实现了由单一以种植业为主的传统农业向农林牧渔业全面发展的现代农业转变。2018年农林牧渔业总产值113 580亿元，按可比价格计算，比1952年增加17.2倍，年均增长4.5%。从产值构成来看，1952年农业产值占农林牧渔业产值的比重为85.9%，处于绝对主导地位，林业、牧业和渔业产值所占比重分别为1.6%、11.2%和1.3%。改革开放以来，林、牧、渔业全面发展。2018年农业产值占农林牧渔业业产值的比重为57.1%，比1952年下降28.8个百分点；林业占5.0%，提高3.4个百分点；牧业占26.6%，提高15.4个百分点；渔业占11.3%，提高10.0个百分点。

从种植业内部来看，种植业生产由单一以粮食作物种植为主向粮经饲协调发展的三元种植结构转变。深入推进农业供给侧结构性改革，2016—2018年累计增加大豆种植面积2 000多万亩，粮改饲面积达到1 400多万亩。从畜牧业内部来看，畜牧业生产由单一的以生猪生产为主向猪牛羊禽多

品种全面发展转变。猪肉产量占肉类总产量比重由 1985 年的 85.9％下降到 2018 年的 62.7％，牛肉、羊肉、禽肉产量占比由 2.4％、3.1％、8.3％上升到 7.5％、5.5％、23.1％。

农产品品质显著提升。质量兴农、绿色兴农战略深入推进，农业绿色化、优质化、特色化、品牌化水平不断提高。2018 年全国农用化肥施用量（折纯量）5 653 万吨，比 2015 年减少 369 万吨，下降 6.1％。农药使用量 150 万吨，比 2015 年减少 28 万吨，下降 15.7％。秸秆综合利用率达到 84％。优质强筋弱筋小麦面积占比为 30％，节水小麦品种面积占比为 20％。主要农作物良种覆盖率持续保持在 96％以上。截至 2018 年年底，我国无公害农产品、绿色食品、有机农产品和农产品地理标志产品总数达 12.2 万个。主要农产品监测合格率连续五年保持在 96％以上，2018 年总体合格率达到 97.5％，农产品质量安全形势保持稳中向好的态势。

（三）农业生产组织方式和模式发生重大变化，生产效率明显提高

党的十八大以来，巩固和完善农村基本经营制度，深化农村土地制度改革，完善承包地"三权分置"制度，加快发展多种形式规模经营，农业生产组织方式发生深刻变革。2018 年全国家庭承包耕地流转面积超过 5.3 亿亩。农村土地流转助推农业规模化发展。2016 年第三次全国农业普查结果（以下简称农普结果）显示，耕地规模化耕种面积占全部实际耕地耕种面积的比重为 28.6％。规模化生猪养殖存栏占比为 62.9％，规模化家禽养殖存栏占比达到 73.9％。适度规模经营加快发展，不仅有利于稳定农业生产、提高劳动生产率，而且有利于提高农业的集约化、专业化、组织化、社会化水平。

新型经营主体大量涌现，现代农业活力增强。国家着力培育各类新型农业生产经营主体和服务主体，农民合作社、家庭农场、龙头企业等数量快速增加，规模日益扩大。2018 年农业产业化龙头企业 8.7 万家，在工商部门登记注册的农民合作社 217 万个，家庭农场 60 万个。新型职业农民队伍不断壮大，农民工、大中专毕业生、退役军人、科技人员等返乡下乡人员加入新型职业农民队伍。截至 2018 年年底，各类返乡下乡创新创业人员累计达 780 万人。新型经营主体和新型职业农民在应用新技术、推广新品种、开拓新市场方面发挥了重要作用，正在成为引领现代农业发展的主力军。

农业新模式快速发展，拓展了农业多种功能。跨界配置农业和现代产业要素，设施农业、观光休闲农业、农产品电商等新模式快速发展。2018 年年末全国农业设施数量 3 000 多万个，设施农业占地面积近 4 000 万亩。设施农业改变了农业生产的季节性，拓宽了农业生产的时空分布。2018 年全国休闲农业和乡村旅游接待游客约 30 亿人次，营业收入超过 8 000 亿元。产业内涵由原来单纯的观光游，逐步拓展到民俗文化、农事节庆、科技创意等，促进休闲农业和乡村旅游蓬勃发展。大数据、物联网、云计算、移动互联网等新一代信息技术向农业农村领域快速延伸，农产品电商方兴未艾。农业普查结果显示，全国有 25.1％的村有电子商务配送站点。2018 年农产品网络销售额达 3 000 亿元。

二、乡村基础设施显著增强，生产生活环境条件明显改善

（一）农田水利建设得到加强，防灾抗灾能力增强

藏粮于地是保障国家粮食安全、推动现代农业发展的重要举措。新中国成立初期，农业生产基础单薄。20 世纪 50～70 年代，在十分困难的条件下推进了农田水利设施建设。改革开放以来，我国持续开展农业基础设施建设，不断完善小型农田水利设施，农田灌溉条件明显改善。2018 年全国耕地灌溉面积 10.2 亿亩，比 1952 年增加 2.4 倍，年均增长 1.9％。深入实施耕地质量保护与提升工程，加快建设集中连片、旱涝保收、高产稳产、生态友好的高标准农田，全国累计建成高标准农田 6.4 亿亩，完成 9.7 亿亩粮食生产功能区和重要农产品生产保护区划定任务。农业生产条件持续改善，"靠天吃饭"的局面正在逐步改变。

（二）农业机械化程度明显提高，大大解放了生产力

深入实施藏粮于技战略，推进农业机械化发展，加快农业科技创新及成果转化。农业物质技术装备水平显著提升，1952年全国农业机械总动力仅18.4万千瓦，1978年为11 750万千瓦，2018年达到10.0亿千瓦。主要农作物耕种收综合机械化率超过67%，其中主要粮食作物耕种收综合机械化率超过80%。农业机械化水平大幅提高，标志着我国农业生产方式以人畜力为主转入到以机械作业为主的阶段。科技在农业生产中的作用日益增强，2018年我国农业科技进步贡献率达到58.3%，比2005年提高了10.3个百分点。科技助力粮食单产不断提升，由1952年的88千克/亩提高到2018年的375千克/亩。

（三）水电路网建设提速，农民生活更加方便快捷

新中国成立初期，我国绝大部分农村照明靠煤油灯，饮水直接靠井水、河水。20世纪50～70年代农村建设有了发展。改革开放以来，农村基础设施建设不断加强，电气化有序推进。农村用电量由1952年的0.5亿千瓦时增加到2018年的9 359亿千瓦时。实施农村饮水安全工程，乡村饮水状况大幅改善。农业普查结果显示，47.7%的农户饮用经过净化处理的自来水。公路和网络建设成效明显，据交通运输部统计，全国农村公路总里程由1978年的59.6万千米增加到2018年的404万千米。截至2018年年底，99.6%的乡镇、99.5%的建制村通了硬化路，99.1%的乡镇、96.5%的建制村通了客车，建好、管好、护好、运营好的"四好"农村路长效机制正在形成。农业普查结果显示，61.9%的村内主要道路有路灯；99.5%的村通电话；82.8%的村安装了有线电视；89.9%的村通宽带互联网。

（四）垃圾污水处理能力提升，农村人居环境明显改善

党的十八大以来，各地牢固树立"绿水青山就是金山银山"的理念，积极推进美丽宜居乡村建设，村容村貌日益干净整洁。建立健全符合农村实际、方式多样的生活垃圾收运处置体系，推广低成本、低能耗、易维护、高效率的污水处理技术，推动城镇污水管网向周边村庄延伸覆盖，曾经"垃圾靠风刮、污水靠蒸发"的农村环境逐渐成为历史。农普结果显示，90.8%的乡镇生活垃圾集中处理或部分集中处理，73.9%的村生活垃圾集中处理或部分集中处理，17.4%的村生活污水集中处理或部分集中处理。农村"厕所革命"加快推进，基本卫生条件明显改善。农业普查结果显示，使用水冲式卫生厕所的农户占36.2%；使用卫生旱厕的农户占12.4%。

三、乡村公共服务全面提升，为农村生产生活提供了强大支撑

（一）乡村教育快速发展，农村居民文化素质明显提高

新中国成立初期，我国农村教育十分落后。改革开放以来，国家把教育放在优先发展战略地位，逐步将农村义务教育全面纳入公共财政保障范围，农村义务教育阶段免交学杂费、免费提供教科书。党的十八大以来，国家大力支持农村教育，实施农村寄宿制学校建设、教育脱贫攻坚等重大工程。据教育部统计，截至2019年3月，全国92.7%的县实现义务教育基本均衡发展，更多农村孩子享受到更好更公平的教育。建立覆盖从学前到研究生教育的全学段学生资助政策体系。农普结果显示，初中文化程度的农村居民占42.5%，高中或中专文化程度的农村居民占11.0%，大专及以上的农村居民占3.9%，农村居民文化素质明显提升。

（二）医疗服务体系不断完善，农村居民健康水平大幅提高

新中国成立初期，广大农村缺医少药。20世纪50～70年代，农村卫生机构逐步建立，"赤脚医生"发挥了历史作用。改革开放以来，加强农村医疗卫生服务体系建设，以县级医院为龙头、乡镇卫生院为枢纽、村卫生室为基础的农村医疗卫生服务网络加快形成，农村医疗卫生状况大为改观。2018年全国乡镇卫生院3.6万个，床位133万张，卫生人员139万人；村卫生室62.2万个，人员达144万人，其中：执业（助理）医师38.1万人、注册护士15.3万人、乡村医生和卫生员

90.7 万人。党的十八大以来，农村医疗医保事业深入发展，各级财政对新型农村合作医疗制度的人均补助标准逐年提高，2018 年达到 490 元。新农合政策范围内门诊和住院费用报销比例分别稳定在 50% 和 75% 左右。随着医疗服务体系完善和医疗保障水平提高，农村居民健康水平大幅提高，农村孕产妇死亡率从新中国成立初期的每 10 万人 1 500 人下降到 2018 年的每 10 万人 19.9 人，农村婴儿死亡率从 200‰ 下降到 7.3‰。

（三）多层次养老服务体系加快形成，农村"养老难"问题逐步缓解

新中国成立初期，农村养老保障尚属空白。20 世纪 50～70 年代，初步建立了"五保户"等保障机制。改革开放以来，在全国建立新型农村社会养老保险制度，实行社会统筹与个人账户相结合的制度模式，采取个人缴费、集体补助、政府补贴相结合的筹资方式。党的十八大以来，逐步提高农村养老服务能力和保障水平。2018 年全国城乡居民基本养老保险基础养老金最低标准提高至每人每月 88 元。农普结果显示，56.4% 的乡镇有本级政府创办的敬老院。加快构建以居家养老为基础、社区服务为依托、机构养老为补充的养老服务体系，满足老年人基本生活需求，提升老年人生活质量。我国城乡居民人均预期寿命从新中国成立初期的 35 岁提高到 2018 年的 77 岁。

（四）农村精神文明建设加强，乡村文化繁荣兴旺

新中国成立初期，农村文化事业发展落后。20 世纪 50～70 年代，在农村扫除文盲、发展文化取得积极进展。改革开放以来，各级政府持续加大投入力度，构建覆盖城乡的公共文化服务体系，加快乡村文化设施建设，推进文化信息共享、农家书屋和农村电影放映等工程。党的十八大以来，农村思想道德建设不断加强，以社会主义核心价值观为引领，培育文明乡风、良好家风、淳朴民风，农村居民文化生活极大丰富，农村文化事业实现长足发展。农普结果显示，96.8% 的乡镇有图书馆、文化站，11.9% 的乡镇有剧场、影剧院，41.3% 的村有农民业余文化组织。截至 2018 年年底，全国共有农家书屋 58.7 万个，向广大农村配送图书超过 11 亿册。

四、农村居民收入持续较快增长，生活水平质量不断提高

（一）乡村就业规模庞大，外出就业农民工明显增加

就业是民生之本。新中国成立初期，乡村就业人员主要以从事农业生产为主。20 世纪 50～70 年代，通过积极发展乡村经济，就业状况逐步改善，1978 年乡村就业人员 30 638 万人。改革开放以来，乡镇工业快速发展，劳动力市场逐步建立和完善，农村富余劳动力向第二、三产业转移。乡村就业人员在 1997 年达到 49 039 万人的历史高点。随着市场经济的发展，部分农村劳动力进城就业。2018 年乡村就业人员逐渐回落到 34 167 万人，规模仍然庞大。党的十八大以来，坚持实施就业优先战略，各地促进农民工就业创业，农民工数量持续增加，外出就业明显。2018 年农民工 28 836 万人，其中，到乡外就业的农民工 17 266 万人。从事第二产业的农民工 14 158 万人；从事第三产业的农民工 14 562 万人。

（二）农村居民收入持续较快增长，城乡收入差距明显缩小

1949 年我国农村居民人均可支配收入仅为 44 元。20 世纪 50～70 年代，随着土地改革和农业合作社的发展，促进了农村居民收入较快增长。改革开放以来，市场经济体制不断完善，为商品流通特别是农副产品交换提供了便利条件，农产品价格提高也为农民增收带来实惠。党的十八大以来，加大对社会保障和民生改善的投入力度，农民的钱袋子更加殷实。2018 年农村居民人均可支配收入 14 617 元，扣除物价因素，比 1949 年实际增加 40.0 倍，年均实际增长 5.5%。城乡居民收入差距不断缩小，2018 年城乡居民人均可支配收入比值为 2.69，比 1956 年下降了 0.64。

（三）贫困人口大幅减少，脱贫攻坚成就举世瞩目

改革开放以来，我国成功走出一条中国特色扶贫开发道路。按现行农村贫困标准（当年价）衡量，1978 年农村贫困发生率为 97.5%，农村贫困人口 7.7 亿人。针对大面积的农村贫困人口，坚

持开发式扶贫，把发展作为解决贫困的根本途径。围绕"两不愁"（不愁吃、不愁穿）、"三保障"（义务教育、基本医疗、住房安全有保障），改善贫困地区的基本生产生活条件。党的十八大以来，把扶贫开发摆在更加突出的位置，把精准扶贫、精准脱贫作为基本方略，开创了扶贫事业新局面。农村贫困人口快速减少，贫困发生率持续下降，截至 2018 年年底全国农村贫困人口 1 660 万人，贫困发生率 1.7%，脱贫攻坚取得决定性进展。

（四）农村居民消费水平不断提高，恩格尔系数持续下降

新中国成立初期，我国农村居民人均消费支出极低。20 世纪 50～70 年代，农民消费逐步增长。改革开放以来，随着农村居民收入较快增长，消费能力显著提升。2018 年农村居民人均消费支出 12 124 元，扣除物价因素，比 1949 年实际增加 32.7 倍，年均实际增长 5.2%。农村居民恩格尔系数为 30.1%，比 1954 年下降了 38.5 个百分点。家庭消费品升级换代，移动电话、计算机、汽车进入寻常百姓家。2018 年农村居民平均每百户拥有移动电话 257 部、计算机 26.9 台、汽车 22.3 辆、空调 65.2 台、热水器 68.7 台、微波炉 17.7 台。农村居民人均住房建筑面积达到 47.3 平方米，比 1978 年增加 39.2 平方米。71.2% 的农村居民住房为钢筋混凝土或砖混材料，比 2013 年提高了 15.5 个百分点，住房质量大为改善。

（五）农村低保标准稳步提高，低保兜底保障能力增强

改革开放以来，农村居民生活水平不断提高。针对病残、年老体弱、丧失劳动能力以及生存条件恶劣等原因造成生活困难的农村居民，国家建立农村最低生活保障制度。2007 年农村低保年平均标准为 840 元/人，农村低保对象 1 609 万户、3 566 万人。2018 年农村低保年平均标准增加到 4 833 元/人，比 2007 年增加 4.8 倍，年均增长 17.2%，农村低保对象 1 903 万户、3 520 万人。全面建立农村留守儿童关爱保护制度，帮助无人监护的农村留守儿童落实受委托监护责任人，让失学辍学的农村留守儿童返校复学，农村居民基本生活的兜底保障网越织越牢。

新中国成立 70 年来，我国农业、农村、农民面貌发生了历史性巨变，为改革开放和社会主义现代化建设打下了坚实基础。同时我们也要清醒看到，我国发展不平衡不充分在乡村最为突出，做好"三农"工作直接关系到经济社会发展的全局，直接关系到全面建成小康社会，直接关系到"两个一百年"奋斗目标的实现，意义十分重大。我们要更加紧密团结在以习近平同志为核心的党中央周围，坚持农业农村优先发展总方针，以实施乡村振兴战略为总抓手，巩固发展农业农村好形势，守住"三农"战略后院，发挥好压舱石和稳定器的作用，为有效应对各种风险挑战、促进经济社会持续健康发展、实现"两个一百年"奋斗目标作出新的贡献。

三、大事记

绿色食品和绿色农业大事记（2018）①

1月22日 农业部印发2018年国家农产品质量安全例行监测（风险监测）计划，作为2018年农业部"农业质量年"行动的重要措施行动实施。

2018年国家农产品质量安全例行监测（风险监测）计划突出"三个重点"。一是突出重点指标。进一步调整完善监测方案，扩大监测范围，重点增加农药和兽用抗生素等影响农产品质量安全水平的监测指标，由2017年的94项增加到2018年的122项，增幅29.8%，增强监测工作的科学性和针对性。二是突出重点品种。重点抽检蔬菜、水果、茶叶、畜禽产品和水产品等5大类老百姓日常消费量大的大宗鲜活农产品，共110个品种约4.05万个样品，回应社会关切。三是突出重点范围。抽检范围重点涵盖全国31个省、自治区、直辖市150多个大中城市的蔬菜生产基地、生猪屠宰场、水产品运输车或暂养池、农产品批发市场、农贸市场和超市，实施精准监管。

2月4日 改革开放以来第20个、21世纪以来第15个指导"三农"工作的中央1号文件由新华社受权发布。文件题为《中共中央 国务院关于实施乡村振兴战略的意见》，对实施乡村振兴战略进行了全面部署。

文件指出，实施乡村振兴战略，是解决人民日益增长的美好生活需要和不平衡不充分的发展之间矛盾的必然要求，是实现"两个一百年"奋斗目标的必然要求，是实现全体人民共同富裕的必然要求。文件从提升农业发展质量、推进乡村绿色发展、繁荣兴盛农村文化、构建乡村治理新体系、提高农村民生保障水平、打好精准脱贫攻坚战、强化乡村振兴制度性供给、强化乡村振兴人才支撑、强化乡村振兴投入保障、坚持和完善党对"三农"工作的领导等方面进行安排部署。

2月6日 农业部在福建省福州市召开全国推进质量兴农绿色兴农品牌强农工作会议，部署推进质量兴农重大行动。农业部部长韩长赋出席会议并宣布"农业质量年"行动正式启动。韩长赋强调，实施"农业质量年"行动是落实中央决策部署、推进农业转型升级的重要举措，各级农业部门要认真贯彻落实习近平总书记关于质量兴农的重要指示精神，加快推进质量兴农、绿色兴农、品牌强农，以奋发有为、只争朝夕的精神状态，以改革创新、真抓实干的工作举措，推动"农业质量年"行动取得显著成效，加快农业转型升级步伐，为实施乡村振兴战略作出应有贡献。

为开展好农业质量年工作，农业部印发《关于启动2018年农业质量年工作的通知》，要求扎扎实实落实生产标准化推进行动、农产品质量安全监测行动、农产品质量安全执法行动、农产品质量安全县创建行动、产地环境净化行动、农业品牌提升行动、质量兴农科技支撑行动、生产经营主体能力提升行动，坚定不移走质量兴农之路。

2月26日 全国首部农产品地理标志纪录片《源味中国》开始在中央电视台中文国际频道晚间黄金时间与全国观众见面。该片以一年四季轮回的农耕场景为主线，全景化、故事化、艺术化地推出热土、心田、时令、药食、繁衍、守护、烟火7个叙事主题，每个主题以不同地理场景中的农人故事进行演绎，再现了中国农产品地理标志背后最具中国味道的乡滋、乡味、乡恋、乡愁。

《源味中国》由农业部联合中央电视台、中国教育电视台、北京电视台纪实频道等传媒机构共同摄制，全片共分7集，每集30分钟。它以独具中国地理版权和味道的地标农业为视角，所拍摄的农产品约40%来自中国扶贫重点县域，从细节和故事入手，着力展示中国不同地区的农人在各地独特的自然地理条件下匠心耕种、传承文明的宏大主题，对于推进质量兴农、绿色兴农、品牌强

---

① 资料来源：农业农村部网站、中国绿色食品发展中心网站等。路华卫编辑整理。

农具有积极的现实意义。

4 月 2 日 由中国绿色食品发展中心主办的"春风万里，绿食有你"绿色食品宣传月启动仪式在北京市昌平区"第六届农业嘉年华"隆重举行。宣传月的主题是绿色生产、绿色消费、绿色发展。来自中央和北京市的 20 多家媒体记者，以及北京市、黑龙江省等地的 20 余家知名绿色食品企业代表及 200 多位市民朋友参加了启动仪式。

4 月 12 日 全国"三品一标"工作座谈会在北京召开。农业农村部党组成员宋建朝、总农艺师马爱国出席会议并讲话。福建、湖南、浙江、黑龙江、重庆、北京等 6 家单位在会上介绍了典型经验。各省级"三品一标"工作机构负责人，农民日报、中央电视台军事·农业频道、中国农村杂志社、中国农业信息网、《农产品质量与安全》和《优质农产品》杂志社等新闻媒体，中国绿色食品发展中心领导和各处室负责人参加了座谈会。

会议提出，当前和今后一段时期，要以推进"三品一标"高质量发展为主线，以改革创新为动力，着力推动"三品一标"由注重发展产品向推动产业升级转变，由扩大产品总量向延伸产业链转变，由提升品牌认知度向增强品牌竞争力转变，由政府主导推动向市场消费拉动转变，着力提高农业绿色化、特色化、优质化、品牌化，努力实现产品质量高、产业效益高、生产效率高、经营者素质高、国际竞争力高、农民收入高，使"三品一标"成为质量兴农、绿色兴农、品牌强农的"排头兵"，为实施乡村振兴战略，满足人民日益增长的美好生活需要做出新贡献。

据了解，2017 年，"三品一标"产品质量稳定，总量稳步增长，产品抽检合格率稳定在 98% 以上，获证产品总数达到 121 546 个，绿色食品企业、产品续展率分别比 2016 年提高 7 个和 13 个百分点，有机食品再认证率达到 90%；全国已有 489 个单位创建了 678 个绿色食品原料标准化生产基地，总面积 1.73 亿亩，对接企业 2 716 家，带动农户 2 198 万户，直接增加农民收入 15 亿元；5 年来，贫困地区共创建 31 个标准化生产基地，面积达 500 万亩，累计为 2 500 多家企业、6 000 多个产品减免费用 1 500 多万元，走出了一条"品牌扶贫"的新路子。

4 月 13 日 中央电视台军事·农业频道《聚焦三农》栏目报道：我国"三品一标"种植面积已近 4.5 亿亩。

4 月 27 日 农业农村部办公厅下发通知，决定改革现行无公害农产品认证制度。一是在无公害农产品认证制度改革期间，将原无公害农产品产地认定和产品认证工作合二为一，实行产品认定的工作模式，下放由省级农业农村行政部门承担。二是省级农业农村行政部门及其所属工作机构按《无公害农产品认定暂行办法》负责无公害农产品的认定审核、专家评审、颁发证书和证后监管等工作。三是农业农村部统一制订无公害农产品的标准规范、检测目录及参数。中国绿色食品发展中心负责无公害农产品的标志式样、证书格式、审核规范、检测机构的统一管理。

4 月 24~27 日 中国绿色食品发展中心组团参加在新加坡举办的第 40 届亚洲国际食品与酒店博览会。该博览会素有亚洲最大、最重要的食品与酒店业盛会之称，是亚洲最大和最具国际影响力的食品酒店贸易展会，其展览规模和展品质量及管理水平在整个亚洲展览会中屈指可数。本届展会有来自中国、日本、澳洲、土耳其、意大利、丹麦、荷兰、希腊、波兰、法国、西班牙等 76 个国家和地区的 3 495 个厂商参加，汇聚了世界各地的优质特色美食。

5 月 10 日 第 19 届中国绿色食品博览会暨第 12 届中国国际有机食品博览会筹备工作会议在厦门市召开。筹备会议就宣传、招展、招商、展期活动等工作进行总体部署，并组织各省份代表实地考察了博览会的举办场馆。经农业农村部批准，该博览会定于 2018 年 12 月 7~9 日在厦门国际会展中心举行。

6 月 11 日 国务院办公厅印发《关于推进奶业振兴保障乳品质量安全的意见》，全面部署加快奶业振兴，保障乳品质量安全工作。该意见提出，到 2020 年，奶业供给侧结构性改革取得实质性成效，奶业现代化建设取得明显进展。100 头以上规模养殖比重超过 65%，奶源自给率保持在

70%以上。婴幼儿配方乳粉的品质、竞争力和美誉度显著提升，乳制品供给和消费需求更加契合。乳品质量安全水平大幅提高，消费信心显著增强。到2025年，奶业实现全面振兴，奶源基地、产品加工、乳品质量和产业竞争力整体水平进入世界先进行列。

6月12日 中国绿色食品协会第四次会员代表大会在北京召开，大会选举农业农村部总农艺师马爱国为第四届理事会会长，张华荣、王运浩、金发忠等20人为理事会副会长，穆建华为理事会秘书长。

6月21日 国务院新闻办公室就"中国农民丰收节"有关情况举行发布会。发布会上，农业农村部部长韩长赋表示，经党中央批准、国务院批复，自2018年起，将每年农历秋分设立为"中国农民丰收节"。韩长赋介绍，"中国农民丰收节"的设立，是习近平总书记主持召开中央政治局常委会会议审议通过，由国务院批复同意的。这是第一个在国家层面专门为农民设立的节日。设立一个节日，由中央政治局常委会专门审议，这是不多见的，充分体现了以习近平同志为核心的党中央对"三农"工作的高度重视，对广大农民的深切关怀，是一件具有历史意义的大事，是一件蕴涵人民情怀的好事。

7月10日 农业农村部在福建省福州市举行2018年质量兴农万里行活动启动仪式，动员各地深入开展质量兴农万里行系列活动。农业农村部党组成员宋建朝、福建省副省长李德金出席启动仪式并发布质量兴农万里行活动标志和官方主页。宋建朝强调，质量兴农万里行活动要重点聚焦监管成效、绿色发展、公众关切和品牌创建四个方面，做到传播质量安全正能量，展现农业绿色发展理念，普及农产品质量安全知识，积极为优质农产品代言。他要求，农业系统各行业各领域，生产、经营、消费、监管等各环节各主体都要积极参与进来，共同努力推动质量兴农万里行活动，推进农业高质量发展，为实施乡村振兴战略做出积极贡献。共青团中央、国家卫生健康委员会、国家市场监督管理总局、海关总署和中国科学技术协会等相关部委，农业农村部相关司局及福建省共计300余人参加了本次启动仪式。

8月2～3日 由中国绿色食品协会主办、北京中绿华夏有机食品认证中心和丰宁满族自治县人民政府承办的中外有机农业发展与市场推介会在河北省承德市丰宁满族自治县成功召开。会议主题为"互通有无，共同发展，有机好食材，美食无国界"。来自德国、法国、丹麦等10个国家驻华使馆农业食品参赞等代表和国家认证认可监督管理委员会、中国农业大学农业规划科学研究所、承德市人民政府、多家有机企业等60余名代表出席会议。

8月28日 中国（齐齐哈尔）第十八届绿色有机食品博览会在美丽的鹤城——黑龙江省齐齐哈尔市成功举办。本届展会以"绿色、健康、合作、发展"为主题，共设展位470余个，来自黑龙江、内蒙古、新疆等省份的300家企业2 513个产品参加了展示销售。农业农村部总农艺师马爱国、中国绿色食品发展中心主任张华荣参加了活动。

9月3日 中央农村工作领导小组办公室、农业农村部在北京召开学习浙江经验、深入推进农村人居环境整治工作进展情况交流会，交流调度自2018年6月以来组织开展这项活动的情况，研究部署下一步工作。农业农村部副部长余欣荣在会上强调，农业农村系统要进一步学习贯彻习近平总书记对浙江"千村示范、万村整治"工程的重要指示精神，充分认识改善农村人居环境工作的特殊重要意义，提高政治站位，牢固树立"四个意识"，加快推进农村人居环境整治各项工作，让亿万农民在乡村振兴中有更多的获得感、幸福感。

9月6日 由农业农村部和河南省人民政府主办，农业农村部乡村产业发展司、河南省农业厅、驻马店市人民政府承办的第21届中国农产品加工业投资贸易洽谈会在驻马店市会展中心开幕。农业农村部副部长余欣荣，河南省委副书记、政法委书记喻红秋在开幕式上致辞。中国绿色食品发展中心主任张华荣参加了开幕式。本届洽谈会以"创新、绿色、开放、共赢"为主题，主要举办农产品加工业重点项目发布、农产品展示和贸易、农产品加工业科研成果展示推介洽谈签约等活动，参加洽谈会的代表团有172个，参会企业近5 000家，参会客商近3万名。本届洽谈会首次设立中部六省绿色食品展示区，由河南省绿色食品发展中心牵头，联合山西、安徽、江西、湖北、湖南等省级绿色食品工作机构组团参展，展示区面积2 520平方米，标准展位140个，参展绿色食品企业245家、产品800多个。

9月21日 中共中央政治局就实施乡村振兴战略进行第八次集体学习。中共中央总书记习近平在主持学习时强调，乡村振兴战略是党的十九大提出的一项重大战略，是关系全面建设社会主义现代化国家的全局性、历史性任务，是新时代"三农"工作总抓手。我们要加深对这一重大战略的理解，始终把解决好"三农"问题作为全党工作重中之重，明确思路，深化认识，切实把工作做好，促进农业全面升级、农村全面进步、农民全面发展。

9月23日 首届中国农民丰收节主场活动在北京举行，学习贯彻习近平总书记对首届中国农民丰收节的重要指示精神，展示农业农村发展成就，与农民朋友共庆丰年、分享喜悦。中共中央政治局委员、国务院副总理胡春华出席活动并致辞。胡春华强调，在农村改革40周年、实施乡村振兴战略开局之年设立中国农民丰收节，充分体现了以习近平同志为核心的党中央对"三农"工作的高度重视和对广大农民的亲切关怀。要深入贯彻习近平总书记关于实施乡村振兴战略的重要论述，按照党中央、国务院的决策部署，以办好丰收节为契机，大力弘扬中华农耕文明，彰显乡村价值，营造全社会关注农业、关心农村、关爱农民的浓厚氛围，充分调动亿万农民重农务农的积极性、主动性、创造性，全面汇聚推进乡村振兴、打赢脱贫攻坚战的强大合力。

9月25日 中共中央总书记习近平抵达黑龙江省考察。针对黑土地流失、农业产业发展缓慢等问题，他着重指出，"农业生产不能竭泽而渔""要把发展农业科技放在更加突出的位置""要加快绿色农业发展，坚持用养结合、综合施策，确保黑土地不减少、不退化"。

9月26日 中共中央、国务院印发《乡村振兴战略规划（2018－2022年）》，并发出通知，要求各地区各部门结合实际认真贯彻落实。

10月13日 由中国绿色食品发展中心投放的绿色食品公益广告片开始在中央广播电视总台央视综合频道、财经频道、中文国际频道、军事·农业频道及部分省级卫视等频道黄金时段与广大观众见面。广告片以青山绿水作为背景，展示绿色食品产自良好生态环境，带来蓬勃发展的景象。画面重点突出绿色食品标志形象，体现绿色食品精品品牌特质。以"绿色食品中国首例证明商标"作为宣传语，传递了绿色食品的品牌特性，具有唯一性，向社会公众诠释了绿色食品的理念和内涵。

10月17～18日 农业农村部在黑龙江省召开东北地区秸秆处理行动现场交流暨成果展示会议。此次会议的主题是，总结交流秸秆综合利用试点取得的经验成效，现场展示秸秆还田、离田利用技术成果和典型模式，明确下一步工作思路、重点任务和重大举措。全国12个试点省份农业厅（委）负责同志、东北省份秸秆综合利用试点县负责同志、东北区域玉米秸秆协同创新联盟等技术专家、农业农村部相关司局和直属单位负责同志共160多人参加会议。农业农村部副部长张桃林出席会议并讲话。

据悉，截至2017年年底，全国秸秆综合利用率达83.68%，其中肥料化56.53%、饲料化23.24%、燃料化15.19%、基料化2.32%、原料化2.72%，以农用为主、以肥料化和饲料化为主的利用格局已经形成。特别是12个秸秆综合利用试点省份，通过综合施策、强化管理、整县推进、以用促禁，不断推动秸秆综合利用工作稳步开展，河北、山西、江苏、安徽、山东、河南、四川、陕西等8个省的秸秆综合利用率都稳定在86%以上。东北地区秸秆处理行动也整体呈现出稳中有进的发展态势，取得了良好成效，主要表现为"四个提升"。一是秸秆综合利用率明显提升。2017年东北地区秸秆综合利用率达到72%，较上年提高了近4个百分点。二是秸秆还田能力快速提升。新增秸秆还田面积近3 000万亩，还田总面积达到1.23亿亩，有力推动了黑土地保护工作。三是秸秆收储能力大幅提升。专业化收储能力新增1 200万吨，总能力超过3 000万吨，秸秆收储运组织超过2 100个，缓解了秸秆从田间到车间的难题。四是秸秆产业化水平显著提升。培育了一批年利用秸秆10万吨以上的龙头企业，秸秆产业的质量效益有了显著提高。

10月25日 农业农村部在山东省烟台市召开全国海洋牧场建设工作现场会，深入学习贯彻习近平总书记关于做好"三农"工作的重要论述，特别是关于海洋牧场建设的重要指示精神，交流各地推进海洋牧场建设的好经验好做法，分析面临的新形势新任务，部署下一阶段工作。农业农村部部长韩长赋讲话，山东省委书记刘家义致辞。会议强调，要深刻学习领会习近平总书记重要指示精神，按照中央部署要求，扎实抓好海洋牧场建设各项工作，走进深蓝，经略海洋，全面推进海洋牧场健康发展，促进海洋渔业转型升级，为实现渔区乡村全面振兴提供坚实支撑。

11月1日 农业农村部在广西南宁召开全国果菜茶绿色发展暨化肥农药减量增效经验交流会，总结果菜茶绿色发展经验，分析当前面临的新形势，研究部署持续推进果菜茶绿色发展和化肥农药减量增效的重点工作。农业农村部副部长张桃林出席会议并讲话。

会议指出，要坚定农业绿色发展不动摇，以化肥农药减量增效为抓手，以布局优化、品质提升、产业融合为重点，加强政策引导，强化创新驱动，狠抓措施落实，加快推进果菜茶产业转型升级，助力乡村振兴。

11月1~5日 在湖南省长沙市举办的第16届中国国际农产品交易会上，农产品地理标志专业展区精彩亮相。全国政协委员、农业农村部原党组成员宋建朝，农业农村部农产品质量安全监管司司长肖放，农业农村部相关单位及湖南省农业农村厅有关领导莅临展区视察指导，中国绿色食品发展中心主任张华荣、副主任刘平陪同领导巡馆。这是农产品地理标志连续第四次在交易会上设立专业展区，参展面积近3 000平方米，共设立208个标准展位，34个省级分展团，共有500多个产品参展，面积和展品数量均创历年之最。各级行政领导、基层农业行政管理部门，农产品地理标志工作系统及地标产品持证人、使用人等参展观摩人员达到1 100人。

11月18日 农药发展40年座谈会暨绿色农药发展研讨会在北京召开。农业农村部副部长张桃林出席会议并讲话。他强调，要按照供给侧结构性改革、农业绿色发展和乡村振兴战略的要求，瞄准农药调结构、提质量、保安全的目标，坚持问题导向，强弱项、补短板，强化科技创新、管理创新和机制创新，走出一条具有中国特色的现代农药创新发展之路。

11月19日 农业农村部部长韩长赋主持召开部常务会议，传达国务院食品安全委员会第一次全体会议精神，审议并原则通过《国家质量兴农战略规划（2018—2022年）》，研究部署农产品质量安全工作。会议强调，党的十八大以来，习近平总书记对质量兴农和农产品质量安全工作做出了一系列重要指示。各级农业农村部门要充分认识质量兴农和农产品质量安全工作的极端重要性，牢固树立质量兴农意识，提高政治站位，强化责任担当，主动入位，积极作为，从严抓好农产品质量安全工作，加快形成质量兴农工作合力，把农产品质量安全工作抓实抓好、抓出成效。

11月23日 全国畜禽养殖废弃物资源化利用现场会在福建漳州召开，中共中央政治局委员、国务院副总理胡春华出席会议并讲话。他强调，加快推进畜禽养殖废弃物资源化利用是改善农村人居环境的重要任务，要深入贯彻习近平总书记的重要指示精神，按照党中央、国务院决策部署，坚持政府支持、企业主体、市场化运作的方针，坚持源头减量、过程控制、末端利用的治理路径，全面推进畜禽养殖废弃物资源化利用，加快构建种养结合、农牧循环的可持续发展新格局，为促进乡村全面振兴提供有力支撑。

12月3日 中央农村工作领导小组办公室、农业农村部在北京召开落实牵头职责、加快推进农村人居环境整治工作座谈会。农业农村部党组副书记、副部长余欣荣主持会议并讲话。他强调，农村人居环境整治是实施乡村振兴战略的第一场硬仗，农业农村部门要深入贯彻落实习近平总书记重要指示精神，切实提高政治站位，发扬担当精神，落实牵头职责，以更加扎实有力的行动，把农村人居环境整治这件大事、要事、实事、难事办好。

12月3日　农业农村部组织召开地膜污染治理研讨会,以推进地膜污染综合防治为主题,围绕农膜回收行动、全生物降解地膜试验示范、降解地膜适宜性评价等议题开展了交流与讨论。会议重点交流了2018年全生物降解地膜评价筛选及引领性技术示范情况,对降解地膜的农田适应性、补贴机制、堆肥条件下降解进程、环境安全影响等进行了研究讨论,代表们建议进一步完善降解地膜适宜性评价技术规范,探讨全生物降解地膜大田推广应用的方法和路径。

12月5日　2018两岸企业家峰会专题论坛——两岸现代农业融合发展论坛在厦门举办,中国绿色食品协会与财团法人台湾绿色食品暨生态农业发展基金会签署《海峡两岸绿色食品、有机食品交流与合作备忘录》。该合作备忘录的签署,开启了海峡两岸农产品认证领域交流与合作的新篇章,也标志着大陆助推台湾地区绿色食品、有机食品发展迈出了坚实的一步,将为提升台湾农产品在大陆的影响力和竞争力、满足大陆居民对台湾安全优质农产品的消费需求发挥积极的作用。

12月7日　由中国绿色食品发展中心联合福建省农业农村厅共同举办、由厦门市人民政府支持的第19届中国绿色食品博览会暨第12届中国国际有机食品博览会在美丽的滨海城市——厦门开幕。农业农村部总农艺师马爱国、农业农村部质量安全监管司司长肖放、福建省农业农村厅厅长黄华康、厦门市副市长张毅恭、中国农业大学党委副书记秦世成、中国工程院院士张福锁,以及国家市场监督管理局、农业农村部有关事业单位和协会,国际有关组织,部分省份农业农村行政主管部门领导出席开幕式。中国绿色食品发展中心主任张华荣主持开幕式。

此次博览会将一年一度的中国绿色食品博览会和第12届中国国际有机食品博览会合并举办,37 000平方米的布展空间汇聚了2 100多家企业的上万个绿色食品、有机农产品。来自澳大利亚、英国、意大利、俄罗斯、韩国和中国台湾等多个国家和地区的57家参展企业,数十家境外采购商到会,体现了绿色食品和有机农产品较高的国际影响力。

12月7日　2018中国绿色食品发展高峰论坛暨第13届有机食品市场与发展国际研讨会在福建省厦门市召开。论坛以"绿色发展　品牌强农　乡村振兴"为主题,政府部门、行业管理部门、农业绿色发展和品牌研究领域国内外专家、企业代表济济一堂,通过分析绿色食品、有机农产品发展面临的新机遇、新挑战,探索加快实现提质增效目标的思路、方向与实践路径,共商绿色食品和有机农业高质量发展大计。农业农村部总农艺师马爱国出席论坛并致辞。

农业农村部、国家市场监督管理总局,农业农村部有关事业单位及协会,国际有关组织代表,部分省份农业农村行政主管部门的领导,以及部分地级市领导、专家学者和海内外绿色食品、有机农产品企业代表、新闻媒体记者共计400余人参加了论坛。

12月11日　农业农村部在山东召开全国设施蔬菜绿色发展现场会,总结交流各地推进设施蔬菜绿色发展和连作障碍治理的成效经验,安排部署下一阶段重点工作。会议强调,要把设施蔬菜绿色发展作为满足消费升级的重要内容、缓解资源环境压力的重要举措、增加农民收入的重要渠道,促进设施蔬菜生产由主要满足"量"的需求向更加注重"质"的需求转变,促进资源永续利用和农民持续增收。

12月16日,黑龙江北大荒农垦集团总公司在哈尔滨正式挂牌成立。农业农村部部长韩长赋、黑龙江省委书记张庆伟出席成立大会并讲话,黑龙江省长王文涛主持会议。会议强调,建设好黑龙江北大荒农垦集团总公司,是贯彻落实习近平总书记重要指示精神和中央关于进一步推进农垦改革发展意见的重要举措。垦区广大干部职工要提高政治站位、认真学习领会、坚决贯彻落实习近平总书记关于北大荒改革发展的指示嘱托,从增强"四个意识"、做到"两个维护"的高度,充分认识深化农垦改革的重要性紧迫性,紧紧围绕垦区集团化、农场企业化的改革主线,攻坚克难,乘势而上,不断促进农垦改革事业发展,为乡村全面振兴、加快农业农村现代化提供农垦经验和样板。

12月17日　国家农产品质量安全"百安县"和全国百家经销企业"双百"对接活动在全国农业展览馆举办。首批107个国家农产品质量安全县的500多家生产经营企业、合作社,与新发地、京东等 140 余家大型批发市场、电商、采购商代表进行现场对接，现场签约金额 26.94 亿元。农业农村部副部长于康震出席活动并讲话。

12月21日 全国农业资源环境与农村能源生态工作会议在广州召开。会议部署了 2019 年深入推进污染源普查、实施好秸秆农膜行动、切实加强耕地土壤环境保护、加强农村能源生态建设、推进农业物种资源保护等五方面重点工作。强调要深入贯彻落实中央建设生态文明、实施乡村振兴战略的决策部署，坚持问题导向思考工作，转变观念推动工作，提高工作站位，进一步加强农业生态环境保护，促进乡村生态振兴。

12月24日 经国务院同意，农业农村部、国家发展和改革委员会、科技部、工业和信息化部、财政部、商务部、国家卫生健康委员会、国家市场监督管理总局、中国银行保险监督管理委员会联合印发《关于进一步促进奶业振兴的若干意见》。该意见提出，要以实现奶业全面振兴为目标，优化奶业生产布局，创新奶业发展方式，建立完善以奶农规模化养殖为基础的生产经营体系，密切产业链各环节利益联结，提振乳制品消费信心，力争到 2025 年全国奶类产量达到 4 500 万吨，切实提升我国奶业发展质量、效益和竞争力。

12月28～29日 中央农村工作会议在北京召开。会议以习近平新时代中国特色社会主义思想为指导，深入贯彻党的十九大和十九届二中、三中全会及中央经济工作会议精神，总结交流各地实施乡村振兴战略经验，研究落实明后两年"三农"工作必须完成的硬任务，部署 2019 年农业农村工作。

中共中央总书记、国家主席、中央军委主席习近平对做好"三农"工作作出重要指示。习近平强调，2018 年，农业农村发展取得了新成绩，粮食再获好收成，乡村振兴开局良好。2019 年是决胜全面建成小康社会第一个百年奋斗目标的关键之年，做好"三农"工作对有效应对各种风险挑战、确保经济持续健康发展和社会大局稳定具有重大意义。要全面贯彻习近平新时代中国特色社会主义思想和党的十九大精神，加强党对"三农"工作的领导，坚持把解决"三农"问题作为全党工作的重中之重，坚持农业农村优先发展，牢牢把握稳中求进总基调，落实高质量发展要求，深入实施乡村振兴战略，对标全面建成小康社会必须完成的硬任务，适应国内外环境变化对我国农村改革发展提出的新要求，统一思想、坚定信心、落实工作，巩固发展农业农村好形势。要毫不放松粮食生产，深化农业供给侧结构性改革，聚力打赢脱贫攻坚战，抓好农村人居环境整治工作，推进新一轮农村改革，加快补齐农村基础设施和公共服务短板，扎实做好乡村规划建设和社会治理各项工作，强化五级书记抓乡村振兴，加强懂农业、爱农村、爱农民农村工作队伍建设，发挥好农民主体作用，提高广大农民获得感、幸福感、安全感，在实现农业农村现代化征程上迈出新的步伐。

四、理论篇

绿色发展是乡村振兴的必由之路[①]

周宏春[②]

2017 年中央农村工作会议全面分析了"三农"工作面临的形势和任务，围绕党的十九大报告提出的乡村振兴战略，研究了战略实施的相关政策并做了重点部署。在"八个坚持"中强调坚持绿色生态导向，推动农业农村可持续发展；首次系统地提出了"中国特色的乡村发展道路"，指出必须坚持人与自然和谐共生，走乡村绿色发展之路。那么，我国乡村绿色发展面临什么样的环境保护形势，如何保护生态环境、实现农业农村可持续发展呢？

近年来，全国各地加强了农村环境保护。"河长制"等广为采用，不少地区采用生态办法治理污水，收到了明显效果。如浙江安吉县开展"美丽乡村"建设，出台《村庄环境卫生长效管理实施意见》，从卫生保洁、园林绿化、公共设施管理、污水处理设施管理等方面制定了 28 条标准。污水实行就近处理、就地净化，垃圾实行"户集、村收、乡镇中转、县处理"模式，农村垃圾处理率达到 100%，为农村环境保护探索出了一个新路。

另一方面，我国农村环境污染形势不容乐观，空气、水、土壤污染均有出现。虽然各地治理秸秆焚烧污染环境问题，但因此导致的空气污染不容忽视，供暖季节尤为严重。农村河流不及时清淤、河道水流变小，加上秸秆放在河里浸泡或堆在河边，下雨后冲到河里导致河流水质变差；农村小企业污水不处理或不达标排放，威胁饮用水安全。垃圾堆到处是，不仅影响景观、滋生病菌，还增加土壤污染隐患。部分大型养殖场的牲畜粪便处理不达标排放，水库、水塘养鱼也会造成水体污染。

与此同时，农村环境保护相对滞后。一些地方大量使用化肥导致土地板结，大量使用农药导致土壤持久性有机污染物超标；一些地方在产业发展中，忽视了配套的环保设施建设。农村环境污染已对人体、生态环境产生了不利影响，到了不重视不行、不治理不行的程度。

一、乡村绿色发展意义重大

乡村绿色发展，对生态环境保护，提供生态产品、发展生态旅游等意义重大，也是农业农村可持续发展的应有之义。

一是粮食安全的要求。由于土壤是污染物积累的最终去处，我国土壤污染总体形势不容乐观，局部地区污染甚至还比较严重。受此影响，一些地区出现了"镉大米"，长期食用将影响人体健康。确保国家粮食安全，把中国人的饭碗牢牢端在自己手中，必须从源头重视土壤污染防治，发展放心农业。换言之，保护农村环境，对于我国的粮食安全十分重要。

二是提供生态产品的需要。党的十九大报告指出，中国特色社会主义进入新时代，我国社会主要矛盾已经转化为人民日益增长的美好生活需要和不平衡不充分的发展之间的矛盾；顺应矛盾变化，我们既要创造更多物质财富和精神财富以满足人民日益增长的美好生活需要，也要提供更多优质生态产品以满足人民日益增长的优美生态环境需要。提供生态产品、发展林下经济和生态旅游，建设特色小镇等，可以使绿色富民惠民。

---

① 资料来源：中国网/中国扶贫在线，2018 年 1 月 5 日。
② 作者为国务院发展研究中心研究员。

三是生态宜居的要求。建设生态环境宜居的乡村，是中央农村工作会议对乡村振兴的期许，也是乡村振兴战略的本质要求。如果乡村振兴了，产业兴旺了，农民致富了，却生活在污染的环境里，看不到蓝天白云，没有了干净的水，就与振兴的本意相悖了。以环境污染为代价换得一时的发展，是得不偿失的，农村振兴不重视环境保护将贻害无穷。

四是守住乡愁的需要。2013年，习近平总书记在中央城镇化工作会议上明确指出，要"让居民望得见山、看得见水、记得住乡愁"。2015年习近平总书记在云南考察时指出，必须留住青山绿水，必须记住乡愁，要像保护眼睛一样保护生态，要像对待生命一样对待环境。换句话说，乡村振兴必须保护环境，乡村产业发展必须是绿色发展。

二、乡村可持续发展的目标与重点任务

党的十九大报告提出了我国生态文明建设目标：从2020年到2035年，生态环境根本好转，美丽中国目标基本实现；还要求，加强农业面源污染防治，开展农村人居环境整治行动。2017年中央农村工作会议提出乡村振兴战略的"三步走"路线图：2020年乡村振兴取得重要进展，制度框架和政策体系基本形成；到2035年，乡村振兴取得决定性进展，农业农村现代化基本实现；到2050年，乡村全面振兴，农业强、农村美、农民富全面实现。

实现党的十九大报告关于生态环境根本好转的目标，国家将加大推进节能减排的力度，加大乡村环境污染治理力度；将制定国家乡村振兴战略规划，进行乡村振兴战略实施的顶层设计，使农村发展朝着绿色方向迈进。与此相对应，未来一段时间，农村环境保护应关注以下重点：

一是推进农业生产方式绿色化。走中国特色社会主义乡村振兴之路，必须坚持人与自然和谐共生，必须坚持绿色生态导向，推动农业农村可持续发展。推动企业入园，严格产业项目的环境标准"准入"，实现集聚发展；关停污染型企业，帮助中小企业施行清洁生产，防止城市和工业污染向农村转移。发展特色农业，促进化肥农药零增长，形成"一村一品"等发展格局。加快农业生产方式由过度消耗资源向节能减排绿色发展转变，由保证"量"的供应向满足"质"的提高转变，不再单纯追求产品的数量增长，而要追求质量、品牌，保证产品优质、健康、绿色，让农业在文化上有亮点、景观上有看点、休闲上有赏点。

二是开展大气、水、土壤等污染防治。打赢蓝天保卫战，既要避免秸秆随意焚烧，而将用作饲料、蘑菇基料、工业原料以及发电原料等，又要开发地热，以替代煤炭等传统化石能源；在北方供暖地区，发展清洁高效供热，推广使用燃烧效率高、近零排放的小型煤炭燃烧炉，使天更蓝。统筹规划城乡供水、污水处理等基础设施，并由城市逐步向乡村延伸，提高乡村污水处理率。可采用氧化塘等生态措施，分散处理农村污水；持续实施改厕、改水等工程，以尽可能少的投入实现水清、无害的环保目标，保障农村饮用水安全。继续推行"户分类、村收集、镇运输、县处理"的农村垃圾处理模式，改变农村垃圾乱堆放的情形，提高农村垃圾处理水平，为发展放心农业留下洁净的土壤。

三是加强种植、养殖业污染防治。产业兴旺是乡村振兴的基础。要把绿色发展理念贯穿到农业生产、产品加工、废弃物利用的全过程，把品牌建设作为农业供给侧结构性改革的抓手。按照绿色兴农、质量兴农要求，延伸价值链，推动生产加工融合，推动村庄一二三产业共同发展，生产并提供绿色、有机农产品，增加产品附加值，提升品牌化和产业化水平，带动地方经济的快速发展。利用"四位一体"循环经济模式，解决养殖业污染环境问题。所谓"四位一体"，就是利用生态学、系统工程学、经济学原理，将沼气池、猪禽舍、厕所和日光温室等组合在一起；猪粪和其他有机物进入沼气池发酵，沼气用作照明或燃料，沼渣做肥料，从而实现废物利用、增加能源供应的良性循环。

三、实现农业农村可持续发展的对策建议

实现乡村振兴，必须坚持环保先行原则，以绿色发展引领生态振兴，统筹山水林田湖草系统治理，增加生态产品和服务供给，确保食品安全，解决农村突出的环境污染问题，实现农业可持续发展和生态环境的良性循环，实现百姓富、生态美的有机统一。

一是环保执法向农村延伸。我国制定了系统完备的生态文明建设、环境保护的法律法规体系。在环境保护执法中，应逐步覆盖农村，以免农村环境污染到难以逆转的地步，也避免城市和工业污染向农村转移。严格执行环境标准，有利于乡村振兴的高起点和高水平。同时也要注意，应根据农村经济发展实际，经济发展与环保工作的城乡差别，制定更为细化、可行的政策法律，既保证乡村建设的绿色化水平，又能兼顾乡村经济发展规律，实现乡村建设的持续健康发展。此外，还应对农业生产活动可能造成的环境影响进行预先评估、事中监管和事后评价工作，保证乡村振兴战略得到准确全面实施。

二是实施农业农村可持续发展规划。乡村振兴规划应当纳入绿色发展理念和农村环境保护项目安排。2015年农业部下发了《全国农业可持续发展规划（2015—2030年）》，有了国家层面的规划和安排，最终要落实到县、乡镇等基层政府部门，需要统筹协调，形成上下联动的局面。农村环境污染的地区差异较大，要突出重点，不能搞"一刀切"。

三是加大政策扶持力度。中央、地方均要加大农村环境保护投入，设立专项基金，设立技术和管理平台，保证企业在参与乡村建设中能获取数量充足、经济实惠的环保产品。给服务于乡村环境保护的企业提供补贴，鼓励企业家选择绿色发展的项目或投资。在环境保护规划和项目实施中，合理利用中央和地方财政资金，精打细算用好每一分钱。发挥第三方在农村环境保护中的作用，提高环境保护的效率；发挥绩效导向作用，对农村环境污染治理进行监督和工程事后评估，以尽可能少的资金投入达到改善农村环境质量的目的。建立生态补偿机制，使生态环境保护主体能得到相应的报酬，使绿水青山转变成金山银山。

四是技术支撑和创新驱动。研发与更新乡村的环保技术，提高环境友好型产品。环保企业也应从农村环境保护实际出发，了解农村环保需求，生产出大量适合乡村地区应用与普及的环保技术和产品，提供专业化的环境服务。实施农村清洁工程，开发推广先进适用的技术和综合整治模式，着力解决突出的村庄和集镇环境污染问题。推动环保产业和循环经济的有机结合，分布式能源和土壤治理的有机结合，实现农村的可持续发展。例如，农村存在大量的有机废物，包括秸秆、粪便、餐厨垃圾等；这些有机废物可通过发酵，产生的沼渣、沼液可以生产有机肥还田，有利于农村土壤的恢复和治理；产出的天然气可以提纯，用作新能源汽车燃料，从而实现经济效益、环境效益和社会效益的有机统一。

五是提高全民族环保意识，采用宣传画、环保科普等形式，以通俗的语言、贴近生活的方式，宣传环境保护和可持续发展理念和知识，开展环保经验介绍和村民交流活动，增强居民的绿色发展理念，增强居民建设美丽乡村的自豪感和荣誉感。建立环境友好指数，开展美丽乡村建设评价考核。政府、企业和全民均应提高环境意识，发展形成互动多赢关系。实行农村环境治理目标责任制，并将节能环保责任落实到乡村建设的全过程和每环节；引导村民主动参与垃圾分类和治理活动，不随手扔垃圾，保护环境卫生，汇聚"微行为"，形成"众力量"，使美丽乡村建设拥有恒久的生命力，走向农村绿色发展之路。

在以习近平同志为核心的党中央坚强领导下，在全国人民的共同努力下，实施乡村振兴战略将会大放异彩，产业兴旺、生态宜居、乡风文明、治理有效、生活富裕，农业成为有奔头的产业，农民成为有吸引力的职业，农村成为安居乐业的家园。

全面推进农业发展的绿色变革[①]

余欣荣[②]

习近平总书记指出，推进农业绿色发展是农业发展观的一场深刻革命。在实施乡村振兴战略中，必须一以贯之地坚持绿色发展，做到思想上自觉，态度上坚决，政策上鲜明，行动上坚守，这是决定能否成功走出一条中国特色社会主义乡村振兴道路的关键。

一、深刻理解推进农业绿色发展的革命性意义

农业现代化始终是国家现代化的基础。农业生产是受自然和经济规律双重决定的特殊行业。农业绿色发展就是以尊重自然为前提，以统筹经济、社会、生态效益为目标，以利用各种现代化技术为依托，积极从事可持续发展的科学合理的开发种养过程。推进农业绿色发展，不仅是一场关乎农业结构和生产方式调整的经济变革，也是一次行为模式、消费模式的绿色革命。我们要深刻理解推进农业绿色发展的革命性意义，适应工业文明向生态文明转化的时代趋势，推动形成新时代中国特色农业绿色发展道路，为世界农业发展贡献中国智慧和中国方案。

要深刻认识当前农业发展面临问题的严峻性。近年来，我国农业现代化取得巨大成就，也付出了很大代价。耕地和水资源过度利用，农业面源污染加重，草原等生态系统退化，农业发展面临资源条件和生态环境两个"紧箍咒"。转变农业发展观，实现农业绿色发展，迫在眉睫、刻不容缓。推进农业绿色发展，既是中央洞察社会深刻变化，尊重自然规律，顺应人民殷切期盼所作出的重大决策，也是农业自身的内在需要，通过转变生产方式，把过高的资源利用强度降下来，把农业面源污染加重的趋势缓下来，推动农业走上绿色发展的道路。

要深刻认识推进农业绿色发展的艰巨性。当前，推进农业绿色发展迎来了大好机遇，但同时也面临着若干深层次的困难。在观念层面，长期以来追求产量增长的习惯思维，一些同志还没有真正把转变农业发展方式摆上重要日程深入思考、认真谋划、扎实推动。在利益层面，推进农业发展方式变革，必然会深刻调整不同利益主体间的利益关系，导致部分地方、部门经营主体有逃避思想和畏难情绪。在工作层面，将现成增产型的技术、人才、政策、机制等体系，转变为质量、绿色型的新体系，将是前无古人的宏大事业，需要决心、坚韧和开拓创新。

要深刻认识推进农业绿色发展的长期性。推进农业绿色发展，要做好打持久战的准备。要科学研判面临的问题形势，将长期性科学规划与阶段性目标计划有机结合，标本兼治，稳扎稳打，逐步深入推进。力争到 2020 年，总结推广一批符合区域农业绿色发展的模式和技术集成，建立完善农业绿色发展的工作机制、制度体系和激励约束机制，初步形成农业绿色生产方式和绿色生活方式。经过 10~15 年甚至更长时间的努力，绿色发展理念深入人心，制度体系更加完善，绿色生产方式和生活方式全面形成。

要深刻认识推进农业绿色发展的系统性。推进农业绿色发展，是一项系统工程，涉及农业乃至经济社会发展各领域。这不是单项制度的调整和修补，而是各方面体制机制的创新与建设；不是农业领域的独立推进，而是农业各行业、各层次协调配合、系统推进。必须统筹全局，调动各方面积

---

① 资料来源：《人民日报》，2018 年 2 月 8 日第 10 版。

② 作者为农业部（现农业农村部）党组副书记、副部长。

极性，条分缕析各项重点，协同行动。要充分发挥市场配置资源的决定性作用和更好发挥政府作用，鼓励生产者、经营者、消费者共同参与农业绿色发展。

二、着眼乡村振兴战略，大力推进农业绿色发展

党的十九大作出了实施乡村振兴战略的重大决策。乡村是生态环境的主体区域，生态是乡村最大的发展优势。推进农业绿色发展，是农业高质量发展的应有之义，也是乡村振兴的客观需要。2017年，中共中央办公厅、国务院办公厅印发《关于创新体制机制推进农业绿色发展的意见》（以下简称《意见》），对当前和今后一个时期推进农业绿色发展作出了全面系统部署。落实中央的部署，必须把战略重点放在紧紧围绕乡村产业振兴来展开，切实推动农业空间布局、资源利用方式、生产管理方式的变革，推动乡村产业走上一条空间优化、资源节约、环境友好、生态稳定的中国特色振兴之路。

推进发展理念变革，用绿色理念引领农业生产。要坚决贯彻落实中办、国办《意见》，坚持绿色兴农的发展理念，从思想观念到方式方法，从政策举措到工作安排，从制度设计到科技研发，从资源配置到绩效考评，都要转到绿色导向上来。以绿色理念为引领，以改革创新为动力，加快形成推进农业绿色发展的工作合力和良好氛围，为生态文明和美丽中国建设提供强大支撑。

推进生产方式变革，用绿色方式实现金色丰收。推进农业绿色发展，要统筹保供给、保收入、保生态，既不能因为保供给、保收入而牺牲生态，也不能因为保生态而让农产品供给、农民收入受影响。要改变过去大水大肥大药来换取高产的方式，加大技术集成、示范推广和人才培训力度，在农业生产领域加快普及一批先进适用绿色农业技术，推动绿色生产方式落地生根，确保粮食和重要农产品供给，实现农业的可持续发展。

推进产业结构变革，用绿色产业带动提质增效。要以市场需求为导向，摒弃单纯追求产量的做法，把增加绿色优质农产品放在突出位置，推进产业结构变革，实现产品的多样化、个性化、差异化、优质化、品牌化，更好满足人民群众对安全优质、营养健康的消费需求。同时，要开发农业多种功能，加强农业生态基础设施建设，修复农业农村生态景观，提升农业"养眼、洗肺"的生态价值、休闲价值和文化价值，推进农业与旅游、文化、康养等产业深度融合，促进农业增效、农民增收、农村增绿。

推进经营体系变革，引导新主体推动绿色发展成为农业普遍形态。当前，我国农业生产仍以小规模分散经营为主，小农户大量存在仍是我们的基本面。农业绿色发展所需要的技术、资金、人才等，对小农户来说依然门槛较高。必须推进经营体系的绿色变革，通过发展多种形式适度规模经营，创新连接路径，让农业绿色发展融入农业生产、经营各个环节，带动小农户步入农业绿色发展轨道。

推进制度体系变革，用绿色制度促进绿色发展。习近平总书记强调，只有实行最严格的制度、最严密的法治，才能为生态文明建设提供可靠保障。要全面构建农业绿色发展的制度体系，强化粮食主产区利益补偿、耕地保护补偿、生态补偿、金融激励等政策支持，加快建立健全绿色农业标准体系，完善绿色农业法律法规体系，努力构建标准明确、激励有效、约束有力的绿色发展制度环境，落实各级政府和部门的绿色发展责任，让生产者和消费者自觉主动把生态环保放在重要位置去考虑，激发全社会发展绿色农业的积极性。

三、突出重点，紧抓关键，把农业绿色发展不断推向深入

推进农业绿色发展，既要统筹考虑、全盘谋划，也要突出重点，有的放矢。要坚持问题导向，聚焦主战场，出实招，打硬仗，把农业绿色发展不断推向深入。特别是要总结提炼一批可复制、可推广、操作性强的技术措施、生产模式、管理方法等，发挥示范推广、引领带动的作用。

提高思想认识。各地各部门要充分认识推进农业绿色发展的重要性紧迫性，主动入位，积极作

为，精心谋划，务实推动。要认真贯彻好中办、国办《意见》，结合具体实际，找准问题难点，创新方式方法，确保各项政策措施落到实处。

优化功能布局。坚持规划先行，合理区分农业空间、城市空间、生态空间，进一步优化农业生产力区域布局，规范农业发展空间秩序，推动形成与资源环境承载力相匹配、生产生活生态相协调的农业发展格局。要建立重要农业资源台账制度，摸清农业资源底数。构建天空地数字农业管理系统，利用航天遥感、航空遥感、地面物联网一体化观测技术，实现资源环境的动态监测和精准化管理，为不断动态调整农业主体功能和空间布局提供支撑。

推动科技创新。要大力支持绿色农业为导向的科技研发推广，组织实施好相关重大科技项目和重大工程，进一步完善各类创新主体协同攻关机制，吸引社会资本、资源参与农业绿色发展科技创新，在制约农业绿色发展的关键环节，尽快取得一批突破性科研成果，集成组装一批绿色生产的技术模式，加大示范推广力度。同时，要加强资源环境保护领域农业科技人才队伍建设，为农业绿色发展提供坚实的人才保障。

完善产业链。要健全完善绿色农产品的加工流通体系，密切农业生产与市场消费，促进农民持续增收。要大力加强绿色农产品流通和营销，推动与农业绿色发展相配套的产地市场建设，加强产地市场信息服务功能建设，提高流通效率，降低经营成本，助力解决农产品卖难、卖不出去、卖不上价的问题。要大力发展绿色加工，优化产业布局，推动农产品初加工、精深加工及副产物综合利用协调发展，形成"资源—加工—产品—资源"的循环发展模式。

保护农业资源环境。在资源保护方面，重点是保护耕地和水资源。大力发展节水农业；深入推进耕地质量保护提升行动，扩大重金属污染耕地治理修复面积，开展耕地轮作休耕试点，保障耕地数量和质量。同时，抓好草原生态补奖政策落实，推进禁牧休牧和草畜平衡，实施海洋渔业资源总量管理和渔船"双控"制度等。在环境保护方面，要加强投入品管控和废弃物处理，通过精准施肥、有机肥替代、统防统治、绿色防控等方式推进化肥农药减量增效，推进农作物秸秆、畜禽粪污和农膜的资源化利用。

科技创新是破解农业绿色发展难题的关键①

金书秦②　韩冬梅③

习近平总书记多次强调，要"依靠科技进步，走中国特色现代化农业道路"。在 2016 年 5 月 30 日全国科技创新大会、两院院士大会、中国科协第九次全国代表大会上，习近平总书记突出强调了新型工业化、信息化、城镇化、农业现代化"四化同步"的目标，提出绿色发展是生态文明建设的必然要求，而科技创新则是破解绿色发展难题的关键所在。

农业现代化是"四化同步"的短板，党的十九大提出实施乡村振兴战略，开启了我国农业现代化建设的新篇章。2017 年习近平总书记在审议《关于创新体制机制推进农业绿色发展的意见》时指出，推进农业绿色发展是农业发展观的一场深刻革命，是农业供给侧结构性改革的主攻方向。实施乡村振兴战略，绿色发展既是目标要求，也是实现手段，农业绿色科技体系是实施农业绿色发展道路的重要支撑，必将带来新一轮的农业生产革命。

党的十八大以来，我国在育种栽培、耕地质量提升、化肥农药减施增效、农业废弃物资源化利用等领域已经研究推广了一批先进的技术模式，并取得了显著的成效。如华北北部小麦的节水灌溉技术，不仅保证了国家粮食安全，还促进了农业绿色发展。2017 年农业部决定启动实施畜禽粪污资源化利用、果菜茶有机肥替代化肥、东北地区秸秆处理、农膜回收和以长江为重点的水生生物保护等"农业绿色发展五大行动"，这是落实绿色发展理念的关键举措。2017 年畜禽粪污的综合利用情况达到 60% 左右，秸秆的综合利用率达到了 83.68%，化肥农药提前三年实现零增长目标。

下一步，要在观念和行动上坚决贯彻习近平新时代中国特色社会主义思想，以绿色科技支撑农业绿色发展，以绿色发展引领乡村振兴。

要在观念和行动上坚决贯彻习近平生态文明思想，以绿色发展引领乡村振兴。第一要转变观念，正确处理发展与保护的关系——"生态就是资源，生态就是生产力"。针对农业生产，从要产量到保产能、保产地转变；针对农业污染和生态破坏问题，要逐步还旧账、杜绝欠新账。第二要全面提升农业绿色发展的战略定位。为全国人民提供足够、优质、安全的农产品，为子孙后代留下绿水青山，是以人民为中心的发展理念在农业领域的具体实现，不是个简单的经济问题，是关乎人心向背的政治问题。第三要深入推进农业资源环境的全要素、系统性保护。推进农业绿色发展，要有"山水林田湖草生命共同体"的全局思维和统筹安排，避免顾此失彼。第四要树立正确的政绩观。推进农业绿色发展是一项长期而艰巨的任务，不能急于求成，而要有历史耐心和功成不必在我的胸怀，持续发力常抓不懈。第五要把农产品质量安全视为农业发展的生命线。绿色发展是农业供给侧结构性改革的主攻方向，农产品是否安全、优质，对于农业绿色发展而言，具有"一票否决"的作用。

加大对农业绿色科技发展的资金和政策支持，建立对绿色农业的精准扶持机制。贯彻落实习近平总书记"实现农业现代化依靠农业科技进步，走内涵式发展道路"的要求，明确当前农业发展的方向为综合能力的提升。

---

① 资料来源：《科技日报》，2019 年 4 月 22 日第 1 版。
② 作者金书秦为农业农村部农村经济研究中心可持续发展研究室副主任、副研究员。
③ 作者韩冬梅为河北大学经济学院副教授。

　　农业要实现高质量的可持续增长，科技创新是核心动力。因此必须围绕农业供给侧结构性改革，加大对绿色农业为导向的科技研发投入，建立多元化的资金投入机制，吸引社会资本参与农业绿色科技创新，激励农业面源污染源头控制、农业节水灌溉、有机栽培、循环型农业等的技术研发，补齐农业现代化的短板。在政策上，完善并落实绿色农业激励制度，加快以绿色生态为导向的农业补贴制度改革，建立绿色农业科技精准扶持机制，引导农业生态创新。

　　强化政策落实，破除技术壁垒，把激励农业绿色发展的政策落到实处。2017 年 12 月，习近平总书记主持中央政治局民主生活会时指出，有了好的决策、好的蓝图，关键在落实。针对乡村振兴重点领域和薄弱环节的技术创新和发展，不仅要加大政策创设力度，更要重视已有政策的落实。如《畜禽规模养殖污染防治条例》规定畜禽养殖场沼气发电上网享受可再生能源上网补贴。但在政策落实中，养殖场沼气发电经常被以"发电量不稳定""不符合技术标准"为由被有关部门拒绝入网，养殖户得不到发电上网的收益。一些技术上的附加成本也使政策落实事实上存在很大障碍。此外，以畜禽粪便为原料的有机肥生产往往执行的是工业电价，而不是农业电价，这也加大了有机肥生产的成本。因此一方面要不断破除农业绿色发展的技术壁垒，另一方面更要落实激励政策，有了明确的成本和收益预期，才能有效吸引社会资本的长期投入。

中国为什么提"绿水青山就是金山银山"[①]

刘　融　曹　昆　王欲然　李　枫　王丽玮　孙远桃

一、发展之痛，摆在中国面前的时代之问

天目山脉北支中部，余脉余岭脚下，浙江省安吉县天荒坪镇有一村落——余村。正值周末，村民胡清杰家门口的村道上排满了从上海等地来的旅游大巴，好不热闹。他记得，几十年前，这条村道也热闹过，不同的是，路上跑的都是装满矿石的拖拉机。

余村境内多山，有着优质的石灰岩资源。20 世纪 90 年代，余村人靠山吃山，建起了石灰窑，办起了砖厂、水泥厂，彼时成为全县规模最大的石灰石开采区。余村集体经济收入达到 300 多万元，位列安吉县各村之首。然而，这一"石头经济"却严重破坏了当地的生态系统：烟尘漫天，村民们甚至不敢开窗；竹林黄了，溪水白了，连村里那棵千百年的银杏树也不结果了；事故频发，有人因生产事故致残、致死……

改革开放以来至 21 世纪初，浙江在经济年均增长率高达 13% 的同时，也付出了沉重的环境代价。身在水乡无水吃，土壤污染严重，近海岸赤潮频发，浙江遭遇了保护生态环境与加快经济发展的尖锐矛盾和激烈冲突。

长汀县位于福建省西部，汀江河穿越长汀全县，在历史上汀江两岸山清水秀、森林茂密。但由于清末以后连年内战，长汀多次成为战场，再加上人口增长，无度砍伐，山林渐渐遭到毁灭性破坏。20 世纪 40 年代，这里的水土流失就已经相当严重。1985 年有过统计：长汀县有 146.2 万亩土地水土流失，占全县面积的 31.5%。最为严重的地区，在夏天阳光直射下，地表温度可达 70℃ 以上，被当地人称作"火焰山"。

祁连山自然保护区是我国西北地区重要的生态屏障，独特的水源涵养林是甘肃河西五市及内蒙古、青海部分地区 500 多万名群众赖以生存的生命线。但是探矿采矿、旅游开发等活动一度使脆弱的生态环境不堪重负……

从新中国成立之初制定的重工业优先发展战略，到改革开放后提出的"三步走"发展战略，在中国共产党的领导下，中国奇迹般地用短短几十年走完了发达国家上百年的工业化历程。中国人用双手和智慧成功探索出一条符合中国国情的发展道路，创造了现代化工业文明。

但是，山秃了，水臭了，空气污浊了……伴随现代化建设取得巨大成就而出现的环境污染问题，成为中国的发展之痛。

20 世纪 50 年代，西方学者创立了环境库兹涅茨曲线理论，认为生态环境保护与经济发展之间关系演变必然经历一个阶段：在经济起飞时，经济发展以牺牲生态环境为代价，生态环境逐步恶化。

历史的事实，也在佐证这个理论。18 世纪中叶，英国率先兴起工业革命，出现了典型的"先污染，后治理"模式；19 世纪，美国经济发展迅猛，但随后洛杉矶等多个城市相继陷入空气污染的困扰；1930 年冬天发生在比利时马斯河谷工业区的烟雾事件，导致一周内 60 多人死亡，成为 20 世纪最早记录下的大气污染惨案；第二次世界大战以后，日本工业飞速发展，经济迅速崛起，但工

---

① 资料来源：人民网，2019 年 9 月 9 日。

业污染和各种公害病泛滥成灾⋯⋯

100 多年前，恩格斯曾向全人类提出："我们不要过分陶醉于我们人类对自然界的胜利，对于每一次这样的胜利，自然界都对我们进行报复。"

中国共产党从未停止实践和理论探索的脚步。翻开新中国各时期党的文献，保护资源环境、实现生态文明的思想一直贯穿始终。中华人民共和国成立后，以毛泽东同志为核心的第一代中央领导集体就认识到了节约资源和保护环境的重要性。1956 年，毛泽东发出了"绿化祖国"的伟大号召，这一时期，环保工作被政府提上日程，相继提出一系列重要措施。改革开放以后，以邓小平同志为核心的第二代中央领导集体将环境保护提到了我国基本国策的高度，在转变经济增长方式的同时开展环境保护立法工作，环境保护法律法规建设初具规模。以江泽民同志为核心的第三代中央领导集体确立了中国可持续发展的国家战略并积极付诸实践，其核心思想便是经济发展、保护资源和保护生态环境协调一致。以胡锦涛同志为总书记的党中央提出科学发展观，将"建设生态文明"写进党的十七大报告。

生态环境是关系民生的重大社会问题，也是关系党的使命宗旨的重大政治问题。一个 13 亿多人口的发展中大国，如何实现更高质量、更有效率、更加公平、更可持续的发展？人与自然、经济与环境，如何兼得？这个时代之问摆在了中国面前。

二、找准方向，"两山论"历史性登场

"宁肯不要钱，也不要污染。"1985 年，习近平同志在河北正定工作的时候，便对经济发展与生态环境保护的辩证关系有了深入思考。

习近平同志在福建工作期间，1996 年至 2001 年曾五下长汀，走山村，访农户，摸实情，谋对策，大力支持长汀水土流失治理。

2005 年 8 月 15 日，立秋刚过，头顶烈日，时任浙江省委书记习近平来到了余村，在村里简陋的会议室里，听取当地镇委书记和村党支部书记的汇报。

从 2003 年起，余村人痛下决心，3 年间相继关停了矿山和水泥厂，开始发展休闲旅游，从"卖石头"转为"卖风景"。余村集体经济转型的"小切口"投射出了时代发展的"大问题"。

就在余村的这间会议室，"两山论"历史性登场：

生态资源是最宝贵的资源，绿水青山就是金山银山。不要以牺牲环境为代价推动经济增长。要有所为有所不为，当鱼和熊掌不可兼得时，要知道放弃，要知道选择，要走人与自然和谐发展之路。

几天后，习近平在《之江新语》专栏写道："在选择之中，找准方向，创造条件，让绿水青山源源不断地带来金山银山。"

2006 年，习近平同志在实践中又进一步深化"两山论"，深刻阐述了"两山"之间内在关系的三个阶段：

"第一个阶段是用绿水青山去换金山银山，不考虑或者很少考虑环境的承载能力，一味索取资源。第二个阶段是既要金山银山，但是也要保住绿水青山，这时候经济发展和资源匮乏、环境恶化之间的矛盾开始凸显出来，人们意识到环境是我们生存发展的根本，要留得青山在，才能有柴烧。第三个阶段是认识到绿水青山可以源源不断地带来金山银山，绿水青山本身就是金山银山，我们种的常青树就是摇钱树，生态优势变成经济优势，形成了浑然一体、和谐统一的关系，这一阶段是一种更高的境界。"

党的十八大以来，"两山论"被赋予新的时代内涵，在实践中日臻丰富完善，一套科学完整的理论体系已经形成：

2013 年，习近平主席在哈萨克斯坦纳扎尔巴耶夫大学发表演讲时提出，"我们既要绿水青山，

也要金山银山。宁要绿水青山，不要金山银山，而且绿水青山就是金山银山。"

2015年，"坚持绿水青山就是金山银山"被写进了《中共中央　国务院关于加快推进生态文明建设的意见》；党的十八届五中全会首次提出"五大发展理念"，将绿色发展作为"十三五"乃至更长时期经济社会发展的一个重要理念，成为党关于生态文明建设、社会主义现代化建设规律性认识的最新成果。

2017年，"必须树立和践行绿水青山就是金山银山的理念"被写进党的十九大报告；"增强绿水青山就是金山银山的意识"被写进新修订的《中国共产党章程》。"两山论"已成为我们党的重要执政理念之一。

2018年，十三届全国人大一次会议将"生态文明"写入宪法；全国生态环境保护大会正式确立了习近平生态文明思想，"两山论"作为六项重要原则之一，为新时代推进生态文明建设指明了方向。

对绿水青山与金山银山关系的深刻认识，源自习近平长期对生态文明建设的实践与思考。"两山论"不断深化，为中国生态文明建设奠定了坚实的理论基石，成为中国生态文明建设的指导思想，引领中国走向绿色发展之路。

三、攻坚之举，大刀阔斧建起制度四梁八柱

党的十八大将生态文明建设纳入中国特色社会主义"五位一体"总体布局。在"四个全面"战略布局引领下，党中央全面部署生态文明体制改革，把"美丽中国"作为宏伟目标，顶层设计与战略部署明确方向，相关配套制度密集推出，立法执法力度空前。

2013年，党的十八届三中全会吹响全面深化改革的冲锋号，提出加快建立系统完整的生态文明制度体系，"紧紧围绕建设美丽中国深化生态文明体制改革"成为一场重要战役。一场关系到人民福祉，关乎民族未来的深刻变革就此开启。

2015年，"史上最严"新环保法开始实施，打击环境违法行为力度空前。2018年全国实施行政处罚案件18.6万件，罚款数额152.8亿元，同比增长32%，是2014年的4.8倍。党的十八大以来，在生态文明建设领域，制定修订的法律有十几部之多。中国正以前所未有的速度，构建起最严格的生态环境法律制度。

同年，中国生态文明领域改革的顶层设计，被誉为生态文明体制改革"四梁八柱"的关键文件——《生态文明体制改革总体方案》向社会公布，构建起生态文明体制的"八大制度"，推出"1+6"生态文明改革组合拳：

——抓住"关键少数"。《党政领导干部生态环境损害责任追究办法（试行）》《关于开展领导干部自然资源资产离任审计的试点方案》两份文件，让领导离任审计、责任追究首次进入了生态领域。党政同责、终身追责、双重追责，坚决向错误的发展观、政绩观说"不"。

——环保督察发现重大问题直接向中央报告。《环境保护督察方案（试行）》牵住了解决当前环保问题的"牛鼻子"，为接下来的这场自上而下、席卷全国的"环保风暴"提供力量。

2016年1月，被称为"环保钦差"的中央环保督察组正式亮相。作为我国环境监管模式的重大变革，两年间，首轮中央环保督察实现对全国31省份全覆盖。一场治污问责的"环保风暴"拉开大幕。

但对于一些官员来说，政绩观不是一朝一夕能彻底改变的。有些地方，干部嘴上一套，背地却是另一套。

祁连山自然保护区生态危机严重，然而中央环保督察组前脚刚走，企业竟立刻开始排污。2017年7月，中共中央办公厅、国务院办公厅就甘肃祁连山国家级自然保护区生态环境问题发出通报，包括3名副省级干部在内的几十名领导干部被严肃问责。这一举动，宣示了中央在生态环境保护上

决不姑息纵容的决心。

2018年5月和10月，针对重点区域和问题，两批"回头看"对全国20个省份首轮督察整改杀了一记"回马枪"。第一轮督察及"回头看"直接推动解决群众身边生态环境问题15万余件。其中，立案处罚4万多家，罚款24.6亿元；立案侦查2 303件，行政和刑事拘留2 264人。

2019年起，中国将用3年时间开展新一轮生态环境保护督察，再用2022年一年时间开展"回头看"。7月初，第二轮第一批8个中央生态环境保护督察组陆续进驻，首次将央企纳入督察范围，首次提出实行容错机制，明确把落实新发展理念、推动高质量发展作为督察内容。截至8月5日，各督察组向被督察地方和央企转办13 267件有效举报，已有4 069件群众举报办结，约谈党政领导干部1 042人，问责130人。

四、绿色发展，美丽中国愿景正在变为现实

建设美丽中国是人民心向往之的奋斗目标。现在，这个目标有了明确的时间表：到2035年美丽中国目标基本实现，到21世纪中叶建成美丽中国。党的十九大报告首次提出建设富强民主文明和谐美丽的社会主义现代化强国的目标，提出现代化是人与自然和谐共生的现代化。

理念转化为行动，愿景转变为现实。中国共产党人有勇往直前的干劲，更有善解难题的本领。多年来，中国不光是实干家的热土，更是一个沸腾的实验室。

在"两山论"的指引下，浙江安吉大力建设美丽乡村和发展乡村旅游，扛起"中国美丽乡村"大旗，把一个县域的地方特色实践上升为全省战略。现在的安吉森林覆盖率72%、植被覆盖率75%，2018年地区生产总值达到404.32亿元，同比增长8.3%。

2018年，福建长汀森林覆盖率从1986年的59.8%升为79.8%，水土流失率从1985年的31.5%降为7.95%，从昔日"火焰山"变身今朝"花果山"，地区生产总值231.74亿元，同比增长7.2%，蝉联福建省县域经济发展"十佳县"。

"白天黄风大，黑夜大黄风。"白二爷沙坝原治沙队妇女队长马玉英回忆1983年刚到这里时的景象如是说。这里曾是呼和浩特市和林格尔县境内风沙灾害最严重的地区之一。如今，8.5万亩流动、半流动沙丘和3.5万亩水土流失面积得到有效治理，造林种草保存面积达12万亩，植被盖度提高到75%以上。白二爷沙坝完成了从"沙中找绿"到"绿中找沙"的蜕变。

痛定思痛，甘肃扛起生态文明建设的政治责任，净化政治生态，逐个问题研究，制定整改方案，祁连山生态环境向好趋势已在显现。两年来，祁连山保护区208户701名牧民从核心区迁出；持证矿业权全部退出，恢复治理矿山地质环境；水电站完成分类处置，生态流量得到落实；旅游项目完成整改和差别化整治。

绿色种植、乡村旅游、家庭经营、合作经营……各地实践探索出了绿色发展的多种模式，一个"天更蓝、山更绿、水更清、环境更优美"的大美中国画卷正在中华大地上徐徐铺开。

五、大国担当，以生态文明推动构建人类命运共同体

生态文明建设关乎人类共同命运，建设绿色家园是各国人民的共同梦想。中国正在推进的这场深层次、全方位的生态文明变革，不仅改变着中国，也为携手创造世界生态文明的美好未来、推动构建人类命运共同体作出贡献。

美国航天局等机构卫星数据显示，全球从2000年到2017年绿化面积增长了5%，相当于多出一个亚马孙热带雨林。这当中，中国贡献了约1/4，居全球首位。

面对环境保护世界难题，为地球添绿色，是中国与各国携手创造世界生态文明美好未来必行之举：三代塞罕坝林场建设者50余年来在高原上接力传承，创造出百万亩人工林，被联合国授予"地球卫士奖"；中国四大沙地之——毛乌素沙漠经过几代人的努力，止沙生绿，让黄河的年输沙量

减少了 4 亿吨，联合国官员盛赞"值得世界所有国家向中国致敬"；中国第七大沙漠库布齐沙漠，是世界上迄今唯一被整体治理的沙漠，被联合国确定为"全球沙漠生态经济示范区"……中国已经是全球生态文明建设的重要参与者、贡献者、引领者。

面对全球生态环境挑战，同各国深入开展交流合作，是中国推动构建人类命运共同体的应有之义：积极参与国际气候治理，为推动《巴黎协定》的达成、生效与实施作出贡献；出资 200 亿元设立气候变化南南合作基金支持太平洋岛国应对气候变化；建立"一带一路"绿色发展国际联盟，打造绿色发展合作沟通平台……中国始终深度参与全球环境治理，肩负并彰显大国担当。

以时代为己任，以责任为担当。中国在环境保护领域的努力得到国际社会的肯定，"两山论"核心理念得到国际社会的广泛认同：

2016 年，第二届联合国环境大会发布的《绿水青山就是金山银山：中国生态文明战略与行动》报告指出，以"绿水青山就是金山银山"为导向的中国生态文明战略为世界可持续发展理念的提升提供了"中国方案"和"中国版本"。

"'中国方案'与'中国行动'不仅为新兴市场经济体和发展中国家在绿色治理和发展方面作出榜样，也为全球绿色治理和发展作出重要贡献。"印度德里大学教授库马尔在接受人民网记者采访时如是说。埃及国家研究中心福阿德·法兹·哈桑教授认为，"中国将生态文明建设提升到顶层设计，有效地保障了环保工作不断推进，在全球应对气候变化上作出表率。"

2018 年，首届中国国际进口博览会上，中国馆里一幅山水长卷成为焦点：由水及山，动态版绿水青山图呈现出"两山论"诞生地——浙江省安吉县产业兴旺、生态宜居、乡风文明、治理有效的发展现状。出席会议的外国领导人纷纷驻足观看、赞叹。

习近平主席说，面向未来，中国愿同各方一道，坚持走绿色发展之路，共筑生态文明之基，携手推进全球环境治理保护，为建设美丽清洁的世界做出积极贡献。

回顾 100 多年前恩格斯向全人类发出的警示，中国正用"两山论"的科学论断和扎实实践给予最好的回应。

破除资源透支、生态超载"紧箍咒"
加快推进绿色种植制度[①]

乔金亮

通过种植结构调整，开展耕地轮作休耕制度试点，推进农业投入品减量增效，我国在构建绿色种植制度方面取得了积极进展，并且正在积极加快构建中国特色的绿色种植制度，力争形成资源利用高效、生态系统稳定、产地环境良好、产品质量安全的农业新格局。

"有绿色种植才有金色收获"，农业农村部种植业司司长曾衍德日前向经济日报记者表示，通过种植结构调整，开展耕地轮作休耕制度试点，推进农业投入品减量增效，我国在构建绿色种植制度方面取得了积极进展。他表示，农业发展既要遵循经济规律，也应遵循自然规律，当前正加快构建中国特色的绿色种植制度。

风吹麦浪、稻禾飘香，这是许多人印象里的种植业。业内认为，建立绿色种植制度，不仅体现栽培方式内涵的拓展，更要将绿色发展的理念融入生产全过程。要加快形成资源利用高效、生态系统稳定、产地环境良好、产品质量安全的农业新格局，让农业不仅生产粮棉果菜，还"生产"绿色原野。

一、结构调整绿色化

过去，为保障粮食供给，一切措施都是为了增产，特别是在"镰刀弯"地区，大范围扩种玉米，玉米成为"铁杆庄稼"。全国农业技术推广服务中心高级农艺师吕修涛说，"镰刀弯"地区包括东北冷凉区、北方农牧交错区、西北风沙干旱区及西南石漠化区，在地图中呈现由东北向华北—西南—西北的镰刀弯状分布，是玉米结构调整的重点地区，也是生态环境脆弱区。以东北地区为例，受比较效益等因素影响，过去曾经漫山遍野的大豆、高粱，已变成玉米"一粮独大"。随着玉米生产快速扩张，资源环境约束与生产发展的矛盾日益突出。部分地区深度垦殖，黑土层变薄，生态环境恶化。

调减玉米是产业所需，更是生态所系。中国农业科学院资源环境研究所研究员曾希柏说，必须抓住农产品供给充裕的有利时机，转变农业生产方式和资源利用方式，修复生态、改善环境、补齐"短板"，实现绿色种植。近年来，国家制定了《"镰刀弯"地区玉米结构调整指导意见》和《关于北方农牧交错带农业结构调整指导意见》，指导各地构建用养结合的种植结构、农牧结合的种养结构。

市场价格是结构调整的指挥棒。2016年，国家调整玉米临时收储政策，实行市场化收购加生产者补贴的新机制。2017年，又将大豆目标价格政策调整为市场化收购加生产者补贴政策。2018年，允许省级政府统筹安排中央补贴资金，科学确定玉米、大豆生产者补贴资金分配比例和规模，要求地方将补贴资金向优势区域集中。据统计，近年来，全国籽粒玉米累计调减5 000万亩，"粮改饲"面积超过1 300万亩。

"以北方农牧交错带为例，从当前看，要加快玉米去产能，增加饲草料、小杂粮、特色林果供给，补齐生态'短板'；从长远看，要从根本上解决人地矛盾，合理确定人口、产业发展规模，实

---

① 资料来源：《经济日报》，2018年6月12日。

现可持续发展。"中国农业科学院农业经济与发展研究所研究员王明利说，北方农牧交错带是我国继牧区草原之后的第二道生态安全屏障，要最终形成蓝天白云相连、绿草果树相映的生产生态新景观。

曾衍德表示，绿色种植制度推广离不开新型经营主体的规模化、标准化生产，也离不开生产性服务组织提供绿色技术服务。按照《全国种植业结构调整规划（2016—2020年）》要求，优化区域布局和品种结构，提高供给体系质量。2018年，力争水稻面积调减1 000万亩以上，"镰刀弯"等非优势区籽粒玉米面积调减500万亩以上，大豆面积增加1 000万亩。

二、轮作休耕制度化

轮作休耕试点是绿色种植的积极探索。从2016年开始，中央财政安排专项资金，支持部分地区开展轮作休耕制度试点。两年累计试点面积1 816万亩。今年，轮作休耕试点面积达到3 000万亩，比上年增加1 800万亩。江苏、上海、天津等地省级财政也安排专项资金，自主开展轮作休耕。同时，加大对有机肥替代化肥、绿色防控替代化学防治的投入，减少化肥和农药投入，保护生态环境。

各地立足资源禀赋，创新了类型多样的绿色种植技术模式。在轮作区，实行"一主"与"多辅"结合。"一主"是大豆，发挥大豆固氮养地作用。"多辅"是薯类、杂粮杂豆、油料作物、饲草等作物。在休耕区，实行保护与治理并重。河北地下水漏斗区实行"一季雨养、一季休耕"，休耕季种植绿肥，防止地表裸露。湖南重金属污染区采取治理和维护同步推进，通过撒石灰、种绿肥做到边休耕边治理，通过开沟渠、筑田埂做到边休耕边维护。

"轮作休耕能不能制度化实施，补助政策是重要保障。"财政部农业司副巡视员凡科军说，轮作要注重作物间收益的平衡，根据年际间不同作物的种植收益变化，对轮作补助标准科学测算，让不同作物收益基本相当。休耕要注重地区间的收入平衡，综合考虑不同区域间经济发展水平、农民收入、市场价格等因素，合理测算休耕补助标准。大体上，一熟区的休耕，每亩补助500元左右；两熟区的全年休耕，每亩补助800元左右。

曾衍德说，今后要着力完善政策框架，构建"由点到面"的推进机制，逐步扩大试点区域和规模，使轮作休耕成为一种广泛应用的种植制度。力争实现"三个全覆盖"，对东北地区第四、五积温带轮作全覆盖，对供需矛盾突出的大宗作物品种全覆盖，对集中实施区域内的新型经营主体全覆盖。中央财政支持重点区域轮作休耕，地方因地制宜自主开展轮作休耕，形成中央撬动、地方跟进的有序发展格局。随着轮作休耕长期效果逐步显现、绿色发展理念深入人心，农民就会自觉地开展轮作休耕，成为常态。

三、节肥节药集约化

走进地头，记者发现农民种地大水大肥猛药的习惯变了，杀虫灯、黏虫板、生物防治等越来越常见。为了让农民更快接受控肥控药的新技术，各地想了很多办法。江西定南县推行农作物病虫害绿色防控，推广高效低毒低残留农药，积极布置土壤监测网点，定点跟踪耕地质量和肥力变化。该县农业和粮食局有关负责人说，力争到2020年，全县主要农作物化肥、农药利用率提高到40%以上。

农业农村部数据显示，全国化肥农药零增长行动成效显著。化肥农药的用量少了。至2017年，农药用量已经连续3年减少，化肥用量已连续两年减少，提前3年实现了化肥农药使用量零增长的目标。同时，化肥农药的利用率高了。2017年，化肥利用率达到37.8%，比2015年开展行动之前提高了2.6个百分点；农药利用率达到38.8%，比2015年提高2.2个百分点。

尽管如此，我国化肥、农药使用总量基数大、利用率偏低、结构不合理等问题依然突出。曾衍德说，我国人均耕地、淡水资源分别仅为世界平均水平的 1/3 和 1/4，每年农业用水缺口 300 多亿立方米。工业化、城镇化快速推进，每年还要占用耕地 500 多万亩，工业、生活、生态用水与农业用水的矛盾更为突出。因此，推进农业投入品减量增效，节水节药节肥是绿色种植的应有之义。

"要正确看待绿色种植，这绝不是要退回到工业文明之前的传统农业。不用化肥和农药的种植业，可以少量存在，但难以成为现代农业的主流。"国务院发展研究中心农村经济部部长叶兴庆认为，"现在我们所追求的绿色种植，本质上是以科学技术为支撑、以现代投入品为基础的集约农业。化肥、农药并非洪水猛兽，关键在于科学施肥、合理用药。"

"2018 年，国家选择 150 个果菜茶生产大县开展有机肥替代化肥试点，还选择 150 个县开展全程绿色防控试点。"曾衍德说，农业农村部将继续开展国家节水行动和化肥、农药使用量零增长行动，完善技术模式，强化技术扶持，力争农业用水量实现零增长、化肥农药使用量保持负增长，厚植绿色中国的种植业土壤。

绿色种植自然有"金色收获"①

秦志伟

农业绿色发展的制约因素有哪些，这是自然资源部农用地质量与监控重点实验室主任郧文聚研究员一直关注的问题。"活土层变薄不容忽视。"他向《中国科学报》记者介绍，活土层变薄将导致土壤保水保肥能力下降，而长时间的不合理灌溉、施肥又对资源环境产生负面影响。

2018 年 6 月 8 日，农业农村部种植业管理司司长曾衍德在"加力推进农业结构调整，探索建立绿色种植制度"新闻通气会上指出，这些年，我国粮食实现"十四连丰"的同时，也付出了一定的代价，就是资源利用强度过大、化肥农药使用过量，影响农业持续发展。因此，构建绿色种植制度成为必然选择。

记者获悉，农业农村部把轮作、休耕和控水控肥控药作为重要路径，探索建立绿色种植制度。毋庸置疑，其构建并不是一朝一夕的事，而找到"治本"措施是关键。

一、资源环境压力大

近些年，我国农业形势向好，一个显著的标志就是粮食实现了"十四连丰"，但化肥农药过量施用也饱受诟病。

以化肥不合理施用为例。中国工程院院士、中国农业大学资源环境与粮食安全研究中心主任张福锁教授团队发现，不合理施肥的农户占 70%。其中，粮食作物过量施肥的农户占 51%，施肥不足的农户占 19%，只有 30% 的农户基本合理。

"地块面积小、农户认知少，化肥用量与作物需求不匹配。"张福锁向中国科学报记者分析道。

随之而来的问题是，土壤负担过重。已有科学研究表明，过量化肥投入到集约化农田，并最终向环境排放，造成了严重的面源污染、土壤酸化、大气氮沉降增加等环境问题。

再加上活土层变薄，土壤对肥料的耐受力正在下降。郧文聚调研发现，目前我国旱作农业的活土层厚度普遍在 15 厘米左右，"合理耕层的厚度应该是 35 厘米左右，否则根的生长会受到影响"。他认为，目前水田的活土层厚度还算比较合理。"但如果长时间不打破犁底层，氧气不流动，会影响减排效果。"而这也是绿色种植面临的问题。

针对肥料过量施用的问题，农业部自 2014 年开始实施"两减"（减肥减药）政策。农业农村部农村经济研究中心副研究员金书秦向中国科学报记者介绍，目前已初见成效，化肥施用总量 2016 年首次下降。

值得注意的是，在实施"两减"过程中仍实现了粮食丰收。2017 年我国粮食产量达 12 358 亿斤，为历史第二高产年。

曾衍德在新闻通气会上表示，尽管我国化肥、农药使用量已提前三年实现零增长目标，但总量基数大、利用率偏低、结构不合理等问题依然突出。同时，畜禽粪污有效处理率不到 50%，秸秆综合利用率仅为 34%，农膜回收率不足 23%，造成的环境污染不容忽视。

此外，我国人均耕地、淡水资源分别仅为世界平均水平的 1/3 和 1/4，每年农业用水缺口 300 多亿立方米。工业化、城镇化快速推进，每年还要占用耕地 500 多万亩，工业、生活、生态用水与

---

① 资料来源：《中国科学报》，2018 年 6 月 27 日第 5 版。

农业用水的矛盾更为突出。

"迫切需要推行绿色生产方式，促进资源永续利用和农业可持续发展。"曾衍德说。

二、绿色种植有必要

在曾衍德看来，绿色种植制度根本的一点，就是将绿色发展理念融入生产的全过程，形成绿色生产方式，实现资源永续利用、农业持续发展。

除了树立绿色发展理念外，绿色种植制度还要推进"两个统筹"，分别是发展与保护相统筹、生产与生态相统筹。

日前，中国科学报记者在中国科学院栾城农业生态系统试验站采访调研时发现，实验地块利用粉垄技术后，完全不施肥、只浇一水种植的小麦比平常耕作方式种植小麦的长势区别不大。

粉垄技术发明人、广西农业科学院研究员韦本辉向中国科学报记者介绍，根据以往的测算，粉垄种植的小麦、水稻、玉米等作物，每产出 100 千克粮食，化肥用量减幅达 10.81%～30.99%。记者了解到，"粉垄绿色生态农业技术"被列为 2017 年农业主推技术。

近些年，我国通过推进种植结构调整，开展轮作休耕制度试点等，在构建绿色种植制度上取得了积极进展。以初步集成一批绿色种植技术模式为例，各地立足资源禀赋，创新了类型多样、适宜本地实际的绿色种植技术模式。

例如在轮作区，实行"一主"与"多辅"结合。"一主"就是玉米与大豆轮作为主，发挥大豆根瘤固氮养地作用。"多辅"就是实行玉米与薯类、杂粮杂豆、油料作物、蔬菜及饲草等作物轮作。而在休耕区，实行保护与治理并重。河北地下水漏斗区实行"一季雨养、一季休耕"，休耕季种植绿肥，防止地表裸露。

此外，在有机肥替代化肥、绿色防控替代化学防治等项目实施中，也集成了一套技术模式。

农业农村部农村经济研究中心可持续发展研究室副主任金书秦把绿色与产能和增收联系在一起考虑。在他看来，减肥减药是一种渐进式的过程，用了很多如有机肥、生物农药等替代技术，也起到了很好的治理效果。这些环境友好的产品对生产本身是没有影响的，改善环境的同时，提升了土壤有机质，产能也会有所提升。

"既然对产量没有影响，也不会直接影响农民收入。"金书秦表示，从长远来讲，产品越来越绿色化，价格自然会提高，农民收入也会增加，而减肥减药也是成本的减少。

针对轮作休耕，不同的人对此有不同的看法。

在郧文聚看来，休耕并不一定优于有干预的轮作，有干预的轮作并不一定优于轮作，轮作肯定优于连作。

到底是不种植庄稼好还是种植庄稼期间有一个合理的耕作制度好，郧文聚表示并没有一个明确答案。但他强调，轮作优于连作，有效的耕作措施优于轮作，而必要的营养元素补充是合理的，对重建农田系统的健康是有帮助的。

根据《耕地草原河湖休养生息规划（2016—2030 年）》要求，按照节约优先、保护优先、自然恢复为主的方针，辅之以最严格的管控措施，做到取之有时、取之有度，逐步恢复自然生态和资源承载力。

现有科学研究发现，森林植被要做顶级的生态系统需要 150 年以上，而农田系统至少需要 30 年以上，"现在我们有没有条件给它 30 年慢慢恢复？"郧文聚表示，科学研究也不是完全无能为力，需要在现有科学研究基础上缩短进程。

金书秦特意向记者强调，休耕并不一定是撂荒。他调研湖南、云南等试点区发现，当地主要种植绿肥。至于成本，"农民是很聪明的，他们会算经济账"。

三、优质优价是关键

当前，我国正在由中等收入国家向高收入国家迈进，其中一个显著的特点就是消费结构升级，由过去的吃得饱向吃得好、吃得健康转变。

在曾衍德看来，"吃得饱"这一点已解决，"吃得好"基本做到了，但离"吃得健康"还有一定的差距。

"适应居民消费升级的新趋势，需要推进农业结构调整，积极发展绿色优质农产品，满足日益多元化、个性化、优质化的需求。"曾衍德表示，还要推行绿色生产方式，降低农药等有害物质残留，建立健全农产品质量追溯体系，确保优质安全、营养健康。

当前，经济全球化和贸易自由化深入发展，国内与国际市场深度融合，国内农产品竞争优势不足的短板更加凸显。据农业农村部统计，2017年我国粮食进口量2 400多亿斤，其中大豆进口达到1 900多亿斤。

在进口量激增的同时，国内玉米、稻谷库存积压。"出现这一情况，既有国内产需存在缺口的原因，也有国内外价格倒挂的因素。"曾衍德认为，需要推行节本增效、提质增效，提升农产品的国际竞争力。

"关键在于能不能优质优价。"郧文聚告诉记者，如果这个问题不解决，单纯讲绿色生产、绿色农产品是没有意义的。在他看来，生态文明最终落脚点应该放在优质优价上，这是农民增收的有效途径。

实际上，这涉及市场导向问题。与发展传统农业相比，绿色农业生产成本明显提高。要让生产者有发展绿色农业的积极性，就必须让他们得到足够高的回报，即实现优质优价。

据了解，农业农村部下一步将按照中央的部署和要求，以实施乡村振兴战略为总抓手，紧紧围绕农业供给侧结构性改革主线，坚持质量兴农、绿色兴农，不断总结经验、不断强化措施，加快构建中国特色的绿色种植制度。

"将重点抓好持续推进种植结构调整、加快推进轮作休耕制度化和大力推进农业投入品减量增效。"曾衍德说。

坚持绿色引领聚力精准施策，
持续推进种植业绿色高质量发展①

潘文博②

绿色是农业的底色，也是农业发展最大的优势和最宝贵的资源。加快推进农业绿色发展，是促进农业高质量发展的应有之义。《国家质量兴农战略规划（2018—2022 年）》（以下简称《规划》）提出，加快农业绿色发展，调整完善农业生产力布局，节约高效利用水土资源，科学使用农业投入品，全面加强产地环境保护与治理。推进这一工作，种植业作为农业基础的基础，任务艰巨，意义重大，必须着力推进种植业生产方式、资源利用方式、经营方式的转变，实现数量增长与质量效益并重、物质要素投入与科技创新并进、生产发展与生态环境协调，加快促进种植业高质量绿色发展。

在发展理念上，融入绿色内涵。推进绿色发展，理念要先行，形成绿色的价值取向和思维方式，引导绿色生产、绿色消费。培育绿色价值取向。绿色发展理念折射出中国古代天人合一、道法自然的生态智慧和朴素思维，体现了马克思主义生态观与时代特征的有机结合，习近平总书记"绿水青山就是金山银山"的重要论断是对绿色理念的凝练和升华。要积极培育绿色价值取向，把保护生态环境作为自觉行动，实现发展与保护相统筹、生产与生态相协调。培养绿色思维方式。思维方式是理念的延伸和具体化。要坚持问题导向，培养绿色的创新思维、改变过去先污染后治理的旧思维，培养绿色的底线思维、严守农业生态环境承载能力的底线，培养绿色的系统思维、实现人与自然和谐发展。

在区域结构上，推进绿色布局。适应绿色发展的需要，进一步调整优化作物品种结构和区域布局。一是坚持适区适种。立足当地的自然资源条件，规划好主栽品种，做到适地适区适种，不搞对抗种植、越区种植，适时适度退出不适宜品种，充分发挥品种特性，实现产量和品质的提升。二是划定最宜区。根据资源禀赋、生态条件和产业基础，进一步优化区域布局，划定粮食生产功能区和重要农产品保护区。园艺作物要划定生产最宜区，集中规划、集中打造，引导企业建设优质品牌生产基地。三是发展特色区。顺应多元化消费需求，因地制宜发展优质水稻、强弱筋小麦、高蛋白大豆、"双低"油菜、有区域特色的杂粮杂豆、风味独特的特种瓜果，以及有地理标识的农产品。减少药肥投入，发展无公害、绿色、有机农产品，培育知名品牌，扩大市场影响，带动增产增收。

在要素投入上，推广绿色模式。针对化肥农药投入量过大、水资源开发过度的情况，推行减肥、减药、节水的绿色生产模式，提高资源利用效率。推进化肥农药减量增效。实施化肥农药减量增效行动，大力推进精准施肥，改进施肥方式，提高肥料利用率；推进绿色防控和科学用药，推广新药剂、新药械、新技术，提高病虫害综合防治水平，力争到 2020 年主要农作物化肥农药使用量持续保持负增长、利用率达到 40% 以上。推进有机肥替代化肥。通过合理利用有机养分资源，用有机肥替代部分化肥，实现有机无机相结合。提升耕地基础地力，用耕地内在养分替代外来化肥养分投入。推进节水农业发展。推广节水品种，推广喷灌、滴灌、测墒补灌、水肥一体化等高效节水技术，提高水资源利用率。

---

① 资料来源：农业农村部网站，2019 年 3 月 22 日。
② 作者为农业农村部种植业管理司司长。

下一步，各级农业部门将认真贯彻《规划》的部署和要求，坚持绿色引领，进一步聚焦重点，精准施策，持续加力、久久为功，促进种植业绿色高质量发展。

一是加快推进"三替"促"三减"。开展农业节肥节药节水行动，实施有机肥替代化肥、减少化肥用量，绿色防控替代化学防治、减少农药用量，喷灌滴灌替代大水漫灌、减少用水量，力争化肥农药使用量继续保持负增长。2019 年，选择 175 个县开展果菜茶有机肥替代化肥，300 个县实施化肥减量增效，150 个县推进病虫全程绿色防控，250 个县推广旱作节水高效技术，加快技术集成，加强农企合作，开展社会化服务，探索社会资本参与行动的有效模式，打造肥水药高效利用的样板县。

二是加力改善农产品产地环境。实施设施蔬菜净土工程，在设施蔬菜重点省份选择 50 个设施蔬菜大县大市，着力解决设施蔬菜土壤连作障碍问题。制定出台《农药包装废弃物回收处理管理办法》，研究创设农药包装废弃物回收试点支持政策，研究制定《肥料包装废弃物回收处理管理办法》。

三是扩大轮作休耕试点。在总结 3 年试点经验的基础上，充实试点内容、完善试点功能、提高试点成效，力争在制度化、常态化上取得新突破。2019 年，将东北地区实施 3 年到期的轮作试点任务退出，重点支持长江流域稻油轮作、黄淮海地区米豆轮作，适当增加黑龙江地下水超采区井灌稻休耕试点面积、利用休耕季开展高标准农田建设。探索生态修复型、地理提升型、供求调节型等轮作休耕模式，丰富绿色种植制度内涵。

畜牧业快步转向绿色发展①

郁静娴

目前，我国畜产品市场供应充足，肉类和蛋类人均占有量达到发达国家水平，但畜禽养殖走向规模化、集约化的同时，也面临产业结构不合理、环保压力大、产品创新能力不足等挑战，该如何破解呢？总结来说，饲料产业体系向绿，现代育种向绿，粪污资源化利用向绿是未来的三大改革方向。

经过 40 年的发展，我国已成为世界第一饲料生产大国。2017 年，我国工业饲料产量超过 2 亿吨，连续 7 年位居世界第一，年产值超过 8 000 亿元。饲料工业由大转强、由大转优的奋进，正在推动饲料供给转型。从乡村振兴的整体态势上看，蓬勃兴盛的高质量发展要求，正在推动畜禽养殖业转型。

一、饲料工业大而不强、大而不优——呼唤建设绿色饲草料生产、加工和经营体系

尽管我国饲料工业成就巨大，但大而不强、大而不优的局面仍未得到根本扭转。饲料工业面临的这个突出问题，在产业上表现为发展不平衡，在产业功能上表现为效能发挥不充分。中国饲料工业协会会长、中国工程院院士李德发在出席 2018 中国饲料工业展览会上这样分析。

推进饲料工业高质量发展，必须强化绿色饲料原料保障能力。绿色饲料原料保障能力需求一直在膨胀。目前，我国每年直接使用 40%～50% 的原粮，转化玉米等能量饲料 2.3 亿吨。农业农村部种植业管理司副司长潘文博说，玉米作为能量饲料，虽然有替代品种，但替代比例有限。当前，玉米阶段性供过于求，但从长期看，受消费结构升级和玉米深加工等需求影响，供求形势依然偏紧。

近年来，我国大力推进粮改饲，鼓励以养定种、草畜结合，促进粮食种植结构调整。但从现阶段饲料原材料供给结构看，作为蛋白饲料的大豆，进口依存度仍较高。李德发建议，要推进"粮改豆"，提高国产大豆种植面积和产量，增强大豆等蛋白饲料原料生产能力，补齐蛋白饲料原料短板；同时继续扩大粮改饲规模，引导发展全株青贮玉米、苜蓿等优质饲草料生产。

必须建设现代饲料绿色生产经营体系。首先，是饲料原料供给环节的绿色生产。潘文博表示，绿色原料供给，绿色生产加工和经营体系供给，才能保障饲料工业发展方式上的绿色增长。应当看到，目前我国在饲料原料质量方面还存在着这样那样的一些问题。李德发介绍，由于我国种植业规模化程度还不高，原料产销环节多，一些品质不够高的原材料依然不可避免。为此，要聚焦饲料加工生产环节，研发环保、节约、安全的新型饲料和饲料添加剂，还要重点针对中小养殖户研发推广先进适用饲料配制技术、饲喂饲养模式和自动化智能化装备，依托技术、工艺、设施"三配套"，带动小养殖户发展现代畜牧业。

其次，是饲料工业经营体系的节本增效。大连商品交易所总监蒋巍说，据统计，饲料占养殖业生产成本的 70% 以上，是主要投入品。随着粮食收储方式逐步向市场化推进，随着金融工具参与

---

① 资料来源：《人民日报》，2018 年 5 月 27 日第 9 版，原题为《饲料产业体系向绿，现代育种向绿，粪污资源化利用向绿——畜牧业快步转向绿色发展》。

程度的进一步加深，饲料企业抵御原料价格风险的能力会进一步加强。通过合理利用场外期权、保险＋期货、基差贸易等形式，提前确定交易价格，规避市场波动风险，使饲料企业的采购变得更稳定有序、更有保障。

二、优质安全的畜产品需求缺口——呼唤绿色现代育种、科学给药

樱桃谷鸭，是我国畜产品种质资源上的"痛"，挥之难去。动物遗传育种学家、中国科学院院士黄路生表示，20世纪七八十年代，英国樱桃谷公司选育的北京鸭配套系，以饲料转化效率高而逐步占领了我国80％以上的大型肉鸭市场。必须走畜禽良种国产化之路，避免重蹈樱桃谷鸭的覆辙。

农以种质为先，种质科技的国际竞争日趋激烈，而我国畜禽良种有着庞大的内部需求和广阔的市场前景。优质安全的畜产品需求，呼唤着在切实保障畜产品稳定供给的同时，加快培育绿色畜禽新品种。

一方面，绿色现代育种具备深厚基础。我国种质资源丰富，市场消费需求大，国产化良种对我国畜牧业发展做出了重大贡献，特别是对一些优特地方品种的创新利用，满足了多元化肉品市场的需求。著名的宁乡花猪，就是高端肉类品牌之一，其不饱和脂肪酸含量为59.6％，肌内脂肪为5.7％，肉质细嫩、油而不腻。

另一方面，我国种质开发与研究仍然存在"三多三少"的突出问题。"目前，我国种业的研发人员、国家财政研发投入以及种业企业数量都是全球最多，但种业龙头企业市场占有份额少，重大品种少，能自主育种的企业少。"潘文博说，国内核心育种技术的原创程度还不高，同发达国家相比存在一定差距，包括对重要经济性状形成机制的遗传解析不够，自主创制的特色商业化品种偏少。

"深厚基础就是平台，突出问题就是潜力。"黄路生表示，进一步开发利用种质资源、发展原创核心技术、提高核心种质自主创新程度，需要打通科技创新链上基础研究、关键技术和集成示范三个环节，创新高效育种技术和繁殖技术，对地方品种资源进行有效利用，进一步丰富畜产品种类。

加快培育绿色畜禽新品种，尤需把好安全质量关、科学给药。农业农村部兽医局局长冯忠武介绍，目前我国已形成由《中华人民共和国兽药典》、每年新发布《兽药质量标准》和注册兽药标准构成的兽药标准体系，并设置休药期严控兽药残留。此外，从2016年7月1日起生产的兽药产品，必须赋码上市，且二维码信息均上传到中央数据库。他说："产好药、用好药、少用药，畜产品的安全就有保障。"

近日农业农村部发文指出，要力争通过3年时间，实施养殖环节兽用抗菌药使用减量化行动试点工作，推广兽用抗菌药使用减量化模式，兽用抗菌药使用量实现零增长，兽药残留和动物细菌耐药问题得到有效控制。"减少使用或不使用抗菌药，不代表养殖规模下降。"李德发说，要鼓励研制新型动物专用的抗生素，如微生物制剂、中草药提取物等，以替代化学合成的抗生素。

三、实现畜禽粪污资源化利用——呼唤绿色畜牧业全产业链发展方式

畜禽产品供应充足、安全质量有保障，这样的畜牧产业就是绿色产业吗？回答是，不够。冯忠武表示，只有畜牧产业全产业链都是"绿色"的，才能说畜牧业转型为绿色生产方式。令人头疼的是，目前我国畜牧业产生的大量畜禽粪污，已经成为农村环境治理的一大难题。

事实上，畜禽粪污一直是农业活动中重要的肥料来源。据测算，全国每年产生畜禽粪污约38亿吨，可提供氮肥1 300多万吨，相当于目前全国化肥氮的一半；畜禽粪污还可用于生产绿色清洁的沼气，减少大气污染。畜禽粪污资源化利用，是实现畜牧业向绿色生产转变的根本出路。湖南省畜牧水产局研究员邱伯根说："大量畜禽粪污未得到有效利用，造成环境污染和资源浪费。出路就

是要变粪污为粪肥，推动粪肥还田还土。"

资源化利用，关键在于还田。目前，全国以畜禽粪污为主要原料的堆肥超过 10 亿吨，年产沼气超过 20 亿立方米。研究表明，有机肥对土壤保水、提供矿物质养分以及农作物抗旱、抗寒、抗病虫害等方面作用明显，有利于改善耕地质量和农产品品质。

然而，有机肥在销售生产上仍面临多重矛盾。邱伯根解释，一方面，有机肥肥效慢，需 3～5 年才能显现，许多施用有机肥的农产品虽然优质，但由于缺乏品牌上的比较优势，难以实现优价。因此，种植主体特别是大量散户不愿用，市场销售脱节。另一方面，由于有机肥原材料在生产、运输和仓储过程中难免产生异味，加上生产技术不成熟、设备落后，以及销售淡旺分季明显等原因，相关企业在选址、盈利和经营上面临多重难题。

实现粪污资源化利用，突出问题是打通从养殖场粪污到种植地粪肥使用的"最后一公里"。潘文博认为，解决畜禽规模化养殖污染问题，关键要推动商品有机肥产业化发展。要求综合考虑原材料来源，以市场需求为导向，精准规划产业布局；建立有机肥财政补贴政策，对原料收储运经营主体、施用主体给予奖补，逐步将符合条件的有机肥生产和施用器械器具列入农机购置补贴目录。

同时要加强制度性供给。冯忠武表示："畜禽粪污资源化任重道远，需要制度性供给作为政策支撑。" 2017 年，我国已选择 100 个果菜茶重点县（市、区）开展有机肥替代化肥示范。2018 年，我国继续组织实施畜禽粪污资源化利用项目，再支持 200 个左右的畜牧大县开展治理。在整县推进的基础上，启动京津冀、长三角区域整省推进，在山东、河南、湖南、四川等部分畜牧大省开展整市推进，允许大县因地制宜调整项目资金使用方向和补助方式，推动解决好中小养殖场粪污处理难题。

绿色发展的中国水产养殖业①

唐东东　　何鸿浩

2018 年 5 月 31 日，"2018 全球水产养殖论坛"在福建福州隆重开幕。本次论坛是农业农村部渔业渔政局发起的"水产养殖绿色发展"系列活动之一，由中国水产流通与加工协会携手全国水产技术推广总站、中国水产学会、中国水产科学研究院黄海水产研究所、中国－东盟海水养殖技术联合研发与推广中心、国家虾蟹产业技术体系，以"创新引领，绿色发展"为主题，紧紧围绕生态养殖、技术创新、跨界合作等热点问题，邀请国内外业界权威，分享最新动态，深化交流合作，共谋产业发展。

同时，论坛也得到了农业农村部渔业渔政管理局、中国水产科学研究院、福州市人民政府、福建省海洋与渔业厅，以及国家海水鱼产业技术体系、国家贝类产业技术体系、国家大宗淡水鱼产业技术体系、国家特色淡水鱼产业技术体系的大力支持和悉心指导。大会邀请了国内外水产行业的业界精英和专家学者前来参与，与会人数近 500 人。

李书民：国家在绿色水产养殖上做了这几点工作部署

据农业农村部渔业渔政管理局副局长李书民介绍，目前我国渔业的主要矛盾已经转化为人民对优质安全水产品和优美水域生态环境的需求，与水产品供给结构性矛盾突出和渔业对资源环境过度利用之间的矛盾。同时，尽管我国的水产养殖规模已经处于全球首位，但还面临渔业发展不平衡、不充分的问题，包括：①部分品种养殖病害严重；②部分品种仍然使用冰鲜杂鱼饲料；③水环境污染和违规用药影响水产品质量安全；④养殖尾水排放对环境有一定的影响，在水污染致因中占比 4%；⑤养殖风险较大，但缺少政策性保险支持；⑥养殖方式落后，以传统的养殖方式为主，现代化、工业化程度较低；⑦养殖布局不合理，部分区域、品种养殖密度过高，近海养殖网箱、湖泊水库网箱、围网养殖过多；⑧养殖水域利用不平衡，深远海发展不充分，一些可以合理利用的空间尚未开发。

李书民认为，接下来中国水产养殖业的发展面临转型升级，第一，从发展思路上，要形成绿色发展思维方式，改变重生产轻环境、重数量轻质量的倾向；第二，在发展方式上，要由粗放高耗型向节约高效型转变，实现可持续发展；第三，养殖方式先进、生产结构优化、区域布局合理。

"突出绿色，解决好渔业发展与生态环境保护协同共进的矛盾将是当务之急！"李书民表示，其理念和目标是"绿色低碳、环境友好、资源保护、质量安全"。据悉，为了加快推进绿色发展，目前国家做了几方面的工作部署：

第一，划定水产养殖发展空间。依法加强养殖水域滩涂统一规划：按照《农业部关于印发〈养殖水域滩涂规划编制工作规范〉和〈养殖水域滩涂规划编制大纲〉的通知》（农渔发〔2016〕39号）要求，划定禁止养殖区、限制养殖区和养殖区，全面完成养殖水域滩涂规划编制及政府发布工作；依法保护养殖生产经营者的水域滩涂杨志全，保障养殖权益。

第二，推进水产养殖方式转变，包括：推进标准化生态健康养殖，推进人工全价配合饲料的使用，推进养殖设施装备现代化，发展环保型网箱围网，发展稻田综合种养及盐碱水养殖，推广池塘IPRS 技术，对集中连片池塘养殖区域养殖尾水集中处理模式。

---

① 资料来源：《海洋与渔业·水产前沿》，2018 年第 7 期。

第三，发挥水产养殖生态修复功能，大力推进以渔净水和推进碳汇渔业。

第四，强化绿色水产养殖监管，包括：推动建立统一开放、竞争有序的水产苗种市场环境；加强水生动物疫病监测预警和风险评估，提高重大疫病防控和应急处置能力；加强水产苗种产地检疫和监督执法，防止水生动物疫病通过苗种传播；加强渔业乡村兽医备案和指导，壮大渔业执业兽医队伍，提升水产养殖病害防治社会服务能力；加强水产养殖用药监管，全面落实兽药管理相关规定，严厉打击制售假劣兽药、使用禁用药品和其他化合物等行为；加大产地养殖水产品质量安全监督抽查力度，扩大监测品种数量和监测指标，完善检打联动，严厉查处超标案件，就突出问题开展专项整治行动。

第五，加强相关支持保障，包括科技保障（支持科技开发、技术推广、人才培养）、政策保障（增加国家政府投入，实施水产种业、养殖污染治理、稻田综合种养、深远海养殖等若干个重大工程）、法制保障（加强养殖执法）。

胡红浪：推进水产养殖模式绿色发展，转型升级迫在眉睫

全国水产技术推广总站副站长胡红浪做了题为《模式创新引领水产养殖业绿色发展》的报告。胡红浪认为，接下来的水产养殖业发展是在新的背景之下。自 2017 年以来，推进农业绿色发展是农业发展观的一场深刻革命，也是农业供给侧改革的主攻方向。自 2016 年 7 月来，中央多次开展环境保护督查工作，《水污染防治法》对水产养殖尾水排放提出要求等多项内容都可以看出我国全面推进绿色发展对水产养殖模式转型升级提出了新要求。

事实上，无论从外部生态环保的要求，还是水产养殖业内部提质增效的要求，推进水产养殖模式绿色发展、转型升级都已迫在眉睫。

接下来，新的水产养殖模式更需要具备以下 5 个特征：特征一，循环性，使物质流和能量流实现良性循环，从而实现资源节约利用，废弃物达标排放；特征二，集成性，以高度集成的技术和资源，建立绿色生产体系；特征三，高效性，从资源利用高效、单位产出高效和劳动生产高效三点使水产养殖业朝着更高效率的方向发展；特征四，多功能性，实现养殖业的多向发展，建立一二三产业融合发展的现代产业形态；特征五，可持续性，新的水产养殖模式应当具备经济维度、生态维度和社会维度上的可持续性。

同时，胡红浪表示稻渔综合种养模式、池塘工程化循环水养殖模式（俗称跑道鱼模式）、集装箱养鱼模式、工厂化循环水养殖模式、鱼菜共生模式、盐碱地渔农综合利用模式、多营养层次养殖模式、深水抗风浪网箱养殖模式和多级人工湿地养殖尾水处理技术，这 8 种模式和 1 种技术都能够不同程度上体现出新的水产养殖模式所需要具备的 5 个特征。

胡红浪指出，未来相当长的一段时间仍是推进现在水产养殖绿色发展的关键期和战略机遇期。根据渔业供给侧结构性改革和渔业转方式调结构的战略部署，及渔业"提质增效、减量增收、绿色发展、富裕渔民"总体要求，水产养殖业将从数量增长型向质量效益型，从传统粗放型向生态集约型，从资源消耗型向效益拉动型迅速转变。

杨斌：全国水产养殖保险的覆盖率仅占可保面积的 5‰

中国渔业互保协会秘书长杨斌做了题为《水产养殖保险助力中国水产业供给侧改革》的报告。杨斌表示，我国是水产养殖大国，水产养殖产量占全世界总产量的 2/3，但水产养殖业作为自然属性极强的行业，也是频繁遭受自然灾害侵袭的行业。据不完全统计，2017 年我国因台风、洪涝、病害、干旱、污染因素而受的灾养殖面积达 1 600 万亩，造成的水产品损失达 164 万吨，直接经济损失超过 200 亿元，水产养殖户"因灾致贫、因灾返贫"现象时有发生。目前，在渔业风险保障体系尚不完备的情况下，灾害损失主要由养殖户自身承担，可以说广大渔民群众对水产养殖保险的需

求是非常迫切的。为此，近年来各级人大代表、政协委员以及渔业主管部门多次呼吁国家尽快启动政策性水产养殖保险工作。

20世纪80年代，中国人民保险公司与农业部合作率先开办水产养殖保险。但经营情况并不理想，在1996年前后，保险公司逐渐停止了水产养殖保险业务。在之后的10年中，水产养殖保险的发展十分缓慢，鲜有保险机构愿意涉足。最近5年，受国家政策的引导，以及农业保险提标扩面的要求，商业保险公司纷纷加快了开展水产养殖保险的步伐，目前，全国大约有20家保险机构开展水产养殖保险，每年为水产业提供风险保障约60亿元。

中国渔船船东互保协会作为1994年成立的第一家全国性农业互助保险组织，2004年即启动水产养殖保险的研究和探索，2007年更名为"中国渔业互保协会"，为今后拓展水产养殖保险业务做好准备。农业部对水产养殖保险工作一直给予高度重视和大力支持，从2013年开始累计从部门预算中安排金融支农服务创新试点项目资金2 260万元用于水产养殖保险试点工作，同时明确由渔业互保机构作为承担单位，各地也据此配套了部分补贴资金，起到了引领示范和带动作用。经过十余年的不断探索，到2017年渔业互保系统累计为水产养殖保险提供风险保障59.04亿元，特别是2017年在河北、浙江、江苏、福建、安徽、湖北、四川、广西等8省、自治区和宁波市参与承保水产养殖水域面积63.61万亩、养殖网箱684口，提供风险保障15.63亿元。

"虽然我国水产养殖保险取得了一些的成绩，但是从全国来看，水产养殖保险的覆盖率还远远不够，据初步测算，2017年保险机构承保的养殖面积尚不足全国水产养殖可保面积的5‰，远远低于农业保险近70%的覆盖率。"杨斌认为，目前水产养殖保险还面临中央财政保费补贴缺位、小规模分散化生产模式、缺乏专业技术力量支持等问题制约了水产养殖保险的发展。

何建国：中国—东盟海水养殖交流与合作展望

国家虾蟹产业技术体系首席科学家何建国做了题为《中国—东盟海水养殖交流与合作展望》的报告。何建国表示，我国海水养殖技术繁多，不同地区不同品种都衍生了各具特点的养殖技术及模式。但多样的养殖模式并没有阻碍国内水产养殖业的技术进步，这是因为我国水产相关省级以上的研究机构达140个，众多科研力量一同为水产养殖业技术发展而努力。

2008年起，农业部设立了50个现代农业产业技术体系，其中包括6个水产类技术体系，并为每个体系提供资金支持，让体系能对遗传育种、营养饲料、健康养殖、病害控制、产品加工等相关板块进行深入研究，使水产养殖业蓬勃发展。

2013年10月9日，国务院总理李克强在文莱举行的第16次中国—东盟（10+1）领导人会议上，建议中国与东盟稳步推进海水合作，发展好海洋合作伙伴关系，共同建设21世纪"海上丝绸之路"。同时，宣布了第一批落实的17个项目，其中就包括"中国—东盟海水养殖技术联合研究与推广中心"项目。本项目包括联合研究海水养殖技术、技术共享、人才培养、海水养殖种质资源收集与共享和共同讨论海水养殖产业河蟹发展等多项内容。

我国与东盟国家地缘优势突出，海洋水产养殖资源相近，海水养殖产业结构相似，制约产业发展的技术问题相同。所以，可以通过联合研究和企业合作共同促进养殖技术的提升和产业的转型升级。

Dr. Steve Hart：全球水产养殖业不断成熟，功能性饲料大有可为

全球水产养殖联盟（GAA）副总裁Dr. Steve Hart做了题为《全球水产饲料业发展趋势及最新进展》的报告，并主要谈论了对替代蛋白质、配方升级、功能性饲料、鱼油替代品等全球水产料行业热点话题的看法。其中，Dr. Steve Hart认为随着各类新型动植物蛋白的不断开发，目前鱼粉因资源受限所导致水产料行业面临的蛋白质紧缺问题，已经逐渐改善，不再是一个瓶颈。对于配方升

级，Dr. Steve Hart 表示，家禽养殖行业的饲料相关数据库非常齐全，但水产养殖行业还存在明显不足，目前由于美国大豆协会的投入，水产饲料也有一些相关的数据库出现，这将帮助业者更好地设计出更适合养殖的饲料产品。Dr. Steve Hart 非常认可功能性水产饲料未来的发展，他表示这类饲料产品除了能满足养殖体基本的营养需求，还具有比如改善肠道健康、提升饲料效率、提高免疫力等诸多方面的功能。"随着全球水产养殖业的不断成熟，功能性饲料大有可为。"受此影响，现在全球很多大型饲料企业，逐渐变成了技术型公司。

在 Dr. Steve Hart 看来，目前水产饲料面临的最大问题是鱼油替代品的开发。尽管现在有基于海藻或基因作物所开发而成的鱼油替代品，但替代品的价格还比较高，不是非常经济可行的方案。目前有一个全球范围内开展的关于鱼油的 F3 竞赛，其目的就是集思广益找到鱼油的可行替代方案。

陈丹：中国水产产业成熟，企业具备步入国际的先天条件

广东恒兴集团有限公司董事长陈丹做了题为《中国水产企业"走出去"面临的机遇与挑战》的报告。陈丹表示，国内越来越多的水产养殖企业"走出去"，包括了产业链上的各板块企业，而且"走出去"的方式由水产品出口逐步转变为在当地建厂，这说明国内水产企业"走出去"的方式越来越成熟。目前，恒兴在越南、马来西亚、印度尼西亚、印度、缅甸、埃及、沙特都有项目。

事实上，中国水产企业具备走出去发展的先天条件。第一，我国水产产业体系完善；第二，我国水产养殖技术先进；第三，国内水产产业人才众多；第四，中国水产企业的管理水平高。而且，随着中国国际地位的逐步提高，为中国企业"走出去"发展提供了保障。

此外，东南亚、非洲、中东地区养殖资源丰富，水产养殖业发展空间巨大。而且各国政府都重视现代农业的发展，对身怀"中国模式"和"中国经验"的中国水产企业十分欢迎。当然，国内消费市场也是推动国内水产企业走出的原因之一，因为国内对水产品需求不断升级，境外较低的养殖成本和优渥的养殖资源将是企业的追求，也是消费市场的逆向要求。

同时，企业"走出去"不仅遇到许多机遇，也面临许多挑战。其中，政治风险应在首位考虑，政权不稳定和政策不持续会使"走出去"企业的合法权益得不到保障。其次应当考虑标准问题，因为中国标准与发达国家标准仍有差距，国内一直沿用的标准可能不适用于国外。当然，东道国家法律法规是企业需要熟悉并遵守的。最后，可能需要考虑人才问题，外语人才缺乏管理能力，管理人才外语能力薄弱，综合型管理人才的缺乏一定程度阻碍了水产企业"走出去"的步伐。

最后，陈丹对国内水产企业走出去提出了 9 点建议：①完善企业的风险防控机制；②加强对当地的法律法规和政策的了解和理解；③注重人才的培养和培训；④组建专门的运营团队；⑤加强与政府相关部门的沟通，获得多渠道支持；⑥总结提炼现有的技术标准和管理标准；⑦充分了解、尊重东道国的文化、宗教和习俗；⑧注重本土化问题；⑨注重整合国内优势资源。

王鲁民：深远海养殖将会是水产养殖主要空间拓展方向

中国水产科学研究院东海水产研究所副所长王鲁民做了题为《走向深远海的中国水产养殖业》的报告。据联合国粮食及农业组织预测，到 2026 年全球水产品产量将达到 2 亿吨，其中水产养殖是未来 10 年渔业增长的主要助推器，以中国水产养殖发展为例，正面临生态环境、水土资源和发展空间等多方面的压力，因此深远海养殖将会是水产养殖主要空间拓展方向。深远海养殖在 1995 年时就被美联邦技术评价办公室认定为具有潜力的渔业增长方式，美国国家海洋与大气管理局对深远海养殖的定义为：在离岸 3 海里①至 200 海里进行可控条件下的生物养殖，其设施可为浮式、潜

---

① 海里为非法定计量单位，1 海里＝1.852 千米。下同。

式或负载于固定结构的设施。

历经几十年的技术积累和应用实践，深远海养殖发展需求日益增长、条件日趋成熟、推力日渐增强。王鲁民认为，符合我国国情的深远海养殖其定位特征：远离大陆岸线 3 千米以上，处于开放海域；水深 20 米以上，具有大洋性浪、流特征；规模化设施，包括但不限于网箱、围栏、平台、工船等；具有一定的自动投喂、远程监控和系统管理等能力。

目前，我国深远海养殖的发展具有几方面的机遇。其一，体系化的网箱养殖产业为深远海养殖发展奠定了基础；其二，国家海水养殖产业发展政策将推动养殖走向深海；其三，船舶、海工、新材料、智能化等技术集成是设施大型化和走向深远海的重要支撑。同时，深远海养殖发展也面临技术（设施技术、养殖技术）、管理（养殖管理、宏观管理）和经济可行性等问题，尤其是经济可行性将成为养殖产业能否走向深远海的决定性因素，主要原因是深远海养殖面临同类低成本养殖产品、同类海洋捕捞产品的竞争、同类进口养殖产品，因此其需要具备相比低成本养殖产品的价格优势、无同类海洋捕捞产品的竞争、较进口产品综合成本占优等多方面的优势，才能获得长足的发展。

此外，王鲁民也告诫参与深远海养殖的企业除了重视台风等自然灾害的影响外，也要关注污损生物这个常被忽视却关系到整个装备安全的问题。

抓住机遇，加快推进水产养殖业绿色发展[①]

陈家勇[②]

一、加快推进水产养殖业绿色发展的时代背景

（一）发展中国特色的水产养殖业大有可为

水产养殖业是农业的重要产业，养殖水域滩涂是水域生态环境的重要组成部分。新中国成立以来，在重捕捞、轻养殖思想的影响下，渔业生产一直依赖海洋捕捞，发展受到很大制约。改革开放以来，特别是 1985 年中央确定"以养殖为主"的渔业发展方针并实施一系列市场化政策以来，中国水产养殖业获得长足发展。2017 年，水产养殖产量近 5 000 万吨，占世界水产养殖产量的 60% 以上，占全国水产品总产量的 76%，已经成为水产品的主要来源和降低天然水域水生生物资源利用强度的主要手段。水产养殖业的快速发展，为解决中国居民"吃鱼难"问题、丰富城乡居民"菜篮子"、增加优质动物蛋白供给、保障国家食物安全、提高全民营养健康水平、促进渔业产业兴旺和渔民生活富裕等做出了突出贡献，同时在净化水质、减排二氧化碳、缓解水域富营养化等方面发挥着重要作用，也为世界渔业发展做出了重要贡献。联合国粮农组织曾高度赞扬中国水产养殖的贡献，"2014 年是具有里程碑意义的一年，水产养殖业对人类水产品消费的贡献首次超过野生水产品捕捞业……中国在其中发挥了重要作用"。可以形象地说，在中国，4 条鱼中有 3 条是养殖的；在世界，3 条养殖的鱼中有 2 条是中国的。中国从 20 世纪 80 年代的"吃鱼难"到现在的"无鱼不成宴"，水产品市场丰富多彩，鱼虾贝藻应有尽有。从世界渔业发展趋势和中国渔业情况看，天然渔业资源大部分已呈现出充分利用或者过度利用状态，而随着人口的不断增加和人们生活水平的不断提高，对水产品数量和质量的需求将会持续增加。因此，未来渔业的发展和水产品的供应将主要依靠水产养殖业的发展。从营养角度看，水产品是一种高蛋白、低脂肪、富含多种氨基酸和不饱和脂肪酸的健康食品，是优质健康动物蛋白的重要来源，有助于提高人民生活质量。国家卫生和计划生育委员会发布的《中国居民膳食指南（2016）》建议多吃水产品，并明确提出：动物性食物中鱼类脂肪含量相对较低，且含有较多的不饱和脂肪酸，有些鱼类富含二十碳五烯酸（EPA）和二十二碳六烯酸（DHA），对预防血脂异常和心血管疾病等有一定作用，可首选。

（二）加快水产养殖业绿色发展势在必行

中国经济已由高速增长阶段转向高质量发展阶段，党的十九大提出的实施乡村振兴战略、打赢扶贫攻坚战和污染防治攻坚战、建设美丽中国等重大战略部署对水产养殖业发展提出了新的更高的要求。与当前的总体要求相比，水产养殖业还不同程度地存在养殖布局和产业结构不合理、局部地区养殖密度过高等突出问题。另外，各种养殖水域周边的陆源污染、船舶污染等污染源对养殖水域的污染也越来越严重，对水产养殖构成严重威胁；随着经济社会的发展和各地建设用地的不断扩张，很多地方的可养或已养水面滩涂被不断蚕食和占用，水产养殖空间特别是内陆和沿海大水面养殖空间受到了严重的挤压。为妥善应对产业发展中出现的新情况、新问题，适应经济社会发展的新形势、新要求，迫切需要从国家层面出台指导新时期水产养殖业发展的纲领性文件，向全行业、全

---

① 资料来源：《中国渔业质量与标准》，2019 年第 4 期。
② 作者单位：农业农村部渔业渔政管理局。

社会发出绿色发展的强烈信号，统一思想、凝聚共识、分工合作、强化责任，共同推进水产养殖业绿色发展，为实施乡村振兴战略、建设美丽中国提供有力支撑。2019 年年初，经国务院同意，农业农村部会同生态环境部、自然资源部、国家发展和改革委员会、财政部、科技部、工业和信息化部、商务部、国家市场监督管理总局、中国银行保险监督管理委员会联合印发了《关于加快推进水产养殖业绿色发展的若干意见》。2 月 15 日，国务院新闻办公室举行新闻发布会，农业农村部副部长于康震介绍了《关于加快推进水产养殖业绿色发展的若干意见》的有关情况。这是新中国成立以来第一个经国务院同意、专门针对水产养殖业的指导性文件，是当前和今后一个时期指导中国水产养殖业绿色发展的纲领性文件，对水产养殖业的转型升级、绿色高质量发展都具有重大而深远的意义。

二、加快推进水产养殖业绿色发展的重点任务

习近平总书记明确指出，"我们要坚持发展是硬道理的战略思想，坚持以经济建设为中心，全面推进社会主义经济建设、政治建设、文化建设、社会建设、生态文明建设，深化改革开放，推动科学发展，不断夯实实现中国梦的物质文化基础"。在推进水产养殖业绿色发展中，要重点抓好以下 7 个方面。

（一）努力把握推动绿色发展的基本原则

第一，要统筹好生产发展与环境保护。要树立水产养殖生产与生态环境保护相协调的理念，采取更加注重资源节约、环境保护和质量安全的发展方式，防止将水产养殖生产和生态保护对立起来；要将绿色发展理念贯穿于水产养殖生产全过程，推行生态健康养殖制度，发挥水产养殖业在山水林田湖草系统治理中的生态服务功能，大力发展优质、特色、绿色、生态的水产品，推动数量扩张向质量提升转变。第二，要注重以市场为导向推动创新发展。要处理好政府与市场的关系，充分发挥市场在资源配置中的决定性作用，优化资源配置，提高全要素生产率，增强发展活力，提高绿色养殖综合效益。第三，要坚持以法治方式推动规范发展。习近平总书记明确提出，"要提高运用法治思维和法治方式深化改革、推动发展、化解矛盾、维护稳定能力，努力推动形成办事依法、遇事找法、解决问题用法、化解矛盾靠法的良好法治环境，在法治轨道上推动各项工作"。要加快完善水产养殖业绿色发展法律法规，加强普法宣传、提升法治意识，坚持依法行政、强化执法监督，用法治破解发展和管理中的难题，依法维护养殖渔民合法权益和公平有序的市场环境。

（二）依法划定中国水产养殖业发展空间

党的十八届三中全会明确提出要坚定不移实施主体功能区制度。《中共中央 国务院关于完善主体功能区战略和制度的若干意见》（中发〔2017〕27 号）明确提出，"发挥主体功能区作为国土空间开发保护基础制度作用，推动主体功能区战略格局在市县层面精准落地""统筹考虑生产生活，划定陆域农业空间""按照海域开发与保护的管控原则，……划定海洋生物资源保护线和生物资源利用空间"。对水产养殖业来讲，就是要依法加快落实养殖水域滩涂规划制度。养殖水域滩涂规划是水产养殖业发展的基石，是水产养殖业与其他行业协调发展的基本依据，做好养殖水域滩涂规划非常重要、非做不可。这既是法律赋予渔业主管部门的重要职责，也是实现产业转型升级、绿色发展的必然要求，同时也是当前生态环境保护和提升水产品质量安全水平的现实需要。养殖水域滩涂规划是事关水产养殖业生存和发展的重大原则问题，必须高度重视。要依法加强养殖水域滩涂统一规划，按照《农业部关于印发〈养殖水域滩涂规划编制工作规范〉和〈养殖水域滩涂规划编制大纲〉的通知》（农渔发〔2016〕39 号）要求，划定禁止养殖区、限制养殖区和养殖区，全面完成养殖水域滩涂规划编制及人民政府发布工作。在此基础上，要进一步完善重要养殖水域滩涂保护制度，像保护基本农田一样保护重要养殖水域滩涂，严禁擅自改变养殖水域滩涂用途的行为。

（三）切实加强养殖生产经营者合法权益保护

"民之为道也，有恒产者有恒心，无恒产者无恒心"，稳定承包经营制度是农业发展壮大和兴旺振兴的制度基础。从水产养殖业来讲，就是要稳定和保护渔民长期稳定的水面使用权。在集体所有水域要稳定承包经营关系，像耕地一样依法确定承包期；全民所有水域要依法核发养殖证，保护养殖渔民的水域滩涂使用权。只有拥有了长期稳定的使用权，渔民才有意愿长期从事养殖生产，才有意愿对水域滩涂资源和环境进行保护，才有意愿对流转出去的水域滩涂经营权进行监督管理。在此基础上，要完善养殖生产经营体系，落实好《关于完善农村土地所有权承包权经营权分置办法的意见》，加强对水域滩涂经营权的保护，合理引导水域滩涂经营权向新型经营主体流转，引导发展多种形式的适度规模经营。另外，要依法保护使用水域滩涂从事水产养殖的权利，对因公共利益需要退出的水产养殖，依法给予补偿并妥善安置养殖渔民生产生活，让广大农渔民感受到公平和更多的获得感。

（四）依法开展养殖水域滩涂环境整治

水产养殖从养殖对象上大致可以分为鱼、虾、蟹、贝、藻几大类，从养殖方式上有投饵型和不投饵型两大类。只有高密度、不合理的投饵型养殖方式才会对环境产生较大影响，科学合理的养殖方式以及不投饵型养殖不仅不会对环境造成污染，相反还有净化修复作用。要按照《标准化法》《环境保护法》《海洋环境保护法》《水污染防治法》《环境影响评价法》等法律规定，积极推动环境保护主管部门依法科学出台水产养殖尾水污染物排放标准，加强水环境监测，依法开展水产养殖项目环境影响评价，依法查处养殖尾水违法排放和养殖废弃物违法堆放、弃置和处理行为。要按照《养殖水域滩涂规划》管控要求，依法拆除禁养区网箱网围养殖设施，取缔限养区、养殖区无证网箱网围养殖，加快推进合法网箱网围养殖布局科学化、景观化、景区化。利用财政资金支持推广新材料环保浮球、网箱等养殖环保设施设备，支持集中连片池塘养殖区和工厂化养殖通过采取进排水改造、生物净化、人工湿地等措施处理养殖尾水以及通过种植水生蔬菜花卉等措施发展循环农业。鼓励养殖尾水和废弃物资源化利用。鼓励发展不投饵滤食性、草食性鱼类等增养殖，有序发展滩涂和浅海贝藻类增养殖，实现以渔控草、以渔抑藻、以渔净水，修复水域生态环境。

（五）积极推动水产种业创新发展

按照《国务院关于加快推进现代农作物种业发展的意见》（国发〔2011〕8号）、《国务院办公厅关于深化种业体制改革提高创新能力的意见》（国办发〔2013〕109号）、《国务院办公厅关于加强长江水生生物保护工作的意见》（国办发〔2018〕95号）要求，推动种业体制改革，充分发挥市场在种业资源配置中的决定性作用，突出以种业企业为主体，推动育种人才、技术、资源依法向企业流动，充分调动科研人员积极性，保护科研人员发明创造的合法权益，促进产学研结合，提高企业自主创新能力，构建商业化育种体系，加快推进现代种业发展，为国家粮食安全、生态安全和农业持续稳定发展提供根本性保障。要加强水产种质资源保护区（场、库）建设，鼓励选育推广优质、高效、多抗、安全的水产养殖新品种。完善新品种审定评价指标和程序，加快出台《水产新苗种审定办法》。加强新品种性能测试体系建设，严格新品种审定，加强新品种知识产权保护，激发品种创新各类主体积极性。鼓励建设商业化育种体系，大力推进"育繁推一体化"发展，支持重大育种创新联合攻关。加强水产苗种生产许可和进出口许可管理，强化水产苗种进口风险评估，查处无证生产，防止外来物种养殖逃逸造成开放水域种质资源污染，切实维护公平竞争的市场秩序。

（六）依法加强水生动物防疫和兽药等投入品监管

落实全国动植物保护能力提升工程，健全水生动物疫病防控体系，加强监测预警和风险评估，强化水生动物疫病净化和突发疫情处置，提高重大疫病防控和应急处置能力。加快完善渔业官方兽医队伍，全面实施水产苗种产地检疫和监督执法，推进无规定疫病水产苗种场建设。加强渔业乡村兽医备案和指导，壮大渔业执业兽医队伍。严格落实《兽药管理条例》，将水质改良剂等制品依法纳入兽药管理，规范兽药生产、经营、广告行为。严格执行《执业兽医管理办法》《乡村兽医管理办法》《兽用处方药和非处方药管理办法》，规范兽药使用行为。科学规范水产养殖用疫苗审批流程，支持水产养殖用疫苗推广。实施病死养殖水生动物无害化处理。加强对水产养殖投入品使用的执法检查，严厉打击违法用药和违法使用其他投入品等行为。加大产地养殖水产品质量安全风险监测和评估力度，深入排查风险隐患。严厉打击水产品质量安全违法行为，构成犯罪的，依法移交司法机关追究刑事责任。

（七）积极推动水产养殖业发展方式转变

开展水产健康养殖示范创建，加强国家级水产健康养殖示范场、健康养殖示范县建设。大力实施池塘标准化改造，完善循环水和进排水处理设施，支持生态沟渠、生态塘、潜流湿地等尾水处理设施升级改造，探索建立养殖池塘维护和改造长效机制。大力推广稻渔综合种养，提高稻田综合效益，实现稳粮促渔、提质增效。支持发展深远海绿色养殖，鼓励深远海大型智能化养殖渔场建设。加强盐碱水域资源开发利用，积极发展盐碱水养殖。推广疫苗免疫、生态防控措施，加快推进水产养殖用兽药减量行动。实施配合饲料替代冰鲜幼杂鱼行动，严格限制冰鲜杂鱼等直接投喂。鼓励水处理装备、深远海大型养殖装备、集装箱养殖装备、养殖产品收获装备等关键装备研发和推广应用。推进智慧水产养殖，引导物联网、大数据、人工智能等现代信息技术与水产养殖生产深度融合，开展数字渔业示范。延伸水产养殖产业链，促进养殖生产与第二、三产业融合发展。

三、结语

水产养殖业绿色发展是农业绿色发展的重要组成部分，也是落实新发展理念的重大举措。加快推动水产养殖业绿色发展对实施乡村振兴战略、建设美丽中国和健康中国具有深远意义。将各项重点任务落到实处，才能真正实现绿色渔业和渔业高质量发展。

五、行业篇

新中国成立 70 年来我国粮食生产情况[①]

农业农村部种植业管理司

一、主要成就

1. 粮食产量稳步提高。新中国成立 70 年来，我国粮食生产不断迈上新台阶，由供给全面短缺转变为供求总量基本平衡。产量增加 1 万亿斤。1949 年，我国粮食产量仅为 2 263.6 亿斤，1962 年稳定在 3 000 亿斤以上，1978 年改革开放之初超过 6 000 亿斤。此后一路攀升，到 1996 年首次突破 10 000 亿斤大关，2012 年迈上 12 000 亿斤台阶，2018 年粮食总产量达到 13 157.8 亿斤，比新中国成立初增加了 1 万多亿斤。单产增加 4 倍多。1949 年我国粮食平均亩产仅为 68.6 千克，1965 年稳定在 100 千克以上，1982 年突破 200 千克，1998 年突破 300 千克，到 2018 年达到 374.7 千克，比新中国成立初增加 4 倍多。人均占有量翻了一番。1949 年我国人均粮食占有量仅为 209 千克，2018 年增加到 472 千克，人均占有量高于世界平均水平。在同期人口增加一倍多的情况下，人均粮食占有量比新中国成立初翻了一番多，十分不易。

2. 综合生产能力稳步提升。新中国成立以后，我国采取水利、农业、林业和科技等综合措施，有组织开展的农田建设等相关活动主要集中在对中低产田进行改造，改善农业生产基本条件，提高农业抵御自然灾害能力等方面。基础设施明显改善。1988 年国务院设立"国家土地开发建设基金"，统筹实施大面积、跨区域、整建制农业综合开发，累计投入 9 639.5 亿元。目前全国已建成 6.4 亿亩旱涝保收、高产稳产的高标准农田；农田有效灌溉面积超过 10 亿亩；农田灌溉水有效利用系数达到 0.53，一半农田实现了"旱能灌、涝能排"。农机装备大幅度提升。新中国成立以来，我国农业机械化工作从零起步。1949 年农用拖拉机总动力 7.35 万千瓦，联合收获机仅 13 台。到 2018 年，全国农机总动力达到 10 亿千瓦左右，拖拉机总数达到 2 238.66 万台，其中大中型拖拉机 670 万台，联合收获机总数达到 205.92 万台。目前，全国农作物耕种收综合机械化率超过 68%，小麦生产基本实现全程机械化，玉米、水稻耕种收综合机械化率超过 80%。

3. 科技支撑能力显著增强。新中国成立 70 年来，我国农业科技原始创新能力、成果转化能力、技术推广能力不断增强，农业科技进步贡献率提高到 2018 年的 58.3%。品种大规模更新换代。农业育种创新取得突破性进展，建立了超级稻、矮败小麦、杂交玉米等高效育种技术体系，成功培育出数千个高产优质作物新品种新组合，实现多次大规模更新换代，主要农作物良种基本实现全覆盖。技术大范围推陈出新。组织开展农科教大协作、大攻关，农业科技成果加快转化应用。科学施肥、节水灌溉、地膜覆盖、绿色防控等技术大面积推广，水肥药利用率明显提高，病虫草害损失率大幅降低，有力促进了增产增效。目前，我国水稻、小麦、玉米三大粮食作物农药、化肥利用率分别达到 38.8% 和 37.8%。

4. 生产经营方式不断完善。新中国成立 70 年来，坚持不懈地推进农村改革和制度创新，打破生产力发展的桎梏，推动由传统农业改造到现代农业建设转变。坚持完善基本制度。以家庭承包经营为核心的农村基本经营制度，这是党的农村政策的基石，符合农业生产特点和社会主义市场经济体制要求，把农户家庭经营的优势与社会化统一经营的优势结合起来，具有广泛而旺盛的生命力。

[①]　资料来源：农业农村部网站，2019 年 9 月 17 日。

构建新型经营体系。在坚持家庭承包经营基础上，着力培育新型农业经营主体和社会化服务主体，逐步形成以家庭经营为基础、合作与联合为纽带、社会化服务为支撑的立体式复合型农业经营体系。目前，经农业部门认定的家庭农场近 60 万家，依法登记的农民合作社 217.3 万家，社会化服务组织达到 36.9 万个。完善农业社会化服务。我国不断加强面向小农户的社会化服务，逐步建立起农业社会化服务体系，把小农户引入现代农业发展轨道。1982 年，在全国普遍确立家庭联产承包责任制后，1983 年的中央 1 号文件提出要加强"各项生产的产前产中产后的社会化服务"。2004 年起，连续出台 1 号文件对"健全农业社会化服务体系"提出要求。截至 2018 年年底，全国服务组织数量达到 37 万个。

二、主要做法

1. 持续推进农村改革激发活力。 围绕促进粮食生产和提高种粮农民收益，在不断推进农村改革中进行了积极探索和尝试。主要包括三个方面：以土地为核心的经营体制改革。1978 年党的十一届三中全会明确提出，实行家庭联产承包责任制，这是农村经营管理体制的一个重大变革，实现了新中国成立以来粮食产量的第一次大飞跃。1984—1998 年实行第一轮土地承包，到期后中央明确再延长 30 年。党的十九大明确提出，保持土地承包关系稳定并长久不变，第二轮土地承包到期后再延长 30 年。2016 年，中共中央办公厅、国务院办公厅印发《关于完善农村土地所有权承包权经营权分置办法的意见》，实行农村土地所有权、承包权、经营权"三权分置"，这是农村改革又一次重大制度创新，丰富了我国统分结合的农村双层经营体制内涵。以价格为核心的流通体制改革。我国不断进行农产品流通体制方面的改革，逐步构建了适应我国社会主义市场经济要求的国家宏观调控下的农产品流通体制。从公私合营到统购统销，从提高农产品收购价格到放开集贸市场经营，从"双轨制"运行到加快农产品流通体制改革，从曾经的农产品价格冻结 20 余年到如今的农产品现货市场和期货市场发挥巨大作用，我国的农产品流通体制改革最终引入了市场机制，给我国农业生产、农村经济和农产品的供求关系带来了巨大而深刻的变化。特别是 2004 年以来，全面放开粮食购销市场，先后出台最低收购价、临时收储、目标价格等收购政策，并探索"市场化收购"加"补贴"的新机制，更好发挥市场形成价格作用。开展农村土地承包经营权确权登记颁证。2014 年明确提出用 5 年左右时间基本完成土地承包经营权确权登记颁证工作，进一步巩固和完善了农村基本经营制度。截至 2018 年年底，共有 2 838 个县（市、区）和开发区开展了农村承包地确权登记颁证工作，把 14.8 亿亩承包地确权给了 2 亿多户农户，有力促进了农村土地流转。截至 2017 年年底，全国家庭承包耕地流转面积 5.12 亿亩，流转面积占家庭承包经营耕地面积的 37%，2018 年继续保持增长态势。

2. 持续推进科技进步增强动力。 贯彻"科学技术是第一生产力"的要求，将农业科技进步作为增加粮食等重要农产品有效供给、提高农产品质量的根本途径。坚持科技自主创新。立足我国国情和农情，围绕粮食和农业增产增效的共性瓶颈，加强关键技术研发集成，从政策扶持、资金投入、人员配备等方面给予支持，激发农业科技工作者的创新热情，不断提升自主创新能力。坚持科技服务生产。围绕粮食生产和产业发展需求，引导广大农业科技工作者将论文写在大地上，将专家的"试验田"变成农民的"生产田"。加强农业技术推广体系和农业社会化服务体系建设，开展大规模的科技下乡、科技入户、科技培训，促进多渠道多形式的产学研、农科教相结合，提高农业科技成果的转化应用率。坚持科技体制改革。强化联合协作机制，围绕产业发展重大问题，实行跨部门、跨学科、跨区域的联合协作，形成支撑粮食和农业产业发展的强大科技合力，推进农业科研投资体制、人事制度、分配制度、科研管理制度等一系列改革，调动广大农业科技者的主动性和创造性，造就了一支专业水平过硬、综合素质较高的农业科研队伍。

3. 持续加大投入力度提升能力。 随着经济发展和国家财力增强，财政支农总体规模不断扩大，到 2018 年达到 1 万亿元以上，为粮食和农业发展提供了强有力的物质保障。加大基本建设投入。以地市为单位建设国家大型商品粮基地，促进粮食生产优质化、规模化、产业化。推进农业综合开发，大力开展中低产田改造、基本农田建设和农田水利建设。推进大中型灌区续建配套和节水改造，加快末级渠系建设，解决农田灌溉"最后一公里"问题。加大农机装备投入。国家加大对农机制造业的产品研发和技术改造投入，形成了门类比较齐全、具有一定规模、制造能力和生产水平较高的农机制造产业链。2004 年起，国家启动农机购置补贴，到 2018 年累计安排 2 047 亿元资金，对农民购置农机具给予补助，有力推动了农业机械化进程。目前，我国已成为世界第一农机制造大国和使用大国，拖拉机和收获机械产量遥遥领先。

4. 持续强化惠农政策保护积极性。中央高度重视粮食和农业生产，不断完善强农惠农政策。特别是改革开放以来共发布 21 个指导"三农"工作的 1 号文件，出台覆盖面广、含金量高的政策措施，构建起较为完善的强农惠农富农政策体系。做好"减法"。2006 年起，国家全面取消农业税，结束了延续 2 600 多年农民缴纳"皇粮国税"的历史，每年为农民减轻负担 1 300 多亿元。2009 年开始，逐步取消了主产区粮食风险基金的地方配套，每年为主产区减轻负担近 300 亿元。做好"加法"。建立农民种粮补贴制度，相继出台良种补贴、粮食直补、农机购置补贴、农资综合补贴等补贴政策。推进"三补合一"，建立农业支持保护补贴政策，支持耕地地力保护和粮食适度规模经营。实施产粮大县奖励政策，奖励资金规模由 2005 年的 55 亿元增加到 2018 年的 428 亿元，充分调动地方政府重农抓粮积极性。做好"乘法"。充分发挥价格的杠杆作用，坚持并完善稻谷、小麦最低收购价政策，不断改进玉米、大豆临时收储和目标价格政策，推动建立玉米、大豆"市场化收购"加"补贴"的新机制，稳定种粮收益预期，调动农民务农种粮积极性。

新中国成立 70 年来我国经济作物产业情况①

农业农村部种植业管理司

新中国成立 70 年以来，在党中央、国务院的坚强领导下，各级农业农村部门认真落实中央决策部署，凝心聚力、攻坚克难，通过政策激励、规划引导、示范带动，推动经济作物产业发展取得长足进步，综合生产能力显著增强，城乡居民生活水平得到极大提高。

从供给不足到平衡有余。新中国成立以来，经济作物种植面积稳定增加，产量大幅提高。据统计，2018 年全国棉花种植面积 5 000 多万亩、产量 600 多万吨，分别是新中国成立初期的 1.2 倍、13.7 倍；糖料种植面积 2 350 多万亩、产量 1.14 亿吨，分别是新中国成立初期的 12.6 倍、40 倍；蔬菜播种面积 3 亿多亩、产量近 7 亿吨，分别是新中国成立初期的 6 倍、2.7 倍；水果种植面积 2 亿亩、产量 1.8 亿吨，分别是新中国成立初期的近 20 倍、73 倍；茶叶种植面积近 4 400 多万亩、产量近 260 万吨，分别是新中国成立初期的近 19 倍、63 倍；桑园面积 1 200 多万亩、蚕茧产量 68 万吨，分别是新中国成立初期的 5.4 倍、17 倍。

从资源消耗到生态友好。党的十八大以来，绿色发展理念深入人心，各地大力推广优质高效、资源节约、环境友好的标准化生产技术，农业发展方式加快转变。节本方面。重点推广轻简化育苗移栽、机械化耕种等技术，2018 年，国家糖料蔗核心基地机械化耕种率达到 87.6%，机收率达 15.1%，全程机械化率达 65%，生产成本降低 20%。节水方面。重点推广膜下滴灌、水肥一体化、精准施肥等技术。甘肃省蔬菜重点产区推广膜下滴灌和水肥一体化技术，节约用水 50% 以上。减药减肥方面。重点推广生态调控、物理防治、生物防治、有机肥替代和精准施药、施肥等技术。2018 年，山东省烟台市在苹果生产上推广应用绿色防控技术 50 多万亩，减少化学农药用量 30% 以上。综合利用方面。重点推广秸秆综合利用等技术。近年来，辽宁省示范推广秸秆生物反应堆技术 300 多万亩，转化农作物秸秆 600 多万吨，节约用水近 3 亿立方米，减少化肥投入 20 多万吨。

从粗放经营到适度规模。新中国成立以来，特别是农村改革以来，农业经营制度创新取得重大突破，我国经济作物产业正在从粗放式经营向规模化、集约化、现代化方向转变。新型经营主体不断涌现。在经济作物优势产区涌现了一批产业化龙头企业，集中资金优势、人才优势和市场优势，带动产业加快转型升级。河北富岗食品有限责任公司在石家庄、邢台、邯郸等市，按照统一标准建设优质苹果生产基地 5.8 万亩，带动 4 580 户果农增收致富。新型服务主体作用凸显。专业化社会化服务组织围绕种苗统育统供、病虫统防统治、肥料统配统施、农机统耕统种等环节，在更大范围、更高水平上推进农业现代化。四川省依托全省 867 个茶叶专业合作社、568 个家庭农场、1 029 个种植大户，统一开展机械化作业、农资配送、统防统治等社会化服务，带动茶农近 100 万人。新型基层组织保障有力。各地积极探索基层组织方式，促进小农户与现代农业发展的衔接。福建省周宁县苏家山村组织 25 名困难党员、群众成立"党群联动致富组"，吸纳 100 多位村民入股合作社享受分红，形成"公司＋合作社＋党支部＋基地＋农户"的运作模式，村民人均可支配收入达到 15 000 元。

从温饱不足到迈向小康。新中国成立 70 年来，特别是改革开放以来，各地立足资源禀赋，大力发展经济作物新产业新业态，农民收入持续增长。综合种养促增收。积极发展多种形式的高效种

---

① 资料来源：农业农村部网站，2019 年 9 月 17 日。

植模式，促进种养加一体、一二三产业融合，提高种植效益。河南省伊川县和卢氏县利用桑园间作套种花生，亩均增收 700 余元。品牌带动促增收。适应消费结构升级的要求，创响经济作物知名品牌，提升产品质量效益。安徽祁红茶业有限公司建立"祥源"牌茶叶原料生产基地，高于市场价收购鲜叶，带动茶农增收 10% 以上。产业融合促增收。开发果园采摘、健康餐饮、休闲观光、文化教育等新业态，拓展农业多功能。四川省创建成都花香果居、江油新安农业公园等省级农业主题公园 50 个，打造以水果为主导产业的美丽休闲乡村 500 个，带动了近 60 万名果农增收。

　　农业农村部坚决贯彻党的十九大精神，围绕实施乡村振兴战略，紧扣深化农业供给侧结构性改革这一主线，持续推进经济作物产业高质量发展，为实现乡村振兴、决胜全面建成小康社会做出贡献。指导各地立足资源禀赋，优化区域布局，因地制宜发展有区域特色、风味独特的果菜茶产品；推进科技创新，开展联合攻关，提升产业综合生产能力；完善标准体系，加快构建果菜茶产品标准体系，促进果菜茶产品按标生产、按标上市、按标流通；培育新型主体，加强基层技术推广队伍建设，促进先进实用技术推广应用；加强信息引导，及时发布市场供求、物流集散、科技交流、会展贸易等信息，促进顺畅销售。

新中国成立 70 年来我国畜牧业发展成就综述①

崔 丽 刘一明 王炎麒

"养牛为耕田、养羊为过年、养鸡为换盐，得了鸡瘟一死一大片。"新中国成立初期，位于黄土高坡上的西北小县甘肃省康乐县畜牧业生产被当作"家庭副业"，限制了农民发展的养殖积极性。

改革开放后，康乐县的养殖业有了一定发展，但仍存在良种化程度低、规模化程度不高等难题；2005 年，康乐县把草食畜牧业作为"一号工程"，出台了一系列扶持意见，催生了一批畜牧养殖加工企业；2013 年，党的精准扶贫政策如春风吹遍康乐县，康乐县探索走出了一条"种养结合、以种带养、以养促加、增收脱贫"的产业扶贫新路子。

康乐县畜牧业的发展脉络，是我国畜牧业 70 年发展的一瞥。从"吃肉等过年"到"猪粮安天下"。70 年沧桑巨变，我国畜牧业由小变大、由弱渐强，从家庭副业成长为农业农村经济的支柱产业，畜产品供应从严重匮乏到供应充足，满足了全国人民不断增长的肉蛋奶需求，取得了举世瞩目的辉煌成就，为经济社会发展提供了重要支撑。

一、迈过了"不够吃"这道坎

和林格尔县西沟门供销社是内蒙古呼和浩特市为数不多的尚在经营的一家供销社，有着近 60 年的历史，年近七旬的王来喜在这里干了一辈子。他回忆，在计划经济时期，因为商品奇缺，他常常要步行 50 多千米把收购来的生猪赶至当时的呼和浩特市西口子食品公司去屠宰，屠宰以后，猪肉才能分到基层供销社来销售，一来一回要走 4 天的时间。

"过去肉供应比较紧张，猪肉 7 角钱一斤，但大家去买肉却专挑膘肥瘦肉少的部分，因为要用肥肉炼荤油，猪油当时最贵，要卖到一块四角钱一斤。"王来喜说，一人一年吃不到一斤肉，攒着肉票过年打牙祭成为那个时代人们刻骨铭心的记忆。

新中国成立以来，我国畜牧业生产经历了恢复和发展期、曲折和缓慢发展期、改革起步期、全面快速发展期、结构调整期、发展方式转变期、高质量发展期等阶段。

新中国成立初期，为解决人民群众温饱问题，我国制定了"以粮为纲"的发展路线，优先发展粮食生产。同时，执行保护与奖励繁殖耕畜、家畜的政策，为粮食生产提供畜力和肥料，为人们提供肉食来源，畜牧生产逐步发展。

20 世纪 70 年代末，养畜禽成为家家户户农民的副业。改革开放之初，我国的畜禽养殖以集体饲养和农户饲养为主，只有极少量的国营大牧场。20 世纪 80 年代中期，在养殖领域开始出现专业户和重点户。

在粮食连续丰产的带动下，养殖业也发展迅速。随着改革开放的进一步深入，物资供应逐渐市场化，国家取消生猪派养派购，完全放开猪肉、蛋、禽和牛奶等畜产品价格，肉蛋奶副食品凭票供应彻底退出了历史舞台，畜牧业生产潜力和活力得到了极大释放。加上这一时期畜产品需求旺盛、粮食增产和饲料工业的大发展，畜产品产量增速之快前所未有。

20 世纪 90 年代，畜禽规模养殖场开始出现，扭转了畜产品短缺的局面，实现了畜产品供求平

---

① 资料来源：《农民日报》，2019 年 10 月 11 日，原题为《转型发展六畜兴——新中国成立 70 年来我国畜牧业发展成就综述》。

衡的历史性跨越，奠定了畜牧业作为农业支柱产业的地位。

20世纪90年代中后期以后特别是党的十八大以来，国家着力对规模化、标准化养殖进行扶持，规模化程度显著提高，实现了由分散养殖为主向规模经营为主的生产方式转变。规模养殖取代传统的小农户分散养殖占据主导地位，成为肉蛋奶生产供应的主要来源。

据统计，1952年，全国猪牛羊肉总产量仅为339万吨；1990年，我国肉类产量达到2 857万吨，跃居世界第一位；2018年，肉类产量增加到6 523万吨，比1952年增加18.3倍，年均增长4.6%；

禽蛋产量连续多年居世界首位。2018年，全国禽蛋产量达3 128万吨，比1982年增加10.1倍，年均增长6.9%；

2018年，全国牛奶产量3075万吨，比1980年增加25.9倍，年均增长9.1%；

目前，全国人均肉、蛋、奶占有量分别达到62.11千克、22.2千克和26.4千克，肉类人均占有量超过了世界平均水平，禽蛋人均占有量达到发达国家水平。

二、走向由大变强的升级之路

在吉林白山抚松精气神养殖基地山黑猪猪舍中，养殖巡检机器人、饲喂机器人、农业级摄像头、伸缩式半限位猪栏等设施正在有序运行。通过上述设备，图像识别、人工智能技术的运用正在农业领域施展拳脚。

作为最早进行市场化改革的农业产业部门，畜牧业始终保持旺盛的活力，走在创新变革的前列。从粗放养殖、注重数量、保障供给安全，到精细养殖、注重质量、产品结构调整，我国畜牧业正在加速升级。

在20世纪的畜牧业发展中，配合饲料、畜禽良种的推广起到了非常关键的作用。2002年，"畜禽水产养殖技术"与"两弹一星"等一起被中国工程院评为"二十世纪我国重大工程科技成就"。随着商品猪和商品鸡配套技术、人工授精和胚胎移植技术、良种畜禽水产养殖技术、配合饲料及饲料添加剂技术、动物疫病防治技术等众多先进科技成果的推广应用，畜牧业成为我国农业领域中科技推广最有成效的产业。目前，科技进步对畜牧业发展贡献率已超过50%，为我国养殖业发展提供了有力支撑。

根据第三次全国农业普查结果，2016年年末，规模化养殖生猪存栏占全国生猪存栏总数的比重为62.9%，家禽规模化存栏占比达到73.9%，畜牧业国家级农业产业化龙头企业占比超过47%；

生猪出栏周期降低到改革开放初期的一半左右，出栏率是1980年的2倍多；

奶牛平均单产从1吨多提高到7.5吨，规模牧场100%实现机械化挤奶，质量安全更加可控；

全混合日粮饲喂在牛羊生产中逐步普及，生猪和蛋鸡的饲料转化率提高了20%～30%，白羽肉鸡饲料转化率接近发达国家水平；

年产百万吨以上饲料的企业达到35家，产量占全国的62%。一批叫得响的饲料品牌走出国门，在"一带一路"沿线国家投资设厂上百个；

成功消灭了牛瘟、牛肺疫，基本消灭了马鼻疽、马传染性贫血，有效控制禽流感等重大动物疫情，畜禽死亡率显著下降；

"吃饱"问题解决后，"吃好"成为新追求。"瘦肉精"整治、生鲜乳质量安全监测、兽用抗菌药综合治理、《生猪屠宰管理条例》的修订、饲料禁用抗生素……通过"产""管"结合、综合施策，畜产品质量安全总体实现了稳定向好的基本目标。

三、顺应"生态绿色"发展新要求

上海市松江区泖港镇腰泾村家庭农场主李春风养了10年猪，2018年，他们夫妻俩除了种植

430 亩水稻，还代养育肥了 1 580 头猪。

"松江区有 91 个种养结合型家庭农场，在我看来，种养结合型家庭农场是都市循环农业的最好模式，对松江农业有百利而无一害。"松江区农业农村委员会副主任杨文说。松江区是黄浦江水源保护地，区内畜牧业经受了上海市第二轮三年环保行动和美丽乡村行动的检验，至今仍保留 15 万头生猪出栏能力。

畜牧业生产与资源环境协调绿色发展的格局正在全国范围内加快形成。

目前，畜禽粪污综合利用率已达到 70%，到 2020 年，全国 586 个畜牧大县有望实现全面治理，畜禽废弃物处理专业化组织和产业化模式大量涌现，资源化利用的良好局面正在形成。

在东北冷凉、北方农牧交错、西北风沙干旱等地区，粮改饲面积超过 1 330 万亩，节料、节地、节水的草食畜牧业正加快发展；

在长三角等南方水网地区，生猪饲养密度过大的问题得到纾解；

畜牧业生产逐渐向适宜生产区域集中，逐步构建形成了具有区域性、辐射性的生猪、肉牛、肉羊、禽肉、禽蛋和奶牛等六大产业带，畜产品集中化程度进一步提高。

绿色发展，六畜兴旺。2018 年，我国牧业产值占农林牧渔业总产值的比重达 26.6%，带动上下游产业产值约 3 万亿元。2017 年，农村居民从事畜牧业人均净收入为 586 元，占人均经营净收入的比重为 11.7%，牧区县的相应比重高达 60% 以上，畜牧业发展不仅丰富了人们的餐桌，而且成为农民的增收致富产业。

新中国成立70年来我国渔业发展成就和经验①

农业农村部渔业渔政管理局

渔业是国民经济重要产业，是农业农村经济的重要组成部分。新中国成立70年来，我国渔业发展取得了历史性变革和举世瞩目的巨大成就，在保障农产品供给和国家食物安全、增加农民收入和农村就业、维护国家海洋权益、加强生态文明建设等方面发挥了重要作用，为世界渔业发展贡献了"中国智慧""中国方案"和"中国力量"。

——水产品市场极大丰富。1950年，我国水产品总产量91万吨，"吃鱼难"问题在相当长一段时间内十分突出。2018年，我国水产品总产量达到6458万吨，比新中国成立之初增加近70倍，连续第30年产量位居世界第一。水产品市场供应充足，种类繁多，价格稳定，水产蛋白消费占我国动物蛋白消费的30%以上，人均占有量达到世界人均水平的2倍。

——渔业经济持续较快增长。2018年，全国渔业总产值达2.59万亿元，比1952年的6亿元增加4 315.6倍，占农村牧渔业的比重从1952年的1.3%提高到2017年的10.6%，提高9.3个百分点。渔业经济的快速增长极大带动了渔民增收，2018年，渔民人均纯收入达到19 885元，人均可支配收入18 809元，比农村居民人均可支配收入多4 192元。

——综合生产能力全面提高。70年来，渔业产业结构不断优化，新中国成立之初渔业生产全部依靠捕捞业，1988年养殖产量首次超过捕捞产量，到2018年养捕比达到77∶23，生产结构发生根本性转变。水产品加工流通业和休闲渔业蓬勃发展，三次产业结构不断优化，2018年渔业一二三产业的产值比重达到50∶22∶28。渔业基础设施不断完善，渔船渔港、工厂化养殖、深水网箱、安全通信等渔业装备水平不断提高，渔业科技支撑能力大幅提升。

渔业在长期的发展过程中积累了宝贵的经验，特别是党的十八大以来，党中央、国务院始终将解决好"三农"问题作为全党工作的重中之重，持续加大强农惠农富农政策力度，为渔业发展提供了强大的不竭动力。

——坚持保障供给。保障水产品安全有效供给是渔业工作的首要任务。新中国成立初期，我国水产品市场供应十分紧张。1980年，邓小平同志谈到，"渔业，有个方针问题。看起来应该以养殖为主，把各种水面包括水塘都利用起来。"1985年，中共中央、国务院发出《关于放宽政策、加速发展水产业的指示》，确立了"以养殖为主"的发展方针，确定了渔业发展的主攻方向，1989年，水产品产量突破1 300万吨，跃居世界首位，成功解决"吃鱼难"问题。2017年，习近平总书记在中央农村工作会上指出，"现在讲粮食安全，实际上是食物安全。老百姓的食物需求更加多样化了，这就要求我们转变观念，树立大农业观、大食物观，向耕地草原森林海洋、向植物动物微生物要热量、要蛋白，全方位多途径开发食物资源"，为新时代渔业工作指出了目标和方向。

——坚持市场化改革。在大农业中，渔业是最早开始市场化改革的产业。1985年，中共中央、国务院发出《关于放宽政策、加速发展水产业的指示》，实行放开市场和放开价格"两个放开"，为渔业发展创造了良好的体制环境和激励机制，极大调动了生产者的积极性。2006年我国全面取消农业税，水产各项税收取消，极大减轻了渔民生产负担。党的十八大以来，国务院印发《关于促进

---

① 资料来源：农业农村部网站，2019年9月16日，原题为《从"吃鱼难"到"年年有鱼"——新中国成立70年来我国渔业发展成就和经验》。

海洋渔业持续健康发展的若干意见》，农业部印发《关于加快推进渔业转方式调结构的指导意见》《关于促进休闲渔业持续健康发展的指导意见》，农业农村部、生态环境部等十部委联合印发《关于加快推进水产养殖业绿色发展的若干意见》，确定了"提质增效、减量增收、绿色发展、富裕渔民"的新时期发展目标，开启了渔业全面转型升级的新征程。

——坚持绿色发展。渔业是资源依赖型产业，为保护水生生物资源，1979年国家设立禁渔期、禁渔区制度，1987年确定渔船"双控"制度，1995年全面实施海洋伏季休渔，2003年实行长江禁渔期制度。党的十八大以来，国家进一步调整完善休禁渔制度，休渔水域涵盖海洋及长江、黄河、珠江等内陆七大流域，持续开展"绝户网"和涉渔"三无"船舶清理整治行动，改革海洋渔业资源总量管理制度，加大减船转产力度，实施长江为重点的水生生物保护行动，开展"亮剑"系列渔政执法行动，渔政管理日趋规范。全国建立水产种质资源保护区535个，海洋牧场233个，增殖放流各类苗种超过2 000亿单位，千岛湖、查干湖等大水面生态渔业蓬勃发展。

——坚持"走出去"。渔业是外向型产业。1983年，国家提出突破外海发展远洋渔业，从1985年，第一支远洋渔业船队首次走出国门，到2018年，远洋渔业作业渔船已发展到2 600多艘，作业范围发展到全球40个国家和大西洋、印度洋、太平洋公海，船队总体规模和产量均居世界前列。进入21世纪，渔业生产主动适应国际国内两个市场需要，成为出口创汇的重要产业。2002年，我国成为世界第一大水产品出口国。2018年水产品进出口总量和总金额均创历史新高，与201个国家和地区有水产贸易往来，是世界最大的水产品贸易国。同时我国还与20多个国家签署了渔业合作协定、协议，加入9个国际或区域渔业管理组织，参与30多个涉渔国际组织活动，彰显负责任大国形象。

——坚持创新驱动。科技创新是第一驱动力。新中国成立之初四大家鱼人工繁殖技术的突破，改革开放以后对虾、扇贝、藻类等人工鱼苗技术的发展，20世纪90年代的网箱、工厂化养殖技术，以及进入21世纪以来，深水抗风浪网箱养殖、生态健康养殖技术的推广，极大地推动了我国水产养殖业的快速发展。党的十八大以来，渔业科技加快关键技术突破、技术系统集成和科技成果转化，循环水、稻鱼综合种养、多营养层级立体养殖等生态养殖模式不断推广，物联网养殖设备、大型深海养殖装备不断涌现，药残检测、产地检疫、质量安全工作稳步推进，为推进渔业高质量绿色发展注入了新的动能。

回顾新中国成立70年的发展历程，中国渔业发展成就斐然，经验宝贵。站在新的历史起点上展望未来，渔业发展机遇与挑战并存。我们要抓住农业农村优先发展的有利时机，围绕实施乡村振兴战略，不断创新体制机制，坚持渔业高质量发展，把现代化渔业强国建设不断推向前进。

农作物优良品种护航农产品有效供给[①]

农业农村部种业管理司

一粒种子可以改变一个世界，一项技术能够创造一个奇迹。品种作为种植业产出品的内在决定因素，在服务产业发展、增加农民收入中扮演着重要角色。没有良好的品种，就没有生命力强的产业，就没有亿万种田农民的致富路。习近平总书记引用农谚强调了品种的重要作用，"好儿要好娘，好种多打粮""种地不选种，累死落个空"。新中国成立以来，在广大农业工作者的共同努力下，农作物品种选育推广不断获得新突破，迈上新台阶，特别是党的十八大以来，围绕建设现代种业、服务农业供给侧结构性改革这个目标，种业深化体制机制改革，品种创新取得显著成效，呈现蓬勃发展的良好势头。

一、从吃饱到吃好，农作物品种选育推广做出重要贡献

我国农作物育种技术经历了优良农家品种筛选、矮化育种、杂种优势利用、生物技术等发展阶段，育成农作物新品种 5.5 万余个，实现了 7～8 次新品种大规模更新换代，推广了一批突破性优良新品种，为端牢中国人的饭碗、满足人民日益增长的消费需求做出了重要贡献。

（1）主粮作物品种从重高产到兼优质不断提升。水稻从"矮秆革命"到三系配套再到两系配套，从籼优 63 到系列超级稻，小麦从泰山号、小偃号到周麦、扬麦、郑麦、济麦等系列品种，玉米从常规到杂交，从中单 2 号到掖单 13，从浚单 20 到郑单 958，品种不断更新，产量不断提高，以杂交水稻、紧凑型玉米、优质专用麦等为代表的品种突破，推动粮食总产量增长 116%、单产提高 123%。适应消费结构升级的新要求，品种选育再实现重大突破，吉单 66、泽玉 8911 等玉米品种，填补我国籽粒机收玉米空白；吉育 86、中黄 301 等大豆新品种亩产超过 300 千克；一批小麦新品种具备抗赤霉病和节水等优势；新育成水稻品种优质率占 45%，涌现一大批产量高、品质佳、口感好，可与日本渔昭越光和泰国香米媲美的稻米品种。绿色优质品种的大面积推广，有力助推了农业转型升级和高质量发展。

（2）小杂作物品种从单一性到多样化不断丰富。近年来，围绕做大做强优势特色产业，将地方土特产和小品种做成带动农民增收的大产业，2017 年启动实施非主要农作物品种登记制度，将 29 种非主要农作物纳入登记范围，进一步激发了市场活力，释放出科研动力，非主要农作物种业发展取得丰硕成果。截至 2019 年 7 月底，全国 29 种登记作物品种登记申请量达到 24 593 个。其中，辣椒、大白菜、番茄等蔬菜类品种 16 643 个，油菜、花生、向日葵等油料类品种 4 805 个，高粱、谷子、甘薯等杂粮类 2 260 个，果树和糖料类品种 800 余个。在这些登记品种中，我国自主选育品种占 91%。通过品种登记，在重视大宗农作物品种选育和推广的同时，着力推进小宗农作物品种快速发展，呈现大宗与小杂齐头并进、协调发展的新局面，更好满足人们多样化、个性化、优质化消费需求。

（3）品种选育基础从外引进到内自强不断进步。我国品种选育起步较晚，早期以种植农家种为主，国外种质资源及杂交等育种方法引入我国后，逐步带动我国农作物品种选育。历经几十年的发展，我国种业自主创新能力全面提升，在种质资源、原始创新、育种方法与材料创制、新品种选育

和专利等方面涌现出一大批高水平成果。各类作物种质资源新增13 000多份，鉴定出一批对水稻抗纹枯病、小麦抗赤霉病、玉米抗粗缩病等有突出抗性的优异种质，发掘了一批重要功能基因；双单倍体、基因编辑等先进技术走出实验室，在科研单位和种子企业得到大规模应用，极大提高了农作物品种培育效率。

二、从为吃饱到为吃好，农作物品种选育推广经验值得总结

70年来，我国农作物种业从小到大、从弱到强，从种子到种业、从保生产到保供给，取得长足发展，经验弥足珍贵。

（1）着力构建市场导向、企业主体、政府支持、产学研政结合的中国特色种业创新体系。通过加强种质资源保护利用，夯实育种创新的遗传基础；加强基础理论研究和颠覆性技术突破，取得一批重大科研成果专利；发挥市场配置资源的决定性作用，结合政策引导，支持优势种子企业做大做强、做专做精、差异化发展，形成布局合理、各具特色的种业企业集群；推动种业科研成果权益改革，创新体制机制，激发科研人员和企业创新的积极性，促进科企深度融合，打通上中下游创新链条，形成全产业链一体化的创新模式，加快培育和推广高产稳产、绿色生态、优质专用、适宜全程机械化的新品种。

（2）着力构建法制完善、监管有力、放管服结合的现代种业治理体系。种业法治建设从无到有，从办法到条例再到法律，位阶不断提高。目前，在农作物方面已形成了以《中华人民共和国种子法》《植物新品种保护条例》《农业转基因生物安全管理条例》《植物检疫条例》为主体，《农作物种子生产经营许可管理办法》《主要农作物品种审定办法》等17个配套规章为辅的涵盖种子科研、生产经营、质量管理等产前、产中、产后管理全过程的法律法规体系。在监管方行动上，强化市场监管和知识产权保护，严厉打击假冒侵权等违法行为，激励和保护自主创新、原始创新，为品种选育营造良好的法治环境。

（3）着力构建农作物良种攻关、品种试验、展示示范等育繁推一体化体系。从"七五"国家启动农业科技攻关项目良种选育技术研究到"十三五"实施的国家良种重大科研联合攻关，品种选育创新的积极性得到了极大的激发，为快出品种、出好品种提供了重要的机制和经费保障。同时，品种试验审定经过60多年的实践发展建成了技术标准完备、评测内容科学、试验设计合理、测试网络健全的国家和省两级农作物品种区试审定体系，广区域、多环境测试筛选和审定综合农艺性状优良的品种，切实发挥了育种"指挥棒""风向标"和生产用种"把关""探头"的作用。在品种推广应用"最后一公里"上，建立健全了国家、省、市、县四级品种展示示范体系，做到良种良法、农机农艺、配套服务相结合，并大力开展品种展示示范现场观摩、技术培训，加大宣传，促进品种更新换代，加快良种推广应用。

三、从吃好再到吃出品位，农作物品种选育推广面临新任务

进入新时代，踏上新征程，种业作为国家基础性、战略性核心产业，进入提质增效、换挡升级、不进则退的关键时期。肩负建设现代种业强国和推进乡村振兴战略的新使命，农作物品种选育推广还需不断努力前行。

（1）深化国家良种重大科研联合攻关。加快推进水稻、玉米、小麦、大豆等4种主要农作物，马铃薯、油菜、花生、甘蔗、甘薯、西兰花、青梗菜、香蕉、荔枝、火龙果、食用菌等11种特色作物良种重大科研联合攻关，集中优势研发力量和资源，强化体制机制创新，加大特色种质资源深度挖掘和地方品种筛选测试力度，加快提升特色作物种业水平，服务乡村特色产业发展。

（2）加强农作物品种试验审定与登记。深入贯彻落实"放管服"改革精神，不断完善和执行好农作物品种审定与登记制度。充分发挥品种审定对主要农作物品种选育导向作用，健全生产和市场

需求导向的品种试验机制，进一步优化审定标准，完善试验布局，调优鉴定项目，提升试验水平，加快优良新品种试验审定进程。坚持非主要农作物品种登记"事前放彻底、事中管到位、事后服好务"的主线，推动绿色、优质、专用、营养品种的选育与推广，满足消费者高端、健康、多样性的需求。

（3）创新农作物品种展示评价与推广。加快筛选和推广一批绿色生态、优质安全、高产高效的新品种，让农民能够在田间地头参照专业评价看禾选种，加快优良新品种推广应用，提升农业质量和效益。联合各级种子管理服务部门建立代表性强、稳定性高、协调性好的展示基地，形成覆盖各生态区的品种展示"全国网"。在展示品种种植过程中，组织专业人员系统采集品种数据，开展专业评鉴，发布权威评价结果。建立全国农作物品种展示评价服务平台，实现展示场景网上直播、品种表现数据和评价结果共享，让农民足不出户选择可用品种。

新中国成立70年来农业农村市场化发展成就[①]

农业农村部市场与信息化司

新中国成立70年来，我国农业农村市场化水平持续提升，特别是1978年改革开放以来，农村最早引入了市场机制，农民率先进入市场，市场化一直引领着农业农村现代化发展，农业农村市场化改革不断向纵深推进。从曾经的统购统销到放开市场经营，从曾经的农民肩挑背扛、提篮叫卖到买全国、卖全国的批发市场网络，从曾经的政府定价到如今的现货、期货市场共同发挥巨大作用，农产品流通体制不断健全，市场配置资源的决定性作用日益凸显。我国农业农村市场化70年改革与发展，在流通体系建设、市场主体培育、农业品牌创建、市场调控机制完善等方面均取得了令人瞩目的成就。

一、农产品市场体系基本实现全覆盖

在我国农业"小生产、大市场"的背景下，70年来，农产品批发市场的集散功能得到充分发挥，批发市场建设从无到有、从弱到强，逐步形成了沟通城乡、衔接产销、运行快捷的流通网络，建立起了以批发市场为中心，集贸市场为基础，连锁超市、物流配送和电子商务等为先导，以生产者、经销商、经纪人、中介机构、龙头企业为参与者的现代农产品市场流通体系，"货往哪里卖"的问题得以基本解决。在近4 500家农产品批发市场中，产地市场占70%，对于促进农产品"出村"发挥着日益重要的作用。随着我国冷链物流建设的日趋完善，除了传统批发零售平台，农产品电子商务平台也呈现快速发展趋势。在现货市场发展的同时，农产品期货市场实现了快速成长，目前我国农产品期货交易品种已有23个、期权品种2个，农产品期货市场规模排名全球第二，防范农业市场风险的作用日益突出。

二、多元化市场主体得以培育壮大

多元化主体的积极参与是活跃市场交易、发挥市场功能的基础。70年来，在市场力量和国家政策的双重驱动下，多元化市场主体得到了充分发育，日益成为市场运行的主导力量。农业生产经营主体除了众多分散的小农户外，涌现出多种形式的新型生产经营主体，如专业大户、家庭农场、农民合作社、农业龙头企业等；农产品流通主体则由众多农产品生产加工企业、经销商、经纪人和中介机构等组成。多元化市场主体之间的利益紧密连接，催生了多种多样的农产品流通模式，包括"农户＋收购商＋批发商＋零售终端""农户＋合作社＋龙头企业""订单农业""农超对接""农社对接"等。

三、农产品市场调控机制逐步健全

建立市场调控机制、有效发挥"政府之手"作用，是减少市场盲目性、提高市场运行效率的重要保障。新中国成立以来特别是改革开放40年以来，在推动充分发挥市场机制作用的同时，各级政府综合运用多种手段加强了对农产品市场的宏观调控，提高了应对市场异常变化的能力。目前，在粮棉油糖等大宗农产品领域，以中央政府调控为主，已经建立了包括价格支持、储备调节、关税

[①] 资料来源：农业农村部网站，2019年9月17日。

配额等在内的市场调控制度，有效抑制了农产品价格暴涨暴跌、"滞销卖难"、进口过度冲击，促进了市场平稳运行，保障了生产者和消费者利益。在鲜活农产品领域，以地方各级政府调控为主，各地认真落实"菜篮子"市长负责制，建立健全"菜篮子"调控保障体系，通过生产支持、储备调节、信息服务、保险保障等措施，有效引导"菜篮子"产品生产、经营和消费。

四、农业品牌化发展格局开始形成

品牌是农业竞争力和市场化水平的核心标志，是现代农业的重要引擎，更是乡村振兴的关键支撑。70 年来特别是党的十八大以来，农业品牌建设受到高度关注，已由过去的以地方和企业创建为主，转变为政府强力推动、企业主动创建、社会积极参与的良好局面。2016 年，国务院出台《关于发挥品牌引领作用推动供需结构升级的意见》，提出农业品牌建设路径。农业部将 2017 年确定为"农业品牌推进年"，统筹推进农业品牌建设；各地加强政策创设，主动推进区域农业品牌发展；有关行业协会、农业企业、研究机构等积极推动区域公用品牌、企业品牌、产品品牌"新三品"协同发展。目前，中国百强农产品区域公用品牌、十大茶叶区域公用品牌、十大苹果区域公用品牌、十大大米区域公用品牌、最具影响力 30 个水产品区域公用品牌以及全国各省、自治区、直辖市推选出的千余个地方名牌产品，正在赢得消费者信赖，逐步引领农业市场化现代化发展。

六、地区篇

天津市：发展绿色农业，提升农产品质量安全水平

天津市农业发展服务中心

张凤娇　马文宏　孙　岩　任　伶　王　莹　杨鸿炜

2018 年是全面贯彻党的十九大精神的开局之年，也是天津市"三品一标"工作职能整合、转型高质量发展的开局之年。根据中共中央、国务院有关"三农"工作文件精神，天津市积极发展绿色优质农产品生产，以家庭农场、农民合作社、现代农业产业园为重点培育优质农产品品牌，增加绿色优质农产品供给，积极推进农业生产向提质增效方向发展。

天津市绿色食品办公室在天津市农村工作委员会的统一领导下，紧紧围绕"农业质量年"主题，按照"三品一标"高质量发展要求，坚持"围绕中心，服务大局""统筹协调，开拓创新"，同心协力，真抓实干，努力开创天津市"三品一标"事业发展新局面。天津市"三品一标"各项工作稳中求进、稳中向好，"三品一标"优质农产品品牌的权威性和影响力不断提升，"三品一标"的生态效益、经济效益和社会效益不断显现。

一、强化产品认证，确保"三品一标"高质量发展

截至 2018 年年底，天津市"三品一标"产品总数为 1 262 个。其中，无公害认定产品总数为 1 072 个，下发无公害农产品认定证书 119 份；绿色食品企业数 63 家，产品数 179 个，2018 年新认证绿色食品企业 9 家，产品数 21 个，企业续展率为 64.7%，产品续展率为 77.1%。目前，天津市有绿色食品原料标准化生产基地 1 个，规模 11.24 万亩；有机农产品企业 1 家，产品数 3 个；获得农产品地理标志登记保护农产品 8 个，年总产量 80 万吨，建立市级农产品地理标志标准化生产示范区 2 个。

二、强化督导检查、落实全程管控

一是开展绿色、有机食品质量安全监督抽检。按照对绿色、有机食品提出"严格审查、严格监管"和"认证从紧、监管从严、处罚从重"的系列要求，对产地环境、生产过程、产品质量进行全过程管控。2018 年全市共抽检绿色、有机产品 324 批次，其中种植产品 97 批次、畜禽产品 13 批次、加工产品 75 批次、产地环境土 87 批次、产地环境水 52 批次，总体抽检合格率为 100%。

二是结合部、市两级农产品质量安全例行检测，对无公害农产品认证企业、农产品地理标志的获证产品实现全覆盖。针对重点时期、重点产品和重点生产环节可能发生的问题，通过"四直两不"与现场检查相结合等方式，强化基地及产品质量的日常巡查监管。全市农产品质量继续保持稳定，总体抽检合格率为 99.5%。

三是做好突发事件的处置工作。加强舆情监测，做好会商研判，对突发问题进行妥善处置。针对 2018 年 5 月 6 日中央电视台《焦点访谈》栏目播出的"有机蔬菜有玄机"报道，天津市迅速做出反应，下发了《关于开展"三品一标"产品质量安全专项检查工作的通知》，组织农业系统各级部门立即行动，采取切实有效措施加强监管，确保"三品一标"产品质量安全可靠，保障人民群众消费安全。

四是强化风险防范，监督检测、市场监察齐抓共管。2018 年，共抽查销售场所 7 家，其中超

市 5 家、农贸批发市场 1 家、专卖店 1 家；共抽取产品 238 个，其中规范用标产品 228 个。对包装标签使用不符合规程的企业提出整改要求，要求标签上绿色食品标志设计符合《中国绿色食品商标标志设计使用规范手册》要求，且应标示企业信息码。

三、强化制标用标，夯实标准体系

2018 年，按照中国绿色食品发展中心统一部署，天津市承担了全国 6 项区域性绿色食品生产操作规程的编制工作。通过对 18 个省份 35 个企业进行调研，征求 15 个省份绿办的意见，并组织专家研讨，现已制订完成了 6 项规程的编制工作，并全部通过了中国绿色食品发展中心组织的专家审定，为全国绿色食品标准体系建设提供了帮助。

大力推广生产操作规程的应用，指导企业和农户标准化生产。将 2017 年中国绿色食品发展中心统一制订的有关 10 多项生产操作规程向全市相关企业进行了宣传和培训，指导农户科学施肥、合理用药、清洁生产。通过专题组织生产企业进行生产操作规程落实情况督导，打出一系列"组合拳"，有力地推进了绿色食品技术标准落地生根、开花结果，绿色食品企业重标准、懂标准、用标准的意识和水平明显提高。

四、强化品牌培育，打造精品形象

2018 年 4 月，"春风万里，绿食有你"全国绿色食品宣传月期间，在蓟州区举办了"品绿色食品美味，送规程到千万家"活动。通过绿色食品走进社区、超市、校园的一系列宣传，既广泛传播了绿色食品发展理念，倡导了绿色消费方式，也为绿色食品企业走进社区和超市搭建了很好的平台，拉近了绿色食品与居民的距离，让绿色理念更贴近百姓、更贴近生活。

为提升全市绿色食品企业生产、销售和打造品牌的积极性，提高天津市绿色食品的知名度和影响力，天津市绿色食品办公室带队组织参加了第 19 届中国绿色食品博览会暨第 12 届中国国际有机食品博览会，集中展示天津市绿色有机食品的新进展、绿色发展的新成就、新农村建设的新面貌。天津展团荣获组委会颁发的优秀组织奖，展示产品中 7 个绿色食品获金奖，1 个采购商获优秀商务奖。

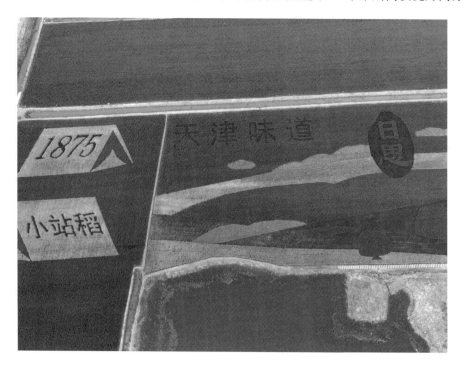

五、强化"资源整合"，提升队伍能力

为尽快补齐区级监管体系队伍资源不足这块短板，2018 年共组织了两期培训，即绿色食品检查员、监管员、内检员的培训班和无公害农产品检查员、内检员的培训班。培训绿色食品检查员、监管员 115 名，内检员 86 名；无公害农产品检查员 115 名，内检员 240 名。为做好无公害农产品改革过渡期有关承接工作，天津市绿色食品办公室组建了无公害农产品认证评审专家委员，共有业内专家 35 名。这些人员在各区的认证和监管工作中发挥了积极的技术支撑作用。

2019 年 3 月 26 日，天津市农业发展服务中心挂牌成立，天津市绿色食品办公室全部工作并入其中统一管理。全体职工立足新形势、新职能、新任务，提高政治站位，认清使命责任，转变思想观念，担当作为，努力开创工作新局面。

六、出台《天津市绿色优质农产品发展的实施意见》

2019 年 4 月，天津市农业农村委员会制定了《天津市绿色优质农产品发展实施意见》。该意见提出：立足本市资源禀赋和农业结构条件，按照区域发展、规模推进的原则，逐步提高农业供给侧生产水平，农产品供需在高水平上实现均衡发展。力争到 2022 年，逐步实现以下目标：

（1）重质量。强化证后监管，开展监督检测。全年对绿色食品、有机农产品及农产品地理标志产品的质量安全监测覆盖率达到 100%，合格率稳定在 99% 以上；获证产品率先实现质量安全可追溯。

（2）稳发展。完善认证补贴政策，稳步推进认证工作。绿色食品、有机农产品、农产品地理标志、全国名特优新农产品和良好农业规范农产品名录认证登记数量年均增长 6% 以上，绿色食品年产量达到 5 万吨，种植基地面积规模达到 11 万亩，养殖规模达到 22 万头（只）。

（3）树品牌。选取基础条件好、发展潜力大的认证企业进行重点培育，打造一批以安全、绿色、有机、健康为主要特色的区域公用品牌、企业品牌和知名农产品品牌。

（4）补短板。健全认证工作体系，建立健全市区两级发展绿色优质农产品认证工作机制，推进认证制度规范化建设，形成绿色食品和农产品地理标志监管检测长效机制。

2019 年，天津市"三品一标"工作以"不忘初心、牢记使命"主题教育为中心，努力创新，向新中国 70 华诞献礼。

河北省：质量兴农，绿色先行，努力实现绿色食品发展新跨越

河北省农产品质量安全中心　杨朝晖

党中央、国务院一直高度重视农产品质量安全和农业绿色发展工作，近年来，对农产品质量安全又提出了新的更高要求，强调要把"着力增加绿色优质农产品的供给"摆在更加显著位置。绿色食品已经成为引领农业产业发展和消费转型升级的"主力军"。

绿色食品作为一项开创性事业，经过近30年的发展，逐渐打造出了一个精品品牌，创建了一项新兴产业，走出了一条标准化、品牌化、产业化相结合，经济效益、生态效益、社会效益协同发展的新路子，当前，推动绿色食品生产已经是农业农村发展新形势的必然要求。

一、河北省绿色食品发展概况

在"质量兴农、绿色兴农、品牌强农"成为农业发展主旋律的今天，绿色食品通过坚持实施全程标准化生产，不断完善标准体系，严谨规范地开展审核工作，严格加强质量监管，培育了绿色食品品牌的公信力，奠定了市场地位，赢得了消费者的良好口碑，已成为农业系统主导的公共优质品牌。

河北省狠抓绿色食品发展，产业呈现出持续健康稳定的发展态势。截止到2018年年底，河北省有效使用绿色食品标志的企业有323家，产品986个，监测面积44.79万亩，获证产品产量达到203.5万吨，产值达到63.7亿元。在获证企业中，国家级农业产业化龙头企业14家、49个产品，省级农业产业化龙头企业47家、219个产品，省级以上产业化龙头企业占获证企业总数的18.9%、产品总数的27.2%。获证主体结构日趋合理，产业结构水平不断提升。

全省现有绿色食品原料标准化生产基地12个，面积118.69万亩，产量97.665万吨；正在创建的生产基地3个，面积16.1万亩，产量26.27万吨；农业系统共认证有机产品生产企业36家，产品123个；认定绿色食品生产资料企业9家，产品19个。

二、推动工作的主要做法

1. 严格程序，稳步推进绿色食品开发工作

一是严把准入门槛，严格执行"一程序两规范"，强化各市管理机构审查责任和检查员现场检查责任，基本保证了申报质量；二是强化服务理念，各市主动为企业提供优质、高效、便捷的指导服务，激发了企业的申报动力；三是加强培训力度，帮助企业掌握申报要求和程序，提高了企业申报效率。2018年，在全系统的共同努力下，当年认证的绿色食品企业117家、产品314个，较好地稳定了绿色食品产业存量。

2. 明确职责，进一步强化证后监管工作

认真贯彻执行《河北省绿色食品企业年检工作实施办法》，坚持以企业年检、产品抽检和标志监察为抓手，明确各地市属地监管职责，增强全程管控能力。2018年年检工作重点在严格控制风险、严把产品质量、强化退出机制上下功夫，继续推动工作的及时性、规范性和有效性，强化年检督导工作，各市按照年检计划有序推进工作。一是产品抽检工作扎实推进。省级安排了100个样品的产品监督抽检，样品基本涵盖了所有应季产品，对检测结果不合格的2个产品已按照规定上报农业农村部，并取消了绿色食品标志。二是市场监督成效明显。根据农业农村部的安排，每年4～5

月均在地级市的监测点购买所有标称绿色食品和北京中绿华夏有机食品认证中心认证的产品，并进行监督监察。在 2018 年的市场监察行动中，共监察石家庄、张家口等地的 8 个市场，其中固定监察点 2 个、流动监察点 6 个，购买样品 129 批次（个），发现违规使用绿色食品标识产品 1 个、假冒产品 1 个，均按照程序进行了处理和上报。

3. 持续发力，助力贫困县精准扶贫、产业扶贫

认真贯彻落实《中共中央　国务院关于打赢脱贫攻坚三年行动的指导意见》和农业农村部关于环京津农业产业扶贫的统一部署，以绿色食品和有机农产品为抓手，指导中国绿色食品发展中心和河北省农产品质量安全中心共同产业帮扶的张北县政府（张北县农业局）申报创建全国绿色食品原料（甜菜、马铃薯）标准化生产基地各 10 万亩，顺利列入"第十八批全国绿色食品原料标准化生产基地创建计划"。指导帮助张北县 18 家企业申报绿色食品、3 家企业申报有机农产品，全县有 14 家企业的 27 个产品获得绿色食品认证，分别比帮扶前的 2016 年增长 250％、125％；认证面积达到 21 438 亩，比 2016 年年底增长 471％。

为充分发挥绿色食品品牌在农业产业扶贫中的积极作用，助力张承保地区贫困县精准脱贫，在总结张北县经验的基础上，河北省积极争取扶持政策，经过多方努力，中国绿色食品发展中心已经正式批复，决定于 2018 年 9 月 20 日至 2020 年 12 月 31 日，免收环京津地区农业农村部对口帮扶指导的 28 个贫困县的绿色食品认证审核费及标志使用费，推动环京津地区农业农村经济高质量发展。

截至 2018 年年底，河北省贫困地区已有 136 家企业、266 个特色农产品获得绿色食品证书。其中，国家级贫困县有 103 家企业、188 个产品，省级贫困县有 33 家企业、78 个产品获得绿色食品证书；28 个农业农村部帮扶环京津贫困县有 89 家企业、170 个产品获得绿色食品证书。

4. 创新思路，努力做好全省绿色食品培训工作

一是分别在张北、丰宁等贫困县组织贫困地区绿色食品、有机农产品业务培训 4 次，培训各级管理骨干和技术人员 500 人次。二是 10 月下旬举办了绿色食品检查员、标志监督管理员及绿色食品生产资料管理员培训班，培训市县两级管理骨干 90 余人。三是组织开发内检员网上学习培训考试程序，已完成专家授课录制，网上学习考试系统调试上线，四季度已投入试运行，实现了企业内检员网上学习、网上考试、网上注册的便捷管理。

5. 扩大影响，开展绿色食品品牌公益宣传活动

举办"'春风万里，绿食有你'绿色食品宣传月"绿色食品进社区活动，石家庄、承德、邢台

等地的中盐河北盐业专营有限公司、石家庄双鸽食品有限责任公司等20家绿色食品企业参加活动，在活动现场印制发放《你知我知大家知绿色食品知识手册》近千册，并采取现场咨询、宣传讲解、互动体验、展示展销等方式，积极宣传绿色食品理念，普及绿色食品基本知识。活动邀请长城新媒体、河北新闻网、石家庄电视台、中国食品质量报、农民日报等新闻媒体的记者进行了现场报道，中国经济网、凤凰网、搜狐等多家媒体均对活动盛况进行了报道和转载，达到了很好的宣传效果。同时还组织"讲好品牌故事"，邀请长城新媒体进企业进基地，深入采访，《小核桃谱写"绿色"传奇》《富岗苹果打造中国果品第一绿色品牌》分别在长城网上刊发。2018年12月河北展团参加第19届中国绿色食品博览会的新闻报道，分别在《河北经济日报》、长城网进行了刊发，取得良好效果。

6. 强化服务，充分利用绿博会为企业搭建平台

2018年12月，组织40余家绿色有机食品企业参加了第19届中国绿色食品博览会暨第12届中国国际有机食品博览会。河北省联手京津两地，组成"京津冀协同发展展区"，统一设计、统一布展，并设立产业扶贫专区，有20个产品获得博览会产品金奖，河北展团获优秀组织奖。不少企业通过展会切实得到了实惠，获得了效益。中藜藜麦在展会上结识了新客户，展会过后，客户就跟企业签订了合同，不到年底企业所有产品销售一空。

7. 因地制宜，保持有机农业持续平稳发展

2018年，河北省有机食品工作继续坚持因地制宜、企业自愿和从严从紧的原则，经北京中绿华夏有机食品认证中心认证的有机食品123个。丰宁县的全国有机农业（小米）示范基地，8月顺利通过了农业农村部绿色食品管理办公室的评估验收。

三、下一步的总体思路和工作安排

总体思路是：坚持以习近平新时代中国特色社会主义思想为指导，以实施乡村战略为契机和总抓手，坚持质量第一，积极推进标准化生产，强化全程质量控制，加强证后监管，强化宣传发动，不断提升绿色食品和有机农产品的品牌影响力，坚定不移推进质量兴农、品牌强农、绿色助农，为提高全省农业绿色化、优质化、特色化、品牌化水平做出新贡献。

1. 进一步抓好认证初审工作

一是认证开发工作要继续加大力度。重点指导帮助农业产业化龙头企业、专业合作社做好申报

工作，扩大认证规模。二是着力解决产品认证结构失衡的问题。积极谋划将绿色食品的认证范围扩大至整个种植、养殖、加工领域，在优化产品结构方面下力气、做文章、寻突破，重点推动畜产品、水产品和龙头企业深加工产品的认证。三是进一步做好企业续展工作。督促和帮助即将到期企业及时申请续展，提高企业续展率，稳定存量。四是进一步提高服务意识、服务能力和工作水平。强化县一级检查员宣传标准、执行标准的责任意识，指导企业按标准要求研究建立符合实际的生产技术体系，将绿色食品标准要求落实到田间地头。发挥和强化市一级检查员工作职责，现场检查时突出标准掌握落实情况的检查。合理安排续展计划，及时跟进，努力提高续展率。将工作着力点向为企业服务方面深化和延伸，积极创造条件，促进开发。

2. 进一步抓好证后监管工作

贯彻执行《河北省绿色食品企业年检工作实施办法》，强化督导检查，指导各市扎实做好企业年检工作。加大产品监测力度，在全省农产品质量安全产品监督抽查计划中安排250批次绿色产品抽检任务，应季绿色产品基本实现全覆盖。加强市场监察力度，坚决打击假冒现象，规范企业用标行为。

3. 进一步抓好产业扶贫工作

贯彻落实中央脱贫攻坚战略决策和农业农村部关于产业扶贫的工作部署，以大力发展绿色食品和有机农产品为抓手，为贫困县绿色食品申报开设绿色通道，助力贫困县产业精准扶贫。重点强化以下措施：强化基地建设，搭建产业推动平台；强化产品认证，搭建品牌培育平台；强化技术培训，搭建智力扶持平台；强化产销对接，搭建市场营销平台；落实减免政策，搭建政策支持平台。深度挖掘典型，加大宣传力度，讲好品牌故事，助力产业精准扶贫。

4. 进一步抓好宣传工作

继续与长城新媒体合作，做好公益宣传。利用报纸、网络、博览会等多种平台，宣传绿色食品对产业精准扶贫的助推作用，宣传推介河北省的绿色食品名优特产品，宣传绿色食品公用品牌，鼓励企业加大品牌宣传，实现公众品牌与企业品牌联手共赢。

5. 进一步抓好培训工作

继续加大培训力度，创新工作方式方法，认真总结内检员网上培训经验，优化课程和培训方式，力争使内检员的培训工作这一在全系统的首创性工作成为全国的典型。按计划组织开展好检查员和监管员培训，提高"两员"业务能力，并鼓励市、县两级继续加大对绿色食品管理人员、获证企业负责人和内检员等有关人员的培训，不断提升整个系统和行业的人员素质及管理能力。

6. 抓好队伍建设工作

检查员、监管员队伍建设是事业发展的基础。以提高市一级检查员、监管员能力水平为重点，通过督导、现场检查、材料联审、交流互检等方式，以检代训，进一步建强建好骨干队伍。一级带一级，做好延伸传帮带，逐步提高县级检查员、监管员业务水平。

河北省将进一步严格标准，强化监管，加大宣传，久久为功，继续打造好、维护好绿色食品的精品形象，为培育一批又一批的"大而优""小而美""土字号""乡字号"优质农产品精品名牌，为促进全省农业增效和农民增收，为广大人民群众的饮食安全与健康，做出新的更大的贡献。

河北省丰宁满族自治县：立足基础，着眼高端，全力打造有机农业区域品牌

河北省农产品质量安全中心　　杨朝晖　　杨宝峰

丰宁位于河北北部，南邻北京，北靠内蒙古。全县总面积8 765平方千米，为河北省面积第二大县。全县地形地势复杂多样，海拔 365～2 293 米，分坝上、接坝、坝下 3 个地貌单元。坝下群山绵延，河谷纵横；接坝峰高谷深，林木茂盛；坝上天高地阔，风景优美。年平均气温 2.4～7.1℃，平均降水 398.2～447.7 毫米。丰宁是京津重要的水源地和生态屏障，供北京用水的潮河、供天津用水的滦河均发源于丰宁。丰宁是华北生态系统和京津冀水源涵养功能区的核心区，被称为"首都之肺"。全县有耕地 139 万亩，草场面积 736 万亩，林地 754 万亩，森林覆盖率 57.5%；辖 10 镇16 乡共 309 个行政村，总人口 41 万人。

丰宁历史悠久，文化底蕴深厚，是天下第一鸟"华美金凤鸟"的故乡。红山文化、龙山文化、山戎文化几经兴替，农耕文明与草原文明水乳交融。清雍正十三年（公元 1723 年）设四旗厅，清乾隆四十三年（公元 1778 年）取"丰芜康宁"之意设立丰宁，1987 年经国务院批准成立丰宁满族自治县，属国家级贫困县，是河北省 6 个坝上县、32 个环京津县、22 个扩权县之一。

1. 丰宁发展有机农业，优势得天独厚

（1）自然资源优势。丰宁地处内蒙古高原向冀北山地丘陵的过渡地带，四季分明，光热充足，昼夜温差大，雨热同季。由于气候差别大，土地肥沃，丰宁种植出的农产品呈现出种类繁多、营养丰富、口感极佳、功能优异等显著特点，并能够实现梯次种植，分期上市。

（2）生态环境优势。丰宁是京北生态系统的核心区，是生产有机食品的风水宝地，空气负氧离子丰富，是天然氧吧，出境水质基本达到Ⅱ类水标准，可以说天蓝、地绿、水清、土净。丰宁气候冷凉，病虫危害轻，畜禽粪便等有机肥充足、廉价，农业生产历来很少使用农药和化肥。多年来，全县上下已树立了生态是第一资源、第一品牌的意识。年造林 20 万亩以上，森林覆盖率年平均提高 1.3 个百分点。同时实施了水源保护和涵养、水土流失治理、禁垦禁牧、节能减排等一系列过硬举措，生态环境质量还在逐年提升。

（3）农业基础优势。丰宁属典型的半农半牧区，是华北知名的农业大县和畜牧养殖大县，经过持续的农业结构调整，初步形成了有机奶业、有机蔬菜、有机杂粮、有机养殖为主导，中药材、林果、食用菌共同发展的农业产业格局，全县市级以上农业化产业化龙头企业达到 52 家，农业合作社 1 300 多家，为有机农业提供了广阔的发展空间。

（4）市场区位优势。丰宁紧邻京津高端市场，交通便捷，已有张唐、多丰两条铁路和张承高速、国道 111 线贯穿全境，县城到与北京交界处只有 18 千米，距北京市区 180 千米，距天津市区260 千米。可根据市场做出迅速反应，易于快速供货，能够有效保证产品鲜活，而且运输成本低，市场区位优势明显。

2. 抢抓机遇，科学论证，明确有机农业发展方向

丰宁农业到底向什么方向发展、怎么发展，始终是困扰县委、县政府领导的一个重大课题。2015 年年初，新一届县委领导班子经过深思熟虑，立足丰宁实际，决定把发展有机农业作为全县农业发展新方向。为了深入了解有机农业示范县创建的路径，县委主要领导亲自带队先后到国家质量监督检验检疫总局、国家认证认可监督管理委员会、中国绿色食品发展中心、中国农业大学、北

京市商务委员会、北京新发地农产品股份公司等单位，就丰宁创建有机农业示范县的相关问题进行了汇报和沟通。领导和专家们一致认为，丰宁发展有机农业的条件得天独厚，发展有机农业是丰宁现代农业的必然选择，并就丰宁有机农业的发展提出了很多宝贵意见及建议。领导和专家们的意见及建议不仅为丰宁发展明晰了路径，更坚定了丰宁发展有机农业的信心和决心。县委、县政府决定按照领导和专家们的意见，既争创"国家有机产品认证示范县"的牌子，又争创"全国有机农业示范基地"的牌子。通过"双创"，促使丰宁有机农业更扎实、更有效。

3. 创建工作开展情况

按照习近平总书记"张承地区定位于京津冀水源涵养功能区、同步考虑解决京津周边贫困问题"的指示精神，丰宁满族自治县把发展有机农业作为统筹推进"生态建设"和"脱贫甩帽"两大任务的最佳切入点。近年来，在国家、省、市的指导和帮助下，全县精心谋划、周密部署，狠抓"四大体系"建设，有力推动了创建工作扎实、有效开展。

（1）以组织为保障，狠抓工作体系建设。成立了由县长任组长、分管副县长任常务副组长、相关部门主要领导为成员的创建工作领导小组，明确责任，细化分工。领导小组下设办公室，具体负责创建日常工作，各乡镇全部成立了政府一把手为组长的领导小组，相关企业成立了以企业法人为组长的创建小组，形成了完善的县、乡、企业三级创建体系。

（2）以科学为引领，狠抓规划体系建设。立足丰宁生态资源优势，充分体现区域特色，聘请国内顶级专家团队编制了《有机农业发展规划》，按照统筹规划、分步实施、稳健推动的原则，把建设各类有机农业示范园区作为创建载体，坚持区域化布局，打造"有机种植、有机养殖、有机产品加工"三大板块。选定积极性高、基础条件好、经济实力强的龙头企业、农民合作组织、专业大户作为建设主体，通过优势资源和特色产业培育一批、按照有机生产标准规范一批、对已获认证的提升一批的"三个一批"原则，科学推进，逐步实现创建目标。围绕各区域有机发展实际，因地制宜，以乡镇为单位编制了《有机农业示范园区建设方案》，在园区布局、品种选择、产品认证、市场销售等环节进行了全盘规划，聚焦有机奶、有机蔬菜、有机杂粮等优势产业，聘请中国农业大学等单位编制了专项规划，形成了完整的规划体系，为主体做大规模、做强产业、做优效益指明了方向，有效激发了有机园区的发展活力。

（3）以政策为导向，狠抓扶持体系建设。先后出台了丰宁满族自治县《有机农业示范园区扶持政策》《坝上及接坝地区生态有机农业综合示范园扶持政策》，以及黄旗有机小米、有机奶等专项扶持政策。将有机产业发展与脱贫攻坚紧密结合，在全县《产业扶贫全覆盖扶持政策》中专门制定了《有机农业扶持政策细则》，县财政每年筹资 2 亿元，上不封顶，在有机肥料、节水、饲草、有机认证、有机产品销售、信贷贴息、名优产品等方面，给予全产业链扶持。统筹整合涉农项目，用于支持有机园区建设，确保园区跟着规划走、项目跟着园区走。通过政策引导，极大地调动了市场主体

的积极性，做有机农业在丰宁已蔚然成风。

（4）以质量为命脉，狠抓监管体系建设。坚持把生产出有机健康的高品质农产品作为核心要求，把有机认证作为首要标准，通过在全国范围内严格筛选，确定了6家技术雄厚、信誉度高的有机认证公司进驻丰宁，开展认证工作。严格要求认证公司对质量负责，对创建工作负责，明确认证费用由县财政全额支付，只要认证公司从严认证，无论认证结果如何，一律兑现费用。同时，实施"三大监管机制"，确保了认证的严肃性、真实性、有效性和长期稳定性。

一是全程见证机制。严格认证过程监管，组织认证监管部门、行政主管部门、业务主管部门、认证机构共同参与，严格把关。依据《有机产品认证实施规则》《有机产品标准》逐阶段进行筛选淘汰，经过10个阶段的严格认证，对认证行为规范的企业，进行重点帮扶，对于达不到标准的项目，及时进行整改、补充，并采取延长转换期的方式提升产品质量。在认证及例行检查时，丰宁县执法人员同步跟进，对全过程进行见证和监督，并填写《见证检查表》，对认证公司的检查过程及被检查企业的状况进行评估、打分，保证发现问题及时处理。

二是"双退出"机制。严格证后监管。企业获得认证后，实行了常态化的检查机制，同时针对获证种类各时间段的风险程度进行"飞行检查"，一旦发生生产企业违规行为，立即退出认证，并根据《有机产品认证管理办法》的要求进行处罚，1～5年内不得再次申请认证。对发现认证机构未按规定从事认证活动、跟踪检查不到位、弄虚作假、认证过程存在违规违法等行为的，实行退出制度并列入黑名单，禁止在辖区再从事认证活动。

三是分级监管机制。针对辖区内认证企业分布广、认证种类多等实际情况，丰宁紧抓耕种、除草等高风险时期及动物疫情、病虫害多发期，提前介入，实地进行检查指导和重点监管。根据质量评价体系，将县内的认证企业分成 A、B、C 三个等级，对等级较低的企业和终端产品在市场上销售的企业进行重点监管。

4. 创建成果

近年来，丰宁累计投入资金10.2亿元，奶业、蔬菜、黄旗小米、特色养殖等有机园区初具规模，生产、加工、仓储、运输、流通等各个环节有效畅通，有机产业链条基本形成。目前，丰宁县35家企业获得57张有机证书，有机认证面积达到27万亩，养殖业认证数量达到5 000头。有机示范县创建工作给丰宁各项事业带来了蓬勃的活力和强劲的势头。

（1）农业产业加速发展。创建主体不断壮大，产品品质有效保障，有机认证助推市场销售一路向好，产业效益显著提升。奶业现代化牧场改造全面完成，鲜奶有机程度全部达到 A 类牧场标准，售价提高了 30%，缘天然集团液态奶扩能项目迅速跟进，日处理能力达到 500 吨，获得"中国驰名商标"。蔬菜产业，千亩以上有机园区达到 10 个，昌达公司打造出 5 000 亩华北最大的有机露地蔬菜示范区，优质的有机蔬菜敲开了首都的大门，首农集团、新发地等大型企业纷纷与丰宁签订合作协议。2019 年，丰宁被确定为北京冬奥会蔬菜供应基地。"黄旗小米"有机认证面积达到 6 000多亩，获得"国家一级优质米"殊荣，黄旗小米地理标志证明商标成功注册，并成为国家地理标志保护产品。经过有机产品认证的小米，平均价格每千克 40 元以上，是创建前的 4 倍；黄旗皇的精品小米在第 15 届中国国际农产品交易会上获得金奖，每千克售价达到 120 元。

全县有机产业链不断延长，精深加工企业达到 7 家，新增大型有机肥企业 3 家。丰宁平安高科实业有限公司是掌握了菊粉规模化生产的高科技企业，"维乐夫"牌菊粉获得生态原产地保护，产品供应圣元、光明、亨氏、三元、同仁堂等大型企业。"丰宁有机"公用品牌效应不断增强，知名度显著提高，荣达、水星、禾林等众多企业的产品获得"河北省名牌产品""河北省优质产品"称号，丰宁有机农产品在京东、淘宝等电商平台销售火爆。可以说，通过有机认证，通过国家有机产品认证示范县和全国有机农业示范基地的创建，使丰宁人真正实践了供给侧结构性改革，体会到了有机发展给农业产业带来的巨大推动作用。

（2）有机扶贫精准有效。有机农业的快速发展为产业脱贫注入了强大动力，特别是被国家认证认可监督管理委员会列为有机产品扶贫试点县后，丰宁县紧抓机遇，打响"有机扶贫攻坚战"，创新实施了产业扶贫全覆盖工程，以创建"国家有机产品认证示范县"为支撑，以龙头企业带动为引擎，加快农民增收步伐，力争让每一个贫困户都有生产经营性收入或财产性收入，实现"光彩脱贫""稳定脱贫"。

依托产业优势，实施"大产业引领，小项目覆盖"，在重点项目、扶贫龙头企业带动的基础上，围绕各有机园区，年谋划"全覆盖型"乡镇扶贫重点项目 300 个以上，按照"规划到村组、扶持到项目、责任到人头、受益到贫困户"的思路，精准施策，探索创新了奶、菜、肉羊、杂粮等十大产业扶贫模式。比如缘天然集团建设了奶业扶贫牧场，采取"政府＋银行＋企业＋贫困户＋保险"的方式，有劳动能力的贫困户就地打工，无劳动能力的贫困户用扶贫贷款入股，使贫困户"土地流转得租金、就地打工挣薪金、牧场入股分股金"，实现了"一企带千户，一地生三金"。比如有机蔬菜产业，创新出了全村集中土地流转、组织贫困户规模经营的镇村主导型。还有企业负责投入、管理、销售，贫困户认领地块，参与收益分成的企业引领型。此外，还有乐拓牧业股份公司合作养羊、黄旗小米"三零一保"、有机食用菌"122"等多种模式，都实现了有机农业与贫困户紧密的利益联结。

（3）助力生态成效显著。丰宁是京津冀水源涵养功能区的核心区，是京津的供水源头，"北京一杯水，半杯自丰宁"，生态建设和保护是丰宁的重点工作，更是政治任务。有机产品认证示范县的创建有力地推动了"生态农业"的发展，养殖场、养殖小区设施改造不断深化，有力提升了养殖企业治污力度，养殖业面源污染防控水平显著提高；有机农业使用农家肥或有机肥替代化肥，改良了土壤结构，提高了土壤肥力，推广"三诱一生"绿色防控技术，农药使用得到有效避免。比如黄旗小米的核心区黄旗镇是供北京市用水的潮河的发源地，通过黄旗有机小米园区建设，年减少化肥使用 220 吨，减少农药使用 0.6 吨，有效降低了首都水源污染风险，提高了供水质量。根据丰宁认证面积推算，全县年减少使用化肥 3 000 吨，减少使用农药达到 90 吨。同时，有机生产使土壤中的微量元素得以修复，保持了土壤生机和农业生物的多样性，使生态系统的完整性和自然资源生产力得以保持，促进了丰宁生态与经济和谐发展，最终实现共赢。

山西省：提质量，塑品牌，开启全面
发展绿色食品新征程

山西省农产品质量安全中心　田峻屹

近年来，山西省深入贯彻习近平总书记视察山西时的重要讲话精神，不断深化农业供给侧结构性改革，各级政府和农业部门坚持以"三品"推进农业标准化、以标准化引领农产品质量提升，推进农业高质量绿色发展。随着"三品"绿色化、标准化、品牌化同步推进，一大批绿色安全生产的新技术、新工艺、新标准和新成果得到广泛的推广应用，农业生产方式得到很大转变，全省"三品"高质量发展的趋势逐步显现、示范引领作用愈加明显、品牌影响力持续扩大，按标生产、绿色生产的制度环境和产业格局正加快形成。

2018 年，全省紧紧围绕"农业质量年"这个主题，把"三品"放到突出位置，大力推进质量兴农、绿色兴农、品牌强农，"三品"取得扩量、提质、增效、安全的良好成效，呈现出井喷式发展的喜人态势。山西省农产品质量安全中心荣获山西省农产品质量安全工作先进单位，连续两年在全国"三品一标"工作会上进行有机农产品工作典型经验交流。

一、政策驱动，持续注入绿色食品发展动力

按照"预防为主、源头控制、全程监控、综合治理"的原则，不断创新工作机制，强化制度建设，出台了"三品"工作制度，全力推动制度化、规范化、长效化。

一是纳入省政府考核体系。引导政策、资金、人才等聚合到提高"三品"质量效益和竞争力上，山西省农业农村厅细化指标，量化考核，省、市、县层层分解落实到每个企业、合作社和生产基地，采取有力措施予以推进。首次列支 1 900 万元的省级财政奖补资金，市、县同步强化财政支持，加快"三品"与农业生产项目建设的结合，有力推动工作开展。

二是省政府专题研究部署。提出要大力开展"三品"的认证和生产。加大认证力度，通过基地建设带动产业发展，力争用 2～3 年时间改变在全国的落后局面。要以"一县一业"较为明显的产业县为抓手，建设一大批绿色食品基地和 30 个有机农产品示范区。要把"三品"纳入强农惠农政策，继续加大财政资金支持力度。同时，要加大对农业标准化和"三品"建设的督促检查和考核力度。

三是严格认证规章制度。根据农业农村部要求，制订了山西省无公害认定实施细则及工作制度流程，第一时间启动了全省认定，为全年目标的顺利完成打牢基础。狠抓认证审核制度，完善了《认证管理规范》和《现场检查规范》，要求认证主体做到"制度上墙、规程下地下车间"，将标准规范落实到田间地头、生产一线，做到"环境有监测、生产有记录、产品有检验、内部有监管"，审核检查做到有制度、有要求、有规范，不走过场。实行信用考核制度，对认证单位动态考核、常态化管理，将例行抽检、用标、缴费、质量投诉等情况与年检工作结合，对存在重大问题的一票否决。实行重大事项承诺制度，认证主体就重大生产环节和质量保障公开承诺，强化安全意识，推动诚信建设，一企一策，预防在前。

四是完善管理制度。2013 年以来，山西省率先推行了基地定位工作，结合产地质量监测，一家家明确基地的详细位置、边界和区域范围，便于摸清底，从源头上保证安全。完善信息上报机制，要求认证主体责成专人及时、定时上报投入品使用、生产经营、质量安全动态，第一时间掌握生产安全状况。引入集中会审制度，邀请和吸纳有关专家集中审核把关，提出推荐上报或颁证结

论。在中国绿色食品发展中心的大力支持下，山西省邀请专家对申报的235家绿色食品申报材料顺利完成集中会审，比上年提前一个月，大大缩短了审核时间。

二、措施互动，持续提升绿色食品发展质量

山西省把"三品"发展与实施乡村振兴战略紧密结合，以"提质量、塑品牌、增效益、快发展"为目标，通过"绿色＋"模式，坚定不移推动农业绿色化、优质化、特色化，不断提高全省绿色优质农产品的供给水平。

一是"绿色＋特色"发展。立足资源优势，支持组织化和规模化程度高、质量控制力强的龙头企业，加强对名品、精品和特色产品的"三品"认证。2018年共审核申报材料1 500件次，组织现场检查核查2 000人次，经过初审、专家评审等，通过944家生产经营主体的认证申请。全省发展"三品"产品1 739个、面积547.78万亩、养殖规模913.65万头（只），分别是2017年的138％、112％和180％；有效使用"三品"产品达3 427个、面积1 164.08万亩、养殖规模1 483.33万头（只），同比分别增长54％、51％、89％，远超全国6％的增幅要求；到期换证率大幅提升到67％，实现新突破。

二是"绿色＋基地"发展。结合山西省发展实际，制定了《山西省绿色食品、有机农产品标准化生产基地实施意见（2018—2020年）》，重规划分批次打造绿色食品标准化生产基地。创建了大同市云州区黄花菜国家级绿色食品原料标准化生产基地，面积3.5万亩，使全省国家级绿色食品原料标准化生产基地达到4个。

三是"绿色＋质量"发展。一方面，立足提升发展质量和综合效益，全力扩大绿色食品、有机农产品比重。2018年，全省认证绿色食品、有机农产品359个，同比分别增长87％，占总数的比重上升了6个百分点，达到21％。另一方面，积极开展农产品全程质量控制技术体系试点，引领全省农产品高品质生产、高质量发展。全省26家生产经营主体入选全国试点名录，占全国总数的5.2％，排名第7位。鼓励企业负责人参加农产品全程质量控制技术体系管理知识专业培训，并选派2名技术骨干参加检查员培训，不断提升全省农产品质量安全管理水平。

四是"绿色＋扶贫"发展。坚持全省"三品"工作与"一县一业"、产业扶贫的深度融合，大力推进绿色扶贫。2018年，贫困地区"三品"新获证主体422个、产品741个、面积245.56万亩，使贫困地

区"三品"有效认证主体达到756个、产品1 446个、面积490.03万亩，均占到全省"三品"的42％以上，比上年上升了9个百分点；省级奖补资金积极向贫困地区倾斜，达到892万元，占比47％。

三、品牌带动，持续扩大绿色食品发展效益

创优环境，实施"请进来"和"走出去"战略，组织开展以"绿色发展'三品'先行，安全消费'三品'引领"的主题宣传活动，联合重点企业和知名品牌，在相关网站和媒体开设专版、专栏，举办专题研讨、标准化观摩展示、"三品"宣展推广活动。连续组团参加中国国际农产品交易会、中国绿色食品博览会、中国国际有机食品博览会等大型展会，鼓励企业赴境外参展交流，努力扩大山西绿色农产品影响力。

一是加强宣传引导。2018年4月初，在全省启动了"春风万里，绿食有你"为主题的绿色食品宣传月活动，30余家知名企业、1 000多名市民参与，10多家媒体深入企业、基地采风报道，讲好绿色食品保护环境、提升品质、促进发展的生动故事。晋城、长治、临汾、运城等市相继开展了一系列绿色食品进社区、进学校、进超市的专题活动，让更多的绿色食品走进百姓生活。另外，全年通过门户网站和山西省农业农村厅子网站栏目宣传报道"三品"560余篇，包括图片快讯50篇、新闻动态83篇、品牌展示62篇、通知公告44篇、行业动态39篇、热点聚焦28篇、资料下载34篇、认证指南9篇、标准规范18篇、政策法规15篇、市县交流86篇等，进一步扩大"三品"品牌的社会影响力，不断促进绿色食品产业快速发展。

二是扩大品牌推介。2018年9月，首次组织18家企业50多个产品参加了在河南举办的第21届中国农产品加工业投资贸易洽谈会，荣获大会组织奖，山西老农贡亚麻籽油公司、乡宁县凤凰山庄玫瑰种植合作社分获大会金质产品奖和优质产品奖，中国绿色食品发展中心主任张华荣亲临指导，对山西工作给予了充分肯定。12月，组织71家企业300多个产品参加了在厦门举办的第19届中国绿色食品博览会暨第12届中国国际有机食品博览会，荣获优秀组织奖，8家企业获中国绿色食品博览会金奖，3家企业获中国国际有机食品博览会金奖，1家获有机优秀产品奖，充分展示了山西农产品浓郁的地方特色和优质的精品品牌。

四、监管联动，持续保证绿色食品发展成果

坚持以"严格制度标准、规范生产经营、保障产业安全"为主线，不断加强对认证主体的跟踪检查，大力推进制度机制创新，持续强化"制度上墙、规程下地"，全力推进标准化生产和全程质量控制，全面推进"三个百分百"的制度建设和目标责任落实（即认证主体100％签订标准化生产和质量安全承诺书、100％落实内检员制度、监管机构100％落实年度检查），开展了"认证农产品监管年""认证农产品质量提升年""认证工作和品牌提升年"等系列活动，实现了由注重数量增长向更加注重产品质量和综合效益的转变。

一是加强组织领导。各地按照"属地监管"的职责要求，制订完善工作方案，明确任务要求，层层推进监管目标责任制，加快制度机制创新，开展"三品"交叉检查、安全生产督查等专项行动，建立健全综合检查制度，推进常态化监管。

二是落实公告通报制度。发布了"三品"新获证、到期换证及退出情况通报和检测机构情况通报，进一步完善认证及退出公告制度。

三是深入开展专项检查。坚持"监管前置、规范生产、保障安全"的原则，注重与专项整治行动、农业综合执法、"双随机一公开"等工作的结合，强化投入品监管，全力推进标准化生产、质量安全追溯和制度规范落实。累计出动1 400余人次，检查农贸市场和超市203家次，检查获证主体322家。

四是加大抽检力度，扩大抽检范围。定期开展督查、抽查活动，完善推广绿色食品年检工作，

使年抽检数量达到获证主体的 1/3 以上。特别强化对大型超市、批发市场、原料标准化生产基地的检查抽查，坚决打击假冒和侵害"三品"的不法行为。

五是强化教育培训。突出宣传引导，督促认证主体严格落实"第一责任人"的义务和责任，切实抓好内部制度建设，全面提升全程质量控制水平。

通过建立和推进抽查督查、专项抽检、交流检查和年度检查等制度，有效排解了存在的安全问题和风险隐患，规范了认证主体的生产经营行为，强化了属地监管职责和主体责任的落实。多年来，"三品"抽检合格率稳定在 98% 以上，做到生产主体过硬、产品质量稳定、品牌能力提升。

五、追溯推动，持续提供绿色食品发展支撑

在农业农村部国家农产品质量安全追溯平台的整体框架下，结合山西产业特色和监管工作现状，着力构建统一适用的"省级农产品质量安全监管追溯信息平台"，实现与国家平台的无缝对接，实现监管者、生产经营者、消费者通查通识。山西省农产品质量安全网荣获"山西省直属机关十佳文明网站"称号。

一是实施了《山西省农产品质量安全监管追溯信息平台》项目，新平台开发完成并投入试运行，省级指挥调度中心即将竣工，长治市 220 个追溯点的建设基本成型，到 2018 年年底已有省、市、县、乡四级的 217 个监管机构入驻，在线检测点 254 个，备案追溯主体 380 家，其中农资门店 113 家、生产基地 267 家，生成追溯信息 2 000 多条，点击超 100 万人次。

二是将雁门清高、南山百世食安、东方亮等企业纳入首批国家追溯试点，签订了省、市、企三方协议，落实了创建经费。

三是进一步完善了平台运行管理、安全及信息发布等制度，为全面推广打下基础。力争到 2019 年年底，全面建成省、市、县并延伸到乡镇、基地的监管追溯网络，并将绿色食品和有机农产品生产经营主体及其产品全部纳入农产品质量安全追溯平台。

六、服务能动，持续夯实绿色食品发展基础

全省立足绿色食品发展需要，深入贯彻党的十九大精神和习近平新时代中国特色社会主义思想，特别是通过细化目标任务、注重标准建设、强化能力提升，坚持良好的工作导向和激励约束机制，营造出农产品质量安全系统干事创业、团结奋进的良好氛围，不断筑牢绿色食品发展基础，有力地推进了绿色食品产业的发展。

一是狠抓目标考核。以"三品"发展纳入山西省乡村振兴战略目标任务和政策支持为契机，结合全省重点目标责任考核，细化指标到市、县、企业（合作社）和生产基地，通过定目标、定任务、定进度，层层传导考核要求，及时跟进落实，分阶段指导督查，针对问题和困难具体分析，确保全省"三品"工作有力推进、目标任务扎实高效落实。

二是加快标准体系建设。成立山西省农业标准化技术委员会，统筹地方标准制定修订工作。突出有机旱作、绿色生态和功能农业，制定"三品"类省级标准 75 项，制定蔬菜、水果、杂粮等绿色食品生产规程 20 多项。每年还有一大批市、县级的绿色技术标准发布实施。为全省绿色标准化生产和质量安全执法监管、检验检测提供有力支撑，有力地推动了"三品"工作更加规范化、标准化、科学化。

三是加强能力提升。持续加大培训力度，着力提升系统检查员、监管员和企业内检员素质。2018 年，省级举办专题培训 16 期，并配合农业农村部农产品质量安全中心举办了 2018 年农产品质量安全科普与应急处置培训班。通过系列的技术培训和业务交流，全年新增无公害农产品检查员 290 名、绿色食品检查员 10 名、有机农产品检查员 2 名，新增无公害内检员 1 070 名、绿色食品内检员 341 名、有机农产品内检员 22 名，为"三品"工作提供了人员保障和技术支撑。

七、继往开来，推进绿色食品长远发展

当前，山西省"三品"已进入加快发展的关键时期，转型升级、绿色发展、乡村振兴的新理念对"三品"工作提出更新更高的要求。为了适应新形势、走好新征程，山西省将着力抓好以下工作：

一是统筹谋划，优化绿色发展结构。积极发挥"三品"在标准化生产、保障安全、提质增效方面的引领作用，结合全省无公害农产品认证改革和食用农产品合格证制度推广工作，以加快发展绿色食品为重点，扩大精品规模，引导生产规模大、带动能力强的优秀生产经营主体申报绿色食品、有机农产品及农产品全程质量控制技术体系认证，不断优化山西省绿色优质农产品结构。做好有机旱作农业产品认证，积极推进在太行、吕梁、晋西北等山区和丘陵地带有机旱作农业生产示范区的农产品认证工作，加大"三品"与脱贫致富、产业扶贫工作的融合，提高有机旱作区绿色优质农产品生产能力。

二是奋发有为，提高内生动力。继续发挥好全省乡村振兴战略目标考核指挥棒作用，实施好"三品"认证奖补扶持政策。确保"三品"认证省级奖补资金的持续性和稳定性，特别是注重向贫困地区倾斜。进一步引导社会资本进入"三品"产业开发，构建多元化投入发展的良性机制，营造更加有利有效的发展氛围；督促各市将"三品"工作体系队伍建设纳入农产品质量安全监管体系建设范围，在机构设置、人员配备和资金保障方面予以加强；加大"三品"检查员、监管员、内检员培训力度，快速提升"三品"干部队伍素质和生产者责任意识，为促进绿色优质农产品的有效供给保驾护航。

三是制度创新，严格过程监管。狠抓绿色标准、制度和规范的落地；严格审核检查关，强化职责落实和责任追究，对问题企业和产品及时坚决淘汰出局；加大对重点地区、重点行业、重要时段、重点产品质量抽样检测，推动认证农产品综合检查、标志检查和年检工作常态化、制度化，确保生产、用标规范，切实做到"三品"企业过硬、产品质量稳定、提质增效明显。同时，完善追溯平台监管功能，逐步实现实时监控、快速反应、应急处理、风险评估、统一管理等监督功能，推进智慧监管。

四是产销对接，着力品牌效益。以绿色理念引领生产、引领消费、引领健康生活，充分利用各种媒介，普及安全优质农产品知识，宣传"三品"品牌，营造绿色优质农产品消费氛围；组织"三品"龙头企业、知名品牌及有关媒体，开展标准化生产观摩，举办专题研讨，提升品牌影响力；积极拓展国内外市场，组织参加大型专业展会，为企业搭建贸易平台，促进产销对接，提升品牌影响力，为农民增利、为企业增效、为公众造福。

内蒙古自治区：创新工作方式，推动绿色
农业高质量发展

内蒙古自治区农畜产品质量安全监督管理中心 李 岩

内蒙古地域辽阔，农牧业资源富集。近年来，内蒙古自治区秉承"绿色是内蒙古底色和价值"的发展理念，按照习近平总书记"坚决守护内蒙古这片碧绿、这片蔚蓝、这份纯净"的要求，着力实施农牧业高质量发展十大行动计划，农畜产品产量、品质实现"双提升"，已成为国家重要的绿色农畜产品生产加工输出基地，是我国名副其实的"粮仓""肉库""奶罐"。

2018 年，内蒙古自治区农畜产品质量安全监督管理中心坚持以"提质量、强监管、重基础、树品牌、创一流"为工作重点，以新发展理念为引领，以推进"三品一标"认证为抓手，以确保绿色优质农产品有效供给为目标，创新工作方式，扎实推进绿色农业发展相关工作，为推进质量兴农、绿色兴农、品牌强农和实施乡村振兴战略发挥了积极作用。

一、务实严谨，以"三品一标"认证工作为抓手，推动绿色农业发展

1. 产量规模不断扩大

截至 2018 年年底，全区"三品一标"产品总数达到 3 259 个，用标企业 1 078 家，总产量 1 251.48 万吨。其中，3 年有效期的无公害农产品用标单位 479 个，产品 1 446 个，产量 521.68 万吨；3 年有效期的绿色食品用标主体 537 家，产品 1 261 个，产量 486.2 万吨；全国绿色食品原料标准化基地 53 个，涉及 7 个盟市的 18 个县（区、旗），种植业基地总面积 1 819.1 万亩，产量 1 081.41 万吨，较上一年同期增长 30%以上；全区经北京中绿华夏有机食品认证中心认证的有机食品企业 62 家，产品 445 个，产量 243.6 万吨；全区农畜产品地理标志登记产品数为 107 个。

2. 制度体系逐步健全

按照质量兴农、品牌强农、绿色发展的新理念，通过近几年的工作，全区各级工作机构基本健全。各级农畜产品质量安全监管机构与绿色食品工作机构合署办公，截至目前全区 12 个盟市、全部涉农旗县和所有乡镇均建立了农畜产品质量安全监管机构，专兼职人员达到 3 300 多名。组织颁布了基层农畜产品质量安全监管站建设规范和工作规范等 2 个地方标准，近两年又投入 1 400 余万元专项资金建设了 240 余个标准化乡镇监管站。与此同时，不断完善内蒙古"三品一标"相关制度，及时传达中国绿色食品发展中心文件精神，出台相应的地方管理办法及规范要求。

发展绿色、安全、健康、高质量的农产品生产体系，要从农畜产品质量安全追溯体系建设、农畜产品质量安全监管体系研究等方面共同建成。2012 年，内蒙古率先在全国开展农畜产品质量安全追溯工作，建设完成了以生产监管和产品检测、产品追溯为主线的农畜产品质量安全监管追溯综合平台，开展了覆盖自治区、盟市、旗县三级的内蒙古农畜产品质量安全监管工作，建立了信息员管理制度、三级追溯信息管理制度，完善了企业内部追溯管理体系，为全面推进农畜产品质量安全追溯工作奠定了基础。内蒙古还利用"互联网＋"技术提出了农畜产品质量安全网格化移动监管体系建设的研究方案，后续建立了完整的标准操作规范，包括种植产品、畜禽产品、农药、兽药、饲料和饲料添加剂等监管标准操作规范模块。2018 年，内蒙古农畜产品质量安全大数据智慧监管与服务平台建设获得新进展，3 月 28 日《平台可行性研究报告》获内蒙古自治区发展和改革委员会正式批复，批准平台建设期 3 年。建设内容包括：一个农畜产品质量安全大数据中心、一套智慧监

管与服务应用系统、一套标准规范体系及一套安全保障体系。目前，已完成了内蒙古自治区公安厅信息系统安全等级保护备案、内蒙古自治区发展和改革委员会节能环保审定等项目实施前期工作。

3. 品牌影响力稳步提升

多年来，内蒙古一直积极组织企业参加中国绿色食品博览会、中国国际农产品交易会地理标志专业展区、中国国际有机食品博览会等国内大型展会，积极宣传推介内蒙古特色优质农产品，获得了广泛赞誉。2018 年共组织全区 35 家农产品地理标志用标单位参加了第 16 届中国国际农产品交易会农产品地理标志专业展区，参展展品 29 个，其中扎兰屯市森通食品开发有限责任公司的黑木耳荣获参展展品金奖。12 月 7～9 日组织全区 106 家"三品一标"用标企业参加了第 19 届中国绿色食品博览会暨第 12 届中国国际有机食品博览会，参展展品 262 个，展区布展充分体现了内蒙古特色，得到了多方肯定。在此次展会上，内蒙古展团获得了最佳组织奖，蒙牛乳业、塞宝燕麦等 19 家企业获得了产品金奖。

按照"绿色食品（有机农产品）＋区域公用品牌（农产品地理标志）"的发展模式，推动"三品一标"产品协调发展，提升产品品牌的叠加效应。2018 年内蒙古自治区农畜产品质量安全监督管理中心还参与组织了第六届内蒙古绿色农畜产品博览会，并在博览会开幕式上对农畜产品区域公用品牌评定结果进行了专题发布。农畜产品区域公用品牌评定工作是内蒙古自治区农畜产品质量安全监督管理中心受内蒙古自治区农牧厅委托，联合中国优质农产品开发服务协会开展的创新性品牌推广工作。依据相关标准，对区内 16 个农畜产品区域公用品牌和 39 家优秀农畜产品企业开展品牌价值评价，最终评定区域公用品牌"通辽黄玉米"品牌价值 287.50 亿元、"科尔沁牛"203.11 亿元、"乌兰察布马铃薯"174.32 亿元；评定企业品牌"梅花"品牌价值 271.72 亿元、"圣牧"180.47 亿元、"科尔沁"56.30 亿元。评审结果已公布在品牌农业网和中国优质农产品开发服务协会网站。

此外，还精心组织了绿色食品宣传月活动。活动以"绿色生产、绿色消费、绿色发展"为主题，现场进行品鉴并发放宣传手册，后期还开展了绿色食品进社区、进学校、进超市等一系列宣传活动，并邀请新闻媒体深入绿色食品加工企业、基地，挖掘绿色食品"从土地到餐桌"全程质量控制体系的典型案例，取得了较好的宣传效果。

二、借势而为，依托政策引导，创造有利发展环境

"三品一标"的高质量发展、绿色农业的可持续发展离不开国家和地方政府相关的政策支持。"十二五"和"十三五"以来，国家加大了对发展绿色农业、发展绿色有机食品的政策支持，各级管理部门先后出台了《绿色食品标志管理办法》《农业部关于推进"三品一标"持续健康发展的意见》《农业部关于加强农产品质量安全全程监管意见》《全国绿色食品产业发展规划纲要（2016—2020）》等 10 余条相关文件与政策，提出了全面的发展意见与政策支持。

内蒙古自治区认真领会国家的政策，结合全区实际发展状况，也出台了相关政策。

1. 《内蒙古自治区绿色农畜产品生产加工输出基地发展规划（2013—2020）》

该规划提出了绿色农畜产品生产加工输出产业基地的优势条件，以及建设绿色农畜产品生产加工输出产业基地存在的主要问题，制定了绿色农畜产品生产加工输出产业基地建设的指导思想、基本方针与目标，并发布了绿色农畜产品生产加工输出基地建设的主要任务：积极培育乳产业、羊绒产业等七大主导产业；加强基础设施建设；加强科技支撑体系建设；加强绿色农畜产品质量安全监管；加强商标品牌宣传推广力度；创新农牧业经营体制机制。

2. 《内蒙古自治区人民政府关于加快推进品牌农牧业发展的意见》

该意见提出，要采取综合措施，全面推进"大品牌"战略：制定实施品牌农牧业发展规划，促

进农畜产品生产区域化布局；加强农牧业基础设施建设，营造良好产地环境；强化农牧业标准化和园区化建设，夯实品牌农牧业基础；强化农畜产品质量安全体系建设，确保农畜产品质量安全；着力培育品牌创建主体，推进农牧业产业化经营；实施科技兴农工程，提升品牌农牧业科技含量；强化农畜产品品牌认证、保护与市场监管工作，构建品牌成长壮大良性机制；加大品牌营销力度，提高品牌农畜产品知名度和影响力；加大商标专用权保护力度，营造公平竞争市场化环境；实施农畜产品商标品牌战略，推进全区品牌农牧业结构性调整。

3. 纳入政府各项考核指标

在内蒙古自治区农牧厅印发的《内蒙古自治区农牧业高质量发展十大行动计划》中，明确将"三品一标"发展作为质量安全县建设、龙头企业评定及参加各类展会的主要衡量标准和前置条件；将"三品一标"作为自治区各级区域公用品牌的基本准入条件；"三品一标"认证登记工作也纳入自治区乡村振兴战略目标考核当中。

4. 开展"三品一标"新认证产品检测费补贴

为推动全区"三品一标"认证工作持续健康发展，提高拟用标单位的申报积极性，内蒙古自治区农畜产品质量安全监督管理中心通过内蒙古公开招标入围、盟市中心择优选择检测机构、内蒙古支付检测费用的方式，对"三品一标"新认证产品进行检测费全额补贴。2018年免费检测无公害农产品318个，绿色食品、有机农产品310个，农产品地理标志21个，合计补贴检测费125万元。同时，盟市地方政府也出台了相应补贴政策。

三、多措并举，创新工作方式，增加绿色优质农产品供给

内蒙古立足于得天独厚的自然环境优势，坚持"稳中求进"总基调，不断提升体系队伍能力，严格审核把关，强化证后监管，加快追溯体系建设，创新工作方式，全力确保农畜产品从田间到餐桌的所有环节都做到绿色、高效、安全，增加绿色优质农产品供给。

1. 加强培训、提升体系队伍能力

提升检查员、监管员能力。为及时将绿色食品工作的新规定、新要求传达落实，提高检查员、监管员业务水平，打造一支高质量工作队伍，内蒙古自治区农畜产品质量安全监督管理中心每年组织举办两期以上绿色食品检查员、监管员培训班，以绿色食品最新标准知识、全区农牧业高质量发展十大行动计划等为核心内容进行专题培训。2018年共有127名学员通过学习和考试获得了绿色食品检查员、监管员证书。通过培训夯实了基层工作人员对绿色食品标准、标志许可、证后监管等工作流程与环节的知识积累，提高了对全区农牧业标准化生产、农牧业品牌提升和农畜产品质量安全监管能力提升等农牧业高质量发展十大行动计划内容的认识，打牢了农牧业高质量发展的基础，进一步促进了绿色食品标志许可工作依规有序开展。

加强企业内检员管理。为不断提高绿色食品企业质量管理能力和标准化生产水平，内蒙古自治区将内检员作为绿色食品标志许可前置条件，要求企业内检员经培训后持证上岗。为及时培训发证，根据企业内检员人员流动性大、培训覆盖面窄的特点，建设了内蒙古自治区绿色食品企业内检员网络培训考试系统，实现了内检员随时学习、及时考试、合格发证的线上全程信息化管理；同时要求参加培训人员为绿色食品企业分管质量副总和质量管理人员，每年结合年检对内检员实行年度考核。2018年累计培训绿色食品企业内检员198人。系统的投入运行和使用，不仅提高了培训效率和培训质量，提高了企业申报效率，而且有效节约了培训经费，得到了各级领导的肯定。

2. 分段管理，从严审核，保障工作质量

2018年，按照《中国绿色食品发展中心关于进一步明确绿色食品地方工作机构许可审查职责的通知》要求，结合全区实际情况，制定了相应的分段审核管理工作制度，并部署落实。一是明确了盟市、旗县级机构的许可审查职责，优化了各级机构工作和任务。盟市级工作机构以生产加工过程、生产主体、产业链条的把控审核为工作重点，旗县级工作机构强化在产地环境、种养殖生产规程落实的审核工作。二是为了将分段管理的工作目标落实到位，加大培训力度。及时制定方案，开展各级检查员业务培训，进行形式多样、内容丰富的相关业务知识专题培训。因地制宜，在盟市、旗县根据产业特点发展了不同专业的检查员，并开展检查员交流检查等多种创新工作方式，提高了检查员的业务水平和能力，以适应制度调整后各项业务工作的有效衔接。三是按照分段管理的工作要求，从严审核把关。既注重现场检查更注重日常生产管理，从严做好生产过程的真实性、符合性和合规性审查工作，杜绝了重现场审查、轻过程管理现象的发生，提升了绿色食品标志许可审查工作质量。四是在中国绿色食品发展中心审核处的支持下，创新开展绿色食品申报材料集中审核。采取材料集中统一上报、检查员和专家现场集中审核的方式，有效地提高了申报工作的质量和效率。同时，和专家面对面的交流也提高了检查员的业务能力，该措施还有效解决了北方生产季为一季、生产时间短、审查材料集中、企业当年获证难的问题，实现了大多数生产主体当年申请、当年获证。2018年，全区共有104家企业申报的210个绿色食品产品通过审核，极大地提高了申报效率。

3. 优化产品结构，提高品牌优势

2018年，围绕产业的特点采取了一系列措施，优化产品结构。一是围绕内蒙古的产业特点和资源优势，结合草原畜牧业地域广阔、环境优良的特点，开展绿色食品产地环境整体检测评价，大力发展畜牧业等优势特色产业，将认证产品向优势产业聚集，凸显产业拉动优势和品牌带动优势。调整和优化绿色食品认证产品结构，延伸产业链，提升产业链水平。二是将大型国家级龙头企业作为开展标志许可工作的重点，2018年内蒙古蒙牛乳业（集团）股份有限公司、内蒙古宇航人高科技有限公司等国家级龙头企业成功申报绿色食品，发挥了龙头企业的质量把控优势和市场开拓优势。已获得绿色食品标志许可的国家级龙头企业达到12家，占到全区国家级龙头企业的一半以上；获证的自治区级龙头企业达到57家。

4. 强化监管，筑牢绿色食品质量安全防线

强化生产过程监管，确保产品质量。随着全区绿色食品认证数量的不断增加，对获证产品的监管任务也越来越重。根据《绿色食品管理办法》和《绿色食品年检工作规范》的要求，突出生产关键环节，重点指导投入品的使用和生产操作规程的贯彻落实情况，把认证产品质量和标识管理作为监管的重要工作来抓，具体做法：一是通过各盟市工作机构从源头上抓管理，制订符合当地生产实际的种养殖生产操作规程，并简化为农牧民可以接受的农事操作历，建立生产记录及档案，加强农牧民生产培训，使从事绿色食品生产的种植、养殖户80％以上得到技术培训。二是严格投入品管理。在绿色食品发展比较快的旗县，各级政府及相关部门均出台了禁用、限用农业投入品管理办法。对销售、使用国家违禁农业投入品的行为，开展集中专项打击，对违法行为进行严厉处罚。三是以企业年检为手段，加强监督检查。按照绿色食品分级管理工作机制和绿色食品年检工作规范的要求，各盟市工作机构负责企业年检工作，提前制订年检工作计划，有组织有计划地开展年检工作。各盟市、旗县对绿色食品生产基地和企业检查达到100％；盟市工作机构按要求填报年检材料，提供现场检查照片。四是开展盟市互检工作，通过交流检查，互相学习，优势互补，进一步提高盟市工作机构业务能力和水平。

做好农畜产品质量安全突发舆情的应急处置工作。编发农畜产品质量安全舆情快报，2018年累计编发55期77条。特别是5月6日，中央电视台《焦点访谈》播出"有机蔬菜有玄机"的报道后，根据舆情监测系统提供的全网舆情信息，及时编发舆情快报，第一时间召开应急处置会，下发《关于开展"三品一标"产品风险排查有关工作的通知》，安排部署风险排查工作，对全区"三品一标"产品的生产和销售情况进行了全面掌握。

加强产品抽检，确保质量安全。每年安排工作经费开展获证产品的监督抽检，将绿色食品监督抽检工作纳入自治区例行抽检计划中，在中国绿色食品发展中心和内蒙古自治区抽检的基础上，要求盟市安排一定比例的认证产品抽检工作。连续几年绿色食品抽检合格率稳定在98％以上。

5. 完善质量追溯，加强源头防控

2013年建成使用内蒙古农畜水产品质量安全监管追溯信息平台，平台主要包含了检测数据、"三品一标"企业生产记录、风险预警、监管信息等内容。平台已接入"三品一标"生产主体、投入品销售门店、检测机构1 461家，上传电子生产记录、购销数据、实时检测数据过13万条，并与国家农产品质量安全追溯管理信息平台进行对接，目前已有694家绿色、有机生产主体进行了备案注册。同时启动了内蒙古农畜产品质量安全大数据智慧监管与服务平台建设项目，正在建设实施过程中。监管追溯信息平台的建成大幅提高了全区绿色食品监管工作信息化、智能化水平和能力。

推进农业绿色发展是农业发展观的一场深刻革命，也是农业供给侧结构性改革的重要内容和主攻方向。未来，内蒙古自治区农畜产品质量安全监督管理中心将"不忘初心、牢记使命"，继续学习实践，创新绿色发展，持续推进绿色食品取得新成效，满足人民日益增长的绿色优质农产品需要，如习近平总书记所说的"探索以生态优先、绿色发展的高质量发展新路子"，促进加快培育和形成农业绿色生产、农村绿色建设、农民绿色生活的"绿色'三农'"。

吉林省：发挥优势，绿色发展，"三品一标"事业取得新进展

吉林省绿色食品办公室 赵继泉

吉林省委、省政府高度重视绿色发展，提出的加快"五大发展战略"之绿色发展，就是要突出发挥吉林生态资源优势，加强生态环境保护和资源利用转化，促进农业和生态的共生共赢，实现农业可持续发展。按照吉林省委、省政府的部署和吉林省农业农村厅的要求，吉林省各级工作机构认真学习领会全省农业农村工作会议和全国"三品一标"工作座谈会精神，提高认识，统一思想，明确任务，把发展"三品一标"作为贯彻落实习近平"三农"重要论述的重要体现、实施乡村振兴战略的有力抓手、推进"质量兴农、绿色兴农、品牌强农"的有效途径、满足人民群众美好生活新期待的必然选择。根据农业农村部相关规划要求，吉林省创新进取，积极谋划，真抓实干，推动"三品一标"事业不断取得新进展。

一、发展优势

吉林省生态环境良好，农业资源丰富，农业基础设施完备，农业科技贡献率高，具备发展绿色农业、做大做强"三品一标"事业的基础条件。

1. 生态条件优越

吉林省从东到西自然形成东部长白山原始森林生态区、东中部低山丘陵次生植被生态区、中部松辽平原生态区、西部草原湿地生态区，生态环境类型多样，生态系统完整，而且可恢复性好。吉林省东部是我国重要的林业基地和物种基因库，水资源和矿泉水资源比较丰富；东中部天然次生林和人工林面积大，森林覆盖率较高，水资源和矿产资源比较丰富；中部地势平坦，土质肥沃，农田防护林体系健全，环境承载能力较强；西部草原辽阔，湿地面积较大，地下水和过境水资源比较丰富。全省有长白山、向海、莫莫格等28个自然保护区，占总面积的9.9%。全省森林覆盖率达42.5%。松花江、图们江、鸭绿江和辽河等主要水系为全省的发展提供了良好的水资源。

2. 农业资源丰富

吉林是农业大省，也是国家重要商品粮基地和老工业基地之一，农、林、牧用地面积大，耕地资源丰富，大部分集中连片，人均耕地高于全国水平。林地面积较大，人均林地面积和森林覆盖率都高于全国水平。草原广阔，牧草地面积也较大，是全国羊草草场分布中心和中国北方牛、羊生产基地。在全省的土地资源中，农用地面积1 639.73万公顷，占全省土地总面积的85.80%。土壤条件较好，尤其是中部地区的黑土，肥力好、土层厚。气候条件较好，为温带大陆性气候，雨热同季，积温较高。这些自然条件对农作物生长十分有利。

3. 发展基础较好

吉林省"三品一标"事业经过"八五"时期的绿色食品认证的起步阶段、"九五"时期的绿色食品加快发展阶段、"十五"期间的绿色食品产业大发展阶段、"十一五"的"三品一标"全面协调发展阶段和"十二五"注重质量规模效益的稳步发展阶段，实现了从产品数量到规模质量效益的全面发展，为吉林省"三品一标"的加快发展奠定了良好的基础。截至2017年年底，全省有效使用"三品一标"总量1 758个，其中无公害农产品815个、绿色食品797个、有机农产品130个、农

产品地理标志 16 个。全省环境监测面积达到 1 214 万亩，创建全国绿色食品原料标准化生产基地 27 个，创建全国有机农业示范基地 1 个，创建全国绿色食品一二三产业融合发展示范园 1 个。

二、工作进展

2018 年，在中国绿色食品发展中心的支持指导和吉林省农业农村厅的领导下，全省狠抓促进乡村振兴战略和农业质量年各项工作措施的落实，圆满完成吉林省委、省政府确定的各项工作任务。

1. 认证产品不断增加

2018 年，全省新认证"三品一标"农产品 503 个，比年初计划新认证 420 个的任务目标超 83 个。其中，无公害农产品 227 个、绿色食品 245 个、有机农产品 28 个、农产品地理标志 3 个。截止到 2018 年年末，全省有效使用"三品一标"达到 2 061 个。

2. 产品质量保持稳定

吉林省绿色食品抽检合格率一直保持在 99％以上，无公害农产品、有机食品、农产品地理标志和绿色食品原料标准化生产基地产品抽检合格率为 100％，没有发生农产品质量安全事件。

3. 基地和园区建设稳步推进

一是新创建全国绿色食品原料标准化生产基地 2 个，分别是由舒兰市和长春市九台区政府申报的水稻基地，总面积 62 万亩。二是吉林省敦化绿野商贸有限公司首批获准建设全国绿色食品一二三产业融合发展示范园，顺利通过中国绿色食品发展中心组织的园区验收，已正式授牌。

4. 追溯体系运行良好

完成吉林省追溯平台日常运行维护和软件升级，全省有 400 多家企业在吉林省农产品质量安全监测信息平台注册，实现生产过程全程质量安全可追溯的生产主体 350 家，比计划的 300 家超 50 家。申请国家追溯体系试点企业 3 家。

5. 补贴资金发放到位

2018 年，共发放吉林省农业质量年绿色发展"三品一标"补贴 294 万元。补贴标准：无公害农产品补贴 3 500 元，绿色食品补贴 6 500 元，有机农产品补贴 9 500 元，农产品地理标志产品补贴 1 万

元，加入省级追溯平台生产主体补贴 2 000 元，全国绿色食品一二三产业融合发展示范园补贴 3 万元。

6. 三大展会成果丰硕

全省组织"三品一标"企业免费参加中国绿色食品博览会、中国国际有机食品博览会和中国国际农产品交易会农产品地理标志专业展区，树立吉林省"三品一标"整体形象，宣传推介了吉林省优质特色农产品品牌。吉林省展团在第 16 届中国国际农产品交易会农产品地理标志专业展区荣获优秀组织奖；在第 19 届中国绿色食品博览会暨第 12 届中国国际有机食品博览会上荣获优秀组织奖，14 个绿色食品和 3 个有机产品获得产品金奖，3 个有机产品获得优秀产品奖，6 个采购商获得优秀商务奖。中国国际农产品交易会农产品地理标志专业展区现场销售额达 110 万元，达成合作意向 25 个。

三、推进措施

2018 年，吉林省在推进"三品一标"工作中采取切实措施，出亮点、争一流，相关工作得到上级领导的认可。

1. 创新认证工作方式

为了方便企业申请"三品一标"认证和登记，吉林省绿色食品办公室采取多种措施为企业提供认证指导和服务。首先明确各科室责任，按地区负责"三品一标"认证登记指导服务工作，还要求各科室建立全省"三品一标"工作机构和相关企业的 QQ 群、微信工作群，把申请"三品一标"认证登记的有关资料发送到公共邮箱中，便于企业查询和资料下载。组织编印了《"三品一标"农产品生产记录》10 000 册，免费发放到相关工作机构与企业，深受各地欢迎。

2. 开展技术业务培训

一是举办了 2018 年吉林省全国绿色食品原料标准化生产基地培训班，各绿色食品原料标准化生产基地建设办公室做了情况交流，对《全国绿色食品原料标准化生产基地建设与管理办法（试行）》有关规定进行了讲解，各市（州）绿办、基地建设单位等 55 人参加了培训。二是举办了 2018 年全省无公害农产品认定检查员及企业内检员培训班，各市（州）、县（市、区）无公害农产品工作机构及无公害农产品生产单位近 300 人参加了培训，启动了吉林省改革过渡期无公害农产品认定工作，壮大了无公害农产品检查员和内检员队伍。三是邀请中国绿色食品发展中心专家，对全省各地"三品一标"工作机构人员进行农产品地理标志登记培训，对推动全省地理标志登记工作具有十分重要的作用。四是组织参加了中国绿色食品发展中心举办的首次有机食品企业内检员培训班，培训企业人员 15 人，促进了有机食品企业内部质量管理水平的提高。五是组织参加中国绿色食品发展中心和农业农村

部农产品质量安全中心举办的各类培训，累计培训人员 16 人次以上，业务能力和水平得到进一步提升。六是吉林省绿色食品办公室派出专业技术人员为农产品质量安全县创建培训班、新型职业农民培训班、标准化培训班、农产品质量安全与品牌建设培训班等授课，培训人数上千人，对普及农产品质量安全知识、推动标准化生产、宣传"三品一标"品牌优势，起到了积极的作用。

3. 抓好追溯体系建设和质量监管

一是积极开展吉林省农产品质量安全监测信息平台推广工作。吉林省绿色食品办公室在长春、白城、松原、四平、辽源、梅河口和辉南等地开展了吉林省农产品质量安全监测信息平台应用培训和技术指导，共培训生产经营主体和监管机构人员近 400 人。二是组织开展了绿色食品市场监察。按照中国绿色食品发展中心要求，对全省 2 个固定市场和 2 个非固定市场上销售的绿色食品的包装标识进行了监管检查，共采集样品 216 个，未发现超期、超范围和不规范用标问题。三是组织开展"三品一标"证后监测。按照中国绿色食品发展中心和吉林省农业农村厅监管处的安排，对 130 个无公害农产品、绿色食品、有机农产品和 10 个全国绿色食品原料标准化生产基地的原料进行监督检验，检测结果全部合格。四是开展了绿色食品年检和有机企业专项检查。

4. 抓好无公害过渡期工作

按照农业农村部文件要求和无公害认证改革过渡期"一放、二改、四统一"的总体原则，吉林省无公害农产品认定工作由吉林省农业农村厅发证，具体工作由吉林省农产品质量安全中心承担。各县（市、区）农业农村行政主管部门及所属工作机构负责无公害农产品认定申请的受理与初审，逐级上报到吉林省农产品质量安全中心，吉林省农产品质量安全中心委托各市、县工作机构组织现场检查。申报材料、现场检查、环境检测和产品检测全部合格后，由吉林省农产品质量安全中心组织专家评审，评审通过后，由吉林省农业农村厅颁发无公害农产品认定证书。吉林省共认定无公害农产品 227 个，实现了无公害农产品认证工作的平稳过渡。

5. 开展产业宣传和品牌推介

一是举办绿色食品宣传月活动。按照中国绿色食品发展中心要求，吉林省在长春市恒客隆超市（自由大路店）举办了"春风万里，绿食有你"绿色食品宣传月活动启动仪式，省、市、县三级绿色食品工作机构，27 家"三品一标"生产企业及新闻媒体 300 余名代表参加了活动。现场展示了全省粮油、果蔬等几大类绿色优质农产品，市民踊跃参加了扫码互动、有奖问答、抽奖赠送、领取宣传手袋等活动，还发放了《你知我知大家知》《"三品一标"知识》宣传手册，并向社区民众进行绿色食品安全宣讲，普及绿色食品知识，宣传绿色食品发展理念及标志图形等。吉林日报、吉林电视台、吉林乡村广播、新浪网、凤凰网、吉林省农业农村厅官网等 8 家新闻媒体进行了采访报道，发稿 24 篇，收到了良好的宣传效果。二是深入企业基地采访。结合宣传月活动，媒体记者深入到松原市松原粮食集团有限公司、吉林省增盛永食品有限公司等 3 家绿色食品企业和生产基地，深入挖掘绿色食品"从土地到餐桌"全程质量控制体系的典型案例，讲好品牌故事，进一步扩大绿色食品的社会影响力。三是进行产业形象和产品品牌宣传。结合"农业质量年"在吉林省现代农业综合服务中心一楼大厅电子屏幕，做"质量兴农、绿色兴农、品牌强农"和"春风万里，绿食有你"滚动宣传。为企业设立擎天柱广告宣传牌及广告牌 4 块，宣传绿色、有机食品品牌。四是推进电商平台工作。推荐省内多家"三品一标"企业入驻融易购电商线上销售交易平台，帮助省内有机食品企业拓展市场，全省 7 家有机食品企业的产品与辽宁太阳谷庄园葡萄酒业股份有限公司源食俱乐部网站、人民健康网及全国有机食品企业实现了产销对接。五是加强产业宣传。组织编印《"三品一标"知识宣传手册》和《"三品一标"企业名录》6 500 册，目前已免费发放到各相关工作机构与企事业单位，进一步普及了"三品一标"知识，推介了"三品一标"企业。

6. 抓好标准制定修订工作

由吉林省绿色食品办公室制订的地方标准《"三品一标"农产品档案管理规范》，经吉林省质量技术监督局批准，于 2018 年 4 月 1 日起发布实施。同年，还主持起草了《有机农产品粳稻生产技术规程》，已完成吉林省质量技术监督局组织的专家评审。

7. 争取政策资金扶持

为支持优质绿色农产品发展，吉林省拿出 1 000 万元用于推进农产品质量安全和"三品一标"工作。协商取得检测机构支持，为"三品一标"产品认证检验费用减免 50%。同时，吉林省重视引导、支持、鼓励各地出台政策，支持"三品一标"事业发展。几年来，四平市、松原市、长春市先后出台了地方扶持政策，其他地市也在纷纷争取运作中。四平市出台的"三品一标"认证地方奖励政策是认证无公害农产品奖励 1 万元、绿色食品奖励 3 万元、北京中绿华夏有机食品认证中心认证的有机食品奖励 5 万元、农业农村部农产品地理标志奖励 6 万元、全国绿色食品原料标准化生产基地奖励 15 万元，政策出台当年就收到明显成效。辉南县和大安市也出台了用结构调整资金的 10% 用于奖励"三品一标"认证等鼓励政策，使得认证申请数量明显上升。

8. 抓好工作队伍建设

吉林省建立了覆盖省、市、县三级"三品一标"工作机构，全部工作人员通过农业农村部的培训考核，成为注册检查员、监管员，为每一家认证企业培训 1 名以上内检员。截至目前，全省培训国家级"三品一标"检查员、监管员、内检员 10 次共计 1 602 人次，获得国家注册的各类检查员 585 人、监管员 137 人、内检员 673 人。建立了"从农田到餐桌"全程质量控制和监督管理的专业化工作体系。

吉林省松原市：创建绿色示范基地，引领绿色农业发展

吉林省松原市农业农村局　柳　楠

松原市是 1992 年经国务院批准设立的地级市，位于北纬 43°59′～45°32′、吉林省中西部、松嫩平原南端，坐落在美丽的松花江畔。松原地处吉林西部生态经济区腹地和世界著名的黄金玉米带，全国第七大淡水湖——查干湖是镶嵌在松原大地上的一颗璀璨明珠。20 世纪初，孙中山先生在《建国方略》中提出要在松花江和嫩江交汇处建设一座交通枢纽城市"东镇"，位置就是如今的松原所在地。全市辖区面积 2.2 万平方千米，人口 290 万人，其中农业人口 205 万人，农村总户数 49 万户，正常年景下粮食产量在 750 万吨以上，农村居民人均可支配收入达 1 万多元，位居吉林省第三。

松原市资源富集，潜力巨大，素有"粮仓、肉库、渔乡、油海"之美誉。松原境内有"三江一河一湖"，总径流量 400 亿立方米，水资源充沛。松原地处科尔沁草原东端，全市草原面积 53 万公顷，是发展畜牧业的天然草场。松原渔业资源丰富，全市年产各种淡水鱼达 6 万多吨，查干湖冬捕曾创造了单网捕鱼 16.8 万千克的吉尼斯世界纪录。松原属中温带大陆性季风气候，土壤质地肥沃，作物病虫害少，年平均气温 4.5℃，≥10℃的有效积温 3 160℃，年平均日照时数 2 897 小时，无霜期 142 天左右，年平均降水量为 400～500 毫米，是全国重要的商品粮生产基地和油料基地，连续多年被评为全国粮食生产先进市，所辖扶余市、前郭县、长岭县、乾安县均被评为全国粮食生产先进县。松原优质特色农产品初具规模，每年花生种植面积约 12 万公顷，产量达 35 万吨；马铃薯种植面积约 1.5 万公顷，产量达 50 万吨；葵花种植面积约 1.5 万公顷，产量达 3 万吨。盛产优质水稻的东北四大灌区之一的前郭灌区、全国最大的花生生产县、全国闻名的马铃薯之乡都在松原市。

1. 松原绿色农业发展现状

作为农业大市，松原市在农业转型发展中，认真贯彻落实国家及吉林省的各项惠农政策，紧紧围绕粮食增产、农业增效、农民增收，深化农业供给侧结构性改革，调整种植结构，发展优势产业，创建绿色基地，推动农业机械化，培育新型经营主体，培育畜禽新品种，实施乡村振兴战略，全市农业农村经济蓬勃发展。

特别是在绿色农业发展中，松原市把发挥生态资源优势转化为竞争和发展优势作为一个重要课题，明确提出要深入贯彻落实吉林省西部生态经济区发展战略，积极推进"绿色产业城市"和"生态宜居城市"建设，打好稳增长保卫战、调结构攻坚战、促发展持久战。在"三农"工作上，牢固树立发展现代农业新理念，实施绿色有机农业立市战略，着力培育一批在全国有影响力的农产品品牌，建设一批绿色有机农产品示范基地。培育和建设绿色农业基地，是实现松原乡村振兴战略的关键，是引领全市绿色农业发展、保障农产品消费安全、增强农业综合竞争力、助推全市产业转型升级、建设绿色产业城市、增加农民收入的主动力。

2018 年，松原市立足生态、资源和产业优势，以创建全国绿色有机农业示范市为主攻方向，深化农业供给侧结构性改革，建设了水稻、花生、谷子、杂粮杂豆等一批绿色有机农产品示范基地，培育了松原小米、扶余四粒红花生等一批有影响力的农产品品牌。在资金、项目和服务方面全方位倾斜，全市的绿色产业已进入全面提升产业水平、整体打造农业品牌阶段，为建设绿色农业城市奠定了良好基础。全市创建了水稻、玉米、花生、杂粮杂豆等 10 大种类 124 个绿色农业示范基地，培育"松原小米""扶余四粒红花生"2 个区域公用品牌。累计认证绿色有机无公害农产品 316 个，面积 300 万亩，占全市总耕地面积的 17%，其中无公害农产品 94 个、绿色食品 79 个、有机

农产品 143 个。松原市打造了中国驰名商标 5 个、国家地理标志商标 8 个、国家地理标志保护产品 8 个，获得历届农博会、农交会、绿博会金奖产品 150 个。囊括吉林省最受消费者喜爱的十大农产品品牌其中的 3 个，其中查干湖大米排在全省第一位。入选全国名特优新农产品 4 个，占全省 50%。全市创建国家级有机小米认证示范区 1 个，国家级花生出口示范区 1 个，国家级绿色原料（水稻）标准化生产基地 1 个，国家级有机产品认证示范区 1 个，国家级标准化示范区 11 个，省级标准化示范区 11 个。三井子杂粮杂豆市场发展成为东北最大杂粮杂豆交易市场，是农业农村部定点批发市场。

2. 取得的成效

（1）产品质量不断提升。由于基地全部执行绿色、无公害生产标准，从投入品－环境－生产－餐桌进行全程质量控制，大部分农产品实现了质量可追溯，基地生产全部使用有机肥和生物农药，大大减少了化肥农药的使用量，确保产品的质量安全。经有资质的检测公司检测，所产出的稻米、花生、谷子、葵花、蔬菜产品完全达到绿色食品标准，土壤有机质含量明显提高。

（2）品牌效益日益凸显。2018 年，组织全市的 32 家企业 1 800 余个展品，参加各种大型展会，深入粤港澳、江浙一带，大力宣传推介松原市特色农产品，部分企业已经在广州、深圳、上海等地设立了专营店和代销店 20 家左右，全面提升了松原市产品的知名度、竞争力和附加值。2018 年，基地新增认证产品 88 个，创建"查干湖""哈达山"等品牌 46 个，松原市农业农村局统一编制了区域公用品牌规划，整合农产品企业，制订农业品牌名录，宣传品牌农产品，构筑起松原品牌的核心竞争力，产品远销德国、荷兰等十几个国家和地区，市场覆盖面不断扩大，市场占有率和产品附加值稳步提升。"善德良米"还成为在杭州举办的 G20 峰会和在厦门举办的金砖国家峰会指定用米。

（3）标准化程度不断提高。通过绿色农业基地建设，绿色生产施肥技术得到推广和应用，以农业防治、物理防治、生物防治为重点的病虫害防治技术得到推广，引进和应用了绿色农业种植、农产品加工工艺，制定了绿色农业相关标准。同时，通过对国家、省级现有绿色、有机、无公害技术规程和技术标准进行细化及具体化，加强全程管控，创建了多个国省级农产品标准化示范区。

（4）龙头企业发展水平明显提升。全市建设粮食、畜禽、绿色有机农产品、特色农产品、饲料加工等农产品加工企业集群，加强优质粮、优质畜牧、特色农牧产品产业基地布局，推进规模化集约经营，实行标准化生产，形成了适合松原市特点的农业产业化经营模式，龙头企业发展水平全面提升。全市农产品加工企业达 1 240 个，其中规模以上农产品加工企业 360 个，市级以上农业产业

化龙头企业达 235 个；农产品加工能力 900 万吨，农产品加工业销售收入达 750 亿元。

（5）新技术新模式初显成效。在完善原有发展模式基础上，积极探索"农技部门＋基地＋科技示范户"、一体化循环农业发展模式等新模式，积极推广先进种植技术、花生提纯复壮技术，积极引进农业新品种，不但培肥地力，而且达到增产、增收的目的。乾安广源谷子基地推广大垄双行谷子膜上播种高产栽培技术，极大地解决了谷子除草关键技术难题，每公顷增产达 3 000 斤，增收 5 500 多元。扶余四粒红花生接受欧盟认证，成为国家级出口花生示范区，花生品种提纯繁育的良种成熟度好、纯度高，完全达到优良品种标准，选出优良果 2.4 万斤。长岭吉松岭有机杂粮基地建成的一体化循环农业发展模式，生产的产品被认定为地理标志保护产品，辐射面积达到 7 个乡镇，带动农户 2 500 户，实现销售收入 5 000 多万元。宁江区民乐绿色蔬菜示范基地，开发引进的新品种西红柿——"珍贵"牌高糖水果番茄，一粒种子就卖到两元钱，棚膜蔬菜总产值达到 1 300 万元，人均增收 4 000 元。

3. 松原市绿色农业主要做法

（1）以绿色基地为重点，明确松原绿色农业发展方向。围绕优势产业和特色产业，松原市委、市政府连续出台《松原市率先实现农业现代化规划》《中共松原市委关于全面落实吉林省西部生态经济区发展战略加快建设绿色产业城市和生态宜居城市的实施意见》《松原市培育和建设绿色农业基地方案》《松原市建设全国绿色农业城规划纲要》等一系列文件，成立松原市发展绿色农业领导小组，破解发展难题，明确松原绿色农业发展方向。以发展优质粮生产基地、特色农产品生产基地、精品畜牧业生产基地和畜产品加工基地、有机农产品加工基地、绿色农产品商贸物流集散地为目标，通过自下而上、好中选好、优中选优的原则，创建了涵盖水稻、花生、马铃薯、谷子、杂粮、蔬菜、肉牛、肉羊、高粱、中药材等 10 大类松原特色作物共 124 个优质绿色农畜产品生产基地，种植面积 60 万亩，辐射带动面积 300 万亩，占全市耕地面积的 17%。肉牛存栏达到 6 800 头，肉羊存栏 8 000 余只。创新完善"农垦企业＋合作社＋农户"、"公司＋合作社＋农户"、公司化规模经营、"基地＋合作社"等发展模式，统一生产标准、统一操作规程、统一产品质量标准、统一农资供应，加大基础设施投入，有效改善了各个基地的基础条件，全面推动绿色农业基地化、规模化发展。

（2）以政策扶持为先导，推动松原向农业强市转变。松原市政府制定下发了《松原市人民政府关于加快培育和建设绿色农业基地的若干政策意见》《松原市培育和建设绿色农业基地扶持资金管理使用实施细则》《松原市绿色农业基地建设专项资金管理办法》，设立绿色农业发展专项扶持资金，拿出财政资金 6 000 多万元，对绿色农业基地建设主体的贷款、有机肥料、生物农药、农业机

械、"三品"认证、品牌建设等方面进行重点扶持，着力建设松原绿色农业城市，引领和带动全市绿色农业发展。同时，充分利用国家在高标准农田建设、黑土地保护、新菜田建设等方面的政策，积极筹措资金，加大基础设施和配套设施方面的投入力度，有效改善了各个基地的基础条件。

（3）以打造区域品牌为核心，着力培育区域品牌集群。松原建立了以区域公用品牌为核心、企业品牌为支撑、产品品牌为基础的绿色有机农业品牌体系，以长春农博会、中国国际农产品交易会、中国绿色食品博览会、冰雪旅游节为契机，整体推进松原农业品牌建设。松原市政府出资制定区域公用品牌发展规划，重点打造"扶余四粒红花生""松原小米"2 个区域公用品牌，整合 10 多家小米、花生企业，在大型展会上组织开展品牌推广新闻发布活动，"扶余四粒红花生""松原小米"品牌形象显著提升。同时，聚合松原农业品牌的现有资源，加大对大米、杂粮、马铃薯、畜牧等特色优势产业产品品牌整合，集中整合 178 家稻米企业，组建品牌产业联盟，主打"查干湖"大米品牌，进一步提高了松原大米和杂粮品牌竞争力。先后推出了"查干湖"系列、"二马泡有机大米"、"北显杂粮杂豆"系列、"德伟杂粮杂豆"系列、"增盛永"系列、"查干湖胖头鱼"、"前郭尔罗斯大米"、"扶余老醋"、"扶余四粒红花生"、"乾安黄小米"、"三青山粉条"等一系列地方区域公用知名品牌，构筑起松原品牌的核心竞争力。

（4）以科技创新为支撑，提升农产品技术含量。为抢占绿色产业城市建设制高点，努力把松原建成全国知名的农产品供应基地，从春耕开始，严格要求基地按照绿色、有机、无公害技术规程和技术标准进行操作，严格投入品管控，大力推广有机肥料和生物农药，加大技术服务，加强随机抽查和溯源审查。全市按照标准要求从事农产品生产的企业数量、地域规模、示范品种不断扩大。全市共采用农业生产标准 30 余个，农产品生产技术规程 70 余个。松原加大科技创新力度，聘请中国农业科学院院士团队 2 人、吉林省农业科学院专家团队 13 人，组成阵容强大的种植、养殖、棚菜等技术服务团队，深入基地建设现场，开展松原绿色农业产业发展的深入研究、试验示范和技术指导，参与指导全市绿色农业规划编制、重大决策和重要技术咨询，并通过微信、YY 语音等新媒体，随时解决基地建设中遇到的疑难问题，收到了良好成效。

（5）以监管检测为手段，确保农产品质量安全。全市建立了市县乡三级农产品质量安全监管体系和监测体系，实行农产品质量安全属地网格化监管，对生产基地的生产、经营、质量等进行监督和检查，对企业产品质量控制体系、生产销售记录、管理制度、投入品使用等进行严格监管，从源头上确保农产品质量安全。对全市生产的果蔬产品，按照不同季节、不同品种、不同采收时段，全面加强农产品质量安全风险监测和监督抽查，全力配合国家级、省级进行农产品定量监测，实现监测全覆盖、监管无死角。全市年检测合格率均达 98％以上。依托国家、省级农产品质量安全监测信息平台，聚焦"三品"认证企业、绿色基地建设主体及龙头企业等，督促企业开通农产品质量安全追溯平台，对农产品生产企业的生产、加工、销售过程进行全程监管。截至目前，全市使用省级平台企业 557 家，国家级平台 153 家，销售产品全部可溯源。

4. 存在的问题

（1）基地规模偏小。大部分绿色基地组织规模偏小、实力弱，带动力不强，加上基地与广大农户之间联结程度不紧密，风险共担、利益共享连接机制尚未健全，资本积累缓慢，贷款融资困难，导致基地主体对追加投资、扩大规模心有余而力不足。

（2）管理水平不高。虽然经过市、县两级多次推荐筛选，但由于思想观念、发展层次等原因，大部分基地仍沿袭家族式管理模式，存在人员素质低、管理粗放松散、科技投入不足等现象，无法适应绿色农业发展的要求。

（3）扶持力度不够。虽然设置了绿色农业发展专项扶持资金，但随着基地的增加扶持资金却始终没有增加，此项资金的长期性和稳定性受到质疑，加之有些基地在某种程度上还存在"等优惠、靠政府、要条件"现象，致使基地企业在资金筹措、市场销售、基地运营、基地创建等方面动力不足。

（4）品牌效应不明显。存在名优产品较少，竞争乏力，大部分产品仅在本地和周边地区小有名气，在域外市场知名度不高，加之全市的农产品大多处在"原生态"和初加工阶段，没有实现绿色农产品到精深加工绿色食品转化，没有形成"生产—转化—再生产"的良性循环，产业链条脱节，包装手段落后，本地产品的地理标志优势、浓郁的地域特色彰显不出来，高端市场的占有率很低，品牌效应没有真正发挥，附加值没有得到充分体现。

5. 对策和措施

（1）建立有效机制，确保绿色农业基地建设有序进行。鼓励各地建立健全加快培育和建设绿色农业基地工作绩效考核管理的实施办法，分解任务、明确责任、量化指标，确保绿色农业基地建设工作有序、高效发展；建立绿色农业示范基地动态化管理机制，做到示范基地"有进有出"，充分考虑基地现有优势、发展前景，同时规避不可控因素，真正做到好中选好、优中选优；建立定期专题会议制度，协调相关职能部门，在政策、项目等方面对农产品基地建设给予统筹支持，扶持企业做大做强，带动农民增收致富。

（2）完善扶持政策，确保绿色基地政策支持切实可行。进一步明确基地标准，完善绿色农业基地扶持政策，继续加大扶持力度，同时建议协调相关职能部门，在政策、项目等方面对农产品基地建设给予统筹支持，扶持企业做大做强，带动农民增收致富，为绿色农业基地建设做好保障。

（3）明确准入标准，确保基地申报认定工作有章可循。在原有绿色农业基地的基础上，围绕松原优势作物和产品，做大做强优势产业，积极打造具有松原市特色的优质产业基地，扩大产业品种，要充分考虑基地现有优势、发展前景，同时规避不可控因素，真正做到好中选好、优中选优，辐射带动松原绿色农业发展。

（4）培育区域品牌，确保松原绿色农产品优质优价。培育打造农业知名品牌、文化品牌和绿色品牌，创立优质农产品名牌产业链，通过参加各种域内外展会，结合本地资源优势，着力提高优良企业品牌的知名度，全力推广松原特色区域公用品牌，加大品牌宣传推介力度，形成品牌和规模优势，掌握农产品的话语权，让基地产品走出去，让好产品卖出好价钱，为农业增效、农民增收做好示范带动作用。

（5）抓好产业化经营，确保基地企业做大做强。充分发挥龙头企业的示范带动作用，对重点企业、重点产业，要重点加以扶持，进一步培育名牌农产品，扩大规模，形成品牌和规模优势，为农业增效、农民增收做好示范带动作用。实行"公司＋基地＋农户"一条龙式产业化经营，大力发展各种行业协会和中介组织，培养农民经纪人队伍，把农民和市场有效地连接起来，形成利益联结体，做大做强企业。

吉林省四平市：聚焦绿色发展，整合资源优势，加快构建生态农业强市

吉林省四平市农业农村局　关升远　沈钧辉

四平市作为吉林省的农业大市，一直重视、支持农业发展。近年来，四平市坚持质量兴农、绿色兴农、品牌强农战略，坚持"农业立市"不动摇，以党的十九大精神为指导，以保护农业生态环境、提升农产品质量安全水平和促进农民增收为目的，全面践行国家"创新、协调、绿色、开放、共享"发展理念，以"三品一标"农产品认证为载体，扶强扶壮龙头企业，扩展绿色农产品原料基地建设，促进绿色、优质、安全、健康农产品供给体系快速形成，增强优质农产品品牌公信力及影响力，加快全市绿色农业、品牌农业发展。

1. 四平市绿色食品事业发展成就

近年来，四平市"三品一标"农产品数量、农产品品牌价值等关键指标，均位列吉林省前列。为进一步加强全市绿色食品发展，提升绿色食品影响力和认知度，推进绿色农业发展，四平市高度重视"三品一标"认证工作，立足本地资源优势、精心组织、扎实推进涉农企业、合作社、家庭农场等经营主体申报"三品一标"农产品。

（1）推进全市"三品一标"认证。为了坚持农业农村优先发展，四平市按照党的十九大精神的要求和部署，积极开展"三品一标"认证和管理工作，结合实际制定出台了《四平市"三品一标"农产品认证奖励暂行办法（新版）》，继续对认证企业进行资金鼓励，加快了四平市企业发展绿色农产品的热情，保障了农产品质量安全和人民群众的身体健康，促进农业农村发展由"量"的方向向"质"的需求转变，加大品牌培育力度，提升全市"三品一标"农产品知名度、美誉度，增强竞争力。截止到 2018 年年底，四平市"三品一标"数量由 2015 年的 191 个已发展到 2018 年的 526 个，总量位居全省前列。

（2）打造绿色基地，增强品牌发展优势。好产品还需好原料，目前创建全国绿色食品原料标准化生产基地是创建优质绿色农产品不可或缺的重要环节。四平市通过"品牌＋基地"发展战略的政策引导、打造现代农业产业园项目带动等一系列措施，建设一批规模化、标准化、专业化的全国绿色食品原料标准化生产基地。依托已经创建的 10 万亩全国绿色食品原料（玉米）标准化生产基地和 10 万亩全国绿色食品原料（水稻）标准化生产基地，以天成玉米、新天龙等龙头企业为主力军，健全完善梨树县 100 万亩全国绿色食品原料（玉米）标准化生产基地建设，打造全国最大的绿色食品原料基地。

（3）各级高度重视，绿色食品品牌建设具备良好基础。四平市在农业品牌业务培训上下足了功夫，采取"走出去"的方式，组织市、县农业部门负责人远赴浙江省杭州市参加由四平市委组织部与浙江大学中国农业品牌研究中心联合主办的"四平品牌农业开发与推广"专题培训。通过感受品牌的力量，转变陈旧的思想，以更为坚实的步伐，更为坚定的胆量，改革创新，推动全市农业向标准化生产、品牌化发展，让品牌改变四平，让品牌改变农业。

（4）多渠道开展宣传推介，助推绿色食品形象。为了提高农民及各类农业经营主体对绿色农业的认识与接受水平，近几年四平市积极开展了多层次、多形式、多角度的绿色食品宣传月活动。2018 年四平通过长春农博会、中国绿色食品博览会、中国国际农产品交易会、四平首届农民丰收节等重大展销会和推介会对四平优质农产品进行了整合宣传推介。吉春鹿产品、佳乐

宝玉米油、伊通烧鸽子、野蛮香猪肉等一批具有四平区域特色和产业优势的优质农产品亮相"吉林省农业品牌发展大会"和"长春农博会市州活动日",在全省乃至全国面前为四平优质农产品树立了良好形象。

(5) 品牌示范带动作用显著,经济效益不断提高。目前,各县(市、区)立足区域特色和优势产业,深入挖掘资源潜力,培育区域优势品牌,大力发展高效特色农业。四平玉米、梨树白猪、双辽花生、伊通烧鸽子、叶赫白蘑、郑家屯杂粮、伊通大米、铁西乌米等众多传统品牌支撑起一大批传统优势产业的发展,大自然葡萄、高家蔬菜、王家园子蔬菜、双辽杂粮杂豆、辽河大米等一批新兴区域特色品牌,在带动区域经济发展和农民增收致富中也发挥着越来越重要的作用。

(6) 品牌质量安全保障能力不断提升。为切实加强农产品质量安全管理,每年都制定下发《四平市农产品质量安全监测工作总体计划》《四平市蔬菜农药残留专项整治实施方案》,加大抽查检测力度,把日常监管和例行监测、专项监测、监督抽查等有机地结合起来,加强了重点品种、重点区域、重点时段的监测工作。

一是加强农产品质量追溯体系建设。为实现全市农产品源头可追溯、流向可跟踪、信息可查询、责任可追究,保障公众消费安全,四平市率先组织36家具有号召力和影响力的企业纳入吉林省可追溯平台,获得奖补资金7.2万元。

二是加强抽样检测工作。四平市各级农业部门及检测机构按照《四平市农产品质量安全监测工作总体计划》积极开展工作,按照规定时间,严格检测程序,对全市的主要农产品生产基地、农贸市场、超市进行每月一次的例行检测和重大节假日的专项检测。历年来,抽样检测合格率始终稳步在97%以上,确保全市农产品质量安全。

三是建立应对突发事件机制。为加强全市农产品质量安全突发事件的应急处置工作,有效预防并及时控制农产品质量安全事件,成立了四平市农产品质量安全事故应急指挥领导小组,制定了《四平市农产品质量安全突发事件应急预案(试行)》,公布了监督举报电话,确保一旦发生农产品质量安全突发事件,及时做出反应。围绕全市农产品批发市场、农贸市场、超市等农产品流通领域销售的农产品开展有害物质检测。建立和完善日常巡查检查制度,针对问题开展监督抽查和安全执法,主要针对全市地产农产品的重点品种、重点生产季节、重点生产区域开展专项检测。2018年5~6月,开展属地重点设施蔬菜生产基地春季设施蔬菜专项监测;7月,开展属地主要蔬菜、瓜类生产基地夏季露地菜和瓜类专项监测;9月,开展属地主要生产基地秋季(冬储)蔬菜、水果专项监测;11~12月,配合吉林省农业委员会开展"健康米"工程水稻专项抽查及粮食、油料、杂粮作物专项抽查。

四是加大农业投入品监管，强化源头管理。加大对农业投入品的市场监管力度，从农产品的源头上杜绝高毒高残留农药等禁用品进入市场和生产环节。在农资销售旺季，积极协调工商、质监、公安等部门加大全市农资市场监管力度，为农产品质量安全监管保驾护航。2016 年全市各级农业行政执法机构共计出动执法人员 1 227 余人次，印发宣传资料 1.64 万份，检查企业 317 个次，整顿市场 1 053 个次。共计查处案件 50 起，其中种子案件 23 起、肥料案件 5 起、农药案件 22 起，查没种子 2 325 千克，货值金额 13.3 万元，为农民挽回经济损失达 100 万元。

2. 四平市绿色农业发展情况

2018 年，全市上下坚决贯彻落实中央和吉林省委决策部署，以乡村振兴战略为总抓手，深入推进农业供给侧结构性改革，坚持绿色兴农、品牌强农，强化农业资源保护利用，加快建设国家级农产品食源性生产基地，创建全国绿色农业示范市，走出一条产出高效、产品安全、资源节约、环境友好的农业可持续发展之路。

（1）现代农业率先突破。划定粮食生产功能区和重要农产品保护区 670 万亩，打造"一村一品"特色品牌 70 个，新增棚膜面积 3.39 万亩。启动建设市级全程农业机械化示范区 50 个，推广保护性耕作技术 249 万亩，全市农作物综合机械化水平达到 89％。守住了非洲猪瘟防控吉林南大门，猪牛羊禽养殖总量达到 3 563 万头（只），肉蛋奶产量达到 44.9 万吨。

2017 年年初，四平创建双辽市绿色杂粮杂豆现代农业产业园，园区规划面积 837.63 平方千米，以绿色杂粮杂豆为主导产业，种植基地规模为 12 万亩，其中核心示范区 1 万亩。区域内农产品产地环境有机认证面积 7 430 亩，绿色农产品产地认证面积 5 万亩。区域内有省级以上名牌产品 3 个、著名商标 5 个；绿色食品认证 10 个，有机农产品认证 11 个，"双辽小米"获得地理标志证明商标。2017 年，产业园实现总产值 12.96 亿元，农民分红 505.2 万元，入园农民人均可支配收入达 16 873 元，高于全市农民人均可支配收入 30.8％。计划到 2020 年，现代农业产业园总产值达到 18 亿元，实现利润 3 亿元，入园农民人均可支配收入达到 20 000 元以上。

2018 年四平市已建成以主导产业水稻规模种植、加工转化、品牌营销、技术创新于一体的 10 万亩梨树县绿色稻米现代农业产业园，2018 年主导产业绿色水稻产量达到 10 万吨，实现园区年总产值 18.1 亿元，主导产业占园区农业总产值的 67％。园区运用先进技术，大力推广绿色高效技术模式，按照机械化、轻简化和"一控两试三基本"的要求，以精确定量精准诊断用药等技术，大幅提高肥料利用率、降低肥料农药利用量，节省成本、减少环境污染，促进梨树县绿色产业可持续发展。现入园企业和合作社共有经中国绿色食品发展中心审核认证的绿色大米标志产品 29 个，省级以上龙头企业 2 家。

（2）绿色原料种植面积不断扩大。梨树县 100 万亩玉米、双辽市 20 万亩杂粮杂豆国家绿色食品原料基地加快创建。全市化肥农药使用量实现负增长，畜禽粪污资源化利用率达到 80％。国家级、省级绿色防控示范基地落户四平，梨树县、伊通县、双辽市获评中央财政黑土地保护利用试点县，四平保护性耕作、绿色防控技术全省推广，四平市在全省农村工作会议、全省畜禽养殖废弃物资源化利用推进会上分别做了典型发言。

（3）棚膜经济发展格局初步建立。四平市现已初步形成梨树县棚膜经济园区、伊通北方棚室蔬菜产业基地、铁东区城东乡棚室产业基地、铁西区棚室产业基地等四个放心菜基地，梨树乡村振兴先导区温室大棚 3.7 万栋，工厂化育苗基地即将启用，物流市场体系日臻完备，"南寿光、北梨树"声名鹊起。2018 年全市蔬菜种植面积 45 万亩，菜、瓜、果、菌产量 148 万吨，规模化棚室园区 71 个，标准棚膜面积 5.1 万亩。

（4）农产品加工优势彰显。依托丰富的农产品资源优势，大力发展农产品加工业，不断拓展精深加工和食品加工领域，培育打造了市级以上龙头企业 193 户，其中国家级 3 户（新天龙实业、吉春制药、天成玉米）、省级 28 户（天元润土、宏宝莱、耘垦牧业、伊通永春米业等），以大企业为引领，中小企业梯次跟进，搭建起玉米、大豆、水稻、花生、生猪、肉禽、梅花鹿、中草药等 10 条加工链条，构筑粮食、畜禽、特色产品加工三大主导产业，形成了市场牵引、企业带动、基地融合的农产品加工龙形骨架，促进农产品资源就地就近加工转化。

（5）品牌农业优势厚积。加快培育优质品牌，持续打造"梨树白猪""梨树九月青豆角""双辽花生""伊通烧鸽子"区域公用品牌，评定"一村一品"特色品牌 70 个，全市"三品一标"农产品总数达到 526 个，发展速度居全省前列，其中四平玉米、双辽小米和花生、伊通大米等通过国家地理标志认证。创新打造农产品信用体系，生猪"拱 e 拱"可追溯系统在全省率先实现Ⅲ型以上生猪屠宰企业全覆盖，消费者可通过二维码查看追溯信息，实现生产可记录、信息可查询、流向可跟踪、责任可追溯。

黑龙江省：奔向高质量发展的绿色食品产业

黑龙江省绿色食品发展中心　王蕴琦　周东红

2018 年是黑龙江省绿色食品取得显著成效的一年，也是绿色食品全面迈向高质量发展的关键一年。截至 2018 年年底，全省绿色有机食品基地面积达到 8 000 万亩以上，有效使用标志的绿色有机食品达到 3 300 个以上，农产品地理标志产品登记数量达到 127 个，全省绿色食品的产品质量、产品品质、产业实力、市场竞争力、经营业素质、总体综合效益趋高向好的态势日益明显，由绿色食品原料大省向加工强省跨越的脚步日益坚定有力。

一、绿色食品迈向高质量的步伐加快

2018 年，全省绿色食品以供给侧结构性改革为主线，以质量认证为切入，以产业融合、绿色食品与农产品地理标志产品融合为载体，从基地—生产—销售全程坚持推动绿色化、优质化、特色化、品牌化，初步实现了既"产得出""产得优"，也"卖得出""卖得好"。

1. 产品安全水平不断趋高

近年来，全省大力推进和完善绿色食品实施"环境有监测、操作有规程、生产有记录、产品有检验、上市有标识"的全程标准化生产模式，并通过技术服务、专业培训、基地建设、质量审核等方式，落实了统一的管理制度和技术措施，实现了从产地环境、生产过程、投入品使用、产品质量全过程的有效监管，有效保障了绿色食品产品质量安全水平。绿色食品产品抽检合格率已连续多年稳定在 97% 以上，最高达到 99.37%，居全国前列。

2. 产品品质不断趋好

根据汇总各个水稻主产区 70 份绿色食品大米产品检测数据，全省大米产品品质普遍较好，不仅没有检测出各种有害、有毒成分，而且各个产品样品还都具有比较丰富的营养。例如胶稠度、直链淀粉、蛋白质、水分等与稻米品质、营养相关的指标检测结果全部为合格，并均明显超过国家规定的标准。其中胶稠度指标要求为大于或者等于 60，实际检测结果也均大大高出指标要求；直链淀粉指标要求为 11~22，实际检测结果指标均超过最低线；蛋白质大于或者等于 5，实际检测结果均高于指标要求。

3. 产业实力不断趋强

2018 年，全省绿色食品企业拥有资产总额 529.4 亿元，比上年增长 30.6%；拥有固定资产 237.1 亿元，比上年增长 36.5%；完成原料加工量 1 332 万吨，比上年增长 3.2%。有 6 户进入全省工业企业 50 强，18 户进入私营企业 50 强，居各行业之首。省级以上产业龙头企业中有近 50% 为绿色有机食品企业。已形成玉米、大豆、水稻、乳品、肉类、山特产品、杂粮、杂豆和特色产品等加工系列。如在绿色大豆方面，已开发分离蛋白、卵磷脂、皂苷、多肽、儿童可食用蛋白，以及大豆方便食品等多种深加工产品，构建了以凯飞食品、龙江福、克山昆丰为代表的绿色大豆产业加工集群；在绿色水稻方面，培育了五常金禾、庆安东禾等重点企业，开发出绿色精制米、免淘米、鸭稻米及稻糠油、植酸、维生素 E 等 20 多个新品种，附加值提高了十几倍甚至几十倍。

4. 经营者素质不断趋高

调查表明：绿色食品的生产过程也就是其生产经营者更新观念、提升技术水平的过程。对技术的要求，对农民素质的要求，比一般农产品要高，发展绿色食品产业促进了农业先进技术和科技成果的传播、推广，加速了农民依靠科技致富的步伐。同时，绿色食品严格的生产操作规程使干部、职工逐渐养成了"按章办事"的习惯，有利于促进生产企业和其他组织推进管理民主，增强现代发展理念，提升综合素质。2018 年，全省绿色食品企业职工 21.9 万人，比上年增长 8.95％。其中技术人员 2.5 万人、比上年增长 3.3％；全省绿色食品基地每个单元平均拥有技术"明白人"达到 100 人以上，比 5 年前增长 5.3％。

5. 产品竞争力不断趋高

调查表明：由于黑龙江省绿色食品品质优、价格好、竞争力强，国内外市场渠道日益宽畅，不仅能够"走出去""卖得出去"，而且能够卖上好价钱，实现由过去依靠"走量"取胜向"依质"取胜转变。特别是绿色山特产品、大米、大豆及制品等产品在国内外市场上具有明显的品质和价格优势，得到了广大消费者的青睐，认可度不断增强。目前，黑龙江省绿色食品产品遍布全国、远销 40 多个国家和地区；2018 年实现销售收入 1 380 亿元，比上年增长 23.21％；省外销售额达到 1 030 亿元，比上年增长 28.75％。

6. 产业效益不断趋优

一方面，由于绿色食品生产机制先进，先订单后生产，把一家一户的分散经营汇聚为专业化、社会化的大生产，确立了农民在市场中的优势地位，收入普遍高于其他农户。仅基地农户出售原料每千克就高于场价 0.2 元左右，每亩耕地增收 100 元；同时，专业化生产，使产量、规模大幅度增大，经营者有利可图，吸引了更多的经营者从事绿色食品加工、销售，缩小了产销矛盾，拓宽了流通渠道，牵动了农村社会化服务体系的发展、绿色食品市场的发育和产业逆势发展。近年来，在经济下行压力较大的情况下，绿色食品产业发展态势良好，经济效益不断增加，加工产值、省外销售额等主要指标一直呈较大的增长幅度。2018 年，全省绿色有机食品完成产值 680 亿元，比上年增长 6.5％。

二、推进绿色食品高质量发展的有益探索

近年来，在推进绿色食品高质量发展的过程中，全省各地各方面勇于探索、积极实践，初步形成了一批具有绿色特征和黑龙江特色的发展模式，即以农业供给侧结构性改革为主线，以质量认证为标志，以现有的产业优势为依托，通过"树品牌""严标准""升品质""拓市场""强融合"等多种形式，着力推动绿色食品由一产向二产链接、三产开发，由"生产导向"向"市场导向"转变，不仅培育和打造了绿色食品发展的新优势，加快了高质量发展，而且有许多值得认真总结的规律性认识和深刻启示，对促进绿色食品高质量发展具有重要的指导意义。

1. 主副业"双管齐上"模式

（1）模式特征。这一模式主要表现为，绿色食品生产经营主体在做好主业的前提下，不断将价

值链延伸、拓展到副业及相关产业,实现主副业齐头并进,竞相发展,多元增收。以尚志市东河乡东安有机水稻种植合作社为代表。

(2)模式经验。该合作社有水稻基地近万亩,其中绿色食品基地 5 600 亩,有机农产品基地 3 600 亩。过去单纯依靠种植水稻和简单加工,收入一直不是很高。近两年,他们大胆转变观念,不仅做好水稻本身的文章,更努力做好水稻之外的文章,实现多渠道增收。一是在产业链前端,2016 年投资 1 600 万元建粮食烘干塔一处,并新建、改建仓储库房三处 5 000 多平方米、建粮食晾晒场 17 000 平方米,基本满足了周边农户粮食晾晒、仓储的需求;二是在产业链后端,引导农户组建秸秆综合利用专业合作社,利用人工收割的稻秆、稻草等废弃原料发展草编业,带动 600 多人就业,实现年产值 2 000 万元,户均增收 1.5 万元,每亩稻田则增收 500 余元。利用空闲期的育苗大棚和稻壳发展食用菌,2018 年试种大球菌,每千克售价 34 元,非常受市场欢迎。

(3)模式启示。思路决定出路,观念决定效益。东安有机水稻种植合作社经验的可贵之处在于他们不墨守成规、小富即安,而是勇于打破惯性思维、积极探索发展新路,不仅把功夫用在主业上,更集中精力做好副业的文章,并实现高质量发展。

2. 依靠"过严标准"推动发展模式

(1)模式特征。其主要表现为通过建立一套较为完整的质量标准体系,实施"从土地到餐桌"全程质量控制,以提高整个生产过程的技术含量,确保绿色食品整体产品质量,并促进效益最大化。以肇东市黎明镇熙旺谷物种植专业合作社为代表。

(2)模式经验。该合作社结合基地实际情况,制定实施了"从土地到包装储运"全过程质量标准。一是产地环境高标准,做到"两有一无",即基地四周有林带和防护沟、规定范围内无污染源。二是生产技术规程标准化,做到"五及时""五到位",即及时整地、肥量到位,及时播种、技术到位,及时除草、人工到位,及时防治虫害、措施到位,及时收割、机械到位。三是投入品使用标准化,做到"三个全部",即全部采用非化学除草和防治病虫害、机械全部经消毒。四是产品质量标准化,做到全程控制,可人工追溯到产品产自哪个地块。五是产品加工标准化,做到全程不落地,采用专用的包装袋、车辆和加工设备,封闭式加工。六是包装储运标准化,产品包装、仓储和运输做到"三个专用"。熙旺谷物种植专业合作社严格通过高标准种植生产,实现了高质量发展,2018 年合作社实现销售额近 2 000 万元,社员户均增收 2.5 万元,年均增长分别达到 17% 和 10.3%。

（3）模式启示。只有高标准，才能实现高效益。高质量、高品质的产品，来源于严格的标准、严格的措施。只有标准高，产品质量过硬，消费者对产品才有信心，才能够买账，这也是实现绿色食品高质量发展的重要基础。

3. 依靠高端市场带动发展模式

（1）模式特征。紧紧瞄准市场需求，紧紧盯着目标人群，按照绿色有机食品的产品特征，实现高端产品进入高端市场、获得高端收益。以大兴安岭富林山野珍品科技开发有限责任公司为代表。

（2）模式经验。该公司是一家从事食用菌、野生蓝莓精深加工的民营科技型企业。2018年，企业实现销售收入亿元、利税亿元，年均都增长 20％以上。一是大力辟建高端网点。通过与大型超市合作或独资建设等形式，在全国主要城市建立了一批营销网点（中心），先后与 OLE 超市、物美等大型超市合作在东北、华东、华南三大区域建立销售网点 158 个。二是瞄准高端群体。在哈尔滨、沈阳、天津等机场设立了 10 多个品牌店，突出满足高端人群的需求；将部分产品打入航空航食市场和高铁一等、商务车厢，年销售量达到 400 万份；以商务消费群体为主，与喜达屋集团旗下的喜来登酒店长期合作，在酒店设立专区和店中店开展销售；以游客群体为主，在各地设街面店，提供免费快递、送货服务。三是采用高端营销方式。先后在京东商城、天猫、淘宝等平台建立旗舰店，销售额以每年 60％的速度递增。天猫永富旗舰店建店第一年，店面访客流量突破 300 万人次，转换率 6％～7％。

（3）模式启示。只有抢占高端市场，才有高端效益。市场是实现绿色食品高质量发展的重要途径。有些好产品销售缺乏精准定位，虽然抢占部分市场，但效益并不理想，被"优质不优价"长期困扰。因此，必须切实转变观念，根据产品定市场，实现精准对接、精准销售，建立健全优质优价机制。

4. 依靠打造"利益共同体"带动发展

（1）模式特征。创新利益联结机制，企业与农户形成风险共担、利益均沾的共同体，一方面农户的利益得到保障，另一方面企业通过稳定和优质原料而获得更多效益。以鸿源农业开发集团为代表。

（2）模式经验。该集团注意不断创新利益联结机制，打造"命运共同体"。一是采用"企业＋协会＋科研所＋基地＋农户"的运营模式，并采取"五统一"（统一供应生产资料，统一肥药品种和施用标准，统一进行科技培训，统一印发科技信息生产资料和标准化生产操作规程，统一协调大型农机具、农用物资、贷款）和"五必须"（必须优惠供应种肥、必须做好全程服务、必须做好监

督检查、必须如实填写生产档案、必须兑现订单)等对双方的责任和权利做出规定，实行相互制约、风险共担、利益共享的经济共同体。二是通过减免、收购保护价等手段，直接对参与订单的农户给予补贴，合计资金 3 000 多万元，直接促进农民增收。三是为基地及农户广泛提供"六免""七有"服务，"六免"即免费进行科技培训、免费印发标准化生产操作规程、免费咨询、免费进行技术指导、免费进行病虫草害防治、免费协调农机具秧苗和贷款，"七有"即科学技术有人教、生产资料有人供、种植方案有人发、病虫草害有人防治、日常种管有人指导、生产困难有人帮赊、秋后余粮有人收。通过打造"利益共同体"，企业实现年销售收入 1.6 亿元；农户年均增收超亿元，真正实现了企业、农户和地方政府"三赢"。

(3)模式启示。只有实现"双赢"，才是真正的赢家。目前，相当一部分企业只注重自身的经济效益，对基地和农户的利益往往忽视或关注度不够，因而也难以实现高质量发展。企业应该有长远思想和有强烈的社会责任感，不仅要考虑自身效益，也应该考虑社会效益，这样可以使企业拥有良好的发展氛围，奠定长远发展基础。

5. 依靠深度融合带动发展模式

(1)模式特征。主要特征是以龙头为牵动、基地为依托、生资为基础而形成的一种新技术、新业态、新商业路径。具体表现形式是：绿色食品生产加工企业依靠自身力量开发认证绿色生产资料，然后作为投入品用于基地原料种植和养殖，再由企业对绿色原料进行精深加工，并最终投向市场。以大庆一口猪有限公司为代表。

(2)模式经验。经过多年的探索和实践，该企业初步实现了种植业与养殖业、养殖业与加工业、企业与市场的良性循环，融合程度不断加深，基本上按照发展养鸡业—利用鸡粪做饲料发展万亩鱼池—利用鱼池淤泥肥田发展绿色饲料—建立绿色生猪基地(50 万头)，并以保底价格收购农户饲养的生猪(用鸡粪为饲料喂养)—加工系列红肠—在大中城市设立直销店(网上销售平台)这一路线图，年收入 8 亿元，带动农户增收 2.4 亿元，不断推动产业融合向纵深领域延伸，促进了绿色食品高质量发展。

(3)模式启示。产业融合度越深，效益才会越突出。对于绿色食品企业来讲，如果单纯就基地抓基地，就加工抓加工，或者把种植业与种植和养殖特别是与产品加工分割开来，就很难实现高质量发展。只有实现全产业链的融合、深度化的融合，才有利于将更多的价值留给农户和企业。

6. 依靠品牌带动模式

(1)模式特征。这一模式的主要特点是能够发挥优质优价市场机制的作用，强化龙头企业与基地农户之间的利益联结机制，最终形成基地产品质量—品牌—效益的良性发展机制，促进农民增收、企业增效和区域经济发展。以庆安县为代表。

(2)模式经验。庆安县是黑龙江省绿色食品先行者。近年来，该县聚焦高质量发展这篇大文章，促进现代农业提档升级。一是通过打造过硬基地夯实品牌基础。严禁施残留期长的农药和化肥，测土配方实施 150 万亩，改造中低产田 20 万亩，年秸秆还田 95 万亩，全县获得国家质量认证的耕地面积达到 220 万亩，占全县耕地面积的 99.1%。二是通过构建新型产业集群壮大品牌经营主体。目前，全县龙头企业发展到 13 家，其中省级以上龙头企业达到 5 家，初步形成了米、豆、酒、薯四大产业加工集群。三是通过叫响区域公用品牌带动农户增收。"庆禾香"获"中国十大稻米区域公用品牌"称号，品牌价值达 108 亿元，产品销往全国 20 多个省份及日本、韩国等国家和地区，基地农户增收 1 600 万元。以东禾集团为主体的产业联合体，入社土地 36 万亩，入社农户 2 858 户，2018 年分红 1 314 万元。

(3)模式启示。只有经营好品牌，才会持续性发展。品牌是衡量产业和企业竞争力的重要标尺，市场竞争在很大程度上就是品牌的竞争。在经济社会发展新常态下，实施品牌战略，叫响做大品牌是转方式调结构、实现绿色食品高质量发展的必由之路。

三、推动绿色食品高质量发展的"六个一"

今后一个时期，要在稳定现有发展规模和速度的基础上，重点在提升价值链、延长产业链、叫响品牌等方面有所突破，并带动高质量发展不断地有新进展，力争尽快将黑龙江由绿色食品原料大省建成绿色食品加工大省。

1. 抓好一个"头"

黑龙江省经济发展与南方的差距，不仅是发展速度和质量上的差距，更是思想观念的差距。一是要搞好"训"。利用会议、论坛等多种形式，把更新思想观念作为重要内容，加强对绿色食品企业负责人进行全方位培训，引导企业负责人转变因循守旧、小富即安的陈旧观念，逐步树立大胆开拓、勇于进取、敢为人先的新思想，为绿色食品高质量发展奠定思想基础。二是推动"改"。引导企业负责人改变作坊式、家族式的经营方式，积极引入现代经营方式和现代经营理念，努力把绿色食品企业打造成为现代化企业。三是探索"派"。争取企业负责人支持，把一批经营理念新、思想先进、熟悉企业管理的相关人才派到企业参与管理，带动企业实现理念的更新；还可以组织企业负责人到南方发达地区企业挂职学习，在实践中感受和接纳先进的理念及先进的经验方式。

2. 把牢一个"根"

高质量发展，离不开严格的标准。没有完善的标准化，实现绿色食品高质量发展就将成为一句空话。要根据绿色食品生产基地、企业加工和市场销售全程高质量发展的需求，重点做好三方面的工作。一是进一步完善提升标准。组织有关专家和部分生产者，以基地、企业为单位，认真总结他们种植、加工过程中的新做法和经验，特别是能够确保高质量发展的关键性技术措施，进行提炼升华，并在此基础上研究制订一批更接地气、更有针对性的操作规程，不断满足绿色食品高质量的技术需求。二是大力推进标准入户进地。采取专家授课、典型示范等形式，广泛开展培训，并在提高入户率和到位率上多下功夫，确保每户都有一个熟悉和掌握地理标志农产品生产技术的"明白人"。三是大力提升组织化程度。以利益为纽带，以品牌为载体，推进绿色食品高质量发展"命运共同体"，推动质量标准统一，提升产品品质。

3. 做强一个"点"

要着力打造绿色加工"航母"。抓住振兴老工业基地的机遇，鼓励和支持一些具有一定实力的大型绿色食品加工企业扩大生产规模，提高生产能力，不断增强其自身发展水平，力争在较短的时间内，培育一批生产规模大、加工能力强、市场前景广阔、对农民增收拉动作用较强的绿色食品"航母"型企业。要着力提升绿色食品产品加工水平，紧紧围绕两个市场，进一步优化产品结构，加快新产品开发，提高绿色食品原料加工利用转化程度，推进粗加工产品向精深加工产品转变、单一产品向系列化产品转变。特别要注意充分发挥黑龙江省绿色大豆、水稻、奶类和山特产品的原料优势，认真抓好儿童营养食品、老年营养食品、休闲旅游食品、妇女保健食品等绿色食品的开发和生产，大力开发系列绿色食品产品，大力开发具有较高附加值与科技含量的绿色食品，把绿色食品原料的内在价值开发出来，逐步改变全省绿色食品产品结构，不断提高企业效益。

4. 擦亮一张"牌"

总体上，就是要着力推介黑龙江绿色食品品牌，力争在较短的时间内把黑龙江绿色食品打造成为地理标志性产品，在国内外得到广泛认知、认同。一是要科学设计品牌。要引导企业充分认识创建品牌对提升企业核心竞争力的重要作用，切实增强创建品牌的紧迫感和责任感，全力做好品牌的创建工作。要根据绿色食品市场的需求定位，引导企业悉心研究产品特征，立足当地资源优势，把具有黑龙江省独特地域特征的"土净、田洁"的黑土文化，大森林、大草原、大湿地的生态环境文化理念贯穿于绿色食品品牌的设计之中，形成一批个性鲜明、高价值感、高美誉度与忠诚度的强势大品牌。二是整合、延伸品牌。加大品牌整合力度，以知名品牌、优势品牌为核心，吸引、整合弱小品牌，做大做强知名品牌，扩大知名品牌市场占有率和竞争力。要引导、支持全省的一些知名品牌，通过兼并、控股、贴牌生产等多种方式，提高整合小品牌的能力，尽快扩大知名品牌的规模，提高知名品牌产品的产业集中度和市场竞争力。鼓励并支持知名品牌企业加快技术创新，推进品牌产品的深度开发，实现品牌纵向延伸。三是扩大叫响品牌。充分利用广播、电视、互联网、报刊等媒体，把黑龙江省绿色食品的核心价值传播给消费者，特别是要在中央电视台等主要媒体开展黑龙江省绿色食品整体形象宣传。同时，在全省举办的各种国内外大型经贸活动上大力推介绿色食品品牌，在全国大型展会上全力展示黑龙江省绿色食品品牌。积极引进国内外知名品牌，发挥大品牌、知名品牌的示范带动作用，并带动全省在高起点、高标准上搞好绿色食品品牌建设。

5. 织全一张"网"

市场是带动和牵引绿色食品高质量发展的动力。一是突出"窗口"建设。要以"三市"（城市）为重点，切实搞好省外绿色食品窗口市场建设。即在北京、上海和广州（或者深圳）等区域中心城市建立一批绿色食品窗口市场，展示精品，扩大影响。通过几年的建设，在上述地区逐步形成具有辐射全国及国外的黑龙江绿色食品销售网络。二是增强展会功效。要以"一会"（展会）为重点，切实搞好大型国内外展会活动。大力实施"走出去"战略，积极在国内外举办有黑龙江绿色食品特色的展销活动，通过办展参会，落地生根一批网点，培育一批忠实消费者，进一步拓宽市场，提升品牌的影响力。三是加强专业网店建设。继续搞好省内绿色食品专营市场建设，以省内重点城市为主，建立一批绿色食品标准化专营示范店（中心）、专营市场，探索新路，积累经验，逐步实现连锁经营，努力构建具有黑龙江特色的绿色食品专营网络。四是强化"互联网＋绿色食品"。继续与新浪合作打造"小饭围"品牌，丰富品牌旗下产品的种类；鼓励、扶持企业与淘宝、京东等电商平台对接开展互联网营销，引导企业将互联网营销的税收、社会零售额等留在本省。引导企业采取P2P、O2O、P2C等，特别是私人订制、众筹等方式开展绿色食品营销，满足现阶段多元化市场消费的需求。

6. 优化一个"场"

各有关部门和地方政府应积极研究制定政策措施，支持绿色食品高质量发展。各级财政都要按照一般预算收入增长幅度，逐年增加绿色食品产业高质量专项资金投入。科学调整投资方向，优化投资结构，集中扶持影响绿色食品高质量发展全局的关键性项目。财政部门的扶持资金主要用于绿色食品园区建设、新产品开发、检验监测、市场建设和品牌宣传。科技、商务、质量技术监督、畜牧、环保、水利、林业等部门，要把扶持重点向绿色食品高质量发展项目倾斜。金融部门要增加信贷投入比重，优先办理基地农户贷款，优先安排龙头企业技术创新、技术改造贷款和原料收购贷款。积极拓宽投入渠道，鼓励和支持绿色食品加工、销售骨干企业上市融资，吸引社会资金进入绿色食品高质量发展领域。保险部门要围绕绿色食品高质量发展增加险种，扩大保险覆盖面。铁路、公路、航运等部门要开辟"绿色通道"，解决绿色食品高质量发展交通运输瓶颈问题。海关、口岸、进出口商品检验检疫等部门，要强化电子口岸、属地报关、联网监管等服务措施，通过积极促进出口带动绿色食品高质量向纵深领域拓展。

黑龙江省九三农垦：绿色大豆引领农业全面发展

黑龙江省农垦九三管理局　张宏雷

黑龙江省农垦九三管理局地处美丽的小兴安岭南麓、富饶的松嫩平原西北部，始建于 1949 年，因纪念抗日战争胜利日而得名，素有"中国绿色大豆之都"的美誉。全局总控制面积 5 645 平方千米，其中耕地 379.1 万亩、草原 143 万亩、林地 132 万亩、水面 15 万亩，下辖鹤山、尖山、荣军、嫩江、山河、嫩北、建边、大西江、七星泡、红五月、哈拉海等 11 个国有农场、82 个农业管理区，总人口 15.4 万人。

九三管理局地处世界三大黑土地带之一的松嫩平原，黑土层土体深厚，有机质含量丰富，占耕地总面积的 70% 以上。年平均气温 −0.2℃，≥10℃年有效积温 1 900～2 300℃，无霜期 95～115 天，年平均降水量 500 毫米左右，光热水同季的典型地区为玉米、大豆、小麦、杂粮杂豆等作物提供了得天独厚的生长条件。

黑龙江省农垦九三管理局与共和国同龄，历经 70 年的开发建设，现代化旱作农业水平比肩世界一流。农作物以专品种大豆、玉米、酒用高粱、马铃薯和杂粮杂豆、中草药等高效经济作物为主，粮食综合产能突破 28 亿斤。2018 年，120 万亩专品种大豆种植规模位居全省前列，27 万亩酒用高粱在全省规模最大，为实现"企业增效、职工增收、集团增利"打下了坚实基础。

1. 第一产业蓬勃发展

加快推进农业供给侧结构性改革，推进农业由增产导向向提质导向转变，粮食产量、品质和效益全面提升。2018 年，粮豆总产达 143.7 万吨，农业增加值 22 亿元，同比下降 11.7%。

一是种植结构全面优化。以市场需求为导向，调专、调优、调特种植结构，积极建设中国大豆食品专用原料基地、绿色有机杂粮生产基地和优质酒用高粱基地。大豆专品种面积由 2017 年的 100 万亩增加到 120 万亩，增长 20%；酒用高粱面积由 2017 年的 11.8 万亩增加到 27 万亩，增长 128.8%，成为全省规模最大的酒用高粱生产基地；杂粮杂豆面积增加到 27 万亩，增长 6.7%；饲草饲料作物种植面积 6.9 万亩。

二是绿色农业全面发展。坚持"优质、绿色、安全"方向，扎实推进"三减"示范，落实示范面积 116.9 万亩，"三减"比例控制在 5% 以上。全力推进"三品一标"认证，全局绿色食品认证面积 302 万亩，其中大豆绿色食品认证面积 145 万亩；有机农产品认证面积 80 万亩，其中大豆有机认证面积 21.7 万亩；农产品质量追溯面积 34.4 万亩。订单种植面积达 230 万亩，占全局总播种面积的 60.8%。

三是品牌建设全面推进。2018 年，"九三大豆"屡获殊荣，声名远扬。以其在中国大豆行业日益扩大的影响力，成为"2018 全国绿色农业十大最具影响力地标品牌"，成功入选首届中国农民丰收节推介品牌，荣获中国百强农产品区域公用品牌最佳品牌故事。金秋时节，中央电视台向全世界集中播发黑龙江省农垦九三管理局大豆和高粱丰收的壮美画卷；"红粱之都·酒粮基地"品牌红遍全国，国内知名酒企、行业权威专家齐聚九三，共话高粱产业发展。

四是农业基础全面夯实。累计投入 9 989 万元更新农机具 594 台（套），进一步优化农机装备结构，机械化率保持在 99.7%；投资 1 800 万元推进农田路修缮、配套农涵建设等水利工程项目；投资 1.1 亿元建设高标准农田 9.7 万亩。加大以"十园两带"为核心的科技示范网络建设，试验示范新品种、新技术 230 项。农业科技贡献率 70%，科技成果转化率 85%。大力开展秸秆禁烧和综合利用工作，全部实现肥料化、饲料化、燃料化等多途径利用。全局统筹规划以水稻和大豆为主的粮食生产功能区和重要农产品保护区 369.8 万亩。

五是林业经济全面示范。在圆满完成造林绿化任务 1 034 亩的基础上，稳步推进林果、林药、野生动物养殖等林业经济发展，落实 28 个示范点。经济林面积达 1.4 万亩，中药材种植面积 2.7 万亩，食用菌 83.5 万袋，特种养殖 1.7 万只（头）。

2. 大豆产业独领风骚

近年来，黑龙江省农垦九三管理局紧紧围绕大豆产业，以建设"中国绿色大豆食品专用原料生产基地"为目标，大力发展大豆专品种种植，先后被授予"中国绿色大豆之都"和"中国大豆油之乡"称号。黑龙江大豆（九三垦区）被评为"国家地理标志保护产品"，"九三大豆"荣获"国家农产品地理标志认证产品"荣誉称号，还被评为"中国百强农产品区域公用品牌""黑龙江省农产品地理标志十大区域品牌""全国绿色农业十佳地标品牌"。黑龙江省农垦九三管理局以优质大豆资源为依托，突出发展以"腐竹食品、大豆笨榨油、大豆休闲食品"为重点的大豆加工产业。目前，全局拥有大豆加工企业 21 家，年可加工大豆 10 万吨。

黑龙江省的松嫩平原、三江平原是传统的大豆种植区，黑龙江省农垦九三管理局处于小兴安岭向松嫩平原过渡地带。1949 年 3 月，第一批转业官兵来到北大荒，至今已开发建设 70 年。自 1949 年建局以来就开始种植大豆，大豆一直是黑龙江省农垦九三管理局的主要栽培作物之一，并始终位于各作物种植面积之首。

2017 年，"九三大豆"获得农业部农产品地理标志登记保护，保护范围为黑龙江省农垦九三管理局的鹤山、尖山、荣军、嫩江、山河、嫩北、建边、大西江、七星泡、红五月等 10 个农场。地理坐标为东经 124°25′～126°23′，北纬 48°37′～50°04′。九三大豆保护面积 26.8 万公顷，其中大豆种植面积 16 万公顷，产量 45.6 万吨。

九三大豆的发展优势主要体现在自然资源优势、大豆品质优势、大豆产业发展优势、农机装备优势、旱作农业技术优势、集中仓储优势和园区建设优势等 7 个方面。

一是自然资源方面。黑龙江省农垦九三管理局拥有耕地 379.1 万亩，黑土层土体深厚，有机质含量丰富。黑土占耕地面积的 70%以上，年平均气温－0.2℃，无霜期 95～115 天。低纬度、高热量的气候条件和天蓝、水清、地洁的生态条件为生产绿色有机农产品提供了保障。

二是大豆品质方面。外在感官特征：九三大豆籽粒为圆形或椭圆形，色泽光滑、黄色，粒

大、粒圆，饱满，皮薄，脐色为淡黄白色，完整率达 95％以上。内在品质指标：九三大豆品质优越，豆类营养指标参数高，蛋白质含量 40％以上，蛋白质和脂肪总量大于 60％，每 100 克铁含量大于 7 毫克，锌含量大于 28 毫克/千克，每 100 克维生素 E 含量大于 2 毫克。质量安全：九三大豆组织化、机械化、集约化程度高，100％实现了专品种种植、专品种收获、专品种贮藏。产地环境要求符合《绿色食品　产地环境技术条件》（NY/T 391）要求，贮藏和运输符合《绿色食品　贮藏运输准则》（NY/T 1056）中规定。产品符合《食品安全国家标准　食品中农药最大残留限量》（GB 2763—2014）和《食品安全国家标准　食品中污染物限量》（GB 2762—2012）要求。

三是大豆产业发展方面。以建设"中国大豆食品专用原料生产基地"为目标，九三大豆产业具有比较优势：九三大豆是规模化生产，种植规模和市场均衡供货能力较为稳定；九三大豆是专品专用，具有高蛋白、无腥味、豆浆豆等专用特性，还有较好的市场需求度和客户满意度，成为上海清美、海天味业等全国知名龙头企业的原料生产基地；九三大豆是高品质大豆，高纬度地区，土质疏松肥沃，昼夜温差大，大豆脂肪含量通常在 21％以上，蛋白质含量 38％以上，并且选育推广了一批如黑河 43、垦鉴豆 28 等优良大豆品种；"九三大豆"是知名品牌，荣获"国家农产品地理标志认证产品"等诸多殊荣，品牌效应已经形成并集聚释放，市场平均溢价为10％～15％。

四是农机装备方面。黑龙江省农垦九三管理局被誉为"中国旱作农业排头兵"，全局农业生产标准化、机械化、组织化、集约化特征明显。拥有农机总动力 52 万千瓦、各型配套农机具 9 967台（套）、农用飞机场 5 处，农业综合机械化率达 99.6％，农业大田生产可实现 7 天内完成播种、7 天内完成收获。

五是旱作农业技术方面。示范推广了大豆大垄三行密植高产栽培技术、玉米宽台密植机械化高产栽培技术、马铃薯大垄高台密植栽培技术、大马力深松整地监测应用系统、农机精准施肥监控技术、玉米节水节肥增抗提质全程机械化高效栽培技术、垦区粮食及青储饲料袋储技术等一批新技术。拥有农业技术人员近千名，主导品种、主推技术到位率分别达到 100％和 98％，科技支撑作用明显增强。

六是集中仓储方面。全局有晒面 278 万平方米，总仓容 288 万吨，能够有效保障大豆的仓储和

稳定供货。

　　七是园区建设方面。九三省级经济开发区占地 50 万平方米，是黑龙江省重点园区之一，功能定位为省级新型工业化食品工业示范园区，区内道路、给排水、供电、通信等基础设施完善，8.4千米的物流铁路专用线，年货物吞吐能力达 100 万吨，九三油脂、完达山乳业、九三丰缘麦业、九三薯业、九三亚麻公司、华康现代物流有限公司、大粮仓酒业等 20 余家入驻生产，园区发展空间较大。

黑龙江省牡丹江市：全力打造中国绿色有机食品之都

黑龙江省牡丹江市绿色食品发展中心　孙立宽　赵俊国　牛力武

牡丹江市绿色食品发展中心是隶属于牡丹江市农业农村局的副处级事业单位，现有人员编制12人。多年来，该中心以打造中国绿色有机食品之都为己任，干事创业敢担当，善于抓重点用巧劲、抓创新求突破、抓政策优环境，全面加快了打造中国绿色有机食品之都的进程。

截止到2018年年底，牡丹江市绿色有机认证面积达到505万亩，占耕地面积的52%以上，高于全省平均水平14个百分点；全国绿色食品原料标准化生产基地发展到15个，绿色有机认证产品达到214个，绿色有机食品加工量20.4万吨，加工产值达到19亿元。牡丹江绿色食品发展中心多次被省级领导机关授予全省绿色食品工作先进集体荣誉，2012年被黑龙江省农业委员会评为"全省农业系统先进集体"，2017年被牡丹江市总工会授予"牡丹江市工人先锋号"称号。

1. 集中力量抓点带面，"小马"巧力拉"大车"

牡丹江市绿色食品发展中心组建于2003年，当时为科级单位，成立之初编制仅为6人，工作机构规格低、人员少，但却承担着推进全市绿色有机食品产业发展的重任，负责全市"三品一标"的认证、管理、市场开发、信息服务等工作，要实现所有工作全面推进明显力量不足。为此，牡丹江市绿色食品发展中心采取了集中力量抓重点、抓关键、抓亮点的办法，用巧劲、使巧力，以点带面开展工作，实现了"小马"拉动"大车"。

一是抓大基地建设。基地上连企业下牵农户，是生产原料的重要环节。在基地建设上采取"抓大带小"，以创建国家级大型绿色食品原料基地为重点，先后建成全国绿色食品原料标准化生产基地15个，建设面积达到478万亩，占全市耕地面积近一半。其中东宁市15万亩全国绿色食品原料黑木耳标准化生产基地，首开全国食用菌基地建设先河。在大基地的示范带动下，全市各类绿色有机食品原料基地建设快速发展，千亩以上的种植基地达到85个，夯实了绿色有机食品产业发展的基础。

二是抓产品培育。一方面，鼓励引导各类新型经营主体进军绿色有机食品产业，推动各类资源和要素向绿色有机食品产业集聚；另一方面，培育绿色有机经营主体壮大实力，由开发绿色有机产品向拓展绿色有机产业链条转变。重点抓优势产品认证、优势产业认证、行业龙头认证，树立了凯飞、北味、响水、运福等绿色有机食品样板企业，通过以强带弱、以大带小的示范带动效应，全市的绿色有机食品企业增加到90家，绿色有机认证产品总数达到214个，分别比"十五"期末增长143.3%、234.4%，比"十一五"期末增长200%、122.9%，比"十二五"期末增长36.4%、41.3%。

三是提高团队战斗力。牡丹江市绿色食品发展中心6名工作人员，通过不断加强理论和业务知识学习，1人成为学科带头人，5人晋升高级农艺师，个个都成为在工作上可独当一面的行家里手。

2. 创新机制重点突破，"小平台"上实现"大作为"

牡丹江市绿色食品发展中心在工作任务要求高、协调推进难度大、经费不足的情况下，积极主动，不等不靠，以创新工作机制推动工作取得突破，以"小平台"上"大作为"，争得牡丹江市委、市政府的重视和认可，实现了以"有为"争"有位"。

一是创新工作载体，提升产业影响力。牡丹江市绿色食品发展中心把论坛、展会、园区作为工作创新的载体，先后承办了中国·牡丹江海峡两岸绿色有机食品论坛、中国国际食用菌烹饪大赛等国际型论坛和赛事，以展会和论坛提高牡丹江绿色有机食品产业知名度。借助举办木耳节、木博会、牛博会等大型展会的契机，开展绿色有机食品产业宣传和招商。辟建了牡丹江绿色有机食品加工园区、海林农产品加工园区，集聚和承载加工项目的能力不断提升。

二是创新协调机制，凝聚合力推进工作。牡丹江市成立了以市长为组长，以市直各相关部门为成员的绿色有机食品推进工作领导小组，建立了定期向书记、市长、人大、政协汇报的工作制度，及时反映绿色有机食品工作成效和工作中遇到的困难、问题，争取领导的重视和支持，进而调动各市直部门的资源和力量，联合开展各项推进工作，形成了强有力的绿色有机食品产业推进网络。在执法打假、技术推广、基地建设等方面，与工商、公安、质监、检疫、卫生、环保等部门密切配合，构建了多层次、全方位的协调联动工作机制，形成了全市一盘棋合力建设中国绿色有机食品之都的有利态势。

三是创新营销手段，多模式拓展市场渠道。坚持以"卖得好"倒逼带动"种得更好"，积极为绿色有机食品经营主体搭建线上线下市场营销平台。聘请了国内著名营销专家为企业授课，更新营销理念，创新营销手段。组织企业参加国内大型展销会，指导企业积极借助天猫、1号店、京东商城等网络平台多种形式开展市场营销活动。通过在知名电商平台开展互联网专卖，与阿里巴巴、锦绣大地等专业批发电商平台对接开展集团采购，利用手机 App 发展私人定制、点对点销售，推进线上与线下渠道融合发展，不断开辟绿色食品销售新渠道，2018 年全市绿色有机食品线上销售额达到 6.2 亿元。

由于工作业绩突出，牡丹江市绿色食品发展中心得到了牡丹江市委、市政府的高度认可和肯定。2011 年，市编办正式批复，在原有事业编制的基础上，增加 6 个编制，共计 12 个事业编制，加挂牡丹江市农产品质量安全中心牌子。虽然是在政府部门精简机构的大背景下，但牡丹江市绿色食品发展中心的机构和队伍建设还是得到了进一步增强。目前，牡丹江市绿色食品发展中心拥有绿色食品检查员 6 人（其中高级检查员 3 人）、有机检查员 6 人（其中 2 人为实习检查员）、地标核查员 1 人、绿色食品监管员 5 人。

3. 强化职能优化环境，"小农业"加速打造"大品牌"

经过攻坚破难和不懈努力，绿色有机食品产业受到了牡丹江市委、市政府的空前重视，牡丹江市委十届十次全会和十届十五次全会将"发展绿色有机食品产业，打造中国绿色有机食品之都"列为牡丹江市发展农业农村工作的市级战略任务重点推进，人大、政协组织开展了多次"以如何发展绿色有机食品产业"为主题的调研活动，进一步探讨研究助推产业发展的办法，再次明确了发展绿

色有机食品产业是实现由小农业向大产业转变、由特色农业向精品高端农业转变、由低附加值农产品向高效农产品转变的有效途径，绿色有机食品产业发展环境更加有利。牡丹江市绿色食品发展中心抓住机遇强化职能，向上争取政策支持，对内出台扶持政策，加速打造中国绿色有机食品之都这块金色招牌。

一是制定出台扶持政策。2011 年，牡丹江市绿色食品发展中心协调牡丹江市财政局、土地局、招商局、工商局、科技局、税务局、商务局、农村信用社、农业银行等 28 家单位，共同制定出台了《牡丹江市人民政府关于发展绿色有机食品产业若干意见》。该意见将支持绿色有机食品产业的相关政策具体化，通过资金扶持、减免税收、信贷支持等措施，以"真金白银"鼓励农民专业合作组织、企业及个人投资绿色有机食品产业。该意见规定，市财政设立专项资金，对绿色有机食品认证、基地建设、农超对接、赴外参展等给予补贴，有效引导了资本、技术和市场要素向绿色有机食品产业集聚。

二是开展公益宣传。牡丹江市绿色食品发展中心连续 5 年在哈牡高速收费站附近以"牡丹江——中国绿色有机食品之都""绿色食品——品出正宗好味道，吃出健康新生活"为口号开展公益宣传，倡导绿色食品的健康消费理念。

三是打造区域公用品牌。在 2011 中国食品安全年度主题活动中，牡丹江市被国家八部委行业协会授予"中国绿色有机食品之都""中国食品安全年度魅力城市"称号，成功实现品牌占位，提升了全市绿色有机食品知名度、美誉度和影响力。"兰岗西瓜""东宁黑木耳""海林猴头""镜泊湖红尾鱼"等 21 个地域特色农产品相继获得了国家农产品地理标志登记保护。"东宁黑木耳"以433.14 亿元的品牌价值在 2015 年地理标志产品品牌评价活动中获得区域品牌（地理标志产品）第九名、初级农产品地理标志品牌第三名的好成绩，2017 年被评为"黑龙江省农产品地理标志十大区域品牌"。

在牡丹江市绿色食品发展中心及社会各界的共同努力下，牡丹江市的绿色有机食品产业由小到大、由弱到强、由强向精，实现了"华丽转身"后发优势不断释放，总体实力连上台阶，牡丹江——中国绿色有机食品之都如夏日的新荷，已初显峥嵘。

上海市：践行绿色发展理念，建设都市现代绿色农业

上海市农产品质量安全中心　张维谊　曹逸芸

2018 年是上海市"都市现代绿色农业发展三年行动计划"的开局之年。上海市农产品质量安全中心认真贯彻全国推进质量兴农、绿色兴农、品牌强农工作会议精神，紧紧围绕"农业质量年"活动，以全面提升农业"绿色化、优质化、特色化、品牌化"水平为目标，团结拼搏，开拓创新，扎实推进各项工作，圆满完成目标任务，工作取得明显成效。

一、"三品"认证有序有效

切实以规划为引领，统筹安排上海市全年"三品一标"认证工作，持续加强认证指导，有序开展证前预检、续展抽查、现场检查，确保全市"三品"认证的质量和数量。

1. 绿色行动迈上新台阶

按照《上海市都市现代绿色农业发展三年行动计划（2018—2020 年）》要求，积极贯彻落实绿色理念，加强对各区申报企业进行初步审查、风险评估，对续展企业开展现场抽查。组织召开青浦区白鹤草莓地理标志登记感观品质鉴评会，完成材料上报并顺利通过专家评审。培训指导各区工作人员提高材料审查能力，邀请中国绿色食品发展中心专家对全市 2018 年新申报的 385 家企业 655 个产品的绿色食品材料进行集中审核，专家组高度认可准备材料的真实性、完整性。

截至 2018 年年底，全市有效期内的"三品一标"农产品企业总数 1 701 家、产品共计 6 396 个，"三品"认证率 79.81%，超额完成"十三五"规划的认证率不低于 70% 的工作目标。绿色食品认证率达 13.67%，较上年增长 5.54 个百分点，超额完成全年 10% 的认证率目标。现有绿色企业 350 家、产品 536 个，较上年相比，绿色食品企业增加 143 家、产品增加 237 个；绿色企业续展率为 82.67%、产品续展率为 86.92%，较上年相比，分别提高 2.12 个和 4.92 个百分点。"三品"认证达到历史新高。

2. 绿色发展取得新突破

积极对接全国绿色食品原料标准化基地创建和崇明区"生态岛"建设，一方面牵头组织助推崇明绿色发展，及时了解崇明绿色食品新申报情况，积极开展工作指导，组织各区检查员分 3 次对崇明区 99 家企业开展集中现场检查，并对存在问题汇总后交给崇明监测中心予以整改跟踪，确保认证质量；另一方面督促指导推进绿色原料基地建设和开展农产品质量安全全程控制技术体系（GAP）试点工作。为金山、崇明两区原料标准化基地创建专题培训 3 次近 2 000 人次，严格把控水稻种植过程中用药、用肥关键点；及时转达中国绿色食品发展中心对基地创建期要求，督促完成审核及现场检查问题整改，创建工作取得实效。目前已完成验收现场核查，全市创建全国绿色食品原料标准化基地实现零的突破。征集全市 34 家有条件的企业开展 GAP 试点，为今后建立生产精细化管理与产品品质控制体系，提升农产品质量安全水平迈出第一步。

3. 绿色审查制定新要求

上海市绿色食品审查工作获中国绿色食品发展中心高度认可，在 2018 年的 2 次全国认证工作会上作典型发言，交流经验，取长补短。同时，注重和规范绿色食品标志许可审查和现场检查，严把审查关，防控风险，提升质量，根据北京中绿华夏有机食品认证中心认证相关工作的新要求，结

合上海实际，固化经验，制定《上海市绿色食品审查工作实施办法》，进一步推进全市绿色食品事业持续健康有序发展。

4. 过渡期无公害农产品推进工作取得新进展

根据农业农村部办公厅《关于做好无公害农产品认证制度改革过渡期间有关工作的通知》（农办质〔2018〕15 号）要求，在无公害农产品认证制度改革期间，采取"省级主导，区级对接"的分段管理模式，并编写了《上海市无公害农产品认定暂行办法》《上海市无公害农产品复查换证工作程序》《上海市无公害农产品认定流程图》《过渡期无公害农产品认定直接颁证或换证的几种情况说明》等 10 余份规范性文件，推进全市无公害农产品认定工作的启动。2018 年共完成 138 家企业696 个产品的复查换证及 12 家企业 42 个产品的新申报工作，有力确保全市无公害农产品工作的平稳过渡。

二、"三品"监管常态长效

上海市坚持"产出来""管出来"，围绕薄弱环节，强化事中事后监管，围绕生产自查、监管检查、产品抽检、环境监测、标志监察、包装审查等六大环节，环环相扣，实现从源头到终端产品全程监管，严防、严管、严控农产品质量安全风险。

1. 强化上下联动，落实综合监管

全市"三品"监管基本形成市、区、镇、村、企五级监管模式，监管有任务，有分工，有侧重。其中企业抓生产自查，村协管员抓禁用农业投入品日常巡查，乡镇监管员抓无公害农产品检查，区级机构监管员抓绿色食品监管检查，上海市农产品质量安全中心抓"三品"监管督查、抽查。2018 年共完成企业自查 1 575 家，通过自查强化企业生产自律意识，提高企业内检员履责意识，把好"三品"质量第一关。同时抓薄弱环节监管，提升实地监管针对性，完成实地监管 1 624 家，"三品"企业实地监管检查覆盖率 100%。其中，上海市农产品质量安全中心监管抽查 77 家，责令整改 4 家，市、区两级监管检查未发现获证企业有触碰"红线"使用国家禁用农业投入品的报告，"三品"获证企业产品未发生农产品质量安全事件，确保全市"三品"管到位。

2. 强化抽检监测，保障质量安全

2018 年，全市共计完成监督抽查 746 批次，其中无公害农产品完成抽检 599 批、绿色食品 119 批、有机农产品 19 批、农产品地理标志产品完成 9 批，所有抽检批次产品抽检合格率均为 100%。抽检结果表明，全市"三品"产品质量可靠，值得信赖。为排查潜在环境污染风险基地，2018 年完成监测产地 16 家，产地环境质量监测合格率 100%，说明全市"三品"产地环境质量总体保持良好。

3. 强化标志监察，促进规范用标

2018 年，对全市 50 个流动市场和 5 个固定市场开展"三品一标"产品质量标志市场监察，共监察"三品一标"质量标志产品 574 个，其中无公害农产品 10 个、绿色食品 560 个、农产品地理标志产品 4 个，绿色食品标志使用不规范 31 个，标志使用合格率 94.5%。同时，根据绿色食品证书定期年检和缴纳绿色食品标志使用费是确保绿色食品证书有效的基本要求，2018 年完成 184 个产品年检，年检合格率 100%。配合完成中国绿色食品发展中心委托的外省机构来沪开展的绿色食品风险预警检测 20 批次样品、绿色食品监督抽检 33 批，抽检产品质量合格率均为 100%。

4. 信息化管理手段多

近年来，全市有 400 余家蔬菜标准园生产企业已纳入《上海蔬菜生产质量安全追溯平台》系统管理，300 余家标准化果园生产企业纳入《安全优质信得过果园果品溯源系统》平台管理。相关平台系统对企业农业投入品采购、使用、产品销售等信息纳入适时监控和预警。2018 年上海市农业农村委员会监管处新组织开发《上海市农产品网格化监管平台》手机 App 系统，"三品一标"生产主体、监管主体、监管记录全部纳入监管平台管理，目前纳入手机平台监管的生产主体总数 5 933 个，其中合作社 2 667 个、企业 780 个、种植养殖户 2 486 户、"三品"监管人员 827 人、村级协管员 335 人。与此同时，国家追溯平台全程控制追溯体系试点企业创建也在上海市"破冰"，目前已有 3 家企业分别在粮食、蔬菜、水产行业开展试点应用，相关工作正按计划推进。

三、"三品"标准系统规范

围绕高质量发展，持续推进农业系统标准预研制工作，不断夯实基础，提高农业标准化水平，

不断加强培训，提升体系队伍能力建设。

1. 夯实基础，着力推进农业标准化工作

组织专家对 2016 年标准预研制项目开展验收和对 43 个申请 2018 年标准预研制项目进行甄选评审，起草 2019 年预研制项目申请指南，共征集项目 42 项，项目金额 208.9 万元；配合中国绿色食品发展中心和上海市农业农村委员会监管处向各涉农标委会征求 2018 年 17 项绿色食品标准修改建议和 2018 年食品安全地方标准立项建议，加强各涉农标委会在标准制（修）订方面的沟通和联系；完成《上海农产品质量安全工作法律法规汇编》的再版修订工作，新增或更新 96 部法律法规、部门规章规范、地方法规及文件，为全市农产品质量安全管理、认证、检测、执法等相关从业者提供技术参考。

2. 拓展技能，着力提升基层人员业务水平

加强标准推广和使用指导，按照绿色食品生产、认证和日常监管的要求，开展绿色农业标准培训。举办 2 期绿色食品检查员、监管员培训，培训近 300 人次；指导各区级机构开展无公害农产品、绿色食品内检员培训 11 次，安排培训师资 35 人次，培训人数近 1 000 人，显著提高内检员培训工作的有效性，深入推进企业第一责任人意识，提高企业农产品质量安全管理水平。通过系统培训，逐步形成全市绿色食品检查员、监管员队伍由区级向镇级延伸趋势，有序构建市、区、镇三级体系队伍，持续提升人员能力建设。

四、"三品"宣传引导有力

1. 着力推进品牌交流

及时梳理上海名牌农产品获证情况，协助上海市农业农村委员会市场处召开 2018 年品牌工作会，为上海市农业品牌建设和发展迈出坚实的一步。收集整理具有一定品牌影响力的农产品宣传素材，在上海市农业农村委员会网站、新春农副产品大联展等平台宣传，向上海市名牌推荐委员会推荐 8 家知名农业企业品牌案例，提高品牌知名度。积极动员企业参与中国绿色食品发展中心组织的品牌故事征集，上海市仓桥水晶梨发展有限公司的稿件被录用并发布在"绿色食品博览"公众号上。积极探索开展上海名特优新农产品名录收集登录工作，组织各区实施名特优新农产品名录收集

登录及网上申报。

2. 着力展示品牌成果

对获证企业及产品进行公告，在《东方城乡报》《上海农业科技》上开辟专版，完成截至2017年年底在有效期内的"三品一标"农产品的公告宣传。组织参加"2018年食品安全宣传周主题日活动"，举行"上海地产农产品社区巡回展""国庆新大米"等活动，通过展板展示、科普宣传、趣味问答、制作宣传册、发放宣传单等形式，充分营造绿色消费氛围，培养市民绿色消费习惯，向市民展示全市地产农产品质量安全工作成果。积极筹备、精心组织上海18家"三品一标"企业、1家检测机构、5家采购商参加第19届中国绿色食品博览会，组织4个地标产品参加第16届中国国际农产品交易会地理标志专业展区，通过多形式宣传，强化农产品品牌意识，提升农产品品牌影响力、号召力和竞争力，树立上海市农产品品牌形象。

在以后的工作中，上海市农产品质量安全中心将认真贯彻上海市农业农村委员会全面实施乡村振兴战略、加快推进"绿色田园"工程建设要求，以"都市现代绿色农业发展示范区"建设为抓手，有效提升全市绿色农业信息化、精细化管理水平，提高绿色食品发展规模和质量，不断强化绿色食品品牌化建设，引领绿色消费，有力推动农业发展方式转变和都市现代绿色农业进程，助力乡村振兴，保障农产品质量安全，扎实推进都市现代绿色农业发展。

江苏省：绿色引领，书写农业高质量发展新篇章

江苏省绿色食品办公室　杭祥荣　高　蓉

江苏省绿色食品事业起步于1992年，经历了初级起步、稳步发展、速度和效益同步提升的发展阶段，当前正迈入高质量发展阶段。绿色食品工作，按照"三位一体、整体推进"，采取以政府推动为主导、市场化运作和生产经营主体自主申报相结合的发展机制。政府推动为主导，形成全省发展绿色食品的良好环境。一靠强化政府考核推动。自2003年起，江苏省将绿色食品发展纳入省委、省政府农业基本现代化进程监测、江苏省农业委员会发展现代高效农业重点工作指标及全省农产品质量安全监管等绩效考评。2018年5月，江苏省委、省政府办公厅出台《江苏省高质量发展监测评价指标体系与实施办法》，将"绿色优质农产品比重占比"列入高质量发展监测评价指标体系。通过政府考核，层层分解目标任务，逐级落实工作责任。二靠加大财政补助，建立优质农产品发展的保障制度。2003年开始，江苏省设立省级财政专项获证补助，设立省级财政专项获证补助，对获得绿色食品认证的申报主体实施财政奖补，市、县、区也陆续出台配套补助措施，覆盖认证费用，减轻申报成本，同时鼓励申报主体积极探索更高标准的绿色生产方式和科学可持续的质量管理体系。截至2019年6月底，全省绿色食品企业1 306家、产品2 888个，相比2018年同期均增长近30%。

一、产管齐抓，推动农产品质量安全共治共享

发展绿色食品，增加绿色优质农产品供给，是推进农产品质量安全工作的切入点和重要抓手。通过标准化生产"产出来"和认证监管"管起来"，"产""管"两手抓、两手硬，筑牢绿色食品"从农田到餐桌"每一道安全防线。

1. 标准化生产，质量安全"产出来"

绿色生产，标准先行。绿色食品的发展，依托一系列切实可行的标准来指导生产，又以绿色食品标志审查倒逼农业生产标准化。绿色食品生产的核心是全程质量控制，将产地环境、生产加工过程、产品质量和包装贮藏等生产全过程纳入规范的生产和管理轨道，切实做到环境有检测、生产有规程、产品有检验、包装有标识、质量有保证、管理有体系，实现了农产品从"农田到餐桌"的全过程追溯管理。

"日啖龙虾三百只，不辞长作盱眙人"。从京沪到全国，从夜宵到正餐，盱眙龙虾引领了夏日最火爆的消费时尚。无论是养殖、加工还是餐饮，江苏盱眙龙虾始终走在全国前列，掌握市场话语权。"只有按照我们的标准生产，才是盱眙龙虾。"盱眙县委书记梁三元一语道出盱眙龙虾的成功秘诀。

盱眙小龙虾最初以野生养殖为主，没有标准体系。在盱眙县政府的主导下，依据国家标准、行业标准，制定发布了《地理标志产品·盱眙龙虾》和《盱眙龙虾无公害池塘高效生产养殖技术规范》等地方标准。借助标准体系的建设，盱眙龙虾实现了从粗放式野生养殖捕捞到标准化生产作业的有效转变，实现了全程质量控制。2003年，盱眙县向中国绿色食品发展中心提出申请，活体龙虾（小龙虾）被增列至《绿色食品产品标准适用目录》，盱眙龙虾成为全国首个获得绿色食品认证的活体龙虾产品。

邳州大蒜近三年100%的质量安全监测总体合格率，也是得益于其标准化的生产标准和全程质

量控制体系的建立。邳州市制定了《地理标志产品·邳州白蒜》《大蒜地膜覆盖栽培及回收技术规程》等地方标准和《蒜蓉》《黑蒜》等企业标准近 20 个，配套实施标准化、合理密植、水肥一体化、病虫害绿色防控和双色膜栽培等 15 项技术，指导邳州大蒜标准生产。同时严格质量监管，建立健全大蒜重点基地档案，完善可追溯制度和农药化学品投入管理制度，对基地使用的农药、肥料实行统一采购、保管、领用，建立全过程记录，促进大蒜生产高效、安全、智能、可控，让邳州蒜业独树一帜、质量安全、特色鲜明。

昆山市全国绿色食品原料（稻麦）标准化基地，在投入品管理这一关键环节上，严格统一标准。在 10 万亩稻麦基地上，率先推行"农资一卡通"，统一配送农药化肥，统一回收农药废弃物。目前，"农资一卡通"已在昆山市全面推行，联动生资供应单位、农业生产经营主体和零散小农户，全市农药集中配送率达 87%，农药废弃物回收率达 90% 以上。从源头监管入手，实现农业生产全程可追溯，将标准化生产和追溯管理真正落到实处。

2. 严管立质量，认证监管"管起来"

"太阳、叶片、蓓蕾……"农产品包装标签上的绿色食品标志以纯净的绿色为底色，象征着生命、绿色和环保，代表着绿色食品蓬勃的生命力，也是消费者准确区分、正确选购绿色食品的重要依据。绿色食品，通过严格的标志许可登记审查制度和证后监管制度，严把质量关口。认证监管的"管"，始终坚持最严谨的标准、最严格的监管、最严厉的处罚、最严肃的问责。江苏省综合运用企业年检、监督抽检、标志监察、风险预警、产品公告等监管制度，通过多层次的督查抽查，落实部门监管责任和生产经营者主体责任，对产地环境、生产过程、产品质量进行全程管控。将绿色食品纳入质量追溯管理系统，不断完善退出机制，实施动态管理，对不合格产品及基地坚决淘汰出局。

发展绿色食品，政府有部署，市场有需求，百姓有期待。有力的认证审核和监管能力，与优秀健全的工作队伍密不可分。江苏省绿色食品办公室成立于 1994 年，2001 年由农垦系统转入江苏省农业委员会，江苏省委、省政府将绿色食品发展作为全省农业和农村工作的重要组成部分，率先建立了覆盖"三品一标"业务范围，省、市、县三级队伍齐全的绿色食品工作机构。当前，全省绿色食品检查员、标志监管员超过 400 人。同时，积极落实生产经营者主体责任，最先提出"每个企业都要有至少一个绿色生产明白人"的工作思路，全国首创企业内检员培训制度，明确"一企一员"

甚至"多员"，通过"先培训后申报"，落地绿色生产，激发申报主体发展绿色食品的内生机制。2010 年，内检员制度被中国绿色食品发展中心确立为绿色食品监管制度之一，在全国范围推广实施。

实践证明，绿色食品的质量安全要"产""管"齐抓，缺一不可，共同推动农产品质量安全共治共享。落实标准化生产，严格认证监管，是确保绿色食品品牌公信力和美誉度的基础。唯有坚持标准化战略，绿色食品的产业化、品牌化发展之路才能行稳致远。

二、产业转型，促进绿色优质农产品提质增效

绿色食品的产业化，是农业产业化发展的排头兵、先行军。产业化从整体推进传统农业向现代农业转变，是加速农业现代化进程的有效途径。1995 年 6 月，国务院副总理姜春云视察江苏泰州姜堰沈高镇河横生态科技园区时就指出，发展绿色食品，以乡镇企业为龙头，带动农业专业化、系列化、规模化，是农业发展的希望所在。中央和江苏省委农业经济工作文件也多次强调，增加农民收入，必须延长农业产业链、提高农业附加值。要加快发展种养结合、农牧循环发展、一二三产业融合发展的产业模式，加快培育基于市场导向和区域比较优势的农产品特色产业，让农业成为充满希望的朝阳产业。

在市场运作和产业升级的推动下，绿色食品等绿色优质农产品逐渐形成了优质优价的市场机制，通过供给侧结构性改革进一步延伸产业链条、升级产业价值。

1. 优质优价，市场上"吃香"

市场是农业产业化的起点和归宿，绿色优质农产品的优质优价机制效应显著。据统计，在国内大中城市，绝大多数绿色食品售价比普通食品高出 10%～30%，销售也更为紧俏。

"就喜欢吃这个带香气的新米，蒸出来的米饭香""什么时候新米到货呀，我都跑了两趟了"……刚上市就被疯抢的嘉贤有机生态米、绿色稻鸭共生米是消费者念念不忘的"小时候的味道"。江苏嘉贤米业有限公司主打优质稻米品种、稻鸭共作技术和纯自然生长，产品分别获得北京中绿华夏有机农产品认证和中国绿色食品发展中心绿色食品认证。有机大米市场售价每千克高达 52 元，绿色大米也卖到每千克 30 元，尽管价格是普通大米的 3～5 倍，却仍然供不应求。

按照传统方式种植的丁嘴金菜（即黄花菜），亩产鲜菜 1 000 千克，鲜菜售价 4 元/千克，干菜售价 20～30 元/千克。按照绿色生产方式种植后，不仅亩产翻倍，售价也能提高 2～3 倍。获得绿色食品认证及地理标识登记保护的丁嘴金菜，在电商平台每千克售价 160～200 元。从"望天收"的"明日黄花"摇身一变成为"不看老天爷脸色"的"金菜"，丁嘴金菜变成宿迁市宿豫区农民的"致富菜"，150 多户农户通过种植丁嘴金菜脱贫致富。

市场这双无形的手，引导绿色食品形成优质优价机制，逐步推动形成与消费者需求相适应的绿色优质农产品供给结构。绿色食品优质优价，让农民增收、经营主体增效，提升满足感、增加获得感；让消费者享受到绿色优质的农产品，满足了人民对美好生活的追求和向往。

2. 延伸产业链，提升价值链

绿色食品，显现出产业链延伸发展的显著优势，涌现出一大批产品优势突出、产业链一体化、市场竞争力强的产业龙头企业。在江苏省绿色食品企业中，就有国家级产业龙头企业 13 家，占全省国家级龙头企业（食用产品类）的 82%。

2017年起，"云厨一站"一夜之间红遍南京大街小巷，整洁有序的菜品摆放、朝九晚九的营业时间准确契合当代都市节奏和居民生活方式。这家立足生鲜农产品、精准定位现代家庭厨房的一体化平台，一头对接农产品基地、一头直接面向消费者，以强大的中央厨房为枢纽，打造了一条从种植基地、加工车间、冷链物流到社区门店的全产业链。

以开垦荒地起家，以开拓全产业链立身。江苏省农垦集团诞生于新中国建立初期，是在盐碱地上建起的长三角大粮仓，正在积极申报创建全国绿色食品原料标准化生产基地。集团实施"以种业、米业为主，多产业并举的全产业链发展战略"，致力于打造从田间到餐桌的食品全产业链体系，形成了涵盖良种研发、规模种植、粮食收储、稻米加工、农资销售、农技服务等纵向一体化的全产业链格局，以及种子、稻米、麦芽、养殖、果蔬5个主导产业。旗下江苏省农垦农业发展股份有限公司，是全国首家国有农业全产业链一体化经营的上市公司。

2018年，江苏省确定了"绿色优质引领无公害转型升级"的发展思路，将多年积累的质量安全坚实基础转变为绿色优质的先发优势。在整合现有无公害及绿色有机农产品基地、绿色防控区、水稻绿色高产高效示范片、园艺作物标准园等基础上，探索绿色优质农产品标准化生产基地建设，构建"镇政府＋村基地＋农户＋企业"全新的基地管理模式，产生了以政府为主导、农业经营主体带动、充分整合调动小农户参与的多元主体产业链。

3. 三产融合，产业提档升级

产业兴，农业富。让农业成为有奔头的产业，产业融合为农业生产、农村经济注入发展新动能。在一二三产业融合进程中，农业要主动融入加工业、服务业中，着力搭建产业融合发展的平台载体，打造一批全产业链企业集群和一批"农字号"特色小镇，促进农业产业链全面提档升级。

无锡市阳山镇以水蜜桃为依托，由桃经济发展为桃产业，做大"桃"文章，全力建设产业融合发展的"蜜桃小镇"，发展高端精装绿色阳山水蜜桃礼盒、研发水蜜桃果酒，向旅游度假、文化养生、农村体验等升级，带动农村三产融合发展。通过挖掘村庄文化底蕴与自然资源禀赋，学习全国各地优秀的主题酒店、民宿，打造集生态观光农业、艺术家村落、旅游小镇、亲子乐园为一体的大型田园综合体，形成"一村一主题，一村一产业"模式。

三、品牌建设，擦亮绿色优质农产品金字招牌

品牌建设贯穿农业全产业链，是推动绿色食品产业升级的强大动能。绿色食品有无市场竞争

力，关键在于能否形成品牌优势。在绿色食品品牌的驱动下，一系列区域公用品牌、企业品牌从中汲取营养，借势发力，在复杂激烈的市场竞争中赢得一席之地。通过推动创建农产品区域公用品牌，支持培育特色农产品和土特产品，打造一批有影响力的"苏"字号区域公用品牌、知名企业品牌和名特优农产品品牌。

金秋时分，是阳澄湖大闸蟹丰收之时。阳澄湖大闸蟹年产量有限，在市场供不应求的缺口下，出现了外地大闸蟹在阳澄湖过水的"洗澡"螃蟹，甚至是造假发货地址、贴假标签等一系列造假售假事件，阳澄湖大闸蟹"十买九假"的现象让大闸蟹爱好者心灰意冷。南京的刘女士却每年都能买到正宗优质的阳澄湖大闸蟹，因为她只购买包装上带有"绿色食品"标志或者是有"阳澄湖大闸蟹"地理标志登记的大闸蟹，每一只螃蟹身上还有苏州市统一制作的防伪蟹扣，多重认证加码之下，真伪经得起查验。尽管价格贵些，刘女士却能享受到正品的阳澄湖大闸蟹，这是她经常向朋友们津津乐道的选蟹窍门。和阳澄湖大闸蟹一样，江苏还有如东狼山鸡、射阳大米、洞庭山碧螺春、樱桃鸭盐水鸭、恒顺香醋等一系列品牌知名度大、产品信誉度高、市场影响力广、深受老百姓喜爱的绿色食品，绿色优质成为农业品牌的金字招牌。

1. 品牌培育，集聚农产品特色优势

"连天下"区域公用品牌，是连云港打造的精品农产品品牌。2017 年 8 月，连云港整合生态资源优势、现代农业发展成果，发掘西游文化、淮盐文化、东夷农耕文化优势等特色，打造出全市域、全品类、全产业链的农产品区域公用品牌"连天下"。品牌目录涵盖优质稻米、设施蔬菜、食用菌、花卉、特色林果、精品水产等农业主导产业，初步形成了以东海优质大米、赣榆花生、灌云大豆为代表的粮油品牌，以灌云芦蒿、赣榆沙河蔬菜为代表的蔬菜品牌，以海州湾梭子蟹、连云港紫菜、墩尚泥鳅为代表的水产品品牌，以谢湖大樱桃、云台茶叶、石梁河葡萄、黄川草莓为代表的林果类品牌，以花果山风鹅、板浦香肠、东海老淮猪为代表的畜禽品牌，共同构建起连云港绿色食品的农产品价值链。目前，被授权使用"连天下"品牌的绿色食品企业已近 60 家，"连天下"已成为连云港的一张绿色名片。

2. 品牌宣传，产销对接，以销促产

品牌，是发展绿色优质农产品的核心竞争力。江苏省连续 16 年参加中国国际农产品交易会，

连年参加中国绿色食品博览会、有机产品博览会，组织一系列绿色食品宣传、推介活动。同时，优化宣传形式，打造一批有实效的宣传推介平台，积极利用新媒体等形式把绿色食品的理念、标准、生产更直观地宣传出去，让绿色食品走进千家万户。通过行之有效的品牌宣传、推介平台，拓宽产品销售渠道，提升江苏绿色食品的品牌知名度，提高综合竞争力。

2019 年，首届江苏绿色有机农产品交易会在南京举办，全省 130 余家绿色食品、有机农产品、农产品地理标志企业参展，产品达到 300 多个，金陵饭店、盒马鲜生、BHG 等 50 多家采购商到会考察采购。

展位上，通体洁白水嫩、叶芽嫩绿清香、茎基部粗壮、质地脆嫩的溧阳白芹吸引了盒马鲜生考察团的目光。溧阳白芹优越的品质、鲜明的地域特色，与盒马鲜生的定位诉求不谋而合。2018 年 3 月获得绿色食品认证的溧阳市易佳甸园生态农业发展有限公司的溧阳白芹，刚一进入盒马鲜生上海店，就以水嫩洁白的高颜值和爽脆多汁的出众口感征服了上海消费者挑剔的味蕾，成了春节期间餐桌上的网红菜。目前，溧阳白芹已经在上海、苏州、南京盒马鲜生"日日鲜"专柜销售，每天配送，不卖隔夜。2019 年预计市场采购量达到 90 吨，几十倍的跨越式增长，真正实现了产销对接、以销促产。搭乘新零售、互联网大数据、订单式农业快车的溧阳白芹，是江苏众多探索产销对接绿色食品企业的缩影，为绿色食品打造特色品牌、扩宽流通渠道、扩大品牌影响力和市场竞争力，实现从产地到餐桌"零距离"对接提供了解决方案和发展启示。

百尺竿头更进一步。"进入新时代，我国由农业大国正在加速走向农业强国，深入推进农业供给侧结构性改革，大力发展绿色优质农产品成为现代农业发展的基本方向，绿色化、标准化、品牌化、优质化赋予这一战略新的内涵。"中国绿色食品发展中心主任张华荣用"四个化"强调了绿色食品事业未来的发展方向。

江苏省将继续牢牢把握高质量发展走在前列这一根本要求，继续围绕"标准化、产业化、品牌化"的绿色食品新时代发展路径，继续抓住机遇，乘势而上，积极作为，久久为功，奋力书写江苏农业高质量发展的绿色篇章。

浙江省：创新举措，强化融合，加快推进 绿色优质农产品高质量发展

浙江省农产品质量安全中心　郑永利　樊纪亮

近年来，浙江省农产品质量安全中心紧紧围绕实施乡村振兴战略和农业绿色发展大局，认真贯彻落实全国"三品一标"工作座谈会、全省农业工作会议精神，创新工作举措，狠抓关键节点，全力务实推进，各项工作都取得显著成效。2018 年，全年新增无公害农产品 898 个、产地 49.85 万亩，新增"两区"内无公害农产品整体认定 89.58 万亩，新建省级精品绿色农产品基地 5 个，新增绿色食品 210 个、绿色食品基地 16.27 万亩，农产品地理标志产品 20 个，主要食用农产品中"三品"比率达到 53%。

一、主要举措

1. 创新思路促转型，绿色理念更加凸显

积极开展省级精品绿色农产品基地创建，大力发展绿色食品和农产品地理标志，推动工作重心由单纯以产品产地认定为主转向以指导服务绿色生产为重。首批选择云和雪梨、安吉白茶、黄岩柑橘、浦江葡萄、乐清枇杷等 5 个特色优势产业，浙江省财政每个县给予 100 万元资金支持，积极推行"六个一"（建设一片规模基地、制订一个操作规程、新增一批绿色食品、打响一个区域品牌、提升一个特色产业、带动一方农民致富）的发展模式，创建工作取得初步成效。同时，大力推进绿色食品续展工作，主体续展率达到 73%，产品续展率达到 71%。大力挖掘既有产业发展潜力，又有农耕文化基础，更有历史传承的区域特色产品申请农产品地理标志，全年组织 27 个产品开展申报，其中 16 个产品公告获证，4 个产品已通过农业农村部评审和公示。此外，成功创建松阳大木山茶园全国绿色食品一二三产业融合发展示范园，指导安吉县创建全国绿色食品原料（茶叶）标准化生产基地，组织开展第二批中欧农产品地理标志产品互认申报工作。

2. 强化监管保质量，绿色产品更加安全

组织落实属地自查、省市督查、抽样检查为内容的"三查三严"监管机制，上下配合、产管并举、检打联动，全年组织开展了全省"四个一"行动、"三品一标"规范提质百日专项行动、"三品一标"市地交叉综合检查和标志市场监察行动等专项监管行动，共出动检查人员 1 506 人次，检查基地 612 个、用标市场 121 个，整改生产主体 30 家，查处违规用标产品 5 个。多渠道多层次开展质量抽检，防控质量安全风险隐患，全年共抽检无公害农产品、绿色食品 2 358 批次，抽检合格率达 99.7%。

3. 强化宣传树品牌，公共形象更得信赖

联合《农村信息报》开展绿色农产品产业发展系列报道，谋划筹办"浙江精品绿色农产品"微信公众号、全省绿色农产品包装设计大赛和首届全省绿色食品精品年货节等，积极探索绿色农产品展示推介新平台、新模式，努力构建政府引导与市场拉动并举的发展机制。同时，联合承办第九届中国（武义）养生博览会，组织参加第 16 届中国国际农产品交易会、第 19 届中国绿色食品博览会和第 12 届中国国际有机食品博览会等国家级展会，着力提高绿色农产品社会认知度和公信力，让绿色食品精品消费理念深入人心。由浙江省地标展团推荐的云和雪梨获第 16 届中国国际农产品交易会金奖；7 个绿色食品获得中国绿色食品博览会金奖、2 个有机食品获得中国国际有机食品博览

会金奖。

4. 强化队伍锻造铁军，工作队伍更加有力

切实加强管理队伍建设，全年新增注册检查员、监管员 54 人，有效期内无公害和绿色食品检查员、监管员达到 245 人。同时，根据无公害农产品认定改革新要求，起草制订无公害农产品和绿色食品内检员操作指南和培训课件，指导各市举办无公害农产品、绿色食品内检员培训班，推动企业内检员有效履职，切实落实生产主体责任，全年共培训内检员 1 958 人（其中无公害农产品内检员 1 552 人、绿色食品内检员 406 人），基本实现了有效期内企业和 2019 年计划申报企业内检员全覆盖。

5. 围绕民生建追溯，主体责任更加强化

紧紧围绕民生实事项目，扎实推进农产品质量追溯体系建设，优化追溯平台功能，挖掘质量追溯数据，推进智慧监管试点，全力推动主体提质扩面，先后组织开展 21 个县的可追溯体系建设考核评价工作。目前全省 85 个涉农县（市、区）全部建成农产品质量追溯体系，16 个"智慧监管App"试点全面运行，新增可追溯主体 6 035 家，纳入省级追溯平台主体信息库管理的规模以上农业生产经营主体达到 4.5 万家，可追溯主体达到 2.1 万家。

6. 谋划改革促发展，无公害农产品认定平稳过渡

在无公害改革过渡期间，浙江省按照农业农村部办公厅印发的《无公害农产品认定暂行办法》要求，主要在三个方面进行了改革：一是《无公害农产品证书》由浙江省农业农村厅分管厅长签发并加盖浙江省农业农村厅印章；二是产地认定与产品认证合二为一，改为无公害农产品认定，去掉归属认监委管理的"认证"两字；三是无公害农产品标志可以在包装上直接印刷。同时，结合全省农业"两区一镇"建设，确定了过渡时期浙江省无公害农产品认定的方法，即依据原无公害农产品产地认定的方式、思路，开展无公害农产品认定工作，重点加强无公害农产品产地整体认定。全年新受理无公害农产品申报企业 805 家、产品 898 个，新增无公害农产品整体认定 89.58 万亩，并办理复查换证产品 499 个。无公害农产品认定工作有序推进，没有出现任何问题。

二、工作打算

下一步，浙江省继续全面贯彻落实中央的决策部署，紧紧围绕乡村振兴和绿色发展大局，实行"优结构、提质量、强品牌、增效益"的工作方针，坚持以市场需求为导向、公用品牌为纽带，大力推进绿色农产品基地化建设、标准化生产、特色化发展和产业化经营，主攻供给质量，优化产品结构，扩大总量规模，切实加大绿色农产品质量认定和宣传推广力度，全面促进绿色农产品工作转型升级，不断提升全省优质、安全、绿色农产品供给能力，力争通过 3 年左右的时间，将浙江省打造成全国绿色食品大省、农产品地理标志强省。

1. 聚焦绿色发展，努力在供给能力上有新提升

一是突出精品基地创建。选取具有区域特色优势农产品的 10 个县（市、区）开展省级精品绿色农产品基地创建，全面推行国家绿色食品标准，实现基地内规模以上主体全部申报绿色食品。二是突出绿色食品认定。切实加大绿色食品认定力度，以加快发展绿色食品为重点，扩大精品规模，不断优化全省绿色农产品结构，持续提升供给能力。三是突出地理标志保护。加强具有独特人文传承、产业基础较好的区域性特色农产品的挖掘开发和培育力度，积极组织开展农产品地理标志登记保护，继续在扩大总量规模上下功夫，争取到 2019 年年底全省农产品地理标志总数突破 100 个。

2. 聚焦创新驱动，努力在促进转型上有新作为

着力打造"浙江精品绿色农产品"微信公众号，做好常态化宣传、精品农产品推介、农产品消费知识科普等三篇文章。组织举办农产品科学消费培训班、全省绿色农产品包装设计大赛和首届全

省绿色食品精品年货节，组织参加中国绿色食品博览会等全国性专业展会，促进产销对接，不断扩大绿色食品品牌影响力和市场竞争力。与浙江卫视深度合作，探索拍摄制作精品绿色农产品宣传专题片、公益广告片，让全省精品绿色农产品走进千家万户。

3. 聚焦质量兴农，努力在强化监管上有新成效

一是创新监管举措，健全常态化监管机制。探索开发绿色农产品信息化监管平台，着力推进无纸化申报和智慧监管。以强化属地监管、规范生产过程、保证产品质量为目标，严格执行"三查三严"监管措施，进一步建立健全专项检查与交叉检查相衔接、属地巡查与省市抽查相结合、检查检测与打击整改相联动的常态化监管机制，全面提升监管实效。年度属地自查覆盖率100％、交叉抽查覆盖率30％以上、产品抽样检查覆盖率30％以上。二是开展质量抽检，强化风险预警和淘汰机制。组织实施绿色食品、农产品地理标志产品专项质量抽检，切实强化草莓、杨梅等重点产品和节庆活动等重要节点质量风险监测，突出检打联动和检测结果应用，严格执行淘汰退出机制。绿色食品年度抽检比例达到30％以上，农产品地理标志产品年度抽检比例100％。

4. 聚焦优化服务，努力在要素支撑上有新突破

一是强化智力支持。建立绿色农产品发展专家库，以省级精品绿色农产品基地为联系点，探索设立"专家联基地"等专家团队服务基层工作机制，以提高科技创新能力和成果转化应用能力为核心，加强技术知识培训，培养一批技术骨干人才，全面提升绿色农产品供给水平。二是强化技术支撑。加强绿色食品技术标准研究，起草制定《枇杷绿色生产技术规程》等5～10项绿色食品生产技术规程，结合精品绿色农产品基地建设，强化绿色食品标准推广应用。深化农产品质量安全追溯体系建设，加强追溯大数据深度挖掘，继续扩大"智慧监管App"应用。三是强化政策支撑。积极争取政策支持，推动各地完善绿色食品和农产品地理标志扶持政策，营造更加有利的政策氛围。

5. 聚焦强本固基，努力在队伍建设上有新气象

立足全省绿色农产品管理工作需要，强化管理人员知识更新和能力提升培训，联合浙江省农业农村厅科教处举办一期全省绿色食品检查员与标志监管员培训班，联合浙江省农业广播电视学校举办一期全省绿色农产品质量安全提升培训班。积极探索和开拓创新基层队伍宣教方式，大力推行"党建＋"模式，努力在全省绿色农产品管理工作系统中打造一支"懂农业、爱农村、爱农民"的铁军队伍。

浙江省宁波市：打好"四张牌"，稳步推进
"三品一标"持续健康发展

浙江省宁波市绿色食品发展中心　吴愉萍　孙　辉　连　瑛　陈棣元

2018 年中央 1 号文件提出实施乡村振兴战略，坚持质量兴农、绿色兴农。"三品一标"是绿色农业发展理念的具体体现，是一个地区农产品质量安全水平的重要标志，是事关民生和现代农业发展全局的重要工作。"三品一标"农产品生产过程中通过化肥和农药等投入品的减量控施，有利于农业生态环境的可持续发展，是生态文明的重要内容。近年来，宁波市着力打好"四张牌"，稳步推进"三品一标"持续健康发展。

1. 打好"政策牌"，优化"三品一标"发展环境

一是统一思想，提高对"三品一标"工作重要性的认识。2015 年，宁波市农业局召开由各区县（市）农业局一把手局长参加的"三品一标"工作会议，要求各地提高对"三品一标"工作重要性的认识，把发展"三品一标"作为提升农产品质量安全水平的根本性措施，加强领导，促进全市"三品一标"事业的健康发展。

二是理清思路，摆正"三品一标"工作的位置。"三品一标"被先后写入宁波市委、市政府《关于加快发展现代农业建设美丽乡村高水平推进城乡发展一体化的若干意见》《宁波市现代农业"十三五"发展规划》《宁波市国家食品安全城市创建试点及浙江省食品安全城市创建工作方案》等重要文件中，并将企业通过"三品"认证作为名牌农产品评比、"两区"建设验收、龙头企业评定等农业项目的前置条件，鼓励主体申请"三品一标"认证（登记）。

三是完善政策，积极引导"三品一标"可持续发展。自 2002 年以来，每年宁波市本级财政安排用于"三品一标"发展的资金达到 600 万元，补助对象和补助力度也在不断优化完善。2016 年，出台"十三五"期间"三品一标"的扶持政策，市级财政对新认定无公害农产品产地每个补助 2.5 万元，复查换证产地每个补助 1 万元；无公害农产品整体认定产地每个补助 10 万元，整体认定换证补助 5 万元；绿色食品续展认证产品每个补助 2 万元；农产品地理标志登记产品和全国绿色食品原料标准化基地各补助 10 万元。县级财政也都采取相应的配套补助政策。

2. 打好"监管牌"，保障"三品一标"事业健康发展

严格执行农业农村部"严格审查、严格监管，稍有不合、坚决不批，发现问题、坚决出局"24 字方针，通过部门之间、县（市、区）之间加强沟通合作，共建"三品一标"产品的质量安全屏障。

一是严格准入机制，坚决禁止产品检测、环境评价等重点项目不过关的生产经营主体通过"三品一标"认证。认证过程中强化检查员作用，现场检查对投入品使用等重点环节严格把关。在无公害农产品产地认定会议上，各专业组组长及各检测机构都需做出认证企业的审查及考评。

二是强化淘汰退出，坚决取消年检、抽检不合格主体的标志使用权。每年均安排专项资金，对"三品一标"进行监督抽检，要求 3 年能够覆盖所有获证企业。对绿色食品企业进行年度检查全覆盖，及时发现不符合要求的企业和产品。近几年来，通过证后监管取消标志使用权的主体年均达 10 多家。

三是加强合作共治，共同打击假冒伪劣行为。每年 3·15 消费者权益日期间，联合市场监管等部门开展"三品一标"标志使用专项检查，查处假冒伪劣产品。2016 年，动用全市力量，组织开

展了保障 G20 杭州峰会的"三品一标"农产品质量安全大检查活动。

3. 打好"队伍牌",提高管理和服务水平

宁波市绿色食品发展中心有一支专职的工作队伍,负责全市"三品一标"发展的规划和管理;各区县(市)均有专门机构和人员负责"三品一标"工作;各乡镇农办均有人员兼管"三品一标",市、县、乡、企业四级工作队伍已经初步形成。同时,所有获证企业均配备了经培训合格的内检员,负责企业内部质量管理工作。截至 2019 年 7 月底,全市共有 24 名绿色食品检查员、38 名绿色食品监管员、2 名绿色食品生资管理员、2 名有机农产品检查员和 8 名农产品地理标志核查员,种植业、畜牧业和渔业无公害农产品检查员分别为 72 名、56 名和 32 名。2015 年以来,市级每年安排检查员和内检员培训班不少于 3 期,共培训合格的各级质量管理人员 2 000 余名。

4. 打好"宣传牌",提高"三品一标"的社会认知度

多次组织开展"三品一标"宣传进社区活动,通过科技下乡、培训班、网站媒体等形式宣传"三品一标"。每年组织企业参加中国绿色食品博览会、进驻工行融 e 购等电商平台,促进地产"三品一标"农产品的市场销售。2015 年,拍摄了"三品一标"产品追溯和知识宣传片,在中国食品博览会上举办了宁波市"三品一标"农产品专场;精心设计了"三品一标"体验馆,并成功举办了"三品一标"推介会。2016 年以来,每年与《宁波日报》合作开展"三品一标"主题宣传活动,组织市民、政协委员、人大代表等实地考察"三品一标"企业,扩大"三品一标"农产品的市场认知度。

截至 2019 年 7 月底,全市共有"三品一标"农产品 1 583 个,其中无公害农产品 1 403 个、绿色食品 162 个、有机农产品 3 个、农产品地理标志 15 个,主要食用农产品中"三品"比率为59.53%;保持创建全国绿色食品原料标准化生产基地 1 个,获得绿色食品生产资料标志使用许可2 个。

安徽省：加快推进"三品一标"发展，示范引领乡村产业兴旺

安徽省绿色食品管理办公室

耿继光　任旭东　高照荣　杨　骏　谢陈国　陈书红

2018年，安徽省"三品一标"工作紧紧围绕"农业质量年"总体要求，持续拓宽工作思路，努力创新工作机制，着力实施品牌升级工程，强力推进全省"三品一标"产业高质量发展，促进了"质量兴农、绿色兴农、品牌强农"落地生根，稳步提升了全省高质量农产品有效供给，示范引领乡村产业兴旺。

一、"三品一标"发展概况

1. 整体发展情况

据统计，截至2018年年底，安徽省全年新增"三品一标"生产基地327万亩，完成年计划任务的109%；"三品一标"产地环境监控面积达3 207万亩；有效使用无公害农产品标志2 557个、绿色食品标志2 723个、有机农产品标志530个，农产品地理标志总量达62个，如图1、图2所示；"三品一标"检测合格率达99%。

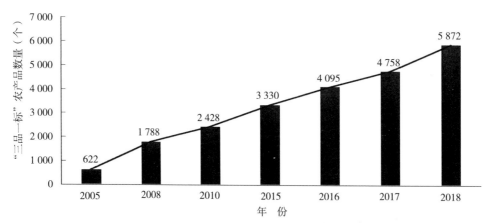

图1　2005—2018年安徽省"三品一标"发展情况

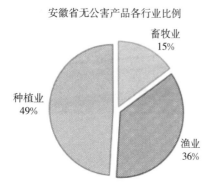

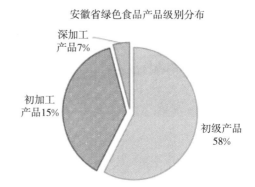

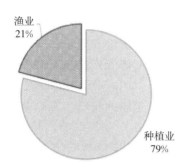

安徽省有机农产品各行业分布

渔业
21%

种植业
79%

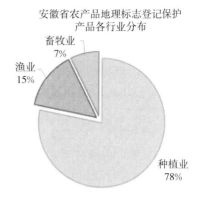

安徽省农产品地理标志登记保护
产品各行业分布

畜牧业
7%

渔业
15%

种植业
78%

图 2 2018 年安徽省"三品一标"产品分布情况

说明：图中有机农产品各行业分布，仅统计北京中绿华夏有机食品认证中心信息。

2. 无公害农产品发展情况

2018 年，安徽省有效无公害农产品生产经营单位 1 330 家，种植面积达 425.8 万亩，获证产品 2 557 个，年产量 234.9 万吨；产品种类包括粮食、油料、蔬菜、水果、茶叶、食用菌、鱼、肉、禽、蛋等 10 大类；产品产量、销量、生产面积、获证主体数量等方面大幅度增长。

3. 绿色食品发展情况

2018 年，安徽省共有 584 家生产经营主体的 1 261 个产品取得绿色食品标志使用权，与 2017 年同期相比分别增长了 39.8% 和 19.1%；共有 1 273 家生产经营主体的 3 081 个产品有效使用绿色食品标志，同比分别增长了 52.1% 和 35.5%，绿色食品生产经营主体首次突破 1 000 家；全年新增绿色食品 807 个，新增产地面积 195 万亩。2018 年共有 144 家绿色食品生产经营主体的 420 个产品成功办理绿色食品续展，经营主体和产品续展率分别为 78.7% 和 73.7%。

4. 有机农产品发展情况

2018 年，全省有效有机农产品生产经营单位达到 400 家，有效有机农产品 530 个，含北京中绿华夏有机食品认证中心认证的 21 家有机农产品，以及生产经营单位的 38 个有机农产品。

5. 农产品地理标志发展情况

2018 年，安徽省获农业农村部颁发的农产品地理标志证书 17 张，全省农产品地理标志已达 62 个，种类涉及茶叶、果品、粮食、蔬菜、药材、油料、食用菌、肉类产品、水产动物等九大类型。其中，砀山酥梨、霍山黄芽两个产品登上中国百强农产品区域公用品牌榜，绩溪县"金山时雨"茶获全国农产品地理标志示范样板创建颁证授牌。

二、主要工作做法

1. 抓创建，强化基地建设

一是开展金寨县茶叶、全椒县水稻创建全国绿色食品原料标准化生产基地的工作，并获得证书；怀宁县蓝莓被批准进入基地创建期。全省已建成并获得授牌的"全国绿色食品原料标准化生产基地"共 45 个，产品种类包括茶叶、砀山梨、毛竹笋、油菜等 10 余种优势农产品。二是舒城县桃溪生态休闲农业示范园获得"全国绿色食品一二三产业融合发展示范园区"称号。三是新增加定远县高刘冬枣科技园等 307 家生产经营主体的无公害农产品生产基地近 30 万亩。

2. 抓源头，夯实质量基础

一是强化绿色生资登记管理。芜湖百泰生物科技有限公司生产的微生物有机肥获北京中绿华夏有机食品认证中心认证，专供有机农产品生产使用。培育了宣城、怀远饲料和肥料绿色食品生产资料定点单位 4 个。二是强化绿色生资专供。绿色食品基地投入品全省专供点已达 200 余个。三是强化绿色食品标准制定。牵头制定修订"三品一标"行业生产规范 9 项，并严格按照 102 项"三品一标"行业规范推进农业标准化生产。

3. 抓效率，推进高质量发展

一是实行申报计划管理。将发展"三品一标"作为农产品质量安全认证体系民生工程建设重要内容，各地对拟初次申报和续展（复查换证）生产经营主体及产品进行摸底和登记，按生产季节和续展时限进行统筹安排，努力提高时效性。据统计，2018 年认证时限减少 10 个工作日以上。二是提高申报条件，对于绿色食品初次申报生产经营主体的种植、养殖规模进行调整提高。据统计，2018 年申报绿色食品种植类产品，种植面积提高了 25% 以上，起到了很好的示范带动作用。三是继续实行绿色食品初次申报材料集中审核制度。全年共安排 3 次材料集中审核，审核材料 487 份。四是将生产经营单位内检员制度作为认证前置条件，促进证前申报与证后监管有机结合。五是按照中国绿色食品发展中心要求，做好绿色食品续展统计上报工作，2018 年共上报统计报表 10 期。

4. 抓监管，夯实全程控制

一是开展专项督查。2018 年 7~9 月，安徽省农业委员会组织 5 个督查组探索采取"双随机一公开"方式，对全省 16 个市"三品一标"质量管理工作进行专项督查，并对绿色农资、生产基地、生产过程管理督查结果进行了通报，督促获证生产经营单位落实主体责任。二是智慧监管有新突破。强力推进"三品一标"产品全部纳入国家追溯管理信息平台管理，实现"带证上网、带码上线、带标上市"。三是加强生产经营主体内检员培训。全年共培训"三品一标"生产经营单位内检员 21 批次，全省共有 5 780 名生产经营单位内检员获得相应资质，"三品一标"认证管理责任落实情况良好。四是做好绿色食品企业年检，将 2017 年度绿色食品企业年检材料进行汇总上报，制定了 2018 年年检计划并组织实施，年检企业 607 家，产品 1 532 个，年检率分别为 96.1% 和 95.3%。五是开展绿色食品标志市场监察活动，在合肥、马鞍山的 5 家超市组织开展了以绿色食品标志为主的"三品一标"市场监察活动，共采集"三品一标"产品 160 个产品，其中绿色食品 112 个、有机农产品 33 个、农产品地理标志产品 15 个。经分析登记，规范使用标志产品 158 个，规范用标率为 99%。六是开展绿色食品质量抽检。中国绿色食品发展中心安排对安徽绿色食品市场的水产品、茶叶、蔬菜水果等 6 大类产品进行抽检，共抽检产品 131 个，抽检合格率为 100%。

5. 抓推介，落实提升行动

抓住农业品牌提升行动的机遇，强化"三品一标"农产品在做大做强农业品牌的作用。一是在 2018 年 4~5 月，组织全省 11 个市开展了"绿色食品宣传月"活动，参与者达千人，发放资料万

余份。二是组织开展了安徽省 50 强绿色食品评选活动，评选出 50 强绿色食品。三是参与组织开展了消费者最喜爱的 100 个绿色食品评选和进社区、进超市、进家庭的活动。四是组织了 37 家单位 200 多个产品，参加了在河南省驻马店举办的中国国际农产品加工贸易洽谈会的中部六省绿色食品专展。五是组织参加了在长沙市举办的中国国际农产品交易会地标专展，11 个单位参加了专展工作。六是组织 70 家生产经营单位近 400 个产品，参加在厦门举办的第 19 届中国绿色食品博览会和第 12 届中国有机食品博览会。

6. 抓培训，夯实能力建设

一是承办了中国绿色食品发展中心在合肥召开的无公害农产品制度改革过渡期有关工作培训班和全国绿色食品原料标准化生产基地建设培训班，推动了工作的开展，收到了较好的效果。二是2018 年年初组织召开了全省"三品一标"质量管理工作培训会，近百人参加会议。三是 2018 年年末组织召开了全省应用国家农产品质量安全追溯管理信息平台工作培训会，基层绿办、监管、执法等 50 多人参加会议，收到了较好的效果。

三、存在的主要问题

在加快推进"三品一标"农产品培育，促进乡村产业兴旺过程中，取得了一些成效，但也存在一些问题，主要表现在：

1. "三品一标"产业发展与消费者需求还存在差距

经济发展带动了人们生活水平的提高，对绿色优质农产品的需求也日益增加。目前，全省"三品一标"生产基地覆盖率达 45% 以上，无公害农产品年产量 283.7 万吨，绿色食品年产量 683.3万吨。其中农产品地理标志登记保护数量不足全国平均水平，产品总量的供给与消费者需求仍存在较大差距。

2. "三品一标"产品培育过多依赖于政策扶持推动

"三品一标"产业快速健康发展，产品快速培育取得了明显成效，为推进质量兴农、绿色兴农、品牌强农和实施乡村振兴战略发挥了积极作用。实施农产品认证体系建设和农产品质量安全追溯工程，将"三品一标"认证登记与质量追溯列入奖补，全省"三品一标"农产品数量、质量实现"双飞跃"，政策推动产业发展作用进一步彰显。以绿色食品为例，实施民生工程前年均增长 5 个百分点，实施民生工程后年均增长 20 个百分点，"三品一标"培育过多依赖政策推动。

3. "三品一标"品牌价值优势未得到真正体现

"三品一标"作为政府主导的安全优质农产品公共品牌，是高品质农产品生产的重要实现路径，

也是提振公众农产品消费信心的重要方面。产业的高质量发展与品牌价值的发挥涉及产地环境、投入品、生产过程、加工贮存、市场销售多个方面，涉及范围广、运行环节多、技术手段新。需要生产、科教、行业、市场、政府等多方入手，发挥优势，疏通关窍，合力推进"三品一标"宣传营销和品牌价值打造，发挥"三品一标"农产品品牌价值优势，让优质优价效应进一步凸显。

4. "三品一标"促进乡村产业兴旺仍需久久为功

产业兴，才能百业兴。农业产业兴旺落实到"三品一标"产业发展上，就是要把"三品一标"农产品认出来、管理好、卖出去，而且是卖上好价钱。"三品一标"产业发展并非一蹴而就，需要久久为功，要进一步坚定发展的信心和决心，进一步树牢现代化农业发展理念，进一步增强发展后劲，进一步营造良好的发展环境。

四、今后发展目标与工作措施

加快培育"三品一标"农产品，促进安徽乡村产业兴旺，必须坚持以习近平新时代中国特色社会主义思想为指导，深入学习贯彻党的十九大和十九届二中、三中全会精神，牢固树立新发展理念，落实高质量发展要求，坚持以产业兴旺为目标，以增加绿色优质农产品供给为核心，挖掘乡村资源禀赋，聚焦农产品品牌，延长产业链、提升价值链，推进一二三产业融合发展，激发产业发展新动能，着力成为质量兴农、绿色兴农、品牌强农"排头兵"，为乡村产业兴旺奠定坚实基础。

1. 目标任务

2019 年，全省新增认证农产品生产基地 300 万亩以上，新培育"三品一标"农产品 300 个以上，有效使用"三品一标"农产品总量达到 6 200 个以上，认证覆盖率 48％以上，"三品一标"农产品监测合格率 98％以上。

到 2021 年，全省有效使用"三品一标"农产品数量达到 7 000 个以上，认证覆盖率 55％以上，"三品一标"农产品监测合格率 98％以上，全面实现"三品一标"农产品可追溯，长效管理机制基本建立，品牌美誉度进一步提升。

2. 主要措施

（1）摸清底数，精准加大培育"三品一标"农产品。安徽省长李国英于 2019 年 4 月 20～21 日在黄山市调研时强调，要发展绿色、特色农业，打响一批"三品一标"品牌，做到"人无我有、人有我优、人优我特"。安徽省农业农村厅厅长卢仕仁在 2019 年第九次厅长办公会上指出，今后在评定地理标志农产品时，要突出区域特色，打造特色农产品。为此，当下重要任务是深入摸清全省资源禀赋底数，进一步理清工作思路，首推区域特色明显、带动力强的农产品，进一步做到"人无我有、人有我优、人优我特"。

（2）加大力度，实施农产品认证登记发展计划。一要保持绿色食品发展领先位置。绿色食品总量要有增长，续展率稳定在 65％以上。严格申报程序，发挥工作系统与专家组优势，提高工作效率，提升发展质量，防范风险隐患。二要提升有机农产品发展质量。积极推进有机农业发展，加快有机农产品认证，实现认证总量持续增长，再认证率保持在 85％以上。创建一批国家级有机农产品生产基地。三要实施地理标志农产品保护工程。依托全省名特优农业优势区，打造知名农产品地理标志品牌，农产品地理标志登记保护数量达到或超过全国平均水平。

（3）精准发力，推动"三品一标"平衡充分发展。一是推动绿色优质农产品平衡发展。引导规模以上龙头企业和农民专业合作社发展"三品一标"，提高大中型企业、名牌企业和加工企业占比，做大做强农产品品牌。强化虾稻米、稻田虾农产品认证，推动区域间、产业间绿色优质农产品平衡发展。二是推动地理标志、有机农产品充分发展。充分发挥品牌在质量提升中的作用，逐步提高绿色化、优质化、特色化、品牌化水平。充分发展地理标志农产品和有机农产品，逐步形成与需求相适应的绿色优质农产品供给结构，推动产业间绿色优质农产品充分发展。

（4）政策扶持，推动快速培育"三品一标"农产品。进一步加大对"三品一标"工作的投入力度，推进"三品一标"发展专项经费纳入财政预算，整合项目和资金，支持发展"三品一标"。支持转移支付到市、县，重点支持"三品一标"产品发展和基地建设，实施"三品一标"质量安全可追溯项目，开展质量检验检测等。鼓励和支持全省各地开展对"三品一标"生产经营单位实行直补、奖励等行之有效的扶持措施。研究制定优惠政策，引导、鼓励、支持社会民间资本进入"三品一标"产业开发，构建多元投入良性机制。

（5）积极献策，形成合力推动"三品一标"高发展。"三品一标"涉及产地环境、产品质量、包装标识、标志使用等多个方面，涉及的部门多，必须形成合力。各地科研部门应加大对"三品一标"的研究，教学部门应加大授课教育，指导推进安徽省成立农产品品牌促进会和绿色食品协会，让它们走上前台，成为政府、生产经营单位之间的桥梁和纽带，同时充分调动和利用好社会各种管理资源和技术优势，尽快形成"政府重视、部门支持、社会关注"的社会环境，为实现"三品一标"加快发展奠定良好的基础。

福建省：以高质量发展大力推进"三品一标"和品牌农业建设

福建省绿色食品发展中心　周乐峰

2018 年，在福建省农业农村厅的领导和中国绿色食品发展中心的指导下，福建省绿色食品发展中心以高质量发展为导向，以"提质量、树品牌、增效益、促发展"为目标，大力推进全省"三品一标"发展和品牌农业建设。"三品一标"呈现高质量发展态势，认证（定）数量、质量、产品监测合格率均创历史最好水平。承办第 19 届中国绿色食品博览会暨第 12 届中国国际有机食品博览会，取得圆满成功，成效斐然。品牌农业建设取得新成效，唱响"清新福建、绿色农业"，得到农业农村部和福建省委、省政府领导的充分肯定。

一、"三品一标"高质量发展

2018 年全省新认证（定）"三品一标"423 个，其中无公害农产品 270 个、绿色食品 105 个、有机农产品 39 个、农产品地理标志 9 个；累计认证（定）达到 4 147 个，创历史最好水平；认证（定）工作着力抓高端产品，绿色有机食品占比大幅度提升。漳平市永福台品樱花茶园创建"全国绿色食品一二三产业融合示范园"通过验收。目前全省已有国家级绿色食品原料基地、地理标志示范样板等 19 个，认定产地环境监测面积达 585 万多亩。根据国家无公害农产品认证制度改革的精神，建立了福建省无公害农产品认定制度，改革过程认证工作快速平稳过渡。漳州市在无公害农产品认定暂停阶段不停歇，主动服务、积极辅导，为后期恢复认定快速报批奠定了良好的基础，有效地保护了企业主体的权益。

二、证后监管逐步强化

自 2017 年以来，逐步确立了监管就是服务的理念，创新管理机制，强化预防监管、过程监管、严格监管。一是对有质量隐患的企业发出风险预警通知、组织风险约谈，对发现问题企业及时组织核查并按规定处置，对新获证企业统一组织颁证面谈，有效地提高企业主体质量意识和守法意识。二是加强抽样检测监督。2018 年共抽样监测"三品一标"产品 1 026 批次，样品数量占现有产品数量的 25%，合格率达 99.61%，高于全国平均水平。三是加强市场监督检查。全年共出动 938 人次，对 390 个各类市场开展"三品一标"标志使用检查，规范包装标识，树立了"三品一标"市场形象。四是加强证书管理。督促各地开展年检工作，指导企业自查自检，100% 企业建立了年检档案。五是强化产品追溯管理。"三品"生产主体全部纳入省级农产品质量安全追溯监管信息平台，率先实现"一品一码"准入准出管理。

三、市场拓展成果丰硕

2018 年福建省绿色食品发展中心协同厦门市农业局等承办第 19 届中国绿色食品博览会暨第 12 届中国国际有机食品博览会，首次绿色、有机两会联办，展览面积 3.7 万平方米、1 735 个标准展位，取得圆满成功。本届展会共有来自全国各省份和新疆生产建设兵团的 37 个展团及 5 个国际展团参展，2 000 多家采购商到会，盛况空前，展销两旺。福建省除了设置特色现代农业展示区、有机食品展销区外，还为全省 23 个省级扶贫开发工作重点县设立了优质农产品产销对接专区，面积超过1 000平方米，300多家"三品一标"企业携带1 000多种产品进行了集中展示。福建省绿色食品发展中心荣获最佳组织奖、特殊贡献奖，57个产品获得博览会金奖。福建省还组织参加了第16届中国国际农产品交易会农产品地理标志专业展区，福建省展团获最佳组织奖，河龙贡米、安溪铁观音获参展农产品金奖。

四、品牌建设渐入佳境

一是着力完善扶持政策。2018年福建省农业农村厅首次专列扶持品牌农业建设专项资金，将品牌农业建设列入对各级农业部门的绩效考核范围，有力地推动了《福建省人民政府办公厅关于加快推进品牌农业建设七条措施》的贯彻落实，各地制定、出台扶持品牌农业建设的政策文件26件，品牌兴农的氛围越来越浓。福州市出台政策对获得国家农产品地理标志登记保护、福建省著名农业品牌和福州市知名农业品牌的企业各予以50万、30万、20万元奖励；莆田、平潭积极争取支持在资金奖补上取得突破。据统计，2018年全省"三品一标"发展和品牌农业建设奖补资金达到2 174万元。

二是着力品牌农业宣传。品牌宣传多媒体、高强度，既有扶持企业自身宣传，又有政府公益宣传；既有电视广播等传统媒体宣传，又有今日头条等新媒体宣传。2018年，共组织18家2017年度福建名牌农产品获牌企业在沈海高速公路重要地段设立91座广告牌，集中连片突出"清新福建、绿色农业"主题，效果良好。在东南卫视各档新闻节目前中后的重要时段，展播福建著名农业品牌广告片，365天不间断；寿宁高山茶、武平百香果等8个农产品区域品牌在中央电视台广告精准扶贫栏目展播，影响大、效果好。在今日头条开辟品牌农业专题专栏，设立"福建农业信息网"品牌农业频道，形成新媒体"网微端"三合一宣传矩阵。2018年4月，按照中国绿色食品发展中心的统一部署，在全省组织开展"春风万里，绿食有你"宣传月活动，上下联动、因地制宜，普及知识、展示成就、推动营销，取得了很好的效果。

三是着力品牌评选推荐。在2017年度评选的基础上，继续联合福建省林业局、福建省海洋与渔业局开展福建省著名农业品牌评选认定工作，福州茉莉花茶、永春芦柑等获得"2018年度福建省农产品十大区域公用品牌"称号，维多粒香福建百香果、绿田速冻鲜莲等30个名优农产品获得"福建省名牌农产品"称号。组织推荐优质产品参加首届中国自主品牌博览会，安溪铁观音、武夷岩茶、福州茉莉花茶、福安巨峰葡萄等4个品牌位居全国地理标志区域公用品牌价值前100名。各地也积极组织品牌评选推荐，福州市组织了首届福州市知名农业品牌评选活动；宁德市成立福安葡萄产业联盟，在福州举办福安葡萄、穆阳水蜜桃专场推荐会；三明市、泉州市、南平市利用中国绿

色食品博览会平台，组织文鑫莲业、八马铁观音、武夷星等著名品牌企业进行专馆推荐。福建省绿色食品发展中心借助"三品一标"内检员培训班，邀请沃尔玛、朴朴、永辉、新华都等大型商超专门对接生产企业，推动产销合作。

五、进取创新服务提升

一是强化职责落实，提升服务效率。2017年以来，大力推动工作制度的梳理和转变，完善落实"线上管理、面上实施""责任到科、任务到人"的工作机制，落实责任，分工协作，提高效率。有效解决了工作人员苦乐不均、单兵单线作战低效率的问题，提高了认证效率。同时，加强绩效管理，激励争先创优。

二是加强体系建设，提升服务能力。2018年举办了2期全省"三品一标"业务培训班，共200多人参训。注重企业内检员培训，提升企业自律自管能力，举办2期绿色食品内检员培训班385人次、5期无公害农产品内检员培训班990人次。紧紧抓住绿色兴农、品牌强农的机遇，全省市、县工作机构和队伍得以健全、壮大。

三是加强调查研究，提升服务手段。坚持问题导向，2018年福建省绿色食品发展中心组织了"三品一标"及"品牌农业"工作调研，分3组深入全省10个县（市、区），围绕体系建设、工作机制、服务需求、监管工作、品牌农业、推进工作等六个方面展开调研，明确了存在的问题，提出了今后的工作方向和措施。针对"三品一标"认证程序复杂、手段落后的问题，在中国绿色食品发展中心的大力支持下，基于"顶层设计、需求引领、互联共享、协同共建"的思路，规划设计电脑—手机—微信"三合一"绿色食品审核管理平台，力求实现"操作高效便捷、信息真实可溯、管理科学有序、平台先进安全"。目前，该平台建设已获得福建省发展和改革委员会立项、启动建设。

江西省：绿色农业发展报告（2019）

江西省绿色食品发展中心　康升云

江西省围绕农产品供给侧结构性改革，按照江西省政府"打造全国知名绿色有机农产品供应基地"和原农业部批复"以省为单位创建全国绿色有机农产品示范基地试点省"要求，充分利用优越农业生态环境条件，加快发展"三品一标"认证登记，助力乡村振兴战略和绿色农业发展。截至2018年12月底，全省共有"三品一标"产品5 335个（其中无公害农产品2 780个、绿色食品647个、有机农产品1 825个、农产品地理标志83个），全国绿色食品原料标准化生产基地46个、面积840.34万亩，全国有机农业（德兴红花茶油）示范基地1个、面积3.8万亩，荣获国家级农产品地理标志示范样板（崇仁麻鸡、余干辣椒）2个，累计创建省级绿色有机农产品示范县38个。

一、工作成效

1. 全省"三品一标"加速发展

2014—2018年，全省"三品一标"产品总数分别为2 416个、2 902个、3 657个、4 712个、5 335个，2018年较2014年增加1.2倍，呈现快速发展态势。这些成绩的取得，主要得益于各级政府和有关部门的关心及支持，中央提出了"五大发展理念"和建设生态文明要求，2016年3月农业部批复江西"以省为单位创建全国绿色有机农产品示范基地试点省"并给予重点支持；江西省委、省政府提出了绿色发展目标，并把"三品一标"纳入科学发展观考核内容；江西省农业农村厅实施了"三品一标"补助政策（2016—2018年各补助1 000万元），市、县各级政府结合资源禀赋优势加快发展"三品一标"。

2. 工作机构职责进一步理顺

通过"传帮带"培养，调动市、县机构积极性，现场检查工作重心下移，协调省外有机检查员等方式，基本理顺了全省各级工作机构的职责，实现省、市、县三级工作机构上下联动。无公害农产品全部由市、县两级机构开展现场检查，省级机构以材料审核和技术指导为主。绿色食品绝大部分由市、县工作机构完成现场检查，年检全部由市级机构完成，省级机构负责审核把关。结合省内有机产品检查员数量及专业资质，北京中绿华夏有机食品认证中心现场检查形成以省内有机产品检查员为主、省外有机产品检查员为辅的格局。农产品地理标志登记材料审核和现场核查以省级机构为主、市级机构为辅。

3. "三品一标"工作队伍不断壮大

江西省绿色食品发展中心通过邀请中国绿色食品发展中心专家授课、组织举办培训班、外派人员参加各类培训班等形式，加大人员培训和注册力度，在全省范围内形成了一支由省级工作机构人员为核心、市级工作机构人员为骨干、县级工作机构人员为基础、生产单位技术人员为补充的"三品一标"工作队伍，为进一步做好全省"三品一标"工作奠定了坚实基础。截至2018年10月，全省共有无公害农产品检查员275名、绿色食品检查员121名、绿色食品标志监管员45名、有机农产品检查员10名、农产品地理标志核查员8名，无公害农产品内检员2 449人、绿色食品内检员362人。

4. 省级"三品一标"项目资金再创新高

在江西省财政厅的支持下，江西省农业农村厅加大了"三品一标"资金支持力度，2018年度省级财政涉及"三品一标"认证补助、证后监管、示范创建、品牌宣传的资金达到 2 140 万元。一是继续对全省"三品一标"新获证产品进行补助，下达设区市和省直管县补助资金 1 000 万元。二是安排"三品一标"证后监管与宣传经费 75 万元，抽检"三品一标"产品 170 个。三是继续创建省级绿色有机食品示范县，2018 年新创建 13 个省级绿色有机农产品示范县并给予每个示范县 100 万元奖励。四是安排"三品一标"展示展销经费 40 万元，组织企业参加第 12 届中国国际有机食品博览会、第 19 届中国绿色食品博览会、第 16 届中国国际农产品交易会农产品地理标志专业展区、第 21 届中国农产品加工洽谈会中部六省绿色食品展等 4 个专业展会。

二、2018 年主要工作

1. 大力发展"三品一标"认证

2018 年开展了无公害农产品认证制度改革，根据《江西省无公害农产品认定实施办法（试行）》，由江西省绿色食品发展中心组织无公害农产品认定终审并颁证。全年认定无公害农产品 1 011 个（种植业产品 642 个、畜牧业产品 221 个、渔业产品 148 个），其中新申报认证产品 559 个、复查换证产品 452 个；配合中国绿色食品发展中心认证绿色食品 240 个，其中新申报认证绿色食品 119 个、续展获证产品 121 个，全省绿色食品企业达到 304 家、产品产量达 376 万吨；协助北京中绿华夏有机食品认证中心完成 116 个有机食品再认证；组织申报了东乡萝卜等 11 个农产品地理标志，另有余干芡实、黎川草菇、玉山香榧、宜春大米、东乡甘蔗等 5 个产品获得农产品地理标志认证。

2. 强化"三品一标"证后监管

一是开展全省无公害农产品监管工作。对 41 个无公害农产品、32 个农产品地理标志进行了监督抽检；配合中国绿色食品发展中心对省内金溪蜜梨等 5 个农产品地理标志监测抽样工作；开展军山湖大闸蟹农产品地理标志使用专项检查。二是开展了绿色有机食品证后跟踪检查。共抽取省内 4 个市场的 38 家企业的 97 个样品；组织和配合中国绿色食品发展中心开展了绿色有机食品的监督抽检工作；配合中国绿色食品发展中心撤销了本年度 7 个不合格绿色食品的证书。

3. 开展"三品一标"队伍建设

一是组织举办培训班 3 次，培训人员 1 382 人次。其中，培训无公害农产品内检员 895 人、检查员 119 人；绿色食品机构工作人员 106 人、内检员 262 人。二是组织参加中国绿色食品发展中心

举办的各类培训班，共计 23 人次。三是组织或协助 3 人次完成有机产品检查员新（再）注册、56 人次完成绿色食品检查员、监管员的新（再）注册、262 人完成绿色食品企业内检员的注册。四是完成对全省绿色食品监管员的年度考核，有 8 名地方工作机构的同志荣获全国绿色食品优秀监管员。五是配合中国绿色食品发展中心举办了 1 期全国绿色食品检查员技能提升培训班，来自 34 个省级绿色食品工作机构的负责人和业务骨干共 70 余人参加培训。六是在省内组织了 1 次绿色食品申报材料集中会审和 2 次跨设区市绿色食品现场交流检查。

4. 推动"三品一标"产业发展

为加快"三品一标"发展，在省内外组织了密集调研。2018 年 3 月，派出 3 个组分赴全省 11 个设区市开展加快绿色食品发展专题调研；6 月，派出 3 个组分赴湖南、安徽、重庆等省份考察调研，学习借鉴兄弟省份的"三品一标"先进工作经验；江西省绿色食品发展中心派人参与了江西省农产品质量安全监管局组织的省内有机农产品发展情况专题调研，为更好地谋划江西省有机农业发展献计出策。根据江西省农业农村厅的安排，组织开展了全省有机农产品认证调研并撰写分析报告。

5. 宣传推介"三品一标"产品

一是组织绿色食品进社区宣传。2018 年 4 月 28 日，联合南昌市彭家桥街道文教路社区举办了"春风万里，绿食有你——绿色食品宣传月进社区"活动，现场展示了 12 个设区市、省直管县推荐 28 家企业的 48 个产品。二是组织省内绿色有机企业参加了中绿华夏 2018 全国有机企业家高级研修班暨源食俱乐部产销对接会；组织 64 家企业参加了第 21 届中国农产品加工洽谈会中部六省绿色食品展、第 19 届中国绿色食品博览会暨第 12 届中国国际有机食品博览会，江西展团均荣获最佳组织奖，共有 17 家企业荣获产品金奖、优秀奖和优秀商务奖。三是宣传推广农产品地理标志。广昌白莲等 4 个农产品地理标志获得 2018 年中国品牌价值评价；推荐广昌白莲、南丰蜜橘列入《第二批中欧农产品地理标志产品互认推荐清单》；组织余干辣椒等 10 个农产品地理标志参加第 16 届中国国际农产品交易会农产品地理标志专业展区，"王桥花果芋"荣获金奖，江西省绿色食品发展中心荣获农产品地理标志展团最佳组织奖。

6. 创建绿色原料基地、绿色有机示范县和地理标志示范样板

一是创建绿色原料基地。完成新创建全国绿色食品原料标准化生产基地现场检查 1 个，组织了 2 个创建期全国绿色食品原料标准化生产基地的现场验收。目前，全省有全国绿色食品原料标准化生产基地 46 个、面积 840.34 万亩。二是继续创建绿色有机示范县。在已创建的 25 个省级绿色有

机农产品示范县的基础上，2018 年新创建 13 个省级绿色有机农产品示范县并给予一定奖励。三是创建农产品地理标志示范样板。2018 年 11 月 2 日，在由农业农村部农产品质量安全监管司主办、中国绿色食品发展中心承办的第 4 届全国农产品地理标志品牌推介会上，江西农产品地理标志——"余干辣椒"荣获"国家级农产品地理标志示范样板"称号。

三、当前存在的问题

1. 企业申报"三品一标"积极性有待提高

现阶段"三品一标"产品尚未实现优质优价，一些通过认证的产品没有体现应有的价值，影响了农产品生产单位申报"三品一标"认证积极性。近几年，虽然一些地方政府出台了相关发展扶持政策，江西省农业农村厅也将获得"三品一标"证书与申报农民专业合作社省级示范社、省级农业产业化龙头企业等政策挂钩，但是企业申报"三品一标"认证的主观原动力不够强。

2. 全省"三品一标"工作队伍有待完善

江西省绿色食品发展中心自 2010 年组建以来，一直致力于培养专业技术人才和扩大"三品一标"工作队伍。但是受事业单位机构改革、人事编制等因素影响，江西省绿色食品发展中心存在专业技术人员不足现象，部分市级工作机构承担了过多职责，个别县级工作机构人员流动大、资质检查员较缺乏。各级工作机构资质检查员不足或工作能力欠缺，导致部分"三品一标"认证材料审核、现场检查无法及时完成，认证工作效率有待提高。

3. 江西绿色农业发展缺乏行业领头羊

随着市场经济的深入发展，各个产业和行业之间的联系越来越紧密。过去那种只管种养生产、不管加工或销售、出卖初级农产品的农业发展方式已经不适应经济发展潮流，今后农业的发展必须走精深加工和创立品牌的道路。江西省通过"三品一标"认证的企业不少，但是真正在全国叫得响的品牌不多，缺乏引领带动作用强有力的绿色食品龙头企业。

四、今后工作重点

江西将围绕大力实施乡村振兴战略，按照"稳步发展无公害农产品、重点发展绿色有机食品、大力发展农产品地理标志"思路，进一步夯实"三品一标"发展基础、扩大"三品一标"总量规模、强化获证产品证后监管、加大"三品一标"宣传力度、提高认证工作效率和服务能力，为助力

国家乡村振兴战略、打造全国知名绿色有机农产品基地和创建全国绿色有机农产品示范基地试点省做出新贡献。

1. 加快"三品一标"发展

大力发展"三品一标"认证，做大"三品一标"总量规模、提升"三品一标"产品品质，继续创建省级绿色有机农产品示范县，引导农业标准化生产、引领绿色生活消费，着力打造全国知名的绿色有机农产品供应基地。

2. 加强"三品一标"监管

一是加大对获证产品的抽检力度，及时发现并处置质量安全隐患，确保获证产品质量安全可靠。二是对获证单位开展无公害农产品综合检查，开展绿色食品市场监察。三是加强农产品质量安全信息化管理，将"三品一标"优先纳入江西农产品质量安全追溯系统，向社会公众开放查询；对于产品抽检不合格、生产不规范等企业，纳入诚信"黑名单"管理。

3. 打造精干高效专业队伍

通过请老师来讲课、送出去培训、手把手教、到田间地头实践等方式，提高检查员工作能力，积累实习经历。同时，注册相关资格资质，为壮大江西绿色农业奠定坚实的技术基础，提供强大的技术支持。

4. 争取"三品一标"发展资金

继续设立省级"三品一标"补助资金，鼓励市县设立"三品一标"补助资金，引导企业申报"三品一标"认证，扶持企业创建农产品品牌。对创建绿色有机农产品示范县、全国绿色食品原料标准化生产基地和全国有机农产品标准化生产基地、省级农产品地理标志示范县、全国绿色食品或有机农业一二三产业融合发展园区等进行补助。

5. 扩大"三品一标"品牌影响

围绕"树立形象、创立品牌、打造精品"的目标，加大江西"三品一标"宣传力度。通过组织参加中国国际农产品交易会农产品地理标志专业展区、中国绿色食品博览会、中国国际有机食品博览会等专业展会，宣传展示江西特色农产品品牌形象。鼓励支持企业走出去，帮助企业做大做强，唱响"生态鄱阳湖、绿色农产品"品牌。鼓励发展有机农产品和农产品地理标志，坚持走高端特色农产品路线，提升农产品品质和附加值，打造江西农产品精品升级版。

山东省济南市莱芜区：突出导向引领，建设"四个一流"，努力打造生姜绿色发展先行区

山东省济南市莱芜区农业农村局

景 春 宁玉宝 陈明新 孙 雪 张振明 卓增全

生姜产业是莱芜区农业中最突出的特色产业、主导产业。近年来，莱芜区高度重视生姜产业化发展，坚持把生姜产业作为全区农业产业化重点和关键环节来抓，高起点定位，高标准规划，高水平推进，全区生姜产业化发展体系不断完善，产业规模不断壮大，发展水平不断提高，在全国、全省生姜主产区中居于领先地位。

莱芜生姜已有 2 000 多年的种植历史，是全国名贵产品和中国蔬菜优良品种，素以姜块肥大、皮薄丝少、辣浓味美、色泽鲜润、耐储存著称。莱芜生姜富含多种维生素等营养成分，既是调味品又是保健品，有极高的食用和药用价值，民间素有"冬吃萝卜夏吃姜，不用医生开药方"之说。1960 年，全国"八省二市姜蒜葱规划会议"在莱芜召开，将莱芜生姜列为名贵产品。1961 年，莱芜被山东省命名为"优质'三辣'（姜、蒜、葱）生产基地县"。1985 年，莱芜生姜荣获农业部优质产品奖。1997 年，莱芜区被中国特产之乡推荐暨宣传活动组委会命名为"中国生姜之乡"。

经过多年的发展，全区生姜常年种植面积 15 万亩，总产量 60 万吨，围绕建设"一流的种植基地、一流的加工基地、一流的集散基地和一流的研发基地"，已形成了从种植、储存到加工、销售的完整链条和产业群，打造了"龙头带基地、基地联农户"和"区域化布局、专业化生产、规模化经营、系列化加工"的产业化发展体系，建立了"莱芜姜，保健康"的品牌理念，成为促进农民增收、推动区域经济发展、加快农业高质量发展的主要力量。

1. 一流种植基地——稳定种植面积，积极推进土地流转，大力推行绿色生产

一是制定了一系列操作规程。相继制定了《生姜无公害生产操作规程》《出口生姜良好农业操作规范》等 4 个技术规程，加大了标准化生产示范推广力度，加强了农业投入品市场监管和产地环境监管，实施了农产品质量安全可追溯制度，初步建立了农产品质量检验检测体系，确保了生姜生产全过程的质量和安全。制定颁布了国家标准、地方标准的生姜生产技术规范，完成了与国际接轨、可操作性强的《生姜生产技术规范》（GB/Z 26584—2011）国家标准，从理论到实践形成了一套较为完整的理论与技术标准体系，为主打"莱芜姜，保健康"的品牌魅力提供了强有力的技术支撑。

二是推动建立了一系列企业生产基地。坚持把土地流转和发展农村合作组织作为推动企业建立生产基地的主要手段，先后制订出台了一系列关于推进土地承包经营权流转的文件，建立健全了政策引导体系和流转服务体系，总结推广了万兴公司实行的"村委牵头、农户分租、企业承包"的做法等 7 种土地流转模式，加快了企业建立生产基地步伐。目前，全区建立无公害、绿色生姜生产基地 10 万多亩，其中企业自主管理型自属基地 2 500 亩、合作社型自属基地 1 万亩。

三是推动企业通过了一系列产品质量认证。通过大力实施国家"948"项目示范工程和山东省出口农产品"绿卡行动计划"，企业的产品质量水平大大提高，10 家企业通过欧盟 GAP 认证、20 家企业通过中国 GAP 认证、60 家企业通过亚洲食品卫生安全控制认证。其中，万兴公司是全省首家通过欧盟 GAP 认证的企业、全国首家通过英国 TESCO 连锁超市集团 TNC 认证的企业。

四是推动企业通过了一系列品牌认证。通过大力实施品牌战略，积极引导企业实施品牌认证，

相继有"赢牟"牌生姜等4个生姜产品被认定为国家级无公害农产品,"鹏泉"牌生姜被认定为A级绿色食品。2006年,万兴公司生产的"泰山"牌生姜被推荐为首批"山东名优农产品";2008年被指定为北京奥运会专供产品。生姜系列加工产品连续多次在中国国际农产品交易会、中国绿色食品博览会、中国农产品加工业投资贸易洽谈会上获得金奖。

2. 一流加工基地——加工规模不断扩大,加工链条不断延伸,加工园区建设稳步推进

一是加工储运规模不断扩大。截至目前,全区生姜加工储运企业近400家,年加工储运能力100多万吨,其中销售收入过亿元的20多家、省级重点龙头企业14家、国家级重点龙头企业3家。万兴公司、泰丰公司先后被评为国家级重点农业龙头企业,年出口额均达到2亿美元。

二是加工链条不断延伸。加工产品已从以往的保鲜姜块、腌渍姜块(姜片)、姜芽,逐渐发展到脱水姜片、姜粉、姜油、姜酒、姜茶等附加值较高的20多个系列、500多个品种。

三是加工园区建设进展顺利。按照"集约化布局、集群化发展"的思路,成立莱芜农业高新技术产业示范区,集中建设加工园区,引导企业向园区集聚,2018年被科技部评为国家级农业高新技术产业示范区。近年来,产业园先后投资8.1亿元,改造提升了6条道路,全长43.47千米,实现产业园内与周边区域的互联互通。其中万兴公司投资建设的320亩现代化脱水产业园区和230亩腌制产业园区,年出口脱水产品达到12 000多吨,形成国际领先、全球资源调配的一流调味品现代农业产业园区。

3. 一流集散基地——点面结合,以点带面,全面提升,引领了全国生姜交易的发展方向

在面上,全区除了近400家加工储运企业以外,还有600多家农民购销大户参与生姜购销,全年购销生姜100多万吨,是当地产量的2倍以上,形成了羊里、寨里、杨庄、大王庄等生姜购销大镇。加工原料产地包括山东的潍坊、临沂、威海等市以及云南、贵州、四川等省,产品销往国内北京、上海、广州、深圳等100多个城市,出口美国、欧盟、俄罗斯、巴基斯坦、日本、韩国及东南亚等100多个国家和地区,出口量约8万吨,出口额20余亿元。在点上,万兴公司通过多年发展,形成集生姜种植、储存、加工、出口于一体的农业产业化国家重点龙头企业,生姜出口量和出口额连续10多年居全国第一位。在生姜产品上,莱芜寿司姜片产量占全国产量的50%以上,占国际市场份额70%以上,在国际市场拥有无可争辩的话语权。

同时,莱芜区发起成立了中国园艺学会莱芜姜蒜葱分会和中国食品土畜进出口商会生姜分会,连续组织主办了5届中国(莱芜)生姜博览会;莱芜区成立了生姜文化研究会,建立了姜文化网

站，编辑出版《姜文化》杂志，主动融入"互联网＋"新时代，休闲农业、乡村旅游、电子商务等新产业新业态蓬勃发展。

4. 一流研发基地——科技研发全面推进，重点项目实现突破，部分领域全国领先

一是推广了生姜高产系列栽培技术。相继推广了有色地膜覆盖、强化富硒栽培、测土配方施肥、"双膜一网"栽培等技术。其中，"双膜一网"栽培模式推广面积达到 2 万亩，平均亩产达到 7 000 千克，比传统栽培模式增产 40％以上。

二是开展了生姜病虫草害综合防治工作。相继实施了"防治姜瘟病高效药剂筛选及综合防治技术""无公害生姜病虫草害综合防治技术""生姜贮藏期虫害防治技术开发与应用"等研究，在全区推广了振频式杀虫灯、诱捕器等绿色控害技术。同时，探索出了建大型姜窖、沙埋生姜的储存方法，较好地解决了农民散户储存使用禁用农药防治姜蛆的问题。

三是培育出了生姜新品种。相继实施了"生姜脱毒及优质超高产技术成果开发应用""生姜抗姜瘟病育种"等研究，选育出了高产优质品种 2 个。其中，"辐育一号"大姜具有抗逆性强、单产高、商品性状好等优良特性，比传统品种增产 30％以上。

四是生姜种质资源基地建设取得突破性进展。不断加大种质资源收集力度，已累计引进食用类、药用类、观赏类种质资源共 8 属 95 种 129 个引种号，建设种质资源圃 4 亩；其中姜种的种质共 63 种 97 个引种号，是全国收集姜种种质最全的地方。

五是生姜精深加工技术及产品开发取得初步成果。探索建立以企业为主体、市场为导向、产学研结合的产业技术创新机制，积极推进新技术新产品研发，增强产业核心竞争力。其中，万兴公司与江南大学深度合作，组建了专门的研发团队；康福德公司与中国食品发酵研究院深度合作，已开发出"百极生"等多个具有自主知识产权的生姜系列产品。

2003 年，"莱芜生姜"获得国家质量监督检验检疫总局原产地标记注册。2005 年，莱芜生姜产业群被山东省政府列入"十大（农业）产业集群"。2007 年，全国"葱姜蒜生产加工关键技术引进创新与产业化现场观摩会"在莱芜召开。2008 年，"莱芜生姜"获得国家工商行政管理总局地理标志证明商标注册。2016 年，"莱芜生姜"荣获"全国果菜产业十大最具影响力地标品牌"。2017 年，"莱芜生姜"获得山东省首批知名农产品区域公用品牌称号，叫响了"全球生姜看中国，中国生姜看莱芜"的区域特产品牌，品牌价值达到 123.66 亿元。

河南省：以品牌扶贫为突破点，扎实推进
"三品一标"品牌建设

河南省农产品质量安全检测中心　史俊华

2018 年以来，河南省农产品质量安全检测中心（河南省绿色食品发展中心）在河南省农业农村厅党组的领导下，深入贯彻学习党的十九大报告和习近平总书记系列重要讲话精神，紧紧围绕中央、农业农村部、河南省委和省政府关于乡村振兴战略的部署，深入推进"农业质量年"，以"质量兴农、绿色兴农、品牌强农"为目标，扎实开展"三品一标"农产品品牌建设与农产品质量安全检测工作，为全省农业供给侧结构性改革和全面建成小康社会做出了应有贡献。

一、"三品一标"农产品品牌创建

1. "三品一标"认证及登记

2018 年，河南省"三品一标"申报企业数、产品数较上年有了较大增长。截至 2018 年 12 月底，全省有效期内"三品一标"产品 4 429 个，较上年增长了 23%。其中，无公害农产品企业 1 949 家、产品 3 523 个，绿色食品企业 339 家、产品 758 个，有机农产品企业 15 家、产品 42 个，农产品地理标志 106 个。全国绿色食品原料标准化生产基地 5 个（新创建 1 个），国家级农产品地理标志示范样板 2 个（新创建 1 个），省级"三品一标"示范基地 42 个。绿色食品生产资料企业 11 家、产品 20 个。目前，河南省的"三品一标"总量居全国第 10 名。

2. "三品一标"监管

一是为了保证"三品一标"高质量发展，对认证申请制定的各个环节进行了严格把关，进一步落实了现场检查。2018 年全年现场检查 1 400 多家企业，审核材料 1 400 多份。二是进一步加强了年检和监督抽检等证后监管力度。2018 年共有 206 家绿色食品企业通过年检，年检率 83.7%。根据中国绿色食品发展中心要求，配合河南省农业科学院检测中心对全省绿色食品企业进行了监督抽检，共抽取 35 家绿色食品企业的 60 个产品，合格率 100%。同时继续开展"三品一标"现场监督抽检，检测样品 880 个，未检出超标样品。三是举办了 3 期绿色食品企业内检员的业务培训、培训人员 625 人，举办 7 期无公害检查员和内检员培训班、培训人员 1 600 余人。四是组织专家对"三品一标"基层工作人员、新型农业经营主体负责人等进行上门培训 10 余期，共培训 3 000 余人。

3. 无公害农产品制度改革取得新进展

2018 年是无公害农产品认证制度改革的关键年。根据《无公害农产品认定暂行管理办法》和农业农村部文件精神，河南省农业农村厅印发了《河南省无公害农产品认定审核实施细则（试行）》的通知，河南省农产品质量安全检测中心制定了《关于河南省无公害农产品认定现场检查实施细则》等 3 个配套制度文件。在认定启动准备工作完成后，及时召开了无公害认定工作培训会，为各级工作机构人员详细解读河南省无公害农产品认定的相关制度文件，并对暂停期间衔接工作进行了详细安排。2018 年 11 月，河南省正式启动无公害农产品认定；12 月，组织召开了首次专家集中评审会，共有 693 家企业、1 119 个产品通过评审颁证。

4. 扎实开展名特优新农产品名录有关工作

2018年，为深入挖掘、保护、培育和开发省内名特优新农产品资源，推进品牌创建，积极配合农业农村部农产品质量安全中心，在郑州举办全省名特优新农产品名录申报系统应用培训班，来自全省各辖市及直管县（市）农产品质检中心及省内全国名特优新农产品营养品质评价鉴定机构的80余名学员参加了培训。截至2018年年底，河南省共申报名特优新农产品58个。

5. "三品一标"农产品品牌推介与信息宣传

（1）"三品一标"农产品品牌推介。2018年，共组织全省300多家"三品一标"经营主体参加了农交会、农洽会、绿博会等6个国内农业专业展会，获得各类奖项30多个；共组织4次产销对接会等活动，参加"三品一标"经营主体387个次，其中贫困地区参加企业达212个次，占55%。通过这些活动充分展示河南省"三品一标"品牌形象，进一步提升全省"三品一标"的知名度和美誉度。其中，在第21届中国农产品加工业投资贸易洽谈会上，河南省农产品质量安全检测中心作为主办单位，联合山西、安徽、江西、湖北、湖南省绿色食品工作机构，组织245家绿色食品企业进驻中部六省绿色食品展示区，这是第一次在全国范围内除中国绿色食品博览会以外进行的大规模的绿色食品展示展销活动。

（2）开展河南省绿色食品"双新双创"评选。根据《关于开展2018年河南省绿色食品"双新双创"评选活动的通知》要求，河南省绿色食品发展中心开展了全省绿色食品"双新双创"评选活动，在绿色食品生产中培养新农民、推广新技术，推进农村创业、创新。通过推荐申报、材料审核、专家评审、网上公示等环节，得出评选结果，授予30个生产单位、20位同志为2018年河南省绿色食品"双新双创"先进单位和先进个人。在首届中国农民丰收节河南省主会场上，进行了绿色食品"双新双创"获奖企业成果展。来自全省各地的50家获奖企业汇聚一堂，210余种产品分布在931.5平方米的展区内，参展产品涵盖了种植业、养殖业、食品加工业，包括果蔬、禽蛋奶、食用菌、粮油、茶叶、饮品、酒类、调味品等，获得了与会领导的高度关注和充分肯定。本次成果展集中展示了河南省绿色食品的新成果、新发展、新形象，是首届"中国农民丰收节"河南省主会场上的一大亮点。

（3）广泛开展绿色食品宣传月活动。遵照中国绿色食品发展中心开展绿色食品宣传月活动的要求，围绕农业质量年主题，多层次、多形式、多角度组织开展了一系列宣传活动。一是召开了河南省绿色食品宣传工作座谈会。二是举办了以"春风万里，绿食有你"为主题的绿色食品产销对接会，中国绿色食品发展中心、河南省农业农村厅领导及全省农业系统和"三品一标"企业的代表500余人参加了活动。活动现场公布了河南省第一批"三品一标"示范基地名单和"2018我最喜爱的绿色食品"获奖名单，来自全省70余家"三品一标"企业展示了200余种获证产品，60余家省内外营销机构与"三品一标"企业开展了产销咨询对接。三是举办了绿色食品进社区活动。四是全省各辖市及直管县（市）都积极举办了绿色食品宣传月活动。其中，郑州市和驻马店市实现了绿色食品宣传全市联动。活动期间，全省累计举办188场次各类宣传活动，涉及18市63县，共出动人员2100余人次、宣传车130台次，发放宣传资料近18万份，新闻媒体累计报道221次，宣传月活动效果好影响大，受到中国绿色食品发展中心的高度赞扬。

（4）信息宣传。2018年，河南省农产品质量安全网共发布各类信息224条，在微信公众平台"绿色中原梦"上共编辑发布各类信息37条。通过微信，面向社会开展"我最喜爱的绿色食品"网络投票评选及"三品一标"知识有奖问答等活动，发挥了新媒体高效宣传的推动作用。充分发挥《河南农业》和《农村·农业·农民》农产品质量安全专栏，不仅为系统内工作人员发表多篇论文，同时一些政策和业务工作性的文章也为品牌农产品创建工作做了重要的宣传。

（5）成功申办第 20 届中国绿色食品博览会。为进一步加强农业品牌建设，扩大河南省"三品一标"影响，推动从国内到国外的交流与合作，在河南省农业农村厅和郑州市委、市政府的关心支持下，河南省农产品质量安全检测中心与郑州市农业委员会密切配合、通力协作，促推郑州市申办 2019 年第 20 届中国绿色食品博览会，并于 2018 年 8 月 10 日获中国绿色食品发展中心同意。

二、"三品一标"农业品牌扶贫

1. 筹办全国首个农业品牌扶贫现场会

2018 年，河南省农产品质量安全检测中心按照河南省农业农村厅党组的安排，筹办了全省农业系统五个现场会之一——农业品牌扶贫现场会。这次现场会介绍了一些农业品牌扶贫模式及扶贫案例，总结了全省农业品牌扶贫取得的成效，加强了各省辖市及贫困地区之间的经验交流，强化农业品牌扶贫工作，进一步提升了各地对农业品牌扶贫的认识，推动了农业产业的发展，提高了扶贫成效。同时，河南日报、大河网等媒体分别报道了农业品牌扶贫典型经验，河南省农产品质量安全检测中心微信公众号"绿色中原梦"和网站上推送了贫困地区农业品牌扶贫典型案例 100 例，进一步激发和提升了农业经营主体品牌创建意识和社会责任。

2. "三品一标"农业品牌扶贫整县推进

2018 年，河南省农产品质量安全检测中心对淅川、濮阳、洛宁、台前等 4 县开展了农业品牌扶贫整县推进工作，并对卢氏县和正阳县在 2017 年工作的基础上持续进行了推动。全年累计出动现场检查和抽样人员 200 余人次，对申请认证的新型农业经营主体实行"一对一"上门现场服务。其中，包括 6 次集中现场检查和检测检验抽样，出动检测检验抽样车辆 20 台次，对拟申报企业进行了集中分类的认证技术指导，完成 115 个经营主体的环境检测抽样，共检测 200 多个产品。对这几个县的农技部门、农业企业、合作社、家庭农场负责人进行培训，共计 1 000 余人次。同时，为提高企业积极性和减少企业负担，河南省农产品质量安全检测中心与相关单位沟通协调，共为这 6 个县免除环境检测、产品检测费用近 120 万元。截至目前，河南省贫困县"三品一标"产品达 1 877 个，占全省"三品一标"总量的 42%。

3. 探索农业品牌扶贫模式

围绕农业产业发展和农民增收，开展农业品牌扶贫实践探索，取得了一定成效，建立起了较为成熟的品牌扶贫模式与带贫机制，形成了稳定增收模式。"企业（合作社）＋一品＋贫困户"模式，即经营主体通过发展绿色食品、无公害农产品或有机农产品，带动农户脱贫致富，如"九华山"牌茶叶、"香腮"牌苹果。"企业（合作社）＋一标一品＋贫困户"模式，即经营主体通过发展农产品地理标志和绿色食品，带动农户脱贫致富，如"兰考蜜瓜""汝阳红薯"等，授权绿色食品获证企业使用农产品地理标志，带动农户发展。"企业（合作社）＋一品一基地＋贫困户"模式，即经营主体通过发展绿色食品和绿色食品原料标准基地建设，带动农户脱贫致富，如郸城"天豫薯业"、正阳的"正花"花生等。"企业（合作社）＋标准化基地＋贫困户"模式，即经营主体通过建设省"三品一标"标准化（示范）基地，带动农户脱贫致富，如内黄的"星河油脂"、西平的"豫坡酒业"等。这些品牌带贫模式，为脱贫攻坚做出了贡献。

4. 对口帮扶情况

一是组织人员到卢氏县沙河乡进行扶贫对接，了解乡镇基本情况、"三品一标"发展状况、存在的困难等，并在对接会上提出了具体建议和意见。二是帮助卢氏县与猪八戒网达成合作意向，借助猪八戒网络平台打造县域农业品牌，助力卢氏品牌创建。三是牵头组织农业产业技术扶贫专家组（濮阳组），在台前县、濮阳县、范县等地开展农业产业技术扶贫活动 10 余次，培训指导人员 800 余人。

河南省平顶山市：坚持绿色发展理念，
全域实施生态循环农业①

河南省平顶山市农业农村局

2014 年以来，平顶山市委、市政府以生态文明观为指引，以绿色发展理念为主题，以资源环境承载力为基准，确立了"发展农牧结合、现代生态循环农业"的新思路和"循环农业＋品牌农业＋协同农业"的新战略，按照"全绿色理念、全市域规划、全循环发展、全创新驱动、全产业开发、全社会参与"的主旨，全面推动农业供给侧结构性改革，促进农业高质量转型升级，连续 4 年农业固定资产投资平均增长 30% 以上，率先在全省走出了一条安全、生态、绿色、高效的农业发展新路子。

1. 现代生态循环农业主要做法

聚焦规划引领，强化项目支撑。先后编制了《平顶山市全域现代生态循环农业发展规划》《平顶山市国家农业可持续发展试验示范区建设规划》《平顶山市农业绿色发展先行先试工作方案》《平顶山市高效种养业和绿色食品业转型升级行动方案》等规划、方案，为全市农业循环发展、绿色发展、可持续发展提供了指引。在农业绿色发展方面，以优化农业主体功能与空间布局、保护与节约利用农业资源、保护与治理产地环境、养护修复农业生态系统、推行农业绿色生活方式为重点，规划了 35 个支撑项目，总投资 167.09 亿元。在农业可持续发展方面，以实现"农业产业、资源环境、农村社会"可持续发展为重点，规划了 50 个重点项目，总投资 618 亿元。

聚焦循环发展，盘活农业存量。平顶山市以农业废弃物的无害化处理和资源化利用为重点，推进了 24 个县级现代生态循环农业试验区建设，总结推广了"种养结合、就近利用""就地还田、直接利用""协议消纳、异地利用"等 6 种农业废弃物资源化利用模式。全市已发展循环农业企业 201 家，建成年处理能力达 30 万头的病死动物无害化处理厂和覆盖全市的收集体系，建成了总产能达 50 万吨的 9 条有机肥生产线。

聚焦绿色发展，提升质量效益。全市启动了农产品质量安全市创建、全域富硒农业发展、"4×2"农业绿色行动（减施农药、化肥，节约用水、用种，回收废旧农膜、农药包装物，有机肥替代

---

① 资料来源：《河南日报·农村版》，2019 年 9 月 23 日。

化肥、生物防治替代化学防治）等计划，实施了绿色种植、生态养殖、农业产业化联合体培育、名优品牌创建、健康食品产业园建设等重点行动。建成有机肥替代化肥示范点 10 个、绿色防控与专业化统防统治融合示范区 6 个，"三品一标"农产品达到 137 个，"鹰城名优"品牌产品达到 29 个，培育了天晶、金晶、瑞沣等在科技研发、产品质量方面全国领先的大豆精深加工企业。

聚焦环境改善，推进生态建设。实施了人居环境改善三年行动计划，大力开展"千村整治、百村示范"活动，农村生活垃圾处理率达 75%，农村生活污水处理设施覆盖 639 个行政村，2019 年户改厕新完成 14.15 万户；实施了 100 个休闲农业发展计划，大力发展乡村旅游，全市已发展休闲农业经营主体 643 个，建成休闲农业园区 40 多个、都市生态农业示范区 8 个；实施了以"山区森林化、平原林网化、城市园林化、乡村林果化、廊道林荫化、庭院花园化"为重点的森林平顶山建设行动，森林覆盖率超过 33%。

2. 现代生态循环农业创新模式

创新"百亩千头生态方"种养结合循环发展模式。全国首创了"百亩千头生态方"全循环利用发展模式，该模式"可复制、可推广、可持续"，种养综合效益是纯种植的 10 倍以上，具有三大特点：一是可以实现种养平衡循环发展。按照生猪粪便排泄量与土地消纳能力相匹配的原则，以100～200 亩耕地为一个单元，建设一个占地约 3 亩、每批出栏 1 000 头生猪的养殖生产线（年出栏两批计 2 000 头），育肥猪粪便经无害化处理后就地消纳，实现种养平衡、循环发展。二是有利于轮作休耕培肥地力。每年在 100 亩耕地中拿出 20 亩用于休耕，集中消纳养殖粪便，实现一生产季浇灌休耕、一生产季播种收获，土壤有机质含量明显提升，经过 2～3 年的土壤改良，地力水平可提升 1～2 个等级，有效提高了耕地地力。三是便于带动贫困户增收。利用财政资金在贫困村建设"百亩千头生态方"，实行第三方租赁经营，租金 30% 归村集体收入，70% 帮扶贫困户，被誉为"竖在田间地头的扶贫车间"。目前，全市已发展 344 个，带动贫困户 7 231 户，户均增收 3 000 元以上。

创新龙头企业带动多要素融合发展集体经济模式。在培育壮大村集体经济过程中，探索形成了"政府＋龙头企业联合体＋种养结合模块（猪、牛、羊等）＋金融（保险）＋担保＋村集体经济组织"全要素配置发展模式，具有三大特点：以"百亩千头生态方"（生猪）种养结合模块为列，一是投资主体多元化。每个模块总投资 60 万元，其中，政府建立引导基金直接补贴 25 万元，村集体经济组织贷款、自筹 35 万元。二是参与主体权责明晰。政府明确种养结合规模，落实养殖用地，成立市场化平台公司；市场化平台公司统一对外进行洽谈、招商，引进龙头企业和金融机构；金融机构提供融资、担保服务；保险公司提供价格指数保险、养殖保险等保险服务。三是利益联结机制密切。平台公司与龙头企业形成龙头企业联合体，利益共享、风险共担，租赁经营种养结合模块，每年向村集体交付租金 10 万元以上，5 年内还清村集体贷款，5 年后圈舍产权归村集体所有，村民

享有股权、参与分红。该模式政府财政资金撬动作用充分发挥，龙头企业实现了轻资产运作下的规模快速扩张，保险公司扩展了保险品种和规模，村集体经济基础得到壮大，调动了各参与主体的积极性、主动性，提升了多要素资源配置效率，为农村集体经济发展增添了新动能。

创新目标市场引领发展模式。坚持"用品牌开拓市场、用市场引导发展、用合作扩大规模、用规模占领市场"的原则，探索创新了"目标市场＋（龙头企业＋合作社）＋基地＋农户"的目标市场引领发展模式。该模式以利益联结机制为纽带，以"龙头企业＋合作社"为核心，外联目标市场，内接基地和农户，实现了农业产业发展"点""线""面"的有机结合，显著提升了农业产业利用新科技、聚集新要素、抵御市场风险、扩大市场份额的能力。以平顶山市现代农牧合作总社为例，形成了"饲料粮种植—母猪、仔猪、育肥猪养殖（贷款、保险、担保）—防疫—屠宰加工—销售"全程可控的生猪全产业链条，已发展社员 200 多家，辐射带动周边 5 个省辖市，年产优质生猪 200 万头，主供上海目标市场。

3. 现代生态循环农业发展成效

平顶山先后被定为第一批国家农业可持续发展试验示范区暨农业绿色发展试点先行区（全省唯一）、上海市优质农产品供应外延（平顶山）保障基地、河南省现代生态循环农业试验区、河南省生态畜牧业示范市；平顶山农业绿色发展模式入选《中国农业绿色发展报告 2018》地方篇十大范例；中央电视台、新华社、科技日报、农民日报等主流媒体，对平顶山循环农业创新做法累计进行了 50 余次深度报道。

产地环境明显改善。农业面源污染得到有效治理，化肥、农药施用总量同比分别降低 2.5%、6.5%，畜禽粪污综合处理率达到 84.7%，秸秆综合利用率达到 93%，废旧农膜回收处理率达到 84%，省控地表水责任目标断面累计达标率 93.8%，集中式饮用水源地水质达标率 100%。

产业结构不断优化。通过以种定养、以养促种，实现了种植业、养殖业的结构优化。近三年全市调减籽粒玉米 45 万亩，发展优质专用小麦 27.5 万亩、优质大豆 31.2 万亩、优质花生 40.7 万亩，牧业产值占农林牧渔业总产值的比重达到 39.4%。

农产品品质显著提升。全市发展粮食烘干设施 121 台（套），烘干能力达玉米总产量的 50%，有效解决了玉米黄曲霉素超标问题。全市粮食质量全部达到二级以上，位居全省前列，绿色、有机及农产品地理标志等产品年增长率超过 10%。

农民收入持续增加。生态小麦收购价每千克高出市场价 0.2 元，供沪生猪每千克高出市场价 0.6 元，"郏县红牛"每千克高出市场价 2 元，有效提高了农民收入水平。2014—2018 年，农民人均可支配收入平均增幅 9% 以上，高于城镇居民人居可支配收入增幅。

湖北省：完善制度，依法监管，推动"三品一标"产业稳步发展

湖北省绿色食品管理办公室　杨远通

在中国绿色食品发展中心的正确指导与大力支持下，湖北省"三品一标"工作始终坚持以科技兴农、绿色兴农、品牌强农为统领，坚持认证与监管两手抓，坚持深度挖掘湖北特色和稳中求进总基调，紧紧围绕"提质量、树品牌、增效益、保供给、促发展"工作主线，严格执行认证审查制度、创新证后监管机制、着力提高队伍素质，有力推进了全省农业绿色化、优质化、品牌化、特色化发展。近三年，湖北省"三品一标"认证总量以年均15%幅度增长；在中国绿色食品发展中心举办的各类展会上共获得最佳组织奖和产品金奖共计103项；湖北省绿色食品管理办公室共获得湖北省人民政府科技成果奖励3项，其中2016年获得三等奖1项、2017年获得三等奖1项、2018年获得湖北省科技进步奖一等奖1项。截至2018年年底，全省有效期内"三品一标"企业2 119家，产品总数4 552个。其中无公害农产品企业1 334家，产品2 545个；绿色食品企业645家、产品1 735个；有机农产品企业70家，产品129个；农产品地理标志产品143个。认证总量和产品抽检合格率始终处于全国前列。

一、提高政治站位，多措并举抓"三品一标"

近年来，农产品质量安全工作越来越受到社会关注，抓"三品一标"就是抓中心工作，讲"三品一标"就是讲政治、讲大局。2016年湖北省人民政府出台了《发挥品牌引领作用推动供需结构升级的意见》，成立了以副省长任组长的领导小组；湖北省农业厅每年拿出820多万元作为支持全省"三品一标"发展的工作经费；各市州、县也相继出台了一系列支持认证和鼓励新型经营主体发展的奖励政策。湖北省绿色食品管理办公室组织广播电台、报纸等媒体开展"我最喜爱的湖北绿色食品"网络评选，并在湖北电视台率先推出《乡亲乡爱》专栏，专题宣传"三品一标"优质产品；每年拿出110万元支持经费，其中80万元支持省级"三品一标"基地建设，30万元通过购买服务形式开展全省"三品一标"产品抽检。一系列举措有力地为全省"三品一标"工作的持续发展营造了强大的舆论气场，提供了相应的政策保障。

二、完善工作制度，严格认证门槛

为确保认证产品质量安全，维护"三品一标"品牌形象，湖北省严格按照中国绿色食品发展中心各项要求，始终坚持"严格审核、严格监管，不符规定、坚决不批"原则，将质量监管关口前移，重心下移，严格实行"先培训，后认证"，对企业负责人和生产管理人员开展培训，强化企业质量管理水平。同时提高各级工作单位的业务能力，规范工作行为，严格按照《湖北省"三品一标"认证工作规范》开展业务工作，遵照《湖北省绿色食品认证会审预审制度（试行）》进行材料上报前的会审。

为适应中国绿色食品发展中心机构改革，扎实做好无公害农产品认证制度改革过渡期内有关工作，确保全省无公害农产品认定工作的连续性和稳定性，湖北省于2018年5月先后出台了《湖北省农业厅办公室关于贯彻落实〈无公害农产品认定暂行办法〉的通知》等系列配套文件，简化了认

证工作流程，确保无公害认证下放"接得住""理得顺"；8月开展了首次评审，全年累计评审通过无公害农产品747个。

三、创新工作机制，加大政策支持

1. 纳入产业扶贫重要举措

为贯彻落实中央关于脱贫攻坚战略决策，湖北省绿色食品管理办公室将发展"三品一标"产业作为脱贫攻坚重要抓手和产业扶贫的技术支撑，以提质量、树品牌来推动农业增效、促进农民增收。

2. 纳入地方政府重要工作职能

湖北省委、省政府始终高度重视农产品质量安全工作，每年与各市州签订《农产品质量安全工作目标责任书》，其中"三品一标"认证监管工作是一项重要工作内容，委托湖北省农业农村厅督促落实，并进行年终考评。在全省生态强省建设考核中也将"三品一标"认证面积指标纳入考核范围，规定认证面积必须占当地耕地面积30％以上才能得分。"三品一标"认证已经成为湖北省各级政府的强制职能。

3. 纳入年度全系统工作绩效考核重要内容

为规范全省"三品一标"专项经费使用与管理，湖北省绿色食品管理办公室出台了《"三品一标"开发与推广专项经费使用管理办法》《"三品一标"开发与推广专项经费绩效考评方案》，明确了项目经费主要用于"三品一标"认证与监管，并将认证与质量监管工作作为绩效考评的重要内容，实行质量监管"一票否决制"，质量监管工作不合格，第二年不再安排专项经费。

四、强化工作措施，严格依法监管

湖北省全面落实企业年检、标志市场监察、例行抽检、内检员培训、风险预警、退出公告等制度，增强制度的执行力和约束力。在日常管理工作中，坚持加强内部管理，提升工作效率。监管过程要求规范公正，监管结果公开透明。对不符合标准要求的产品，坚决采取零容忍态度，依法依规进行处理。

1. 完善"双随机一公开"监管工作机制

在湖北省农业厅的统一领导下,已经于2016年开展此项工作,建立了专家和企业数据库。2018年进一步规范绿色食品"双随机一公开"的监管机制。全年开展了2次抽查工作,在"湖北省'双随机一公开'监管平台"随机抽取15家绿色食品企业,对其绿色食品标志使用、质量管理、绿色食品生产技术与制度落实等进行了详细全面的检查。检查结果经分管厅领导批准后在"湖北省'双随机一公开'监管平台"进行公示。科学、公正、公开的执法监管工作,对构建"三品一标"企业诚信体系建设起到了积极推动作用。

2. 细化绿色食品企业年检制度

为提升各级管理机构"三品一标"工作效能,规范企业生产管理行为,确保质量管理制度标准落到实处,湖北省采取"三级检查"的绿色食品企业年检工作模式:市州普检、交叉抽检、省级督查,即市州绿办对辖区内有效期内绿色食品企业年检实行100%现场检查,在此基础上湖北省绿色食品管理办公室组织市州间交叉检查,视各地工作情况,湖北省绿色食品管理办公室领导班子分别带队对部分市州年检工作进行督查。湖北省不断探索年检工作模式,完善相关制度,有效提高了年检工作实效,提升了各级工作机构的管理水平与业务能力。

3. 加大"三品一标"产品抽检

为提高认证产品抽检率,进一步确保认证产品质量,湖北省每年筹措30万元资金,加大抽检力度。一是在中国绿色农业发展中心抽检基础上,全省抽检了80个无公害农产品和60个绿色食品。二是将"三品一标"产品纳入全省农产品质量安全监测范围内。三是指导、协调有能力的市州开展"三品一标"产品抽检。恩施土家族苗族自治州绿色食品办公室积极筹措资金,开展绿色食品、有机农产品抽检,并申请纳入省级抽检计划,湖北省绿色食品管理办公室批准并向中国绿色食品发展中心申报备案。在湖北省绿色食品管理办公室指导下,恩施土家族苗族自治州绿色食品办公室按照绿色食品、有机农产品抽检要求,全州抽检了24个绿色食品和有机农产品,抽检结果全部合格。

4. 加大内检员、检查员、监管员"三员"培训

为充分利用农业资源做好农业项目,解决培训经费不足问题,湖北省绿色食品管理办公室积极向湖北省农业农村厅申请,把"三品一标""三员"培训纳入农业广播电视学校开展的、面向基层农技人员的农业人才培训工作中,实行"科教、广校、绿办三方联动"的培训机制,并从2017年

开始试行。2018 年举办了 2 期全省农业品牌与精准扶贫暨"一懂两爱"专题培训班（"三品"检查员监管员培训）、8 期无公害绿色食品内检员培训班（市州级）、1 期贫困县"三品一标"基地建设培训班，累计培训"三员"800 余人。

5. 因地制宜建立基地，推进标准化生产

近两年，湖北省绿色食品管理办公室每年拿出 80 万元项目资金用于支持省级"三品一标"农产品标准化生产基地建设，大力推广绿色生产技术，提高基地产品质量水平。目前全省共有全国绿色食品原料标准化生产基地 25 个，全国有机农业示范基地 3 个，国家级农产品地理标志示范样板 1 个，省级"三品一标"示范基地 21 个，规模达 418.4 万亩。

湖北"三品一标"工作虽然取得了一定成绩，但离中国绿色食品发展中心的要求还有一些距离，和兄弟省份相比还有不小的差距。今后湖北省将进一步按照中国绿色食品发展中心的统一部署，加大认证力度，调优认证结构，创新思路，严格监管，努力推动"三品一标"工作再上新台阶。

湖南省：提品质，创品牌，增效益，
开创绿色食品工作新局面

湖南省绿色食品办公室　朱建湘

2018 年，湖南省绿色食品工作全面贯彻落实乡村振兴战略，按照"提升品质、打造品牌、加大宣传、开拓市场"的总体思路，以示范基地建设和农业品牌建设为主要工作抓手，以严把认证质量和强化证后监管为主要工作措施，积极开展宣传和产品市场开拓，通过各级农业农村部门的齐心协力，全省绿色食品事业迈上了新台阶。

2018 年是农业农村部确定的"农业质量年"。湖南省按照质量兴农、绿色兴农、品牌强农的要求，以"提品质、创品牌、增效益"为主要工作目标，全省"三品一标"各项工作取得了较快发展。截至 2018 年年底，全省"三品一标"有效认证企业 1 509 家、总数达 3 944 个，创历史新高。其中无公害农产品 2 150 个、绿色食品 1 476 个、有机农产品 248 个、农产品地理标志登记 70 个，有效总数较上年同期增长 9.37％；全年新获证产品 1 540 个，完成年初工作目标 800 个任务的192.50％。特别是在提品质、创品牌方面，重点发展绿色、有机食品，全省绿色、有机食品在上年同期的基础上分别增长 22.1％和 16.7％，在全国产品有效总数双双进入前六名。农产品地理标志登记工作取得了长足发展，较上年同期增加 10 个，为全省农产品区域公用品牌打造和特色产业发展起到了积极的促进作用。

一、努力推动产业环境优化

近年来，湖南省委、省政府和湖南省农业农村厅把"三品一标"产业发展作为农业供给侧结构性改革、推进乡村产业兴旺的重要抓手，在政策、资金等方面给予了大力支持，营造了良好的产业发展环境。2018 年年初，湖南省政府下发了《关于深入推进农业"百千万"工程促进产业兴旺的意见》，明确规定："大力支持开展农产品'三品一标'认证，省财政对围绕全国知名区域公用品牌打造的有关'三品一标'农产品检测、认证费用予以适当补贴。"年中，湖南省出台针对全省 51 个贫困县"三品一标"产品检测、认证费用全额补贴和非贫困地区"三品一标"产品检测费用全额补贴政策，共补贴资金 795 万元。湖南省财政对贫困地区成功申报农产品地理标志登记一次性奖励 20 万元。湖南省农业农村厅也将"三品一标"作为农业项目、品牌评选的重要考核指标，如现代农业示范区建设项目、特色产业园等。各地也相继出台了相关政策，如长沙市安排 500 万元作为 2018 年绿色农业发展项目专项资金，兑付奖励资金 400 多万元；湘潭市 2018 年度安排 450 万元支持本地区农产品地理标志品种提纯、品牌宣传、标准园和健康养殖场建设；郴州市 2018 年度安排专项资金 540 万元，用于扶持引导"三品一标"企业品牌、基地、产品培育和推广等。

二、稳步推进产品数量增长

2018 年全省新获证（含新认证、复查换证、续展、再认证）产品总数达 1 540 个，其中无公害农产品获证产品数 694 个、绿色食品 588 个、有机农产品 248 个、农产品地理标志 10 个。

1. 完善工作制度，规范工作程序

湖南省绿色食品办公室先后印发了《关于进一步规范绿色食品认证现场检查的通知》《关于进

一步规范农产品地理标志登记申报工作的通知》等文件，以制度建设为基础，以落实制度为关键，从严从实抓好产品认证工作。2018年，湖南省绿色食品办公室参与30余个企业的绿色食品现场检查，100％参与有机农产品现场检查和农产品地理标志核查，有力推动了认证现场检查工作合规有序。湖南省绿色食品办公室上报中国绿色食品发展中心的绿色食品、有机农产品、农产品地理标志审批通过率保持在99％以上。完成了绿色食品南瓜种植技术规程、绿色食品湘莲种植技术规程等标准规范的评审工作，组织完成了中国绿色食品发展中心下达的《湖南绿色食品椪柑生产操作规程》等五项绿色食品生产操作规程的编写评审工作。

2. 加强业务培训，夯实工作队伍

组织各类培训班11期，累计培训1 500人次，其中无公害农产品检查员145人、绿色食品监管员107人、绿色食品企业内检员1 163人、有机农产品企业内检员85人，在实现了所有认证企业内检员培训合格全覆盖的同时，为大批具备绿色有机食品申报基础的生产经营主体提供了技术支撑。

3. 抓好基地建设，发挥示范作用

2018年共创建22个绿色食品示范基地，并在7月中旬组织全省绿办主任及绿色食品示范基地负责人就如何做好示范基地建设、发挥示范引领作用等方面进行现场培训，有效促进了示范基地提高建设水平。截至目前，已成功创建绿色食品示范基地83个，示范基地的示范效果明显，成为全省绿色食品行业83张闪亮的名片。继续做好绿色食品原料基地建设工作，完成了7个全国绿色食品原料标准化生产基地县续报工作，靖州县10万亩全国绿色食品原料（杨梅）基地县通过验收，上报了江华县10万亩全国绿色食品原料（水稻）标准化基地创建材料，全省绿色食品原料基地达到602万亩，为绿色食品加工企业提供了充足的原料来源。

4. 扎实做好无公害农产品认证制度改革

根据农业农村部办公厅《关于做好无公害农产品认证制度改革过渡期间有关工作的通知》要求，湖南省绿色食品办公室坚持简化程序、下放职权、科学规范、严谨实用的原则，自上而下迅速推进无公害农产品认定制度改革。先后下发了《关于整合并调整无公害农产品产地认定、产品认证、农产品地理标志审查工作的通知》和《关于做好无公害农产品认定制度改革过渡期有关工作的通知》，明确了各级工作职责和工作原则。依托全省农业科研院所，建立了湖南省"三品一标"评审专家库。举办了1期无公害农产品制度改革有关工作培训班，市、县两级工作机构100余人参加了培训。全年组织开展2次无公害农产品认定专家评审会，共审核通过了315家企业、694个产品。

三、不断促进产品品质提升

2018年年初，湖南省绿色食品办公室理清全年"三品一标"监管工作思路，下发了《关于做好2018年度绿色食品年检工作的通知》《关于进一步加强"三品一标"监管工作的通知》《关于开展"三品一标"标志市场监察工作的通知》《关于下达2018年度抽检计划的通知》等文件，为"三品一标"监管提供了有力保障。

1. 严格落实年检等相关工作

一是严格落实绿色食品年检工作。2018年年初，对全省绿色食品年检工作做出了部署安排，对年检资料进行认真审核，严格把关。二是开展了证后监督抽检。2018年全省共抽检159个产品，包括无公害农产品14个、绿色食品119个、有机农产品21个、农产品地理标志产品5个，其中有5个产品不合格，并完成了相关不合格产品的标志停用和证书撤销工作。三是完成了绿色食品检查员、监管员在金农系统申报注册审核工作，全省有效注册检查员、监管员分别达到195人、111人。

2. 开展例行监督检查

2018年9~11月，湖南省绿色食品办公室分3个检查组，对14个市（州）的25个县（市、区）、74个企业（合作社）进行了监督检查。其中，无公害农产品企业（合作社）15家、绿色食品企业（合作社）48家、有机农产品企业5家、农产品地理标志使用企业6家。通过听取汇报、查阅资料、现场查看、考核评价、反馈情况等方式，检查了市（州）绿办监管制度、监督检查、监督记录及档案、"三员"作用发挥和市场监督等5个方面的监管职责落实情况，检查了获证企业制度建设、投入品和标志使用情况等3个方面的生产管理情况，监督检查效果明显，对市（州）、县（市、区）绿办监管能力提升和企业规范生产起到了积极的促进作用。

3. 开展市场监察

2018年1月，湖南省绿色食品办公室对长沙市的8个商超、卖场进行了标志市场监察，共采样大米、面条、加工盐、鸡蛋、植物油、有机纯牛奶、蔬菜加工品等207个产品，送样检测产品均合格。6月，再次对长沙市的7个商超、卖场进行了绿色食品标志市场监察，共采样大米、面条、加工盐、紫菜、莲子、植物油等169个产品。

四、持续扩大产品品牌影响

通过开展"绿色食品宣传月""健康中国绿色食品湖南行"等系列活动，借助网络、电台、报刊等新闻媒体讲好品牌故事，扩大绿色食品影响，切实把绿色食品品牌树起来；通过组织省内"三品一标"生产企业和国内采购商参加的产销对接会，搭建产销对接平台，促成商家与"三品一标"企业建立产销对接渠道，切实促进农业增效和农民增收。

1. 加强品牌宣传打造

2018年3月，全省农产品地理标志现场推进会在浏阳召开，会议对发挥农产品地理标志作用打造区域公用品牌进行了部署，大围山梨等6个地理标志产品做了经验介绍，组织参观了大围山镇"水果公园"等3家水果产区和大围山梨生产基地。4月，配合中国绿色食品发展中心开展了"春风万里，绿食有你——绿色食品宣传月湖南站"公益宣传活动，活动现场18家"三

品一标"企业代表进行了自律承诺宣誓，20 多家企业开展了品鉴活动，湖南人民广播电台新闻综合频道对整个活动进行了网络现场直播。之后，湖南省绿色食品办公室还组织了绿色食品进学校、进社区等多次宣传活动。"健康中国绿色食品湖南行"活动贯穿全年，累计采访报道了 50 家绿色食品、地理标志产品企业，通过专家现场访谈、科普介绍等多种形式让广大消费者了解"三品一标"知识。

2. 加大产品产销对接

组织召开了"靖州杨梅"与步步高集团专场产销对接座谈会，靖州杨梅成功入驻步步高超市。积极组织企业参加湖南省农业农村厅和步步高集团每月固定举办的产销对接会，促成多家"三品一标"企业与步步高超市签了采购意向协议。组织市（州）绿办主任和 10 余家企业参加了由广州市农业局举办的"共建粤港澳大湾区'菜篮子'绿色食品对接会"，岳阳市、常德市绿色食品办公室分别与广州市绿色食品办公室签署了粤港澳大湾区"菜篮子"绿色食品对接框架协议。组织 36 家水果企业参加湖南贫困地区优质农产品（北京）产销对接会，湖南省委副书记乌兰、副省长隋忠诚对湖南省绿色食品办公室的组织工作给予了充分肯定。

3. 规范建设销售平台

中央电视台《焦点访谈》栏目"有机背后有玄机"节目播出之后，湖南省绿色食品办公室成立了专项检查组，对湖南省绿色食品展示体验中心、湖南省绿色食品展示销售中心等多个销售平台进行检查，要求各店立即整改存在的问题，并提出了规范产品、规范分区、规范用标的要求。支持湖南绿色食品网上商城举行了 11 期促销活动，进一步推动了全省"三品一标"优质产品在商城的销售量。

4. 积极组织企业参展

2018 年 3 月，组织了 2 家企业参加了英国食品饮料展，推动湖南省"三品一标"企业开拓国际市场。11 月，遴选出 16 家农产品地理标志授权企业参加了第 16 届中国国际农产品交易会农产品地理标志专业展区，湖南省绿色食品办公室被授予最佳组织奖。组织 41 家企业参加了第 19 届中国绿色食品博览会暨第 12 届中国国际有机食品博览会，9 个产品荣获中国绿色食品博览会金奖，2 个产品荣获中国国际有机食品博览会金奖，1 个产品获得中国国际有机食品博览会优秀奖。

广东省：2018年"三品一标"事业发展报告

广东省农产品质量安全中心 林海丹 李桂英 汤 琼 欧阳英

党的十八大以来，党中央、国务院高度重视农业绿色发展，习近平总书记多次强调，绿水青山就是金山银山。广东省各级农业农村部门深入学习贯彻落实习近平总书记关于农业绿色发展的重要讲话精神，牢固树立绿色发展理念，以农业供给侧结构性改革为主线，以实施乡村振兴战略为抓手，以绿色发展为导向，扎实做好转方式、调结构、强产业、育品牌、抓示范等各项工作。特别是经过绿色食品行业20多年的长足发展，广东省"三品一标"事业呈现出快速发展的趋势，社会经济价值日益凸显，为促进农业向绿色发展、推进质量兴农、绿色兴农、品牌强农和乡村振兴战略实施发挥了积极作用。

一、主要工作成效

随着人们对高品质生活的不断追求，对"三品一标"产品的需求日渐增强，品牌效应日渐凸显。按照广东省委、省政府的决策部署，全省着力推进"三品一标"工作，经过20多年的不懈努力，实现了质量、速度、效益的协调发展，树立起全省"三品一标"整体品牌形象，为"三品一标"发展打下了坚实的基础，"三品一标"工作取得了显著成效。

1. 规模稳步扩大

全省"三品一标"认证农产品数量显著增加，截至2018年年底总数达3 571个，其中无公害农产品2 796个、绿色食品652个、有机农产品88个（中绿华夏认证）、农产品地理标志35个，同时创建全国绿色食品原料标准化基地6个，面积70多万亩，创建全国有机农业水稻标准化生产示范基地1个，面积近1万亩，其中大埔蜜柚已列入中欧地理标志互认产品目录，镇隆荔枝列为中国农产品地理标志示范样板。

2. 质量稳定可靠

广东省一直以来对获证企业实行严格的审查监管，对复查换证产品实行100％检测和现场检查，突出节假日对大型超市、农贸市场等农产品交易场所的检查，不断纠正市场上某些产品存在不规范用标的问题，坚决消除"三品一标"质量隐患，严格把好质量关。2018年，累计年检企业210家，共抽检产品292个，合格率达98.3％以上。

3. 品牌影响力不断提升

多年以来，充分利用各种媒介和平台，加大"三品一标"的推介力度。配合"中国绿色食品宣传月"活动组织开展了绿色食品进社区、进学校、进超市、进企业的宣传推介活动；2018年广东省农业农村厅联合广东省市场监督管理局、广东省扶贫开发领导小组办公室、梅州市人民政府举行了"讲好广东地标品牌故事，助推新时代产业精准扶贫"主题活动；同时搭建各种平台宣传广东省"三品一标"品牌，2018年组织了12家企业参展第16届中国国际农产品交易会农产品地理标志展，组织了54家绿色食品企业、10家有机食品企业参展第19届中国绿色食品博览会暨第12届中国国际有机食品博览会，广东展团还获得绿博会、有机博览会"最佳组织奖"等多项荣誉；在"3·15国际消费者权益日"和相关的公益宣传活动中，组织人员现场派发资料4 000多份；各级工作机构协助江门市、大埔县、连州市和惠州市等举办了"江门凉瓜节""鹤山红茶文化节""新会陈皮节""大埔蜜柚茗茶节""连州菜心节"等区域性展会，进一步普及了"三品一标"知识，同时提升了广东省"三品一标"的知名度、美誉度和市场影响力。

4. 监管体系队伍持续壮大

为确保"三品一标"工作持续、保质、高效开展,进一步加强"三品一标"检查员、监管员和企业内检员队伍建设,2018年8~9月,对全省各地企业相关人员,各地级市农业行政主管部门相关工作人员组织开展了全省绿色食品企业内检员培训班、全省绿色食品检查员和监管员培训班,累计培训500人次,加强了全省"三品一标"体系队伍建设。

二、主要工作措施

1. 高度重视"三品一标"工作

近年来,广东省各级政府十分重视"三品一标"发展,大力发展"三品一标"事业。一是大力推进绿色食品、有机食品检查员队伍的建设,争取农业农村部有关部门的支持,创造机会大力培养地级市行政主管部门和技术部门有专业背景的人员取得检查员资格,壮大检查员队伍。二是对达到规定条件的地级市,委托其承担辖区内绿色食品现场评审工作,做到能放尽放、应放尽放,省级机构将来更多地承担检查指导职能。三是广东省农业农村厅首次安排了1 000万元"三品一标"奖补资金,珠海、阳江等市也出台和争取了本地的扶持奖励政策和资金,为"三品一标"事业发展提供了强有力的支撑和保障。四是协助主管部门大力推进全省"三品一标"农产品全面纳入质量追溯体系,为质量兴农战略贡献更大的力量。五是加强服务指导,助推现代农业产业园建设。指导园区生产经营主体积极申报"三品一标",在填写申报书、科学合规用药、产品检测、评估申报、现场检查等方面给予辅导,帮助园区内主导产业农产品实现"三品一标"认证全覆盖。

2. 严格证后监管,确保产品质量

获证产品证后监管是"三品一标"工作的重要内容,也是保障产品质量的主要手段。广东省严格按照"严格审查、严格监管;稍有不合,坚决不批;发现问题,坚决出局"的要求,切实强化风险意识和责任意识,工作上更加注重层层把关,更加注重责任落实,以高度负责的态度,坚守质量安全底线。2018年,广东省共完成210家绿色食品企业的年检工作,共抽检产品292个,合格率到达98.3%以上,进一步夯实了监管基础,保证了监管持续发力。

3. 加大宣传力度,提升品牌影响力

"三品一标"工作的一个重要内容就是为企业提供服务,帮助企业实现市场拓展。多年来,广东省一直重视品牌培育,采取多项措施做好宣传工作,宣传企业形象,扩大品牌影响力。依托中国绿色食品博览会、中国国际有机食品博览会、中国国际农产品交易会、广东省农产品交易博览会及"春风万里,绿食有你"——绿色食品宣传月等平台,本着"质量可靠、特色突出、用标规范"的原则,精心筛选参展企业产品,充分利用展销平台,宣传广东省"三品一标"发展成效,推介"三品一标"产品,促进"三品一标"更快更好地发展。

4. 加强队伍建设,逐步健全体系队伍

在巩固已有体系的基础上,稳定队伍,强化自身能力建设。一是依法依规管理。积极完善各项规章制度,规范化管理检查员队伍,特别是对检查员资格制定了明确具体的规定并严格执行。二是科学管理。发挥地方骨干检查员的优势,充分调动其积极性,为"三品一标"建言献策。三是加强培训。加大对绿色农业生产技术的培训力度,普及农产品安全基础知识,提高广大生产者的科技素质和生产技能,使生产者准确掌握生产技术和操作规范;积极引导生产者以有机农产品、绿色食品等安全农产品生产为目标,实施生产全过程管理,要求企业必须建立生产档案,提高生产水平和产品质量,确保产品适销对路和实现优质优价。

三、存在的问题

1. 相关法规文件滞后，落实不到位

目前，尚未出台适宜广东省实际情况的"三品一标"农业生产指导性规程文件，对企业标准化生产的实施缺乏指引，同时也不利于规范绿色食品生产经营活动。

2. 体系队伍尚未健全，监管力度不够

近年来由于各地机构改革，广东省"三品一标"机构和人员变化较大，大部分持证检查员已调离原岗位，许多市、县级农业技术服务部门由于职能分工不明确，对本地区"三品一标"企业缺乏技术指导和行业监管，有些甚至不了解、不熟悉本地区"三品一标"企业和产品。有些市、县级技术人员对"三品一标"标准和法律法规的掌握也不到位，严重限制了本地区"三品一标"产业的发展。

3. 企业管理人员、内检员流动性大

由于区域经济发展不平衡，有些地区经济较为落后，从业人员文化程度不高，部分合作社和企业实力不强，人员素质相对较弱，管理水平不到位。内部管理人员流动性较大，内检员更换频繁，管理体系不够完善，导致"三品一标"企业内部监管不到位，职责不明确，存在续展间断现象。

4. 品牌意识仍淡薄，宣传力度不够

缺少区域品牌意识，部分地方政府对区域品牌存在重创建、轻推广现象，所辖企业竞争多于合作，缺少抱团做强意识，导致区域品牌影响力弱。部分企业同样存在偏爱大而全，缺少"百年品牌"意识，多追求品牌价值快速变现，缺少足够时间积累难以形成精品品牌。绿色食品、有机农产品、农产品地理标志以及无公害农产品在市场上未充分实现优质优价。

四、发展思路和方向

1. 增强做好"三品一标"工作的责任感和使命感

2019年年初，农业农村部等七部（委、局）联合下发了《国家质量兴农战略规划（2018—2022年）》，将绿色食品、有机农产品和地理标志农产品列入了质量兴农的主要指标，要求其数量年均增长6％。2019年3月，广东省委实施乡村振兴战略领导小组印发《2018年度广东省推进乡村振兴战略实绩考核工作方案》，将发展现代农业产业园区、一村一品、一镇一业作为考核地级以

上市推进乡村振兴战略实绩的评分指标。广东省发展"三品一标"事业迎来了历史性的好时机。实施乡村振兴，引领农业产业和消费转型升级，需要"三品一标"发挥"主力军"作用，就必须进一步增强"三品一标"工作队伍做好"三品一标"工作的责任感和使命感。

2. 将"三品一标"工作融入当前农业农村重点工作中

一是融入乡村振兴战略。用好乡村振兴战略考核这个指挥棒，发挥"三品一标"在壮大主导产业，做强特色产业中的示范带动作用。二是融入质量兴农战略。充分发挥"三品一标"在推进农业全程标准化生产，提高农产品质量安全水平，增强绿色优质农产品供给，培育提升农业品牌中的示范引领作用。三是融入农业绿色发展。与绿色循环优质高效特色农业建设，化肥农药减量增效行动等共同推进农业绿色发展。四是融入农业产业扶贫。发挥"三品一标"农产品在推进农业全程标准化生产，提高农业产业发展质量效益，带动农业提质增效和农民增收脱贫中的积极作用。五是积极推进品牌融合发展。加强引导具备条件的无公害农产品生产主体积极申报绿色食品和有机食品。积极探索"农产品地理标志＋绿色食品""农产品地理标志＋有机农产品"等融合共享发展模式，形成品牌叠加效应，促进产业发展。

3. 加大证后监管力度，确保高质量发展

各级"三品一标"工作机构要把工作重心转移到为企业和农户提供技术指导和推进标准化生产上，以及跟进质量追溯管理工作，将全部获证"三品一标"生产经营主体及拟申报"三品一标"的生产经营主体全部纳入农产品质量安全追溯平台。

4. 深入开展品牌宣传和市场建设

积极与新闻媒体广泛合作，开展品牌形象公益宣传。积极组织辖区优质企业和产品参展每年度的中国绿色食品博览会、中国国际有机食品博览会、中国国际农产品交易会和广东省农产品交易博览会等大型展会，突出广东省"粤字号"农产品品牌形象，强化产销对接，培育消费市场。

5. 进一步强化队伍能力建设

积极争取地方政府和农业农村部门的支持，强化"三品一标"工作机构、职能和人员，建立健全贯穿"省—市—县"的工作体系。鼓励工作人员积极参加国家、省举办的检查员培训，培养辖区内的绿色食品检查员、监管员和地理标志核查员，从而进一步提高全省整个体系队伍的政治素养和业务能力，打造一支"政治坚定、业务精良、担当作为、清正廉洁"的体系队伍，为推动"三品一标"和农产品质量安全监管工作提供有力的支撑保障。

广西壮族自治区：依托生态优势，壮大绿色食品，促进产业扶贫

广西壮族自治区绿色食品发展站　蓝怀勇　杨天锦　陆　燕　刘淑梅　韦岚岚

广西山清水秀，污染源少，自然环境优越，非常适合发展绿色优质农产品。2017年4月19～21日，习近平总书记视察广西时，对广西农业做出了很高评价。习近平总书记指出，广西农业历史悠久，资源丰富，优势明显，广西人民通过自己的辛勤劳动创造了辉煌的农业文明。同时，还对广西提出了增加绿色优质农产品生产供给的要求。近年来，广西充分发挥自身潜能，不断扩大绿色优质农产品规模，加速发展绿色农业，壮大了各地主导农产品产业和特色产业，也促进了贫困地区农业增效、农民增收和农业绿色发展。

一、生态优势和产业优势明显

1. 适宜的气候条件

广西属亚热带季风气候，具有气温较高、光照充足、雨量充沛、无霜期长等优势，而且温度、光照和雨水同季。广西年均水资源总量为1 880亿立方米，占全国水资源总量的6.9%，居全国第5位，比全国年均降水量高出一倍多，属多降水量区域。广西年均气温为17～23℃，4～9月温度最高，无霜期在284天以上，年高于10℃的天数持续在230天以上，年日照时间为1 200～1 400小时，年有效积温为5 000～8 300℃，是全国平均气温较高的地区之一。广西热量资源丰富，农作物一年四季均可种植，尤其盛产水果，被誉为"水果之乡"。

2. 优良的产地环境

广西位于我国东南沿海和西南腹地的结合部，山地丘陵占全区总面积的76%，平原占14.6%，河湖塘库水面占1.5%。广西河流众多，水量丰富，地貌、土壤复杂多样，生物群落类型较多，生长繁殖快速，植物资源和动物资源都比较丰富。广西森林覆盖率达62.31%，工业不发达，农业污染较轻，具有发展绿色食品的良好环境条件。广西独特的地形地貌造就了当地风味独特的农产品，如百色市依托右江河谷地带土壤肥沃、夏无台风、冬无霜冻、光热充沛、雨热同季的自然条件，生产出来的杧果外观靓丽，香气浓郁，糖度高，味道好，耐储运，品质优良，深受广大消费者和果品销售商的欢迎。

3. 丰富的产品种类

广西气候温暖湿润，阳光充足，利于作物生长。地方名优蔬菜品种主要有荔浦芋头、博白雍菜、扶绥黑皮冬瓜、田林八渡笋、覃塘莲藕、长洲慈姑等。药用植物有田七、肉桂、罗汉果等。著名热带及亚热带水果有荔枝、龙眼、杧果、柑橘、沙田柚、木瓜、凤梨、香蕉、橙、波罗蜜等。优良禽畜品种有三黄鸡、香猪、都安山羊、德保矮马等。广西糖料蔗排全国第一，糖料蔗产量占全国的60%以上。桑蚕排全国第一名，桑蚕产茧量占全国的50%以上。广西木薯种植面积和产量均占全国的70%以上。广西的水果产量排全国前列，柑橘、龙眼、杧果、火龙果、百香果等多种水果产量均排全国第一名。广西是全国最大的秋冬蔬菜生产基地、南菜北运和粤港澳"菜篮子"基地。横县茉莉花茶产量占全国的80%以上、世界的60%以上。广西肉类和水产品总产量位居全国前列，著名的"南珠"产自广西北海，水牛奶产量和近江牡蛎产量排全国第一名。

二、绿色食品产业不断壮大

1. 采取有力措施，绿色优质农产品增长较快

2018年，广西以增加绿色优质农产品供给为目标，积极争取各项政策支持，自治区级落实600万元用于绿色食品在内的"三品一标"认证补贴，部分市、县也出台了支持政策，并实行了补贴。广西将"三品一标"列入绩效考评指标，从自治区、市、县各层级协调推进绿色食品建设。2018年，广西种植业有效期内"三品一标"产品总数达1 569个，比上年增长24.2%；产量达1 776.26万吨，比上年增长29.46%；面积达1 921.95万亩，比上年增长35.69%。其中，绿色食品面积419万亩，产量325万吨。

2. 加大创建力度，稳步推进基地建设

近年来，广西创建特色农产品优势区25个，实施特优区60%主导品种要通过绿色食品认证。2018年，新建成自治区级核心示范区99个，建成县级示范区321个，建成乡级示范园1 256个。继续做好绿色食品原料标准化生产基地、农产品地理标志示范样板、有机农业示范基地的申报创建管理工作。"富川脐橙"建成国家级农产品地理标志示范样板，隆安县金穗生态园建成首批全国绿色食品一二三产业融合发展示范园（全国8个），均通过验收并获称号。全国有机农业示范基地2个，分别是乐业县、西林县，国家级农产品地理标志示范样板百色杧果得到不断巩固和发展。

3. 深入开展"农业质量年"行动，绿色优质农产品质量有保障

2018年，按照广西壮族自治区农业农村厅"农业质量年"的活动部署，举办了八桂农业质量行"三品一标"农产品进社区、进学校等活动。全区加强绿色食品在内的"三品一标"监管，严格"三品一标"主体条件，将企业配备内检员作为绿色食品申报主体资质的前置条件。同时，加大抽查、监管核查力度，规范生产行为。一是实施100%的绿色食品企业年度检查。要求绿色食品企业按照"一个产地、一个主体、一个产业、一套标准、一套监管体系、一批绿色食品品牌"的"六个一"实施基地建设和规范生产。二是严抓有机食品监管。开展获证企业自查，开展有机蔬菜企业专项监督检查和产品抽检，及时排查质量安全隐患。三是开展专项抽检，对"三品一标"重点产品重点指标进行抽检。四是抓好市场监察，突出节假日对大型超市的检查，纠正产品不规范用标问题。

4. 推动产销对接，绿色优质农产品宣传推介取得新成效

2018年，组织"三品一标"企业、合作社组团参加第16届中国国际农产品交易会农产品地理

标志专业展区、第19届中国绿色食品博览会等多个展会，达成了一批贸易协议，一批"三品一标"产品获得了各种奖项，有力推动了市场销售渠道的拓展和产品知名度提高。广西农业农村部门加强了"三品一标"宣传，进一步扩大全区"三品一标"影响力。百色杧果、富川脐橙、平南石硖龙眼农产品等都在中央电视台进行重点广告推介，广西壮族自治区绿色食品发展站在《农民日报》《广西日报》《广西新闻》《南国早报》等报刊发表关于全区"三品一标"推动现代农业发展的稿件20多篇。

三、绿色食品助推产业扶贫效果明显

1. 抓住贫困地区资源优势，扩大贫困地区绿色食品产业规模

广西根据贫困地区青山秀水、环境良好的资源优势，扎实做好贫困地区"三品一标"组织新申报工作和续展复查换证再认证工作，加大力度指导贫困地区工作机构和申请主体，帮助解决申报过程中存在的问题。持续落实对贫困地区绿色食品申报的优惠政策，2018年补贴贫困地区发展"三品一标"企业280多万元，进一步激发企业在贫困地区发展绿色优质农产品的积极性。2019年，积极宣传落实国家对贫困地区的绿色食品、有机农产品认证和标志使用费实施的减免扶持政策。在保证质量的前提下，对贫困地区申报的产品，落实"优先受理、优先现场检查、优先检测、优先审核、优先颁证"的"五优先"快车道政策，提高颁证效率。2018年，广西54个贫困县认定无公害农产品占全区无公害农产品总量的36.4%，认证面积157.33万亩；认证绿色食品占全区绿色食品总量的44.7%，认证面积62.73万亩；认证有机农产品占全区有机农产品总量的85.6%，认证面积4.72万亩。近年来，广西每年共有300多家"三品"企业、合作社在贫困县开展"三品"农产品生产，通过"三品"品牌化、规模化、组织化带动，促进了贫困地区竖起品牌，拓宽销路，增加效益，促进产业扶贫。

2. 拓宽市场营销渠道，扩大绿色产品销售

近年来，广西均组织包括贫困地区在内的绿色食品企业参加全国性的展会。2017年在中国国际有机食品博览会上安排乐业县（贫困县）举行了专题推介会，指导了贫困地区茶叶、水果、中药材、水产品等绿色食品出口东盟、欧盟、美国、日本等国家和地区。广西乐业草王山茶叶有限公司等的有机红茶，是欧盟认证的有机农产品，产品销往欧盟。此外，还指导贫困县创建有机食品一条街，充分利用网络平台，开通绿色、有机农产品销售专区，将绿色、有机农产品线下线上销售并

行，进一步拓宽市场营销渠道、增加产品效益。

南丹县充分发挥当地绿色、有机食品的品牌效应，获得认证的产品成为网络营销的通行证，通过网络销售也进一步拓宽了市场营销渠道。2018 年，全县绿色巴平米、富硒米种植面积达 2.2 万亩，绿色巴平米稻谷收购价由认证前的 3 元/千克提高到获证后的 4 元/千克，有机巴平米稻谷收购价由认证前的 3 元/千克提高到获证后的 6 元/千克，直接带动 3 000 多户种植户增加收入。绿色红心猕猴桃销售价格由认证前的 20 元/千克提高到获证后的 30 元/千克，种植户亩均收入也从认证前的 2 万元/亩增加到获证后的 3 万元/亩，带动了 900 多户种植贫困户脱贫致富。南丹县"三品"产品销售收入占全县电商总销售收入的 76.9%。

3. 强化贫困地区绿色品牌打造，促进绿色有机产业提档升级

鉴于贫困地区山多地少的现实情况，广西一直加强贫困地区打造绿色食品品牌，不断提升产品附加值，让贫困地区不仅守住绿色底色，让消费者吃到绿色、健康、质量安全的食品，还探索出了一条大石山区生态保护与经济发展、当地群众脱贫与致富的双赢之路。广西农业农村部门充分利用各种媒体加强绿色农产品品牌宣传，各市也开展了扶贫农产品展销会等推介贫困地区绿色食品。同时，充分利用"绿色食品＋农产品地理标志""有机农产品＋农产品地理标志"联合宣传，立足独特自然生态环境、特定生产方式、独特产品品质、独特人文历史"四特"来讲好故事，实现农产品的品牌溢价。

近年来，百色杧果通过获得农产品地理标志登记，强化统一品牌名称、统一生产标准、统一采摘上市时间、统一产品包装、统一市场营销、统一质量监管等措施，带动其地域保护范围内获无公害农产品、绿色食品认证 25 家，认证面积 21.57 万亩，进一步打响了百色杧果品牌，产品迅速推向全国和海外市场。百色杧果通过"农产品地理标志＋无公害农产品、绿色食品"加强公用品牌打造，不断提升产品的知名度。2018 年百色杧果产地平均售价为 7.1 元/千克，优等果品高达 24 元/千克，比系统打造品牌前的 2014 年同期增长 40%。百色杧果种植面积由 2014 年的 66 万亩发展到 2018 年的 130 万亩，累计有 6.8 万户 25.23 万人通过种植百色杧果告别贫困。

4. 一二三产业融合发展，增强贫困地区农业影响力

广西一直致力支持贫困地区依托各地区独特自然风光、人文景观等，将生态环境优势转化为产业优势、经济优势、后发优势，推进一二三产业融合发展，逐步使绿色农业园区向农业生产、农产品加工、现代服务业一体化延伸。位于国家级贫困县隆安县境内的广西金穗香蕉产业园是首批 8 家"全国绿色食品一二三产业融合发展示范园"创建单位之一，种植绿色食品香蕉数万亩，进行香蕉浆加工，实行绿色香蕉主题休闲农业旅游，是全国休闲农业与乡村旅游五星级园区，高水平实行了绿色食品一二三产业融合发展。国家级贫困县乐业县顾式龙云山有机茶园被评为"中国 30 座最美茶园"，顾式有机休闲旅游路线被评为"中国十佳茶旅路线"。良好的生态环境让"乐业空气"备受游客青睐，年接待游客 25 万人次，旅游收入 200 多万元。顾氏茶园以有机茶为主导吸收入股分红 239 户，每年每户分红 5 000 元，安排就地就业 260 人，人均年收入 30 000 元。绿色有机农业与生态旅游相得益彰，吸引了越来越多的消费者体验感受绿色有机农业，进而积极购买、消费绿色有机产品。

四、下一步发展方向和工作重点

下一步，广西将以习近平新时代中国特色社会主义思想为指导，继续以习近平总书记视察广西时提出的增加绿色优质农产品生产供给的要求为动力，以实施乡村振兴战略为契机，按照广西壮族自治区党委、自治区政府和农业农村部的部署要求，践行绿色发展理念，推动绿色食品事业不断向前发展。

1. 加大政策扶持

一是积极争取将绿色食品工作经费纳入本级农产品质量安全管理公共财政预算，适度增加绿色食品发展预算资金，加大资金扶持力度。二是积极建立补贴制度，加大对绿色食品生产企业、原料标准化生产基地、绿色食品示范园区和农户的奖补力度，不断提高企业和农民发展绿色食品的积极性。三是结合广西有关规划和已有各类投资渠道，创造条件，把发展绿色食品纳入重要农业建设项目，丰富可追溯体系建设、现代农业示范区、农业标准化示范县、农产品质量安全县、龙头企业评定等项目建设内容。

2. 扩大绿色优质农产品规模

一是力争通过 5 年左右的推进，加快发展绿色食品，使广西绿色优质农产品生产规模快速扩大，打造一批具有影响力的绿色优质农产品品牌，建设一批绿色优质农产品基地。二是继续创建"一个产地、一个主体、一个产业、一套标准、一套监管体系、一批'三品一标'品牌"的"六个一"绿色优质农产品品牌生产基地，加快推进广西绿色优质农产品生产规模扩大。三是继续做好绿色食品原料标准化生产基地、有机农业示范基地的申报、创建、整改、换证等管理工作。加强对绿色食品原料标准化生产基地的整改和提升工作，探索进一步发挥原料基地、绿色生资功能作用的新思路、好办法。四是推进绿色有机一二三产业融合发展示范园建设，推动形成"三产"融合发展的样板，切实推动党的十九大提出的乡村振兴战略，加快推进农业农村现代化。

3. 不断夯实绿色农业产业发展基础

一是继续推进标准体系建设，加强标准的宣贯。结合广西本地区情况制订绿色食品生产操作规程，让标准落实在生产过程中。二是树立精品意识，积极转变工作方式，化被动受理为主动出击，积极鼓励和引导大企业、好产品申报绿色食品，好中选优。三是加快市场流通体系建设。鼓励、引导和发动企业开展营销体系建设，特别是网上营销体系，探索营销模式的新突破，全面增强市场拉动力。

4. 推进绿色优质农产品品牌建设

一是加大宣传力度。借助《农民日报》、广西农业信息网、今日头条等现有各种信息网络媒体资源，把绿色食品的理念、标准、要求及实际实施情况更直观地宣传出去，让社会更了解、更信任。对一些不实炒作要主动发声，及时消除负面影响。二是加强品牌培育。将绿色优质农产品品牌与各地品牌建设工作挂好钩，形成抓农产品品牌就是抓绿色优质农产品品牌的共识和氛围；对获证主体做好培训和服务，让他们会用标、用好标，切实提升经济效益。三是做好市场推广衔接。继续通过中国绿色食品博览会、中国国际有机食品博览会等专业展会将广西绿色优质农产品推向市场。

四是讲好绿色优质农产品品牌故事。充分挖掘壮乡农耕文化、乡土文化、民俗文化和历史故事，立足独特自然生态环境、特定生产方式、独特产品品质、独特人文历史"四特"来讲好故事，实现农产品的品牌溢价。

5. 从严加强审核监管

一是严把审查准入关，坚持用标准说话，树立风险意识和底线意识，强化制度安排及落地，防范出现系统性风险隐患。严格按照农业农村部要求，严格审查，严格监管。稍有不合，坚决不批；发现问题，坚决出局。全力确保产品质量安全，着力提升品牌公信力。二是以年检工作为重点，认真检查企业的农业投入品使用、生产记录、标志使用等方面是否符合规范，及时发现企业生产过程中存在的问题，找准解决方案，切实提高企业生产水平。三是抓好产品抽检。突出对重点产品和重点指标的抽检，对可能存在问题的产品进行质量检测，坚决消除质量隐患，确保产品质量安全。四是加强标志管理。集中查处不规范用标行为，有效规范标志使用，及时纠正企业超范围用标、超期用标的问题，提高企业规范用标水平，及时有效查处市场假冒现象。

6. 深入开展绿色产业富民精准扶贫工作

一是加大对贫困地区绿色农业产业的扶持。继续对"三品一标"新认证的主体，对其质量管理体系建设、标准化生产、认证管理相关费用等进行补贴。落实好2019年5月1日至2021年1月1日间全部免收国家级贫困县绿色食品申报主体的认证审核费和标志使用费政策。二是强化贫困基地建设。支持贫困地区建立绿色食品原料标准化生产基地和绿色食品一二三产业融合发展产业园，壮大当地特色主导产业，搭建基地与产业化龙头企业和加工企业的对接平台，推进贫困地区农业标准化生产、产业化经营、品牌化发展和产业融合发展。三是强化产品认证。依托当地资源禀赋和环境优势，指导重点贫困地区因地制宜制订相关绿色食品产业发展规划，明确总体思路、主要目标、重点任务和保障措施。

7. 强化工作队伍建设

做好绿色食品检查员、监管员的培养工作，充分发挥各级工作机构的作用。积极到各市、县或企业开展绿色食品、标准化生产基地业务培训，现场指导，提高工作质量和效率。积极组织检查员跨市、跨省进行交流检查，拓宽视野，提高检查员的综合素质，提高工作效率，严格认证程序，确保认证工作数量和质量，完成目标任务。

四川省西充县：践行绿色发展理念，争当有机农业排头兵

四川省西充县农业农村局　田　波　仲晓惠

西充县位于四川盆地东北部，幅员 1 108 平方千米，辖 44 个乡镇，总人口 68 万人，耕地面积 74 万亩。西充历史悠久，建县近 1 400 年，是久负盛名的"文化县""文物大县""中国（纪信）忠义文化之乡"。西充区位独特，广南、巴南等 5 条高速公路交会，212 国道纵贯南北，是成渝两小时经济圈的重要节点。西充属于亚热带湿润季风气候区，四季分明，雨热同季，日照时间长；土壤质地好，有机质含量高，营养成分全面，独特的生态禀赋，优良的自然资源，适宜粮食作物、经济作物和果蔬生长。全县森林覆盖率达 48%，升钟水库灌溉面达 80% 以上。

2008 年以来，西充县坚持"举有机旗、走绿色路"，大力发展以有机农业为特色的现代农业，着力打造集绿色发展理念、绿色产业体系、绿色技术创新、绿色消费文化于一体的中国"西部绿谷"，走出了一条"生态为基、绿色崛起"的县域经济发展之路。先后获得首批国家有机农产品认证示范县、首批国家农产品质量安全县、国家有机食品生产基地建设示范县等多项殊荣，成功跻身首批国家农村产业融合发展示范县。

1. 坚持"五大方向"，健全有机农业发展体系

（1）坚持政策激励，健全发展支撑体系。一是强化组织领导。成立由西充县委书记牵头的有机农业发展领导小组，组建常设机构——西充县有机农业发展办公室，负责全县有机农业发展规划、技术指导、认证组织、市场开拓等工作，并由西充县市场监管局负责生产监管、认证监管等工作。将有机农业发展纳入部门和乡镇年度目标考核，与干部提拔使用、评先评优等挂钩，确保各项工作高效推进。二是强化政策引导。制定有机农业发展系列扶持政策，健全财政投入稳定增长机制，确保每年专项投入不低于 1 500 万元，重点用于宣传培训、有机认证、生产监管、绿色防控、市场营销等环节补助。按照"规划引领、立项统筹，性质不变、渠道不乱，各司其职、各计其功"的原则，累计整合涉农项目资金 24 亿元，争取金融支持 15 亿元，吸纳社会资本 9 亿元，集中投入有机产业、重点基地和龙头企业。三是强化风险防控。实行"政策性农业保险打底、特色农产品保险扩面、农业风险基金补充"的农业风险防范办法，开发柑橘、香桃等特色农业保险 9 种和生猪、辣椒目标价格保险 2 种，设立 2 000 万元有机农业发展风险补偿基金，减轻市场价格风险和自然灾害影响，确保农民收入。

（2）坚持保护为先，健全生态保障体系。一是健全生态文明制度。完善水源、土地、森林等资源付费使用机制，探索推行排污权交易制度，并从 2014 年起连续实行森林禁伐制度，形成涵盖源头保护、治理修复、责任追究等系列制度体系。二是强化生态环境保护。以创建国家级生态文明示范县为统揽，累计投入资金约 20 亿元，实施长江中上游防护林工程、"海绵"城市建设、10 公里城市生态圈、"两河"生态景观打造等重大生态工程 21 个。三是实施生态污染治理。大力实施"蓝天、碧水、净土、青山、宁静"五大专项行动，集中治理城乡面源污染，在四川率先推行乡镇生活污水生态治理模式，全县生态环境质量得到显著改善，空气质量优良率达到 90%，水质常年达到 Ⅲ 类及以上标准。

（3）坚持产业培育，健全产业发展体系。一是强化规划引领。聘请四川省农业科学院精心编制《西充县有机农业发展规划（2009—2020 年）》，并根据国家有机农业发展导向和全县实际，编制完善《西充县有机农业发展"十三五"规划》，对产业布局等核心内容进一步细化。二是优化产业

布局。围绕"东桃西橙、南薯北禽、中粮油"的总体思路，兼顾产业基础和综合条件，不断优化有机产业布局。已建成有机食品生产基地 18.5 万亩，其中 75 个基地、12 万亩、100 个品种获得有机产品认证或有机转换产品认证。三是强化龙头带动。顺应农业转型升级发展趋势，加快创新现代农业经营体系，着力培育龙头企业、专业合作组织、业主大户、家庭农场等新型经营主体。成功引进和培育明和、百科、龙兴、茂源、丰森、航粒香等市级以上龙头企业 25 家，规范发展专业合作组织 543 个、家庭农场和业主大户 1 658 户。

（4）坚持质量至上，健全安全保障体系。一是严格质量标准。根据国家标准、行业标准完善有机食品生产、监管、认证体系，编制 5 大类 40 个农畜品种标准化生产技术规程，发布 40 个农作物有机生产地方标准和 20 个社会团体标准。二是严格过程监管。建立"政府监管、企业自律、业主自为"的监管机制，建成可视农业、质量追溯、专家服务、价格发布、市场需求等信息服务平台 9 个，全县可视农业基地面积达 13 万亩，生产、加工、销售实现全程有效监控。三是严格质量追溯。建立县农产品质检中心、乡镇质检站、企业检测室三级联动的农产品质量安全检测网；加强产品有机标识管理，实行优胜劣汰动态监管机制；积极推行农产品二维码质量追溯管理，守住有机农产品质量生命线。

（5）坚持品牌打造，健全市场营销体系。一是狠抓品牌创建。积极构建"政府推动、部门联动、企业主动、社会促动"的农产品品牌建设长效机制，成功创建农产品区域公用品牌"好充食"。重点围绕特色主导产业建立有机产品商标集群，注册有机产品商标品牌 63 个，"西充黄心苕""西凤脐橙""充国香桃"取得国家农产品地理标志登记保护，"西充二荆条辣椒"获得国家地理标志产品保护，"西充黄心苕""西充二荆条辣椒"成功注册国家地理标志证明商标，"西充黄心苕"获得 2018 中华品牌商标博览会金奖、2018 全国绿色农业十佳粮油地理标志品牌。二是加强宣传推介。加大有机农业宣传力度，投入资金 2 000 万元，通过在一线城市机场、码头、广场等交通要道设立宣传牌，制作宣传画册、影音视频，利用微博、微信、电视、报纸、网络等平台，扩大西充有机品牌影响力。三是健全市场体系。坚持"量产促销、产供直销、注重实效"思路，成立县属国有企业牵头的专业营销公司；完善有机农产品营销网点，建设有机产品旗舰店、配送店。目前，已在全国一二线城市开设有机产品旗舰店 12 家、配送点 251 个，建成农业电商产业园，线上、线下营销体系全面形成。

2. 突出"三大效益"，展现有机农业独特成效

（1）生态效益独特。一是土壤质量大力提升。通过生产系统内部物质的循环利用，土壤有机质、氮磷钾含量得到有效提高和转化，有机农业基地的土壤通气性及疏松度明显改善，土壤肥力和保水能力显著提高，有机质普遍提升到 2.5% 左右，土壤有机质、全氮、速效氮、全磷、速效磷及速效钾含量均明显高于常规农田。二是生态环境极大改善。有机农业在生产过程中禁止使用化学肥料、化学农药等化学合成的投入品，病虫草害防治采用生物、物理及人工措施，有效控制和减轻了

水源污染，避免环境污染、水土流失等问题的产生。三是生物多样性加快形成。通过在田间管理中强化生态平衡和注重物种多样性的保护，促进了农田养分循环、改善田间小气候，全县生物种类及数量逐年增加，森林覆盖率达48%。

（2）经济效益显著。有机农业已成为西充县发展的当家产业，2018年全县有机农业总产值达到35亿元，极大地带动了一二三产业互动发展。一是有力带动农产品加工业。已建成多扶、橡胶坝2个食品工业园区，有机农产品年加工产值达到10亿元。正加快推进川东北有机农产品精深加工园建设，2019年内即可实现企业投产。二是有力带动乡村旅游业。依托有机基地，建成百科有机生活公园、古楼桃博园、双龙桥有机循环第一村等特色旅游景点，让西充成为南充及成渝市民休闲度假首选目的地。2018年，全县乡村旅游总收入突破45亿元，实现一业引来百业兴。

（3）社会效益良好。一是农民有效增收。坚持群众共建共享，探索"企业＋业主大户＋农户""企业＋专业合作组织＋农户""职业经理人＋专业合作社＋农民"等经营模式，推广"两统两返""五方联动""五统一分"等助农增收利益联结机制，吸纳3.5万余户农民参与有机生产，有力带动贫困群众脱贫奔康。二是城乡统筹发展。通过基地建设和三产融合，有力推动工业反哺农业、城市支持农村的方针落实，实现以城带乡、以工促农、城乡互动、协调发展。三是影响不断扩大。成功举办2015国际有机农业论坛、国际有机农业运动联盟第二届亚洲大会，有机农业成为西充县对外展示的最靓丽名片之一，极大提升了西充知名度和美誉度。

3. 明确"三大目标"，确立西充有机领先优势

为坚定贯彻习近平总书记"把四川农业大省这块金字招牌擦亮"的重要指示，西充县努力推动特色优势农业产业高质量发展，把争当"有机农业排头兵"、打造"乡村旅游目的地"、建设"产城一体示范区"的"三大定位"战略目标落到实处，全力以赴建设"中国有机农业第一县"，力争生产水平、品牌影响、融合发展做到"西部第一，全国领先"。

（1）优化有机农业产业布局，完善生产标准体系，确立技术优势。一是树立产业规模优势。进一步优化有机产业布局、拓展基地规模、完善生产基地设施，力争到2025年建成有机农业基地30万亩、认证面积20万亩、认证品种105个。二是树立生产标准优势。建立完善有机农产品标准体系，力争到2025年修订完善地方生产标准50个，编制发布有机农业生产（加工）标准20个。三是确立生产技术优势。建立完善有机农业科技创新体系和现代农业产业技术体系，力争到2025年申报并取得有机农业科技专利20项以上，转化有机农业科技成果15项以上，有机农业科技贡献率达70%。

（2）增强品牌影响力，推进产品商品化，提升市场占有率。一是增强品牌影响力。全面宣传推广"好充食""西充黄心苕""二荆条辣椒"农产品区域公用品牌，建立健全品牌管理制度、授权使

用制度和监督检查制度，力争入围中央电视台国家品牌计划。二是推进产品商标化。大力实施商标品牌战略，积极培育一批地理标志保护产品、原产地地理标志产品，注册一批地理标志证明商标。力争到 2025 年，培育中国驰名商标 2 个、全省著名商标 10 个、市知名商标 30 个。三是提升市场占有率。推动线上营销、线下营销有机结合，建立一批有机农产品旗舰店、专柜，开拓一批"互联网＋"销售渠道。力争到 2025 年，有机农产品销售额突破 60 亿元。

（3）延链发展加工产业，积极培育新兴业态，大力倡导有机生活。一是大力发展精深加工。全力推进川东北有机农产品精深加工产业园建设，积极打造西部最大的有机农产品精深加工中心。力争到 2025 年，全县有机农产品精深加工年产值达到 30 亿元。二是大力发展新产新业。积极发展加工体验、中央厨房、农商直供、乡村旅游、有机康养、电子商务等新业态。力争到 2025 年，有机农产品商品化率达 95％以上。三是大力推行有机生活。坚持将有机理念融入群众生活，形成人人知晓有机、人人支持有机、人人推广有机的浓厚氛围。力争到 2025 年，建成生产、生活、生态"三生相融"有机小镇 10 个、有机农庄 100 个。

展望未来，西充县将积极顺应生态文明发展大势，紧扣新常态下"转型发展、绿色发展、可持续发展"的核心要求，牢固树立新发展理念，确立建设"中国西部现代农业公园"的总体战略，让"生态田园、有机西充"深入人心。

云南省：发挥生态自然优势，打好"绿色食品牌"

云南省绿色食品发展中心　孙海波

2018 年，为贯彻落实国家乡村振兴战略和习近平总书记考察云南时作出的"一个跨越""三个定位""五个着力"的重要指示，云南省委、省政府在深入调研、精心论证的基础上，提出了打造世界一流"绿色食品牌"的发展战略。

打造世界一流"绿色食品牌"，是云南省改变农业生产方式、推进农业现代化的内在要求，是实现产业兴旺、实施乡村振兴战略的重要举措。2018 年，在云南省委、省政府的统一部署和高位推动下，全省上下按照"大产业＋新主体＋新平台"的发展思路，重点推进"抓有机、创名牌、育龙头、占市场、建平台、解难题"六方面的工作，政策支撑体系逐步形成，各项举措逐步落地，效果逐步显现出来。

一、发展绿色食品的生态自然优势

云南发展绿色食品产业具有较大的自然和生态优势。一是云南具有独特的农业气候条件。农业气候条件主要包括光照、热量和降水，其不仅影响农业生产的地理分布，也影响农作物产量的高低和质量的优劣。云南气候类型多样，有北热带、南亚热带、中亚热带、北亚热带、暖温带、中温带和高原气候区等 7 个温度带气候类型，气候兼具低纬气候、季风气候、山原气候的特点。各地差异性的光照、热量和降水特点，使得云南可以打破季节性约束，在同一季节生产出不同的农产品，不同的季节生产出同样的农产品。二是云南具有独特的农业土壤条件。土壤条件关系到农业生产的丰歉及农产品品质的高低。云南大部分土壤呈中性和微酸性，有机质为 1.5%～3.0%，土体深厚，具有保水保肥性强、透气性好的特征，具备种植茶叶、咖啡、橡胶、水果等多年生经济作物的优质土壤资源。三是云南具有独特的农业种质资源条件。农业种质资源是农业发展的战略性资源，云南农业种质资源极为丰富，数量位居全国第一，而且许多为云南独有。

二、绿色食品产业发展取得丰硕成果

2018 年，全省"三品一标"新认证登记企业（单位）346 家、产品 955 个，产品为 2017 年的1.99 倍，超额完成了云南省政府工作报告提出的"三品一标"新认证登记 600 个以上的目标；到期换证 371 个产品，全年没有发生"三品一标"重大安全事件。截至 2018 年年底，全省"三品一标"有效产品数 2 927 个，其中无公害农产品 1 640 个、绿色食品 1 158 个、有机农产品 48 个（含转换期 1 个）、农产品地理标志 81 个。

1. 无公害农产品

2018 年全年新认证 209 家企业（合作社）、521 个产品，认证产品生产规模 35.1 万亩，畜禽养殖规模 1 796.7 万头（羽、只），认证产品实物产量 46.40 万吨，产值 27.08 亿元。产品复查换证88 家企业（合作社）、168 个产品，认证产品规模 40.5 万亩，畜禽养殖规模 2 785.5 万头（羽、只），认证产品实物年产量 68.18 万吨。

截至 2018 年年底，全省共有无公害农产品有效获证企业（合作社）726 家、产品 1 640 个，认证面积 409.95 万亩，畜禽养殖规模 5 943.32 万头（羽、只），年产量 351.64 万吨，年产值 157.28亿元。

2. 绿色食品

通过绿色食品标志许可审核，当年新获证企业 131 家、产品 428 个，产品为 2017 年新认证产品数的 3.2 倍；监测面积 34.82 万亩，为 2017 年新认证面积的 3.2 倍；年产量 63.8 万吨，年产值 46.36 亿元。续展企业 54 家、产品 156 个，监测面积 17.55 万亩，年产量 24.74 万吨，年产值 12.8 亿元。

截至 2018 年年底，全省共有绿色食品有效获证企业 383 家、产品 1 158 个，监测面积 112.52 万亩，为 2017 年年末有效认证面积的 1.2 倍；年总产量 287.2 万吨，年产值 150.99 亿元。

3. 有机农产品

截至 2018 年年底，全省共完成了 10 家企业 14 个项目、47 个产品的北京中绿华夏有机食品认证中心有机产品再认证（换证）检查及上报工作和 1 个产品的转换期新认证，认证面积 27 865 亩（含野生采集 5 000 亩），认证产量 5 155 吨，产值 17 420 万元。

4. 农产品地理标志

2018 年，云南省获得农业农村部农产品地理标志登记 5 个。其中种植业及初加工产品 3 个，种植面积 23.17 万公顷，年产量 70.50 万吨；畜禽产品 2 个，年存（出）栏数 140 万头（羽），年产鲜肉 48 756 吨。

截至 2018 年年底，全省累计获得农业农村部农产品地理标志登记 81 个。其中种植业及初加工产品 54 个，年产量 618.44 万吨；畜禽产品 26 个，年存（出）栏数 1 630.933 1 万羽（头、只）；水产品 1 个，年产量 500 吨。农产品地理标志登记保护种植面积 128.99 万公顷，渔业养殖水域面积为 6.8 万公顷。另外，经云南省级初审上报到中国绿色食品发展中心地理标志处 2 个产品、已通过专家委员会评审公示有 2 个产品。

三、主要做法和措施

1. 高位推动，稳步建立工作机制

为全力打造世界一流"绿色食品牌"，云南省政府成立了由省长任组长的领导小组，建立了"月安排、周调度"的工作机制，高位推动"绿色食品牌"打造工作。一年来，省长主持召开了 10 次领导小组专题会议，相关副省长召开了 36 次联席会议，形成了系统谋划、重点突破的工作思路，

明确了"大产业＋新主体＋新平台"的发展路径，确定了茶叶、花卉、蔬菜、水果、咖啡、坚果、中药材、肉牛等 8 个重点产业，扎实推进"抓有机、创名牌、育主体、建平台、占市场、解难题"工作举措，突出抓好招大引强、品牌引领、市场拓展、冷链物流、科技支撑等重点工作。云南省工业和信息化厅、省科技厅、省自然资源厅、省农业农村厅、省投资促进局等成员单位和全省各州市均成立了主要领导为组长的工作领导小组。各市州均结合本地产业实际，确定了 3～10 个重点产业，组建了相应专家组，制定了相应的实施方案或实施意见。

2. 系统谋划，逐步完善政策体系

云南省级印发了《关于创新体制机制推进农业绿色发展的实施意见》《云南省人民政府关于推动云茶产业绿色发展的意见》《云南省绿色食品八大重点产业发展报告》《云南省绿色食品八大重点产业三年行动计划》《云南省培育绿色食品产业龙头企业鼓励投资办法（试行）》《云南省名优农产品品牌评选办法（试行）》《云南省优秀绿色食品加工业企业评选办法（试行）》《云南省特色农产品优势区建设规划（2017—2020 年）》《关于提供高质量科技供给 全力支撑打造世界一流"三张牌"的实施意见》《云南省加快绿色食品加工业发展实施方案》《云南省绿色食品加工业三年行动计划》等文件，省级各成员单位起草了乡村振兴战略规划、科技创新支撑打造"绿色食品牌"三年行动计划、绿色食品国际市场开拓政策措施等 30 多份文稿提交领导小组会议研究，初步构建了支撑"绿色食品牌"发展的政策体系。

3. 转变工作方式，提高工作效率

作为绿色食品认证工作的具体承担单位，云南省绿色食品发展中心积极转变工作方式，采取了一系列行之有效的工作措施。一是根据绿色食品申报工作程序，进一步优化工作流程，在原续展受理及审核工作前移到州市级工作机构的基础上，制定《云南省绿色食品标志许可审查实施细则》，授权符合条件的 10 个州市工作机构对新申报绿色食品企业开展受理审查和现场检查等工作，提高了绿色食品整体工作效率。二是结合中国绿色食品发展中心评审工作，组织省级集中评审，邀请省内部分州市业务人员参加评审，实现相互交流学习的目的，缩短审核时间，提高上报速度。三是专门请求中国绿色食品发展中心支持，安排专家，集中对申报材料上报前进行初审，提高了一次审核通过率，缩短颁证时间。四是对重点企业开展上门服务、现场辅导，积极解决申报过程中存在的问题，加快推进认证工作进度和质量。五是云南省绿色食品发展中心领导班子还根据各地情况，专门组织工作组，分头带队，主动深入基层抓宣传和任务落实，深入 15 个市州开展工作 20 余次。

4. 狠抓证后监管，确保用标产品质量

2018 年，云南省坚持"质量第一"的原则，严格证后监管，确保用标产品质量。一是共组织完成 135 家企业 316 个绿色食品产品年检。二是分别对 1 个固定市场和 1 个流动市场开展绿色食品市场监察工作，共计抽取样品 51 个，按照要求录入"绿色食品市场监察信息系统"，并对问题或疑似问题产品进行拍照，上报中国绿色食品发展中心处理。三是配合农业农村部食品质量监督检验测试中心（成都）对省内保山、德宏 2 个市州 6 个茶叶产品进行监督抽检，合格率为 100%；配合农业农村部农产品质量监督检验测试中心（昆明）对省内 54 个绿色食品、15 个有机农产品进行监督抽检，合格率为 100%。四是结合全省绿色食品认证和风险管理需要，组织对昆明、曲靖等地的 30 个蔬菜、畜产品和加工品开展抽样检测，合格率为 100%。

5. 努力加大宣传力度，全力打造绿色品牌

一是以云南省政府的名义对优秀企业进行奖励。2018 年 11 月 28 日，在昆明举行 2018 年"10 大名品"和绿色食品"10 强企业""20 佳创新企业"表彰大会。云南省委副书记、省长阮成发出席大会并为获奖企业颁奖，云南省委副书记李秀领主持大会并为获奖企业颁奖，为好产品增信、为好企业鼓劲、为绿色食品产业造势，全力打造世界一流"绿色食品牌"。

二是通过主流媒体宣传全省"三品一标"成就。2018 年 4 月 21 日在《云南日报》头版登载了

"三品一标"持续稳步推进的文章；借助参加云南省广播电台《金色热线追踪》节目和都市频道的节目，宣传"三品一标"工作。

三是根据中国绿色食品发展中心的部署，结合云南实际组织开展了"绿色食品宣传月"活动，分别在昆明、曲靖等地开展了绿色食品进社区、进超市、进企业等活动，借助媒体和社会力量宣传"三品一标"产品和工作。2018年4月24日，由云南省绿色食品发展中心在昆明市西山区兴苑路沃尔玛店组织的"春风万里，绿食有你"——云南"绿色食品宣传月"集中展示宣传活动，有省内20多家绿色食品企业的产品参加集中展示，制作了18块宣传展示板，吸引了近2 000人次市民参观、品尝和互动体验，发放了1 000多份绿色食品宣传资料，省、市10多家媒体网络进行了采访，云南电视台《云南新闻》当天即报道了相关活动。

四是组织农产品地理标志6家企业15个产品参加11月在长沙举办的第16届中国国际农产品交易会地理标志专业展区，"爱伲庄园焙炒咖啡"获大会金奖，云南省绿色食品发展中心获优秀组织奖。

五是组织完成了省内获证产品马龙苹果、诺邓火腿、云龙茶参加农产品地理标志品牌价值评价推荐工作，其中云龙茶、诺邓火腿进入全国百强；协助完成"普洱咖啡"中欧地理标志互认产品技术规范修订工作，继续组织省内6家地理标志产品参加《源味中国》（第二季）拍摄意向报名工作。

六是组织"三品一标"企业参加在厦门举办的第19届中国绿色食品博览会暨第12届中国国际有机食品博览会，全省共42家企业近200个"三品一标"农产品参展，涉及普洱茶、绿茶、水果、蔬菜、调味品、畜产品、饮料、蜂产品、螺旋藻等。云南省展团首次荣获组委会颁发的优秀组织奖，9个产品获金奖，1个产品获优秀产品奖，1家企业获优秀商务奖。

经过一年多的实践和探索，为打造世界一流"绿色食品牌"，云南省已形成了"大产业、新平台、新主体"的发展思路，强化了"抓有机、创名牌、育龙头、占市场、建平台、解难题"等方面的关键举措，大力发展绿色食品产业的社会氛围已经初步形成，影响力正在显著提升。今后，云南将按统筹谋划，找准各重点产业瓶颈问题，制定有针对性、可操作的具体措施。同时，充分调动全省上下特别是各州、市、县、区打造"绿色食品牌"的工作积极性，压实责任，合力推动云南省绿色食品产业做大做强。

陕西省：抓机遇，重特色，开创绿色农业发展新局面

陕西省农产品质量安全中心 程晓东 王转丽 林静雅

陕西省位于中国内陆腹地，土地面积 20.58 万平方千米，其中耕地面积 404.9 万公顷，南北跨越三个气候带，分为黄土高原、关中平原、秦巴山区三个自然生态区，物种资源丰富。陕北黄土高原的小杂粮、牛羊、苹果、红枣，关中平原的小麦、玉米、蔬菜、梨、猕猴桃及杂果、牛、羊、猪，陕南秦巴山区的茶、桑、大米、植物油及山货产品，不同的物候条件，形成了不同的区域农产品优势特点。这些都是陕西发展绿色食品得天独厚的条件。

陕西农业产业已初具规模，区域优势农业产业已经有了长足的发展，如以渭北苹果为主的果业、关中商品粮产业和乳制品产业、秦川肉牛产业、陕北小杂粮产业，以及陕南大米、柑橘、茶叶和植物油等产业，已经成为陕西农业产业的支柱，龙头企业和农村经济专业合作社蓬勃发展，为陕西省绿色农业发展打下了坚实的产业基础。

一、陕西省绿色农业发展现状

农产品品牌的快速发展，有力地推动了陕西省绿色农业的发展，特别是以"政府推动、企业主导、突出优势、品牌引领、标准保障"原则为指导的"三品一标"产业已取得了显著成效。截至 2018 年年底，全省已认定无公害农产品产地 991 个，无公害农产品 1 143 个；认证绿色食品企业 106 家，绿色食品 175 个；认证有机食品企业 75 家，有机产品 95 个；登记农产品地理标志保护产品 23 个。已建成绿色食品原料标准化生产基地 4 个，面积 162.0 万亩，产量 217.6 万吨；洛川和白水的苹果、眉县的猕猴桃均已整县建成国家级绿色食品标准化生产基地。伴随着陕西省农业产业结构的调整、农业标准化的全面推进、绿色优质农产品市场需求的增大及农业生产者思想认识的提高，陕西省绿色农业已经进入快速发展的战略机遇期。

二、陕西省绿色农业发展的经验和做法

近年来，陕西省绿色农业进入了快速稳步发展阶段，已经形成了具有陕西优势和特点、规划布局合理、区域品种特点突出的绿色产业。

1. 加强绿色农业生产技术研究，集成绿色食品生产技术

绿色食品生产操作规程是绿色食品技术标准体系的重要部分，也是落实绿色食品标准化生产的重要手段。近三年，陕西省组织相关领域专家，参与了中国绿色食品发展中心下达的 11 项区域性绿色食品生产操作规程的编制任务，其中 5 项已发布，6 项正在编制审定过程中。目前，陕西省已有部分科研单位和高等院校从事绿色农业技术研究，如西北农林科技大学的白水苹果试验站和眉县猕猴桃试验站，以创建全国绿色食品原料标准化生产基地为依托，将绿色农业技术研究纳入了科技攻关的主渠道。

2. 加大农业品牌宣传力度，引导绿色生产和消费

近几年，陕西省充分利用公共传媒，加大对绿色食品、有机农产品、农产品地理标志的宣传力度，提高消费者的质量安全意识，全面树立安全优质农产品公用品牌形象，通过扩大消费需求拉动优质农产品的生产、贸易和流通。2018 年，组织省内 17 家"三品一标"企业的 40 余种产品参加第 19 届中国绿色食品博览会。陕西省在此次展会中重点宣传了 4 个标准化原料基地和 7 个区域公用品牌，同期举办了陕西优势特色产品推介会，陕西展团荣获组委会颁发的最佳组织奖，2 个参展

产品获得博览会金奖。此项工作提升了陕西省"三品一标"农产品的品牌形象和市场竞争力，有效地促进了全省优质农产品的产销对接。

3. 抓好农产品品牌发展，增加农产品附加值

优质农产品的发展要以市场需求为导向，以生态环境为重点，以增进人们身体健康为原则，以打开消费市场为最终目标组织生产和开发。首先，陕西省把开发广大消费者的生活必需品作为主攻方向，如优质大米和面粉、蔬菜、水果、乳制品、肉类、水产品等六大类的产品。其次，有重点地抓一些有实力、效益好、具备一定条件的农业产业化龙头企业、农业科技示范园区及省级农村致富带头人领办的企业，作为绿色农业的龙头企业。比如，在实施陕西省"一村一品"提升工程试点村发展绿色食品项目过程中，先后在试点村中发展了 32 家绿色食品企业，通过企业带动，极大提升了全省"一村一品"优质农产品的品牌价值和市场价值。最后，对档次高、有竞争力的拳头产品、资源产品进行重点开发，提高品质，改进包装，增加附加值。在赴企业调研过程中，指导企业有重点地开发绿色食品，增加好产品的市场竞争力。

4. 加强技术培训，提高一线生产人员综合素质

近几年，陕西省加大了对绿色农业生产技术的培训力度，普及农产品质量安全基础知识，提高广大生产者的科技素质和生产技能，使生产者准确掌握绿色食品生产技术和操作规范；积极引导生产者以有机农产品、绿色食品等安全农产品生产为目标，实施生产全过程管理，要求企业必须建立生产档案，提高生产水平和产品质量，确保产品适销对路和实现优质优价。2018 年，在汉中市镇巴县、延安市富县举办了 2 期绿色食品检查员、监管员及企业内检员培训班，培训人数 292 人。"三员"培训有效壮大了绿色食品工作队伍，健全了绿色食品工作体系，提升了从业人员综合业务素质能力和水平，实现了省、市、县监管员全覆盖，为今后扩大绿色食品发展规模奠定了良好基础。

5. 建立生产者、经营者和消费者间的诚信机制

诚信是绿色食品生产的文化基础，企业只有严格按照标准生产，建立严格的产品追溯体系，才能避免发生与消费者的冲突事件。陕西省充分发挥地方政府、企业及农民合作经济组织的积极性，形成利益共享、风险共担的合同契约式运行机制，同时借鉴国外质量控制的经验和模式，鼓励企业建立检查认证体系、内部档案管理及财务审核制度，积极借鉴国际质量认证体系，从生产加工、运销到消费全过程实施，保证诚信机制的有效运行。

6. 加强监督和管理，确保农产品质量安全

绿色食品、有机农产品、农产品地理标志的审核工作是技术性、知识性和综合判断性很强的工作，需要检查员有良好的道德素质、渊博的农业知识、敏锐的观察和判断能力及公平公正的态度。以绿色食品为例：陕西省农产品质量安全中心负责全省绿色食品标志使用申请的受理、初审和颁证后跟踪检查工作；县级以上农业行政主管部门依法对绿色食品及绿色食品标志进行监督管理。通过定期举办绿色食品监管员培训班，壮大了

市县绿色食品管理队伍，更好地发挥了市县的监管职能。同时，开通举报热线，接受企业及个人对违法用标、不规范用标的举报，发挥政府、社会和各种媒体的监督作用，确保全省绿色食品的质量安全。

三、陕西省绿色农业发展取得的成效

依据全省农业产业发展情况，突出"3＋X"特色优势主导产业，为陕西省农业经济新的增长点做出了积极的贡献，取得了明显的成效。

1. 区域特色产品绿色化已基本实现

近年来，陕西省已基本形成了具有陕西优势和特点、规划布局合理、区域品种特点突出的绿色产业，为当地农业经济的发展、农产品质量安全、农业产业结构调整、农业标准化等工作做出了积极的贡献。如陕北地区的绿色食品小杂粮、马铃薯、红枣等，陕南地区的茶叶、食用菌、大米等，渭北高原的苹果、红枣、葡萄、酥梨及秦岭北麓的猕猴桃等，关中的绿色粮、油、蔬菜、乳制品等。

2. 陕西绿色农业发展模式已基本形成

近几年，陕西省加强宣传引导，推进区域特色农产品品牌工程，突出绿色食品标准化和品牌化。以全国绿色食品标准化原料基地和全国有机农业基地的建设为突破口，以标准化技术推广为抓手，以品牌化建设为切入点，以优质农产品品牌带动全省区域特色农产品品牌提升，积极探索和推广适合陕西绿色农业发展模式，成效显著，为陕西省农产品标准化生产和品牌提升做出了贡献。

3. 已发展壮大几个具有地域特色的大品牌

陕西省越来越多的企业以绿色生产作为企业的品牌特色和竞争优势，目前已形成以陕西秦宝牧业股份有限公司的"秦宝牛肉"、陕西太白绿农（巨农）蔬菜有限责任公司的"太白山蔬菜"、西安鼎天投资控股（集团）有限公司的"珍佰粮"和"珍佰农"产品等为代表的具有一定市场影响力的大品牌。

陕西秦宝牧业股份有限公司主要从事中、高档肉牛的繁育、育肥、屠宰分割、深加工业务，是行业内领先的肉牛饲养及屠宰加工企业，也是国内较早从事高档肉牛饲养及高档牛肉生产的企业之一，2010年起获得绿色食品证书，饲养屠宰过程全绿色化。

西安鼎天投资控股（集团）有限公司是一家高新技术产业投资控股集团，于2004年加入中国绿色食品协会，成为中国绿色食品协会副会长单位及绿色生资流通体系建设试点单位，目前已有5个产品获得绿色食品证书。

陕西太白绿农（巨农）蔬菜有限责任公司是陕西省境内最大的麦当劳、肯德基蔬菜原料供应

商，目前有效期内绿色食品产品 31 个，在省内华润万家、永辉超市、麦德龙等各大超市均有销售。

4. 已建成几个整县全国绿色食品原料标准化生产基地

近几年，陕西省把基地建设作为推动全省绿色农业工作的重点，依据陕西农业产业发展情况，突出特色、主导、优势产业，把基地建设与县域经济发展相结合，与农业供给侧结构性改革相结合，与提升县域特色主导产业品牌价值相结合，大力推进整县绿色食品标准化基地建设，为培育县域经济新的增长点做出了积极的贡献。已建成洛川整县全国绿色食品原料（苹果）标准化生产基地、白水整县全国绿色食品原料（苹果）标准化生产基地、眉县整县全国绿色食品原料（猕猴桃）标准化生产基地。开展绿色基地建设以来，"洛川苹果"的品牌价值由 52.41 亿元提升至 72.88 亿元，增长了 39.06%；"白水苹果"的品牌价值由 38.32 亿元提升至 48.46 亿元，增长了 26.46%；"眉县猕猴桃"的品牌价值由 91.50 亿元提升至 98.28 亿元，增长了 7.41%。县域农业产业建设与绿色食品工作相互促进、相互带动、良性发展的局面已经形成。

四、今后陕西省绿色农业发展的方向

今后，陕西省将把绿色食品产业作为全省发展绿色农业的一个有效抓手和途径，进一步加快市、县级绿色食品工作体系建设，加大基层培训力度，加强全省绿色食品队伍建设；充分发挥市县监管队伍积极能动性，进一步加大获证企业的监管力度，确保产品质量；以绿色食品标准化基地建设带动标准化生产、区域品牌提升，促进农产品供给侧结构调整，带动陕西省区域特色农产品品牌提升。

一是优化农业产业区域布局。推动现代农业合理布局，落实全国和陕西省主体功能区规划，立足水土资源匹配性，明确功能区域粮食、果业、畜牧及特色产业发展重点，引导农业产业向优势区聚集，形成节约资源和保护环境的空间格局、产业结构。打造种养结合、生态循环、环境优美的田园生态系统，遵循生态系统整体性、生物多样性规律，合理确定种养规模，建设完善生物缓冲带、防护林、灌溉渠等田间基础设施，恢复田间生物群落和生态链，实现农田生态循环和稳定。

二是合理开发利用农业环境资源。加强农业资源环境管控，明确种植业、养殖业发展方向和开发强度。推广循环绿色生产方式，以农牧渔结合、农林结合为导向，积极优化种植、养殖结构，探索区域农业循环利用机制，大力推动粮经饲统筹、种养加结合、农林牧渔融合循环发展。持续提升耕地质量，完善最严格的耕地保护制度和土地节约集约利用制度，推动用地与养地相结合，集成推广绿色生产、综合治理的技术模式，在确保农民收入稳定增长的前提下，对土壤污染严重、区域生态功能退化、可利用水资源匮乏等不宜连续耕作的农田实行轮作休耕。加大农业节水力度，推行农业灌溉用水总量控制和定额管理，推广水肥一体化及喷灌、微灌、管道输水灌溉等农业节水技术，提高农业用水效率。加快选育推广一批抗旱品种，提高水分生产率和抗旱保产能力。调整优化品种结构，扩种耗水量小的作物。推广深耕深松、保护性耕作、秸秆还田、增施

有机肥等技术，提高土壤蓄水保墒能力。

三是加强农业投入品管控和废弃物综合利用。合理控制农业投入品，继续推进化肥农药使用减量化，推广有机肥替代化肥、测土配方施肥，强化病虫害统防统治和全程绿色防控。推进秸秆全量化综合利用，严格依法落实秸秆禁烧制度，实施秸秆机械还田、腐熟还田、饲料化、食用菌基料化利用，建立健全秸秆收储运体系。加快畜禽废弃物资源化利用，加快建立畜禽粪污等农业废弃物收集、转化、利用网络体系。以农用有机肥为主要利用方向，加大畜禽废弃物资源化利用。

四是完善健全农产品全程标准体系。贯彻落实相关农业绿色发展的法律法规，加强农业标准体系建设，制定完善农业投入品使用、农产品分等分级、产地准出和质量追溯、贮藏运输、包装标识等方面标准。扩大绿色食品、有机农产品、农产品地理标志的发展规模，发展绿色农业，培育一批知名品牌。挖掘农产品地域特色，加大农产品地理标志商标注册运用和保护，培育一批环境良好、生产规范、质量受控、品质优异的区域公用品牌。严把农产品认证准入门槛，强化证后监管，实现主要农产品追溯全覆盖，将农资经营门店、乡镇监管站、现代农业园区、龙头企业、绿色食品、有机农产品、农产品地理标志产品生产基地等全部纳入平台管理，提升监管效能。

今后，陕西省将围绕"3＋X"特色产业，不断适应消费市场升级新的要求，不断满足人民群众日益增长的美好生活需求，进一步夯实绿色农业发展基础，努力为乡村振兴事业做出新的更大贡献！

陕西省铜川市：围绕生物质快速降解技术，
打造绿色生态农业产业链

陕西省铜川市农业科学研究所　张亚建

近两年来，铜川市稳步推进国家重点项目——秸秆枝条生物质资源循环利用项目，初步形成"有机废弃物利用生产操作规范化、重点技术产业化、基地建设规模化、绿色生态技术推广标准化、生态特色农产品品牌化、生产销售健康体验一体化"的绿色生态循环农业的铜川模式。通过秸秆综合利用科技攻关，政府起到了产业引导作用，企业获得优质的农产品原料，种植户获得应有的增值收益，实现了一个多方共赢的绿色生态循环农业持续发展局面。

1. 着力构建科技攻关体系

为贯彻习近平总书记"绿水青山就是金山银山"的发展理念，通过打造产学研一体平台，联动陕西乃至全国的农业科技转化为农业生产力，促进科技供给侧结构性改革，助推中国农业的大发展。铜川市政府、西北农林科技大学、铜川市土壤生态技术创研中心，以改善耕地质量为核心，开展农业废弃物资源化利用、土壤微生物菌群及生物质营养等土壤生态前端技术的研究试验示范工作。经过多年探索与实践，联合植物营养、土壤、微生物、植物生理、生物化学、化学、天然活性物质和工艺流程等相关学科组成团队，以学科交叉、专业融合的方式实现了生物质快速降解技术整体解决方案。

生物质快速降解技术完全模拟微生物降解原理，采用物理化学方法使天然有机物快速降解，充分利用大规模的畜禽粪便有机废弃物资源，通过工业化处理方式，高效快速地将畜禽粪便无害化，成为可以培植地力、提升农作物品质的生物质能营养肥。经过 5 年的反复实验，能使天然有机物 4 小时内完全降解，速度是微生物的 180 倍，水溶性转化率 95% 以上，有害微生物杀灭率 100%，抗生素和合成西药无害化率达 99% 以上。

2. 培育打造绿色生态农业产业链

铜川市生物质快速降解技术解决整体方案已经形成工业化生产、原材料集中处理、多渠道产品应用的运作模式，具备了大面积推广的基础。

（1）建设 1 个生态保护修复项目示范区生物质资源化利用中心。充分利用当地秸秆、枝条、药渣等丰富的废弃物资源，建设 1 个年处理 5 万吨农业有机废弃物生物质资源化利用标准化处理中心，通过集成整套清洁技术和开发生产系列生物基新产品，年生产土壤修复治理产品 5 万吨，产值 0.5 亿元。在全市配套建立农业有机废弃物资源化利用配送体系，通过生物质资源化利用中心投产运营，助力土壤质量提升和农产品增产提质，同时减少化肥农药施用量，减少环境污染。

（2）建设土壤修复配肥中心及残膜回收中心。按照"源头减量、过程控制、末端利用"的治理路径，在耀州区小丘镇、耀州区演池、王益区塬畔村、王益区孟家塬村、宜君县尧生、宜君县哭泉及印台区冯家塬村、印台区贾家塬村、耀州区关庄、新区坡头，选择种养殖相对集中的区域建设处理能力 5 000 吨的土壤修复配肥中心 10 个，建设有机废弃物收集、土壤调理剂配送、残膜回收中心和土壤调理剂使用体系，同步建立 10 个土壤改良试验示范基地，进行土壤改良、农产品绿色生产、果品质量提升，每个区域辐射半径为 5～10 千米。

（3）产业运营模式初步形成。对畜禽粪便等原材料的收集采取有奖回收的模式，在各个村庄进行有机废弃物收集、残膜回收。对有机废弃物和残膜进行定价，按照一定比例进行土壤调理剂的兑换，免费用于农户耕地质量提升和种植效果提升，鼓励农户进行有机废弃物和残膜的回收。

（4）产品应用范围逐步扩大。产品开发速度不断加快，自主专利研发并推广的生物质磺化技术、生物基水溶肥、土壤改良剂、营养生态膜、营养生态钵、高强度生物基复合材料等已形成产业化引领示范，形成土壤改良、盐碱地改良、沙地改良、无抗养殖、农作物提质安全生产与种植养殖和特色小镇循环利用等业务组合，实现农业全产业链的经营。

（5）建设土壤生态技术工程研发中心。申请建立"陕西省土壤生态技术工程中心"，强化基础研究，推进成果转化，发挥其生态、社会和经济效益，从基础研究、成果推广、产业发展三个方面为全市农业土壤污染及耕地质量快速提升提供技术支撑。同时形成生物能高效绿色循环利用的农业绿色发展模式，最终打造以农业生物质能高效利用绿色循环和示范引领，科技研发创新成果培育转化、农工相关智能装备制造基地，高新技术产业聚集与壮大和市场品牌营销的多元化百亿元以上高端产业发展集群。

通过五个方面的工作，以生物质快速降解技术推动铜川区域农业绿色自然的生产方式，改善生态环境。通过建立覆盖铜川区域的生物质资源农业循环示范区，进行示范引导，改善土壤生态环境，提高农产品品质，实现铜川生态环境综合治理。

3. 制度体系保障农业绿色发展

（1）落实资金来源。实施山水林田湖生态保护修复项目，该项目实施申请专项财政支持1 200万元，主要用于基础设施建设，企业配套资金1 200万元。

（2）统筹解决用地用电问题。落实畜禽规模养殖用地，并与土地利用总体规划相衔接。完善农业有机废弃物资源化生产有机肥设施用地政策，提高设施用地利用效率。落实规模养殖场内养殖相关活动农业用电政策。

（3）加快生态循环农业转型升级。优化调整布局，向规模化养殖的地区转移。大力发展标准化规模养殖，通过生物质肥料研发生产与绿色有机生态农业相结合，加强规模养殖场精细化管理，推行标准化、规范化饲养，推广散装饲料和精准配方，提高饲料转化效率。

（4）加强科技及装备支撑。加强土壤生态治理技术集成，根据不同资源条件、不同畜种、不同规模，推广粪污全量收集还田利用、专业化废弃物利用等经济实用技术模式。集成推广应用有机肥、水肥一体化、绿色防控、无抗养殖等关键技术。以绿色生态示范园为重点，加大技术培训力度，加强示范引领，提升全市优质农产品生产水平。

4. 农业良性循环发展格局初步形成

（1）耕地质量不断提升。全市农业用地质量明显提升。示范区土壤有机质含量在现有基础上可以提高 0.1%～0.2%，果园和菜地土壤贫瘠化、次生盐渍化、连作病害等问题得到缓解。农用化肥用量减少 70% 以上，果菜优势产区化肥用量减少 80% 以上，节省化肥用量价值 5 亿元以上。

（2）种植业有机废弃物资源化利用，降低面源污染。全市种植业有机废弃物总量约 80 万吨。通过项目实施及示范推广，区域内种植有机废弃物秸秆、药渣、残枝残叶等全区域可利用资源处理率 80%。

（3）养殖业有机废弃物资源化利用。全市畜禽粪便总量约 200 万吨。通过项目实施及示范推广，畜禽粪污综合利用率达到 90% 以上，规模养殖场粪污处理设施装备配套率达到 100%，年处理畜禽粪便 180 万吨，形成整市推进畜禽粪污资源化利用的良好格局，循序渐进地推动全市农业废弃物综合利用目标的实现。

（4）农膜残膜回收与生物质有机地膜推广。建成区域残膜回收站，大幅提高全市残膜回收率，减少耕地白色污染，年处理残膜 200 吨。

（5）规模化林草植被恢复与林草地、土壤改良。通过科技攻关实施与推广，运用土壤调理剂、高效有机水溶肥进行林草植被恢复，林草地、沙地、污染土壤的改良，修复土壤生态、林草地生态。

实现耕地质量提质增效示范面积 12 万亩，其中林草地 5 万亩、小麦用地 5 万亩、苹果用地7 000 亩、樱桃用地 5 000 亩、中药种植用地 5 000 亩、蔬菜用地 1 000 亩、桃用地 2 000 亩。

5. 社会效益和生态效益充分显现

目前，以秸秆综合利用科技攻关为抓手，铜川市已建成 20 个秸秆有机水溶肥的应用示范基地，共在全省范围内开展苹果、猕猴桃、樱桃、茶叶、桃、梨、葡萄、核桃、蔬菜、中药材、花椒等11 类作物的秸秆有机水溶肥应用示范。

铜川市秸秆综合利用示范基地之一——演池村苹果示范基地是由铜川市土壤生态创研中心、西安秦衡生态农业有限公司与耀州区春燕合作社共同建设的生态特色农产品基地。2018 年，演池村苹果开展试验示范，果品可溶性固形物含量（糖度）较农户常规施肥增长 20.3%。2019 年，全村172 户种植户全部采用植物秸秆有机水溶肥施肥方案，果品成果率达到 98%，经过检测苹果硬度达到 8 千克·牛/厘米^2，糖度最高达到 18，平均达到 16 以上，初步实现有机优质苹果标准。

好产品就有好价格。西安秦衡生态农业有限公司与合作社达成战略合作，对运用植物秸秆有机水溶肥施肥方案的苹果全部收购。收购地头价为每千克 3 元，高于当地其他苹果价格 1 元。

（1）社会效益。

一是减少农业污染，建设绿色生态体系。通过采取种植养殖相结合、高新技术集成示范、以生物质资源化利用为依据对秸秆和畜禽粪便进行资源化利用等措施，依靠本地土著微生物群落，以土壤调理剂等高效有机肥代替化肥，改良土壤结构，提高土壤肥力，确保在不施用化肥的情况下农作物能够增产，防止农用化学物质对环境造成污染。在全市的有机农业示范基地，实现生物质资源化利用技术与现代农业技术相结合；实行人工除草、生态灭虫、种植养殖废弃物资源化利用，解决了农业生产中存在的主要污染来源，实现了绿色生态治理。

二是实施土壤污染综合治理，形成和谐的人文环境，促进美丽乡村建设。通过实施土壤污染综合治理，在各个示范区宣传生态、环保理念，为形成和谐的人文环境奠定了思想基础。日常的劳作中，人们的沟通和交流，以及共用设施，有利于互助合作关系的形成。有机农产品生产者将把经济利益与生态利益相结合，实施者按照绿色有机生态农业的基本要求，规范自己的生产行为，自觉地将生态、环保、清洁生产等相关理念逐渐渗透到具体的生产和决策中，促进了美丽乡村的建设。

三是发展新型农业经营主体，促进农村就业，助力全市脱贫攻坚。项目实施将加快铜川市农业新型经营主体发展步伐且不断发展壮大，同时增加农村就业岗位。绿色生态示范区、农业产业化联合体和土壤生态技术推广中心的建立，以及新品种、新技术、新理念的引入，示范效应突出，带动更多的人员创新创业，提供更多的就业岗位，贫困人口有更多就业机会，生产的绿色有机优质农产品销售渠道更加通畅，实现绿色兴农、质量兴农，促进农村产业兴旺、农民生活富裕，助力全市脱贫攻坚。

四是发展生态循环模式，实现生态治理。秉持生态绿色循环农业理念，应用农业有机废弃物的生物质资源化处理成果，激活、富集土壤微生物组，改善土壤生态，迅速提高耕地质量，加快农产品培优工程建设，通过在绿色有机生态示范基地的应用，最终实现种养结合和产、供、销一体化的绿色农业发展模式。

（2）生态效益。

一是低碳方式增产增效农业。本项目创新应用生物质资源化利用技术与现代农业技术相结合提高物种丰度、生物多度、土壤有机质，降低氮损失和氧化亚氮排放。相同的生产区，有机体系的排放量往往低于传统体系的排放量，从而增加了土壤固碳能力，达到种地养地相结合，生产出一批优质农产品，增加农户收入，促进农民采用生态农业措施，使用更加环保的方法解决农业生产中的问题，进而保护和改善生态环境。

二是完善生态农业循环体系，实现农业产业升级。项目能够健全生态农业循环发展的良性机制。良好的机制充分激发内生动力，是绿色生态农业循环发展的必备条件和基础保障。在政府给予政策和财政支持的前提下，发挥市场的驱动力和调节作用，建立兼容生态价值的农产品价格形成机制，有利于绿色生态农业在政策和市场的双重驱动下得以长足发展。

甘肃省："绿色兴农"引领品牌农业发展

甘肃省绿色食品办公室　满　润

2018 年是农业农村部确定的"农业质量年"。围绕中国绿色食品发展中心"提质量、树品牌、增效益、促发展"的工作目标，甘肃省绿色食品办公室扎实推进标准化生产，加强品牌建设，坚持改革创新，积极践行"质量兴农、绿色兴农、品牌强农"理念，为全省脱贫攻坚和实施乡村振兴战略做出了应有的贡献。

一、推行集中会审制度，实现绿色食品产品总量新突破

一是绿色食品发展迅速。2018 年新增绿色食品企业 142 家，产品 281 个。截至 2018 年年底，全省有效使用绿色食品标志共计 468 家企业 1 033 个产品，产品总数突破 1 000 大关，得到保护和监测面积 442.0 万亩，产量 491.2 万吨，产值 146.6 亿元。与 2017 年同期相比产品个数增长 37.4%。

二是有机食品工作稳步推进。2018 年新增有机食品企业 9 家，产品 35 个。有机食品企业总数达 48 家，产品 154 个，种植面积 14.1 万亩，有机产品总产量 12.12 万吨。绿色、有机食品的监测面积占全省食用农产品面积的 9.5%。

三是绿色食品企业续展积极性逐年提高。2018 年，应有 104 家企业 215 个产品续展，实际续展 78 家企业 148 个产品，企业续展率达到 75%（比 2017 年提高 5 个百分点），产品续展率 69%。

四是绿色食品标准化生产基地水平有效提升。2018 年，中国绿色食品发展中心新批准甘肃省创建"全国绿色食品（苹果）标准化生产基地"1 个。至此，全省创建的"全国绿色食品原料标准化生产基地"增至 16 个，基地面积达到 186.4 万亩，产品涉及苹果、红枣及大宗农产品大麦、小麦等，基地对接农户 64.4 万户，对接龙头企业 50 家。

二、加强督导，保障产品质量稳定可靠

按照中国绿色食品发展中心统一部署，2018 年年初下发了监管工作要点，明确标志市场监察定位大超市、大农贸市场；产品抽检在中国绿色食品发展中心抽检的基础上瞄准高风险及续展产品；年检工作兼顾企业年检及基地监管，瞄准关键季节及关键时段。同时，针对年检工作有效性等制定年检督导工作计划等工作措施，有力且有效地推进了各项监管制度的落实，保障了获证产品质量安全。

一是认真开展市场监察。组织各市（州）对 50 个县（区）120 个超市（市场）上销售的标称绿色食品的 993 个产品进行了筛查核实，其中规范用标 991 个，不规范用标产品 2 个（为外省产品，已报中国绿色食品发展中心质量监督处处理）。检查结果显示：甘肃省绿色食品产品用标是规范的，市场秩序是良好的。

二是认真部署产品抽检。瞄准蔬菜、禽畜等高风险绿色、有机产品及标准化生产基地产品开展产品质量检测，累计完成 225 个产品的抽检工作，抽检覆盖率达 34%。

三是严格落实年检制度。2018 年年初，及早下发年检工作安排，在各市（州）工作机构的组织下，对全省 384 家企业的 779 个产品开展了年检工作。在年检中强化对生产基地投入品、添加剂

使用的符合性检查，侧重企业质量管理体系运行有效性，以及生产基地环境、生产规程落实、产品贮藏和运输、包装标识的使用等环节全面细致地进行检查。

四是认真开展年检督导。为确保年检工作各项措施的有效落实，2018 年 8 月下旬开始，甘肃省绿色食品办公室组织人员对白银、定西、平凉、庆阳 4 个地区开展了证后监管督导工作。通过督导检查，进一步推动各级机构积极履职、严格监管，落实属地化管理职责，促进了监管制度的落实工作。

五是组织专项检查，规范生产管理。2018 年 6 月，根据《甘肃省农业农村厅关于开展全省"三品一标"农产品专项检查的通知》安排部署，甘肃省农业农村厅组织 10 个专项检查组，采取市、县自查和省级督查同步开展的模式，对全省"三品一标"生产企业、销售市场进行专项督查。此次检查中，共检查绿色食品企业 275 家、有机食品企业 32 家，检查大型超市 28 家，通过检查不断规范企业的生产管理和用标行为。在各级机构的共同努力下，全面完成了证后监管各项工作，确保全年没有重大质量事故的发生。

三、搭建平台宣传推介，强化品牌建设

为了全面提升甘肃省绿色、有机农产品品牌的知名度和影响力，充分展示甘肃省绿色食品发展成果，促进绿色、有机农产品品牌建设，促进绿色食品和有机农产品贸易，甘肃省绿色食品办公室积极为产商搭建各类交流洽谈合作平台。

一是组织绿色、有机农产品企业积极参加第 19 届中国绿色食品博览会暨第 12 届中国国际有机食品博览会等展会。经过精心组织，筛选出具有一定规模和实力的绿色、有机农产品企业 135 家和 380 个名特优产品参展。博览会期间召开了定西马铃薯厦门推介会。此次博览会现场签约合同金额 5 300 万元，已有 5 家企业履行合同开始发货；签订意向合同 12 个，金额 3.2 亿元。在这次博览会上，有 9 家企业的产品被评为第 12 届中国国际有机食品博览会金奖，21 家企业的产品被评为第 19 届中国绿色食品博览会金奖，4 家企业获得优秀商务奖；甘肃展团共获得 35 个奖项，甘肃省绿色食品办公室获得了优秀组织奖。另外，有 114 家企业 320 个产品参加了第三届敦煌文博会"甘肃好味道"好食材展，30 家企业的产品获得"特色食材奖"；有 2 家企业参加了日本东京国际食品博览会，甜玉米、芦笋等产品获得出口订单。

二是收录全省近千家"三品一标"企业图片、文字、二维码信息等编辑成册，向连锁商超、高

校采购集团、电商平台等采购商广泛发布，拓宽了甘肃省"三品一标"产品的销售信息渠道。

三是通过广播、电视、报纸等媒体播发相关绿色、有机食品新闻报道 50 多条（次）；借助甘肃农业信息网《绿色食品》专栏、"甘肃绿色食品"微信平台等媒介发布信息 160 条；有 7 篇文章被收录到《中国绿色农业发展报告（2018）》。

四是参加甘肃省农业农村厅在兰州安宁举办的"2018 年甘肃省食品安全宣传周启动仪式"和"甘肃省农产品质量安全主题日宣传活动启动仪式"，活动中组织多家绿色、有机食品企业现场宣读质量安全承诺书及社会各界消费者签字活动，收到了良好效果。

五是充分利用绿色食品宣传月活动，加大品牌宣传培育力度。根据中国绿色食品发展中心《关于开展绿色食品宣传月活动的通知》要求，于 2018 年 4～5 月在全省各市（州）、县（区）开展了以"春风万里，绿食有你"为主题的绿色食品宣传活动 25 场，参与企业 350 多家，通过现场解答、发放宣传册、手提袋等图文资料，普及了绿色食品知识，提高了绿色食品品牌的知名度和影响力。

四、强化培训，筑牢工作体系基础

一是内检员培训得到市级工作机构重视。2018 年，酒泉、张掖、武威、临夏、兰州 5 个市（州）分别举办了绿色食品内检员培训班，培训内检员 221 人，实现了新增经营主体全覆盖，强化了生产主体责任意识。

二是结合市（州）工作需要开展了检查员、监管员培训，在兰州、陇南分别举办了绿色食品检查员、监管员培训班，培训涉及兰州、张掖、金昌、武威、白银、定西、陇南等地绿色食品工作机构的管理人员共 201 人，为检查员 3 年到期再注册及开展工作打下了基础。

三是在兰州举办了全省农业系统有机食品内检员暨有机检查员技能提高培训班，有机食品内检员 65 人、检查员 10 余人参加了培训，实现了有机食品企业内检员全覆盖。同时，对 2019 年计划申报的企业内检员提前进行培训，为下一年度有机食品的申报打下了基础。

2018 年，甘肃省绿色食品办公室依托独特的自然资源禀赋和多样的生态环境特征，深入挖掘甘肃高寒干旱特色农业所蕴含的"绿色有机"特质，着力构建绿色食品优势产业生产组织体系，推进甘肃农业高质量发展，为打造"甘味"知名农产品品牌，发展绿色农业，助力全省脱贫攻坚提供了强有力的支撑。

甘肃省静宁县：独特品质赢得广泛市场，地标品牌引领县域发展

甘肃省静宁县苹果产销协会　徐武宏

品牌是一个产品的灵魂和生命，而品牌保护则是一个产品赢得市场、打造核心竞争力、实现社会效益和经济效益最大化的制胜法宝。经过全县上下 40 年的艰苦奋斗和共同努力，"静宁苹果"已经实现了由扩量到提质、到创牌的历史性飞跃，不但成为强县富民的主导产业，也成了宣传静宁、提升静宁知名度和影响力的一张重要"名片"。40 年栉风沐雨，40 年果业辉煌，静宁人民用智慧和辛勤的汗水，走出了一条科学发展苹果产业的品牌之路。

1. 静宁苹果产业发展主要成效

静宁县位于甘肃省东部，东经 105°20′～106°05′，北纬 35°01′～35°04′，7 项生态指标均达到农业农村部苹果生产最适宜区标准，具有生产绿色苹果得天独厚的自然条件，是农业农村部划定的黄土高原苹果优势产区之一。静宁县苹果产业从 20 世纪 80 年代起步发展以来，历届县委、县政府立足县情，紧紧围绕建设全国优质果品生产强县这一奋斗目标，按照"扩量、提质、创牌、增效"的发展思路，依据静宁独特的自然条件和区位优势，举全县之力持续推进果品产业开发，初步形成了基地规模化、生产标准化、产品品牌化、营销市场化、服务社会化的产业发展格局。先后举办了五届静宁苹果节，成立了静宁县苹果产销协会，完成了"静宁苹果"地理标志产品保护认证，申请注册了"静宁苹果"地理标志证明商标，并被认定为中国驰名商标。扶持建成了常津公司、德美公司、红六福公司等一批龙头企业，取得了显著的社会、经济和生态效益。

（1）产业规模不断扩张。经过 40 年的不懈努力，2019 年全县果园总面积 102 万亩，占耕地面积的 62.3%；户均达到 10 亩，人均达到 2 亩；建成了 20 个果园化乡镇，80 个果园化村，静宁县成为甘肃省第一、全国闻名的优质苹果生产基地。

（2）产业效益不断提升。2019 年，全县挂果果园面积 76 万亩，总产量 88 万吨，产值 39.6 亿元，农民人均从苹果产业中收益 5 000 元，占农民人均可支配收入的 80% 以上。依靠果品产业增收，全县 15 万人稳定脱贫，苹果产业已真正成为富民强县、发展地方区域经济的主导产业。

（3）产业链不断延伸。苹果产业的迅猛发展，促生了相关行业的发展，进一步提升了果品产业

的质量效益，形成了互支互促的良性发展格局。通过招商引资、激活民间资本、充分利用国家产业扶持项目资金等途径，建成涉果龙头企业 31 户。全县现有加工增值型企业 4 户，年生产果汁 2 万吨，果酒、果醋 900 余吨，加工转化能力达 7 万吨；贮藏营销型企业 134 户，总贮藏能力达到 50 万吨以上；包装配套型企业 45 家，年纸箱生产能力 2.1 亿平方米；取得自营业出口权企业 6 户，出口基地 18.4 万亩；初步形成了贮藏营销、包装配套、加工增值紧密衔接，产前、产中、产后相互配套的产业链。

（4）服务体系逐步完善。按照强化县级、配齐乡级、完善村级的整体思路，静宁县相继组建成立了林果业投资公司、果蔬研究所、苹果院士专家工作站、供销集团及乡镇果办，不断完善各级服务体系建设。目前全县有果业科研人员 126 名，持证农民果树技术员 8 482 人。他们立足实际，突出先进实用技术的集成应用，通过多年的探索总结，形成了适合静宁县实际的栽培模式和技术规范，为果业的持续发展提供了强有力的技术支撑。

（5）品牌效应初步凸现。多年来，静宁县坚持把静宁苹果品牌建设、宣传和管理贯穿于苹果产业发展始终，加大宣传推介力度，保护和规范静宁苹果品牌。先后获得"中华名果"等 16 项国家大奖，拥有"中国驰名商标"等 9 张国家级名片，荣获"中国苹果之乡"等 9 个国家级荣誉称号，2018 年"静宁苹果"品牌价值评估达 133.99 亿元。

通过多年的宣传推介，静宁苹果以独特的品质备受国内外消费者青睐，产品进入国内各大中城市，摆上了家乐福、沃尔玛等大型连锁超市的货架，出口欧盟、俄罗斯、南美、东南亚等 10 多个国家和地区。通过电子交易平台，实现了与上海等大宗农产品市场的有效对接和网上直接交易。国际、国内市场的有效开拓，实现了静宁苹果的产销两旺，已连续多年保持全国产地最高销售价格，静宁苹果已成为宣传静宁的一张经济名片。

2. 静宁苹果品牌保护具体做法

（1）高端定位，超前谋划。静宁县委、县政府以规范、保护"静宁苹果"大品牌为抓手，制定了《关于进一步加强静宁苹果品牌保护工作的实施意见》《静宁苹果区域公用品牌发展战略规划》等一系列规定，进一步明确各部门、各乡镇工作职责和目标任务，形成"政府主导、市管牵头、部门配合、企业实施、社会参与"的工作格局。确定静宁苹果区域公用品牌"三步走"发展步骤，形成升级品牌、系统传播、健全渠道、强化管理、文化建设、优化供给、融合拓展"七位一体"的战略路径；全面实施品牌升级战略，提升区域公用品牌价值，全方位升级静宁苹果产业，打造中国苹

果品牌典范，树立产业扶贫的西部样板、"一县一业"的全国标杆。

（2）部门联动，规范市场。整顿规范全县果品、包装销售市场秩序，保护"静宁苹果"品牌，推进全县果品产业持续健康发展。职能部门按照《静宁县果品、包装市场专项整治工作实施方案》要求，对全县果品、包装企业定期检查，随时抽查，签订《不销售假冒静宁苹果品牌承诺书》。对果品包装企业商标印制实行备案登记，规范出入库台账。近年来，查处涉果案件 39 起，罚款 14.9 万元，受理涉果消费者投诉 16 起，挽回经济损失 9 万多元，果品市场秩序明显好转。

（3）协会主导，筑牢品牌。充分发挥静宁县苹果产销协会作用，围绕建设中国优质果品生产出口创汇基地和中国纸制品包装产业（静宁）基地，对全县苹果产业状况和规范化运作进行了全面普查和重点调研，制定了品牌保护推介宣传的一系列具体措施。近年来，先后组织参加全国商标节会、产品博览会、品牌推介及发布会 40 余次；静宁苹果被列入第一批"中欧地理标志保护产品"，静宁苹果期货交割库在郑州商品交易所正式挂牌，支持本土企业在"新三板"上市，携手京东集团认证静宁为京东生鲜苹果供应基地，进一步扩大了"静宁苹果"的知名度。

3. 静宁苹果品牌保护下一步的思路和对策

（1）牢固树立品牌保护意识，在转变观念、形成共识上下功夫。一要加快推进苹果大县向苹果强县转变。要在加快扩量的同时更加注重提质，在实现全覆盖的同时，注重集约化、标准化生产，在普及实用技术的同时，更加注重高新技术的推广，在生产优质果品的同时，更加注重保护和打响品牌。二要加快推进绿色果品向有机果品转变。要参照国际及国内标准体系，制定完善全县苹果标准化生产技术规程和产品质量标准，使苹果生产标准化溶入苗木选择、建园栽植、后期管理等流程之中。按照"以果促畜、以畜促果、果畜结合、互支互促"的思路，积极推行"果—沼—畜"生态建园模式，扩大绿色苹果出口创汇基地和良好农业规范基地认证规模，加快发展生态果业、有机果业，促进苹果产业提质增效。三要加快推进传统果业向现代果业转变。以工业化理念谋划苹果产业发展，拓展延伸产业链条，扶持果汁、果酒、果醋、果胶、苹果脆片等系列养生产品加工企业。以现代经营理念促进苹果产业发展，加快市场营销体系建设，积极推行网上交易、电子商务，继续支持龙头企业、专业合作组织在大中城市建立专卖店、连锁店，进一步提高静宁苹果的市场占有率。以现代文化理念引领苹果产业发展，加强苹果文化研究，全方位、多层次宣传推介静宁苹果，实现

文化引领果业，品牌促进营销。

（2）坚持以市场为导向，在大力推行苹果标准化生产上做文章。一要强化技术培训，整合各方资源力量，形成优势，加强对果农的技术指导，使果农真正成为懂技术、会管理的行家里手。二要健全服务体系，成立专门的测土配方、科学施肥和果树病虫防控监测机构，定期对土壤病虫害进行抽检，对症下药，分类指导，既降低生产成本，又提高果品质量。

（3）加大龙头企业和合作组织扶持力度，在产加销一体化上出实招。发挥龙头企业在引进、示范和推广新品种及新技术等方面的作用，不断进行技术创新。支持龙头企业发展苹果精深加工业，延长产业链，促进优势农产品转化增值。积极引导龙头企业与果农结成利益共享、风险共担的利益关系，对苹果加工企业、批发市场、合作组织等各种类型的农业产业化经营龙头企业予以大力扶持。壮大多种行业协会、专业合作经济组织，促进苹果产业可持续发展。

（4）严格执法，加强监管，在保护静宁苹果品牌上强机制。一是建立健全静宁苹果品牌保护协调机制。行政执法部门要密切配合，建立完善统一的商标保护协调机制，形成合力，严厉打击各种侵犯"静宁苹果"地理标志证明商标专用权的商标假冒侵权违法行为。对中国驰名商标"静宁苹果"品牌实施跟踪保护，加强对果品经营企业、市场营销网点的日常商标监管，努力营造良好的市场环境，为静宁苹果产业保驾护航。二是构建跨区域商标行政保护机制。进一步完善与周边商标保护工作协作机制，联合执法，加大跨区域维权保护力度。三是引导企业提高商标保护意识。尽快制定《"静宁苹果"地理标志证明商标印制管理规定》，指导包装企业建立商标印制备案制度，提高企业自律和自我保护意识。形成政府、协会、企业、社会四方合力，营造"静宁苹果"商标品牌保护环境，大力推动"静宁苹果"品牌战略工作再上新台阶。

甘肃省敦煌市郭家堡镇：发展特色产业，助推乡村振兴

甘肃省敦煌市郭家堡镇人民政府　张吉平

郭家堡镇位于甘肃省河西走廊最西端的敦煌市，辖6个行政村、48个村民小组、2 371户，总人口8 960多人；总面积112平方千米，其中耕地面积2.9万亩。按照中央和省、市农村工作会议精神，全镇大力实施乡村振兴战略，加快推进农业产业发展，初步建成以特色林果、畜牧养殖、瓜菜种植为主的三大产业示范基地。认真落实农产品质量检测、"四线三制两化"标准化工作举措和网格化管理机制，不断提升特色林果、畜牧养殖、设施瓜菜等农产品品质，逐步实现了农业种植由单一型向多元化发展，由数量型向质量型的转变，唱响了产业富农、质量兴农、品牌强农的时代旋律。2018年，全镇农林牧渔业总产值达2.3亿元，农民人均可支配收入16 717元。

1. 坚持农文融合，推动红枣产业示范领航

坚持突出重点、分片发展、以点带面的思路，全方位推进红枣产业发展。先后从河南、河北、山东等地的红枣主产区引进20多个优良品种，经过多年的栽培实践，确定灰枣和骏枣为主栽品种。全镇红枣种植面积达4 528亩，建成红枣标准化网格点8个，逐步形成了沿镇村主干道两侧为主的红枣种植示范带，种植规模实现了由"百亩连片"向"千亩连带"的扩增。结合敦煌市"为文而农，为游而农，为城而农"的发展思路，充分挖掘红枣文化、农耕文化、土塔文化资源，依托大敦煌文化旅游经济圈和敦煌国际文化旅游名城建设，坚持以"优势产业＋敦煌文化＋乡村旅游"的发展模式，立足丰富的历史文化资源和产业资源优势，努力打造以"四区一坊一中心"（"四区"即：红枣标准化生产示范区、枣园文化体验区、健康休闲养生区、林下经济发展试验区；"一坊"即敦煌百家堡子坊；"一中心"即土塔文化中心）为内容的红枣文化小镇，投资建成震源红枣加工厂，集中收购，批量生产，订单销售。大力开发田园观光、果蔬采摘、民俗体验、休闲度假等多元化乡村旅游产品，积极弘扬敦煌文化、堡子文化、土塔文化和红枣文化，推进特色产业与文化旅游产业

的深度融合，促进乡村旅游产业的快速发展。

2. 坚持标准为先，推动葡萄产业提质增效

按照敦煌市委、市政府"一村一品"的工作思路，把落实葡萄标准化生产作为农民增收的重要抓手，以"四线三制两化"工作要求为重点，镇、村、组三级干部亲临一线，抓好标准化网格、示范点、样板田的任务落实，指导全镇种植以红地球为主的葡萄面积达 3 600 亩，建成葡萄标准化网格示范点 6 个、示范面积 2 100 亩。充分发挥科技特派员、农民技术员的作用，加大科技培训力度，强化田间现场指导，确保标准化生产及新植特色林果各项管理技术落到实处。先后多次与敦煌市林业技术推广中心联合邀请中国农业大学、甘肃农业大学、甘肃农业科学院果树研究所等高校、科研院所、行业组织的葡萄栽培领域专家开展技术指导，形成了市有特派员、镇有林技员、村有技术员、组有栽植示范户的四级技术服务网络体系，在葡萄生长的各个阶段有针对性地开展培训和指导，为农户发展葡萄产业提供了强有力的技术支撑。注册成立的敦煌市园友红地球葡萄农民专业合作社种植的红提葡萄被认定为绿色 A 级农产品，为全镇做强做大农业品牌奠定了坚实基础。

3. 坚持质效并行，推动养殖产业稳健发展

依托已建成的敦煌市国家现代农业示范区郭家堡镇设施养殖产业园和双元奶牛养殖场、百益生猪定点屠宰场、飞天蛋禽场、恒义生态养殖场，大力推广"公司＋合作社＋农户"的养殖模式，打响郭家堡碱草羊、林下鸡、生态蟹等"土"字品牌，全方位发展壮大特色养殖产业。通过土地流转，集中连片种植玉米、紫花苜蓿等饲草料，培育扶持郭发养羊农民专业合作社、顺天家庭农场，建成生物质颗粒饲料加工厂，带动镇域农民积极发展饲草种植、畜牧养殖产业。按照"五良"工作措施，建成占地 1 000 亩的高标准设施养殖园区 1 个，建成千家万户养殖小区 14 个，新增暖棚圈舍 462 座，培育 50 只以上规模养殖户 198 户，打造林下养殖示范点 5 个，养殖禽类 10 000 余只，全镇畜禽饲养总量达 16 万头（只）。

4. 坚持以点带面，推动设施瓜菜产业优化升级

坚持把产业转型升级作为助推农民增收的主攻方向，深入推进"一镇一业、一村一品"产业结构布局调整。大力实施高标准农田建设项目和土地整理项目，完成高标准农田建设 7 100 亩，基本农田整理 10 374 亩，建成田成块、沟成网、林成行、路相通，土地质量高，有效耕地面积大的高

标准农田示范区 6 个。新建梁家堡村一组拱棚高效瓜菜示范园、六号桥村百亩拱棚示范点，引导农民大力发展设施瓜菜。在大泉村实施集中连片土地整理项目，发展生菜、南瓜制种等瓜菜产业。积极宣传引导农民发展大田瓜菜，建成梁家堡村百亩大田西瓜和百亩哈密瓜种植基地。持续加大七号桥村一组拱棚示范点投入力度，不断扩大青椒、豆尖、苦瓜种植规模。全镇瓜菜种植面积达 4 990 亩，杂粮杂豆及小麦 3 000 亩。同时，大力培育新型农业经营主体，加大土地流转，助推农业产业结构不断优化，农业技术持续推广创新、农业生态环境逐步改善，促进社会主义新农村和谐稳定发展。

梦想照亮前方，奋进正当其时。展望未来，郭家堡镇将立足"打造五园、建设五镇"的奋斗目标，聚焦特色林果、高效瓜菜、种草养殖三大产业，带领全镇人民在新时代新征程上，攻坚克难、砥砺奋进，展现新气象、新作为，为敦煌市国家现代农业示范园区建设和发展积累经验、贡献力量，奋力谱写无愧于伟大时代的新篇章！

新疆生产建设兵团：稳步推进"三品一标"工作进程

新疆生产建设兵团农产品质量安全中心　施维新

2018 年是质检系统"质量提升行动年"，新疆生产建设兵团农产品质量安全中心始终围绕着新疆生产建设兵团农业工作重点及 2018 年年初制定的工作计划，以"三品一标"为抓手，以提升农产品质量安全水平为目标，圆满完成了工作任务。

1. 主要工作内容

（1）开展"三品一标"质量安全监管和专项整治。根据新疆生产建设兵团农业局的部署和安排，结合兵团实际，制定下发了《关于印发 2018 年兵团农产品质量安全监测计划的通知》，制定出《2018 年"三品一标"抽检计划》工作方案，并提出了保障性的具体要求。对 45 家"三品一标"生产单位进行监督检查，抽检了 93 个产品（其中无公害农产品 33 个、绿色食品 52 个、农产品地理标志 8 个）。通过强化监管，提高了农产品质量安全意识，规范了"三品一标"种植、养殖行为，农产品质量安全水平稳中有升，全年未发生重大农产品质量安全事件。

（2）"三品一标"认证工作稳步推进。2018 年新认证了 8 家 12 个绿色食品，续展认证了 8 家 12 个绿色食品。目前，有效使用绿色食品证书的共有 69 家 127 个产品；有效使用有机农产品证书的共有 2 家 6 个产品；登记审核上报了 6 个农产品地理标志，有 5 个获得了农产品地理标志登记证书。迄今为止，兵团共有 38 个农产品获得农产品地理标志登记证书。

（3）积极开展绿色食品宣传月活动。结合中国绿色食品宣传月活动精神，向全兵团 13 个师转发了文件，要求采用不同形式开展活动，并在兵团农业技术培训中心举办了展示活动，设置展板，印发宣传手册，组织和田玉枣、白杨酒、伊香大米、神内饮料、羚羊唛食用油、寨口奶粉等绿色食品，进行展示和宣传。

（4）切实做好绿色食品市场监察工作。2018 年 7 月，新疆生产建设兵团农产品质量安全中心派 1 名监管员前往八师石河子市，与八师农产品质量安全检测站的两名工作人员，对石河子明珠爱家超市和友好超市进行了绿色食品市场监察工作，抽取了带绿色食品标志的产品 60 个，对带绿色食品标志的产品进行了拍照、查阅资料、存档、上报，顺利完成了绿色食品市场监察任务。

（5）加强全国绿色食品原料标准化生产基地监督检查。2018 年，新疆生产建设兵团农产品质量安全中心加强绿色食品原料标准化基地监管工作，结合中国绿色食品发展中心制定的绿色食品原料标准化生产基地监督检查内容，对九师玉米、十三师葡萄和大枣、一师 12 团红枣绿色食品原料标准化生产基地加强了监督检查，制定了监督检查方案，并组织专家组赴实地进行现场检查，与基地管理人员及职工进行了座谈，对生产全过程相关记录进行了核查，以基地促进标准化生产，带动加工企业绿色食品认证工作。

（6）积极组织绿色食品生产企业参加中国绿色食品博览会。2018 年，由于新疆生产建设兵团团场改制，影响了绿色食品生产单位参加展会。新疆生产建设兵团农产品质量安全中心排除种种困难，积极组织绿色食品生产企业参加第 19 届中国绿色食品博览会暨第 12 届中国国际有机食品博览会。新疆生产建设兵团农产品质量安全中心积极筹备、认真组织、精心布展。此次博览会，兵团共有 16 家生产单位 40 种产品参展，涉及粮、油、糖、果、奶粉、饮料、酒类等产品，深受参会消费者的欢迎。会上，兵团展团获得优秀组织奖，图木舒克市绿糖心冬枣种植专业合作社的冬枣获得博览会金奖，石河子小白杨酒业有限公司、石河子开发区神内食品有限公司获得优秀商务奖。

（7）新疆生产建设兵团农产品质量安全监管（追溯）项目正式启动。2018年，新疆生产建设兵团农产品质量安全中心开始了新疆生产建设兵团农产品追溯监管平台的建设工作。该平台的建设对兵团的农产品追溯监管工作产生积极的推动作用，确保兵团农产品质量可追溯，进一步提高农产品质量安全水平。

2. 下一步工作推进措施

（1）理清思路，进一步落实兵团"三品一标"申请主体归属权。根据目前兵团"三品一标"存在的问题，扎实做好绿色食品申请主体证书变更及续展工作，落实好农产品地理标志登记保护证书的主体资格及使用权。

（2）把握机遇，大力推进兵团"三品一标"工作进程。兵团团场改革给"三品一标"工作带来了新的契机，团场新型主体的出现，将成为兵团"三品一标"的新生力量。

（3）加快绿色食品原料标准化生产基地的建设。绿色食品原料标准化生产基地建设是推进农业标准化生产的有力抓手，已成为提高农产品质量安全水平、助推农业发展方式转变的重要手段。2019年，新疆生产建设兵团农产品质量安全中心将进一步加大兵团绿色食品原料标准化生产基地的创建工作。

（4）加快推进"三品一标"监管队伍建设。切实加强师团两级农产品质量安全监管人员建设，加强"三品一标"管理人员管理水平。2019年将培训一批能承担农产品质量安全监管及"三品一标"工作的技术骨干，使师团绿色食品管理队伍基本健全，为兵团绿色食品快速、规范发展奠定基础。

（5）强化宣传，不断提升品牌效应。利用各种有利条件，办好展会、推介会，力求把兵团的"三品一标"产品宣传推介出去，为生产单位和产品搭建好平台。

七、机构和人物篇

天津市农业发展服务中心

天津市农业发展服务中心　任　伶　王　莹　孙　岩　张凤娇　马文宏　杨鸿炜

天津市农业发展服务中心于 2019 年 3 月 26 日挂牌成立，是隶属于天津市农业农村委员会的公益 Ⅰ 类事业单位，是根据《天津市机构改革实施方案》《中央编办关于天津市部分局级事业单位调整的批复》文件要求，将天津市原农业系统 32 家公益性事业单位职能整合组建而成的。中心内设综合部、计划财务部、科技与成果转化部等 6 个职能部门，下设植保植检站、动物疫病预防控制中心、水产研究所等 6 个直属单位。

2019 年是决胜全面建成小康社会第一个百年奋斗目标的关键之年，也是天津市农业发展服务中心组建初年。天津市农业发展服务中心坚持以习近平新时代中国特色社会主义思想为指导，全面贯彻中央、天津市农村工作会议精神，以实施乡村振兴战略为总抓手，以深化农业供给侧结构性改革为主线，坚持绿色生态导向，优化提升供给能力，促进农业产业融合，提高农业发展质量，强化科技支撑保障，落实脱贫攻坚任务，全面开创天津市农业发展新局面，为实现乡村振兴提供有力支撑。

1. 聚力农业高质量发展，持续推进农业提档升级

一是指导推动农产品品牌培育认定。加大对绿色食品、有机农产品、农产品地理标志及名特优新农产品品牌培育、认定工作指导力度，推进绿色食品、有机农产品、农产品地理标志发展。强化落实年检制度，指导企业证后规范生产、规范用标。注重挖掘农产品品牌，强化技术支撑、加强品牌宣传，提升绿色食品、有机农产品和农产品地理标志的知名度和美誉度。引导龙头企业开展品牌创建，指导培育一批具有乡土特色的农产品品牌。

二是加快推进小站稻产业科技支撑能力建设。加强优质高产粳稻品种选育、示范与推广，培育打造知名小站稻种业品牌，为小站稻振兴提供技术支撑。

三是积极助推现代海洋渔业转型升级。推动天津市海洋生态科技园建设，完成国家级海洋牧场年度常规监测与建设效果评估。

四是着力补齐现代奶业发展短板。持续推进优质苜蓿、青贮玉米、燕麦等饲草料作物规模化种植，不断提升优质饲草保障供给能力，着力提升奶牛生产能力。

五是持续推进蔬菜产业向轻简化、优质高效化发展。加强蔬菜集约化育苗、病虫害精准防控、增温补光等绿色优质高效生产技术研究与示范。开展蔬菜无土栽培技术研究与示范，着力解决因连作障碍造成的蔬菜降质减产问题。

六是着力优化提升农机服务保障水平。实施农机科技创新发展建设工程，加快引进先进、高效、智能化农机装备和技术，开展农业机械化的区域化、标准化生产示范，加快助推农机化高质量发展。

2. 坚持绿色生态优先发展，加快转变农业生产方式

一是加力开展绿色生产关键技术研究、集成与示范。建立水稻、设施蔬菜病虫害绿色防控技术示范基地。加强生态种养、秸秆资源化利用、池塘工程化循环水养殖技术研究。推进新型可降解地膜、新型化控剂、抗逆调节剂等新型农资试验示范。推动生物碳基质生产示范项目建设，创新秸秆资源化综合利用模式。

二是持续推进化肥农药减量增效关键技术示范应用。建设化肥减量增效示范区。推进设施农业有机肥替代化肥试点建设，开展有机肥替代化肥技术模式效果评价。开展土壤墒情和耕地地力监测。

三是着力加强畜禽粪污资源化利用技术指导。强化畜禽养殖废弃物资源化利用关键技术支撑，重点推广固体粪便全量还田、牛粪垫料回用、污水肥料化利用等技术模式，指导构建种养结合绿色循环生产方式。着力推进农业生态环境质量提升。强化耕地土壤污染管控与修复技术支撑，建设耕地土壤重金属污染修复示范区。

3. 聚焦京津冀协同发展，提高农业协同发展水平

深入推进京津冀科技项目攻关协作。积极对接京冀两地动植物种质资源保育和配套技术成果，加大优势品种推广力度，发挥种业技术支撑优势。加快推进动植物疫病联防联控体系建设。构建完善京津冀重大动植物疫情联防联控体系，加快形成动植物疫病联防联控、信息畅通、数据共享、结果互认工作机制。着力深化京津冀人才、技术交流合作。聚焦农业领域关键共性问题，围绕现代农业产业技术体系建设，依托重大科技专项、产业示范基地，整合三地人才智力资源，深化人才技术交流合作。

4. 突出科技支撑引领，助力乡村产业振兴

一是强化科技协同创新与集成示范。推进蔬菜、水稻、奶牛、生猪、水产等农业现代产业体系建设。提高基础性研究水平与科技创新能力。强化项目示范和支撑引领作用，推进科技成果转化应用，促进现代农业高质量发展。

二是加强技术培训与服务。紧盯产业发展重点、难点问题，重点抓好专业技术和实用技术两类培训，着力提升农技人员专业素质能力，加快农民素质提升。强化青年技术骨干培养，夯实产业发展人才基础。研究制定鼓励农技推广人员深入基层开展技术服务的制度保障机制。

三是推进农业信息化、智能化应用。围绕动植物疫病监测预警、农业防灾减灾、农业生态环境和农产品质量监测、农情信息调度加快信息化和智能化应用，推进"互联网＋"与种植、畜牧、水产和农机化有机融合。指导推进农业信息化基础装备条件建设，强化行业数据信息调研应用。

面向未来，天津市农业发展服务中心将秉承绿色发展理念，不忘初心，为天津市现代都市型农业的转型升级提供强有力的支撑。

河北省绿色产业协会

河北省绿色产业协会　康会冲　尤　帅

河北省绿色产业协会成立于 2015 年，是在河北省民政厅登记注册的非营利性社会组织。协会自成立以来，一直以"普及绿色理念，引领绿色消费，培育绿色品牌，助力绿色崛起"为宗旨，积极践行绿色产业发展理念，积极推行绿色生产、绿色消费、绿色服务，同时致力于绿色产业的研究与推广，积极帮助绿色优质农产品企业做好品牌宣传和产品销售，让老百姓吃得更健康、更放心、更营养，远离假冒伪劣，畅享绿色新生活。

协会与河北科技大学联合成立了河北省绿色产业发展研究院，与河北省外国专家局联合成立了河北省绿色产业引智工作站，帮助企业引进国内外先进的技术和人才，促进企业转型升级，提升企业的竞争力。

协会与多家金融、营销、战略、传播等专业机构及科研院所共同成立了河北省绿色产业商学院，帮助企业梳理商业模式、塑造品牌形象、培训销售团队、拓展销售渠道，提升企业综合实力。

协会承担着绿色优质农产品生产企业的宣传推广和服务职能，与国家、省、市级多家媒体机构建立了合作关系，并利用自有网站、微信公众平台等，全方位地为企业提供宣传推荐服务；通过联合农业、环保、发改、商务及科技等单位，为企业提供涉农产业政策的引导、项目申报落地等服务；通过组织发起大型展会、行业论坛、产销对接会、资源交流会等具体活动，为企业提供深度产品销售、资源对接、品牌传播等服务；通过与中国建设银行、河北银行、中国民生银行、兴业银行等多家金融机构达成战略合作，为会员单位提供投融资类服务。

成立至今，河北省绿色产业协会已在绿色有机农产品认证、专业人才与先进技术引进培育、品牌塑造与传播、产品推荐与销售、追溯体系与信用体系的建立和推广、企业考察调研等方面，为以京津冀为主要区域的 300 余家企业累积提供 1 000 余次服务，并有效协助政府相关部门完善对农产品消费市场、涉农企业、流通产品的监管、审核机制，从根本上杜绝"假、冒、伪、劣"等非绿色现象，倡导绿色消费，推动绿色优质农产品事业发展。

　　绿溯园微信公众平台作为河北省农产品质量安全中心与河北省绿色产业协会联合打造运营的项目，现已正式入驻"中国绿色食品"官方微信平台体系。作为线下体验中心，协会于 2019 年 1 月监管推出了绿溯园绿色生活体验馆，通过绿色生活集市进社区、产销对接活动、品牌产品体验活动、社区新零售的运营模式，帮助涉农企业实现品牌推荐、团单订购、直面终端消费者、线下体验、线上一体化运营等具体功能，并致力于在全国打造一市一旗舰体验馆、一县一品牌体验馆、一社区一终端体验馆推广模式，让绿色优质农产品轻松走向全国，走进亿万家庭，实现品牌效益和经济效益的双丰收。

　　近年来，协会举办了 2019 河北省绿色优质农产品质量安全高峰论坛、2019 中国（廊坊）国际有机食品展览会、2016—2019 年四届京津冀果蔬生鲜高峰论坛暨优质农产品产销对接会、2019 河北省富硒功能农业发展论坛、近百场"绿色生活集市"进社区活动、绿色食品年货大集、品牌农产品产销对接会，联合河北省供销合作总社、邢台市供销合作社等单位组织入社企业产销对接会，带领考察团参与了中国绿色食品博览会、中国富硒农业发展大会，并与河北省农业农村厅相关部门共同举办了两届"绿色食品宣传月"系列活动等。

　　河北省绿色产业协会将继续秉持党的十九大报告精神，积极响应国家号召，在河北省农业农村厅等相关部门的指导和支持下，通过联合更多社会各界力量，全力打造绿色优质农产品领域的全产业链服务平台，帮助更多涉农企业实现绿色转型升级，助推企业做强做大。

内蒙古金草原生态科技集团有限公司

内蒙古自治区农畜产品质量安全监督管理中心　吕　晶

　　古往今来，羊肉因其鲜美的味道、丰富的营养价值广受各地人民喜爱。内蒙古地域辽阔、资源丰富，因其得天独厚的自然条件，成为全国重要的畜牧业生产基地和畜产品产出地区，有"羊肉之都"的称号。内蒙古金草原生态科技集团有限公司（以下简称金草原公司）致力于内蒙古羊肉输出产业升级，以科技为核心动力，稳步推动羊产业向标准化、智能化、品牌化健康发展，从而助推内蒙古羊肉产业高质量发展。

　　金草原公司成立于2016年，是集订单种植、饲料加工、种畜繁育、牛羊谷饲、屠宰加工、销售、冷链物流、有机肥生产于一体的科技型"自育自繁自养"现代化农牧业全产业链企业。公司成立以来，持续打造"羊产业科技型'育繁养一体化'服务平台"，依托科技创新、严控生产过程、推行标准化养殖模式、树立品牌意识、助力精准扶贫，为消费者提供绿色、优质肉产品。

　　1. 依托科技创新，提高企业竞争力

　　科技是金草原公司的核心竞争力。在企业发展的全过程，始终坚持运用科技成果的研发及转化为促进生产、优化品质持续输送新鲜血液，形成了"整合科研＋独立科研＋基层科研"的三层级全民全产业链科研架构。以此为基础，形成了自育自繁自养一体化优势、硬件设施优势、基础母羊品种及羊源优势、组织模式优势、饲料配方优势等一系列核心优势，以科技创新助推产业转型升级，提升了产品品质，提高了企业核心竞争力，得到了业内人士和社会各界的一致好评。

　　2. 严控生产过程，确保质量安全

　　金草原公司率先实行从土地到餐桌的全过程质量控制，从饲料选用、种畜繁育、肉羊养殖、屠宰加工等生产环节都进行了严格的质量把控。饲料选用环节：大力实施订单农业，从源头把控饲草料品质和安全，并自主研发，依照羊的不同生长期推出"阶段式营养配方"。种畜繁育环节：引进优质胡羊作为基础母羊，通过长期实验研究，培育形成"金草胡羊"独特品种。肉羊养殖环节：采用全程自养方式，依托全民科研机制由专家、专职科研人员及一线员工共同完善养殖细节，提高饲养过程的科技化、机械化和标准化。屠宰加工环节：公司自建精分割工厂，采用国内领先的冷鲜加工工艺，并自建冷链物流体系，把好产品质量安全的最后一道关。目前，企业已制订追溯体系方案，相关设备正在配套中，将很快实现全程可视可控可追溯管理，进一步确保产品质量安全。

　　3. 推行标准化养殖模式，提升产品品质

　　金草原公司为能够充分满足消费群体在烹饪和食用方面对产品品质的更高要求，坚持以"品种、品质、品牌"为引领，提出并推行包括养殖品种标准化、订单种植标准化、饲草料营养配比标准化、精准饲喂标准化、硬件设施标准化、免疫防控标准化、出栏标准化、食品安全标准化的"八位一体"标准化养殖模式，全力打造标准、安全、高端的肉产品。

　　在标准化养殖模式指导下，公司繁育出"金草胡羊"独特品种，根据羊肉不同生产阶段的要求科学配比出母羊"四阶饲草料"和羔羊"三阶饲草料"，推行"定制、定时、定量"的全环节标准化饲喂法，采取区域禁入、分段饲养、分龄隔离、全进全出"四步法"养殖防疫体系。同时，建设完成了种畜繁育区、反刍动物研究院、有机肥加工厂、金草原公司牛羊文化博物馆、金草原公司生态牧场等8个单元的繁育园区，占地面积810余亩，全线运营存栏繁育母羊15万只，年出栏谷饲羔羊45万只。此外，园区还购进TMR饲料加工自动化、饲喂投料自动化、圈舍消毒自动化等八大类先进高效的自动化设备，实现了生产效率提升和产品质量可控。

通过标准化生产的羊只在出栏时，个体均匀，营养稳定，品质恒定。目前"金草胡羊"胴体重量管控在 5% 以内，不饱和脂肪酸含量高于普通羊 53%，胆固醇含量低于市场普通羊 55%，激素、抗生素、药物残留均未检出。在保障食品安全的基础之上，实现了羊肉营养和品质的持续提升，得到了各地消费者的认可，为其打造肉羊产品品牌奠定了坚实基础。

通过实施标准化养殖，推动了畜牧业生产方式向集约型转变、传统规模养殖业向工业化生产转型，对现代畜牧业实现标准化、高端化、高质量化发展具有重要意义。

4. 树立品牌意识，提高企业影响力

金草原公司严格把控产品质量，树立品牌意识，努力为企业发展树立良好的外部形象，接受来自市场、消费者的监督和检验。金草原公司于 2017 年被评为中国餐饮业牛羊肉金牌供应商，2018 年被评为国家肉羊产业技术体系试验示范基地、内蒙古自治区农牧业科学院成果转化基地，"金草原公司放母收羔扶贫模式"还获得"2018 年羊产业企业扶贫先进模式"证书，其子公司内蒙古金草原肉业科技有限公司于 2017 年被评为巴彦淖尔市农牧业产业化重点龙头企业。

5. 助力精准扶贫，履行社会责任

金草原羊肉的鲜美、纯正不仅来源于绿色优质的产品品质，更来自企业精益求精的匠人精神及回馈社会的责任心。金草原公司以畜牧业为核心产业，全力打造畜牧业全产业链，通过"种、繁、养、肥、加、销"六大产业体系，建立多方位农企利益联结机制，助力精准扶贫。

金草原公司通过捐资助学，实行订单农业、放母收羔、产业资金入股分红、村社结队精准帮扶、劳动务工等多种创新形式，实行贫困帮扶。几年来，金草原公司共结队帮扶 2 个行政村、7 个自然组，带动了 1 100 余户贫困户走上了脱贫致富的道路，4 300 余户农牧民实现增收，有效促进了当地农业发展。

未来，金草原公司将继续不忘初心，秉持绿色、创新发展理念，坚持以"品种、品质、品牌"为引领，做好产品品质把控，守护消费者"舌尖上的安全"，为消费者提供更多绿色、优质的内蒙古好羊肉，引领牛羊肉行业转型升级，做好新时代肉产业高质量发展"筑梦人"，推动"蒙字号"产品走向全国、走向世界。

内蒙古塞宝燕麦食品有限公司

内蒙古自治区农畜产品质量安全监督管理中心 吕 晶

内蒙古塞宝集团创建于 1996 年，成立之初就将"开发内蒙古特色燕麦资源，做中国燕麦产业奠基人"作为奋斗目标，诚信求实、拼搏创新，二十年如一日，以燕麦为原料，开发健康食品。目前集团下设有内蒙古塞宝燕麦食品有限公司、内蒙古塞宝生物科技发展公司、内蒙古塞宝建筑设计有限公司、内蒙古塞宝实业有限公司。工业园区建在燕麦的主产区——内蒙古自治区呼和浩特市金川开发区和武川金三角开发区。内蒙古塞宝燕麦食品有限公司是塞宝集团旗下最大的子公司，是目前全国最大的燕麦片生产基地。目前，公司主要经营塞宝绿色燕麦片、塞宝有机燕麦片、塞宝有机燕麦米、塞宝速食莜面。

内蒙古塞宝燕麦食品有限公司引进国际先进的加工设备，运用现代化的科学技术建成了燕麦片、燕麦米、速食面和燕麦专用粉等燕麦系列产品生产线，产品 50 多款，日产量为 100 多吨。塞宝速食莜面于 1997 年获得绿色食品认证；燕麦片、莜面粉于 1999 年获得绿色食品认证，2004 年获得有机农产品认证；2013 年"燕麦片熟制技术"和"燕麦香米研磨技术"取得国家专利证书。公司于 2006 年被评为呼和浩特市农牧业产业化重点龙头企业，2010 年被评为内蒙古自治区促进就业先进民营企业，2011 年被评为内蒙古自治区农牧业产业化重点龙头企业。公司逐步提升品牌影响力，大大增强了受众对企业形象、品牌价值及所销售产品质量的认同感。

在质量管控方面，内蒙古塞宝燕麦食品有限公司遵从质量管理体系的要求，严格按照公司质量管理手册和程序文件执行，围绕公司的质量方针和质量目标开展工作。从食品的原料购进到进厂加工生产再到成品的储存、运输和销售全程进行质量体系管理把控，在各个环节过程中保存记录，保留公司质量目标的文件资料，明确产品在生产过程中的职责范围，在各环节的测量过程中严格掌握

过程的有效性，预防不合格品的产生及处理不合格产品，使公司的产品及服务的质量稳定性得到充分的保障。2001 年公司通过了 ISO9001 国际质量管理体系认证，企业运用质量管理体系来提高企业自身的质量管理能力，进一步保证公司产品的质量。公司具有自主进出口经营权和进出口卫生许可证书，产品远销美国、日本、韩国、南非等国家和地区。

内蒙古塞宝燕麦食品有限公司多年来从事燕麦文化的挖掘和整理，撰写了《中国燕麦文化》等专著。2009 年申报了"莜面传统吃法加工技艺"，并成功进入第一批内蒙古自治区非物质文化遗产保护项目。2010 年投资建设"中国燕麦博物馆"，填补了农作物专门博物馆的空白，接待国内外参观人员近 20 万人次。

内蒙古塞宝燕麦食品有限公司坚持以创新驱动发展的理念，积极与科研院校进行联合，其中有与加拿大农业科研机构、中国农业大学、中国农业科学院、内蒙古农业大学、内蒙古农牧业科学院共同承担的多项燕麦科研项目，并取得了一定的科研成果。同时，牵头成立了内蒙古燕麦产业战略联盟，使燕麦产业形成了产学研一体化的体系，为公司的创新和发展提供了可靠的保证。

为保证所生产的每一粒燕麦片品质、口感、营养俱佳，最大化保留原生营养元素，内蒙古塞宝燕麦食品有限公司始终专注于燕麦健康食品的开发研究，整合上下游资源，坚持原材料源产地优选，把控食品生产加工环节的每一道工序，引入先进的"煮、蒸、闷、烘"高温熟化加工工艺。

内蒙古塞宝燕麦食品有限公司秉承"保证产品质量，保持一级信誉"的经营理念，坚持"客户第一"的原则为广大客户提供优质的服务，在食品、饮料—冲饮品行业获得广大客户的认可。公司一直坚持"均衡膳食营养"的品牌主张，倡导膳食均衡的饮食观念及现代生活理念，为改善国人的饮食结构、提高全民健康水平而努力，全力打造健康食品品牌，愿与有社会责任、创业精神、相同理念的组织和个人通力合作，共创价值。

为了满足现有市场及未来市场的需求，内蒙古塞宝燕麦食品有限公司将在 3 年内整合上游资源，打造成规模、集中、现代化的大型产销企业。未来，将努力在产品工艺、产品质量上逐步提高，以满足人民日益增长的优质农产品需求，致力于成为消费者信赖的绿色、健康、安全食品企业，努力打造国内燕麦企业领军品牌。

大连洪家畜牧有限公司

大连洪家畜牧有限公司　王圣华

　　大连洪家畜牧有限公司位于辽宁省大连市旅顺口区三涧堡街道洪家村，占地 200 亩，是一家专业从事鲜鸡蛋生产，产、供、销、物流一体化经营的企业。公司现有员工 321 人（其中销售人员 216 人），存栏蛋鸡 60 万只，年产鲜蛋 1.26 万吨，年销售额 1.55 亿元，是国家无公害鸡蛋、绿色鸡蛋、供港鲜蛋生产基地和全国绿色食品示范企业、全国畜禽标准化示范场、全国食品安全示范单位、辽宁省农业产业化重点龙头企业。

1. 打造优良的生态环境

　　作为为城乡居民生产食品的企业，养殖场从建立那天起，就重视生态安全体系建设，努力打造绿色的生态环境，养殖场果树花木连片，环境优美，空气清新，形成了现代养殖业同田园风光的合一，构筑了环保、疫病防控的绿色屏障。1995 年成为大连市政府命名的"花园式企业"养殖场，1998 年荣获大连市农业精品工程建设优秀项目奖。养殖场以优良的生态环境，扭转了人们认为养殖脏臭的习俗观念，谱写出一篇建设新农村的瑰丽画卷。优良的生态环境，先进的技术设施，严格的科学管理，确保了"洪家"鲜鸡蛋的安全优质。

2. 设施自动化、智能化管理，达到国内领先水平

　　公司始建于 1988 年，在饲养管理工艺上，采用高床、三层阶梯式笼养技术，在当时处于国内先进水平，但这种工艺手工喂料、拣蛋，劳动生产率低，鸡粪堆积，空气污染严重，也影响蛋鸡优质潜力的发挥。公司自 2015 年起陆续投资 5 100 万元，对生产工艺进行全面彻底的改造，建设全封闭、四层至五层重叠式，自动供料、供水、拣蛋、清粪，智能管理温度、空气质量的先进技术，劳动生产率提高了 13 倍，蛋鸡的生产水平也有很大提高。

3. 产品质量以安全为生命，创优质品牌

　　公司狠抓产品的安全质量管理，制定了 26 项规章制度，加强产销体系的质量监测，管理工作秩序井然。公司以发展现代畜牧业为目标，按照高产、优质、高效、生态、安全的要求，转变发展方式、提高综合生产能力，达到了国家规定的"五化"（畜禽良种化、养殖设施化、生产规范化、

防疫制度化、粪污无害化）标准，建成全国标准化畜禽示范场。

从国家产业政策要求出发，公司把生产安全优质的绿色食品作为企业的发展方向。认真执行《绿色食品　蛋与蛋制品》（NY/T 754—2011）标准，以及相关动物卫生和饲料、饲料添加剂等的标准要求，并完善公司规章制度。自 2002 年至今已通过 ISO9001 质量管理体系、ISO14001 环境质量管理体系认证，通过沃尔玛公司、麦德隆公司、香港百佳公司等的商品采购质量体系认证。

公司生产的"洪家"鲜鸡蛋，以蛋白黏度高、口感好、胆固醇低而深爱消费者喜爱。从 2002 年开始，经过国家技术质量部门的严格检验检测，达到了规定的无药物、重金属、激素、化学合成品污染及残留的质量标准，17 年来产品质量全部合格，没有出现一次质量事故。

4. 在市场搏击中开拓进取

公司以竞争者的姿态，积极地向社会推介"洪家"鸡蛋品牌，开展了全方位的宣传活动，如免费品尝、降价促销、农商对接、名牌展销等活动。在几十家报刊、电视台、网站等平台进行广泛宣传。连年参加在大连、上海、沈阳、青岛、厦门等地举办的交易会、展销会，多次荣获优质农产品证书。

2010 年公司与世界 500 强企业沃尔玛公司农商对接，成为该公司在东北蛋品行业设立的首家鲜鸡蛋直供基地，架设了通往全国市场的桥梁。"洪家"鸡蛋已进入大连市全部大型超市、700 多家商场和连锁店，远销北京、天津、沈阳、青岛、温州、上海、杭州、福州等地，并出口日本等国家。

5. 永不停止前进的脚步

公司虽然取得了公认的成绩，但没有停止前进的脚步。2011 年 9 月 15 日，公司董事长王珍珉参加了国务院总理温家宝在大连市举行的与部分企业负责人和农副产品养殖运销户的座谈会。王珍珉董事长做了发言，介绍了公司发展蛋鸡养殖、为居民供应鲜蛋的业绩，受到了肯定。

"洪家"鸡蛋被大连市消费者协会、大连市人民政府授予"大连市民喜爱的商标（品牌）"荣誉称号，2004 年荣获辽宁省著名商标，2007 年公司被商务部授予"全国农产品大流通经营创新十佳经纪人"称号；2008 年"洪家"鸡蛋被确定为北京奥运会专供蛋品，并荣获"辽宁省名牌产品"称号；2013 年被确定为第 12 届全运会大连赛区鲜蛋唯一供应商；2014 年在全国农业和国际农业博览会上荣获金牌；2015—2017 年"洪家"鸡蛋成为国际盛会大连夏季达沃斯会议的专供蛋品；2016 荣获"中国百强农产品好品牌"称号；2017 年荣获"全国百佳农产品品牌"称号。

大连洪家畜牧有限公司从建场至今，已走过 30 多年的发展历程，作为由农民创立的农业企业，正以广阔的视野、矫健的步伐走向全国，走向世界。

敦化市绿野商贸有限公司

吉林省敦化市绿色食品办公室　王　威

敦化市绿野商贸有限公司（以下简称绿野公司）位于吉林省敦化市寒葱岭林场，成立于2009年5月，是一家集绿色食品、生产、加工、销售及旅游开发为一体的现代化企业。公司占地2万多平方米，其中建筑面积达1 800多平方米，生产种植基地350多亩，休闲区4 500多亩，拥有固定资产2 000万元。

2010年，绿野公司依托敦化市得天独厚的资源禀赋和产业优势，将黑木耳等食用菌产品的生产管理、产品加工销售、旅游观光、休闲体验相结合，建成一二三产业融合发展示范园区。2017年，绿野公司被批准为首批8家"全国绿色食品一二三产业融合发展示范园"创建单位之一。

1. 转方式，以三产融合为平台，发展绿色产业项目

面对天然林停伐、国有林场改革等因素的影响，2009年绿野公司领导层在深入调研的基础上，带领全场职工立足自身优势，利用林场的自然条件，调动广大职工的积极性，采用入股等方式，创建了现代农业种植园区、绿色食品加工区、森林生态旅游区三大产业园区。

敦化市绿野黑木耳园区位于敦化市南部，距市区38千米，属中温带冷凉气候中的温凉区。园区地处林区，周边没有农田，水源丰富，多为山泉水，富含多种对人体有益的矿物质。2016年，经天津市食品研究所检测，园区生产的黑木耳钙含量高于同类产品86倍。绿野公司为保证黑木耳产品质量，对员工强化绿色食品知识培训，有效增强了员工科技素质。在生产过程中严格按照绿色食品生产技术操作规程，并建立质量监管小组，对生产全过程进行档案管理。

在绿野公司的带动下，园区周边乡镇从事黑木耳产业的农户发展到500余户，同时直接带动了林业职工停采创业近千户。绿野公司为林业职工及周边农户提供专业技术人员，对他们进行绿色食品知识和操作技能培训，并利用冬春培训和农时环节对农户进行面对面的技术培训，印发各种技术资料，使每个种植户都能掌握生产绿色黑木耳的操作技能。绿野公司的黑木耳产业成为远近闻名的绿色品牌产业，也是林场职工、农户增收致富的一项支柱性产业。

2. 深挖潜，打造绿色品牌，一、二产业向规模化迈进

绿野公司自成立以来，一直致力于推进品牌战略，严把质量关。为确保产品质量，维护公司市场形象，保护消费者权益，公司加大了绿色产品加工的监管力度，严格按照绿色食品加工的操作规程进行生产加工，确保每道工序都达到绿色食品生产加工技术操作规程的要求。在不断加强市场调研的基础上，进一步加大投入，提升产品附加值，提高竞争力，保证企业可持续发展。为提高产品质量、不断扩大生产规模和市场占有率，于2014年建造了一座500立方米的冷库。

农产品线上销售是未来发展的趋势。为确保能快速流通，公司注册了淘宝网店和微信公众号平台，实现多网络渠道售卖。多措并举，多管齐下，使公司成为同行业中产销总量增长速度最快的绿色食品企业之一。

2015年10月，绿野公司代表敦化市食用菌生产企业参加了在北京举办的中国食用菌产业"十二五"百项优秀成果展示交易会，敦化市被授予"全国食用菌优秀主产基地县（市）"称号。

3. 巧布局，依托绿水青山，发展森林生态旅游

2010年7月28日，一场百年不遇的大水袭击了敦化大部分山区和村镇，绿野公司的黑木耳种植园区也是重灾区，被大水冲出一个月牙形的巨大水湾。绿野公司邀请有关方面的专家进入园区，进行实地考察规划，决定因地制宜、借势造型、打造森林旅游景观。

2010 年秋天，绿野公司领导带领员工及新兴林场职工在黑木耳园区进行投资开发。几年来，公司坚持发挥地域优势，突出资源优势和产品特点，形成"绿色食品生产＋加工销售＋观光旅游"融合发展的良好态势，把月牙湾森林旅游景区打造成以优越生态的绿色为主打特色的景区，在当地的知名度越来越高。目前，景区可以同时接待就餐游客 600 多人、住宿 200 人，每年接待游客近 5 万人次，实现了每年递增的趋势，并已发展成国家 AAA 级景区。

2017 年 9 月 25 日，绿野公司代表敦化市旅游企业参加了在上海举办的 2017 中国森林旅游节，敦化市荣获"全国森林旅游示范县"称号。

绿野公司被批准为首批"全国绿色食品一二三产业融合发展示范园"创建单位后，得到了吉林省农业委员会、吉林省绿色食品办公室及敦化市政府、农业局、绿色食品办公室及林业局的高度重视。绿野公司以绿色食品一二三产业融合发展示范园的创建为契机，按照《关于创建首批全国绿色食品一二三产业融合发展示范园的通知》（农绿基地〔2017〕1 号）文件要求，进行园区后续建设，设计三产宣传建设方案。在吉林省农业委员会及敦化市政府各级领导的帮助和指导下，经反复修改，选用中国绿色食品发展中心设定的三套模式开展工作，以原生态、绿色、环保、安全、健康、现代、科技、综合为设计理念，通过美观的专业广告设计，向游客宣传绿野公司的绿色产业文化特点。绿野公司遵循知识性、科技性、趣味性原则，通过在景区的水上乐园休闲区、垂钓休闲区设立绿色食品科普牌廊及绿色食品趣味有奖问答方式，向游人介绍公司绿色产品、普及绿色食品知识，使绿色休闲旅游和绿色食品科普相统一，营造绿色、生态、安全的园区形象，从而实现生态效益、经济效益和社会效益三者统一的园区特色，提升绿野公司一二三产业融合发展园区的知名度、美誉度。

今后，绿野公司将充分利用资金、人才及管理优势，走生态优先、绿色发展之路。紧紧围绕"五位一体"总体布局和"四个全面"战略布局，牢固树立创新、协调、绿色、开放、共享的发展理念，依托资源优势，突出绿色发展，倾力打造"牡丹岗"品牌，努力实现科学、环保、规模、特色、高效、共赢的产业发展机制。同时，立足敦化，走向全国，进一步推动实施三产融合战略，逐渐向现代化集团迈进。

四平宏宝莱饮品股份有限公司

四平宏宝莱饮品股份有限公司　刘　蒙

四平宏宝莱饮品股份有限公司始建于 1992 年 11 月，2012 年按照现代产权制度成功实现股份制改造。公司现拥有饮料、冷饮两大系列产品，饮料有植物蛋白、碳酸、果汁三大类十多个品种，冷饮有雪糕、冰激凌、雪泥、冰棒等几大类 70 多个品种，品种齐全，被吉林省评为消费者喜爱品牌。2018 年总资产达 4.7 亿元，年产值 10 亿元以上，累计完成产值 118 亿元。

公司目前拥有商标 44 个、专利证书 28 个，技术工程人员 102 人，90％具有大专以上学历，9 人具有高级工程师职称，其中产品研发人员大部分取得高级职称。为了确保产品质量，在产品原料、过程检测方面配备先进检测仪器，经过多年经营，宏宝莱技术中心与多家高校及科研机构达成了合作研究协议并建立长期合作关系，2011 年被评为省级技术中心。

公司把做运动、活力、健康的饮品和休闲食品作为企业的核心业务。1993 年"荔枝饮料"诞生，1998 年"花生露纯植物蛋白饮料"诞生，2000 年"凉橙沙冰"冷饮热销东北、华北、华东地区，2001 年"沙皇枣"冷饮热销全国，2003 年公司推出的蜜香豆坊系列谷物冷饮、鲜果时光冰品系列成为公司的常青树产品，2007 年"生榨果汁"高档系列饮料诞生。

长久畅销的宏宝莱产品铸就了宏宝莱的老店品牌字号，在创业之初就将自己的目标消费者锁定为中小学生。公司在目标市场里全覆盖地参与中小学的重要校园活动、学校运动会、少儿课外活动。"宏宝莱快乐伴我"主题活动持之以恒地坚持了 20 多年。

2015 年，由宏宝莱、黄橙广告主办，九天音乐网承办的"鲜果时光"明星代言人选拔活动，海选出歌手王蓉为公司的品牌代言人。2016 年宏宝莱以三世同堂的互联网动漫形象打造了宏宝莱产品全家福的网络媒体形象。

宏宝莱在营销上实施"四大"战略，即大市场、大项目、大客户、大业务。不固守本土，以全国的眼光做市场，是宏宝莱事业的核心路线。如今，宏宝莱的销售业务从东北一直沿着沿海地区和

发达的内陆省份布局扎根。

宏宝莱追求骨干产品销售必须过亿元，否则淘汰，保证了公司资源的高效运行。宏宝莱的销售业务追求让客户成长，尊重大客户，如今年销售额 500 万元的大客户过百家。宏宝莱的销售客户规模庞大，零售终端 30 多万家。大型客户、客户大集群由优秀业务人员开发管理，宏宝莱给骨干业务人员以崇高的荣誉和较高的待遇，业务优异的业务员年薪超 20 万元。

宏宝莱对资产扩张持谨慎态度，公司的资产负债率很低（10% 左右）。公司的固定资产投资走租赁工厂、开发市场、形成稳定的市场占有率规模、建设先进工厂、集中优化产能的业务拓展之路。

宏宝莱每个生产基地均建有优质的水处理车间，保证了产品的品质和稳定性。宏宝莱的每个生产基地都有污水处理车间，保证了工厂与环境的友好关系。宏宝莱的江宁工厂使用开发区的集中供气，排放合格；四平工厂使用省环保单位准许的先进燃煤锅炉，排放合格。

宏宝莱拥有现代化物流支持的万吨以上冷库 3 座、饮料库房 2 座；拥有国际先进的 KHS 瓶装高速灌装线 1 条、广轻高速瓶装高速灌装线 4 条、易拉罐高速灌装线 1 条、PE 制瓶机 6 台、PE 高速灌装线 1 条；拥有花色冷饮生产线 9 条、九宫灌装机 4 条；拥有 12 台机器人包装、码垛机。宏宝莱内部现场实行 6S 管理，产品质量严格按 GMP 标准进行管理，是食药监部门首批试点的阳光生产单位，生产情景 24 小时线上公开。

公司从一个乡镇小厂，凭借改革开放及市场经济大势的推动，特别是依靠全体员工一致的价值观念，持之以恒地以自强不息、自我超越的精神，创造出了今天装备精良、管理先进的现代化大型企业。2003—2009 年，宏宝莱被吉林省评为著名商标及金融、顾客服务诚信守法信用企业；2010 年，经中国品牌传播大会组委会评审委员会评定，特授予公司"品牌贡献奖·影响中国优秀品牌大奖"荣誉称号。2011 年，"花生露系列饮料"荣获吉林省名牌产品。2014 年，经上海原料、设备及包装展览会组委会评定，特授予公司"全国冷冻饮品质量安全优秀示范企业"的称号；"生榨果肉果汁系列饮料"荣获吉林省名牌产品。2015 年，荣获"吉林省质量奖"称号，"吉林省食品生产阳光试点企业"称号，"宏宝莱冷冻饮品"为吉林省名牌产品。2016 年，为四平市纳税功臣企业。2017 年，荣获中国焙烤食品糖制品行业（冷冻饮品）十强企业、省级 AAAAA 级诚信企业，"饮料花生露""生榨产品"被评为吉林省名牌产品。2018 年，荣获"全国冷冻饮品质量安全优秀示范企业"称号。

黑龙江农垦华彬粮油经贸有限公司

黑龙江农垦华彬粮油经贸有限公司　涂　海

黑龙江农垦华彬粮油经贸有限公司创建于 2006 年 12 月，位于黑龙江省虎林市八五〇农场场直工业园区，创建人为于文彬女士，公司为私营独资企业，是集粮食收购、存贮、加工、销售为一体的现代化粮食加工企业，也是黑龙江省年加工量超过 30 万吨的加工企业之一。

公司占地面积 2.2 万平方米，办公楼面积 1 800 平方米，厂房面积 4 000 平方米，总投资 4 100 万元，注册资本 2 000 万元。现有员工 60 人，其中技术工人 22 人，中级技术职称 5 人；仓库面积 3 000 平方米，金属立筒仓 18 座，水泥地坪面积 1.2 万平方米，仓储能力 5 万吨；烘干设备 2 套，日烘干能力 1 000 吨；建造糙米、精米生产线 4 条，年可处理水稻 32.4 万吨。公司品牌为"八五〇"，主要产品有胚芽营养米、糙米、精白米、五谷杂粮、五谷杂粮面条等系列。绿色食品认证产品为长粒香米、长粒香糙米、稻花香米、圆粒糙米、珍珠米、稻花香糙米。

"八五〇"系列稻米品牌文化底蕴深厚，稻米生产地八五〇农场始建于 1954 年，被誉为"龙江军垦第一场"。农场地处世界三大黑土带之一，位于东经 132°15′～132°51′，北纬 45°41′～45°54′，每年只生产一季粳稻，土地休耕期达半年，是寒地粳稻种植的黄金地带。农场水稻灌溉由穆棱河、云山水库、石头河水库、平山水库、金钩水库提供无污染的地表水。农场建场初期就开始水稻种植，至今已有 60 多年的发展历史，积累了丰富的水稻种植经验、先进的科技成果，形成了完备的水稻生产技术规程和技术体系。农场基地实行统一品种布局、统一规程、统一管理、统一投入品供应、统一收购的"五统一"模式，实现水稻全面积、全方位、全过程标准化生产。农场利用蚯蚓粪肥、生物肥料、生物农药等高效、安全的农资投入品，进行稻田养鸭、稻田养蟹、稻田养鱼等生态种养，生产的大米具有绿色健康、营养丰富、口感俱佳等优点。采用先进的大米加工机械，其中清理工序 8 道、砻谷及谷糙分离工序 6 道、碾米工序 9 道，不添加任何添加剂。农场 35 万亩水稻经农业农村部和中国绿色食品发展中心批准获"全国绿色食品（水稻）标准化原料基地"称号。

公司采用线上线下同时销售，在细分市场时，针对不同地区、不同人群确定目标市场。采用的营销策略是产品策略、价格策略、渠道策略、促销策略。产品策略以绿色、有机产品为主，满足不同消费群体的需求。公司在上海、大连设有销售公司，有专业的销售团队，在上海世纪联华、新玛特等 187 家超市设有专柜，这些超市覆盖全上海，确保给消费者提供顺畅的购买渠道。公司年销售额 4.8 亿元，利润达到 500 万元以上。

经过多年的不懈努力，公司获得多项荣誉。2008 年被评为守合同重信誉企业，2013 年获得出口食品原料种植场检验检疫备案书、质量管理体系认证书、环境管理体系认证书、食品安全管理体系认证。2017 年被评为黑龙江省农业产业化重点龙头企业、安全生产标准化三级企业。2016 年被评为黑龙江省诚信企业 AAA 级单位，产品品牌被评为黑龙江省著名商标。2017 年被评为全国放心粮油示范加工企业，荣获黑龙江省首届"农担杯"优质农产品营销大赛综合二等奖、单项品类一等奖。2018 年"八五〇珍珠米"荣获第 19 届中国绿色食品博览会金奖。

抚州苍源中药材种植股份有限公司

抚州苍源中药材种植股份有限公司　周彩丽

抚州苍源中药材种植股份有限公司成立于2005年8月，是一家集金银花种植、研发、加工、销售为一体的农业产业化经营和省级林业双龙头企业，是农业农村部登记的农产品地理标志——"临川金银花"的生产基地，是抚州市第一家"新三板"股票上市公司。公司总资产33 223万元，固定资产15 726万元，山林经营面积24 600亩，年金银花粗加工能力600吨。

2005年公司创建之初，选择抚州市临川区道地中药材——金银花作为主营产品，紧紧围绕江西省委、省政府"生态立省、绿色发展"的战略部署，大力发展金银花种植加工。抚州市委、市政府把加快发展中药材金银花作为推动全市农业产业化的重点，制定了一系列优惠政策，确定公司为全市中药材金银花生产经营龙头企业。在公司的示范与带动下，截止到2015年年底，全市已有8 860余户农户种植金银花，总面积达6万余亩，使金银花产业在较快的时间里成为抚州市颇具特色的新兴产业。公司规范化的"种植、研发、销售一体化"产业链，有力地带动了当地农民增收，提供了大量的就业岗位，取得了良好的生态效益、社会效益和经济效益。

公司以"龙头建基地，基地连农户"的形式，抓住新一轮农村山林流转承包经营的机遇，在临川区嵩湖乡、高坪镇、大岗乡等地承租农民的山林，由公司采取"五统一"的经营模式，即统一标准规划、统一投资建设、统一供应优质苗木、统一供应生资、统一提供生产管理技术，从而实现良好的经济效益。公司共有金银花种植基地3个，种植面积1.42万亩，安排农村劳动力22 380人，带动农民户均增收2.8万元。

公司与清华大学、中山大学、江西省农业科学院、江西省林业科学院、南京林业大学建立了长期合作关系，组建了金银花种植、加工开发研究所，并聘请了国内知名专家学者担任公司技术顾问。公司每年投入科研的费用占公司产值的5%左右。公司独特的烘干技术取代了传统的太阳晒、硫黄熏的金银花烘干技术，既保留了金银花的色、香、味、型，又保留了金银花的有效成分。经江西省食品药品检验所的多次检验，公司所生产的金银花绿原酸含量为3.8%～5.3%，木犀草苷为6.0‰～9.1‰，远远高于2010版《中国药典》规定的标准（绿原酸含量1.5%，木犀草苷5‰）。公司通过与清华大学、中山大学、江西省林业科学院等科研院校的合作，培育出金银花新品种"苍源一号""苍源二号"，开发出活性金银花茶、金银花茶、金银花饮品等18个系列产品，大大提高了金银花产品附加值，特别是活性金银花茶为全国首创。公司建有金银花苗木繁育GAP示范基地300亩、"苍源"金银花GAP示范推广基地14 200亩；"丘陵红壤区金银花中药材规范化种植"被科技部列为国家级星火项目；金银花草本植物茶及饮料在2012年1月11日获得发明专利，专利证书号为第896204号。

公司不仅加大力度在上海、深圳、杭州、广州、南昌等城市建立批发市场网络体系，还根据公司发展形势和行业竞争特色，提出了金银花产品营销网络化发展战略。近几年累计投入200多万元，与阿里巴巴、天猫商城、淘宝网等网络销售平台合作，充分利用现代传媒优势，建立苍源金银花系列产品展销平台，公司的产品营销实现了线下销售与线上销售相得益彰的良好格局，并由此实现公司经营价值的可持续性增长，提高了公司资产效益率。

通过现代农业高新技术的示范、推广和应用，有力地推动了中药材金银花种植现代化与金银花提取活性成分产业化进程及农业产业结构的全面升级，加快了农业高新技术成果转化和推广应用的范围及速度，提高了区域内农业劳动者的科技文化素质和生产力水平，促进了农民增收致富。大力发展中药材的种植，对于促进农业资源的开发利用，改善林业生产条件和保护鄱阳湖生态环境，具有十分重要的意义。金银花种植建设贯彻生态、环保、绿色理念，将为生态环境改善和生态经济协调发展提供科学示范和技术支撑。

下一步，公司将继续提高金银花产业化的科技含量，做大做强金银花产业，着力金银花精深加工，延长产业链，提高附加值，带动更多农民增收。公司将遵循省、市有关大力发展中药材的文件精神，加快中药材金银花生产基地的建设，运用国内先进的生产加工技术，打造成全省规模最大的金银花绿原酸提取加工企业。公司计划投资 2 亿元在抚州市东乡区新建一个 2 万亩中药材金银花示范基地，使金银花基地种植面积达到 8 万亩，直接联结农户总数至 11 920 户。

淮矿生态农业有限责任公司

淮矿生态农业有限责任公司　杨震宇

　　淮矿生态农业有限责任公司是淮南矿业集团下属子公司，安徽省生态农业商会常务理事单位。企业现有基地面积2万余亩，下辖四大农场，以生产绿色、生态、有机农产品为主。公司目前已经成长为综合性农业公司，不仅完善了四大生产基地建设，同时通过"生态农业＋"模式，吸引了一大批农业基地参与合作，在淮河流域形成了较大的农业生产规模。

　　通过3年多的探索发展，公司始终坚守品质，注重品牌，给人们留下了远离尘嚣、返璞归真的一方净土。同时，体现了现代农业科技特色，以国有企业的责任感，反哺社会，为社会提供安全健康、生态有机的农产品。公司成立以来注重品牌建设，以品牌闯市场，注册了"淮矿农品"自主商标，有机大米注册了"白鹭缘"自主品牌。公司注重发展高标准大田种植，2016年8月，"白鹭缘"有机大米获国家认证认可监督管理委员会有机认证，这是当前国际上最高食品品质的等级。公司发展蔬菜大棚与露天蔬菜绿色种植，突出绿色有机，2017年4月，黄瓜、番茄、西瓜、香瓜（甜瓜）和辣椒五类多品种果蔬，被中国绿色食品发展中心认证为中国绿色食品A级食品，并为每类产品进行了专属编号。公司坚守品质发展生态林下养殖，养殖"淮南王"麻黄鸡、岳西生态黑毛猪、波尔山羊、皖西白鹅等地理标识产品，深受客户青睐。公司坚持企业内部市场为产业发展孵化器的同时，凭借优质的服务和过硬的品质，努力拓展外部市场。目前，矿区内部市场已陆续实施淮南矿业内部职工服务卡保供工作。

　　在日常生产活动中，公司职工严格执行各类产品标准，生产过程均拥有相应的生产技术规范；获得绿色食品认证的果蔬严格遵守绿色食品标准生产；有机地块拥有专门的负责团队，遵照有机农产品标准，建设有机管理体系。同时，不断完善学习，扩大绿色有机管理范围，提高整体产品质量。

　　在农业设施技术方面，公司致力于建设高标准农田，完成了地块划分编号、田间路面硬化、深

挖沟渠隔离带等多项工作。同时建设了数个自动化连栋大棚，10多个自动化日光棚，丰富了生产方式，扩大了生产品种。

在溯源体系建设方面，公司生产单位严格遵守生产技术规范，按产品种类、生产地块等留存各项生产记录，保证产品有源可溯。

在网络营销方面，公司积极完善线上市场，把握客户群体日常习惯，选择与有赞商城合作，基于微信平台建设有赞微店，开通线上销售通道，同时通过淮南矿业集团相关宣传部门及淮南、蚌埠两市相关政府部门帮助，扩大宣传范围。目前，公司各类产品在安徽拥有一定的市场占有率，尤其在淮南市拥有着较大规模的消费群体。公司"白鹭缘"稻花香大米、有机大米、面条系列在消费者群体中获得了广泛好评。

在产业带动方面，各生产基地通过开发建设，带动了当地居民尤其是贫困人口就业，体现了一个负责任企业的形象。同时积极完成一二三产业融合目标，合并多家生产企业或与企业合作，同时在淮南市开设了20多家矿区生活超市、直营店，基本实现了从一产到三产全方位参与的目标，保证了产品的全程可控性。

作为淮矿新兴产业，公司坚持探索发展，从南京农业大学的发展规划，到与安徽农业大学的技术合作，到淮南矿业集团文件会议给予的指示，发展思路更加清晰、发展路径更加具体、发展产业更加明确。

发展战略：做优做特做大。做优，要高质量运营，有效益；做特，要发挥比较优势，有特色；做大，要产业协同发展，有规模。

战略布局："一首两翼"双支撑，即以绿色生态种养为首，以休闲农贸物流和核心农业科技为两翼，以农产品精深加工和特色农业项目为支撑，实现公司鲲鹏蓄势、飞跃发展。

战略目标：建成省级龙头示范企业，争取建成国家级示范企业，努力把"淮矿农品"建成全省乃至全国有影响的品牌。

总体思路：遵循国内外现代农业发展规律和国家"十三五"期间对现代农业的产业布局，坚持一二三产业融合，创建以绿色农产品生产为主，种养加一体化、农贸物流、农业科技、休闲体验相互支撑，具有淮矿特色的现代生态农业示范企业。

荣达禽业股份有限公司

荣达禽业股份有限公司　王纪伟

荣达禽业股份有限公司是一家集蛋鸡新品种培育、种鸡生产、商品鸡养殖、蛋品精深加工等为一体的综合性企业，是农业产业化国家重点龙头企业、国家蛋鸡核心育种场、全国绿色食品示范企业、世界蛋品协会会员单位、安徽省目前唯一获得欧盟出口许可的蛋品企业。目前，公司蛋鸡饲养能力300万只，蛋品深加工能力达2万吨/年。在蛋鸡养殖及加工行业，公司的行业位次、综合竞争力在安徽省乃至华东地区位居第一，排全国蛋鸡行业前列。

1. 注重科技研发，提升企业产品的核心竞争力

公司历来重视技术研发和创新，企业技术中心先后被认定为省级企业技术中心、省级博士后科研工作站，被农业农村部认定为国家蛋鸡产业技术体系综合试验站技术依托单位。近年来，通过与诸多高校的产学研合作，在蛋鸡育种、饲养、蛋品精深加工、有机肥生产等领域取得了丰硕的科研成果，先后承担国家科技支撑计划科研项目5项，获得技术发明专利3项，取得省科技成果3项，制定省地方标准2项。在蛋鸡育种和推广方面，公司精心培育的"凤达乌骨鸡"蛋鸡新品种配套系通过省级畜禽新品种认定、"凤达1号"蛋鸡新品种配套系通过国家畜禽遗传资源委员会的审定。育种过程中，在加强原产地品种资源保护的同时，以多个地方品种为素材，依据现代家禽遗传育种原理，建立了三系配套的特色蛋鸡育种模式。目前"凤达1号"苗鸡畅销江苏、安徽、浙江、山东等诸多省份，得到了广大养殖户的青睐和认可，产品供不应求。

2. 加强新工艺引进，实现全产业模式升级

在养殖生产方面，为提升产能，2011年开始，先后从土耳其、丹麦、意大利等国家引进国际先进的成套蛋鸡全自动养殖设备，实现蛋鸡饲养过程中喂料、喂水、捡蛋等全程自动化生产，产能较以往提升3倍以上。在鸡蛋包装方面，从荷兰引进国际先进洁蛋、分拣、分级、包装设备，实现了蛋品分拣、分级、包装等由手工到全程自动化升级。通过现代新设备、新工艺的引进，不但提升了各生产环节的生产性能，降低了能耗，而且缓解了传统养殖业用工难、招工难、用工贵等诸多问题。

公司为进一步延伸企业产业链，2009年开始与江南大学食品学院合作，在鸡蛋加工方面深入研究，委托其设计建立了国内第一条蛋品加工与精深加工的全自动化生产线，投巨资从欧洲引进国际先进的成套蛋品精深加工设备，整条生产线总体技术水平达到了国际一流标准。目前蛋粉、蛋液2个系列6个产品销往日本丘比、徐福记、老娘舅、康师傅等各大食品加工企业，实现了由鸡蛋到食品工业原料的转型升级。公司产业链的不断延伸，进一步增强了农业企业抗风险能力，也增加了企业新的利润增长点。

3. 加强废弃物处理，实现现代农业循环发展

畜禽废弃物综合处理是诸多畜禽养殖业较为头疼的难题，尤其是在国家环保督察力度加大的情况下，实现畜禽废弃物的零污染排放是实现健康养殖的关键。公司在鸡粪废弃物处理方面，在建养殖场之初，就建设有配套的有机肥加工厂来处理鸡粪，实现资源的综合利用，变废为宝。随着公司养殖规模的不断扩大和养殖设备的日益陈旧，特别是夏天高温季节时的稀鸡粪难以低成本生产有机肥，为解决这些难题，公司首先扩大了有机肥加工厂的生产规模，解决产能不足问题；之后又增加了干湿分离设备，将稀鸡粪内的水分有效提取，便于生产有机肥；为解决分离后的污水难题，在地方畜牧部门的大力支持下，兴建了发酵床，实现了鸡粪废弃物的综合处理，达到了现代畜牧养殖的零污染排放。

4. 加强疫病防控，实现鸡群稳定健康生产

公司从事蛋鸡养殖业多年，在疫病防控方面建立了科学完善的疫病防控体系，设立了技术服务中心，成立了专业的防疫消毒队伍，配有专职兽医6名，负责整个生产基地禽病的诊断、监测、防控和消毒免疫工作。对于鸡群的抗体检测及病死鸡的解剖化验均由公司技术服务中心负责执行，并有详细的检查报告。在鸡群免疫方面，公司各场配备专职的防疫队伍，按照疫病防疫技术规程进行定期免疫。投产以来，公司严格按照"圈舍标准化、品种优良化、饲养科学化、防疫程序化、环境无害化"为内容的五大畜牧标准化养殖技术措施的要求进行生产管理，定期防疫，适时带鸡消毒，科学饲喂管理，多年来未发生重大疫情。

5. 融合一二三产业，实现由养殖生产到科普智慧农业升级

近年来，公司在大力推进一、二产业的同时，还在规划建设生态养殖、有机种植、休闲观光、禽蛋文化教育为一体的智慧农业科普观光园，着力打造国家级的现代农业示范区。规划建设项目位于风景秀丽的广德县四合乡耿村，以自然山水、优美田园风光为背景，结合养殖、种植、观光为一体的产业示范集中区，高起点、高品位、高标准建设"一心两区三基地"，"一心"即综合服务中心，作为休闲观光接待、生产监控中心；"两区"即产品展示区、休闲观光区，产品展示区主要展示展销公司及广德地方土特产，休闲观光区主要是养殖生产观摩、农产品采摘、亲子娱乐等活动区；"三基地"即养殖基地、种植基地、教育基地，其中养殖基地是公司自建高标准的特色蛋鸡养殖基地，种植基地是果蔬观光采摘区、万寿菊花卉区、百禽科普教育区等观光主题板块的规划建设种植区，教育基地是以蛋鸡养殖、蛋品加工、禽蛋文化、农业种植为主题的宣传科普教育。

公司通过养殖基地示范带动，积极推广种养结合的生态养殖模式，采取竹林散养和茶园散养，打造特色生态蛋鸡养殖；养殖基地周边种植万寿菊，在为当地提供旅游观光的同时，为蛋鸡养殖提供天然的饲料添加剂。通过种植、养殖与周边广大农村富余劳动力采取"公司＋农户"的形式建立紧密的利益联结机制，带领农村富余劳动力共同致富。

湖北晨昱晖农业科技有限公司

湖北晨昱晖农业科技有限公司　杨香宜

湖北晨昱晖农业科技有限公司成立于 2008 年，坐落于荆门市城区之西，漳河风景区之东，爱飞客镇以南，区位优势突出。初名为荆门市昕泰大棚水果专业合作社，后更名为荆门市昕泰蔬菜种植专业合作社，2012 年因发展需要，注册成立湖北晨昱晖农业科技有限公司。2018 年公司确立以"昕泰"为核心品牌、以"绿色田园综合体运营商"为定位的发展战略，升级为集团运营模式；同年 5 月，成功登陆美国资本市场，成为荆门地区首家农业上市企业。

公司按照"高起点规划、高标准建设、高品质生产"的发展思路，实行"公司＋基地＋农户"的生产经营新模式，立足高新农业、生态农业和休闲农业，围绕"生产、加工、旅游"三产融合，构建北部环湖休闲旅游、中部生态农业示范、南部农业综合开发三大板块，培育种子种苗、农业研发、高效种养、精深加工、休闲旅游、教育培训、养生养老等七大支柱产业，努力推广生态农业品牌、旅游观光品牌、城郊经济品牌，为市民建好有保障的绿色无污染"菜园子"和休闲娱乐的"欢乐园"，打造集现代农业、休闲旅游、田园社区于一体的绿色田园综合体。

公司现有职工 350 人，其中技术人员 25 人、专家 2 人。公司种养产品达 200 多个品种，是集绿色农产品生产、农产品物流加工、科普教育、休闲观光、运动康体于一体的农业高科技企业。现拥有生态蔬菜种植园、百果园、杨梅园、樱花园、雷竹园、葡萄园、草莓园、酒厂、跑跑猪养殖场、沼气站、农耕文化园、生态农庄及多家直营店。公司通过新品种新技术引进、产地环境管理、标准化生产、认证、品牌建设等途径，大力发展生态农产品，大力发展市场前景广阔的葡萄酒及其他果酒酿造、净菜加工及果蔬气调冷藏；通过现场解说加深市民和中小学生对生态农产品、粮食安全等方面的认知；对农民进行技术培训，传授其成熟的农业高新技术和经营管理经验；充分利用农村田园风光、自然生态环境，集农业生产经营活动、乡村文化、农家生活于一体，为人们提供观光体验、休闲度假、品尝购物等活动空间。

此外，公司还有其他 3 个园区，分别是集有机蔬菜种植、传统文化教育、生态体验馆、禅修养生、生态食材流通和休闲旅游为一体的马河生态家园，依托纯净水源保护地、力图打造以渔村文化为主题的雨淋渔村文化园，以砂梨研发种植为主、打造砂梨创新种植和规模化种植的沙洋砂梨种植观光园。

公司分三期建设，一期项目已建成，目前正在进行二期项目建设。二期项目坚持城乡统筹、"四化同步"的发展方略，围绕"农业"的本质、"休闲"的特质、"有机"的内涵、"乡野"的氛围的规划目标要求，以市场需求为导向、以荆门市打造"中国农谷"和建设漳河新区"零工业"生态新城（漳河风情小镇）为契机，坚持高起点规划、高标准建设、高效能管理、高效益运行的原则，以现代农业科技展示为核心，融合现代农业、设施农业、生态农业、有机农业、循环农业、智慧农业、观光农业、农耕文化、养生休闲、旅游度假、科技研发、教育培训等理念，科学布局北部环湖休闲旅游、中部生态农业示范、南部农业综合开发三大板块，构建环湖休闲娱乐区、精深加工物流区、高新技术展示区、入口综合服务区、农业观光体验区、种子种苗生产区、高效种养示范区等七大功能区，培育种子种苗、高效种养、休闲旅游、精深加工、都市服务等五大支柱产业。同时，探索创新生态农业园区投资融资机制、运行管理机制，建成集绿色生产、物流加工、科普教育、休闲观光、运动康体等为一体的"荆门·昕泰生态农业园"，成为整合漳河生态农业资源、对接"中国农谷"建设、打响荆门高效农业品牌、填补旅游区休闲农业空白、打造"绿色城市、蓝色漳河、生态新城"的最佳推手，为荆门的休闲度假之旅增加新的特色。力争5～7年将"荆门·昕泰生态农业园"建设打造成宜荆荆都市圈居民休闲度假目的地、国家级现代生态农业产业高效开发的示范样板、大中专院校产学研合作综合开发示范区、国家 AAAA 级旅游景区。

近 10 年来，公司获得多项荣誉。2010 年被荆门市科技局确定为农业科技示范园；2011 年 7 月被中国国际高新技术产业促进会评为生态农业观光休闲园示范基地，并被吸纳为会员单位；2012 年 3 月被荆门市农业局评为"十强专业合作社"；2013 年 12 月被荆门市农业产业化工作领导小组评为荆门市农业产业化重点龙头企业；2014 年 6 月被湖北"一县一品"创意宣传推广活动办公室授予"美丽湖北·一县一品·最具影响力品牌（企业）"称号，同年 8 月被中国乡村旅游网授予"全国最佳乡村休闲旅游目的地"称号；2015 年 12 月被农业部评为"全国农业信息化示范基地"；2016 年 3 月被湖北省旅游·文化发展促进会吸纳为副会长单位，同年 6 月被荆门市人民政府评为"荆门市 2015 年度放心蔬菜基地"；2017 年 4 月被湖北省农业厅评为"湖北省休闲农业示范点"，同年 4 月被中国民航科普基金会评为"中国民航科普教育基地"。

湘潭市新塘湾菜业有限公司

湘潭市新塘湾菜业有限公司 黄再明

湘潭市新塘湾菜业有限公司成立于1995年6月，初为家庭作坊式蔬菜加工企业。自2017年以来，由公司董事长成志刚和部分自然人进行股权改制和资产重组，整体搬迁至湘潭经济技术开发区响水乡郑家村，新增投资近2 000万元，新建机械化自动生产流水线2条，建设湘潭九华现代农业综合体样板工程——新塘湾菜业精深加工项目，总体规划年产1.5万吨原生态蔬菜多样化产品及可供加工蔬菜的样板示范基地，建设一个以种植示范精深加工、休闲、商场网络平台为一体的现代农业综合体。

公司集蔬菜种植、加工、销售、研发为一体，先后在响水乡狮山、郑家及湘潭县竹冲、柳桥等4个村建设蔬菜种植基地，设立直销超市，发展电商平台，并逐年发展至长沙、株洲、湘潭全市范围，带动毗邻地区精准产业扶贫，拉动其他行业同步发展，努力打造全国农业产业化龙头企业。

目前，公司拥有500亩以上的蔬菜种植基地4个，主要种植涪陵榨菜、华容芥菜、豆角、萝卜、辣椒，以及九华矮脚白、九华红菜薹等湘潭地方良种蔬菜，每年可提供新鲜蔬菜8 000吨以上，带动农户850余户增收脱贫。公司进行蔬菜精深加工的主要产品有榨菜、酸菜、爽爽辣椒、爽爽豆角、萝卜、即食食品等六大系列30多个传统产品和30多个即食产品；湘潭紫油萝卜、紫油姜、多味洋姜、什样锦等传统产品素享盛名。公司已注册"新塘湾"品牌商标，全部产品取得国家SC产品质量认证。

为确保产品质量、安全，认真搞好产品质量管理和控制，公司主要在以下几个方面进行严格管理：

（1）从源头抓起。一是公司建立了以专业合作社为平台的4个蔬菜种植基地，以统一品种种植，统一有机肥料，统一防治病虫害，统一技术培训、指导管理，统一收购、销售"五统一"进行管理，确保基地蔬菜品质及安全。二是对外合作及收购的蔬菜，在采购原材料时对方必须提供所在专业合作社（供应商）合法有效的资质等，对所采购的蔬菜按批次进行抽检、化验，不合格蔬菜坚

决不收。对辅助原料（包括食品添加剂）必须索取口岸卫生证明等手续。

（2）严格新鲜原料腌制操作规程。公司从洗池、盐渍、翻池盐渍、盐渍管理、盐渍蔬菜质量标准等5个方面进行严格规程控制。

（3）加工前的预处理。从挑拣、清洗脱盐、整理分切、压榨脱水等程序，层层把关。

（4）配料、拌料。严格配料员和拌料员的个人卫生、安全检查，严格执行国家标准《食品安全国家标准　食品添加剂使用标准》（GB 2760—2014）和公司内部标准执行，并切实做好保密工作。

（5）包装封口。杀菌、出厂检验、成品入库、运输、销售、回访等6个方面，严格按照《食品安全国家标准　酱腌菜》（GB 2714—2015）、《酱腌菜》（SB/T 10439—2007）规定执行。

2017年，为实现一二三产业融合发展，公司在湘潭市金海大市场设立了新塘湾超市，主要经销公司生产的产品，同时销售部分其他农产品。公司在建立的网站基础上构建了网上销售平台，实现了线上与线下销售相结合的营销模式创新，网上销售逐步成为公司重要的销售窗口。

多年来，公司生产的"新塘湾"品牌蔬菜加工产品，直销长沙、株洲、湘潭各农贸市场、超市和社区集市，远销广东、河南、河北、湖北等省外市场。2018年，公司实现主营收入1 985万元，利润100万元。2019年1~10月，公司实现总收入2 527万元。随着新建加工自动化流水生产线的投产，公司的生产规模与效益将大幅度提高。

自2018年8月以来，公司直接扶贫户数53户，贫困人口256人，培训贫困户就业和农村剩余劳动力就业人员260多人次；按照统一蔬菜品种布局，统一蔬菜种植技术，统一进行蔬菜病虫害防治，统一肥料供应，统一收购的方式建立起产业扶贫种植基地3个。2018年8月至2019年9月，贫困户人均增加收入2 880多元，得到了湘潭经济开发区及响水乡党委、乡政府的好评。

公司作为以蔬菜加工为龙头的农业产业化经营企业，不仅促进了蔬菜种植基地的发展，而且有效解决了农业种植结构调整和农村剩余劳动力的就业问题，实现了农业增效、农民增收。公司被湘潭市人民政府认定为湘潭市农业产业化龙头企业，先后获评"湘潭市蔬菜协会副会长单位""湘潭市九华新塘湾星创天地""湘潭市产业扶贫先进单位""湘潭市湘菜产业联盟理事单位""湘潭经开区一户一产业工人培养工程示范点"等荣誉。

成志刚董事长　心系民生　海纳百川

青海香三江畜牧业开发有限公司

青海香三江畜牧业开发有限公司　才　秀

青海香三江畜牧业开发有限公司成立于 2006 年 3 月，注册资本为 5 200 万元。公司总部位于海南藏族自治州共和县恰卜恰工业园有机食品园，占地面积 43.6 亩，现有员工 260 余人，其中下岗职工再就业人员 60 人、大中专以上管理人员 43 人。公司职能部门、管理制度健全，建有工会和党支部。

公司现主营业务：牛羊收购，牛羊肉冷藏、加工、销售，牛羊养殖、育肥、屠宰，肉制品（酱卤肉制品）生产及其预包装食品兼散包装食品批发零售，蔬菜种植、收购、储藏、销售，农副产品收购（凭许可证经营），对外贸易经营等。下设分支机构 4 个：兴海县河卡畜牧业养殖有限公司、青海香三江畜牧业开发有限公司养殖场、青海主月畜牧业有限公司、青海香三江畜牧业开发有限公司西宁办事处。

青藏高原天蓝、土净、水碧，海拔高、原生态，是开发"三品一标"高端农产品的天然良港。公司立足高寒地区特有物种牦牛和藏系羊原料资源，开发具有"高海拔、原生态"及"大美青海、特色品牌"的特色产品，已初步形成"香三江"牌清真肉类产品生产独特体系。

牛肉干生产：公司积极依托青藏高原特殊气候条件和地理环境优势，打造牛肉干绿色有机食品，以拓展产业，开发市场。现已开发牛肉干 7 个系列 28 个品种，年可生产牛肉干 400 吨，创造产值 6 000 万元。项目发展前景好，给海南藏族自治州打造"大美青海、特色品牌"蓄积了正能量。2017 年 5 月，牦牛肉干系列产品取得中国绿色食品发展中心绿色食品认证；6 月，"香三江"牌牦牛肉干及卤汁牦牛肉获得国家质量监督检验检疫总局生态原产地保护产品认证。2017 年，牛肉干产品销售额攀升到 2 000 万元以上。

2 000 吨牛羊清真冰鲜肉精深加工：为全面提升畜产品加工综合利用能力，加大资源立体开发力度，青海香三江畜牧业开发有限公司于 2013 年 6 月设立青海主月畜牧业有限公司，用地 43.6 亩，启动 2 000 吨牛羊肉深加工项目，总投资 5 800 万元。青海主月畜牧业有限公司日屠宰加工牛 400 头、羊 1 500 只，年销售额 10 800 万元，销售利润 899 万元，创利税 557 万元，提供就业岗位 260 个。

肉、奶、役兼用西门塔尔牛种畜养殖场：养殖场设立于 2012 年 2 月，主营西门塔尔种牛，依托主营业务立体开发有机肥、奶制品、饲料种植业。养殖场占地 15 亩，现有西门塔尔存栏牛 453 头，拥有标准较高的牛舍 4 座计 4 300 平方米，青贮饲料池 2 座计 4 000 立方米，运动场 3 座计 2 000 平方米，有机肥加工区占地 2 000 平方米。

西门塔尔牛肉、奶、役兼用，体格高大（体高 135～160 厘米，体重 800～1 500 千克），对逆向环境适应性强，是世界上最受欢迎、分布最广、数量最多的肉、奶、役兼用品种之一。西门塔尔牛改良黄牛，取得了比较理想的效果，得到青海省农牧厅领导、专家的高度重视。2014 年 7 月，养殖场被青海省农牧厅评审认定为"西门塔尔种牛养殖基地"，填补了青海省空白。

公司注重科研开发和质量管理，已通过 ISO9001、HACCP 质量管理体系认证和 ISO22000 食品安全管理体系认证，获得"清真食品"标志使用权，并取得"综合味牦牛干""咖喱牦牛肉干""熟食冷却塔""熟食包装装置"等 4 项专利。公司提高生产管理技术水平，设置专门的质量检验中心，对产品质量进行全过程和全方位的源头控制、过程控制、终端控制。从藏牛肉进入交易市场开始，进行检验检疫，在生产过程中制定高于国家标准的企业标准，将严谨的过程质量管理和过程质量控制细化到每个人、每台机器、每个操作规程。

2006 年，公司荣获"海南藏族自治州农牧业产业化龙头企业"称号。2011 年，荣获"青海省扶贫产业化龙头企业"称号。2013 年，荣获"青海省农牧业产业化重点龙头企业"称号，并被青海省科技厅认定为青海省科技型企业。2014 年，被海南藏族自治州旅游局授予"优秀旅游商品生产企业"称号，被青海省民族宗教事务委员会认定为民族贸易企业。2015 年，被海南藏族自治州政府评定为全州供销改革发展先进单位，被农业部认定为国家畜禽养殖示范场，公司"香三江"牌商标获得"青海省著名商标"。2017 年，被海南藏族自治州市场监督管理局、海南藏族自治州消费者委员会评为"海南藏族自治州消费者满意单位"，被海南藏族自治州政府授予"第 18 届中国青海结构调整暨投资贸易洽谈会优秀参展奖"，被青海省工商业联合会、青海省扶贫开发局、中国农业发展银行青海省分行、青海省光彩事业促进会评为全省"'百起帮百村、百企帮百户'精准扶贫行动先进民营企业"，被青海省委、省政府评为"脱贫攻坚先进单位"。

最美北京人："养蜂大王"李定顺

北京奥金达蜂产品专业合作社　李　伟

他是北京市密云区闻名遐迩的"养蜂大王"，是"感动密云""传递爱心、书写温暖"的身边雷锋、最美北京人，是共产党员发挥"双带"作用的典型，是名副其实的劳动模范。他所创办的北京奥金达蜂产品专业合作社（以下简称奥金达合作社）是密云最具影响力的蜂业龙头企业，有力地促进了当地蜂业的健康发展。他引领合作社下大力气开展产业扶贫事业，有效推进了低收入户、贫困群体脱低脱贫的步伐。他就是李定顺，奥金达合作社党支部书记、理事长。

1. 做强产业，促进蜜蜂绿色生态经济的健康发展

密云区生态资源优渥，养蜂历史悠久，蜜蜂产业的发展具备一定基础，但由于经营零散、市场化运作差，蜂业整体效益较差。蜂民辛苦了一年，优质的蜂蜜却卖不上好价钱，加之外地以次充好的劣质蜂蜜拉低了价格，蜂农苦不堪言。李定顺敏锐地觉察到这一状况，他看在眼里急在心里，为蜂农担忧的同时也发现了这其中的巨大商机。2004年，他牵头创建了奥金达合作社，将引领密云蜂产业发展、带领更多的农民致富作为企业使命。

李定顺稳定蜂农信心、寻找销路、注册品牌、投资建厂、扩大产品市场份额、提升企业核心科技实力、帮扶带动农民就业和贫困户增收，十几年来，引领合作社一步一个脚印、稳扎稳打，并依托"农民专业合作组织＋基地＋蜂农＋品牌"的产业化经营模式，使奥金达蜂产业成为农民致富、产业发展的生态经济的典型。目前奥金达合作社注册的"花彤"牌商标已成为北京市著名商标、中国驰名商标，合作社连续获得无公害农产品认证、绿色食品认证、生态原产地产品保护认证、ISO9001和HACCP认证，生产的绿色食品蜂蜜在2015年中国蜂产品官方销售大数据统计中名列全国第三。

截止到2017年年底，奥金达合作社共有入社蜂农561户、非社员350户，成员遍及密云等3个区，并辐射带动河北省承德市的滦平、平泉、丰宁、承德、兴隆等5个县（市）。奥金达合作社养蜂存栏6.4万群，年产优质蜂蜜2 000余吨、绿色蜂蜜40余吨，蜂群数量超过密云区蜂群总量的60%，已发展成集蜜蜂养殖、蜜蜂授粉、蜂业旅游、蜂产品研发及深加工、储存、运输、销售于一体的综合型农民专业合作社，相继获得"全国农民专业合作社示范社""全国农民专业合作社加工示范单位""全国蜂产品行业龙头企业"等荣誉。

2. 不忘初心，奉献社会，牢记党员使命

在奥金达合作社建立初期的艰难岁月里，李定顺吃住都在单位，只为帮助蜂农及时解决困难；为了给单位节约成本，在外地考察时，哪怕是最便宜的旅店都舍不得住，但只要蜂农有了困难找到他，必定是有求必应。面对家人的质疑和不理解，他总是说："我是党员，是合作社理事长，是那么多蜂农的主心骨，我要想人所想、帮人所困，一切为了合作社发展，这样企业才能走得更远！"目前，合作社带动当地1 500余人养蜂，已帮扶过的贫困户达78户，解决当地农民就业52人、安排残疾人就业11人，户均实现年收入8.9万元。自2016年起，合作社每年开展献爱心活动，累计向福利院捐款近3万元。2017年，在密云区红十字会组织的"衣份爱心、传递温暖"活动中，李定顺捐款4 000元，向贫困地区百姓运送御寒棉衣。

3. 对口支援，示范带动竹溪蜂业发展

2014年，为贯彻落实党中央关于精准扶贫的重要指示精神，根据密云区委的部署，李定顺主动联系位于南水北调核心水源区的湖北省竹溪县顺达农业专业合作社。这也是一个蜂业合作社，由于资金、技术等一些原因的限制，相较于奥金达合作社而言，从规模、管理、人员、技术等各方面均无可比性。李定顺决定与其结成对口支援帮扶关系，引领顺达农业专业合作社向规模型、规范型合作社发展，带动当地更多的农民养蜂致富。对口支援4年来，共建了竹溪蜂业基地，每年收购、加工顺达蜂蜜产品500余吨。同时，李定顺组织专家定期向顺达提供科技输送服务，累计赴竹溪开展科技服务活动8次，赠送顺达农业专业合作社蜂箱300套、种王100只、书籍300册、光盘100套。依托奥金达合作社的支援和支持，顺达农业专业合作社迅速成长为社务规范、技术先进、实力较强的新型农民合作社。

4. 协同发展，推进京津冀蜂产业一体化

在密云区周边的河北山区，由于交通闭塞、销售渠道狭窄、产品市场流通缓慢，当地蜂业的发展情况堪忧。2014年国家提出京津冀一体化战略，为推进区域蜂业协同发展，引领更多的农民通过养蜂产业增收致富，李定顺在河北省承德市的丰宁、滦平及承德县建立3了个奥金达分社，作为奥金达原料供应基地。目前，通过建立分社的方式，共带动当地农民养蜂350户，养蜂存栏2.9万群，实现蜂蜜年产量700吨并全部通过奥金达合作社平台体系销往全国，农民户均年增收3.2万元。

同时，关注当地贫困农民、致力当地农民脱贫，也是李定顺蜂业区域协同发展的一项重要工作内容。2018年，李定顺组织发展当地68户贫困农户养蜂，通过"输血、造血"的扶贫扶持方式，为贫困户配送生产资料、输送科技服务并进行全部产品的回收。目前，68户贫困户已实现养蜂1 820群。

5. 精准扶贫，致力低收入产业脱贫事业

2017年，密云区将养蜂业作为实现低收入户、低收入村增收的一项重要的精准扶贫扶持项目。按照密云区农业委员会、园林局的部署，李定顺组织合作社积极发展密云水库北岸低收入农户养蜂。目前，奥金达合作社扶持发展的低收入养蜂户达80户，涉及密云区高岭、不老屯、新城子等乡镇，低收入户养蜂存栏4 090群。

为帮助低收入户规避养蜂风险、提升效益，李定顺从当地养蜂大户中挑选出18名党员技术能手，组建了志愿帮扶服务分队。按照就近分配的原则，形成了"党建引领1＋5"入户指导模式，即1名技术能手负责5户低收入户的养蜂全程跟踪指导工作。一年以来，李定顺带领服务分队入户开展实地指导70余次，有效解决了蜂场管理、摇蜜生产、蜂病治疗等各项实际养殖问题，为各类突发问题的解决提供了支持。

为了加快推进低收入户脱贫步伐，李定顺制定了《低收入养蜂管理办法》，建立了开展扶贫工作的规范机制。同时，通过定期专业培训、发放书籍光盘、统购统分生产资料、回收产品、年终分红等方式，使低收入扶贫工作获得显著成效，当年蜂群验收合格率达98.5%。奥金达扶贫做法不仅受到了当地低收入户的交口称赞，还获得时任密云区委书记夏林茂的批复，号召在全区范围内对此种扶贫做法进行推广。2019年6月，北京市委书记蔡奇对密云区绿色生态空中经济养蜂产业批过4个字："蜂盛蜜匀"，指示一定将密云特色产业做强做大。

齐丽：情系黑土地的绿色逐梦人

黑龙江省绿色食品发展中心　胡广欣

她，有个质朴的梦想——黑龙江绥化这块世界珍稀的寒地黑土生金长银；她，有个真诚的梦想——"寒地黑土之都、绿色产业之城、田园养生之地"成为百姓美好生活的"桃花源"；她，有个绿色的梦想——黑土带盛产的绿色农产品给中国人餐桌增添一份幸福安康。

她就是齐丽，1971年生，中共党员，农业技术推广研究员。1995年从沈阳农业大学植保专业毕业伊始，就做着绿色农业高质量发展的梦。无论是担任绥化市农业技术推广总站土肥站副站长、植保站站长，还是在北林区北林办事处副主任、绥化市农业委员会外经科科长和生产科科长等岗位上，直至2012年就任绥化市绿色食品发展中心主任，齐丽一直为实现这一梦想辛勤耕耘，在广袤的沃野上奉献了青春和汗水。

二十多载寒来暑往、春华秋实，齐丽扎根黑土地，兢兢业业地从事农业农村工作。凭着强烈的事业心和责任感，团结带领全市绿色食品战线的同志，大胆创新，锐意进取，持续推动全市全域绿色食品产业向更高质量、更高效益、更高层次迈进。先后获得黑龙江省植保系统先进个人、政府记功奖励和绥化市优秀人才、优秀公务员、农村工作先进工作者、青年科技奖等殊荣。

1. 绿色农业的追梦人

科研论文写在农田里，科技成果送进农民家，化作累累的绿色硕果和农民增收的驱动力。

参加工作起，沈阳农业大学老师所说的"你们是植物医生、绿色天使"就始终在耳畔回响，渐成齐丽不变的初心和永恒的使命。岗位在变，但初心使命从未改变。多少个白天她奔波在田间地头，多少个夜晚她刻苦钻研，风里雨里泥里，放弃了无数个节假日，凭着吃苦耐劳的精神，练就了一身过硬的本领，养成了扎实细致的作风，每到一处都是业务尖兵，收获了一批科研成果。

齐丽先后荣获科技成果24项，其中"玉米催芽种子包衣技术研究应用"获黑龙江省政府科技进步奖三等奖，"玉米秸秆还田与肥沃耕层构建技术示范与推广""鲜食玉米提质增效循环生产技术模式研究与推广"等5项研究成果获绥化市科技进步奖一等奖，"新药剂防治禾谷类黑穗病技术""大豆田主要杂草发生规律调查及防除技术研究"等研究成果获黑龙江省丰收计划奖一等奖，"四大作物病虫草鼠害综合防治技术""新药剂防治水稻恶苗病技术"等5项研究成果获绥化市科技成果推广奖一等奖。先后在省级以上刊物发表论文11篇，担任《黑龙江省绥化A级绿色食品生产技术操作规程》《黑龙江省对俄农民工培训教材》两本专著副主编，参与2项省级有机食品地方标准的制定工作。

2. 绿色产业的推动人

把绿色食品产业作为崇高目标，将推动高质量发展作为不懈追求，齐丽在绿色梦想跑道上奔跑。

初到绥化市绿色食品发展中心工作时，面对人员少、力量弱、瓶颈多等困境，齐丽认真审视绿色食品产业低迷徘徊的状态，大胆创新方式方法，从建立科学的工作机制着手，调动全市绿色食品工作人员的积极性，以基地标准化建设为突破口，全力推进绿色食品产业发展。2018年，黑龙江省在绥化市召开了全省绿色食品原料标准化生产基地建设与管理现场会，推广绥化市基地建设的成功经验。一份付出，一份回报，经过齐丽和同事们的强势推动，全市绿色有机食品认证面积发展到1 263万亩，占全省认证总面积的15.7%；创建了国家级标准化绿色食品原料生产基地890万亩，占全省基地总面积的 13.3%；绿色食品加工企业发展到 179 家、有机食品加工企业发展到 78 家；绿色食品发展到 366 个、有机食品发展到 343 个，绿色食品认证面积和认证数量增长量居全省首位，以全省 1/8 的耕地生产出了约 1/6 的绿色食品。

齐丽特别注重绿色食品品牌打造，依托资源优势、产品优势、产业优势、区位优势，组织团队精心谋划，全力宣传推介"绥化鲜食玉米"品牌产品，作为绥化市主打品牌之一。2018 年，由齐丽组织申报的"绥化鲜食玉米"成功通过农业农村部农产品地理标志审定，成为全国首例以鲜食玉米命名的地理标志，也是省内保护范围最广、品类最多的农产品地理标志，荣获"2018 年全国绿色农业十大最具影响力地标品牌"称号。2019 年，全市种植鲜食玉米面积 75 万亩，预计销售收入22.5 亿元。"绥化鲜食玉米"入选 2019 年地理标志农产品保护提升工程。

3. 绿色企业的贴心人

责任是担当，服务是动能，齐丽用心用情用智地演绎着"绿色保姆"的精彩。绿色产业发展，基地是"第一车间"，龙头是"中轴"，市场是"风向标"。多年来，齐丽带领同事们倾力为种植合作社、加工企业、经销公司等提供全程贴心的服务保障，催生了产业升级发展的动力和活力。

在科技服务上，她聚焦生产加工、储藏运输、市场营销等关键环节，组织开展菜单式高素质农民培训，推动田间课堂、空中课堂、流动课堂和固定课堂一体化建设，打造"看得见、摸得着、学得到、带得回"的培训载体。编印《绥化市 A 级绿色食品生产技术操作规程》5 000 册，发放到县级农业行政管理部门、农业技术推广部门、绿色食品生产企业和基地农户手中，为"种得好"提供人才支撑。

在监管服务上，把提高绿色食品机构组织建设作为首要任务，实现了绿色食品检查员、监管员全覆盖。配合市场监管等部门持续开展"绿箭护农"行动，建立农业投入品管理制度，杜绝高残留农药进入市场，引导 230 家企业进入黑龙江省农产品质量安全追溯体系平台。

在营销服务上，积极组织探索"互联网众筹""点对点订制"等现代营销模式，总结出《绥化市农产品营销典型 33 例》，印制成册，下发到企业。同时，建立了服务企业微信群，及时转发销售信息，帮助企业找市场。齐丽还购买本地绿色食品进行品鉴，为企业提建议。绥化绿地农业科技有限公司的产品在京东自营平台销售，但销售价格、配送方式、网上评论等信息没精准掌握，齐丽经

常打电话向刘忠辉总经理传递相关信息和建议，企业以此为参考，不断调整营销路径，蹄疾步稳地拓展市场。2019年"五一"期间，齐丽和家人、朋友到望奎县"两个爸爸"农场采摘园体验，采摘的特色香瓜每千克60元，当时市场上香瓜每千克不到20元，朋友们直呼"太贵了"，但她让大家品尝后再下结论。众人品尝后连说："好吃，吃出了小时候的味道，值！"朋友们纷纷上传朋友圈，引来了更多采摘体验者。一些企业家常说："齐丽是我们企业发展的大功臣。她说的，我们信。"

　　齐丽用真诚、真情、真心赢得了尊重。诗人艾青在《我爱这土地》中写道："为什么我的眼里常含泪水？因为我对这土地爱得深沉……"这何尝不是齐丽的真实写照呢！

高虹：黑土地上默默无闻的奉献人

黑龙江省农垦科学院植物保护研究所　谢丽华

高虹，女，1964年4月出生于黑龙江省集贤县的一个知识分子家庭。1986年，毕业于东北农学院园艺系蔬菜专业，获得学士学位；7月分配到黑龙江省农垦科学院农作物开发研究所工作。2008年8月黑龙江省农垦科学院植物保护研究所成立，领导生物防治研究室工作至今。现任黑龙江省农垦总局农业局玉米首席专家、研究员。

1. 女承父业，默默无闻，潜心科研

1982年参加高考填报志愿时，高虹果断放弃了在医院工作的母亲所提出学医的建议，毅然选择了父亲毕业的学校——东北农学院。参加工作30多年来，高虹从技术员到研究员，默默无闻地在科研一线拼搏，主持了"十三五"国家重点研发项目"东北早熟玉米密植高产宜机收品种筛选及全程机械化关键配套技术"、黑龙江省科技厅国际合作课题"大豆根腐病生防菌株筛选及引进生防菌株防治效果研究"和黑龙江省农垦总局科技攻关课题"解除玉米药害残留技术研究与示范"。"十五"至"十三五"期间参加了19项课题研究，其中的"玉米叶龄模式研究与示范""生物农药研制与开发"获得黑龙江省农垦总局科技进步奖一等奖，"生态农业调控施肥技术研究"获得黑龙江省农垦总局科技进步奖三等奖，为农业科研的创新做出了重要贡献。

2. 解农户之忧、为基层服务

高虹时刻牵挂在农垦4 300万亩土地上耕耘的种植者，与农户风雨同舟，足迹遍及100多个农场，每年深入到农场和农村为种植户讲授玉米专业课程，解决玉米生产中存在的问题，为农民排忧解难，指明种植方向。累计授课学时在500小时以上，培训玉米种植者达万人，为培育高素质农民做出了突出贡献。从2009年开始，作为黑龙江省农垦总局农业局玉米专家组植保专家，深入基层，从播前技术方案修改到播种、施肥、除草、病虫害防治、中耕管理、收获、秋整地，每个环节都到现场进行具体指导。2016年至今，作为黑龙江省农垦总局农业局玉米首席专家，带领玉米专家组对黑龙江省农垦总局承担的农业部绿色高质高效创建项目场的玉米生产进行全方位指导与服务，对种植业结构调整、农业可持续发展默默地做着贡献，垦区的玉米生产达到了绿色、优质、高效。高虹作为副主编编写了《玉米机械化高产栽培与植保技术》，同时编制《玉米病虫草害挂图》《大豆疫病防治手册》等提供给农业基层人员，为农技人员提供学习工具。

30多年来，高虹默默在科研和生产一线上工作，不计较名利得失，把自己最美丽的青春奉献给了北大荒这片神奇而美丽的黑土地，做到了与北大荒风雨同舟。

茅义林：倾心培育"三爪仑"有机食用菌

江西省绿色食品发展中心　康升云

茅义林，1974年出生，1992年从宜春农业专科学校园艺系毕业，毕业后选择回到江西省靖安县宝峰镇太阳山林场工作，现任江西三爪仑绿色食品开发有限责任公司总经理。十几年来，茅义林认真学习研究先辈的种植技术，坚持原产地种植和产品特殊的工艺要求，利用当地优越绿色生态环境条件，坚持绿色有机农业发展理念，成功创立了"三爪仑"有机食用菌品牌，推动公司生产的有机食用菌走向全国、走出国门，带领当地群众种植有机食用菌，助力农民朋友脱贫致富。

江西省靖安县宝峰镇有500多年的香菇栽培历史。1978年，江西省外贸部门将宝峰镇定为出口香菇生产基地，1985年香菇年产量达5万斤。宝峰镇具备得天独厚的自然条件，属于典型的亚热带湿润性气候，四季分明、雨量充沛、气温温和、无霜期较长，森林覆盖率高达95.7%，享有"天然氧吧"美誉。靖安县是"国家生态示范区生态县""国家有机产品认证示范创建区""国家绿水青山就是金山银山实践创新基地"。优良的生态环境和悠久的食用菌栽培历史是发展有机食用菌的良好基础。江西三爪仑绿色食品开发有限责任公司位于三爪仑国家森林公园，利用原木通过模仿生态方式栽培香菇、黑木耳等食用菌，把有机食用菌作为绿色青山转化为金山银山的重要载体。

1998年，茅义林组建了靖安县森林绿色食品开发部，主要经营当地菌菇类农产品。2002年9月，公司注册了"三爪仑"商标，后因公司业务扩大更名为靖安县山珍自然食品开发部。2005年，"三爪仑"牌香菇、黑木耳等产品通过了北京中绿华夏有机食品认证中心的认证，成为江西省首批获证的有机食品。2006年，茅义林注册成立江西三爪仑绿色食品开发有限责任公司，主要从事香菇、木耳等原产地土特农产品的种植和销售。2012年，公司在太阳山林场购置土地新建厂房，生产规模进一步扩大。2017年，香菇基地和加工规模继续扩大。

目前，江西三爪仑绿色食品开发有限责任公司拥有生产、加工、包装、仓储等厂房3 000平方米，拥有农业种植示范园区265亩，带动农户1 000多户、带动农户种植面积1 000多亩，年产食用菌等农产品100余吨。"三爪仑"香菇等产品畅销北京、上海、广州、香港、澳门等国内城市和东南亚地区，成功进入沃尔玛、大润发等大型超市。公司产品销售形式多样化，既有网上销售又有实体店销售，既有大型卖场又有特产专营店，承诺所有产品均实行"食无忧"政策，即顾客购买7天内可无理由退换货。2019年3月，在农业农村部组织的日本千叶国际食品展会上，"三爪仑"香菇等有机食用菌受到外国客商青睐和一致好评，并签定2 000万元的合作订单。

　　公司成立运营 10 多年来，坚持持续进行有机食品认证，获得了消费者信得过单位、中国质量万里行诚信信得过单位、江西省重合同守信用单位、江西省商贸流通服务业诚信示范企业、2011年江西省著名商标、2017 年江西老字号、第一届中华老字号国际投资博览会最具品牌影响奖、2019 年中华老字号博览会最受欢迎奖，以及 2016 年和 2018 年江西省宜春市优秀农业产业化龙头企业、2 次中国农产品加工业投资贸易洽谈会优质产品奖、10 余次中国国际有机食品博览会金奖和中国绿色食品博览会金奖等荣誉及称号。

　　"三爪仑"有机食用菌品牌的创立和发展，凝聚了茅义林的心血和汗水，得益于茅义林对有机食品事业的那份虔诚和执着。茅义林积极发挥当地优越生态资源发展"三爪仑"绿色有机食用菌，示范带动贫困户及农户大力发展绿色有机农产品，公司产品严格按照有机食品标准要求生产、加工和销售，得到了市场的认可和消费者的一致好评。茅义林的有机食用菌事业得到了政府和社会的高度肯定，个人荣获了"2011 年宜春市劳动模范""2018 年度宜春市优秀青年企业家"等称号。

王富有：我国椰子地理标志品牌策划与实施的开拓者

海南省文昌市农业农村局　洪忠师　郭　勇　朱　敏

"文昌椰子"农产品地理标志管理办公室　孙程旭

蓝天、白云、沙滩、椰子树，勾勒出一道道亮丽的风景线。椰子，是海南最具特色的农产品之一，仅在文昌等地呈规模化生产。在亮丽的风景线中，有一个在椰林中穿梭忙碌的身影，他是"文昌椰子"地理标志品牌申请的策划人与实施的开拓者，"文昌椰子"地理标志领导小组副组长、中国热带农业科学院首席法律顾问、椰子研究所所长——王富有。

王富有，男，1970年5月出生于辽宁省喀左县，法学研究员，硕士生导师。王富有长期从事法律研究、知识产权保护及种质资源工作，先后主持农业部、海南省重大科技项目等科学研究项目20余项、省级以上科研成果2项，发表科技论文20余篇、著作8部。2011—2015年，先后入选商务部海外知识产权维权律师团成员、中欧农业科技合作工作组成员。2014年，入选国家知识产权局第四批百千万知识产权人才工程百名高层次人才。2018年，入选海南省领军人才。

椰子树是海南的省树，是文昌市重要的经济作物之一和独有的地理名片。文昌椰子树种植已有2 000多年的种植历史，人文文化底蕴深厚，与人们的生活息息相关。

2016年，针对我国椰子产业发展现状及未来发展趋势，王富有和他的团队成员范海阔研究员、孙程旭副研究员一致确定走品牌发展道路。通过近3个月的研究与沟通，以紧紧围绕提升"椰子之乡"美誉，放大"文昌椰子半海南"的品牌效应，发展绿色产业，打造区域地理标志品牌，促进农民持续增收等为目标，确定申报"文昌椰子"农产品地理标志区域品牌，并以此为契机，大力推进我国椰子产业的快速发展。2017年9月，"文昌椰子"获得国家农产品地理标志登记保护，从此开始致力于打造"文昌椰子"区域公用品牌。2018年10月，"文昌椰子"获得国家知识产权局地理

标志证明商标注册。2017年12月，荣获"海南农产品十佳区域公用品牌"。2018年6月，获"海南省农产品品牌创建大赛"三等奖；2017—2019年参加海南、北京、长沙等地展会，受到各级领导的关怀与支持，得到全国消费者的青睐。

2019年1月，在王富有的推动下，文昌市人民政府设立"文昌椰子"农产品地理标志管理办公室，挂靠在中国热带农业科学院椰子研究所。该办公室的主要工作任务是负责落实制定"文昌椰子"地理标志产业发展质量标准、产品生产经营主体监管名录和黑名单制度、质量追溯制度等。迄今，已授权17家企业、合作社使用"文昌椰子"农产品地理标志和地理标志证明商标，产品涵盖椰子果、椰子水、椰子综合产品及椰子电子商务等。目前，在文昌市政府的大力推动下，文昌椰子鲜食品及衍生产品已实现线上线下同步销售，在京东、淘宝等电商平台开设"文昌椰子"旗舰店，产品销往全国各地及东南亚、欧美等地。

"文昌椰子"区域公用品牌的打造，树立了文昌品牌效应，带动了海南全省的椰子产业发展，促进了农民的增收，也让椰农更加体会到品牌建设的重要性。下一步，王富有将带领"文昌椰子"管理团队，联合政府、企业，大力推进文昌及海南热区农业品牌建设，瞄准国际市场，让海南的农产品品牌更快更好地走出国门，走向世界。

赵政阳：苹果专家，"瑞阳""瑞雪"兆丰年

陕西省农产品质量安全中心 林静雅 王 璋

　　四月的白水，果园是一道美丽的风景线，点缀果园的是教授、专家在每个园子中穿梭的身影。他是白水果农心中指路的"灯塔"，他是陕西老苹果园更新换代的"外科医生"，他是潜心果园数十载、视果园为家的"苹果迷"。他，就是陕西省苹果产业技术体系首席科学家——赵政阳。

　　赵政阳，男，1964 年 11 月出生，陕西富平人，果树学教授，博士生导师。现任西北农林科技大学苹果研究中心、陕西省苹果工程技术中心主任，是西北农林科技大学苹果试验站首席专家、国家苹果产业技术体系岗位专家、陕西省苹果产业技术体系首席科学家。赵政阳长期从事苹果新品种选育及产业技术的研究和推广工作，先后主持国家攻关重大专项、科技部重大专项、农业农村部和陕西省重大科技项目等科学研究项目 30 余项，获省级以上科研成果 5 项，选（引）育并审定秦星、秦艳、秦阳、瑞阳、瑞雪等苹果优良新品种 7 个，发表科技论文 90 余篇，编（著）著作 12 部。

　　1997 年，赵政阳和他的团队探索利用"少组合、大群体"现代苹果高效育种技术新体系，进行苹果新品种培育。经过 10 多年的艰苦努力，选育出了两个苹果新品种"瑞阳"和"瑞雪"。"瑞阳"是以我国秦冠苹果和日本富士苹果杂交选育而成，"瑞雪"是由富士改良品种"秦富 1 号"和澳大利亚"粉红女士"杂交选育而成。"瑞阳"味道脆甜适口，略带香味，品质接近富士。"瑞雪"吃起来有独特的香味，硬度高，常温可储藏 5 个月。这两个品种于 2015 年通过陕西省果树品种审定委员会审定，2017 年通过甘肃省林木良种审定委员会审定。2018 年 10 月，在北京举办的陕西白水苹果宣传推介会上，"瑞阳""瑞雪"苹果正式亮相人民大会堂。2019 年通过国家审定，这是陕西省首次通过国家审定的拥有自主产权的苹果品种，也是西北农林科技大学继 20 世纪 70 年代成功培育出"秦冠"苹果以来在果树育种领域的又一重大成果。专家认为，"瑞阳""瑞雪"早果性、丰产性、果实品质等综合性状超过富士，在陕西渭北、陕北地区及同类生态区发展前景广阔，有望成为黄土高原产区苹果更新换代最具潜力的主栽品种。

　　在这丰硕的成果身后，是赵政阳和他的团队数十年辛苦付出、潜心科研、不计回报的汗水和时光。在新品种推广初期，赵政阳团队几乎走遍了白水的果园。每到一处都要询问同样的话题：冻害影响大小，坐果情况咋样？赵政阳知道，果农愿意砍掉多年的老树，种上他推广的"瑞阳""瑞雪"，是对白水苹果试验站的信任，更是对他这个人的信任。他肩上扛的，是白水十几万父老乡亲的期待。通过详细调研，特别让大家高兴的是：同样的立地条件，同样的管理水平，"瑞阳""瑞雪"苹果坐果率明显优于富士。

　　近几年，"瑞阳""瑞雪"品种已被全国 10 余

个省份引进试栽，在陕西、甘肃、山西等黄土高原苹果主产区栽培表现尤为突出。目前，"瑞阳""瑞雪"发展势头良好，在全国苹果主产区推广面积已达 5 万余亩，有望成为我国晚熟苹果的更新换代品种。

2017 年 12 月，白水县创建的 55 万亩全国绿色食品原料（苹果）标准化生产基地获批，赵政阳作为基地创建的首席技术专家在基地创建过程中，带领他的团队，深入杜康镇、林皋镇、雷牙镇等八大区域指导农户重标准、讲管理、推技术。赵政阳以白水苹果试验站为技术平台，与白水县联合启动实施白水苹果产业科技示范与科技入户工程，探索建立在政府的推动下以大学为依托、以基层农技力量为骨干的农业技术推广新模式。结合白水苹果产业实际，提出了"企业牵头、行政推动、科技引导、果农参与、技物配套"的工作思路，建立了"以示范园建设为突破口、以技术培训为主要手段、以人才培养为重点"的技术推广服务形式，形成了以白水县为中心，辐射带动整个渭北苹果主产区的技术推广网络，加速了新品种、新技术、新成果的推广应用，推动了苹果产业的优化升级，对促进我国苹果优势产业的发展和科技进步做出了重要贡献。

八、品牌篇

燕　京　啤　酒

北京燕京啤酒股份有限公司　许立功

北京燕京啤酒股份有限公司是以啤酒生产和销售为主的大型国有企业，始建于1980年，1993年组建集团公司，1997年完成股份制改造，是中国最大的啤酒集团之一。目前，拥有控股子公司50余个，遍布全国18个省份，销售区域辐射全国，是我国大型啤酒企业中唯一没有外资背景的民族企业。

公司把握经济发展新常态，不断强化新时代上市公司的责任和担当，以培育具有全球竞争力的世界一流企业为目标，深化创新，努力实现产品升级、市场升级和管理升级，继续向更优质量、更强效益、更高效率转变，保持了持续、稳定的发展。2018年，公司实现啤酒销量392万千升，实现营业收入113亿元，实现利润3.8亿元，实现收入、利润同步增长。

一、国内资深绿色食品认证啤酒企业

2004年公司成为中国大型啤酒企业中首批率先通过绿色食品认证的企业，2011年荣获"全国绿色食品示范企业"称号。总部现有25个产品通过了绿色食品认证，认证范围包括清爽型啤酒、纯生、鲜啤、干啤等系列产品，约占总部啤酒产量的80％以上。2018年北京地区南北两厂共生产绿色食品啤酒61万千升。

通过绿色食品认证的燕京啤酒是采用优质绿色原料、天然矿泉水为主要原料酿造的无污染、更安全、更优质、更营养的食品。公司在开展绿色食品认证过程中，在原有质量管理体系、食品安全管理体系的基础上，融入绿色酿造理念，从原料采购、生产加工、贮运及减少资源能源消耗、降低污染物排放等方面入手，完善并强化绿色食品标准的执行、细化工艺操作规程。

二、顺应环保新要求，获评"绿色工厂"

公司始终坚持践行绿色低碳循环发展理念，认真履行国企社会责任，不断助推工艺技术及设备升级，促进节能环保工作水平提升，积极构筑良好的环境生态。公司制订了环境因素的识别与评价控制程序，环保设备、设施控制程序等环境保护制度和控制程序，从物资采购使用、控制、监测、回收等多方面、多节点对环境保护工作进行规范。公司严格按照环境保护相关规定对废水、废气和固废等进行处理，重视污染治理的设备投资和资金投入。2018年，公司环保支出9 814万元。

公司认真贯彻国家节能减排总体部署，坚持发展绿色经济、低碳经济、循环经济，获得了由国家环保总局颁发给国内环境保护事业上做出突出成绩企业的最高荣誉——"国家环境友好企业"称号，被环境教育杂志社评为"中国环境责任优秀企业"，并成为北京市循环经济试点企业。2018年公司被工业和信息化部评为国家级"绿色制造示范工厂"，打造"绿色工厂、绿色燕京"将是今后发展环保工作的新理念。

三、不忘初心，坚持以质为本

质量是企业发展之根，公司在长期的发展过程中始终坚持以质为本，将企业的工匠文化厚植于每一滴啤酒之中。每一位燕京人都坚持对质量一丝不苟、精益求精的精神，把最好的产品带给消费者，而消费者的喜爱与认可，就是燕京人坚守工匠精神初心、砥砺前行的动力和目标。正是源于这样的工匠之心，公司不断追求产品质量和品质的提升，产品现在已经远销世界40多个国家和地区，在国际市场塑造了"中国质造"良好的品质形象，赢得了海内外消费者信赖。

公司的技术中心是国家级企业技术中心，多年来始终致力于产品研发和质量检测能力建设，不断购置新装备、开发新方法，保证公司的创新研发能力与产品质量检测能力始终处于国内外同行业的领先水平。同时，技术中心还不断加强产品质量安全与控制体系的平台建设，完善质量管理流程与制度建设，提高质量安全风险预测和评价能力。这些工作的开展，促进了绿色酿造理念的企业化推广，为提高公司整体质量水平及市场竞争能力起到了积极的促进作用。

四、顺应品牌新态势，不断提升品牌影响力

2018年，公司通过拓宽"中国足协杯"赞助权益、持续开展"燕京啤酒种子计划"公益活动、成为国际篮球联合会篮球世界杯独家酒类赞助商、成功牵手北京2022年冬奥会和冬残奥会、成为"双奥国企"等举措，发挥啤酒在体育营销、娱乐营销、餐饮营销中的优势，同时合理利用广告媒介资源，推动品牌升级，使公司品牌升级合力进一步增强，品牌国际化提升进一步加快。

根据世界品牌实验室发布的2018年《中国500最具价值品牌报告》显示，燕京啤酒以1 106.65亿元位列2018年中国500最具价值品牌榜第41名，价值同比增长12.9%。燕京啤酒多次突破千亿元品牌价值的背后，凝聚着燕京公司对品质研发能力的追求，以及对绿色发展的重视。

五、打造智能工厂，助力产品追溯体系建设

2018年，公司坚持创新驱动，利用互联网、人工智能、大数据等前沿技术，持续打造智慧燕京。加快推进数字化技术应用，搭建物流追踪体系，精准掌握市场动向，灵活开展营销活动，构筑终端和渠道的销售壁垒，提高对市场的掌控能力。

公司在市场管理的及时反馈与应对方面，针对目前市场活动、促销等问题，利用互联网云平台的"一物一码"技术，采用预赋码方式，在灌装前预赋码，给啤酒赋予一个"产品身份证"，掌握

产品的整个生命周期轨迹。提升渠道管理，通过物流追溯体系联合营销系统，深度发掘产品防伪、产品追溯、精准营销和互动营销的应用。2018 年，公司"一物一码移动营销管理平台"项目荣获北京市企业管理现代化创新成果一等奖。

六、结束语

当前，从我国啤酒行业来看，燕京啤酒等前五家位于第一集团军的啤酒企业销售量已达到中国啤酒销售量的 80％以上。公司作为知名民族啤酒品牌，在内外部经济环境不确定性增大的环境下，始终致力于聚焦提质增效、加强自主创新、打造绿色供应链等实现高质量发展和品牌升级的系列举措，不断巩固提升燕京啤酒在行业内的优势地位。

作为业内标杆的绿色工厂，公司将持续绿色工厂建设，继续保持绿色化、智能化升级改造速度，并将绿色发展理念贯穿于产品生命周期中，把绿色发展社会责任提升到企业战略的高度，积极运用自身的能力和影响力，为推动中国啤酒行业的健康发展做出贡献。

（绿色食品　证书编号：LB-47-19070106010A、LB-47-19070106011A 等 25 个）

延怀河谷葡萄

北京市延庆区葡萄与葡萄酒协会 李建军

"延怀河谷葡萄"农产品地理标志地域保护范围：以官厅水库为中心，地跨北京延庆、河北怀来两地；北靠燕山山脉，南依有八达岭长城的军都山脉，中部为妫水河、桑干河、洋河河谷、官厅水库沿岸区域；涉及延庆区的张山营镇、旧县镇、香营乡等 8 个乡镇 30 个村，怀来县的小南辛堡镇、桑园镇、狼山乡等 16 个乡镇 150 个行政村。延怀河谷葡萄分布区域地理坐标为东经 115°06′～116°34′、北纬 40°04′～40°47′。延怀河谷葡萄区域种植面积达 26.32 万亩，葡萄年产量 16.86 万吨。

一、自然生态环境

（1）土壤地貌情况。延怀河谷地形类型比较复杂，中山、低山、丘陵、阶地、河川、旱地都有。境内周边高、中间低，梯度倾斜，南北与东西皆为 V 形高差明显的盆地，妫水河、桑干河、洋河、永定河横贯河谷，中部坐落官厅水库，所形成的区域小气候适合栽培不同品种的葡萄，为获得不同酒型、酒种的原料提供了良好的条件。土壤属碱性，是碳酸盐褐土，母质为洪积物及黄土母质，其特点是矿物质丰富、质地适中、疏松多孔，非常适宜葡萄生长。

（2）水文情况。延怀河谷地区水资源丰富，水质优良。境内有 18 条主要河流，永定河、桑干河、洋河、妫水河 4 条为常年性河流，其余 14 条为季节性河流，年平均径流量为 1.15 亿立方米，过境水平均为 8.16 亿立方米。地下水资源丰富，水资源量为 1.25 亿立方米，实际每年可利用量为6 352万立方米，计算可开采量为5 660万立方米。水质无污染，可供酿酒、种植灌溉和生活用水使用。

（3）气候情况。延怀河谷地区位于海拔高的中纬度地区，是中温带半干旱区，属温带大陆性季风气候，是国内少有的积温高且 7 月平均气温达到 22℃的优质葡萄生产区，年大于 10℃的有效积温为1 558℃，能促进甲酚类物质和芳香物质形成，具备生长优质葡萄所需的积温量条件。产区光照充足，年日照时数高达2 826小时，昼夜温差大，9 月昼夜温差达 13.7℃，有利于葡萄果实中糖分的积累。产区年降水量少，仅为 442.1 毫米，水热系数为 1.03，病虫害明显趋轻，为发展无公害、绿色和有机葡萄生产提供了重要保证。

二、生产技术要求

（1）产地。选择土层深厚、土壤肥沃、地势缓倾、阳光充足、便于耕作的地方；土壤应以肥沃的轻壤土为最佳，pH 6～8；地下水位在 1 米以下，遇不良土壤针对具体情况进行土壤改良。

（2）品种选择。延怀河谷地区气候冷凉，以成熟期较晚的品种为主栽品种，如白马奶、龙眼、红地球、美人指、赤霞珠等，以及部分设施葡萄品种。

（3）生产过程管理。按照《延怀河谷葡萄产区标准化栽培技术规程》进行生产管理。

（4）产品收获。果实的颜色、含糖量达到本品种的标准时，方可采收。

（5）生产记录要求。葡萄生产企业和农民专业合作经济组织，应当按照《中华人民共和国农产品质量安全法》的要求建立生产记录，记载投入品使用情况、病虫害防治情况等，生产记录保存 2 年。

（6）安全要求。延怀河谷葡萄严格按照农业部颁布的绿色食品标准体系和有机食品标准体系，以及延怀河谷葡萄生产地区标准组织生产和管理。合理使用农业投入品，禁用国家明令禁止使用的高剧毒农药，严格执行农药安全间隔期，在有机葡萄园严格使用有机生物制剂，经农药残毒检测合格方可上市。

三、产品品质特性

（1）外在感官特征。延怀河谷葡萄果穗整齐，果粒均匀，有色品种果实着色深，果粉厚，味甜爽口。

（2）内在品质指标。葡萄采收时的可溶性固形物含量高，富含有机酸、矿物质及多种维生素和氨基酸，风味浓郁。

四、产业发展及品牌建设

自"延怀河谷葡萄"取得农产品地理标志登记后，已经获得授权使用"延怀河谷葡萄"农产品地理标志的 7 家合作社和 2 家公司的葡萄一直处于热销状态，带动了延庆区葡萄产业的发展。设施葡萄采摘价格为 160～240 元/千克，平均销售价格保持在 100～200 元/千克；经过授权的露地葡萄基地葡萄采摘价格为 30～40 元/千克，销售价格稳定在 12～20 元/千克。近年来，延庆区葡萄设施产业种植规模不断扩大的同时，还辐射到浙江、黑龙江、山西、天津和内蒙古等省份。尤其是 2014 年世界葡萄大会的成功宣传，以及葡萄一年两熟技术的成功研发，进一步扩大了延怀河谷葡萄品牌的知名度。

1998 年，延庆红地球、里扎玛特和黑奥林 3 个葡萄品种在全国葡萄专项展评会上均被评为优质产品。1998 年 9 月，河北怀来牛奶葡萄荣获第五届全国葡萄研讨会优质葡萄产品荣誉。2001 年，怀来县被河北省林业厅授予河北省优质葡萄生产基地县荣誉证书。2002 年，怀来县被河北省农业厅授予"河北葡萄之乡"荣誉称号。2004 年，延庆金星无核葡萄获中国优质葡萄擂台赛金奖。2007 年 3 月，延庆县有机葡萄示范基地建设项目获得国家级星火计划项目证书；11 月，张山营镇前庙村有机葡萄示范基地获得"国家级标准化示范基地"称号。2008 年，前庙有机葡萄被中国果品流通协会评为"中华名果"称号。2010 年 10 月，延庆葡萄在河北唐山举办的中国农产品博览会上荣获金奖。2014 年 7 月，"延怀河谷葡萄"获得农业部农产品地理标志登记保护。2016 年 12 月，延怀河谷葡萄荣获"2016 全国果菜产业百强地标品牌""2016 全国果菜产业十佳文化传承地标品牌"称号。2019 年 1 月，延怀河谷葡萄荣获"2018 全国绿色农业十大最具影响力地标品牌"称号。

（农产品地理标志　登记证书编号：AGI01456）

延庆国光苹果

北京市延庆区果品服务中心　赵凤霞

北京市延庆区独特的气候条件和优越的地理位置，生产出独具特色的国光苹果。和其他产区相比，延庆国光苹果果肉硬度大，口感松脆，风味独特，酸甜可口，耐贮藏；尤其是颜色较好，基本上是全红果，这是其他产区不可比拟的。

一、产地环境特征

延庆区位于北京西北部，三面环山，西南临官厅水库，平均海拔 500～600 米，全区水体质量达到国家饮用水 Ⅱ 级标准，空气质量达到国家 Ⅰ 级标准。延庆区光照充足，紫外线强，昼夜温差平均 15℃，年均日照时数为 2 826.3 小时，年均气温 8.5℃，年均降水量 441.8 毫米，无霜期 180 天左右。土壤以褐土和壤土为主，土壤 pH 7.0 左右，山地丘陵属片麻岩风化土，富含铁、锰、锌等多种矿物质，有机质含量≥1%。延庆国光苹果种植区域主要分布在东经 115°44′～116°34′、北纬 40°16′～40°47′。气候冷凉、高辐射、大温差、少降水的"风吹日晒"天气，是延庆国光苹果生长的主要气候环境。

延庆区位于延怀盆地东部，城区为盆底，北山的苹果带为盆上的"盆帮"，均在背风向阳的坡面上。盆地靠北部中央还有著名的官厅湖，水面大，具有极强的阳光反射性。特别是春季，阳光照射加上湖水吸收阳光后反射到北山带上，带来光照强、时间长的效果，有效地抵御了北方山区的倒春寒，对苹果开花坐果十分有利。

二、产品品质特性

（1）品种特征。延庆国光苹果为小国光苹果品种，属晚熟品种，成熟期为每年 10 月 20 日以后，可以树熟采摘。该品种最主要的特点是果树寿命长，3～4 年树龄即可结果；坐果率高，可达 82% 以上，且无采前落果现象；果实着色好，颜色艳红，红色覆盖面积大，成熟果实的最低着色率

均超过 60%。

（2）外观品质。果实扁圆形，果面底色黄绿着鲜红色条纹或全面鲜红色；果皮中等厚，果粉较多，果点小而密且明显，形状不规则。

（3）营养品质。延庆产出的国光苹果可溶性固形物含量高，富含对人体有益的多种矿物质，抗氧化品质突出。

（4）风味特征。果肉淡黄色或绿白色，果皮较光滑，果肉细、肉质脆，甜酸适度，略偏甜，有香气，果汁较多。此外，果实耐储存，常温条件下可储存 5 个月，冷库条件下可储存到翌年 6～7 月。

三、历史文化与品牌发展

延庆国光苹果始栽于 1956 年，距今已有 60 多年的历史。20 世纪 50 年代末，延庆国光苹果大力发展，曾一度占北京市苹果种植面积的 50%～60%，直到 80 年代红富士品种引进后才逐渐减少。

近几年，随着大众口味的调换，国光苹果再度成为消费者的新宠。2007 年，北京市以发展精品农业、保护生物多样性为主题，组织举办了"北京市唯一性果品"申报活动，国光苹果作为延庆区唯一性果品之一纳入申报范围。延庆区境内目前还生长着 10 棵 50 年树龄的国光苹果树，这珍贵而罕见的历史年轮为延庆国光苹果的唯一性又增添了一份神秘而古老的历史气韵。

1985 年，延庆国光苹果荣获农牧渔业部优质产品奖。2006 年 11 月，荣获第二届中国国际林业产业博览会优秀参展产品奖。2007 年 12 月，荣获中国国际林业产业博览会金奖。2009 年 7 月，取得农业部颁发的农产品地理标志证书。2009 年 11 月，延庆国光苹果取得"中华名果"称号。2016 年，获得"全国果菜产业百强地标品牌""全国果菜产业十佳文化传承地标品牌"。2018 年，荣获"全国绿色农业十佳果品地标品牌"。

四、产业发展及销售状况

（1）生产状况。延庆国光苹果年产量约 150 万千克。目前栽植面积已达 7 000 亩，主要分布在以延庆区张山营镇张山营村、下营村，旧县镇黄峪口村、白羊峪村、闫庄村、三里庄村，香营乡黑峪口村、屈家窑村为主线的北山带。

（2）销售状况。延庆国光苹果从 2009 年获得农产品地理标志产品后供不应求，销售价格从 2006 年的 2 元/千克涨到 2012 年平均 20 元/千克，获得农产品地理标志产品授权的白羊峪果园国光苹果平均价格达到 30 元/千克。

随着政府重视程度的增加和管理水平的不断提高，国光苹果的品质不断提升，果个大小均匀、着色度增加，大部分成了全红果，色泽艳丽，酸甜适中。多年来，延庆国光苹果凭借其优秀的果品品质屡获殊荣。在近些年的中国国际农产品交易会上，延庆国光苹果受到广大市民的欢迎，尽管价格较高，但许多市民还是认为物有所值，甚至出现抢购的现象。

（农产品地理标志　登记证书编号：AGI00161）

华建亚麻籽油

山西省大同市华建油脂有限责任公司　赵东斌

大同市华建油脂有限责任公司（以下简称华建公司）成立于1996年，是一家集研发、生产、销售、服务于一体的生产型企业，23年专注于亚麻籽油的生产与加工，是中国大型的亚麻籽油专业生产企业之一。2015—2018年，华建公司在大同市云冈区西韩岭乡南村新建了一座专业型亚麻籽油生产基地，占地20亩，可年产8 000吨亚麻籽油。

一、亚麻文化

亚麻，一年生草本植物，生长于北纬38°～42°的高寒地带，其籽可用于制油，被称为"亚麻籽油"。亚麻籽油在北方俗称"胡麻油"，是一种古老的食用油。早在2 000多年前，张骞出使西域时将亚麻从大宛国沿丝绸之路带回我国，种植于北方地区的胡人聚集地，因此而得名胡麻油。直到现在，山西、内蒙古、宁夏、甘肃等地区依然保留着胡麻油、胡油、素油等俗称。

二、生产工艺

华建公司生产的华建诚鑫亚麻籽油选用晋北地区的绿色亚麻籽为原料，采用纯物理压榨工艺，再经过物理精炼制作而成，全过程无任何化学添加剂，并采用了充氮保鲜技术，全面确保了产品安全及营养成分不受破坏。自2006年起，产品已获得绿色食品A级产品认证，并陆续建立了HACCP、ISO9001质量管理体系，进一步全面确保了每一滴亚麻籽油"从农田到餐桌"的食品安全。同时，华建公司也荣获了"山西省名牌产品""山西省放心油""山西功能农产品品牌""中国亚麻籽油加工企业10强""全国绿色农业十佳示范企业""大同市农业产业化龙头企业"等荣誉称号。

三、营养价值

华建亚麻籽油中含有非常丰富的多不饱和脂肪酸——欧米伽-3脂肪酸和天然维生素E。欧米伽-3脂肪酸是人体必需的脂肪酸，人体自身无法合成，必须从外界的食物中摄取。其中的α-亚麻酸在进入人体后可转化成EPA（二十碳五烯酸）和DHA（二十二碳六烯酸）。EPA被誉为"血管清道夫"，有调节血脂、降低血液黏稠度、预防血栓形成、降血压、保护心脑血管及肾脏的功能；DHA被誉为"脑黄金"，可促进大脑和视网膜的发育，有提升智力、提升视力、增强记忆力、预防癌症、抑制发炎、抗衰老等功能。多年来，华建公司通过在生产技术与设备上的不断升级，所生产的亚麻籽油α-亚麻酸含量已高达55%以上。除此之外，亚麻籽油中还含有丰富的天然维生素E，每100克含39.6毫克，具有超强抗氧化作用，有治疗胃溃疡、保护肝脏、调节血压等功能。

四、经营发展

通过23年的不懈努力，华建公司始终保持着对产品品质的认真态度，对市场的深耕细作，对团队的严格管理，使产品获得了广泛好评，并深受广大消费者的喜爱。目前已在北京市、太原市、大同市分别建立了办事处及直营店。同时，在线下已与大润发、永辉、京客隆、美特好、世纪华联、卜蜂莲花等全国大型连锁超市建立深度合作；在线上已入驻天猫商城、京东商城、苏宁易购、阿里巴巴、微信商城等网络平台，形成了线上线下相结合的综合营销网络，产品已销售至全国各地。

另外，全国非常有名的餐饮连锁企业西贝莜面村所用的亚麻籽油就是华建公司专门为其研发调制的餐饮专用油。像西贝面筋、冷榨胡麻油调黄瓜、绿豆芽拌莜面等经典菜肴，都是用华建亚麻籽油作为主要配油制作而成，不仅在营养上锦上添花，更是在味觉上画龙点睛。

五、社会责任

华建公司的发展历程其实是一部励志的奋斗史，从起步阶段的创业期，到坚守并逐步发展的拼搏期，再到从年产百吨到年产近万吨的破茧蜕变期，每一步都离不开华建人的拼搏与努力。新建的亚麻籽油生产基地于2018年8月已正式投产运营，不仅代表着破茧蜕变的完成，更代表着步入辉煌的开始。

华建公司新建的生产基地每年可加工近2万吨亚麻籽，带动20万亩亚麻种植地的稳定生产，解决了部分农村剩余劳动力，并带动周边农民，实现人均增收3万元。华建公司的副产品胡麻饼已解决周边5 000户养殖专业户饲料短缺和质量难以保证的问题。华建公司的成长不仅体现在自身发展上，更体现在肩负的社会责任上。

六、坚守初心

华建公司经历着时代变迁，经历着沧海桑田。当科技的进步催化着各行业的变革，当经济的发展促使企业不断创新，尽管竞争已经很激烈，尽管步伐已经很艰难，但是华建人依然拥有着"诚信、拼搏、感恩"的价值观，依然追求着"做世界亚麻籽油行业领先品牌"的愿景，依然坚守着最初的起点、最开始的原本——"让所有人不缺乏 α-亚麻酸"的初心。这是对本心的笃定，也是对本源的坚守，更是对本初的执着。华建人始终相信：拥有正确的价值观，愿景将离我们不远，初心终将实现。

中国的亚麻籽油革命也可以理解为我们从食用动物油转变为植物油后的第二次革命，最终目标就是让每个家庭都有意识地去补充 α-亚麻酸。随着我们对亚麻籽油营养知识的不断科普和推广，相信亚麻籽油必将走进千家万户，为国人的健康加好油。

（绿色食品　证书编号：LB-10-19030401318A）

九 三 大 豆

黑龙江省农垦九三管理局　张宏雷

　　黑龙江省农垦九三管理局地处美丽的小兴安岭南麓、富饶的松嫩平原西北部，素有"中国绿色大豆之都"美誉。近年来，作为国家现代化大农业示范区、国家级生态示范区，九三管理局以维护"国家农业安全、粮食安全、生态安全、产业安全"为己任，以建设"中国大豆食品专用原料生产基地"为依托，加快大豆全产业链发展，把大豆精深加工业作为经济发展的第一支柱产业，推动产业向价值链中高端迈进，努力做好"九三大豆"这篇大文章。

一、持续"绿化"九三大豆品质塑造

　　好大豆生长于好土地。在充分挖掘"中国原生大豆种植标准化示范区""国家高油高蛋白大豆种植标准化示范区"等自然禀赋基础上，大力推进绿色生产和标准化生产两个全覆盖；科学落实"三减"行动，倡导施用农业有机肥，减少农业投入品总量，控制土壤面源污染；加大"三品一标"认证，强化"九三大豆"品牌保护力度，提高"九三大豆"的品牌影响力；加强大豆产业技术标准和可追溯体系建设，提升九三大豆品质，提高市场核心竞争力；坚持用养结合，强化黑土地保护性耕作，确保黑土地不减少、不退化，提升耕地地力。目前，绿色食品大豆种植认证面积达到145万亩、有机食品大豆种植认证面积达到21.7万亩。天蓝、水清、地洁的生态条件为"九三大豆"创造了优质安全的生长环境。

二、持续"优化"九三大豆品种结构

　　好销路源自好品种。以市场需求和消费结构变化为导向，九三管理局在全省率先推行大豆专品种种植，100％实现了单品种种植、单品种收获、单品种贮藏。九三管理局先后建成9个测土配方施肥检测中心、33座粮食处理中心和种子加工厂，以及39个全程可追溯、农产品质量可监控的"互联网＋"绿色有机种植示范基地；建立健全了农业生产标准化管理体系、农产品质量检测体系、多普勒气象雷达预报体系、有害生物预警防

控体系、测土配方施肥体系和智能化数字农业应用体系；推广应用节水灌溉、农药安全施用等新技术，保证了九三大豆的质量安全，赢得了更广泛的市场认同和增值空间。豆浆豆、芽豆、高脂肪大豆、高蛋白大豆、无腥味大豆等专品种在近百种区域可种植的大豆品种中脱颖而出，在九三大地落地生根，成了禹王、祖名、上海清美、达利集团等30余家企业的专用原料。

三、持续"强化"九三大豆品牌影响

　　好品牌依赖于好宣传。为了突破大豆产业同质化发展瓶颈，九三管理局进一步叫响"九三大豆"品牌，放大"中国绿色大豆之都""中国大豆油之乡"的品牌效应，打造更具影响力的优质豆

类产品品牌矩阵。通过全力推广应用点对点、全生产过程可追溯展示、私人定制营销和众筹、拍卖等新商业模式，综合运用线上线下、代理商分销、联盟、联营等渠道，实现展会营销、互联网营销、品牌抱团营销、全员营销多点发力，九三大豆的市场空间和占有率不断拓展。成功举办了北京、上海招商引资推介会；"九三豆都文化节"成了展示大豆标准化种植、产业化发展的重要窗口和弘扬大豆文化的重要平台；依托"互联网＋农产品营销"，绿色大豆、有机腐竹等传统和特色产品产销两旺，全局 422 个电子商务网点累计销售收入 5 000 余万元；"豆都"牌非转基因大豆油成了第六届全国饭店业职业技能竞赛全国总决赛的专用油，"九三大豆"的品牌价值不断显现。

四、持续"六化"九三大豆产业方向

好产业得益于好定位。如今，"大豆品种专用化、大豆种植规模化、大豆生产标准化、大豆经营市场化、大豆发展产业化、大豆产业品牌化"的"六化"发展定位已成为九三大豆产业发展的总体遵循，推动九三大豆产业向更高标准、更广市场、更长链条、更高价值迈进。目前，以专品种大豆、绿色腐竹、有机大豆油、休闲食品为主的大豆产业格局不断拓展，大豆就地加工年转化能力达 12 万吨，大豆精深加工业逐步成为经济发展的第一支柱产业，"九三大豆"也成了北大荒一张靓丽的"黄金名片"。2018 年 9 月 27 日，黑龙江省新闻联播用时近 8 分钟，播放九三管理局大豆丰收及产业发展状况；10 月 1 日，中央电视台新闻频道新闻直播间大型直播栏目《秋收画卷》，以《优化土质地生金，绿色种植豆升值》为主题，对九三管理局的九三大豆收获场景和产业发展情况进行报道，为黑龙江大豆产业发展"加油助威"。

2013 年，"黑龙江大豆（九三垦区）"成为国家地理标志保护产品；2017 年，"九三大豆"获得国家农产品地理标志登记认证，被评为"中国百强农产品区域公用品牌"和"黑龙江省农产品地理标志十大区域品牌"；2018 年，"九三大豆"成为黑龙江省唯一获得首届"中国农民丰收节"推荐的大豆品牌。目前，九三管理局正以"农头工尾、粮头食尾"为抓手，全力培育壮大大豆精深加工业成为经济发展的第一支柱产业。全局现有大豆精深加工企业 21 家，万吨级腐竹生产能力将助力九三管理局成为黑龙江省规模最大的绿色腐竹生产基地，黑龙江省农垦九三管理局正向着"绿色腐竹之都"迈进。

（地理标志保护产品　批准文号：2013 年第 55 号）

（农产品地理标志　登记证书编号：AGI02077）

穆 棱 大 豆

黑龙江省穆棱市农业农村局

李俭波　梅相如　苏红霞　吕 军　宋燕峰　徐明贵　石志宝　李金山　程丽英

穆棱市位于黑龙江省东南部，东邻绥芬河、东宁2个著名的国家一级口岸，北接煤城鸡西，南距牡丹江市区仅80千米。全市辖区面积6 187平方千米，辖6镇2乡、127个行政村、2个森工林业局。先后获得国家级生态示范区、国家农产品质量安全市（县）、百万亩全国绿色食品（大豆、玉米）原料标准化生产基地、全国休闲农业与乡村旅游示范县、全国有机产品认证示范区、国家农村产业融合发展示范园、国家品牌农业示范县等殊荣。

穆棱大豆是当地农民的主栽作物，也是带动农民增收致富的主导产业。大豆常年种植面积约100万亩，年产量18万吨；历史种植最大面积为150万亩，最高年产量达27万吨。穆棱大豆以其优良品质而享誉全国，1995年荣获国家"中国大豆之乡"荣誉称号。

一、独特的产地环境

良好的雨热光照土壤条件。穆棱市雨热同季，年降水量530毫米左右，且主要集中在6~8月。年有效积温2 350℃，最高积温2 750℃，无霜期130天左右。穆棱市属长日照地区，夏至日照最长17.5小时，冬至日照最长7.5小时，全年平均日照2 613小时。作物生长阶段，白天日照长度超过12小时。9月天高气爽，以晴好天气为主，为穆棱大豆籽粒膨大成熟和养分积累提供了必要的天气条件。土壤属沙壤土、暗棕壤、草甸土，质地疏松，保水保肥性能好，pH 5.5~6.8，磷、钾含量丰富。

得天独厚的有效隔离带。穆棱大豆产区是丘陵山区，属长白山系老爷岭山脉，呈西南—东北走向，平均海拔500~700米，具有"七分山水三分田"的地貌特征。穆棱市生态环境极佳，森林覆盖率达70%，耕地坐落在群山之中的平川地、坡岗地，且被群山、森林环抱，以群山、森林为主的有效隔离带长达几十千米以上，可有效防止常规农田化学物质漂移的污染。

较高的温差条件。穆棱大豆生长期昼夜温差大，白天温度在30℃左右，夜间温度在20℃左右，有利于大豆营养积累。冬季大豆产区常年有积雪，最低温度−44℃，夏季最高温度37℃，冬夏温差最大高达81℃，漫长而寒冷的天数长达150天，不利于大豆病虫害越冬，因此大豆病虫害较少。

优越的地理位置、适宜的自然环境条件，为穆棱大豆优质高产提供了最佳的生态环境。

二、突出的产品特性

穆棱大豆主要有黄大豆、黑大豆，以黄大豆为主，同时有少量黄瓤黑大豆和青瓤黑大豆。穆棱大豆为非转基因大豆，以中小型机械与手工收获脱粒为主，大豆成熟度好，籽粒饱满均匀，豆粒圆形，圆滑光亮，色泽金黄统一，避免了大型机械作业带来的泥花脸现象。由于品种优良，种植区内生态环境良好，采取绿色、有机食品标准种植，更赋予穆棱大豆以优秀的内在品质。穆棱生产的大豆拥有高脂肪和高蛋白两大系列，具有高品质、有机、绿色、营养等显著特点。穆棱大豆制作的豆浆香甜爽口，穆棱豆腐更是鲜嫩可口，深受客商和消费者欢迎。机械压榨大豆油，营养丰富，富含亚油酸，有健康油、延寿油之称。

穆棱大豆营养丰富，蛋白质含量 40% 以上，脂肪含量 18% 左右，含人体必需的多种维生素和矿物质，又有"美容植物肉""绿色牛乳"的美誉。采用穆棱大豆制作的小葱拌豆腐、砂锅豆腐汤、海米豆腐汤、牛奶炖豆腐、豆腐烧白菜、香菇木耳豆腐汤、香菇炖豆腐、黑木耳豆腐汤、羊杂炖豆腐、豆腐皮汤、小米豆浆、木耳豆浆、玉米豆浆、大酱汤等，均是穆棱享誉百年的名菜。

三、悠久的种植历史

穆棱大豆有上百年的种植历史。新中国成立后的播种面积一直保持与玉米、小麦持平。穆棱大豆种植水平较高，平均亩产 180 千克左右，最高年份 1984 年亩产达到 218 千克。1995 年，由于穆棱大豆质量好、品质优、产量高，穆棱市被授予"中国大豆之乡"荣誉称号。

2000 年开始，穆棱市以 9 个乡镇为主，创建了 9 个绿色食品大豆示范园区，全面推广绿色食品大豆和有机大豆生产技术，是黑龙江省诱芯生物防治大豆食心虫技术应用最早的县（市）。

2002 年，4 万亩大豆获得绿色食品认证，填补了穆棱市绿色食品认证的空白。2004 年 12 月，50 万亩大豆被农业部认证为全国绿色食品大豆标准化生产基地。2006 年，1.5 万亩大豆获得有机农产品认证，实现了绿色食品大豆基地向有机农产品大豆基地的提档升级。2008 年，穆棱市共和乡被黑龙江省绿色食品办公室确定为有机食品乡。2008 年，"好康天"牌有机大豆荣获中国绿色食品 2008 上海博览会"畅销产品奖"。2012 年 8 月，"穆棱大豆"被农业部批准登记为国家农产品地理标志。2013 年 12 月，"瑞多依"牌大豆油被黑龙江省质量龙江建设联席会议办公室评为黑龙江名牌产品。2013 年 4 月，穆棱大豆被黑龙江省商务厅、黑龙江省农业委员会等评为首届黑龙江消

费者最喜爱的 100 种绿色有机食品。2017 年，"穆棱大豆"荣获 2017 最受消费者喜爱的中国农产品区域公用品牌；穆棱市凯飞食品有限公司大豆被评为第 11 届中国国际有机食品博览会产品金奖。2018 年 10 月，穆棱市获得国家农产品质量安全县（市）称号。

截至 2018 年年底，由于受国内外市场影响，大豆种植面积由高峰期的 150 万亩降到 90.14 万亩，年产量 9.9 万吨，仍排牡丹江市首位。

四、产业发展及社会贡献

近年来，穆棱市委、市政府加大了以大豆为重点的绿色有机农业的服务和扶持力度，先后出台了《穆棱市国民经济和社会发展第十三个五年规划纲要（2016—2020 年）》《穆棱市农产品质量认证监管和补贴奖励机制办法》《穆棱市品牌奖励管理办法》等政策、规划和措施，建立健全穆棱市全国绿色食品原料标准化生产基地、有机农业示范基地、国家农产品质量安全县（市）建设领导小组，鼓励、支持和引导大豆产业发展；制定实施《穆棱市农业投入品经营和使用管理制度的实施意见》，从源头上控制了农产品质量安全，为国家农产品质量安全县建设提供了保障。同时，积极培育、壮大和引进大豆精深加工龙头企业，提高大豆生产附加值。

目前，穆棱市已有绿色有机大豆生产加工企业 6 个，其中无公害大豆企业 2 家，绿色食品大豆企业 1 家，有机大豆生产企业和合作社 4 家。穆棱市凯飞食品有限公司现有仓储能力 5 万吨，现年经营大豆 4.5 万吨，加工大豆 3 万吨。公司加工的大豆蛋白粉主要销往山东齐鲁制药股份有限公司、内蒙古齐发制药有限公司和哈药集团制药总厂等 3 家上市公司，新研发的风味豆制品和膨化豆制品出口德国、瑞典、挪威、美国、以色列等 12 个国家。

穆棱大豆凭借特殊的地质气候条件、优良的品种和先进的栽培技术优势，在全省大豆产业下行的形势下逆势上扬，积极发挥示范区的示范带动作用，为穆棱市域经济发展做出了巨大的贡献，在全国的知名度和影响力不断提升。

（农产品地理标志　登记证书编号：AGI00084）

（地理标志保护产品　批准文号：2018 年第 33 号）

绥 化 鲜 食 玉 米

黑龙江省绥化市农业农村局　高金保

绥化市委、市政府高度重视鲜食玉米产业发展，把鲜食玉米产业发展纳入政府全年推进的重点工作，着力打造优势特色产业。2018年绥化鲜食玉米种植面积达60万亩，鲜食玉米加工企业发展到50余家，加工能力超过10亿穗，开发鲜食玉米鲜穗、休闲食品、功能食品、复合食品等20多种，产品远销京津冀、长三角、珠三角等地。全市总产量达54.2万吨，产值达21亿元，农民、企业增收达10亿元。

一、规划引领，全力打造高纬度鲜食玉米主产区

绥化市从实际出发，依托北部高纬度寒地黑土地带明显的区位优势、资源优势、科技优势、质量优势、政策优势和需求优势，以增加农民收入为核心，以打造鲜食玉米精品基地为基础，以提升加工产能为动力，以拓宽销售渠道为手段，制定了《绥化市鲜食玉米产业发展规划（2016—2020年）》，推进鲜食玉米产业的健康可持续发展。在2018年鲜食玉米种植面积发展到60万亩的基础上，规划到2020年发展到70万亩，产量达到18亿穗；发展加工能力2 000万穗以上的鲜食玉米加工企业50户，鲜食玉米订单生产比例达70%以上，把绥化市打造成全国鲜食玉米主产区。

二、示范引领，积极推进鲜食玉米基地标准化、规模化生产

与省内外鲜食玉米科研院校单位合作，积极引进新品种、新技术，应用大垄栽培、生物防控等新技术，开展了鲜食玉米新品种展示试验、新技术示范工作，积极探索并推广高产、优质、高效的种植模式。建设了"互联网＋农业"鲜食玉米高标准示范基地22个，增加整地、播种、生物防控、青贮、收获等农机装备，用现代科技武装农业，加快推动新成果转化，引领、带动全市鲜食玉米的高标准、规范化发展。所有鲜食玉米种植都是由家庭农场、专业合作社、种植大户进行规模经营，全面推广鲜食玉米绿色生产技术规程，实施标准化生产。

三、品质引领，全面打造优质绿色安全鲜食玉米生产基地

积极与黑龙江省农产品质量安全认证中心、黑龙江省农业科学院和黑龙江省质量技术监督管理局对接，宣传、引导和组织各县（市、区）开展有机产品认证、良好农业规范认证、管理体系认证和品牌创建活动。强化鲜食玉米生产环境的管理，采取有力措施，严格限制环境污染，确保所有鲜食玉米生产基地都能达到相关要求，努力从源头上保障鲜食玉米生产的品质和安全。建立了种植档案，大力实行"三减三增一推"新技术，增加使用有机肥、绿肥和生物农药，推广生态耕作模式，着力打造从耕种到收获、从仓储到运输、从集市到居民餐桌的全程零污染、全程标准化、全程可追溯的三大安全体系，实现了鲜食玉米全程质量监控。

四、项目引领，积极促进鲜食玉米产业融合发展

依托资源保障和产业基础，不断优化投资环境，加快以资源换技术、换资本、换市场，着力建设产业特色鲜明的鲜食玉米加工体系。建立了"龙头企业＋基地＋农户""合作社＋公司""企业＋合作社＋基地＋农户"等产业化发展模式，带动了当地农民增收致富。引进全国客商在建玉米加工

项目18项，新增加工能力2.5亿穗，新增冷藏能力近20万吨。开发鲜食玉米鲜穗、休闲食品、饮品、功能食品、复合食品20多种。

五、品牌引领，不断拓宽鲜食玉米销售渠道

依托"寒地黑土"这一中国驰名品牌的带动效应，深入开展鲜食玉米品牌创建活动。"绥化鲜食玉米"获批农产品地理标志。黑龙江原野食品有限公司生产的"新北香"牌速冻黏玉米通过了ISO9001质量管理体系认证和ISO22000食品安全管理体系认证，被评为黑龙江省名牌产品、首届"东北特产"，产品远销到河南、山东、江苏等地，并出口到韩国。青冈大董农业加工的"大董"牌黏玉米已在长三角、珠三角等发达地区形成稳固销售渠道。连续两年在绥化举办了中国鲜食玉米·速冻果蔬大会，成立了绥化市鲜食玉米联合会，充分发挥平台作用，积极宣传绥化鲜食玉米品牌，组织全市鲜食玉米生产加工企业积极参加"五谷杂粮下江南"销售活动，进一步拓展了绥化鲜食玉米的销售空间。鼓励和引导现有鲜食玉米加工企业参加国际、国内展销会、博览会、产销对接会等活动，有效对接全国鲜食玉米经销商和采购商。充分利用线上和线下两种形式、国内和国际两个市场，进行产销对接和发展订单生产，扩大市场销售份额。

六、强化绿色优质，创新绿色科技模式引领市场供给发展

在鲜食玉米适宜品种应用、种植区域优化、关键技术集成组装、机械配套应用、产品精深加工、品牌创建等方面取得较大成效，实现了绥化鲜食玉米的"品种优良化、栽培模式化、生产规模化、产品订单化"，形成一套较完整的立体、生态、多元、增品、增效综合栽培技术模式，在全省适宜范围内推广。以提高质量效益和竞争力为目标，通过基地建设、科技创新、市场营销、精深加工等关键环节工作，推动鲜食玉米向种、加、销全产业链发展。

1. 深入研究筛选适宜绥化地区种植的鲜食玉米优良品种

利用全国20多家鲜食玉米育种单位已经审定的和正在区域试验的150多个种植品系，根据绥化自然环境条件和所需鲜食玉米的特征特性，通过区域实验筛选适合绥化地区生产应用的鲜食玉米，主推品种有万糯2000、京科糯2000、绿糯9、金糯262等10多个优良优质品种。

2. 推广应用增品增效创新栽培技术

集成推广应用了因地配肥、立体施肥、全程供肥技术，鲜食糯玉米全程机械化栽培技术，玉米根茬粉碎还田技术，鲜食玉米有机食品、绿色食品生产技术，物理及生态防治玉米螟技术。

3. 集成组装增品增效创新栽培模式

组装应用适时早播、早发苗、大垄大面积机械化栽培技术，开展鲜食玉米秸秆综合资源化利用研究，应用错期播种高产栽培模式。

4. 应用鲜食玉米专品类复合集成加工技术

引进推广鲜食玉米精深加工技术应用，调整鲜食玉米加工产品结构，发展鲜食水果玉米，引进国内外先进鲜食玉米加工生产线，甜糯玉米真空软包装、速冻鲜食玉米棒（粒）、玉米糊、玉米粥、玉米饮料等深加工产品，提高加工转化能力。

2017—2018 年，绥化市分别获得"全国鲜食玉米产销示范基地""全国鲜食玉米产业示范区"称号，绥化鲜食玉米获得"2018 全国绿色农业十大最具影响力地标品牌"荣誉称号。绥化市鲜食玉米在中央电视台、黑龙江电视台、搜狐、网易、农特网等平台上广泛宣传。

（农产品地理标志　登记证书编号：AGI02462）

肇 州 糯 玉 米

黑龙江省肇州县农业农村局　李凤龙

　　肇州糯玉米产自黑龙江省大庆市肇州县，该县位于松嫩平原腹地，地处黑龙江省第一积温带，属中温带大陆性季风气候，四季分明，春季多风干旱，夏季温热多雨，秋季温凉适中，冬季寒冷干燥。全年无霜期约 143 天，年均活动积温 2 800℃。自然资源保护良好，原生态、纯天然、无污染，水草丰美，土壤肥沃，适宜于农牧业发展，属于杂粮产区。这里素有"玉米海""玉米带"之美誉，交通便利，产品流通性强，是全国重要的商品粮生产基地，全国 100 个产粮大县之一。

一、独一无二的产品特征

　　肇州糯玉米产自松嫩平原寒地黑土，在种植过程中，不施农药和化肥，只使用农家肥和有机肥。糯玉米棒颗粒饱满、口感黏糯、味道微甜，含有人体所必需的多种氨基酸和玉米天然生物水，其维生素及人体有用的矿物质含量均高于普通玉米，是纯天然新型营养食品。采摘新鲜的糯玉米，精心挑选，传统工艺进行加工，保持原汁原味，具有甜、黏、香等特点，营养极为丰富，主要有糯玉米穗、玉米段、玉米粒、玉米饼、脆皮玉米饼、鲜糯玉米浆等多款产品。

　　肇州人研发生产的独具特色的鲜糯玉米浆，已申请国家专利。鲜糯玉米浆精选绿色糯玉米，经过脱粒、打碎等工序，不加任何添加剂，保留了糯玉米中的原生物，并含有人体所必需的多种氨基酸，营养丰富，口感极佳。肇州糯玉米可做成玉米粥、蒸玉米干粮和烙玉米饼等，是适合婴幼儿、中老年人的健康佳品，更是爱美女士、减肥人士促进胃肠消化的必选之物。

二、历史悠久的文化属性

　　"千载古肇州，百年老街基。"《金史》载："天会八年（1130），以太祖兵胜辽，肇基王绩于此，遂建为州，下辖一县曰始兴。"因名肇州，始有肇州之称。1901 年，肇州巡防局理刑主事庆山奉命勘定城基一处，是为肇州城基，即"老街基"，如今为肇州县政府驻地。在这片热土上，有辽金出河店之战的遗址，有闯关东先民拓荒的足迹，有蒙古封地的遗存，有古驿站战人的文化，有抗联英雄浴血奋战的事迹……

　　千百年来，肇州的先民们在这片寒地黑土上耕耘，一株小小的玉米，解决了几代人的温饱，承载了几代人的梦想，铸就了祖祖辈辈的辉煌，在人们的头脑里形成了深深的玉米情结，积淀了宝贵的精神财富：不畏艰险、勇敢拼搏的闯关东文化；浴血奋战、敢于牺牲的抗联文化；吃苦耐劳、任劳任怨的拓荒文化；聪明智慧、善于经营的商贾文化；粗犷豪放、不拘小节的东北文化。

三、蓬勃发展的市场空间

　　按照习近平总书记对"农头工尾""粮头食尾"的重要指示精神，肇州县加速推进一二三产业融合发展，扶持壮大老街基、太和保农等糯玉米加工企业，紧紧依靠科技创新，加大新技术、新产品研发，全面提升糯玉米产业一体化经营水平。

1. 高标准建设生产基地和加工车间

　　在肇州县政府的支持和引导下，建立肇州糯玉米绿色食品标准化生产基地 2 处，严格按照绿色食品生产规范化要求，基本实现订单式生产。在新技术、新品种引进上，聘请省、市农业科研院所专家授课，做到了技术送手头、服务到田头，保证了产品的产量和质量。企业引进先进技术改造了糯玉米加工生产线，建设了糯玉米冷藏室和保鲜库，提高了糯玉米的保存时限。

2. 全力推进产品质量和品牌建设

坚持把产品质量放在首位，推行标准化生产，严控产品的每一个环节、每一道工序，实行"从土地到餐桌"的全程质量控制，坚决做到不合格产品不出基地、不出车间、不出工厂。实施"文化＋品牌"的发展战略，融肇州历史、文化元素于农产品之中，先后打出了"绿色生态""乡土气息""东北文化""青春时尚"等四张牌，赋予产品深厚的历史和文化内涵，提升"肇州糯玉米"在农产品市场的品牌形象。"肇州糯玉米"系列产品加入了省、市质量安全追溯平台和农业投入品溯源系统，在产品包装上印有二维码，方便消费者识别产品和了解产品信息，实现了食用农产品和农业投入品源头可追溯、流向可跟踪、信息可查询、责任可追究，保障了食用农产品的生产和消费安全。

3. 努力搭建产品展示和营销平台

积极参加国际国内各种经贸活动，在省内主要公路两侧设立高空广告牌，扩大了品牌的知名度和影响力。在大庆、哈尔滨等地建立糯玉米销售旗舰店 4 个、直营店 12 个，并在北京、上海、广州等地建立连锁店 100 多个。同时，不断拓展网络市场，逐步开展电子商务业务。开办了肇州糯玉米网站，注册了多个微信公众号。与阿里巴巴批发网和淘宝网合作，开通微商城，走进了 B2C 和 O2O 市场，与有机厨房、拉手网、窝窝团、好买网、百度糯米团、秒赚等团购网合作，产品销往全国各地。

截至 2018 年年底，肇州糯玉米产业共吸纳农民近 500 户，辐射带动全县 6 个乡镇近 200 个村屯，种植面积 2 万余亩，亩产约 3 000 穗，按照 0.6 元/穗的保底收购价格，与种植普通玉米相比，亩均增收 600 元以上。"肇州糯玉米"不仅获得了农产品地理标志认证、黑龙江十大地理标志知名品牌等多项荣誉，还入选全国名优特新农产品名录，先后在黑龙江电视台、大庆电视台等多家新闻媒体宣传报道，品牌美誉度不断增强，知名度进一步提高，产品的市场影响力持续得以拓展。

（农产品地理标志 登记证书编号：AGI01906）

崇 明 清 水 蟹

上海市崇明区农业农村委员会　陈　磊　龚洪新　杨盈盈　李晨博

近年来，随着经济与社会的不断发展，公众收入水平不断提升，崇明清水蟹逐渐受到各地人民的青睐。崇明区地处上海长江口，具有独特的生态岛域的地理优势和良好的长江水质环境，是长江水系中华绒螯蟹的发源地。目前，崇明清水蟹养殖面积约 6 000 亩，清水蟹产业在崇明区的农业发展中具有独特的地位和举足轻重的作用。

一、产地环境

崇明岛面积 1 200.68 平方千米，人口约 67.15 万人，位于中国海岸线中点位置，地理方位东经 121°09′30″～121°54′00″、北纬 31°27′00″～31°51′15″。地处中国最大河流长江入海口，是世界最大的河口冲积岛。全岛三面环江，一面临海，素有"长江门户""东海瀛洲"之称。西接长江，东濒东海，南与江苏省太仓市隔江相望，北与江苏省海门市、启东市一衣带水。东西长 80 千米，南北宽 13～18 千米，岛上地势平坦，无山岗丘陵，西北部和中部稍高，西南部和东部略低。90% 以上的土地标高为 3.21～4.20 米。地处北亚热带，气候温和湿润，年平均气温 15.2℃，日照充足，雨水充沛，四季分明。岛上水土洁净，空气清新，生态环境优良。

二、区域优势

2015 年以来，崇明 PM2.5 平均值为 35，是全市空气质量最好的地方之一。近 10 年来，崇明坚持"生态立岛，绿色发展"，特别是《崇明生态岛建设纲要》发布以来，围绕"水、土、林"重点做好河道整治、污水处理、公益林建设、设施菜田、环境监测等基础建设，显著提升了生态环境质量。崇明具有独特的地理优势和水域生态条件，特别适合清水蟹种苗培育和养殖。由于崇明定位为生态岛，工业污染源极少，岛上水土洁净，空气清新，生态环境优良。长江口水质咸淡水交接、海河水交替，是天然的活水体系，水中的营养盐类和浮游生物十分适合崇明岛河蟹成长。河蟹特有的洄游特性形成了崇明水域每年的"蟹苗汛"，优质的苗种资源也引来其他地区"借种"，是名副其实的"蟹乡"。

三、产品特性

崇明清水蟹是中华绒螯蟹长江系中的主要蟹种之一，是一种经济蟹类，出生地就在崇明岛的长江口水域。崇明清水蟹因其两只大螯上有绒如毛，故崇明人称之为"老毛蟹"。清水蟹到秋季性成熟时洄游东海，冬季至翌年春季交配产卵，蚤状幼体经过 5 次变态成蟹苗，蟹苗又顺着长江口洄游，并在崇明河沟、池塘中自然生长或养殖。崇明清水蟹具有"青背、白肚、金爪、黄毛"的典型形态特征，其肉质鲜美，含有丰富的蛋白质和钙、磷、钾、钠等元素，并且脂肪和碳水化合物较少，是餐桌上深受人们喜爱的一种水产佳肴，具有很高的食用价值、药用价值和经济价值。

四、产业发展

1. 基地建设标准化

通过塘口网格型、基础设施（办公场所、仓库、道路、进排水系统、防盗设施、绿化）改造建设，打造华东地区一流的商品蟹养殖基地。全区现有标准化养殖基地 9 家，面积 1 991 亩，占商品蟹养殖面积的32%左右。

2. 养殖生产规模化

通过整合优势资源，集约项目和技术，形成百亩以上专业商品蟹养殖合作社15家，面积3 571亩，占商品蟹养殖面积的56%左右，并基本实现了养殖模式统一，是打造崇明清水蟹养殖生产的示范单位。

3. 投放苗种系列化

从源头抓起，把好放养关，做到亲本自选、蟹苗自繁、蟹种自育、商品蟹自养。目前，全区推广使用上海海洋大学自主研发的具有自主知识产权的"江海21"国家级新品种，提升崇明清水蟹的品质。

4. 使用渔药规范化

严格执行国家规定的渔用病害防治药物使用规范，严格选用精细蟹饲料，严格按照河蟹生长全过程进行跟踪抽检，确保商品蟹食用安全。

五、品牌建设

2018年年底，为进一步提升河蟹产品的品牌价值和市场竞争力，推进清水蟹优质高效生产，崇明区着力打造"崇明清水蟹"区域公用品牌。通过统一标准、统一包装的形式，拓宽线上与线下的品牌销售渠道，全面实施订单农业，打造"福利工厂"。

下一阶段，崇明区将从提高清水蟹品质安全、加大品牌宣传力度、利用智慧农业赋能品牌建设等方面入手，着力提升"崇明清水蟹"区域公用品牌的知名度和影响力。一是加强安全监管、强化技术指导，

提升崇明清水蟹规模化基地养殖水平与产品品质。二是科学规划推广计划，积极推荐相关企业参加国际、国内具有影响力的各类农产品展销会，提升崇明清水蟹的市场知晓度和影响力。三是试点运用物联网和人工智能等先进技术，实现崇明清水蟹品质监管、环境监控、运输销售的全程追溯，实现智慧农业助力农产品品质安全，从而实现崇明清水蟹从高科技迈向高品质和高附加值。

六、社会荣誉

崇明清水蟹（崇明老毛蟹）2007年获国家地理标志产品保护认证，2015年在第13届中国国际农产品交易会上获产品畅销金奖，2018年在第16届中国国际农产品交易会上获产品金奖。2019年1月，上海市崇明区清水蟹入选第二批中国特色农产品优势区。崇明清水蟹作为地方特色产品，被崇明区委、区政府列为崇明重点发展的农产品生产重要支柱产业之一，崇明也已被国家市场监督管理总局批准为"崇明中华绒螯蟹国家级标准化示范区"。

（地理标志保护产品　批准文号：2007年第153号）

（地理标志证明商标　注册号：6450301）

马 陆 葡 萄

上海市嘉定区马陆镇农业服务中心 张晋盼 赵海良

马陆葡萄集中种植区位于上海市嘉定区马陆镇，地处上海西北、嘉定区中部偏东，东与宝山区接壤，西与上海国际汽车城安亭和F1国际赛车场相连，南与南翔镇、北与嘉定镇毗邻。优势区集中种植马陆葡萄面积约4 600亩，2018年总产值9 000余万元。葡萄品种以早熟夏黑、中熟巨峰、巨玫瑰、醉金香为主，少量阳光玫瑰等新品种，设施大棚覆盖率在70%以上。

马陆葡萄自1981年开始种植，历经产量效益、质量效益到品牌效益三个阶段。1999年，马陆镇被农业部命名为"中国葡萄之乡"，马陆葡萄由于品质上乘成为市民口口相传的品牌。进入21世纪后，马陆葡萄先后荣获上海名牌、上海市著名商标、中国名牌农产品、全国名特优新农产品等荣誉，先后通过国家工商行政管理总局证明商标注册和农业部农产品地理标志登记，成了沪郊农产品中响当当的农业公用品牌。

一、匠心精神和科技创新是产业灵魂

马陆葡萄产业的兴旺是近40年栉风沐雨的坚持和与时俱进的科技创新的结晶。近40年来，一代人始终坚持在葡萄种植行业，兢兢业业为了葡萄而忙碌。从1992年成立上海马陆葡萄研究所，成为第一家上海郊区的研究所，指出用科技引领产业发展，提倡控产栽培；到2000年创办马陆葡萄节，成为上海郊区第一个农业主题节庆活动；再到2006年马陆葡萄公园开门迎客，成为国内首家以葡萄为主题的公园；到2013年，在全国葡萄产业火热发展的时候，第一个提出葡萄产业需要转型升级，打造马陆葡萄升级版；再到2017年的马陆葡萄休闲农业规划，研发葡萄衍生品，开放精品民俗，推进葡萄旅游线路，扩展马陆葡萄产业发展模式……凭借坚持匠心和与时俱进的科技创新，马陆葡萄成为南方葡萄产业乃至全国葡萄产业的一面旗帜。时至今日，马陆葡萄不再仅仅是农产品，也不仅仅是农业品牌，而是乡村振兴工作中的文化品牌。

二、经营主体灵活多样，品牌发展有分有合

在近40年的发展中，马陆葡萄产业逐步从单纯的第一产业到一二三产业融合发展，采用"研究所＋企业＋合作社＋农户"的发展模式，以研究所作为龙头进行新品种、新技术示范，企业和合作社进行扩大集成，成熟后再推广，带领当地农户共同致富。2004年12月，上海马陆专业葡萄合作社注册成立，成为合作社联社，加强马陆葡萄种植管理，提高马陆葡萄品质，形成马陆葡萄品牌合力。合作社成立后获得马陆镇农业服务中心授权，统一使用上海市著名商标"马陆葡萄"，以"马陆葡萄"这一地域品牌为抓手，加强标准控制、品牌管理、品牌宣传，将地域品牌做大做强。同时，引导辖区内葡萄种植户成立小型的葡萄种植合作社，目前23家葡萄种植合作社均加入合作社联社管理。合作社联社下属种植企业及合作社以地域品牌为背书，注册了各自的子品牌。像"传伦""管家""品冠峰""惠娟"等葡萄品牌，在消费者提到马陆葡萄的同时，这些子品牌也逐渐家喻户晓。地域品牌加合作社品牌的"母子品牌"共生模式形成了一种"聚是一团火，散是满天星"的农业品牌特有模式。合作社联社和各合作社在管理工作安排上有分有合，管理灵活，既进一步提升了全镇葡萄种植户的组织化程度，又通过集中管理提高整体种植水平。

三、品种是基础，品质是核心，品牌是载体

品种是提高葡萄品质的基础，同样的自然环境和栽培条件，产业发展成功与否，品种是关键。"葡萄下江南"就是因为一个好品种"巨峰"才得以成功的。好品种与好品质的距离最近，种植业选对品种是成功的关键。多年来马陆葡萄种植团队一直重视品种工作，从巨峰到欧亚种粉红亚都蜜、奥古斯特，再到夏黑、阳光玫瑰，马陆葡萄的品种一直在不断翻新。

在云南葡萄和北方葡萄的夹击下，马陆葡萄取胜的关键是品质，马陆葡萄产业也从高产高效益阶段向优质高效益阶段成功转型。通过葡萄控产技术，使葡萄穗长、粒数和果粒大小一致、糖度提高，实现亩优质果率达到80％以上。如"巨峰"每穗长到18～20厘米、40～50粒、糖度17度以上，成为真正的优质果品。

品牌是产品质量、价值和信誉的载体。2001年，上海马陆葡萄研究所申请注册"马陆"牌葡萄商标，确立马陆葡萄在上海地区特色优势农产品的地位；2007年，马陆葡萄公园申请注册"传伦"牌葡萄商标，作为高端精品引领马陆葡萄发展。在"马陆"牌葡萄区域公用品牌下形成了"传伦""管家""品冠峰""展信"等企业品牌集群，价格上形成了"传伦"牌葡萄每千克80元，其他品牌依次为60元、50元、40元、30元、20元的梯次价格，突破了农业效益从"赚劳工"转向"赚品牌"的瓶颈，实现了优质优价。

四、产业融合发展，共谱美丽篇章

进入21世纪，马陆葡萄在品牌发展阶段，形成了以休闲旅游观光农业带动果品的采摘、直销，解决了果品销售难的问题。从2001年起，在每年的葡萄上市季节举办马陆葡萄节，至今已连续举办了19届，主题多样，节目多彩，让马陆葡萄声名远扬。集中展示马陆葡萄文化的马陆葡萄公园，马陆葡萄艺术村内改造旧厂房，筑巢引凤，吸引了周春芽、岳敏君、余耀德等一批知名艺术家入驻，嘉源海艺术中心挂牌成立，艺外莆源艺术酒店对外开放，休闲、餐饮、住宿等多种服务形式不断完善，文化艺术多彩纷呈，内容不断丰富。各种产业形式成了围绕葡萄产业不断延伸的一粒粒珍珠，与葡萄一起共同串起了乡村振兴的美好明天。

（农产品地理标志　登记证书编号：AGI01605）

（地理标志证明商标　注册号：12299509）

灌 南 食 用 菌

江苏省灌南县农业农村局　赵书光　赵春华

近年来，灌南县以促进农业增效、农民增收和农村发展为目的，坚持把食用菌产业作为优化农业产业结构的主导产业来抓。通过科学规划、政策扶持、园区集聚、项目促动、服务引导等有效举措，全县食用菌产业发展迅猛，规模产值连年扩增，示范带动成效突出，先后获评"全国食用菌工厂化生产示范县"等荣誉。2012 年，"灌南金针菇"通过国家质量监督检验检疫总局审查，成为国家地理标志保护产品。

一、产地环境

灌南县位于连云港、宿迁、淮安、盐城四市交界之处，是连云港市南大门，为徐连经济带、长江三角洲经济圈、淮海经济区的交叉辐射区，水陆交通便利。县域总面积 1 030 平方千米，下辖 11 个镇、5 个工业园区、2 个农业园区、1 个文化产业园区、238 个村（居），人口总数约 80 万人，劳动力资源极为充足。

灌南县位于黄淮平原南部沿海地区，地势平坦，无山岗丘陵，地势南高北低、西高东低，地形西宽东窄；河流纵横交错，海河相通；形状如一把金钥匙。灌南县地处淮、沂、沭、泗诸水下游，新沂河横卧境北，灌河及其他干河横穿东西，盐河纵贯南北，大小河沟密布似网，水系发达，水质清澈，海河连通，航运便利。灌南县境内多为古黄河及其他河道冲积平原，土壤集海、陆多种微量元素于一体，现有耕地分 5 个属、16 个土种，土壤肥沃，污染较少，是发展绿色生态农业的理想之地。

灌南县属于温带季风气候，四季分明、光照充足、气候温和、雨水适中、无霜期长；春季温暖干燥，夏季炎热多雨，秋季凉爽多风，冬季寒冷潮湿，适合喜温、喜光、喜凉作物的生长和成熟。

二、区域优势

灌南县气候四季分明，雨水充沛，水源丰富，林木茂盛，农业生产以稻麦轮作为主，少量种植玉米、大豆等农作物，农作物秸秆、木屑等农林产品下脚料资源极为丰富，这些正是种植食用菌的优质原料。

灌南县将食用菌产业作为区域优势主导产业，专门出台了《灌南县鼓励高效农业发展扶持奖励办法》等一系列政策文件，详细制定了补贴机制，如对投资 500 万元以上的食用菌工厂化生产企业补贴 20％等。

灌南县先后联合中国农业科学院、江苏省农业科学院、南京农业大学等省内外科研院所，兴建了中国农业科学院（灌南）食用菌产业研究院等平台和实训基地，并聘请中国工程院李玉院士为特别顾问，建立李玉院士工作站，有力地推动了产学研合作和科技成果转化。

三、产品特性

灌南县主要种植金针菇、杏鲍菇、双孢菇、海鲜菇、蟹味菇、秀珍菇、香菇、草菇、姬菇、平菇、黑皮鸡枞、毛木耳、玉木耳等 10 多个食用菌品种，生产全程按照标准化管理，鲜菇达到绿色、有机标准，菌柄组织致密，口感脆嫩，富含蛋白质、碳水化合物、氨基酸、维生素及钙、镁、铜、锌等营养物质，适合炒、煎等烹饪方式。

四、历史文化

灌南是历史上有据可考的最早人工栽培食用菌的地区之一。据南北朝时期医学家陶弘景《本草经集注》记载,郁洲人(即今连云港市东云台山一带)开始人工栽培食用菌,素有"蘑菇之乡"美誉。2008 年,为深入挖掘传承食用菌的营养、保健、生命体验等文化内涵,创建区域公用品牌,灌南县政府斥资兴建了以"菇菌、人与社会"为主题的苏北菇菌文化展览馆,通过实物标本、仿真模型、图文说明及声、光、电等方式,全方位展示了中国菇菌历史沿革及灌南食用菌产业发展历程,已成为江苏省中小学生科普教育基地。同时,多次协办了中国国际食用菌烹饪大赛等重要比赛,先后荣获第五届中国国际食用菌烹饪大赛团体赛金奖、第六届中国国际食用菌餐饮文化推广奖等荣誉。

五、产业发展

20 世纪 80～90 年代借势而上。灌南当地菇农抢抓国际食用菌进出口贸易量急需扩增的机遇,规模化大棚种植双孢菇面积约 111 万平方米,年产量达 7 000 多吨,市场交易额达 1.4 亿元。

20 世纪 90 年代末至 21 世纪初逐渐萎缩。受农产品出口受阻、劳动力大量外出等形势影响,当地食用菌产业规模由 14 个乡镇逐渐减缩至花园等 3 个乡镇,栽培品种主要是双孢菇、平菇、黄色金针菇等常规品种,经济效益同比明显下降。

2006—2008 年强势崛起。2006 年,在上海务工的灌南籍农民李可为返乡创办灿绿食用菌公司,规模化种植纯白金针菇,经济效益是传统农业的十几倍。短短两三年时间,灌南县以省级现代农业园区为中心,引进集聚荣善、四季有、五棵树等金针菇企业 10 余家。

2009—2017 年迅猛发展。2009 年年初,灌南县委召开九届四次全体(扩大)会议,确定食用菌产业为农业主导产业,特聘中国工程院李玉院士为灌南县食用菌产业发展特别顾问,邀请中国农业科学院、江苏省农业科学院等科研院所食用菌专家教授,科学制定《灌南县食用菌产业中长期发展规划》,出台优惠扶持政策,兴建中国农业科学院(灌南)食用菌产业研究院、南京农业大学(灌南)食用菌产业研究院等产学研平台,集聚发展香如、裕灌、联农等食用菌工厂化生产企业 50 余家,产销形势良好。

2018—2019 年平稳发展。以产业提档升级为重点，以科技创新为动力，食用菌产业呈现平稳发展态势，荣获无公害品牌 106 个、绿色品牌 26 个、有机品牌 5 个和江苏名牌 2 个。2018 年全县鲜菇总产量达 60 万吨，实现产值超 55 亿元，出口创汇近 500 万美元，规模、产值实现连续增长。

六、社会贡献

食用菌产业是劳动密集型产业，在菌包制作、灭菌接种、养菌育菇和采收包装等生产环节，为周边农村留守妇女和返乡农民工、大学生、农业新型经营主体等创造了大量的就业务工岗位，从业人员约 1.2 万人，人均年工资性收入达 3.5 万元以上，已成为产业富民的重要途径。同时，每年可利用杂木屑、农作物秸秆等农林产品下脚料达 60 多万吨，既有效解决了秸秆乱堆乱放乱焚烧的现象，又显著改善了生态环境。

目前，灌南县食用菌产业规模产能位居江苏省第一、全国前列，先后被国家市场监督管理总局、农业农村部、中国食用菌协会、江苏省农业农村厅等部门评定为"全国食用菌工厂化生产示范县""国家级出口食用菌质量安全示范区""全国农村创业创新园区（基地）""江苏省食用菌产业基地县"。

（地理标志保护产品　批准文号：2012 年第 220 号）

射 阳 大 米

江苏省射阳县大米协会　邓成新　张昌礼

射阳县位于中国南北分界线的东部起点、苏北中部地区的黄海之滨，北界苏北灌溉总渠，西临通逾河。射阳县水稻种植历史悠久，产品食味口感独特，年产射阳大米百万吨左右，主要销往上海等长三角地区，并逐步向全国辐射。

一、产地环境优越

1. 射阳自然环境优越

全县土地面积 2 800 平方千米，海岸线长 103 千米，滩涂面积 726 平方千米。射阳沿海为西太平洋最大的海涂湿地，是联合国教科文组织人与生物圈网络成员，国家丹顶鹤保护区坐落在射阳境内。以爱鹤姑娘徐秀娟烈士为题材创作的歌曲《一个真实的故事》，就发生在这里，射阳因此被誉为"鹤乡"。

2. 射阳水资源丰富

江苏里下河地区四条主要河道流经射阳入海，水利枢纽工程完备。境内水网纵横，水系合理，排灌分开，功能完备。射阳为黄淮冲积海相沉积平原，属盐渍型水稻土，十分肥沃。土质呈弱碱性，pH 7.3～8.5，土壤结构好，蓄水透气性能好。射阳气候环境独特，是典型的海洋性湿润气候，四季分明、雨热同季，春夏回温慢，作物生长期长。射阳无霜期长达 281 天，积温较高，$\geq 10℃$积温为 4 526～4 685℃，每年 9～10 月为作物成熟期。

二、大米品质独特

射阳大米粒型椭圆，色泽乳白，清香可口，筋道润滑，香醇绵甜，胶稠度适中，糊化度不高，食味口感独特，冷饭不易返生。在 2018 年哈尔滨国际稻米节期间，经国内外 20 多位专家严格评审，被评为中国十大好吃米饭之一。

射阳大米选用的稻谷品种为南粳 9108 和南粳 46，其产品直链淀粉为 9.0～16.0，胶稠度高于70 毫米，食味评分值 80 分以上。其蒸煮时呈现出固有的米饭香味，饭粒表面完整、口感绵软略黏、微甜、略有韧性，冷却后饭粒仍有较好的口感，不易返生。

三、人文历史悠久

水稻种植历史悠久。明朝中叶，射阳人烟稀少，据《射阳县志》记载："临海煮盐、汪田种稻、一年一熟"。1916 年，民族资本家张謇来此创办垦殖公司，屯民挖渠，叠埧成田，东部植棉，西部种稻。新中国成立后，这里服从国家经济发展需要，为"粮棉夹种，以棉为主"的地区，棉花产量曾经连续 9 年位居全国县（市、区）第一。

1978 年党的十一届三中全会以后，射阳县粮食生产快速发展，至 1983 年，总产量突破 40 万吨，第一次由粮食生产落后县实现自给有余。新的历史时期，随着滩涂逐步开发，种植品种放开，特别是"射阳大米"品牌建设直接拉动了稻米产业的发展，全县粮食产量迅速增长，从 2010 年开始连续被表彰为"全国粮食生产先进县"。

四、产业迅速发展

射阳大米产业获得快速发展，主要依靠以下几个方面：

一是政府推动。2000 年，射阳县委、县政府决定将优质稻米产业确定为特色产业。2001 年，在全国率先成立县级大米协会。2002 年，制定了《射阳优质稻米产业发展规划》，明确了产业发展的指导思想、发展目标、强调各种措施，强化产业发展的组织领导。同时制定促进产业发展的相关政策，对稻米产业发展的重要活动进行积极支持帮助。

二是协会主动。射阳县大米协会制定了发展射阳大米产业的实施细则，确立以实施品牌战略的指导思想，推进品牌建设的各项措施。通过总结产品特色，注册集体商标，提升大米品质，开展多种活动，打击假冒产品，推动产业整合，创造了享誉全国的"射阳大米"品牌。

三是部门联动。射阳县农业部门从种源组织供应，进行水稻栽培技术指导，开展农产品"三品"认证工作。市场监管部门对品牌创建予以支持，积极参与品牌维护工作。粮食部门对于大米加工企业的技术指导、仓储设施建设、大米产品的宣传推介活动积极参与。政府财税部门落实扶持和优惠政策。宣传部门利用报刊、电视等媒体充分、及时地报道和宣传。

五、社会贡献显著

一是促进了稻米产业发展。2018 年，射阳县水稻种植面积发展到 160 万亩，年产 100 多万吨稻谷，由过去的"棉花生产状元县"变身为"超级产粮大县"，为国家粮食安全做出了贡献。

二是促进了农业结构调整。改变历史上出售原料为主为加工产品销售，增加了农业中加工业比重，发展了围绕稻米产业的公路运输、彩印包装、饲料加工、粮食经纪人产业发展，带动第二产业、第三产业融合发展。

三是促进了农业增效、农民增收。"射阳大米"高出其他大宗大米产品每千克 0.2～0.4 元，产业圈内稻农因品牌溢价，年可增收 2 亿～3 亿元。围绕稻米产业的二、三产业也增加了生产、经营者的效益，产值 90 多亿元。

四是提升了射阳县的知名度。"射阳大米"成为射阳县一张靓丽的名片，射阳大米以品牌立县、生态立县，为射阳成为生态县、跻身全国县域百强添分。

六、舆论评价良好

品牌建设硕果累累。"射阳大米"先后获得"中国驰名商标""江苏名牌产品""中国名牌产品"称号，连续 13 年被评为"上海市食用农产品十大畅销品牌"，在 8 次中国农产品区域公用品牌价值

评估中均列全国百强。2011 年，获中国粮油榜"中国十佳粮食地理品牌"；2014 年，中央电视台财经频道发布全国品牌价值信息，"射阳大米"列全国地理标志农产品第 8 位。先后获得第 14、16 届中国国际农产品交易会金奖，2016、2018"中国十大大米区域公用品牌"，2017"中国最受消费者喜爱的 100 个农产品区域公用品牌"，第 15 届中国国际农产品交易会"中国百强农产品区域公用品牌"，第 15、16 届中国国际粮油精品交易会金奖产品，2018 全国绿色农业十大最具影响力地理标志品牌。2016 年，在国家质量监督检验检疫总局组织的品牌价值评估中品牌价值为 185 亿元。

品牌战略推动产业发展，是射阳大米产业发展的成功经验。"射阳大米"集体商标是全国首例以县级以上地名注册的大米集体商标，是江苏稻米品牌营销策略的成功典型。《农民日报》2014 年 1 月发表题为《射阳大米：品牌战略催生产业聚变》报道。《新华日报》2014 年 9 月发表《品牌创新，助推江苏科学转型》报道，赞誉"射阳大米被精心培育为中国大米最耀眼的品牌之一，为中国地理标志培育管理和使用积累了宝贵经验"。在 2015 年第八届中国管理科学大会上，"射阳大米地理标志品牌研究与运用"被授予"优秀成果奖"。

（地理标志保护产品　批准文号：2008 年第 138 号）

（农产品地理标志　登记证书编号：AGI02180）

（地理标志集体商标　注册号：3265993）

缙 云 黄 茶

浙江省缙云县农业农村局　陈建兴

缙云黄茶产于浙江省丽水市缙云县境内，是近年发展起来的茶中新秀，是缙云县重点打造的乡愁富民产业之一。尤其是 2016 年入选 G20 杭州峰会指定用茶后，缙云黄茶的品牌知名度不断提高，品牌效益也得到提升，成为推动农民增收致富、实施乡村振兴的新动能。

一、适合茶叶生产的优良环境和区域优势

缙云县建县于 696 年，距今已有 1 300 多年历史，是"中国名茶之乡""中国重点产茶县"。缙云县位于浙中南部腹地、丽水市的东北部，属丘陵山区，是钱塘江、瓯江、灵江三大水系的主要发源地。全县面积1 503.52平方千米，地貌类型分中山、低山、丘陵、谷地等四类，其中山地、丘陵约占总面积的 80%，是"八山一水一分田"的山区县。全县大部分属亚热带气候，四季分明，温暖湿润，日照充足，年平均降水量1 437毫米，年平均温度 17℃。由于地势起伏升降大，气温差异明显，具有"一山四季，山前分明山后不同天"的垂直立体气候特征，森林覆盖率达 78.9%，非常适合缙云黄茶生长。缙云黄茶多数生长于海拔 500 米以上的高山密林地带，云雾缭绕，植被茂盛，空气中负氧离子含量最高达到 $2×10^4$ 个/立方厘米，是真正的原生态茶。缙云县距杭州 175 千米、距上海 265 千米，高铁、高速、国道、省道等多条线路从境内穿过，到杭州乘高铁只要 1.5 个小时，交通便利，具有明显的区位优势。

二、茶叶生产历史悠久、特性明显

缙云是轩辕黄帝的名号。相传，黄帝于仙都鼎湖峰铸鼎炼丹，登龙飞天之时，灵草沾染金丹仙气，绿叶化金枝而成黄茶。每当春来回暖，茶树萌发出金黄色嫩芽，亮丽犹如奇葩绽放。采其黄芽，炒干以水冲泡，汤黄叶黄，清香不散，回味甘醇，饮者体健明目，百病祛除。百姓感念黄帝所赐，谓之"黄茶"。

缙云县茶叶生产历史悠久，黄茶曾被列为朝廷贡品。明万历年间《括苍汇记》载"缙云物产多茶"和"缙云贡黄芽三斤"。清道光年间《缙云县志》曰："茶，随处有之，以产小筠、大园、柳塘者佳。括苍云雾茶亦为珍品。"

缙云黄茶是选用本地培育的黄化变异茶树新品种"中黄 2 号"的芽叶，采用绿茶加工工艺炒制而成。缙云黄茶特有"三黄透三绿"的品质特性，即外形金黄透绿、光润匀净、汤色鹅黄隐绿、清澈明亮，叶底玉黄含绿、鲜亮舒展，滋味清鲜柔和、爽口甘醇，香气清香高锐、独特持久，是茶中珍品。缙云黄茶完全不同于传统意义上的"黄茶"，是兼有绿茶风味和传统黄茶风格的新一代"黄茶"。缙云黄茶采用绿茶工艺，最大限度地保留了鲜叶中的营养成分和有效成分，因此既有鲜爽味，也保持了醇厚的特征点。缙云黄茶中富含的叶黄素、EGCG（表没食子儿茶素没食子酸酯）、氨基酸（≥8%）远远高于普通绿茶。

三、产业规模不断壮大、社会效益显著

2018 年年底，缙云县茶园总面积达 6.05 万亩，其中投产茶园 5.5 万亩，全年茶叶总产量1 637吨，总产值3.2亿元。缙云黄茶从 2010 年开始规模种植，在缙云县委、县政府的高度重视下，黄

茶产业得到快速发展，截止到 2018 年年底共发展黄茶 1.2 万亩，其中可采摘面积 0.35 万亩，黄茶产量 17.5 吨，产值近 6 300 万元。全县从事缙云黄茶经营的龙头企业有 5 家、农民专业合作有 6 家、家庭农场若干，通过 SC 认证企业 7 家，通过绿色食品认证面积 0.36 万亩。由于产品珍稀、品质优异，深受消费者的喜爱，近几年产品销售价格平均每千克 3 000 元左右，亩产值 1.5 万～2 万元，高于普通绿茶的 2 倍多，产品销往江苏、上海、北京、陕西、山西、山东等省份。增加就业 1 万多人，带动 6 000 多户农民增收致富。

2019 年，缙云县制定了黄茶产业三年发展规划，每年再发展 0.5 万亩，到 2021 年面积达 2.5 万亩，产值达 1.5 亿元，带动 1 万多户农民致富。全面推进缙云黄茶产业规模化、标准化、品牌化、生态化，着力打造"中国黄茶之乡"。每年安排财政资金 1 000 万元用于推进黄茶产业发展。以规模发展为重点，打造黄茶重点乡镇、黄茶专业村，逐步扩大规模，提升黄茶品质，为做大做强缙云黄茶产业奠定坚实基础；以链条式发展为抓手，鼓励产品创新，加快完善质量标准体系，做好产业链延伸文章，不断提高产品附加值；以主体建设为载体，加快新型主体培育，推进"公司＋基地＋农户"模式，不断壮大茶企实力，引领带动缙云黄茶产业持续健康发展；以品牌建设为中心，加强品牌管理和宣传推广，不断提高缙云黄茶品牌的知名度，增强缙云黄茶的市场竞争力和影响力。

四、缙云黄茶品质优良，得到业内人士和消费者的高度评价

缙云黄茶 2014 年 3 月成功注册地理标志证明商标，5 月荣获第九届浙江绿茶博览会金奖，7 月荣获第十届国际名茶评比金奖，8 月荣获第三届"国饮杯"特等奖；2015 年 5 月荣获第十届浙江绿茶博览会金奖，8 月荣获第十一届"中茶杯"全国名优茶评比特等奖；2016 年 5 月荣获第十一届浙江绿茶博览会金奖，6 月成为 G20 杭州峰会选定用茶，11 月荣获第四届"国饮杯"特等奖；2017 年入围浙江知名农业品牌百强；2018 年 8 月荣获浙江绿茶（银川）博览会金奖。在中国茶叶区域公用品牌价值评估中，缙云黄茶连续 4 年被评为最具溢价力的品牌之一，2019 年品牌价值评估为 2.3 亿元。

（地理标志证明商标　注册号：10636089）

三 门 青 蟹

浙江省三门县农业农村局　苏以鹏

　　三门青蟹，产自"中国青蟹之乡"——浙江省三门县。三门县所处的三门湾，素有"金银滩"的美誉，气候温暖湿润，港湾风平浪静；水质优良，盐度适中，达Ⅰ、Ⅱ类海水标准；饵料极其丰富，每立方米海水含浮游生物668克，是我国优质青蟹的最佳产区之一。所出产的三门青蟹外形具"金爪、绯钳、青背、黄肚"之特征，以"壳薄、膏黄、肉嫩、味美"而著称，且营养丰富，内含人体所需的18种氨基酸和蛋白质、脂肪、钙、磷、铁等营养成分，其中谷氨酸、丙氨酸、甘氨酸等含量高于其他产地青蟹，味道尤为鲜甜，被誉为"海中黄金，蟹中臻品"。明朝吴中四才子祝枝山曾有"此蟹出自三门湾畔，色青，壳薄，肉嫩，味鲜美，可谓天下第一蟹也"的美评。

　　目前，"三门青蟹"在国内的沿海地区及大中城市具有较高的知名度，销量在全国同行业中排名第一，基本稳固了长三角地区和北京地区的国内市场。"三门青蟹"先后被评为国家地理标志保护产品、中国名牌农产品、中国驰名商标、中国农产品区域公用百强品牌、2016浙江农业博览会"十大区域公共品牌农产品"。三门青蟹已成为三门县对外宣传的一张"金名片"，三门青蟹产业是当地最具特色和发展前景的优势产业，有力地促进了全县社会经济的发展。

一、青蟹产业发展概况

　　为了推进三门青蟹品牌建设，三门县委、县政府专门成立三门青蟹产业发展与管理办公室从事品牌管理工作，出台了《三门县青蟹管理办法》，编制了《三门青蟹产业发展规划》，对"三门青蟹"证明商标实行许可使用制度。通过电视、报刊、公路广告、青蟹节、推介会、展销会等形式多渠道、多方位地宣传"三门青蟹"品牌。积极培育三门青蟹龙头企业，不断开拓市场。

　　目前，全县共8个乡镇、街道从事青蟹养殖，养殖面积8万亩，2015—2017年度三门青蟹总产量分别约为3 186、3 841、3 604吨，销售总产值分别约为42 240万、53 355万、53 837万元，利

润总额约为10 982万、14 405万、15 074万元，近三年利润持续增长。

2002年，三门县建立了全国第一个青蟹专业市场，实现三门青蟹集聚经营。2016年5月，新升级的三门青蟹批发交易中心顺利投入使用，扩大市场规模，统一门店形象。自投入使用以来，三门青蟹批发交易中心运营状况良好，年销售额约5亿元，已成为国内最大的专业青蟹批发交易市场。在三门县政府的扶持引导下，涌现出50多家市级以上龙头企业、市级以上规范化合作社，带动三门青蟹产业的发展。通过这些龙头企业和合作社，在全国设立了100多个专卖店和提货点，进一步提高三门青蟹的市场综合竞争力，拓展三门青蟹销售渠道。近年来，随着网络销售的快速发展，三门人民紧跟时代步伐，大力发展网商和微商，助推三门青蟹网上销售。三门青蟹产品远销大江南北，覆盖全国32个省级行政区。

二、科技创新与质量管理

多年来，三门县水产技术推广站水产养殖技术人员积极致力于三门青蟹高产精养技术的研究和实践。通过探索努力，总结出一套适应三门实际的优质青蟹养成技术，养殖模式上采用单养、混养、套养、轮养等模式，采用捕大留小、轮捕轮放技术，设计出蟹笼、蟹网等系列网具，提高养殖和起捕的产量。三门县还组织人员进行技术攻关，成功开发出软壳青蟹，受到消费者广泛喜爱，售价比硬壳青蟹提高一倍以上。为了弥补"三门青蟹"冬季断档现象，加强春节前后的市场供应，加强了越冬青蟹的技术开发，并获得成功。

制定并采用统一的技术标准《三门青蟹养殖技术规范》（DB33/T 832—2015），大力推广高效、无公害健康养殖技术，从养殖生产的各个环节，保证青蟹产品的品质及养殖过程的清洁环保，保证青蟹产业的可持续发展。产品质量安全监管力度大，每年根据相关青蟹质量安全监测计划，定期在域内开展检验检测和执法检查等工作，区域内青蟹饲料、渔药等投入品合格率100%，近3年来三门青蟹产品质量抽查合格率为100%。同时对"三门青蟹"证明商标进行授权使用管理，三门青蟹经营者签订规范使用承诺书并公开质量诚信承诺。建立专门的质量监管信息平台"三门县农业智慧平台"，将青蟹生产经营主体的信息、质量追溯等纳入管理。

三、商标管理与品牌建设

"三门青蟹"品牌最早使用于 1992 年，1999 年申请注册"三门湾"青蟹，2001 年以"三门湾"青蟹参加浙江渔业博览会获得优质产品金奖。2006 年 9 月，"三门青蟹"被国家质量监督检验检疫总局认定为国家地理标志保护产品。2006 年 12 月，"三门青蟹 SAN MEN BLUE CRAB"证明商标注册成功，注册号：3897098，第 31 类，核准使用商品：青蟹（活）；2010 年 10 月，"三门青蟹"被国家商标局核准注册为地理标志证明商标，注册号：8136757，第 31 类，核准使用商品：青蟹（活）。同时，三门县政府积极培育三门青蟹龙头企业建立自有品牌，如旗海三门青蟹、海八鲜三门青蟹等，以带动三门青蟹产业的发展。目前全县建立三门青蟹自有品牌达 98 个，其中获浙江省著名商标 4 个、台州市著名商标 5 个，浙江省名牌产品 2 个、台州市名牌产品 6 个。

三门县委、县政府审时度势，积极实施养殖富县、政府打造区域公用品牌战略。2001 年，三门锯缘青蟹在中国国际农业博览会上被授予名牌产品。2001—2003 年，连续 3 年获浙江省农业博览会金奖、浙江省渔业博览会金奖。2002 年，获浙江省名牌产品。2003 年 12 月，"三门湾"牌锯缘青蟹通过了无公害农产品认证。2005 年，获"中国著名品牌"称号。2005—2008 年，获中国国际农交会最畅销产品奖。2008 年，获农业部颁发的中国名牌农产品。2010 年，被浙江省工商局评为浙江省著名商标。2013 年，"三门青蟹"被国家工商行政管理总局认定为中国驰名商标。2016 年，被浙江省农业博览会组委会评为浙江省十大区域公共品牌农产品；2017 年，评选为中国百强农产品区域公用品牌、最受消费者喜爱的中国农产品区域公用品牌。《2017 年中国农产品区域公用品牌价值评估报告》中，"三门青蟹"品牌价值达 34.57 亿元。三门青蟹成为三门人民致富的一大重要法宝，开创了中国青蟹第一品牌，成了三门人的骄傲。

（地理标志保护产品　批准文号：2006 年第 138 号）

（地理标志证明商标　商标注册号：8136757）

诏 安 八 仙 茶

福建省诏安县农业农村局　吴俊光

　　诏安县是八仙茶的发源地，八仙茶是诏安县茶叶专家郑兆钦 1965 年在当地有性群体种中以单株选择无性繁殖而繁育成功的乌龙茶新品种，1994 年被确定为国家级茶树新品种。

　　八仙茶属小乔木大叶种，萌芽早，生育期长，育芽力强，结实率低，速生成园快，产量高，病虫害较少，耐瘠、耐旱能力强，扦插成活率高。八仙茶具有多茶类适制性，适宜制造乌龙茶、绿茶、红茶。制成的乌龙茶条索紧结，色泽油润，香气高锐持久，品种香突出，汤色橙黄明亮，味浓强，耐冲泡。

一、八仙茶产业发展现状

　　经过 20 多年的种植推广，八仙茶已成为诏安县极具优势的农业资源和特色产业。截至 2018 年年底，全县茶叶种植面积 45 809 亩，年产量 11 277 吨，年产值 11.2 亿元，其中八仙茶面积和产量均占 80% 以上。目前，全县茶产业从业人员有 4 万多人，茶叶初制厂 300 多家，较具规模的加工企业有 40 多家，其中获得有机茶认证的茶企 1 家、获得绿色食品认证 2 家、通过无公害认证 1 家、获得 SC 认证 12 家。

　　诏安八仙茶产品主要以初制茶（毛茶）销售，产品中有 70% 销往广东如广州、深圳、梅州、揭阳、潮汕等地区，30% 销往福州、厦门、漳州及北京、上海等大中城市。

二、加大扶持力度，推进三产融合

　　诏安县依托富硒的生态资源、厚重的人文底蕴，着力打造独具诏安特色的富硒生态文化产业集群。诏安县政府在《诏安特色农业产业发展总体规划（2014—2023）》中提出建立富硒功能茶叶示范基地，打造富硒品牌八仙茶。从 2017 年起诏安县政府每年安排农业发展专项资金 1 000 万元，从新茶园建设、现代茶园建设、茶叶初制加工清洁化改造、更新茶叶加工设备到茶叶品牌营销建设，一条龙扶持八仙茶产业的发展。截至 2019 年 7 月，项目合计新增茶园种植面积 5 000 余亩，硬化茶园干支道 40 千米，新建茶园步道 21 千米，新建茶园蓄水池 36 个共 800 立方米，茶叶初制加工厂清洁化改造项目改造面积达 16 000 平方米。

　　诏安县按照整个产业链理念打造茶产业，大力发展休闲农业、乡村旅游和茶旅游有机结合，促进一二三产业融合发展，拓宽农民就业增收渠道。目前，诏安县秀篆镇依托得天独厚的自然资源，完成建设休闲旅游项目 150 亩标准化生态茶园，将特色现代农业建设与乡村旅游发展相结合，进行整体开发，成效明显。通过政策扶持，诏安县八仙茶产区茶农人均增加收入近千元，有效带动当地贫困户脱贫致富。

三、加快基地建设，确保质量安全

　　按照高起点、高标准、"优质、高产、高效、生态、安全"和可追溯的原则，推行无公害生产管理，改善茶叶品质，加快扩大无公害、绿色茶叶生产规模，加快低、中产茶园改造，提高茶园水利化程度，积极推广茶园机耕、机采技术，解决劳动力紧张问题。采取"政府扶持、企业运作、集中连片、分户经营"的形式，加快无公害茶叶基地建设，不断提高茶叶种植的规模化和集约化水平。目前，秀篆镇的裕健龙生态农业有限公司与官陂镇的月之港茶业有限公司的茶叶基地已纳入优质农产品标准化示范基地建设项目。

推广无公害栽培技术，推广高效低毒低残留的生物、植物性农药，杜绝使用高毒高残留农药，推动主要企业达到申办无公害农产品、绿色食品标准要求。诏安县农业执法大队加强农业投入品的日常监管，侧重加强违禁农业投入品的监管，并利用农产品农药残留检测车深入茶区进行抽检，每个茶季抽检3~4次。要求生产主体做好农产品生产记录工作，合理使用农业投入品，严格执行禁（限）用药品规定和安全间隔期、休药期。建设茶叶"一品一码"追溯体系，督促生产主体切实强化生产管理，进一步推动茶叶源头赋码，确保茶叶"一品一码"追溯工作取得良好成效，努力保障全县人民群众"舌尖上的安全"。

四、调整产品结构，助推品牌战略

2009年年初，八仙工夫红茶试制成功并投入市场，得到广大消费者的青睐。2018年，在八仙乌龙茶的基础上又进一步发酵、发花，成功研制出了金花砖茶，一举填补了福建金花黑茶的空白，为诏安乃至福建茶产业再添亮色。八仙红茶、黑茶的研制成功，解决了诏安八仙茶制作单一、档次低、市场占有量不大的问题，促进了茶产业发展壮大，提高了诏安茶叶的经济效益，增加了农民收入。抓住盛世兴茶的历史机遇，调整茶叶生产的产品结构，大幅度提高八仙红茶、黑茶在茶产业中的比重，扩大八仙红茶、黑茶生产，使八仙红茶、黑茶产值占茶产业产值的30%以上。

坚持"政府搭台、企业唱戏"，每2~3年举办一次八仙茶王赛或八仙茶质量鉴评会，增强茶农、茶商的质量意识、品牌意识和市场意识。坚持"政府引导、企业主导，中介辅导"，选择几家有竞争优势的加工营销龙头企业和八仙茶品牌，进行培育和扶持，促其上规模上档次，形成一批具有影响力、辐射力和带动力的名牌产品，以此推动诏安八仙茶的健康发展，增强八仙茶在国内市场的综合竞争力。

五、强化市场营销，拓展国内外市场

开拓市场，是做大做强诏安县茶产业的必由之路。以诏安八仙乌龙茶、诏安八仙工夫红茶产品为营销重点，积极探索现代营销方式，在北京和沿海大城市及东南亚等重点营销地区开设茶精品专

营店、连锁店、代理店。政府、协会、企业密切配合，运用报刊、广播、电视等宣传平台，以省外、国外市场为重点，以茶文化鸣锣开道，进行茶企业、茶产品宣传。以现有营销方式为基础、网上营销等现代营销方式为突破，利用信息网络平台，推动市场营销；不定期培训营销人员，提高他们的思想认识水平和业务素质水平；与相关院校和科研机构合作，加快培养多层次茶叶专业技术人员。

　　2008年，诏安八仙茶被列入福建省第一批茶树优异种质资源保护名录。2011年，获得福建省地理标志产品保护。2012年，获得国家工商行政管理总局地理标志证明商标注册。2013年，荣获福建省著名商标。从1988年至今，八仙茶先后多次参加国家、省、市茶叶评比活动，获得各类奖项60多项。

（地理标志证明商标　商标注册号：9466590）

荣 成 鲍 鱼

山东省荣成市海洋发展局　张　琦　郭文学　辛　波

荣成鲍鱼主要分布在山东省荣成市行政区内的北、东、南三大海区，地域范围东经122°06′0″～122°42′5″、北纬36°27′0″～37°27′5″。海区自然生态环境优良，水温适宜，海区水质符合《无公害食品海水养殖用水水质》（NY 5052—2001）的规定要求，为鲍鱼的繁衍生长创造了得天独厚的自然环境条件。

一、独特自然生态环境

1. 独特的气候条件

荣成市地处中纬度带，位于北黄海之滨，属暖温带季风区海洋性气候，具有四季分明、气候温和、冬少严寒、夏无酷暑、季风明显、空气湿润、降水集中等特点。全年平均气温11.3℃，平均降水量785.4毫米，年日照总时数平均为2 578.5小时，光照充足，为鲍鱼的繁殖生长提供了优越的自然条件。

2. 独特的养殖条件

荣成沿海有大小不一的孤岛及岩礁海滩。特别是潮间带及低潮线以下的岩礁，既是鲍鱼栖息的良好场所，又有丰富的海藻资源作为鲍鱼的饵料。沿海15米等深线内海域面积约100万亩，过去这些海域大多用于海带养殖。随着海带养殖技术、养殖物资的不断更新，养殖海域延伸到近30米深水区，原来的海域大多改为贝类养殖区或贝、参、藻多营养层次养殖区，其中有些海区成为鲍鱼养殖区。海带养殖筏架不仅可以生产供鲍鱼食用的海带等藻类，而且是鲍鱼养殖区的保护网。

3. 独特的水质条件

荣成市位于山东半岛最东端，三面临海，海流畅通，海水交换量大，且远离大江大河，受陆源污染物影响小，养殖区环境质量优良。近海盐度为29‰～32‰，海水表层水温年均12.3℃。鲍鱼养殖海域海流畅通，温度适宜，浮游生物丰富，是鲍鱼生活的优良环境。国家海洋局公布的《2009年中国海洋环境质量公报》中，荣成鲍鱼人工增养殖区所处的荣成湾和桑沟湾两个海区环境质量达到优良等级。

二、产品品质特色及质量安全规定

1. 产品品质特色

鲜活鲍鱼感官要求：贝壳大而坚厚，螺层三层，壳的背侧有一排惯穿成孔的突起，表面呈绿褐色或棕色，壳内面呈银白色具有珍珠光泽。鲍肉呈淡黄色，富有弹性，腹足肌收缩有力，吸附力强，具有鲍鱼特有的气味，无异味，无可见泥沙，无外来杂质及吸附物。

内在品质指标：鲍鱼食品口感清爽，味道鲜美，营养丰富，每100克可食部分中含有蛋白质40克、脂肪0.9克，还含有钙、铁等人体所需的矿物质。

2. 质量安全规定

严格按照"三特定生产方式"中所规定的产地环境、育苗和养殖、生产管理中的技术要求从事生产经营，严格执行《中华人民共和国食品安全法》、《中华人民共和国农产品质量安全法》、《农产品安全质量无公害水产品安全要求》（GB 18406.4—2001）、《无公害食品　海水养殖用水水质》

（NY 5052—2001）、《无公害食品 鲍》（NY 5313—2005）、《无公害食品 渔用药物使用准则》（NY 5071—2002）、《无公害食品 水产品中有毒有害物质限量》（NY 5073—2006）中规定的各项技术标准，确保荣成鲍鱼的质量安全。

三、特定生产方式

1. 育苗和养殖

20世纪80年代以前，自然野生的鲍鱼主要生长于成山头以北的大连等地。与大连隔海相望的荣成，因成山头大风急浪的隔阻，基本没有野生鲍鱼，因此荣成自古以来就有"鲍鱼不过成山头"的说法。80年代末，荣成与大连水产研究所合作，进行皱纹盘鲍海上人工养殖实验，取得了成功，开创了荣成养殖鲍鱼的篇章。1991年，16万粒鲍鱼苗在荣成爱伦湾繁育成功，并实现规模养殖，"鲍鱼不过成山头"从此成为历史。

目前，荣成鲍鱼育苗和养殖是按《皱纹盘鲍增养殖技术规范·苗种》（SC/T 2004.2—2000）和《皱纹盘鲍增养殖技术规范·亲鲍》（SC/T 2004.1—2000）实施。为使幼鲍能安全越冬，育苗生产采用升温育苗方式，人工育苗是从受精卵培养到稚贝，然后进入养苗阶段，到壳长2厘米以上可以出库，进行分笼养殖或投放到自然海域增殖。

2. 转场和运输

鲍鱼是海洋生物中的"软黄金"，很娇气，对水温的要求近乎苛刻，最适宜的水温为12～25℃，温度过低或过高，都会引起大量死亡。在荣成鲍鱼生长的海域，一般到了10月下旬至11月初，天气转冷，海水温度降低，鲍鱼就会停止进食进而停止生长。冬天水温会逐渐降到1℃，如果鲍鱼留在本地越冬，死亡率较高。如此一来，一年之中大约有一半的时间，鲍鱼的生长基本是停滞的。

自1999年起，荣成市利用南北方之间的海水温度差，成功探索出了"北鲍南养"技术。每年的11月将鲍鱼苗和半成品鲍鱼运往福建越冬，翌年5月回到荣成海域养殖，等到第三年5月回到荣成海域养殖半年，历经3年4次转场，鲍鱼苗长成成品。

"北鲍南养"技术主要有以下优点：一是提高鲍鱼成活率。以往鲍鱼在荣成本地越冬，因为水温的原因，鲍鱼死亡率在30％左右，而在向南方转场的运输途中和养殖过程中，死亡率基本都能控制在3％左右。二是缩短鲍鱼生长周期。如果完全在北方地区生长，鲍鱼从育苗到长成成品，正常的养殖周期大概在3年左右，通过"北鲍南养"，使原本在北方要"冬眠"的鲍鱼可以在南方继

续生长，可以大大缩短养殖时间。三是养殖成本大大降低。鲍鱼产出的经济效益最高能增加两倍。"北鲍南养"的成功不但有效解决了鲍鱼在北方越冬面临的高风险、高死亡率、高费用等问题，而且南下的鲍鱼生长速度大大加快，品质也有效提升，效益大幅提高，起到了一举多得的效果。

"北鲍南养"运输方式主要有陆运（汽车运输）和海运（轮船运输）两种，陆运的好处是速度快，但成本高，鲍鱼苗的死亡率较高。海运虽然速度较慢，但成本低，可以随时更换新鲜海水，鲍鱼死亡率也低。因此，鲍鱼运输主要以后者为主，小规模运输时可考虑陆运方式。

3. 鲍鱼养殖品种

荣成建有全国海产贝类行业唯一的国家工程技术研究中心，自主研发了杂交皱纹盘鲍等新品种。荣成选育的皱纹盘鲍新品种具有生长快、抗病强等优点，深受全国各地养殖户的认可。吸引了福建、大连、青岛等地几千家养殖户到荣成从事鲍鱼养殖加工，鲍鱼养殖规模逐年提升。鲍鱼养殖产业的蓬勃发展，还带动了当地传统养殖海带、龙须菜等海藻业的兴盛。

四、产业发展和品牌建设

多年来，荣成与中国科学研究院海洋研究所、中国海洋大学、山东省海洋资源与环境研究院等合作，研发鲍鱼的杂交育种、遗传参数评估、性状评测、分子标记辅助育种等多项技术，用于优良鲍鱼新品种的选育，良种及技术辐射至辽宁、江苏、福建一带，推动了鲍鱼产业发展。

1. 良种选育铸就品牌

结合高强度选择育种、配套杂交育种、最佳线性无偏预测育种及分子标记辅助育种等多项技术，培育出核心良种品系 10 余个，培育了众多生长速度快、抗逆性强、成活率高的优良品种（系），商品苗推广至辽宁、山东、福建甚至广东等主要产鲍区，满足了南北方市场，深受养殖户的青睐。荣成寻山集团有限公司的"寻山鲍"品牌已经成为我国鲍鱼养殖产业中的金字招牌。

2. 工艺革新提质增效

荣成独创稚鲍接力饲饵方法，从初期匍匐幼虫到 40 日龄为稚鲍阶段，此阶段的幼苗完全以底栖单细胞硅藻为食；间隔 25～30 天，两次接种单胞藻藻种，待第一批次饵料不足时，利用第二批次的饵料板接力。这种方法显著延长了稚鲍摄食底栖硅藻的时间，鲍苗成活率高，个体发育健康，为后续鲍幼苗保苗期、鲍生长过渡期的成长打下了坚实的基础。

3. 鲍苗附着基更新换代

根据鲍鱼栖息环境，鲍苗附着基经历了一系列的技术革命，由最初的玻璃钢波纹板到塑料波纹板，目前已发展成为新型弧式"附着屋"，提高了保苗成活率，节约了用水，简化了操作程序，降低了劳动成本。保苗成活率由最原始的 20%～30% 提高到 80% 以上，节水 50% 以上，劳动强度下降 60% 以上。

目前，荣成鲍鱼的养殖面积、产量位居全国前列，品质全国闻名。2018 年荣成市鲍鱼养殖总面积 5 838 亩，产量 7 067 吨，占山东省的 53%，主要产地是爱莲湾和桑沟湾。2011 年"荣成鲍鱼"获农业部农产品地理标志登记保护。2017 年以来，先后成功举办了荣成鲍鱼产业高峰论坛、荣成鲍鱼节、第九届全国鲍鱼产业发展研讨会等活动，俚岛镇荣获"中国鲍鱼名镇"称号，"荣成鲍鱼"的知名度和影响力进一步提升。

（农产品地理标志　登记证书编号：AGI00683）

（地理标志证明商标　商标注册号：10033643）

阳 信 鸭 梨

山东省阳信县农业农村局　齐延彬　刘志丹

阳信鸭梨，产于"中国鸭梨之乡"——山东省阳信县。其外形美观，色泽金黄，呈倒卵形，因梨梗基部突起状似鸭头而得名。阳信鸭梨迄今已有1 300多年的栽培历史，是唐代土生梨经过历代选优汰劣育出的优良品种。

一、产地环境

阳信县位于东经 117°15′～117°52′、北纬 37°26′～37°43′，地处鲁北黄河平原，地面高程 7～11米。境内有德惠新河、沟盘河、白杨河、幸福河、小开河等多条河流，纵横交错，具备了良好的排灌条件。土壤以轻壤质潮土为主，土层深厚肥沃，透水、透气性好，非常适宜鸭梨根系伸展，保证了阳信鸭梨的产量和品质。独特的偏碱性土壤，使阳信县生产的鸭梨酸甜适口、脆嫩多汁、皮薄核小、石细胞少。

二、区域优势

阳信县属温带季风大陆性气候，四季变化明显，光能资源丰富，雨热同季，无霜期平均为185.1天，年日照时数为2 443.8～3 051.3小时。太阳辐射在各月的分布以 11 月至翌年 1 月最少，5～6 月最多，年平均气温为 12.1℃；9 月光照充足，日较差较大，平均为 11.4℃。鸭梨果实发育初期光照资源最为丰富，利于光合作用和果实细胞分裂；成熟期气温日较差大，利于营养物质积累。

三、产品特性

阳信鸭梨营养丰富，皮薄核小，香味浓郁，清脆爽口，酸甜适度，风味独特，含 B 族维生素、维生素 C 和钙、磷、铁等营养元素及人体所必需的氨基酸，并富含抗衰老素——超氧化物歧化酶

（每100克果肉中含2个活性单位），具有抗衰老、清热养肺、止咳化痰、润燥利便、生津平喘、养颜美白、解酒醒脑之功效，对咳喘、高血压等病症有辅助疗效，素有"人间仙果""天生甘露"之美誉。鸭梨适合加工梨脯、梨膏、饮料、果醋等多种营养食品。

四、历史文化

阳信县栽培鸭梨历史悠久，在唐朝初期土生梨种就进入人工栽培，宋朝末期至明朝初期开始园林生产和商品经营，并初具规模。明永乐年间"所栽梨树块块成行，果实累累，四方闻名"。清末民初，已有人"打洋梨"，指将阳信鸭梨用肩挑、车推送往登州（烟台）码头，然后出口到东南亚一带。新中国成立后，阳信县梨园郭村农民朱万祥潜心研究鸭梨生产技术，先后试验成功酥梨花粉给鸭梨传粉和人工授粉、疏果法、幼树变化性密植早期丰产实验等，打破了"桃三杏四梨五年"的历史定论，解决了梨树"大小年"问题，推出了"鸭梨3年结果、5年丰产、8年亩产超万斤"的新技术，使阳信鸭梨达到了高产稳产，实现了质的飞跃。1982年，山东省林业厅对朱万祥实验的8年密植梨园鉴定验收，亩产达到了5 426.5千克。朱万祥先后获得"全国绿化劳动模范""山东省农民科技状元""阳信鸭梨专家"等荣誉称号。

五、产业发展

阳信县现有梨园10余万亩，年产量达26万吨。近年来，通过科学培育和引进嫁接，先后培育出了媚梨、黄金梨、绿宝石等20多个精品系列、56个品种。自1985年首次获得农牧渔业部优质农产品以来，在历次全国水果评比中一直稳居梨系列冠军宝座。在2014中国农产品区域公用品牌价值评估中，"阳信鸭梨"品牌价值为26亿元，列全国梨系列第一位。同时，阳信鸭梨还是全国首个获得中国森林认证管理委员会"非木质林产品"认证的梨系列产品，可自营出口43个国家。

为促进鸭梨产业健康发展，阳信县委、县政府先后制定了多项优惠扶持政策：一是对新建冷藏库给予资金扶持，扶持额度基本满足建设冷藏库用砖成本，有效地提升了储藏能力，延长了鸭梨销售期，鸭梨滞销问题得到缓解，保持了价格稳定。二是出台《关于加快发展现代农业、推进农业产业化经营的实施意见》，对梨产业获得"三品一标"认证、省市级高效生态农业示范园给予奖励。三是成立了鸭梨产业领导小组、鸭梨研究所、鸭梨开发公司和鸭梨技术学校，建立了县乡村三级技术推广网络，全县拥有农民鸭梨技术员8 000多人。四是制定了《阳信鸭梨无公害生产技术规程》和《阳信鸭梨绿色食品生产技术规程》，编印成册，发放到各村各户，引导梨农提高生产技术水平和果品安全意识。五是建立标准化生产示范基地，实施龙头企业创办基地，带动标准化生产。目前全县已建立了2万亩鸭梨绿色食品标准化生产示范基地、3万亩鸭梨无公害生产示范基地、1.5万

亩鸭梨出口商检注册果园，使这个小有名气的"鸭梨之乡"变成了"名梨之乡"。

六、社会贡献

2018 年，阳信县农林牧渔业总产值488 267万元，同类产品产值85 894万元；其中，阳信鸭梨销售收入81 600万元，分别占农林牧渔业总产值和同类产品产值的 16.7％、95％。全县区域内乡村从业人员数 20.95 万人，阳信鸭梨生产直接解决就业人员 4.5 万人，带动加工、贮藏、旅游等从业人员 1.2 万人；乡村从业人员平均经济收入12 127元，阳信鸭梨从业人员人均收入18 133元，是乡村从业人员平均收入的 1.5 倍。阳信县森林覆盖率达 31.1％，其中果园占有林地面积的 33.8％，阳信鸭梨面积占有林地面积的 30％。阳信鸭梨既是阳信县农村经济发展的支柱产业，同时对全县生态环境起到了很好的保护作用。

七、舆论评价

阳信鸭梨采取各种方式对外宣传，不断扩大品牌影响力。截至 2019 年，已成功举办 30 届梨花会，在中央电视台、山东电视台、中国质量报、大众日报等多家媒体做过专题报道宣传。2006 年，"阳信鸭梨"地理标志证明商标获准注册。2007 年，"阳信鸭梨"被中国果品流通协会授予"中华名果"称号，阳信县被授予"中国优质鸭梨基地重点县"称号。2011 年，"阳信鸭梨"被推选为中国著名农产品区域公用品牌 100 强，获第二届中国国际林业产业博览会暨第四届中国义乌国际森林产品博览会金奖。2013 年，"阳信鸭梨"被农业部编入名优特新农产品目录。2014 年，阳信县顺利通过中国经济林协会"中国鸭梨之乡"复审。2016 年，"阳信鸭梨"获 2015 全国互联网地标产品（果品）50 强，并通过非木质林产品认证。

（地理标志证明商标　注册号：3233659）

（农产品地理标志　登记证书编号：AGI01304）

邹 城 蘑 菇

山东省邹城市食用菌产业发展中心　王希强　王宝印

　　邹城市位于山东省西南部，隶属济宁市，是我国古代著名思想家、教育家孟子的故里，市域总面积1 616平方千米，素有"孔孟桑梓之邦，文化发祥之地"的美誉。邹城地处国家京沪线与山东鲁南线的结合部，京沪铁路纵贯南北，新石铁路横穿东西，104国道、京台高速等10余条公路干线遍布全境。境内白马河与京杭大运河相连，水上运输可直达江苏、浙江、上海一带，交通条件极为便利。

　　邹城蘑菇为当地优势特色农产品之一，主要分布于太平、大束、石墙、香城、田黄等镇，栽培面积达1 560万平方米，年产鲜菇33万吨，产值28亿多元，远销俄罗斯、美国、韩国等20多个国家和地区，年出口创汇3 000多万美元。2018年4月，"邹城蘑菇"成功注册国家地理标志证明商标；5月，入选山东省第三批知名农产品区域公用品牌。"世界蘑菇看中国，中国蘑菇看邹城"，邹城市正式吹响了培育打造"邹城蘑菇"品牌、进军"全国食用菌第一市"的嘹亮号角。

一、产地环境独特

　　邹城地处暖温带，属东亚大陆性季风气候区，四季分明，降水充沛，雨热同步。全年无霜期平均为202天，年平均气温14.1℃，日平均气温≥10℃的活动积温为4 697℃，持续217天。年平均降水量777.1毫米，雨季主要集中在6、7、8月，水资源丰富，属淮河流域南四湖湖东区水系，水资源蕴藏量约为5.11亿立方米。地势平缓，土层深厚，土壤肥沃，土壤中含有钙、镁、铁、锌、铜等微量元素，有机质含量为0.8%～1.5%，土壤pH为6.0～7.0。特殊的地理位置和优越的资源环境，为食用菌生长发育提供了得天独厚的自然条件。

二、产品特性优良

　　邹城蘑菇品种丰富，主要有金针菇、双孢菇、杏鲍菇、秀珍菇、海鲜菇、香菇、平菇、鸡枞菌、玉木耳等。邹城蘑菇肉质细腻、香气浓郁，风味绝佳，是消费者餐桌上的美味佳肴。

　　邹城蘑菇含有多种氨基酸、脂肪、维生素和碳水化合物，以及磷、钾、钠、钙、铁、锌等微量元素，营养价值较高。鲜菇蛋白质含量为1.5%～6.0%，是蔬菜、水果的几倍到十几倍；脂肪含量低，其中74%～83%是对人体健康有益的不饱和脂肪酸；维生素B1、维生素B12含量高于肉类。邹城蘑菇除了清炒、水煮、煲汤外，还可以油炸，油炸过后的蘑菇极具肉感和肉味，外酥里嫩，肉香浓郁，可以与肉类相媲美。

三、种植模式独特

　　邹城市食用菌产业起步于20世纪80年代，经过30多年的发展，已形成了自己独特的"质量标准化、生产工厂化、品种多样化、品牌高端化、生态循环化"的邹城模式。食用菌栽培也由小作坊、小拱棚栽培逐渐向工厂化、智能化栽培转变，并实现了周年供应。特别是2008年后，邹城市政府先后出台了促进食用菌产业发展的系列优惠政策，并通过招商引资，吸引集盛、友和、友硕、利马、福禾、福国、福友等大中型食用菌生产加工企业相继落户邹城，逐渐形成了以太平、大束、石墙等镇为中心的食用菌产业集群，食用菌产业现已成为邹城市特色产业发展的一大亮点。

四、历史文化浓厚

邹城是孟子的故里，也是儒家文化的发祥地。近年来，邹城充分利用文化资源，打造食用菌品牌，借助儒家文化这一邹城特色品牌的国际影响力，通过食用菌与孟子故里、孟子养生的宣传推介，营造了邹城食用菌的特色文化，同时规划具有邹城特色的蘑菇小镇（规划占地 6 500 亩，重点建设食用菌研究院、食用菌科技馆、蘑菇商业街、蘑菇主题公园、食用菌电子交易中心等板块），高标准规划建设食用菌展览馆和食用菌文化观光园，研究开发系列食用菌特色文化产品，全面做好"赏览儒家文化、品味健康菌品"的包装推介等，打造出了"邹城蘑菇"特色品牌。

五、产业优势明显

近年来，邹城市将食用菌产业作为现代农业工程来打造，构建起"公司＋基地＋农户"的发展模式，建成了产销一体化、产业融合发展的食用菌产业体系。目前，邹城市食用菌生产加工企业及合作组织达 53 家，其中工厂化、智能化种植及加工企业 20 多家，有 3 家企业获得自营出口权，注册了"宏明""福禾缘""忆马鲜""友和庄园""润圣源"等食用菌商标，1 个产品获得山东省著名商标，12 个产品获得无公害农产品、绿色食品认证，1 个产品获得农产品地理标志认证，9 个食用菌产品获得国家生态原产地保护认证。吉林农业大学、山东农业大学相继在邹城设立了食用菌教学科研基地，国际蘑菇学会在邹城成立了中国境内唯一的专家工作站，还先后成立了山东省科创食用菌、天禾农业、邹鲁农业等 3 家技术研究院。友和菌业、常生源菌业、福禾菌业等 3 家食用菌企业被评为农业产业化省级重点龙头企业。常生源菌业公司的"宏明"牌金针菇、秀珍菇、杏鲍菇，友和菌业公司的"友和庄园"牌金针菇入选山东省知名农产品企业产品品牌。

六、社会贡献突出

随着食用菌产业的迅速崛起，邹城市相继被中国食用菌协会授予"全国小蘑菇新农村行动十强市""全国十大食用菌主产基地市""全国食用菌产业化建设示范市"等荣誉称号，被国家质量监督检验检疫总局批准为"国家级出口食品农产品质量安全示范区（食用菌、蔬菜及其制品）"，被山东省中小企业局认定为"山东省中小企业食用菌产业集群（邹城市）"。

邹城蘑菇品牌的发展，不但为邹城市争得了社会荣誉，而且为邹城农业发展起到了巨大的推动作用，也为邹城市老百姓提供了更多的就业机会。邹城食用菌产业带动就业 9 万余人，其中农民 6.9 万人，从事食用菌产业的农民年人均可支配收入达到 2.2 万元，高于全市平均水平 40％以上，种植食用菌已成为当地农民增收致富的重要途径。

邹城食用菌的新闻报道多次出现在中央电视台、山东卫视、人民日报、科技日报、农民日报、大众日报、山东广播电视台等 40 余家新闻媒体，同时社会各界及广大消费者对邹城食用菌产业的发展给予了很高的评价。

（地理标志证明商标　注册号：21217177）

恩 施 土 豆

湖北省恩施土家族苗族自治州农业技术推广中心　李求文　尹　鑫　谷　勇　赵锦慧
湖北省恩施土家族苗族自治州农业农村局　于斌武　李雪晴　曾　珍
湖北省恩施土家族苗族自治州农业科学院　高剑华

"恩施土豆"是湖北恩施第一大农作物，常年种植面积155万亩以上，占湖北省种植规模的50％左右，占恩施夏粮总产的90％以上。"恩施土豆"种植历史在300年以上，是恩施的传统优势作物。

一、资源富集，优势明显，马铃薯产业发展得天独厚

1. 良好生态资源极适宜优质马铃薯生长

恩施地处武陵山区腹地，属中亚热带季风性山地湿润气候，冬少严寒，夏无酷热，昼夜温差大，土壤肥沃，雨量充沛，年平均气温16℃，年平均降水量1 400毫米以上，年平均日照时数约1 100小时，呈高中低海拔分布的立体地理环境，境内温度、雨量、阳光十分适宜优质马铃薯生长。

在国家《马铃薯优势区域布局规划》中，恩施被列入了国家西南鲜食、加工和种用马铃薯优势区，独特的立体气候特征，可实现马铃薯周年供应。

2. 科技优势成为恩施土豆发展核心支撑

20世纪80年代，由农业部批复在恩施建立了湖北恩施中国南方马铃薯研究中心。全州现有马铃薯研发、推广高级专家40余人，一批科技人员入选中国作物学会马铃薯专业委员会、国家马铃薯产业体系岗位科学家、试验站站长和国家马铃薯品审委员等。

40多年来，共获国际合作及国家、省、州马铃薯科技成果50多项，自主选育的鄂马铃薯系列品种20余个，有6个品种通过国家审定，其中鄂马铃薯3号、鄂马铃薯5号和鄂马铃薯7号先后被确定为全国马铃薯主导品种；探索研究的"马铃薯脱毒种薯快繁技术""马铃薯育芽带薯移栽技术""马铃薯起垄覆膜栽培技术""马铃薯—玉米间套作栽培技术""马铃薯晚疫病预警系统的建设与应用"等，在恩施乃至整个武陵山区推广应用成效显著。其中"马铃薯—玉米间套作栽培技术"被列为2013年农业部的100项主推技术之一。

3. 富硒资源为恩施土豆品牌助力

硒是人类身体健康必需的微量元素之一，具有抗癌、抗氧化、增强人体免疫力等作用。恩施境内有95.6％的土壤含硒，其中53.3％的土壤富硒，拥有全球迄今为止探明的唯一独立硒矿床和世界最大的富硒生物圈，在2011年9月19日第14届国际人与动物微量元素大会上被授予"世界硒都"殊荣，是全球唯一获得"世界硒都"称号的城市。

恩施富硒土壤生产的马铃薯，硒含量可以达到15～150微克/千克的国家农业行业标准《富硒马铃薯》（NY/T 3116—2017）。恩施土豆作为全州规模最大的粮食作物，产量较高，口感极好，对土壤中有机硒的吸收和转化能力较强，是目前较为理想的补硒食品。

二、高端谋划，高位推进，促进产业高质量发展

1. 顶层设计，高端谋划

2015年，国家计划启动实施马铃薯主粮化战略，恩施土家族苗族自治州委、州政府率先请示

推进全州马铃薯主粮化试点建设,得到了国务院、农业部和湖北省委、省政府领导的批示。同年,恩施土家族苗族自治州人民政府委托农业部规划设计研究院编制《恩施土家族苗族自治州马铃薯产业"十三五"发展规划》,确立了到2020年建成"五大中心"的发展目标(即南方马铃薯科技创新中心、南方马铃薯产业信息中心、西南山区马铃薯脱毒种薯繁育中心、武陵山区优质特色马铃薯主食产品开发中心和南方马铃薯晚疫病预警防控中心),把马铃薯产业作为全州精准脱贫的支柱产业。同期,聘请了国家马铃薯产业技术体系首席科学家金黎平等国内马铃薯界顶级专家组建了恩施马铃薯智库专家团队,加快推进恩施马铃薯产业发展。

2. 落实专项,高位推进

2015年以来,恩施土家族苗族自治州委、州政府出台了《关于加快推进马铃薯主粮化的实施意见》,州及县市均成立了马铃薯产业发展局,州财政每年安排1 000万元专项经费,各县(市、区)政府每年相应配套安排专项资金500万元,大力推进"恩施土豆"产业提档升级。

5年来,州、县(市、区)共安排资金2亿多元,建成拥有近1 000份材料的马铃薯种质资源库,建设"恩施硒土豆"标准化核心生产基地20余万亩,新增马铃薯脱毒种苗生产能力4 000万株,新增鲜薯储藏及商品化处理能力20余万吨,开发马铃薯主食加工产品200多款。在全州新建101个马铃薯晚疫病监测预警站点,占全国总监测站点的15%以上,其中55个站点配备了远程视频监控系统。2019年4月2日,湖北省农业农村厅授牌恩施"湖北省马铃薯晚疫病监测预警指挥中心"。

3. 培育主体,增强后劲

目前,恩施专门从事马铃薯种植、加工、营销的企业、专业合作社、家庭农场已达到206家,是2015年的20倍,其中种薯生产企业占7.28%、优质商品薯生产企业占70.39%、加工企业占5.34%、营销企业占16.99%。

湖北清江种业、巴东农丰科技等种薯繁育企业,基地面积达到6 000余亩。恩施硒源农业科技、七里优选供应链、湖北佳媛生态农业、湖北百顺农业、恩施农博生态农业、恩施泰康生态农业、恩施平安农业、巴东县巴山公社等规模较大的电商和直销企业,年销"恩施硒土豆"均已超过200万千克;恩施硒源农业科技、七里优选供应链等电商销售平均价格为16元/千克,大陆最高销售价(盒装)31.8元/千克,香港销售价达到76港元/千克,现已成为国内销售火爆的"网红马铃薯"和马铃薯王国中的"奢侈品"。"恩施土豆"已进入良品铺子,并在很多卖场开设专柜。2019年8

月 23 日，"恩施硒土豆"在电商平台贝店 24 小时售出298 329千克，成功创造单一网上平台销售吉尼斯世界纪录，获得吉尼斯认证证书。

与此同时，还组建了恩施马铃薯产业协会，逐步形成强强联合、抱团发展的新业态。

4. 制定标准，强化管理

一是制定并发布了《恩施硒土豆生产技术规程》《恩施硒土豆产品质量团体标准》；二是"恩施马铃薯"于 2017 年 11 月 29 日成为国家质量监督检验检疫总局地理标志保护产品，"恩施土豆"于 2019 年 1 月 17 日获得农业农村部农产品地理标志登记证书且颁布了相应的产品质量控制技术规范；三是"恩施土豆"地理标志证明商标于 2019 年 1 月 22 日通过国家知识产权局注册申请受理，10 月 15 日通过评审复查；四是颁布了《国家地理标志农产品"恩施土豆"授权使用管理办法》，不断规范公用品牌管理及地理标志使用行为。

5. 营造平台，打造品牌

一是组织召开 2015、2016 年两届南方（恩施）马铃薯大会和第 21 届中国马铃薯大会，大力推介"恩施硒土豆"品牌并取得实效。"恩施硒土豆"被中国优质农产品开发服务协会授予"最受消费者喜爱的中国农产品区域公用品牌"。2016 年，"恩施硒土豆馆"和"恩施硒土豆全席"成为推介恩施的一张靓丽名片。

二是"恩施硒土豆"品牌相继在中国国际薯业博览会、全国马铃薯主食加工会、中国武汉农业博览会、中国（上海）国际有机食品及绿色食品博览会、中国恩施·世界硒都硒产品博览交易会等国家级平台崭露头角。2018 年，在农业部举办的贫困地区农产品产销对接活动上，恩施土家族苗族自治州委副书记、州长刘芳震为"恩施硒土豆"代言。"恩施硒土豆"子品牌"小猪拱拱"等的产品在第 18、19 届中国绿色食品博览会上获得金奖。在湖北省首届地理标志大会暨品牌培育创新大赛上，"恩施硒土豆"从全省 400 多个地理标志产品中成功入选湖北省 101 张地理标志名片，并以全省第二名荣获湖北省首届品牌创新培育大赛十大金奖之一。

三是以重大活动推进"恩施土豆"品牌建设。2018 年 4 月 27～28 日，中印领导人非正式会晤在武汉举行，"恩施炕小土豆"荣登武汉东湖宾馆国事活动接待食谱。同时，还荣登外交部全球推介湖北的 25 道风味菜品之一。2019 年 10 月，"恩施硒土豆"成为第七届世界军人运动会营养专供食品。

四是以文化为载体，加快品牌宣传。恩施先后编写和出版了《马铃薯主粮化产业开发技术》《感恩土豆》《恩施硒土豆美食》《80 年薯道耕耘》等书籍，编印了《恩施硒土豆》《恩施马铃薯主粮化》等画册，制作了《硒都薯韵》《恩施硒土豆》专题片，相继在省、州电视台滚动播放，聚焦和宣传"恩施硒土豆"文化和品牌。

　　五是开展"恩施硒土豆"美食推介活动。2019 年 4 月 18 日中国马铃薯大会前夕，恩施举办了"首届恩施硒土豆十大美食评选活动"，评选出"恩施硒土豆十大特色美食""恩施硒土豆十大推广美食""恩施硒土豆十大创新美食"。恩施亚麦食品连续获得全国马铃薯主食产业和首届丰收节马铃薯品牌"十大主食""十大休闲食品"等称号。恩施硒土豆美食的推广传播，极大地提升了"恩施硒土豆"品牌知名度和美誉度。在 2019 年中国马铃薯大会和中国国际薯业博览会上，恩施憨土豆农业科技发展有限公司研制的"恩施硒土豆面条"美食品鉴，得到与会代表、市民和众多国际友人的热捧。

　　六是扩大"恩施硒土豆"宣传氛围。"恩施硒土豆"相关节目先后多次在中央电视台及地方卫视播出；"恩施硒土豆"扶贫公益广告被纳入 2019 年中央电视台"国家品牌计划—广告精准扶贫"项目，并在中央电视台多个频道滚动播出；在湖南电视台的"天天向上"、东方卫视的"极限挑战"等综艺栏目及莫文蔚恩施演唱会等现场，"恩施土豆"得到了众多明星的公益推介和推销。"恩施硒土豆"还在北京西站、杭州东站、武汉火车站、恩施火车站及恩施机场等地投放了大型宣传广告。

6. 农旅融合，助力脱贫

　　近年来，恩施通过建立规模化生产示范基地，利用土豆花开时节，结合乡村旅游，着力打造农旅融合乡村休闲旅游线路，为当地薯农创造就近创业的机遇。

　　目前，形成了多条初具规模的土豆乡村旅游线路，其中恩施市三岔镇—天池山沿线土豆农耕文化与科研展示旅游线、利川汪营—齐岳山高山区域种植业结构性调整"土豆、高山蔬菜＋风力发电"生态旅游线和利川团堡土豆产业扶贫绿色化生态旅游线等被打造成为旅游观光线路。

　　此外，恩施市、巴东县、鹤峰县、建始县等地还相继举办土豆花儿开、网络销售大赛、土豆云销节等系列宣传活动，有效带动了产业扶贫和推进了乡村振兴。

三、瞄准市场，准确定位，加快推进马铃薯健康发展

　　"恩施土豆"已成为恩施调结构转方式的重点产业、脱贫增收的扶贫产业、提质增效的优势产业。下一步，将瞄准国际国内大市场，促进产业提档升级，加快推进产业健康发展。

1. 着力提升产品品质

　　在进一步修订完善恩施土豆产品质量和品牌使用管理办法的同时，积极组织科技力量进一步摸清恩施耕地土壤硒资源分布情况，着力规划和建立标准化、规模化和绿色化"恩施土豆"核心生产基地，建立完善的产品质量管控和追溯体系，确保"恩施土豆"产品品质。

2. 着力培育产业化龙头

　　恩施马铃薯市场主体正飞速崛起，但企业实力还不强。应着力营造好的投资环境，加快招商引资和龙头企业培植，大力引导和支持马铃薯精深加工、主食产品开发，支持建设品种创新、种薯繁育、规范化种植、病虫绿色防控、商品筛选处理等设施设备，开展统一种薯供应、统一病虫防控、统一加工、统一销售等方面服务，提高恩施土豆生产的组织化程度和产业化水平，提升"恩施土豆"的市场竞争力。

3. 着力打造"硒土豆宴"品牌

为加快提升"恩施硒土豆"品牌效应,将着力构建"恩施硒土豆全席体验馆",实现土豆餐饮、土豆博物馆和土豆产品购物"三位一体"的土豆休闲体验旅游中心。支持、鼓励在乡村旅游线路和核心休闲景点餐馆创办"农家土豆宴",提高乡村就近就业创业率,稳步推进"小康社会"建设。

4. 着力加强"恩施硒土豆"美食传播

以市场为主体,以城市为舞台,每年举办一届"恩施土豆美食节",把"土豆花儿开"文化旅游节、"土家女儿会"有机结合起来,以土豆美食为媒,不仅举行美食评选、美食体验、美食集锦等丰富多彩的美食盛宴,还要推进硒都美食与硒都文化结合,开展"恩施土豆"美食节文化文艺展演等一系列活动,促进恩施与全国各地多领域合作,提升"恩施土豆"品牌影响力。

5. 着力加强土豆健康消费理念宣传

充分利用报纸、电视、广播、网络、微信、微博等宣传媒体及户外广告牌等,加强"恩施硒土豆"产业发展的宣传报道,引导消费者养成食用恩施硒土豆及其制品的习惯,营造良好的土豆健康消费氛围。通过参加全国性博览会、马铃薯大会等,举办富有特色的恩施土豆营养健康论坛、营养活动周和营养餐推广计划等活动,向公众普及土豆营养知识、推广主食产品,正确引导广大消费者树立土豆营养健康消费观,促进"恩施土豆"产业提档升级。

（地理标志保护产品　恩施马铃薯　批准文号：2017 年第 98 号）

（农产品地理标志　恩施土豆　登记证书编号：AGI02562）

南 宁 香 蕉

广西壮族自治区南宁市水果生产技术指导站　陆　丹

南宁市是我国香蕉的重要产区之一。"南宁香蕉"色如金，甜如蜜，味香浓，益胃生津，口感怡人。2015 年 7 月，"南宁香蕉"成功取得农业部农产品地理标志登记证书；2018 年 5 月，"南宁香蕉"获得国家知识产权局颁发的地理标志证明商标。

一、产地环境

南宁地形是以邕江广大河谷为中心的盆地形态，地貌以平地、丘陵为主，土壤类型以赤红壤为主，土壤偏酸性，有机质含量较高。南宁河系发达，水资源丰富且水质优良，为香蕉生长提供了优质水源。南宁位于北回归线南侧，属湿润的亚热带季风气候，阳光充足，雨量充沛，少霜无雪，全年无霜期 345～360 天，气候温和，夏长冬短，年平均气温在 21.6℃左右，干湿季节分明。独特的地形地貌及土壤条件，造就了南宁独一无二的生态环境，孕育与发展了品质独特的"南宁香蕉"。

二、产品特性

外在感官特征：桂蕉系列（桂蕉 1 号、桂蕉 6 号），果梳大型，蕉梳整齐；果形美观，果指长、弯曲；果皮金黄色、光滑；果肉乳白色至乳黄色，软糯、甜，香味浓，无种子。金粉 1 号，果梳中等，蕉梳整齐，果形美，果指中等、微弯；果皮黄色，皮光滑，果粉多，果肉乳白色，粉糯、清甜，无种子。鸡蕉，果梳小型，蕉梳整齐，果形似小鸡，果指短、直、侧弯；果皮深黄色，有果粉，皮光滑；果肉乳黄色，软滑细腻，味香甜，略带微酸，无种子。

三、历史文化

南宁种植香蕉历史悠久。我国现存最早的地方植物志、晋代嵇含《南方草木状》载："甘蕉望之如树，株大者一围余。叶长一丈，或七八尺，广尺余二尺许。花大如酒杯，形色如芙蓉，着茎末百余子大，名为房，相连累，甜美，亦可蜜藏。……交、广俱有之。""甘蕉"是香蕉的别称，这是史籍所见广西等地香蕉栽培的最早记载。明代诤臣董传策谪戍南宁时，对香蕉钟情有加，曾写《咏蕉子》："蕉子垂垂结阵黄，绿枝风扇迥凝香。生憎膏腻甜于蜜，消得幽人在异乡"，赞誉南宁香蕉的美妙风味；又有《寄曝蕉》："曝来绀颗瘦于肠，石蜜酿膏叠贮香。漫忆秋风半摇落，颒虹飞出傍江乡"，述说他忙里偷闲，把香蕉晒干寄给北方友人的别样风情。1937 年《邕宁县志》记载："芭蕉，草本植物。移种不拘时，然性畏雪。宜沃土。其茎全为叶葶环裹而成，外绿内白，叶自心出……大别为山蕉、鸡蕉、香牙蕉三种，俱属肉果。生青味涩，不堪入口，熟则皮黄肉软，味甜而香……"，书中对当时的邕宁县种植香蕉做了较详细的记述。

四、产业发展

南宁种植香蕉具有得天独厚的条件，全市境内均可种植。20 世纪 90 年代以前，南宁香蕉种植以邕宁县那楼乡矮把香蕉为主，那楼香蕉以其抗逆性强、风味香甜软滑而久负盛名。20 世纪 90 年代以后，南宁市逐步引进种植果实大、外观好、耐贮藏、品质好的国内外优良香蕉品种，先后制定实施《南宁香蕉产业升级三年计划》《南宁市特色水果"一中心两板块"产业发展五年规划》，构建以做强南宁香蕉产业为中心的新格局，优先从财政、金融信贷、土地流转等政策上给予扶持，通过规模化种植、标准化生产、产业化经营，助推南宁香蕉产业发展。

随着香蕉产业的不断发展，南宁市香蕉生产集约化的程度越来越大，企业化经营发展迅猛，出现了许多大面积连片规模种植的香蕉生产基地，占全市香蕉面积约40%，并形成了以西乡塘区、隆安县、武鸣区、广西东盟经济开发区为中心的香蕉产业带，龙头带动作用明显。其中，隆安县属国家级贫困县，建成全国最大的香蕉标准化生产基地；西乡塘区坛洛镇成为"中国香蕉之乡"。

南宁香蕉主要栽培品种有威廉斯 B_6、巴西蕉、贡蕉（皇帝蕉）、中蕉9号等优良品种，并选育出桂蕉1号、桂蕉6号、桂蕉9号和金粉1号等适合南宁种植的优新品种。从2009年起，南宁市香蕉面积、产量、产值一直名列广西之首和全国地级市第一，是广西香蕉第一大产区。

2018年，全市香蕉种植面积56.65万亩，占广西香蕉面积的38%；产量151.93万吨，占广西香蕉产量的43.26%。

五、社会贡献及舆论评价

"南宁香蕉"生产严格执行国家、地方、行业的"三品一标"技术标准和产品标准，打造出"绿水江""金纳纳（kinana）""洛洛香""甜弯弯""一鸣红""壮乡美"等系列香蕉产品品牌，畅销全国市场，出口中亚和俄罗斯。"绿水江""甜弯弯"牌香蕉获得国家绿色食品A级认证，获得广西名牌产品，入选广西农产品企业产品品牌名录；"金纳纳（kinana）"牌香蕉被中国果品流通协会和第三届中国果业品牌大会授予"2017年中国十大香蕉品牌"，2016年品牌价值评估达到2.13亿元。2017年第15届中国国际农产品交易会组委会授予"南宁香蕉"全国百强农产品区域公用品牌，2018年入选广西农产品区域公用品牌名录。

农业产业化国家重点龙头企业、全国最大香蕉生产企业——广西金穗农业集团有限公司位于隆安县境内，属本土企业，香蕉种植面积3.6万亩，出产的"绿水江"牌香蕉品质超群，成为"中非论坛北京峰会"唯一指定香蕉和第45届世界体操锦标赛食品定点生产企业。"绿水江""金纳纳（kinana）"品牌香蕉均产自国家级贫困县隆安县，是南宁香蕉代表产品，为产业扶贫做出较大贡献。

　　面向未来，南宁市将继续通过香蕉产业升级，保持南宁香蕉面积、产量、产值、效益广西第一的目标，使南宁香蕉产业建成全国同行业竞争力最强的产业，建成"全国第一、亚洲最强、世界闻名"的香蕉产区。

（农产品地理标志　登记证书编号：AGI01697）
（地理标志证明商标　注册号：18574557、20436280）

澄　迈　福　橙

海南省澄迈福橙科学研究所　金忠泽

　　"澄迈福橙"是海南省澄迈县引进的红江橙品系，是在澄迈特定的火山岩红壤土及气候等环境条件下，经过多年精心改良培育逐步选育而成，具有典型地方特色的热带橙类优良品种。"澄迈福橙"是多年生常绿灌木，喜温好光，最适生长温度20～30℃，对土壤的适应性广，因主产于澄迈县福山镇而取名——"福橙"。

一、地理环境和区位优势

　　"世界长寿之乡"澄迈县位于海南省西北部，毗邻省会海口市，属热带季风气候，日照充足，资源丰富，水陆交通便利，是镶嵌在琼北大地上的一颗璀璨明珠。澄迈县土壤类型多为火山岩熔灰、玄武岩风化而成的红壤土，土层深厚，有机质和硒元素含量高，表层土壤硒元素的平均含量达0.51毫克/千克。全县富硒土壤（大于0.4毫克/千克）面积1 177.5平方千米，占全县总面积的56%，是海南省富硒土壤分布较集中、面积较大的市县之一。

　　澄迈福橙的种植区域位于澄迈县西北部，处于东经109°、北纬19°，主要分布在金江、福山、老城、桥头、大丰、瑞溪、永发等7个镇，远离城市和工业污染源，空气和水源良好，环境优美，所产福橙果实品质优良。

二、产品品质和特性

1. 口感好、品质优、金黄富贵

　　"澄迈福橙"果实圆大，皮色金黄，肉质橙红，味香清甘，口感爽津，富含多种维生素和人体必需的铁、锌、钙、镁、硒等多种元素，硒元素含量达0.02毫克/千克，属富硒农产品。

2. 摘果期长，保鲜久，春节上市

　　"澄迈福橙"一般在每年10月进入果实成熟期，摘果时间从每年的10月到翌年的3月，时间跨度长达半年之久，是我国橙类挂果时间和上市时间最长的品种。其最佳采摘时间正值春节前后，填补鲜果市场空当，市场前景十分广阔。

3. 产量高，效益好

　　"澄迈福橙"一般栽植后第3年就开始挂果，第5年进入盛产期，年亩产达3 000千克以上。目前优质鲜果出园价每千克达20～30元，亩产值可达3万多元，除去每亩成本约5 000元，每亩利润可达2万元以上。

4. 损耗率低，易运输

　　成熟的"澄迈福橙"在果园采摘后，经选果、清洗、贴标签后可直接包装，不易损坏，损耗率很低。同时由于福橙保鲜期长，长途运输不影响福橙原有的品质。

5. 抗台风优势强

　　澄迈福橙经受了2011年9月29日"纳沙"台风和2014年7月18日"威马逊"台风、9月16日"海鸥"台风的考验，由于植株较矮（2米以下）、枝条韧性强，平均每次台风掉果损失只有20%～30%，表现出较强的抗台风优势，可以作为热带地区抗台风首选果树。

三、福橙产业发展迅猛

为了加快特色产业发展，全力打造"澄迈福橙"品牌，澄迈县委、县政府采取了一系列行之有效的措施，包括召开各种形式的专家品尝会、论证会，产品质量检测，产品品牌创立与宣传、推介，制订产业发展规划和系列地方标准，推动福橙产销标准化生产。经过多年的扶持与引导，澄迈福橙产业得到了快速发展。截至 2018 年 12 月，全县福橙种植面积已从 2004 年的几百亩发展到2.6 万亩，挂果面积8 000亩，年产量近16 000吨。

1. 标准化生产全面铺开

澄迈县委、县政府高度重视品牌农业，于 2008 年成立了福橙研究所。一是在申请注册"澄迈福橙"商标的基础上，制定了《福橙栽培技术规程》《福橙种苗》《鲜福橙》等 3 项地方标准；二是对产业发展所需种苗实施统一培育和统一供应，实现了种苗免费、种植技术免费；三是提供无息贷款 500 元/亩。

2. 主攻示范，提倡标准化建园

推广无公害、绿色福橙标准化生产技术，充分发挥基地的示范带动作用，以点带面逐步铺开，推动"澄迈福橙"由无公害果品向绿色果品发展。鼓励支持生产基地进行绿色基地认证。引导农民高标准种植澄迈福橙，促进"澄迈福橙"健康、可持续发展。

3. 强化科技，提高产业发展后劲

一是构建县、乡、村三级技术服务体系；二是推进关键技术研究，提高果品质量；三是高度重视黄龙病与天牛的防控工作；四是加大"防虫网设施大棚福橙"扶持，探索创新栽培模式，引导福橙产业向绿色、有机方向发展。

4. 严把行业自律关口

2007 年 7 月成立澄迈县福橙产销协会，主要负责福橙生产、加工、运销系列工作。福橙产销协会是组织实施福橙产业发展的重要载体，制定了章程和有关规定，统一管理产品包装、销售系列事宜，发挥了一定的协调、指导、中介桥梁作用。

四、品牌创建成绩斐然

澄迈县充分利用报纸、电视、"互联网＋"等多种形式，积极推广澄迈福橙，培养和壮大品牌效应。澄迈县委书记、县长每年亲自带队到北京、上海等一线城市举行推介会，积极宣传推广福橙；先后与上海虹桥市场、北京新发地市场建立福橙直销点，同时充分利用各种大型活动进行展销，成效显著。

同时，充分挖掘福橙产品特色，差异化发展，品牌宣传突出"富硒""春节礼品""低酸"等特色，按照"示范果园推动、协会主导、企业参与、品牌共享"的原则进一步打造精品福橙地理标志产品区域品牌。

"澄迈福橙"以特有的优良品质，先后被评为"全国最具特色产品""中国国宴特供果品""中国十大名橙"，澄迈县被授予"中国澄迈福橙之乡"称号，为福橙产业的健康持续发展奠定了良好基础。

"澄迈福橙"2012 年 11 月被国家工商行政管理总局审定注册为地理标志证明商标。2016 年 3月获得农业部农产品地理标志登记证书，11 月获得第 14 届中国国际农产品交易会金奖，12 月获得2016 中国（海南）国际热带农产品冬季交易会最受欢迎十大品牌农产品和"海南省著名商标"。2017 年 12 月获得"海南省十佳区域公用品牌"。2018 年 11 月获得第 16 届中国国际农产品交易会金奖。2019 年 11 月，入选中国农业品牌目录 2019 农产品区域公用品牌。

"澄迈福橙"现已成为澄迈县一大特色产业，其果实品质优良，富硒低酸，备受生产者和广大消费者欢迎。结合区域条件，未来"澄迈福橙"产业将走精品水果之路，适当控制规模，标准化建园，以高品质取胜，提高产业效益。

（农产品地理标志　登记证书编号：AGI01859）

（地理标志证明商标　注册号：9965781、9965782）

万 宁 槟 榔

海南省万宁市槟榔和热作产业局　苏小文

万宁市位于海南岛东南部沿海，是全国最大的槟榔生产基地，素有"中国槟榔之乡"的美誉。全市山坡地广阔，土地肥沃，土质主要为红壤和沙壤土，多呈弱酸性，地表水质良好，富含硒元素。万宁属热带季风气候，年平均气温24℃，年平均降水量2 400～2 800毫米，年平均日照时数1 800小时以上。全市属无污染优质生态区，是海南最适合槟榔生长的区域。

一、万宁槟榔的产品特性

万宁槟榔鲜果呈椭圆形，有核，一般长4～6厘米，果实为青绿色，基部有宿存的花萼和花瓣。果实由果皮、果肉和种子组成，外果皮革质，中果皮初为肉质，内果为种子，呈扁球形或圆锥形。万宁槟榔鲜果直接嚼食较涩，传统嚼食方法可去除涩味，槟榔汁呈红色，嚼食后会感到周身发热出汗，面颊泛红有醉感。

万宁人吃槟榔很讲究，先把槟榔切成片，配上佐料（用贝壳粉调制成膏状物蘸蒌叶上卷起），再放入口中咀嚼。初时味道发涩，口液显淡绿色，咀嚼片刻口液显红色，咀嚼槟榔生津止渴的同时，也有非常好的驱虫作用。

经农业农村部食品质量监督检验测试中心（湛江）检测：万宁槟榔槟榔碱含量为0.05％～0.47％，粗纤维为9.0％～9.5％，蛋白质为0.50％～1.95％，每100克含维生素C为0.90～1.65毫克，硒为0.02～0.30毫克/千克。

二、万宁槟榔历史文化

据《海南岛志》《海南省志》《万宁县志》等史料记载，万宁槟榔种植始于宋朝，至今已有1 000多年历史。

北魏贾思勰《齐民要术》中记载"槟榔扶留，可以忘忧"，述说了扶留叶包裹着槟榔入口，美妙得让人有魂牵梦萦的感觉。历代文人墨客对槟榔多有钟情，常为此抒情颂歌，如李白的"何时黄金盘，一斛荐槟榔"，白居易的"时世高梳髻，风流澹作妆。戴花红石竹，帔晕紫槟榔"，陆游的"人生饥饱初何校，一斛槟榔笑汝痴"。苏东坡被贬海南时写下了《咏槟榔》《食槟榔》等大量与槟榔有关的诗文，留下了"可疗饥怀香自吐，能消瘴疠暖如薰"及"两颊红潮增妩媚，谁知侬是醉槟榔"等传世佳句。醉槟榔时，清凉香甜的气息、生津止渴的作用，恰如寒冬中热情洋溢的暖流，或许这就是万宁槟榔的魅力所在。

槟榔还有不少引人入胜的风俗人情，如"客至敬槟榔"。古来敬称贵客为"宾"、为"郎"，与"槟榔"谐音，万宁老乡在今天依然把槟榔果作为美好和友谊的象征。客人登门，主人首先捧出槟榔果招待。即使不会嚼槟榔的人，也得吃上一口表示回敬。逢年过节，家家户户都备有槟榔果，以敬拜年的好友亲朋。

三、万宁槟榔的生产方式

万宁槟榔通常选择排水较好、土层深厚、土质肥沃疏松的园地、缓坡地或海拔300米以下的山地，四季均可种植。

（1）品种。选用"热研 1 号"等槟榔优良品种，具有纤维细软、口感佳等优点。

（2）选种。坚持"五选"原则：选区，无疫病区域；选园，长势好槟榔园；选树，15～20 龄树，健壮植株，稳产、高产；选穗，充分成熟的第 2～4 穗留果；选果，色金黄、果大饱满、大小均匀、无病害果。

（3）育苗。通过在荫蔽、湿润的沙层进行催芽半个月左右，然后将带有米粒大的白色牙点槟榔种苗移植到规格 40 厘米×30 厘米的育苗袋中，育苗袋营养比例按表土：河沙：椰糠：有机肥＝4：3：2：1 进行混合。

（4）炼苗。种植前 30～45 天，去除遮阴物，停止浇水和施肥，让阳光晒至叶片呈淡绿色时出苗。

（5）定植。全年均可种植，以春季（3～4 月）或秋季（8～9 月）移植为宜。开挖宽 60 厘米、深 45 厘米的穴，株距 2.0～2.5 米，行距 2.5～3.0 米，100～110 株/亩的规格，选取高 35 厘米、4 片叶以上的壮苗进行定植。

（6）园地管理。管理按照《槟榔丰产栽培技术规程》（DB 469006/T 10—2013）进行，每年除草 3～4 次，并结合松土，幼龄树每年施肥 3～4 次，产龄树每年施肥 3 次。以有机肥为主，结合生产情况，按比例施用氮磷钾肥料。干旱应及时灌溉，雨季注意排涝。选用低毒、低残留的无公害药剂或生物药剂及寄生性天敌等生物防治措施，进行黄化病、细菌性条斑病、椰心叶甲等病虫害的防治。

（7）采收。万宁槟榔采收时间为每年 8 月至翌年 2 月，果实大小为每斤 22～24 个、果皮呈深绿色、纤维强度适中时采收。

四、万宁槟榔产业发展前景

2011 年 11 月，万宁市获得了"中国槟榔之乡"称号，被认定为"国家槟榔示范基地"。全市现有槟榔种植面积 53.4 万亩，约占全省种植面积的 1/3，年鲜果产量 14 万吨左右；全市现有槟榔初加工的农户、合作社和小微企业共 256 家，年加工槟榔鲜果产能占全省总量的 2/3 左右。

2015 年 10 月万宁市成功在国家工商行政管理总局注册了"万宁槟榔"地理标志商标，并于 2019 年 9 月 26 日顺利通过了农业农村部农产品地理标志评审会，有效地保护和开发"万宁槟榔"特色品牌，提高"万宁槟榔"的市场竞争力。同时，制定了槟榔种植、初加工、包装物流交易、富硒槟榔等多方面的地方标准，从种植技术提升开始，引入槟榔加工技术，改善产业生态环境，一步步做大做强槟榔产业。

万宁市建立了全省唯一一家槟榔电子交易市场。以市场为龙头，带动槟榔种植、初（深）加工、运销物流仓储等相关产业的发展，将万宁建设成全省的槟榔交易集散中心，真正达到市场兴农惠农。目前落户万宁的两家槟榔深加工企业——湖南口味王公司、海南雅利公司研发的槟榔食用休闲食品"口味王""青果王""味赢天下""阿龙""梦之榔""绿黄金"等，已销往全国大部分地区，海南雅利公司的产品广告"海南万宁·阿龙槟榔"也曾在美国纽约时代广场大屏幕滚动播出。

槟榔具有很高的开发价值。目前，万宁市已开发出槟榔日用品、化妆品等系列产品，有槟榔牙膏、槟榔茅酒、槟榔花口服液、槟榔糖、槟榔纤维等。同时，万宁市充分挖掘槟榔产品价值和丰富的文化内涵，利用万宁丰富的富硒土壤，打造万宁富硒槟榔品牌，提升万宁"中国槟榔之乡"和"中国长寿之乡"亮丽品牌的知名度，把槟榔产业的发展与休闲旅游文化结合起来，延伸槟榔产业链。

槟榔既是万宁的支柱产业，也是当地农民的主要收入来源。全市近 30 万人从事槟榔产业，年加工产能达 47 万吨，产值达到 25 亿元；农民每年从槟榔产业中获得人均收入 4 000 多元，占全市农民人均纯收入的 1/3。随着槟榔在国内外市场的需求量越来越大及槟榔综合加工业的发展，万宁槟榔产业发展前景非常广阔。

（地理标志证明商标　注册号：14569295）

文 昌 椰 子

中国热带农业科学院椰子研究所　孙程旭

我国椰子主要分布在海南省东南沿海的文昌、琼海、万宁、陵水和三亚等地，面积和产量约占全国的 80％。其中，文昌是我国椰子的发源地和主产地，有"海南椰子半文昌"的说法。文昌市独有的人文历史及地理环境，孕育出文昌椰子特有的品质和特征，椰风海韵、椰林婆娑更是文昌旅游的一张名片。目前，全市种植椰子 23.8 万亩，年产量达 1.7 亿个，拥有椰子加工企业 198 家，从业人员上万人，已形成种植、科研、加工、销售一体化的产业链条，年产值达 15 亿元。

一、产品特性

文昌市位于琼北地区，属于热带季风与南亚热带气候交汇区，雨水充裕，光照长，昼夜温差大，全年平均气温 23.9℃，年降水量 1 529.8～1 948.6 毫米，年平均日照 1 953.8 小时，土壤属于滨海沙壤土，形成了适合椰子生长的独特自然环境。

文昌椰子树的树体高大，树形优美，果皮翠绿（棕红），果顶棱角明显，是热带地区绿化及美化环境的优良树种。文昌椰子具有极高的经济价值，综合利用产品有 360 多种，被充分利用于不同行业，是热带地区独特的可再生、绿色、环保型资源。

"椰一物而十用具宜"，这是海南名人、明代大学士丘浚在《南溟奇甸赋》中对椰树的高度夸赞。文昌椰子的椰肉可榨油、生食、做菜，也可制成椰奶、椰蓉、椰丝、椰子酱罐头和椰子糖、饼干，椰子水可做清凉饮料，椰纤维可制毛刷、地毯、缆绳等，椰壳可制成各种工艺品、活性炭，树干可作建筑材料，叶子可盖屋顶或编织，椰子根可入药……椰子水因含有生长物质，还是组织培养的良好促进剂。

二、人文历史

椰子在海南已有 2 300 多年的栽培历史。据考证，我国最早提及椰子的文献是西汉文学家司马相如所作的《上林赋》："……留落胥余，仁频并闾……"，"胥余"系椰子，"仁频"为槟榔，"并闾"指棕榈。"胥邪"，司马贞《史记索隐》中引《异物志》云："实大如瓠，系在颠，若挂物。实外有皮，中有核，如胡桃。核里有肤，厚半寸，如猪膏。里有汁斗余，清如水，味美于蜜"，亦见于北魏贾思勰《齐民要术》卷十"椰"条所引同书，当是椰子无疑。

西晋文学家和植物学家嵇含的《南方草木状》对椰子做了准确描述："树叶如栟榈，高六、七丈，无枝条。其实大如寒瓜，外有粗皮，次有壳，圆而且坚；剖之有白肤，厚半寸，味似胡桃，而极肥美；有浆，饮之得醉。""岭水争分路转迷，桄榔椰叶暗蛮溪"，这是唐代宰相李德裕的《贬崖州司户道中作》，间接说明近 1 200 年前琼北地区已有椰子树的身影。北宋文学家苏东坡谪居海南时曾作《椰子冠》一诗盛赞椰子："天教日饮欲全丝，美酒生林不待仪。自漉疏巾邀醉客，更将空壳付冠师。"

明代琼山人唐胄编纂、正德十六年（公元 1521 年）刊行的《琼台志》是海南省保存最完整的一部志书。该书"果之属"中对海南椰子有如下记载："椰子树如槟榔，状如棕榈，叶如凤尾，高达数丈，有黄、红、青三种。黄性凉，青热。出文昌多。"在其"货之属"又云："椰子文昌多。每岁白露后落子，即航货于广，不堪贮。"由此可见，早在 500 年前文昌就盛产椰子，而且远销广东等地。

三、产业发展

1952 年，海南的椰子种植面积只有 5 500 公顷。1960 年 2 月，周恩来总理视察华南热带作物科学研究院、华南热带作物学院时，嘱托科技工作者"椰子科学研究一定要上马"。

1979 年，华南热带作物科学研究院文昌椰子试验站（1993 年更名为椰子研究所）成立。这是我国唯一以热带油料作物为主要研究对象的社会公益性科研机构，主要开展椰子、油棕等热带油料和热带经济棕榈植物的科技创新、成果转化和产业服务工作。椰子研究所利用引进的国外椰子品种与海南本地品种杂交，成功培育出速生高产椰子新品种——文椰 78F1，被誉为"中国椰业史上的一次革命"。

椰子研究所以科技示范园、示范基地为服务平台，以科技下乡、科技入户等方式推广普及椰子关键技术，解决生产上的技术难题。在热带作物种植区，服务范围覆盖率达到 90％以上，实用技术普及率达 95％以上，实现椰子新品种增产 80％以上，亩产增加效益 2 000 多元。该所的椰子苗圃基地作为海南省规模最大的椰子新品种育苗基地，年育苗量已达 20 万株。

2015 年，海南省椰子种植面积发展到 43 000 公顷，年产椰果 2.4 亿个。椰子产业已成为海南省特别是文昌市农民增收、乡村振兴和热带农业发展的支柱产业。为加快椰子产业发展，文昌市已启动椰林工程大行动，用 3 年时间，力争到 2019 年年底前在全市新增种植椰子树面积 30 万亩，并优化椰子产业结构和产品品质，提升文昌椰子品牌。

四、品牌建设

文昌椰子以绿色、天然、无公害著称。2016 年起，文昌市开始谋划文昌椰子品牌建设工程。2017 年 9 月，"文昌椰子"获得国家农产品地理标志登记保护。2018 年 10 月，获得国家知识产权局地理标志证明商标注册。2019 年 1 月，文昌市人民政府在中国热带农业科学院椰子研究所设立文昌椰子农产品地理标志领导小组办公室，将完善制定文昌椰子地理标志产业发展质量标准及文昌椰子产品生产经营主体监管名录、黑名单制度、质量追溯制度等作为办公室的主要工作任务。迄今，已制定《"文昌椰子"质量追溯管理办法》《"文昌椰子"农产品区域公用品牌管理办法（试行）》等系列质量规范，并授权 15 家企业、合作社使用"文昌椰子"农产品地理标志和证明商标，涵盖椰子果、椰子水、椰子综合产品及椰子电子商务等。

目前，在文昌市政府的大力推动下，文昌椰子鲜食品及衍生产品已实现线上线下同步销售，产品销往全国及东南亚、欧美各地，并在京东、淘宝等电商平台开设文昌椰子旗舰店。2017 年 12 月，"文昌椰子"获海南农产品十佳区域公用品牌。2018 年 6 月，获海南省农产品品牌创建大赛三等奖。2017、2018、2019 年参加海南、北京、长沙等地展会，获得了各级领导的关怀与支持，得到了全国消费者的青睐。

（农产品地理标志　登记证书编号：AGI02136）

（地理标志证明商标　注册号：25200587）

涪 陵 青 菜 头

重庆市涪陵区榨菜管理办公室　汤　勇

中国榨菜之乡——重庆市涪陵区位于东经 106°56′~107°43′、北纬 29°21′~30°01′，地处重庆市中部，长乌两江交汇处，辖区面积 2 942.34 平方千米，人口 115.3 万人。区内多为河谷、丘陵、低山、平坝、台地等，海拔最低为 138 米，最高为 1 977 米。土壤以灰棕紫泥土、红棕紫泥土、矿子黄泥土、黄色石灰土为主，土质肥沃，富含多种微量元素，土壤呈微酸性。涪陵属中亚热带季风气候，四季分明，热量充足，降水丰沛，季风突出，常年平均气温 18.1℃，年均降水量为 1 072 毫米，无霜期 317 天，日照 1 248 小时。

一、区域优势

1. 涪陵青菜头品质优异

涪陵是青菜头的起源地，其独特的自然气候、土壤耕地条件，有利于青菜头生长、瘤茎膨大和营养物质积累，是青菜头最适宜种植区。涪陵青菜头具有皮薄少筋、细胞结合紧密、空心率低、单产高、易加工等特点，富含人体所必需的蛋白质、氨基酸和微量元素。

2. 涪陵是青菜头最集中的种植区

涪陵青菜头种植历史悠久，重庆市渝东南农业科学院是全国唯一从事青菜头良种选育繁殖的科研单位，广大种植农户有种植青菜头的习惯和绿色标准化的种植技术。涪陵常年青菜头种植面积达 72 万亩，产量 160 万吨，在全国县（区）域范围内种植规模最大，约占全国的 40%。

3. 涪陵青菜头知名度较高

涪陵青菜头不但是加工涪陵榨菜的优质原料，而且还是时鲜特色蔬菜。通过近年来大力宣传推介，涪陵青菜头逐渐被全国消费者所认识和消费，并走入各大城市居民餐桌，具有较高的知名度，被评为重庆"蔬菜第一品牌"，品牌评估价值为 24.38 亿元。

二、产品特性

1. 外在感观特征

单个青菜头质量需达 250 克以上，青菜头呈近圆球形、扁圆球形或纺锤形，无长形和畸形菜，青菜头表面不带短缩茎、苔茎及叶柄，无病虫、机械损伤和冻伤。表皮浅绿色，肉质白而肥厚，质地嫩脆。

2. 内在品质指标

涪陵青菜头富含蛋白质、维生素及钙等微量元素。其中，水分≥93%、空心率≤5%、钙≥190.0 毫克/千克、每 100 克含粗蛋白≥1.8 克、每 100 克含维生素 C≥9.0 毫克等。

三、历史文化

青菜头学名茎瘤芥，由白青菜（古名芜青、白芥）变异发育而成。道光二十五年（1845）《涪州志》卷五载："青菜即芥菜。《农书》云：'气味辛烈，菜中之介然者。'一名青芥，一名紫芥，一名白芥，俗以纯紫者为红青菜，青紫相间者为花青菜；又一种名包包菜，渍盐为菹，甚脆。"这种包包菜就是俗称的青菜头，用其制成泡菜、干腌咸菜，质地甚脆。白芥别名蜀芥，成书于北魏末年

（公元 533～544 年）的综合性农学著作《齐民要术》中已有"蜀芥咸菹"的制法，说明包括涪陵在内的巴蜀地区青菜头种植、加工食用已有上千年历史。1942 年，金陵大学教授曾勉、李曙轩对青菜头进行科学鉴定，认定它属十字花科芸薹属芥菜种的一个变种，并给予植物学的标准命名：*Brassica juncea* Coss. var. *tumida* Tsen et Lee.。这一鉴定结论和命名，得到国际植物学界的认可，并一直沿用至今。

著名地理学家胡焕庸编著的《四川地理》（1938 年出版）中载："榨菜为四川特产之一，除供给本省需要外，每年有大量出口，销售于长江流域及冀、晋、鲁、豫各省，在烹调上视为珍贵之品，每年出口价值在百万元左右，亦四川输出品之大宗也。榨菜产于四川东部，以涪陵、丰都、长寿、江北、巴县沿江一带户额较多……涪陵产量最广，江北、洛碛产菜最佳。"据有关资料记载，1936 年涪陵县青菜头种植面积已达 5.83 万亩，总产量 3.5 万吨。

四、产业发展

作为加工涪陵榨菜的优质原料和时鲜特色蔬菜，涪陵区历届区委、区政府都高度重视青菜头产业发展，把它作为富民兴企的最大民生产业来抓。近年来，涪陵区委、区政府按照完善供给链、提升价值链、延伸产业链要求，坚持"鲜销、加工"两轮驱动，进一步做大做强涪陵榨菜产业发展思路，通过落实良种选育推广、加强原料基地建设、培育龙头企业群体、实施科技兴菜战略、宣传拓展两个市场、严格品牌使用监管、强化榨菜"三废"治理及推动一二三产业融合发展等一系列扶持政策措施，涪陵青菜头已成为全区产销规模大、品牌知名度高、辐射带动能力强的优势特色产业。2018 年，涪陵区青菜头种植面积 72.6 万亩，总产量 160 万吨，外运鲜销 53.5 万吨，实现产业总产值 102 亿元，农民人均榨菜纯收入 2 033 元。涪陵已成为全国青菜头集中种植的最大产区，被农业农村部等九部委认定为"涪陵青菜头中国特色农产品优势区"（第一批）。

五、社会贡献

一是为区内 37 家榨菜企业提供了 100 余万吨优质榨菜加工原料，促进了榨菜企业发展壮大。涪陵榨菜集团成功上市，成为全国酱腌食品唯一上市公司。二是解决了区内 3 万多名富余人员的务工就业（包括季节工、临时工），辐射带动了包装、运输、辅料等相关行业发展兴旺，相关行业每年仅为榨菜产业服务可创产值 10 亿元以上。三是成为种植农户主要收入来源。每年 23 个乡镇、街道 17 万农户 60 余万农业人口，仅青菜头种植农民人均纯收入达 1 700 元以上。四是随着"中国榨菜之乡"声名远播，有力地促进了涪陵知名度的提高，有效地推动了招商引资和地方经济发展。正因如此，涪陵榨菜产业备受关注，各级领导曾来涪视察。2019 年 4 月 17 日，习近平总书记在重庆

视察期间，专门向涪陵区委书记周少政了解涪陵榨菜产业发展现状，十分关注涪陵榨菜产业发展。全国各地每年来涪考察涪陵榨菜的考察团多达数十个。全国各大主流媒体也多次宣传报道涪陵榨菜，仅 2019 年《经济日报》、新华社、《农民日报》等就以《一碟小菜看创新》《涪陵榨菜："青疙瘩"如何变成"金疙瘩"》《做好一碟小菜　绝非"小菜一碟"》等为题对涪陵榨菜产业进行了报道。

（地理标志证明商标　注册号：7728025）

炉霍雪域俄色茶

炉霍雪域俄色有限责任公司 雷 敏

炉霍县位于四川省西北部、青藏高原东南缘，隶属甘孜藏族自治州，历为去藏抵青之要衢和茶马古道之重镇。俄色树学名变叶海棠、花叶海棠，属于蔷薇科苹果属植物，为雪域高原特色植物。在多年的生活经验中，藏域人民借鉴茶叶的制作技术，摸索出将俄色树叶加工成茶的方法，并延续至今。现炉霍县俄色树种植面积约 4 万亩，年产俄色相关茶产品 50 吨左右，2010 年获得国家地理标志保护产品认证。

一、产地环境独特

炉霍县属青藏高原亚湿润气候，光照充足，昼夜温差较大，气候宜人。区域森林资源丰富，旱獭、鹿、猴等多种野生动物在此繁衍生息，冬虫夏草、贝母、党参、羌活等名贵中药材遍布林间草地。所在县域及周边广泛区域内无重工业，全民信奉佛教，不使用农药，高山雪水灌溉，为俄色树的生长提供了纯天然无污染的健康环境。

二、区位优势明显

炉霍古称"霍尔拉鄂"，隋唐时为附属国；唐贞观十二年（公元 638 年），吐蕃东侵，始称"霍尔章谷"。藏语中"霍尔"指蒙古人，"章谷"指山岩石上；因土司的官寨处于山岩上，系蒙古族后裔，故称"霍尔章谷"。炉霍县东连道孚，西接甘孜，南邻新龙，北靠色达，东北与阿坝藏族羌族自治州壤塘、金川两县毗邻，地势西北高、东南低，雅砻江支流鲜水河穿流全县，317 国道贯通全境，县乡柏油路、通村公路全覆盖；县城距成都 657 千米，距康定 290 千米，距康定机场 173 千米，到甘孜格萨尔机场 113 千米，交通四通八达，非常便利。

三、产品特性突出

作为茶马古道必经之地，藏民生活中自古就有"宁可三日无粮，不可一日无茶"，对于缺氧、干燥和以肉食、酥油、糌粑为主食的高原人来说，将生长于 3 000～3 500 米雪域高原的俄色树嫩芽和树叶制作成茶，并与藏茶一起熬制成酥油茶，分解淤积在体内的脂肪，确实是生活中不可或缺的。同时，俄色茶也是活佛、土司用作接待、庆典及供奉的珍品。在近年来的主要成分分析和临床试验中，已检测到俄色茶中含有丰富的黄酮类物质，分离得到 2 个二氢查尔酮类化合物，分别是根皮苷和根皮素，同时含有槲皮素、金丝桃苷、氨基酸类等物质，在临床上有降血糖、降血压、抗氧化、抗动脉粥样硬化、抗肿瘤及改善胰岛素抵抗等药理作用，能辅助调节高血糖、高血脂、高血压及糖尿病等症状，是现代亚健康人群调节"三高"和肥胖人群消脂解渴的不错选择。

四、历史文化悠久

关于俄色树，有个古老的美丽传说。天地初始，造物神阿布姜庚来到人间，创造了山、水、草原、人、鸟、兽等。当他来到炉霍，被这里的美丽景色吸引，决定留下长期生活。高原千年，炉霍在阿布姜庚的创造下变得更加美丽。但在一个冬天的大雪中，寒冷使阿布姜庚倒在了茫茫大雪里，朦胧中一只从未见过的小鸟掠过头顶，并衔来几片树叶放入他的嘴里，顿时清凉之感传遍全身，阿布姜庚苏醒过来。为了确保高原子孙生存下来，阿布姜庚历经艰辛，终于找到了这种树叶，并命名为"俄色树"。此后，雪域人民在阿布姜庚和俄色树的庇护下，克服高寒的环境，生生不息。藏医药经典专著《四部医典》《藏药晶镜本草》《晶珠本草》中对俄色叶均有记载，并收录进《四川省藏药材标准（2014年版）》中，是古域藏地的食药同源植物。

1936年，朱德总司令率领红军进入炉霍后，与当地人民一起生活长达半年。雪域人民为红军提供生活必需品，筹集粮食，还亲自为红军制作俄色茶，减轻战士们的高原反应。俄色茶不仅是雪域古韵的传承，更是民族团结的桥梁。

五、产业发展优势及社会突出贡献

近些年，在炉霍县委、县政府的全力支持下，俄色茶产业迅速发展，俄色树种植面积进一步扩大，区域资源优势更加明显。目前炉霍县在仁达、斯木、宜木、泥巴、旦都、雅德6乡及新都镇建立了专业种植基地，并于2008年12月成立了炉霍雪域俄色有限责任公司，注册了"雪域俄色"商标，相关产品质量得到稳步提升。

炉霍雪域俄色有限责任公司是第12届西部国际博览会战略合作伙伴，并荣获"十二五"期间全国民族特需产品加工生产企业、四川省科技创新示范集体、四川省林业产业化龙头企业、四川省知识产权试点企业、四川省农产品加工示范企业等荣誉称号；"雪域俄色"品牌已获得自主知识产权（国家专利）22项，并先后获得四川省质量信用AAA级、四川省名牌、四川省著名商标、甘孜藏族自治州知名商标、甘孜藏族自治州政府首届质量奖等荣誉。继ISO9001质量管理体系后，公司又取得了食品工业企业诚信管理体系认证和知识产权管理体系认证。

炉霍雪域俄色有限责任公司致力于"产业化、标准化、品牌化"打造，推出了"俄色红茶""霍尔古藏茶"等新产品，不断改善产品质量和口感，寻求更多市场份额。同时，"公司＋基地＋农户"的生产经营管理模式，既稳定了农牧民收入，又提高了群众参与产业发展的积极性，带动区域内农牧民350余人，人均增收3 500元左右。目前，俄色茶已成为藏区一大特色产业，"雪域俄色"品牌更是成为一张亮丽的区域名片，得到人们的广泛认可。

（地理标志保护产品　炉霍雪域俄色茶　批准文号：2010年第112号）

（注册商标　雪域俄色　商标注册号：9805410）

普　洱　茶

云南省普洱市茶叶和咖啡产业发展中心　杨显鸿

茶产业是普洱市的大产业。2018年，全市茶叶种植面积164.85万亩，采摘面积154.51万亩，毛茶产量11.65万吨，生产普洱茶6.2万吨，综合产值255亿元。其中：农业产值55亿元，同比增长11.95%；工业产值89亿元，同比增长9.12%；第三产业产值111亿元，同比增长10.36%。干毛茶平均单价47.28元/千克，同比增长10.23%；平均单产75.41千克/亩，同比增长1.56%。全市共有工商登记注册涉茶企业3 521个，其中规模以上企业24个，获得食品生产许可证企业205个，年产值突破亿元的5个，初步形成了以云南普洱茶交易中心、云南天士力帝泊洱生物茶谷有限公司、澜沧古茶有限公司等重点企业为龙头，农民专业合作社和中小微企业为补充，经营内容齐全的企业集群。

一、践行绿色发展理念

全市建成3个茶叶类国家农业标准化示范区、1个茶叶类云南省农业标准化示范区。自2010年起，普洱市投入资金3亿多元在全国率先实施生态茶园建设工程。截至目前，全市164.85万亩茶园已完成生态化改造，完成农业农村部茶叶标准园创建14个，创建面积达1.5万亩。在全面完成生态茶园改造的基础上，改造提升153个茶叶初制所，促进了茶叶标准化、清洁化生产。2014年3月，国家发展和改革委员会批准普洱市建设国家绿色经济试验示范区，制定了《普洱市绿色茶叶企业评价标准》，并在茶叶行业推行。

1. 积极推进有机认证工作

普洱市通过以奖代补、示范带动等方式，引导全市生态茶园有机转换。截至目前，普洱市获有机认证和进入有机转换的茶园面积31万亩，其中获有机证书的茶园面积22.5万亩，进入有机转换的茶园面积8万亩。全市获得有机产品认证企业110个共140个证书，ISO9000质量管理体系认证企业12个共12个证书，食品安全管理体系认证企业3个共3个证书，绿色食品认证企业12个共36个证书，危害分析与关键控制点认证企业1个1个证书。2018年普洱市成立思茅区有机茶产业联盟，共同打造普洱市"思茅有机茶"品牌。与云南农业大学合作编制的《普洱市有机茶产业发展规划》目前已完成初稿。

2. 加快标准体系制订

积极申报制定《普洱市绿色标准化茶园建设技术规程》《普洱市立体生态茶园建设技术规程》《普洱市中低产茶园改造成立体生态茶园建设技术规程》《普洱市有机茶质量控制技术规范》《普洱市普洱茶仓储标准》等系列符合普洱市茶产业的种植标准、加工标准和市场准入标准。

二、推进质量追溯体系建设

在地理标志保护产品基础上，率先发起成立了企业诚信联盟，先后成立了景迈山、普洱山、凤凰山普洱茶品牌和思茅有机茶品牌产业联盟，制定了诚信联盟章程和企业标准，探索出了一条具有普洱标识的"五个特定"（特定的企业、特定的产区、特定的原料、特定的工艺、特定的标志）、"四条防线"（诚信联盟防线、产品标准防线、标志使用监控防线、产品检验防线）和"四有四可"（有身份证、有履历、有检测、有监控，可识别、可查询、可追溯、可信任）的品牌打造之路。与中国工商银行"融e购"、中国移动"彩云优品"、"一部手机游云南"等平台洽谈合作，多渠道营销联盟产品。2018年，启动了澜沧县、景东县、镇沅县、景谷县、江城县名山普洱茶品牌打造相关工作。为了加强古茶树资源保护，规范古茶树资源管理和开发利用活动，《普洱市古茶树资源保护条例》自2018年7月1日起正式实施，标志着普洱市古茶树资源的保护步入规范化、法治化轨道。

三、引领产业链全面发展

普洱市从2008年开始实施"科学普洱行动计划"以来，普洱茶研究院联合云南农业大学、吉林大学等院校，以科技为支撑，创新产品，推动普洱茶产业的数字化、标准化、功效化、规模化、品牌化进程，开拓普洱茶的大健康市场研究。"普洱茶降血糖功效"研究成果已通过云南省科技厅科技成果鉴定，相关发现和成果已经申请国家发明专利保护。目前多项科研成果与生产企业实现了对接，研发出普洱茶系列新产品30多个。各茶企也根据市场需求，不断研发新产品，拓展产业链。如普洱澜沧古茶股份有限责任公司成立了普洱茶膏研究中心，开发出"乌金"普洱茶膏产品，投放市场深受消费者喜爱。云南天士力帝泊洱生物茶集团有限责任公司为确保产品稳定，进行了晒青茶工艺自动化技改，实现了晒青茶产品质量可控，同时进行了多茶类、原味茶珍的研发。原生公司在云南大叶种茶多茶类研究开发上进行多茶类加工工艺探索，首次进行了云南大叶茶试制黄茶、白茶的尝试，开发出"原生黄金茶""月光白""原生红茶"等，得到了中华全国供销合作总社杭州茶叶研究院专家的好评和湖南君山银针公司的认可。

紧紧依托云南普洱茶交易中心这个平台，稳步推进互联网＋建设，积极引导企业开展电子商务。云南普洱茶交易中心于2016年5月31日正式上线，上线首日完成电子竞价产品90万元云南大叶种红碎茶CTC采购，挂牌交易2007年"板山青"普洱生茶，市值808万元。下一步，云南普洱茶交易中心将开展大宗商品竞价、珍稀产品竞价、臻品发售、线上订制、投资产品发售、产能预销售等业务，同时，结合相应产品开发对应会员公司，实现产品的线上交易、线下配送业务。云南普洱茶交易中心配套的仓储项目已经注册成立（云南深宝普洱茶供应链管理有限公司），该项目总投资额1.8亿元，已经进入试运行阶段。云南普洱茶交易中心立足云南，服务于全国茶类产业集群，促进茶类产业整合、升级，围绕交易平台，为云南乃至全国的茶企搭建起中国茶类交易中心、中国茶类投融资中心、中国茶类定制中心、中国茶类评级鉴定中心等四大功能中心，最终实现整个茶类产业链的多元化发展，为茶类产业提供更广阔的发展空间。

2018年，普洱市茶叶面积、产值居全省第一，产量居全省第二。普洱市茶产业覆盖全市10县（区）、116.64万名茶农，茶农人均纯收入4 559元。

四、提升区域品牌价值

　　普洱市通过"走出去"和"引进来"战略，不断提升普洱区域品牌的价值及国内外影响力。截至目前，全市茶叶产品获得中国驰名商标 1 个、云南老字号 2 个、云南名牌产品 5 个、云南省著名商标 34 个、普洱市知名商标 43 个。银生庄园、雅咪红庄园被评为"中国最美茶园"。在云南省公布的 2018 年"10 大名品"和绿色食品"10 强企业""20 佳创新企业"评选结果中，云南天士力帝泊洱生物茶集团有限责任公司的"帝泊洱"牌茶珍、普洱澜沧古茶股份有限责任公司的"岩冷（图形）"牌春億金瓜普洱茶（生茶）、普洱祖祥高山茶园有限责任公司的"祖祥"牌无量翠环有机绿茶荣获云南省 2018 年十大名茶。此外，肖时英、杜春峄被云南省人社厅、云南省农业厅认定为"普洱茶传承工艺大师"。

　　2008 年 6 月，云南省普洱市宁洱县"普洱茶制作技艺（贡茶制作技艺）"被国务院公布为第二批国家级非物质文化遗产。2012 年 6 月，普洱"贡茶"制作工艺传承人李兴昌被授予"中华非物质文化遗产传承人薪传奖"；9 月，国家文物局把普洱景迈山古茶园列入中国世界文化遗产预备名单；9 月，普洱古茶园与茶文化系统被联合国粮食及农业组织授予全球重要农业文化遗产保护试点；11 月，普洱景迈山古茶林成功入选"中国世界文化遗产预备名单"。2013 年 4 月，国际茶业委员会授予普洱市"世界茶源"的称号；5 月，普洱古茶园与茶文化系统被农业部批准为中国重要农业文化遗产。2015 年 12 月，国家认证认可监督管理委员会批准思茅区为有机产品认证示范创建区。2017 中国茶叶区域公用品牌价值十强揭晓，"普洱茶"品牌价值居首位，品牌价值高达 60.00 亿元；2018 中国茶叶区域公用品牌价值十强揭晓，"普洱茶"品牌价值居首位，品牌价值高达 64.10 亿元。2018 年 5 月，中国品牌建设促进会等评价"普洱茶"品牌价值 657.33 亿元，惠及 600 多万名茶农增收。2019 年 1 月，普洱茶荣获"2018 全国绿色农业十大最具影响力地标品牌"荣誉称号。

　　　　　　　　　　（地理标志保护产品　批准文号：2008 年第 60 号）

户 县 葡 萄

陕西省西安市鄠邑区农业农村局 范化译

鄠邑区原称户县,2017年撤县设区,隶属陕西省西安市,位于关中平原中部,南依秦岭,北临渭水,处于"一带一路"的起点、关天经济区的核心区域,是西安国际化大都市副中心城市,总面积1 282平方千米,人口总数60万人。山区平原面积各半,区位优势突出,自然风光秀丽,文化底蕴深厚,是闻名中外的"中国农民画之乡""中华诗词之乡""中华鼓舞之乡""中国户太葡萄之乡"。

四季分明、雨水充沛、土壤肥沃造就了鄠邑区优越的农业生产条件。早在2003年,经中国葡萄学会专家论证,秦岭北麓鄠邑段是户太葡萄的原产地,也是户太葡萄最佳优生区。优越的地理环境和气候条件,为户县葡萄种植奠定了良好的基础;丰富的民间文化资源,为户县葡萄的发展提供了无形的品牌价值资源。

一、区域优势

户县葡萄产业经过多年发展,积累了诸多优势资源,集中表现于环境优越、独特品种、产业体系、品牌建设、政策支持等方面。

(1)环境优越。鄠邑区自然资源丰富,是优质葡萄的天然适生区。一是光照资源充足。年均有效光照长达220天,在葡萄生长期内活动积温能达4 000℃以上,有利于葡萄的糖分积累。二是水源涵养丰富。全区有36条地表径流,水质清洁良好,为葡萄种植提供了丰富纯净的水源。三是土质有利生长。鄠邑区土质以山前洪积扇土与砾石混合土壤为主,排水透气性强,土壤pH为6.5~7.0,土层深厚,土壤肥沃,能为葡萄生长提供充足养分。

(2)独特品种。户县葡萄的主栽品种——户太8号为鄠邑区自主研发品种,在全国葡萄产业具有较高知名度与影响力。其品种特征明显:色泽鲜艳、含糖量高、果味浓、硬度高;植株耐高温,在连续日最高气温38℃时,新梢仍能生长,对霜霉病、灰霉病、炭疽病表现较强抗病性;丰产性好,亩产量最高可达3 500千克;商品性好,鲜食加工兼备,可用来酿造干白葡萄酒及冰酒,深加工潜力巨大。2007年被认定为绿色食品A级产品,2008年被中国果品流通协会授予"中华名果"称号。

(3)产业体系。户县葡萄产业经过30多年的实践发展,已初步形成产业化体系,主要表现为:一是标准化建园。选择在地势高燥、交通便利、通风透光、远离污染源处建园,园内规划设施齐全,有道路、水利设施、防护林、水土保持等。二是无公害栽培。采用V形架栽培,采取果实套袋、测土配方施肥、水肥一体化等技术措施,严格控制农药使用,合理定穗定产。三是严格采收分级和包装。采收前20天禁止使用一切农药,采收后严格按照标准分级和包装。四是延伸产业链条。一方面向服务业延伸,打造葡萄庄园,实现农旅融合,如荣华葡萄庄园等葡萄酒庄将葡萄产业延伸到观光餐饮等领域;另一方面向葡萄加工方面延伸,如开发"户太"系列葡萄酒(汁)和高端的冰葡萄酒,最大程度挖掘葡萄产业延伸价值。

(4)品牌建设。近年来,鄠邑区将发展壮大"户太"葡萄这一优势产业,作为促进群众增收致富、推动乡村振兴战略的重要途径,多维度、全方位打造"户县葡萄"国家农业名片。一是高点定位,制订品牌战略规划。2015年特聘浙江大学CARD中国农业品牌研究中心编制了

《户县葡萄区域公用品牌战略规划》，以品牌战略规划指导产业发展，努力构建以品牌经济为主导、可持续发展的新型农业经济模式。二是科技引领，厚植产业发展基础。西北农林科技大学在鄠邑区设立了葡萄酒学院新技术新品种科研推广示范基地，以及研究生实习试验示范园 2 个、酒庄 1 个，鄠邑区以此为契机，构建产学研发展新机制，不断延伸户县葡萄产业链。三是质量优先，保障群众"舌尖上"的安全。组织农产品检测、农业技术推广等各相关部门和专业技术人员，加大检查监管力度，加强技术指导服务，积极推进标准化生产。由政府牵线，组织种植大户成立鄠邑区葡萄质量联盟，强化行业自律，推进社会共治，让"户县葡萄"成为绿色生态品牌，让市民群众吃得可口、吃得放心。四是强化推介，持续提升品牌价值。为了让"户县葡萄"走向全国各地、走进千家万户，鄠邑区连续举办了 8 届户县葡萄文化节，并在北京、上海、深圳、广州、郑州、杭州等大城市举办"户县葡萄"品牌推介会。同时，整合葡萄基地、电商、物流企业等信息资源，组建"户县葡萄"物流快递交易服务中心，搭建销售服务平台，极大地提升了"户县葡萄"品牌的知名度与美誉度。

（5）政策支持。鄠邑区委、区政府为促进户县葡萄产业健康发展，提升户县葡萄的市场竞争力，先后出台了《加快设施农业发展和葡萄产业带建设的通知》《加快现代农业发展的扶持意见》《现代农业投资项目管理办法》《农村土地流转管理办法》《加强葡萄产业规范化管理工作的指导意见》等系列政策，重点扶持龙头企业、合作经济组织、种植大户等，有效促进了户县葡萄产业的良序高效发展。

二、产品特性

鄠邑区发展葡萄产业的资源十分丰富，尤其是光照、水源、土质等生态环境资源，以及品种、栽培、情怀等人文培育资源，立体构建起户县葡萄的产品特性。

（1）黄金光照。北纬 34°秦岭北麓，年均有效光照长达 220 天，比世界闻名的法国葡萄产区多出 30 天，让每一颗葡萄晒足阳光。

（2）丰沛水源。36 条河流奔腾润泽，4 亿立方米地下水存量，让每一颗葡萄畅快痛饮。

（3）透气砾土。南依秦岭，北临渭河，丰富洪积扇提供天然沙石砾土，排水透气，让每一棵葡萄树自由呼吸。

（4）独特品种。自主科研育种、独有品种——户太 8 号，数十年优化选育，屡获国家金奖，自然优越品质。

（5）生态栽培。种植过程继承传统农业作业精髓，吸纳现代生态农技要领，让每一颗葡萄健康生长。

（6）虔诚匠心。千年农耕文明哺育，民风敦厚，重诚守诺，耕作勤恳，心怀敬意，虔诚培育每一颗葡萄。

三、产业发展概况

近年来，鄠邑区委、区政府始终坚持"秉承一颗匠心，培育户县葡萄；耕耘画乡天地，打造农作艺术"的发展思路，依托秦岭北麓独特的自然、人文、地理资源优势，积极培育、扶持户县葡萄这一农业支柱产业，并与西北农林科技大学葡萄酒学院紧密协作，在鄠邑区设立葡萄酒学院新技术新品种科研推广示范基地，形成产学研发展态势，为户县葡萄产业发展引入强力科技支撑。经过多年发展，引进夏黑、阳光玫瑰、京亚、巨玫瑰、火焰无核、红巴拉多、摩尔多瓦等 30 多个新优品种，并发展避雨、连栋、日光温室等栽培模式，逐渐形成了早、中、晚熟品种错峰持续上市的科学布局。

户县葡萄种植面积 6.6 万亩，年产量稳定在 10 万吨，产值 7.5 亿元。成功创建葡萄类现代农业园区省级 1 个、市级 7 个，百亩以上标准化示范园 50 个。全区现有葡萄种植企业 20 多家，组建葡萄专业合作组织 50 家，建成西安户太葡萄酒庄、荣华葡萄庄园、扈佰特葡萄酒庄及西安天菊葡萄酒庄等葡萄酒庄 4 个；开发出了低中端的"户太"系列葡萄酒（汁）和高端的冰葡萄酒，延伸了葡萄产业的发展链条，户太葡萄汁、户太葡萄酒、户太冰酒等三大系列 12 个深加工产品获得了 30 多种荣誉和奖项。特别是户太冰酒的研发成功，开辟了我国冰酒新产地，冰酒酿制技术达到国际先进水平。目前，户太 8 号以其生长技术成熟、果实香甜可口的鲜明特点被鄠邑区及周边省份广泛种植，短短几年，种植区域已辐射四川、甘肃、河南、山西等周边省份，种植面积达到了 40 万余亩。

四、品牌日益响亮

"户县葡萄"先后荣获"中国户太葡萄之乡""中华名果""中国果品区域公用品牌50强"等称号；2012年通过国家质量监督检验检疫总局地理标志保护产品认证；2015年荣获"中国果品区域公用品牌50强"称号；2017年获得第23届全国葡萄学术研讨会全国鲜食葡萄金奖，8月成功注册地理标志证明商标；2018年通过农业农村部农产品地理标志认证登记。"户县葡萄"已成为继农民画之后鄠邑区对外交流的又一张靓丽名片。

（农产品地理标志　登记证书编号：AGI02366）
（地理标志保护产品　批准文号：2012年第91号）
（地理标志证明商标　注册号：19077393）

临 渭 葡 萄

陕西省渭南市临渭区果业发展中心　贺莉莉

　　陕西省渭南市临渭区地处关中平原东部，属西安半小时经济圈，是关中平原城市群次核心城市、丝绸之路起点城市之一，是渭南市的政治、经济、文化中心。全区辖 20 个街镇，总人口 100 万人，辖区面积 1 221 平方千米。临渭区南依秦岭，北望黄河，土地肥沃，属温带季风性气候，年平均气温 13.6℃，年平均日照 2 277 小时，年降水量 550 毫米，灌溉方便，优越的自然条件为葡萄生长提供了得天独厚的条件，是葡萄生产优生区。

　　临渭区是全国重要的农产品基地、陕西水果生产大区，主要有葡萄、猕猴桃、核桃等，总面积 63.7 万亩，年产量 77.6 万吨，先后荣获"中国葡萄之乡""中国果菜优质农产品十强区""中国优质水果十强区""国家级无公害红提葡萄标准化示范区"等称号。

一、临渭葡萄特点

　　临渭葡萄以其穗大饱满、色泽鲜艳、柔嫩香甜、品质优良而著称。丰收时节，串串紫黑色的葡萄挂满了枝头，颗粒饱满的葡萄挤在一起，让人垂涎欲滴，不禁摘下一颗，刚放入嘴中，酸酸甜甜的美味就沁入心脾。

　　临渭葡萄产于临渭区渭河以北的 8 个镇，规模大、品种多、品质佳、供货期长、融合发展好。现有葡萄种植面积 26 万亩，其中绿色认证面积 18 万亩，已建成 50 个葡萄标准化示范园，是全国最大的鲜食葡萄基地，年产量 40 万吨，年产值 20 多亿元。引进阳光玫瑰、维多利亚、金手指、夏黑、克伦生、魏克等 200 多个品种，拥有全国葡萄品种最多的博览园，被誉为"葡萄世界"，自主品牌"三贤红"葡萄酒、葡萄干深受广大消费者青睐。在国内首创"Y 形架三带整枝技术"，实行标准化、规范化、集约化生产，达到国家绿色食品标准，葡萄个大、皮薄、肉厚、色泽靓丽、口感良好、品质极佳。一二三产业融合发展，按照"三生同步、三产融合"的思路，拓展"园区＋旅游"模式，建设集生产、采摘、加工、科研、休闲、观光为一体的渭南葡萄产业园，展现关中平原的风光美、风情美、生态美，呈现出了"现代农业在腾飞、欧式风情在展现、特色小镇在融合"的美好景象。

二、临渭葡萄历史

临渭区古称渭南县，历史悠久，人杰地灵，自前秦苻坚甘露二年（公元360年）置县至今已有1 600多年历史。后经数次建置沿革，1995年撤渭南市设临渭区沿用至今。在临渭区这块热土上，曾出现过7位宰相、8名大将、12任尚书，英贤将相，代不乏人。这里因有北宋名相寇准、唐代大诗人白居易、军事家张仁愿而被称为"三贤故里"，陕西革命先驱王尚德、政治家屈武、功勋卓著的上将张宗逊更让这里人文荟萃。

1983年，临渭区从山东引种葡萄到龙背、信义、花园等地，以酿酒葡萄为主。由于当时没有配套的酒厂，因此没有发展起来，只在龙背一带保留巨峰等鲜食品种。1998年，临渭区下邽镇正式引进红地球葡萄，通过行政推动、示范引导、科技支撑等手段，葡萄产业才进入了发展的快车道。2009年，临渭区委、区政府通过科学调研分析，提出了以传统葡萄栽植区下邽镇为中心，建设现代葡萄产业园，进而形成产业生产示范园、加工贮藏商贸园及三贤文化观光园三大功能区，全区葡萄产业得到迅猛发展，走上了稳步推进的康庄大道。

三、临渭葡萄产业发展

临渭区葡萄生产按照控产、提质、设施、品牌、安全、高效的总体思路，全面推广标准化、规范化栽培管理技术，狠抓果园管理，避雨设施和冷棚葡萄面积大幅增加，特别是避雨设施的搭建使全区葡萄的长势和品质不断提升。全区栽植葡萄的镇、村均已达80%以上，有百亩以上科技示范基地10余个，葡萄专业合作社百余家，形成了以下邽、官底、吝店为主的晚熟葡萄基地，以固市、交斜为主的中熟葡萄基地，以官道、孝义为主的早熟葡萄基地。现已建成核心示范园

2.3万亩，包括苗木良种繁育基地500亩、高新技术展示园1 000亩、主栽品种标准化生产示范园2 600亩、加工物流区300亩、综合服务区占地100亩；辐射带动面积20万亩，涌现出了集苗木繁育、葡萄生产、技术示范、培训为一体的渭南秦浓农业科技有限责任公司等龙头企业，以及集葡萄科研、苗木繁育为一体的临渭区葡萄研究所等专业科研机构。在临渭区的带动下，周边蒲城、大荔、合阳等县葡萄栽植面积大幅度增加，还吸引了甘肃、宁夏、河南、山西等地种植户纷纷前来学习。

临渭区葡萄栽植面积大、产量高、品质好，先后被中国果品流通协会命名为"中国葡萄之乡"、被国家葡萄产业技术体系确定为"国家葡萄产业体系渭南综合示范基地"、被西北农林科技大学确定为教学实践基地，2011年9月成功举办了2011中国·渭南葡萄节暨第17届全国葡萄学术研讨会。"临渭葡萄"地理标志已成为渭南市主要的区域公用品牌，"临渭葡萄"商标成为陕西省著名商标，2016年被评为全国果品区域公用品牌50强。在2018年第四届中国果业品牌大会上，"临渭葡萄"以品牌价值13.96亿元荣登中国果业区域公用品牌价值榜第54名，较2017年提高了13个名次。

（地理标志证明商标 注册号：13777877）

静 宁 苹 果

甘肃省静宁县苹果产销协会　徐武宏

静宁县位于甘肃省中部,六盘山以西,属暖温带半干旱季风气候区,大陆性季风特征显著,光照相对充裕,四季分明,昼夜温差大,是国家苹果优势区的核心产区,独特的地理气候条件适合苹果生长,7项生态指标均达到农业农村部苹果生产最适宜区标准。

一、产地优势:国家苹果优势区

苹果树喜光,喜通气排水良好的沙质土,喜低温干燥,要求冬无严寒、夏无酷暑。静宁县气候适宜,年平均气温 7.1～9.5℃,年极端最低气温－19.4℃,≥10℃有效积温 2 539～3 320℃,1 月平均气温－4.8℃,6～8 月平均气温 17.4～19.1℃,无霜期 159 天,年均日照时数 2 238 小时,日均温差 12.1℃。在果品成熟期昼夜温差大,8～10 月昼夜温差达 16℃,非常有利于果品糖分的积累。

静宁地理地质条件适宜,地处黄土高原丘陵沟壑区,地势由西北向东南倾斜,海拔 1 340～2 245 米;地层以陆相岩层为主,土壤类型主要为黄绵土。这些为静宁县发展苹果产业提供了得天独厚的自然条件,也为静宁苹果优越品质的形成奠定了基础。

二、历史渊源:伏羲故里果飘香

静宁是传说中伏羲女娲的诞生圣地,是华夏文明的发祥地之一,是农耕文化发展的中心区域,自古就有栽种果树的历史。据《平凉府志》《静宁州志》记载,至少在 3 000 年前,静宁就有果树的栽培,如桃、李、杏、梨、林檎、花红、樱桃等。传说中的人文始祖给静宁这块古老而神奇的土地留下了丰富的林业文化遗产。

静宁苹果栽培历史悠久,清初的《静宁州志》上就有栽培苹果的记载。康熙版《静宁州志》第四卷《风土志》载:"果之属为品二十一,园植十三:曰桃(大小二种)、李、樱、梨、棠、楸、枣(间生)、林檎、胡桃、桑葚、枸杞、葡萄(酸二种间生)、木瓜。"乾隆版《静宁州志》第三卷《赋役志》载:"果类,樱桃、秋桃、榛子、橡子、松子、花红、杏、林擒(檎)、桑葚、胡桃、葡萄、延寿果、李、藜。"林檎,蔷薇科苹果属植物,别名花红、花红果,是我国古代对苹果的称呼,现代日语中仍管苹果为"林檎"。由此可见,最迟至清朝初年,静宁地区已经普遍栽植苹果了。

三、产品优势:行业公认品质好

静宁苹果个大、形正、色艳、香脆、多汁、甜酸比好,是行业公认全国最好吃的苹果之一。产区独特的地理气候条件,造就了静宁苹果的良好品质。静宁苹果果型大,硬度高,可溶性固形物含量 14.0%～14.5%(国家标准≥13%),维生素 C 含量高(每 100 克检测值为 7.1 毫克),可滴定酸 0.3%～0.34%,糖酸比 36:1,去皮硬度 8 千克/平方厘米。色泽艳丽,着色度 80%以上;果实整齐,果面光洁、无污染;果型端正高桩、果顶圆形、果形指数 0.85～0.95;果肉肉质细,致密、松脆,汁液多,风味独特,香气浓郁,口感好。与山东、陕西等低海拔高温产区苹果相比,可溶性固形物、维生素 C 含量高,营养丰富,色泽艳丽,果面光洁,硬度大,耐贮运。经过多年口碑累积,"静宁苹果"成为行业公认的好苹果。

四、产业优势：全国栽培第一县

　　静宁苹果发展到今天已有一定的产业基础。一是产业规模大。静宁县苹果栽培面积过百万亩，挂果果园面积 76 万亩，总产量 88 万吨，产值 39.6 亿元，已列全国县域之首，在全国果商中拥有一定的知名度和行业影响力。二是产业配套有基础。全县冷库储藏能力 50 万吨，基本上能实现季产年销；拥有西部最大纸箱生产集群，被命名为"中国纸制品包装产业基地"；有一定的技术支撑，建立了静宁县苹果产学研联盟，建成了甘肃省首家苹果院士专家工作站。同时，静宁是 2016 年国家电子商务进农村综合示范县，已建成 23 个乡级电子商务服务站、56 个贫困村电子商务服务点，开设了一批线上销售店。无论从面积、产量、产值还是产业链条均有较大幅度的提升和发展空间，规模优势越来越明显。

五、品牌优势：品牌引领促发展

　　品牌源于品质，口碑来自满意。"静宁苹果"经过全县上下 40 年的艰苦奋斗和共同努力，已经实现了由扩量到提质、创牌的历史性飞跃。"静宁苹果"先后获得"中华名果"等 16 项国家级大奖、拥有"中国驰名商标"等 9 张国家级名片、荣获"中国苹果之乡"等 9 个国家级荣誉称号，2018 年品牌价值评估达 133.99 亿元。目前静宁苹果被列入第一批"中欧地理标志保护产品"，期货交割库在郑州商品交易所正式挂牌，实现本土企业在"新三板"上市，携手京东集团认证静宁为京东生鲜苹果供应基地。"静宁苹果"以独特的品质和品牌备受国内外消费者青睐，产品已进入国内各主要大中城市，摆上了家乐福、沃尔玛等大型连锁超市的货架，出口欧盟、俄罗斯、南美、东南亚等国家和地区，其品牌知名度和市场占有率得到显著提升，静宁苹果已成为宣传静宁的一张靓丽名片。

（地理标志证明商标　注册号：9338063）

（地理标志保护产品　批准文号：2006 年第 125 号）

盐 池 滩 羊 肉

宁夏回族自治区盐池县农业农村局　孙永武

　　滩羊是由蒙古羊在盐池县特定的自然生态条件影响下，受到风土驯化，并经产区劳动人民长期精心选育形成的粗毛型、长脂尾、肉裘兼用型绵羊品种。滩羊是具有典型窄生态适应性，尤以生产二毛裘皮而著称，是宁夏五宝之一、盐池三宝之一，2000年被列入国家级畜禽遗传资源保护名录。盐池县是滩羊核心产区和国家级种质资源核心保护区，盐池滩羊养殖系统入选第四批中国重要农业文化遗产。盐池县享有"中国滩羊之乡""国际滩羊美食之乡"的美誉。

一、产地环境

　　盐池县位于宁夏东部，属于黄土高原向鄂尔多斯台地过渡地段，海拔1 000～2 000米，年降水量180～300毫米，年日照时数2 180～3 390小时，年平均气温7～8℃。气候特点：春迟秋早，冬长夏短，日照充足，蒸发强烈，昼夜温差较大。盐池县水质矿化度较高，低洼地盐碱化普遍，土壤矿物质含量丰富，产区植被以耐旱的小半灌木、短花针茅、小禾草及豆科、菊科、藜科等植物为主，干物质含量高，蛋白质丰富，饲用价值较高。

二、产品特性

　　滩羊体躯毛色纯白，光泽悦目，多数头部有褐、黑、黄色斑块，体格中等，背腰平直，胸较深，体质结实，鼻梁稍隆起，尾根部宽大，尾尖细圆，呈长三角形，下垂过跗关节。

　　盐池滩羊肉肉质细嫩，肌纤维细，系水力好，风味鲜美，口感爽滑，膻腥味极轻，脂肪分布均匀，胆固醇含量低，每100克滩羊肉中含硒16.14微克，每千克含亚油酸1.12克，熟肉率57.26%，是羊肉中的上品，具有极强的营养保健作用。盐池滩羊肉是宁夏特色手抓羊肉和清炖羊肉的必选食材。用盐池当地老百姓的话说，盐池滩羊"吃的是中草药（甘草等），喝的是矿泉水（沟泉水）"，因而形成了其独特的风味品质，备受消费者青睐。

三、历史渊源

　　滩羊由于体躯是白色，自然放牧时羊群远看像一片一片的碱滩，故称之为"滩羊"，也称为"白羊"。滩羊羔羊所产的裘皮称为"滩皮"，后来民间将"滩皮"演绎称为"二毛皮"，"二"在古代有"白"的意思和衡量毛股长短至少达到二寸[①]的意思。明清时晋商走西口，到宁夏、内蒙古、新疆等地经商，用缎、绸、布、绢、针线等物品交换当地的马、牛、羊、羊皮、皮袄等，换回物品统称为"西路货"。其中宁夏滩羊二毛皮（西路轻裘）、滩羊肉最受青睐，知名度高，为方便交易，在二毛皮皮板上加盖"滩羊"货章，可以说是"盐池滩羊"产地证明商标的最早雏形。滩羊作为轻裘皮用品种，1755年就被列入当时宁夏最著名的五大物产之一，距今已有260多年的历史。

　　盐池县大水坑镇南20千米有个摆宴井村，村名的来历有个传说。相传，康熙皇帝西夏访贤，扮作读书人，骑一匹白马并带一随从，路过花马池（今盐池县城）南约50千米地的一个山上。那时正累得人困马乏，饿得肚滚肠空，渴得嗓子冒烟，忽见山脚下有缕缕青烟，料是村庄便径直投奔

---

①　寸为非法定计量单位，1寸≈0.03米。

而去。到了村口，看到庄户人正在井边打水，急忙跑过去喝起水来，连连赞叹："好水，好水"，村里人听说来了读书人，便热情地款待了他们。经过炖、蒸、炸、焖、烤的盐池滩羊肉，色泽光亮，味香可口，让读书人胃口大开，吃得津津有味，连连称奇夸赞道："好吃、好吃、难得的好羊肉"。过了半年村里人才得知，吃羊肉的读书人原来是康熙皇帝，从此便有了"摆宴井"的地名及"要吃好羊肉，请到盐池来"的美誉和传说。

四、产业发展

近年来，盐池县始终把滩羊产业作为全县农业的"一号产业"来抓，充分发挥特色优势，加大品牌建设力度，推动滩羊产业健康发展。通过制订"盐池滩羊"品牌战略发展规划，大力推广滩羊标准化生产，严格落实保种、饲养、加工等关键环节质量把控，健全全产业链追溯体系建设，实现了产业全链条质量追溯，确保了盐池滩羊肉的品质纯正和质量安全。2017 年，盐池滩羊饲养量达311.2 万只，出栏达 184.7 万只，滩羊产业产值占农业总产值比重达 60％，农民人均可支配收入一半以上来自滩羊产业。截至 2018 年 12 月，盐池滩羊饲养量达 315.7 万只，以滩羊为主的畜牧业产值达到 10.71 亿元，占农业总产值的 67％；全县建成规模养殖园区 326 个，300 只以上规模养殖户近 3 000 户，滩羊养殖主体呈现"企业＋规模养殖园区（场）＋养殖户"的结构组成，规模养殖比例近 60％。随着品牌知名度和认可度的大幅提高，盐池滩羊肉逐步进入大型餐饮企业、高端酒店、京东、天猫、河马鲜生、华润万家等全国 35 个大中城市高端超市的销售渠道，线上销售模式也悄然成为新型增收渠道。

滩羊产业也成为盐池县脱贫致富的"造血产业"，滩羊养殖实现了贫困村全覆盖，对贫困群众增收贡献率达 70％以上。2017 年，盐池县先后参加了农业部组织的延安、青海、新疆扶贫会并进行产业交流发言。2018 年，盐池县通过国家扶贫验收考核，成为宁夏第一个脱贫摘帽的贫困县。

五、品牌荣誉

2005 年 5 月 5 日，中共中央政治局常委、国家副主席胡锦涛视察盐池生态建设和白春兰治沙造林成果。在盐池宾馆的清真餐厅，胡锦涛同志一边品尝羊羔肉佳肴，一边向陪同人员询问羊羔肉的制作方法，并赞叹其味道鲜美。2010 年 3 月，中共中央总书记、国家主席胡锦涛再次来到盐池，

考察花马池镇南苑新村移民搬迁及滩羊养殖，为搬迁群众通过养殖滩羊增加收入感到高兴，特别讲到"发展滩羊等产业是帮助群众增加收入的好路子"。

2003年，盐池县被授予"中国滩羊之乡"。2005年，注册"盐池滩羊"地理标志证明商标。2008年，"盐池滩羊"获得宁夏著名商标；同年，"盐池滩羊肉"获得农产品地理标志登记证书。2010年，"盐池滩羊"获得中国驰名商标。2012年，盐池县荣获全国肉羊标准化养殖示范县。2017年6月，宁夏盐池滩羊养殖系统入选第四批中国重要农业文化遗产；同年，"盐池滩羊肉"获2017最受消费者喜爱的中国农产品区域公用品牌、宁夏农产品区域公用品牌，成功创建国家级农产品地理标志示范样板，进入2017年中国百强农产品区域公用品牌，"盐池滩羊"入选第一批中国特色农产品优势区。2017年11月，盐池县人民政府获得中国农业品牌建设学府奖。盐池滩羊肉以其优良品质入选G20杭州峰会、厦门金砖国家领导人会晤和上海合作组织青岛峰会的国宴食材。2019年1月，"盐池滩羊肉"荣获"2018全国绿色农业十大最具影响力地标品牌"荣誉称号。

（地理标志证明商标　盐池滩羊　商标注册号：3334050、3798194）

（地理标志保护产品　盐池滩羊　批准文号：2016年第9号）

（农产品地理标志　盐池滩羊肉　登记证书编号：AGI00061）

中卫香山硒砂瓜

宁夏回族自治区中卫市农产品质量安全检验检测中心　魏晓琴

中卫市位于宁夏回族自治区中西部，地处宁夏、甘肃、内蒙古交界地带，面积 1.7 万平方千米，辖沙坡头区、中宁县、海原县和海兴开发区，区位交通优势明显，是连接西北与华北的第三大铁路交通枢纽，是古丝绸之路和"一带一路"重要的节点城市。

中卫环香山地区，山势起伏、沟壑纵横，平均海拔 1 760 米，干旱少雨、温差大、高日照等自然劣势气候，以"苦甲天下"而著称于世，被联合国认定为不适宜人类生存的地方。为了应对恶劣的自然环境，几百年来，中卫人民为抗旱保墒，在正常土地上铺盖了一层碎石头，逐渐摸索出了一套压砂种瓜的旱作种植模式，没想到长出的西瓜天然富硒、果汁丰富、甘甜爽口、个大皮厚、便于运输，是生态健康的有机保健食品。

2004 年中卫撤县设市后，硒砂瓜被确定为中卫市特色优势产业，中卫市出台各项政策对硒砂瓜产业的发展给予支持。党的十九大以来，中卫市委、市政府按照把"原字号""老字号""宁字号"农产品品牌打出去的工作要求，将硒砂瓜产业作为全市"1＋5"优势特色产业之一，列入"四区七带"农业产业布局和"一带两廊"空间发展规划，依托土壤富硒资源优势和硒砂瓜品牌优势，推进硒砂瓜产业规模化、标准化、品牌化、高质量发展。

一、基本情况

2018 年，全市种植硒砂瓜面积 93.96 万亩，其中沙坡头区 49.86 万亩、中宁县 38.20 万亩、海原县 5.90 万亩、全市硒砂瓜累计销售总量 136.14 万吨，实现销售总产值 18.02 亿元。

作为中卫市一张最靓丽的"绿色名片"，硒砂瓜 2004 年被中国绿色食品发展中心认证为绿色食品。2007 年被北京中绿华夏有机食品认证中心认证为有机食品，同年被农业部绿色食品管理办公室和中国绿色食品发展中心认证为全国绿色食品标准化（西瓜）生产基地，成为 2008 年北京奥运会和 2010 年上海世博会专供农产品。2007 年，"香山压砂西瓜"被国家质量监督检验检疫总局批准实施地理标志产品保护。2008 年，"海原硒砂瓜""中宁硒砂瓜"被农业部登记为农产品地理标志。

"香山硒砂瓜"2016 年被农业部评为全国"一村一品"十大知名品牌；2017 年，荣获最受消费者喜爱的中国农产品区域公用品牌和宁夏十大农产品区域公用品牌。2018 年，"中卫硒砂瓜"通过农业农村部农产品地理标志登记保护，同年中卫市被全国土壤质量标准化技术委员会授予"中国塞上硒谷"。2018 年，中国果品区域公用品牌价值评估"香山压砂西瓜"品牌价值 25.81 亿元。2019 年 1 月，中卫市中卫香山硒砂瓜被农业农村部等 9 部委认定为"中国特色农产品优势区"。

二、产业发展举措

多年来，中卫市为建立和完善硒砂瓜品质品牌保护管理运行机制，促进产业健康可持续发展，主要采取了以下 4 个方面的措施：

1. 强化顶层设计

中卫市委、市政府主要领导多次到江苏苏州、湖北恩施等地考察，提出"中国塞上硒谷"建设目标，制定了《中卫市富硒产业发展推进实施方案》《中卫市硒砂瓜品质品牌保护提升三年行动方案》《关于推进硒砂瓜产业健康持续发展的意见》等政策文件，系统筹划安排硒砂瓜产业持续发展、品质品牌保护的对策措施。近两年，积极争取宁夏回族自治区农业农村厅支持硒砂瓜产业发展项目资金2 000多万元，对硒资源普查、硒砂瓜产业基地建设、龙头企业及合作社培育发展、品牌打造等方面给予支持。各县（区）农业部门围绕各自实际，成立了以主管领导牵头的硒砂瓜品质品牌保护工作领导小组，积极组织有关单位和专家修改完善相关技术规程及品质品牌保护的相关具体措施，为硒砂瓜品质品牌保护工作提供了组织保障和技术支撑。

2. 坚持标准化生产

制订印发了《中卫市硒砂瓜绿色标准化生产技术规程》，组织召开硒砂瓜标准化生产技术及农机农艺融合示范园区现场会，全面推行以控水、控肥为主的绿色标准化生产技术，实行统一品种、统一施肥、统一种植密度、统一水肥管理、统一贴标销售的"五统一"生产经营模式，大力推广增施有机肥等关键生产管理技术，确保种出最优质、最受消费者喜爱的硒砂瓜。

3. 创建"小产区"

按照宁夏回族自治区党委农办、农牧厅、财政厅制定出台的《龙头企业带动大米、肉牛、滩羊、蔬菜、硒砂瓜产业融合发展推进方案》文件精神，全面推行"大产业、小产区"运行管理模式，在全市硒砂瓜主产区创建6个硒砂瓜小产区。实行小产区管理查询和追溯体系，实现产品质量手机短信和网站追溯，杜绝冒贴串贴硒砂瓜商标；强化龙头带动，抓标准保品质，抓品牌增效益，抓龙头促营销。通过推行"大产业、小产区"管理模式，着力巩固提升硒砂瓜天然健康品质优势，实现硒砂瓜产业优化升级、广大瓜农增收致富。

4. 定位高端优化营销

创新消费理念。以"富硒礼品""聚好吃"打开高端消费市场，制订了精品礼盒和酒店果盘营销方案，礼盒及商标设计采用"石缝生长、天然富硒、极致温差、高强日照"创新理念，实行一瓜一标、限量发放。采取走亲访友"送瓜"、相聚时刻"吃瓜"、实地采风"赏瓜"等方式，瞄准亲友会、同学会、会议论坛、大型赛事（活动），组织6万亩富硒基地合作社和企业，分别对接了北京、上海、广州、深圳、重庆、杭州等15个目标城市及30余家高端销售客商，并签订了销售订单。

5. 实施"互联网＋品牌农产品"行动

依托国内外知名电商平台，大力发展农村电子商务，形成线上线下多种交易模式，对天猫、淘宝、京东10家电商专营店进行了授权，开展拼团、限时秒杀、订瓜送"中卫游"等营销活动。

三、品牌保护与拓展

1. 全面推广使用二维码防伪溯源专用标识

全市推行硒砂瓜"二标合一（农产品地理标志标识、合作社商标）、一瓜一标、一年一印"的质量追溯管理模式，统一设计和印制分沙坡头、中宁、海原产区的二维码防伪溯源专用标识，注明使用年份，设定使用期限。制定发布 10 条防伪溯源专用标识管理规定，严格监管专用标识的申报、印制、管理、贴用，在新闻媒体上发布识别方法，并发布全市硒砂瓜二维码防伪溯源专用标识和主销市场专销区设置情况。

2. 规范市场秩序，打假保真

近年来，随着中卫香山硒砂瓜知名度的提高，冒牌硒砂瓜越来越多，不仅侵害了消费者的利益，更让民众对"香山硒砂瓜"的品牌产生了怀疑。为此，中卫市人民政府整合市场监管、农业农村、公安等力量组成硒砂瓜商标清理整治工作组，对盗印防伪商标、销售过期商标、转卖专用标识等不法行为进行严厉打击、处罚，坚决打击各类扰乱市场公平交易的行为，努力营造亲商爱商氛围，让全国客商放心地来、开心地回。

3. 加强品牌宣传推介

不断推动"中国硒砂瓜之乡"创建工作，组织召开了以"醉美硒砂瓜、休闲中卫行"为主题的中卫市（沙坡头区）首届休闲农业与乡村旅游文化节、宁夏中卫香山硒砂瓜品质品牌保护及可持续发展研讨会、中卫香山硒砂瓜（富硒）推介发布会暨第三届乡村旅游文化节等活动，通过情景剧、舞蹈、相声等丰富多彩的节目大力宣传推介中卫香山硒砂瓜；组织香山瓜农为南海舰队海军官兵赠送香山硒砂瓜，香山硒砂瓜第一次登上了我国第一艘航母辽宁舰和 052D 型导弹驱逐舰银川舰。

通过授牌专销区直销硒砂瓜、扶持龙头企业（合作社）广泛参加全国各地农产品展会和节庆活动，依托香山硒砂瓜品牌优势，利用互联网、新媒体、广播电视等通信工具深入开展宣传推介，提高了"中卫香山硒砂瓜"品牌知名度、认知度、美誉度和市场竞争力，推进硒砂瓜品牌经济健康发展。

（地理标志保护产品　香山压砂西瓜　批准文号：2007 年第 137 号）

（农产品地理标志　中卫硒砂瓜　登记证书编号：AGI02445）

白杨老窖系列产品

新疆小白杨酒业有限公司　刘桂珍

白杨老窖是石河子市的特产，是新疆小白杨酒业有的拳头产品。它不仅为石河子人民所喜爱，更是新疆各族人民喜庆家宴不可缺少的必备品。2014—2016 年，白杨老窖产品连续 3 年在中国绿色食品博览会上荣获疆内白酒唯一金奖。

一、地理环境优势

石河子市位于天山北麓中段、准噶尔盆地南缘，农业是石河子市的基础产业。现有耕地面积 278 万亩，播种面积 230 万亩，机械化程度达 85％以上。精准种子、精准播种、精准管理、精准灌溉、精准收获和精准田间生态监测等"六大精准技术"逐步应用推广，农业现代化、集约化水平较高。作物以棉花、小麦、玉米为主。石河子地区日照时间长、昼夜温差大，造就了可遇而不可求的优质原粮资源。

二、历史渊源

1949 年冬，解放军进驻新疆。1950 年 1 月，为减轻当地政府和各族人民的经济负担，驻疆解放军将主要力量投入到生产建设中，当年实现粮食大部分自给、食油蔬菜全部自给。粮食有了结余，部队官兵开始养殖战马、猪牛羊等牲畜。1953 年，驻石河子部队的四川老兵刘巨章，家里世代以酿酒为业，他向部队首长建议：直接用粮食喂养牲畜太浪费，不如用余粮酿酒，再用酒糟喂牲畜。这样不但解决了官兵冬季御寒的饮用酒，同时，酒糟又是比纯粮食更好的饲料精品。部队首长批准后，组建了烧酒班，开始酿酒。1954 年，新疆生产建设兵团第八师垦区在石河子成立，烧酒班划归新成立的八一畜牧场。1958 年 8 月 1 日，正式建厂成立"八一酿酒厂"，出品红旗白酒、石城白酒、高粱大曲酒，开启了新疆兵团军事化管理、部队化体制的白酒规模化酿造的辉煌篇章。1979 年 10 月，八一酿酒厂申请注册"白杨"牌商标。1997 年 2 月，更名为新疆石河子白杨酒厂。2007 年 7 月，企业资产重组，改制为新疆小白杨酒业有限公司。

三、独特的酿造工艺

白杨老窖原料主要以高粱、小麦、玉米、糯米为主。制酒车间采用传统工艺为基础与现代"精工发酵"相结合的方法，运用了"养""回""醅""灌""延""串""分""复""运"系统技术，加以独有配方的窖泥品质和母糟风格，增强窖泥及母糟产香的新陈代谢能力，并采用拉力发酵、复合蒸馏和陈化技术生产原汁基础酒、调味酒，造就出白杨产品高雅醇爽、与众不同的独特品质。

公司建有 300 多个窖池，窖龄都在 50 年以上。窖池主要是人工培养的老窖泥，采用干打垒的形式修成。窖泥中采用了香蕉、苹果、藏红花等十几种食材，同时还拌了牛骨汤，通过特殊工艺发酵而成，目的是为了提高浓香型白酒的呈香物质和优质品率。产品完全采用传统纯粮固态工艺酿造，以粮食为原料，经粉碎后加入曲料，在窖池中自然发酵一定时间，经高温蒸馏后生产出来。

目前，公司储酒能力6 000吨，年产白酒10 000多吨。制酒车间烧好的酒都要存放在酒罐内进行储存，通过温度、湿度的变化，使酒慢慢老熟，让酒分子稳定下来。为保证酒的口感，公司经过勘探，自己打了一口深 200 米的深水井，并且从国外购买了 3 台水处理器将地下水进行处理，水质已经超过国家纯净水的标准，所以白杨酒口感会比较甜。

2007年，新疆小白杨酒业有限公司总经理王旭东亲自到四川泸州纳贤，请来了原泸州老窖工程师、中国酒魔陈立新先生执教白杨酿酒团队，从此开始了小白杨酒业以质量求发展的里程。公司拥有气相、液相色谱仪等先进的检验实验设备，技术中心通过自治区级认定，通过不断提升、创新、研发产品，增强企业竞争力。

四、绿色食品管理措施

1. 严格落实部门和主体责任

公司制定《食品安全方针目标批准令》《食品安全管理制度》等制度，严格落实质量责任人制度，强化自律意识。充分发挥各职能部门在制度实施中的骨干作用。各个部门采取联动、分段落实、合力管理的办法，确保制度落实的成效。

2. 严格质量管理

质量管理是绿色食品生产的重要一环，只有坚持一手抓产品开发，一手抓质量管理，通过大力推进制度创新，不断完善相关制度，才能不断促进企业绿色食品的发展。公司制定了《质量管理组织机构》《关于制定小白杨酒业有限公司质量安全目标的决定》《生产过程质量管理制度》等制度，提升了公司管理水平和质量安全防控能力，筑牢了品牌生产质量安全的技术基础。

3. 严格监督抽查

在原材料进购及生产过程中对原料和成品进行定期监督检查、不定期监督抽查。对在监督检查中发现的不合格产品进行处理，并发布监督抽查通报，严把质量关。

五、品牌成绩和社会评价

白杨系列产品酒，以"白杨""小白杨""一家亲"三大品牌为主的注册商标已形成，生产老窖、特曲、大曲、白酒、营养保健酒、饮品等六大系列百余种产品。1999年，"白杨"牌老窖、特曲系列酒被评为"新疆名牌产品"，"白杨"牌、"小白杨"商标被新疆维吾尔自治区工商行政管理局评为"新疆著名商标"。2000年，"白杨"牌系列酒被中国食品工业协会评为"中国知名白酒信誉品牌"。2003年，"白杨"牌、"一家亲"牌系列酒获中国中轻产品质量保障中心"中国知名品牌"。2004年，白杨酒被新疆酒文化酒市场研究中心确认为"21世纪新疆白酒第一绿"。2008年，白杨系列酒荣获"全国产品质量公正十佳品牌"；同年，公司通过ISO22000:2005食品安全管理体

系认证，白杨系列酒再度荣获"新疆名牌产品"。2016 年，42 度白杨印象酒、46 度白杨老窖、50 度白杨老窖在西北五省第七届白酒质量鉴评活动中分别荣获金奖、银奖、铜奖。2014—2016 年，白杨老窖产品在中国绿色食品博览会上荣获疆内白酒唯一金奖。

［52 度白杨老窖（浓香型白酒）　绿色食品证书编号：LB-46-1706303618A］
［46 度白杨老窖（浓香型白酒）　绿色食品证书编号：LB-46-1706303617A］
［42 度小白杨老窖（浓香型白酒）　绿色食品证书编号：LB-46-1706303616A］

神内果蔬汁系列饮料

新疆石河子开发区神内食品有限公司　梁　霞

新疆石河子开发区神内食品有限公司（以下简称神内公司）自成立起就秉承"追求绿色天然的一流品质，创造健康快乐的美好生活"的质量方针和经营宗旨，立足科技创新，致力于新疆特色农产品的开发利用。1999 年至今，神内公司胡萝卜汁、蟠桃汁、番茄汁饮料产品先后获得中国绿色食品发展中心绿色食品 A 级认证，是新疆兵团首家通过绿色食品认证的果蔬汁饮料企业。

新疆具有得天独厚的地理环境和优良的自然资源。神内公司原料基地选择天山北麓方圆 100 千米无工业污染地区，基地沙质土壤有机质含量达 1％～2％，加之昼夜温差大，日照时间长，有利于胡萝卜、蟠桃、番茄糖分和天然营养成分的积累，原料色泽靓丽、口感优良、营养丰富，适于加工。

神内公司严格按绿色食品规范进行基地管理和产品标准化生产，采用先进的果蔬汁加工工艺，遵循绿色食品要求，精心调配，严格各环节质量标准和检验程序，实施完善的质量管理、食品安全管理体系，确保产品品质绿色天然、口感丰厚、特色鲜明，深受广大消费者的厚爱和认可。为保证绿色食品认证产品的生产加工质量，公司着重从以下四个方面开展质量管理活动：

一、原料基地管理规范化，把好源头关

神内公司都每年都对原料基地特别是胡萝卜、蟠桃基地开展原料产地环境污染调查监测，每年对沙湾西戈壁和一四三团八连灌溉用水、土壤及对应产品的重金属农药残留等主要污染物进行监测，检测结果均符合绿色食品要求。神内公司实行统一优良种子供应、统一标牌标识，统一收购加工的方式，建立了种植管理档案和质量可追溯制度，实行农户种植档案化管理，严格种植规程和原料检验规程，将标准和规程下发到每个农户，使农户做到心中有数，实行合同种植。从选种、种植、植保、收购、培训定期监督，层层把关，以保障原料、产品质量安全。

二、建立并实施质量管理体系，完善生产、质量管理制度

神内公司在质量管理活动中重视现代质量管理理论的学习和运用，采用内部学习、外出培训相结合的方法，学习先进的质量管理理念和相关知识，在 ISO9001 质量管理体系的基础上又建立了 HACCP 食品安全管理体系、卫生质量体系、标准化管理体系，四大体系相辅相成运行良好，使公司的质量管理活动进一步细化和深入。建立了质量手册、程序文件、作业指导书和质量记录三级文件化管理制度，从原材料进厂、生产加工、产品出厂实行了全过程质量管理模式。建立质量安全预警机制，每年进行产品召回演练。通过有效的管理，公司质量管理体系持续改进，产品质量、工作质量和质量管理水平明显提高，产品入库合格率由原来 95.00％提高到 99.93％，未出现食品安全事故，为公司品牌建设和产品知名度的提高奠定了坚实基础。

三、实施生产、质量标准化管理，以标准促质量

神内公司生产有近 20 种不同规格饮料，依据国家标准制定了严于国家标准的企业标准，同时根据过程质量管理思想结合产品特点制定了原辅料检验验证标准、包装材料检验规程、半成品检验标准、生产工序质量标准、关键点控制程序、监视测量装置控制程序、不合格品控制程序、质量追

溯控制程序等，设有原材料检验员、半成品检验员、跟班质检员、成品检验员进行全过程质量检验验证，进出厂检验能够严格按标准进行检测，做到不合格的原材料不投产使用，不合格的产品不出厂。在生产经营、加工过程中严格按质量手册、工艺文件、作业指导书的要求进行作业，设置过程质量关键控制点，生产车间建立了自检互检系统，由下道工序对上道工序的产品质量按标准进行检验，不合格品严禁转入下道工序。同时从原料到成品增加了食品安全性评价与监督检验，完善的检测体系从根本上提高了质量保证能力，标准化管理的落实使产品质量的安全性得到了保障。多年来通过各级质量、卫生、进出口监管部门的监督审核和检验，产品检验合格率100％，获得上级主管部门的一致好评和广大消费者的认可。

四、强化食品质量安全管理，落实"食以安为先"思想

"民以食为天、食以安为先"。近年来为加强食品安全管理，保证公司产品的安全，公司高度重视食品安全管理，开展全员食品安全宣传教育、食品安全标准学习、组织每季度食品质量安全检查、食品添加剂安全使用核查等管理活动，在提高食品安全管理意识的同时，扎实地落实食品安全各项工作。建立质量安全预警机制，制定了质量预警、食品安全事故应急制度，强化预警管理能力。定期对食品添加剂的采购、使用、储藏、防护、标识、查验的符合性进行自查，对食品添加剂安全使用、规范管理的有效性进行检查，建立了辅料、食品添加剂管理台账和限量使用标准，同时及时向上级主管部门进行备案。通过出厂检验、委托检验、供方检验、监督检验、定期自查相结合的监控方式，生产过程、检验过程的食品安全关键指标、关键控制点均符合国家、企业标准要求，保证了产品质量的安全稳定，未发生过食品质量安全事故。

神内公司在20多年的生产经营中始终秉承绿色天然的理念，立足新疆特色资源，发挥石河子大学科技企业的科研优势，坚持做良心产品、良心企业。神内公司于2002年在新疆饮料行业首家通过1SO9001质量管理体系认证，2008年通过HACCP食品安全管理体系认证，2013年成为石河子市唯一通过标准化体系认证企业。2016年，神内公司通过知识产权管理体系认证，并被评为石河子市创建全国质量强市示范企业。神内商标及果蔬汁系列饮料多次获得"新疆著名商标""新疆

名牌产品"称号。今后，神内公司仍将积极进取，努力为百姓的美好生活提供更多健康、安全、绿色、天然的果蔬汁饮料。

（绿色食品标志编号：胡萝卜汁 LB-40-174301927A、蟠桃汁 LB-40-19063005022A、番茄汁 LB-40-19063005021A）

温 宿 大 米

新疆维吾尔自治区温宿县农业农村局　冯志雄

温宿县位于新疆维吾尔自治区南部，隶属阿克苏地区。温宿县地处南北交通要道，南疆铁路、国道 314 自东向西穿境而过，县城距民航机场 3 千米、距火车站 15 千米，乡村公路纵横贯通，交通极为便利。

温宿大米是当地优势特色农产品之一，种植面积 12 万亩左右，年产优质大米 8 万吨，并在 2017 年获得农业部农产品地理标志登记保护。

一、产地环境独特

温宿县属暖温带大陆性气候，热量丰富，光照充足，日均阳光照射长达 16 个小时，昼夜温差高达 20℃。年平均降水量 65.4～78.7 毫米，年平均气温 10.7℃，年日照时数在 2 556.1～2 760.5 小时，年平均无霜期 227 天。由于气温日变化较大、境内地貌复杂，形成明显的区域性气候差异，水稻种植生长期较长，平均 145～168 天成熟期，对大米营养物质的积累和产品质量的提高形成了非常有利的自然条件。温宿县地势北高南低，分为北部山区和南部平原，土质肥厚，有机质含量较高。由于千万年来不同水系的切割、冲击形成有着不同气候、土壤、生物资源的冲积平原和洪积平原，水流不畅，地形低洼，形成大片天然湿地。土壤完全没有重工企业污染，农业生产用水全部来自天山雪水和地下水，十分利于水稻生长。

二、产品特性优良

温宿自古就有"塞外江南、鱼米之乡"的美称，不仅风光神奇秀美，而且物产丰富，特别是温宿县生产的大米，有外观好、品质优、口感佳等特点。温宿大米颗粒均匀，色泽鲜亮，垩白粒少，透明度好，油性较大；蒸煮米饭清香细腻，口感香软，弹性适中，余味回甜，冷饭不回生。温宿大米直链淀粉含量 16.0%～19.0%，胶稠度 75～90 毫米，垩白度≤1.2%，垩白粒率≤11%。

三、种植传统悠久

温宿大米，种植历史源远流长。在历史上，温宿种植的香稻"纯系贡品"，且"庶民不得尝"，其香气纯正、浓郁，有"一地开花香满坡，一家做饭四邻香"的赞誉。作为水稻生产的故乡，西汉时已有屯工在温宿从事种植业，《晋书》《北史》《隋书》等中的《西域传》均有"姑墨有稻、粟、菽麦"的记载。清光绪三十四年（1908）编修的《温宿县乡土志》载：温宿大米"较各城所产米质量最佳"，"阿克苏泉甘气和，果谷丰登，牲畜繁昌，春夏之季稻穗吐香，杨柳垂荫风景如画，为新疆省省米最良之地，物产有米、麦、黍等，其中的白米最为有名。"

四、产业优势明显

温宿县水稻种植历史悠久，农民种植水稻的经验十分丰富，再加上拥有世界顶级的稻种，采用科学的管理方法，不断推广新技术，2006 年起水稻亩均单产就超过了 700 千克，2018 年亩均单产 715.78 千克，最高亩产达到 900 千克，在世界上居于领先水平。温宿县按照"企业兴产业、产业带基地、基地富农户"的思路，大力发展水稻产业。以"公司＋基地＋农户"的现代订单农业模式打造水稻基地，对水稻品种进行了大胆的改革与更新，将原来的水稻品种全都更换为产量高、品质好、口感鲜、市场价格高、销售畅的"秋田小町""越光""香米"等优质品种，并多次荣获新疆名牌产品、最具市场竞争力品牌、著名商标、农产品交易会参展产品金奖等。温宿大米以其优质的品质销往全国各地，并被市场认可。

1965年，建立新疆农业科学院核生物技术研究所温宿水稻试验站；1991年2月28日，农业部向温宿生产的78-1大米、香大米、香糯米3个优质品种颁发绿色食品证书；2014年8月3日，成立中国水稻研究所新疆温宿新技术试验站。

五、社会贡献及舆论评价

温宿大米促进了温宿县农业结构调整，改变历史上以出售原料为主转变为加工产品销售，发展了围绕稻米产业的公路运输、彩印包装、饲料加工、粮食经纪人等产业，带动一二三产业融合发展，促进了农业增效、农民增收，提升了知名度。通过政府指导企业，按照国家名牌产品的标准生产，以质量创品牌、以宣传塑品牌、以市场闯品牌、以信誉保品牌，在最短的时间内，形成一个具有较高市场知名度的大米品牌，带动"温宿大米"这个区域品牌快速成长，让"品牌兴县、品牌兴企、品牌富农"的理想变为现实。

通过引进新品种，推广新技术，温宿县金丰源米业、昆托米业、香钰米业等具有一定规模的企业已将"越光""香米""秋田小町""雨田"等多个品种的温宿大米推销至南北疆市场，以及上海、河南、北京、江苏、浙江等地区的大中城市，市场发展潜力巨大。

温宿大米的新闻报道多次出现在中央电视台、人民日报、科技日报、农民日报、新疆日报、新疆电视台、阿克苏日报等新闻媒体平台，社会各界及广大消费者对温宿大米产业发展及产品给予了很高的评价。

1998年，温宿县被命名为"中国大米之乡"；2010年，被农业部授予"全国粮食生产大县"称号；2012年，被新疆维吾尔自治区农业厅授予"粮食生产先进县"称号。

（农产品地理标志　登记证书编号：AG102451）

（地理标志证明商标　注册号：1816161636）

九、案例篇

供销 e 家：多措并举，助力扶贫攻坚

中国供销电子商务有限公司　陈月敏　何　颖

中国供销电子商务有限公司（以下简称"电商公司"）成立于 2015 年 5 月 28 日，是在中华全国供销合作总社指导下成立的电子商务公司，负责建设和运营"供销 e 家"线上平台。在财政部和国务院扶贫开发领导小组办公室的支持下，供销总社依托"供销 e 家"积极建设贫困地区农副产品网络销售平台——"扶贫 832"，服务来自 832 个国家级贫困县的供应商和各级预算采购单位。电商公司通过 B2B、B2C、O2O 相结合，助力贫困地区农产品上行，从建设、运营、品牌打造等多方面对贫困地区发展主体产业进行全程指导帮扶，逐步实现农产品产业化、标准化、品牌化、数据化。四年多以来，电商公司依靠供销合作社发展农村电商的优势，在充分整合供销系统内外资源的基础上，已经在发展农村电商方面取得了一定的成绩，2018 年，实现全口径交易额 200 亿元。

电商公司自成立至今，始终坚持以打造线上线下融合发展的农村电商综合服务平台为战略定位，以"构建供销电商一张网，打造农村电商国家队"作为发展愿景，以"让农业生产更便捷，让城乡生活更美好"作为使命，经过四年多的发展，已经初步构建出以"供销 e 家"农村电商平台为统领、线上线下业务融合发展的网络体系。电商公司完成了"供销 e 家"全国平台项目的搭建，建成了覆盖全国的网络体系，建设县级运营中心 329 个，农特产品中心 30 个、仓储物流基地 37 个。经过四年多的发展，电商公司初步实现了打造农村电商国家队的阶段性目标，在自身发展的同时，也始终注重经济效益和社会效益相统一，积极响应国家扶贫号召，践行社会责任，为贫困地区群众早日脱贫致富贡献自己的力量。

一、借助投资项目，带动贫困地区脱贫增收

2016—2018 年，"供销 e 家"依托项目为国家贫困县投资，目前已经投资 60 多个国家级贫困县，投资额累计达 3.031 亿元。通过股权链接、业务合作，"供销 e 家"对贫困县进行产业扶贫，为当地包括果品在内的农产品供应链建立适合电子商务的商品标准、完善供应链管理、提升品牌影响力。目前已建设乡镇级网点 2 277 个、村级网点 2 万余个，搭建起"全国平台＋县域运营中心＋村级综合服务网点"的一体化服务体系，为更好实施农村电商扶贫打下了坚实的基础。

"供销 e 家"充分发挥线上线下相结合的优势，因地制宜开展产业扶贫，帮助贫困地区构建"信息流、资金流、商品流、物流""四流合一"的服务网络，支持由县级主导、基层组织的方式，带动贫困户参与产业脱贫。2018 年，电商公司投资的各级项目单位累计带动就业人数超过 220 460 人，通过电商帮扶带动农户 60 561 户。

2019 年，"供销 e 家"继续加大向贫困地区的投资力度，目前已经把国家级贫困县安徽潜山纳入 2019 年度项目投资的范围，支持当地仓储物流建设，解决农产品上行的"最初一公里"和"最后一公里"的问题。

二、建设贫困地区农副产品网络销售平台（"扶贫 832"）

2019 年 8 月 9 日，财政部、国务院扶贫办和供销合作总社联合印发了《关于印发〈政府采购贫困地区农副产品实施方案〉的通知》（财库〔2019〕41 号）。在财政部和国务院扶贫办的支持下，供销总社依托"供销 e 家"积极建设贫困地区农副产品网络销售平台——"扶贫 832"，以政策为

指引，以市场为导向，通过规范交易引导贫困地区农副产品实现品质化、标准化、规范化及品牌化，逐步带动贫困地区特色产业发展和农副产品产业升级。

2019年10月17日，"扶贫832"平台正式上线，电商公司迅速展开业务推进，交易平台与采购人管理系统稳定运营，平台各功能模块满足要求。截至11月底，平台已经完成10.7万家预算单位的对接，923家供应商进入《国家级贫困县重点扶贫产品供应商名录》；在8家试点采购单位的带动下，平台已实现订单130多单，交易额近76万元。

"供销e家"通过线上与线下结合的方式，针对"扶贫832"平台建设的政策、规则、系统操作、运营提升、农副产品质量及服务等相关进行全方位辅导。2019年9月以来，"扶贫832"团队已在内蒙古太仆寺旗、四川越西、甘肃成县、云南大理、江西寻乌、安徽潜山等地组织开展了多场线下培训活动。同时，"扶贫832"开展微课线上培训，以短视频的形式进行精彩分享。后续，"供销e家"将持续在线上线下同步开展培训活动，全力做好贫困地区农副产品网络销售平台的建设运营工作，助力打赢脱贫攻坚战。

三、拓宽农产品销路，对接渠道资源，促进贫困群众增收

"供销e家"针对有资源、有基础的贫困地区重点打造电子商务扶贫示范县；针对资源丰富、基础欠缺地区加大基础设施建设力度，扶持其全面发展；对于资源单一的地区则重点突出特色。"供销e家"积极推进"农商互联"，开展"供销直通车"项目，与新发地市场等渠道联合，直接将产地产品与市场进行对接，拓宽贫困地区的农产品销售渠道。"供销e家"在2017年8月举办的沈阳农博会上，主动为国家级贫困县提供10个免费展位，并邀请寻乌、安远等多个贫困县县长在展会论坛对当地农产品进行代言，借助活动影响力大大提升了贫困地区农产品的知名度。同时"供销e家"开辟线上扶贫专区，为全国20多个省份100多个贫困县的店铺建立"绿色通道"，实现"零门槛"入驻，在线销售商品2.5万多种。在中央网信办的指导下，搭建"国家贫困县名优特产品网络博览会"，截至2018年年底，已对接来自20多个省份100多个贫困县的店铺开设"绿色通道"，销售各种商品约2.5万种。

2019年9月，为进一步打响大埔世界长寿乡品牌，提升大埔蜜柚优势特色产业知名度及市场竞争力，增强大埔蜜柚区域品牌在全国的影响力，多渠道拓宽农产品营销渠道，助力脱贫攻坚和老区苏区振兴发展，广东省大埔县人民政府联手"供销e家"举办了"世界长寿乡·中国大埔——梅州柚大埔蜜柚系列推广活动"。"供销e家"根据大埔蜜柚的实际情况并结合自身优势，利用线上线下相关资源，为大埔蜜柚推广制定了"一推两会三上四进"的全套推广策略，举办了包括进商超、进高校、进社区、进部委以及线上蜜柚节等活动。

四、积极开展对接合作，合力助推脱贫攻坚

"供销e家"承办"春归峡江橙正好"暨"2019秭归伦晚脐橙开园节暨电商扶贫产品发布会"，提出"溯宗源、树正源，核心渠道辐射式营销推广"整合解决方案，与湖北省秭归县政府、秭归县农业局多次进行深度研讨，规划举办了秭归伦晚脐橙第一届开园节，广邀国内一线渠道参加，扩大秭归伦晚脐橙的市场影响力，总计达成2 400万元的意向采购协议。

"供销e家"积极参与中央电视台财经频道主办的"厉害了我的国·改革开放40年中国电商扶贫活动"，推荐的贫困县产品连续两年入选直播活动。2017年湖北宣恩白柚、2018年江西广昌白莲在直播活动中获得关注，两县县长分别在中央电视台直播中对产品进行了代言，"供销e家"地方电商公司也在直播活动中得到了充分的形象展示。

"供销e家"子公司"湖北供销e家"运营的贫困地区农产品恩施小土豆、宜昌黑木耳、秭归脐橙在东方卫视播出大型星素互动励志体验节目《极限挑战》中精彩亮相。第五季第八期节目《助

农为乐》中，栏目组挑选了 8 款代表性扶贫产品，其中三款扶贫产品均来自 "湖北供销 e 家" 下属县域电商子公司，其中包括恩施小土豆、宜昌黑木耳、秭归伦晚脐橙。节目播出后瞬间吸引 144 万人次进店浏览，成团订单 3 947 件。

五、自建品牌 "供销 e 家寻真"，推广优质农产品

"供销 e 家寻真" 是 "供销 e 家" 2018 年 4 月打造的优质好食品牌，已经带动了 7 个贫困县的农产品品牌建设，包括四川浦江丑柑、湖北秭归脐橙、新疆西州蜜哈密瓜、甘肃民勤蜜瓜、云南松茸等单品打造。2019 年上半年 "供销 e 家寻真" 完成了陕西商洛牛伯伯土蜂蜜核桃仁、湖北神农架笋干和香菇、湖南靖州杨梅等几个单品的打造，一方面解决了贫困地区的农产品 "卖难" 问题，另一方面提升了各个地区农产品的标准化和品牌化进程，助推了农产品品质的提升。

六、开展技能培训，协助孵化业务

"供销 e 家" 在扶贫过程中着力加强贫困地区电商人才培训，采用线下面授和线上远程教学等形式，分层次、分阶段地对贫困地区进行培训，还积极帮助贫困地区建立自己的讲师团队，累计举办线下培训 100 余场，线上远程培训 20 余场，参训人数达 2 万余人。同时，充分发挥 "供销 e 家" 全国平台在资源、渠道、技术专业等方面的优势，从建设、运营、品牌打造到明确主体产业全程指导帮扶，帮助他们利用电商工具扩大销售。2017—2019 年，"供销 e 家" 连续向西藏区社的电商公司派出援藏干部，实地帮助他们解决电商起步阶段遇到的各种困难。

2020 年，我国将全面打赢脱贫攻坚战，"供销 e 家" 将在继续落实好现有各项扶贫措施的基础上，加大人力、物力和各类资源的投入，特别是随着 "扶贫 832" 平台的正式上线运行，使得 "供销 e 家" 开展消费扶贫有了有力的抓手，相信将大大提高扶贫工作的精准性、针对性、有效性，让更多的贫困群众从中受益。

商品追溯助力特色农业品牌发展

联合东方诚信（北京）数据管理中心 王善文

"全国商品可追溯信息查验平台"是国内领先的将可追溯与"互联网＋"有机融合的第三方商品信息可追溯平台。平台采用先进的物联网技术和CXBZ技术，结合移动通信手段，对单个产品赋予唯一"身份证"——"全国商品可追溯信息查验标识"，消费者通过扫描二维码或登录第三方诚信信息查验平台（www.cxbz.org）、中国搜索等，便可进行商品信息的实时可追溯查询。

平台依托庞大稳定的国家级数据库，实现品质认证、商品追溯和移动互联功能，已经在全国30多个城市、800多家企业、3 000多款产品开展追溯应用工作，涉及的行业有农副产品、食品、消费品、酒类、化妆品、服装、陶瓷、工业产品、电商平台、微商行业等领域应用。

一、品味平邑：商品追溯助推农业全产业链发展

平台在山东省平邑县集中统一打造"品味平邑"系列品牌，搭建平邑特色品牌产品追溯管理系统，利用大数据和互联网平台，将平邑县知名农产品品牌的核心优势、全链条信息和移动互联、客户数据管理有机结合，在全国率先建立地方知名品牌的智慧管理系统。

平台大力支持"品味平邑"系列农产品品牌依托庞大稳定的国家级数据库，实现品质认证、商品追溯和移动互联的作用，一方面方便企业管理，实现来源可查，责任可究，另一方面是增加产品的透明度，从而提高消费者对产品的信任度，打造品牌效应。企业应用商品追溯，展示企业和商品信息，体现企业核心竞争力，传播企业商品和品牌，在扩大企业品牌影响力同时，提高消费者对企业的信任度，让消费者放心购买，充分利用电商互动增加复购率、提升销量，促进企业发展，打造全国农业绿色知名品牌。好产品有"身份证"，扫描查询追溯原产地信息，推动地方知名农产品品牌走向全国。

二、扶贫新模式：商品追溯助力特色品牌发展

甘肃省礼县是国家级贫困县，拥有丰富的自然资源、农特产品资源。平台负责人到礼县作扶贫帮扶调研考察，向礼县雷王乡捐赠一套具备自主知识产权的"地方知名品牌追溯管理系统"，助力礼县脱贫攻坚，帮助礼县打造地方知名品牌。雷王乡首批应用"地方特色品牌产品追溯专用标识"的已有礼县苹果、礼县核桃、礼县马铃薯等三款特色农产品。

"地方知名品牌追溯管理系统"有效地将礼县特色农特产品宣传出去，帮助礼县抓好特色产业，通过大力发展电商，打造品牌效应，让全国消费者了解到礼县优质的农特产品，把特色农产品打得响、推得出，树立了自己的品牌。"地方知名品牌追溯管理系统"积极发挥平台在各地的分支机构扩大销售渠道，更有效地帮助当地老百姓推广礼县优质农产品，支持礼县雷王乡打好脱贫攻坚战，探索精准扶贫新模式。

三、黑土地上长好粮：商品追溯推动优秀企业健康发展

黑龙江省通河县富林镇德兴村阳光水稻农民专业合作社贴有"全国商品可追溯信息查验标识"的"禾苗乡米"，在详细记录产品检测信息的同时，也向消费者展示了粮食生产、加工的全过程，确保广大消费者买得放心、吃得健康，为老百姓奉上绿色健康的产品，帮助消费者了解企业和产品

的各种详细信息，进而保障自己的权益。通过建立合作社内部追溯管理系统，方便企业内部管理，实现来源可查，责任可究；利用大数据、互联网平台将产品的核心优势、种植生产全程信息展示给消费者，提高消费者对产品的信任度，提升品牌的影响力；同时增加移动互联功能，扩大了宣传与销售渠道，提高产品销量。

"传递信任，放心消费"作为"全国商品可追溯信息查验平台"的追溯宗旨，实现商品全程可追溯，让消费者放心购买，助力打造绿色农业知名品牌，为农业绿色可持续发展保驾护航，为消费升级贡献力量！

抓铁有痕，坚决打赢扶贫攻坚战——以张北县为例

河北省农产品质量安全中心　尤　帅　杨朝晖

河北是个农业大省，但不是农业强省，扶贫任务十分繁重。2018 年，全省 168 个县（市、区），其中国家级贫困县有 45 个、省级贫困县 17 个，合计 62 个，占比 1/3 强。特别是环京津的张家口、承德、保定三市有 28 个贫困县，其中 10 个深度贫困县更是脱贫攻坚中的"硬骨头"。习近平总书记对贫困地区人民群众一直保持着高度关注和深切关怀，始终把人民群众的冷暖疾苦放在心上。"让贫困人口和贫困地区同全国一道进入全面小康社会是我们党的庄严承诺"——这既是党的十九大报告提出的"坚决打赢脱贫攻坚战"的新任务、新要求，更是中国共产党作为一个有担当、负责任的执政党向世界所做的宣言。为此，中央下发了《中共中央　国务院关于打赢脱贫攻坚战三年行动的指导意见》，农业农村部等九部门和河北省政府也分别出台了《实施产业扶贫三年攻坚行动意见》和《河北省提升产业扶贫质量水平三年行动指导意见》，极大地激发了河北省做好产业扶贫工作的信心和决心。

为了使河北省贫困地区早日脱贫，各级政府积极践行为人民服务的宗旨，以抓铁有痕的工作韧劲，助力产业精准扶贫。2017 年 3 月，农业部在河北省阜平县召开环京津农业扶贫对接会，启动特色农业扶贫共同行动，并派出挂职干部到环京津 28 个贫困县开展对口扶贫帮扶工作。中国绿色食品发展中心对口帮扶张北县，选派干部挂职副县长，河北省农业农村厅也相应选派骨干挂职县农牧局副局长。部省联合，共同谋划，以此为契机，以张北县为突破口，将产业扶贫与绿色食品开发紧密结合起来，支持贫困地区大力发展绿色食品，促进农业农村经济高质量发展，助力产业扶贫攻坚。

一、发挥自然禀赋优势，为提升贫困地区特色农产品价值提供"助力器"

河北的贫困地区多数处于偏远山区、坝上高原，而这些地区自然生态环境优良，远离污染源，发展绿色食品具备得天独厚的优势。如张北县属于"两区"即"首都水源涵养功能区和生态环境支撑区"，具有发展绿色、有机农产品得天独厚的优势。经过多方调研，确立了秉承张北环境资源优势，借助绿色、有机品牌影响力，打造张北县优势农产品"绿色、优质、安全、营养"的农业区域品牌，加快推进张北县特色农业产业转型升级、提质增效，实现特色产业脱贫的工作思路。省农产品质量安全中心在中国绿色食品发展中心的指导下，与张北县一起进行摸底论证，细化工作方案，确定张北县绿色食品发展的基本框架，筛选了马铃薯、甜菜、错季菜、杂粮（藜麦、莜麦、豌豆等）等几大产业，将产品认证与基地建设同步推进，引导全县马铃薯和甜菜实现绿色生产，推进藜麦产业化发展，引进山西汾酒集团在张北县建立绿色食品豌豆生产基地。

二、扶贫先扶智，将绿色食品技术培训服务到户，提供价值"孵化器"

坚持技术服务先行，强化贫困地区绿色、有机农产品业务和生产技术培训。为贫困地区组织举办专题绿色、有机农产品培训班，在师资、培训资料及经费等方面予以全力支持。2017 年和 2018 年分别在张北县、张家口市举办贫困地区绿色食品专业培训均在 3 期以上，累计培训企业生产负责人、各级管理机构骨干、当地农民技术人员等 500 多人次。中国绿色食品发展中心对河北省贫困地区专业培训也给予了大力支持，多次派出专家现场授课。省农安中心也先后选派两名业务骨干在张北县农牧局挂职副局长，积极发挥自身优势，开展绿色、有机生产技术指导与培训。印制了相关标准、明白纸、生产管理手册，利用走村访户时机向当地群众宣传推广绿色食品生产技术和标准。

三、扶持政策作保障，积极鼓励企业认证，提供"绿色通道"

中国绿色食品发展中心在脱贫攻坚期间对张北县实施获证企业减免绿色食品认证审核费及标志使用费的扶持政策。省农安中心积极跟进，对张北县开通认证服务"绿色通道"，工作坚持"五优先"：申报材料优先受理、现场检查优先安排、技术培训优先保障、减免政策优先倾斜、宣传推广优先推介，支持贫困地区加快发展绿色食品。在张北县委、县政府的统筹安排下，省农安中心帮助协调第三方检测机构对张北县15个乡镇区域面积达56万亩绿色有机基地以及3个食用菌生产企业进行环境检测，同时还协调资金为认证企业进行了产品检测，大大节省了县域内企业的认证成本，提高了认证工作效率。通过强有力的政策保障、优质的帮扶服务，广大企业申报积极性空前高涨，两年内该县共有21家企业53个产品获得绿色食品标志，成为河北省绿色食品获证企业最多的县。在总结张北县经验的基础上，中国绿色食品发展中心决定将对张北的扶持政策扩大到农业农村部对口帮扶指导的环京津28个贫困县，为河北推行绿色食品品牌扶贫提供强有力的政策支撑。

四、多措并举，发挥绿色食品生产企业带动作用，促进产业扶贫见实效

运用绿色食品的生产管理理念，指导贫困地区推进基地标准化生产。如张北县绿色食品标准化生产推广成效明显，带动作用巨大。形成以张北县万力种植专业合作社为龙头的豌豆规模化生产格局，发展了3万亩订单农业，带动建档立卡贫困户每户年增收800~1 000元。以中藜藜麦产业发展张北有限公司为龙头的藜麦产业，每年解决贫困户就业3 000余人次，带动贫困户每户年增收2 500~3 000元，取得较好的经济效益和社会效益。

同时，利用中国绿色食品博览会等专业展会积极推介贫困地区特色农产品，促进贫困地区特色农产品的产销对接。如，2017—2018年连续两年在中国绿色食品博览会上，开辟扶贫展示展销专柜，集中展示贫困地区特色农产品，张北县绿色食品、龙头企业等8家企业的20多个名特优产品、绿色有机产品参加博览会，提高了张北特色农产品的知名度。中藜藜麦产业发展张北有限公司参会期间接待客户300余人，有机藜麦成交金额11.52万元，洽谈合同金额8.3万元，达成销售意向11家，市场销路看好。

利用绿色食品体系优势，积极沟通联络，为贫困地区牵线搭桥。引进山西汾酒集团在张北县建立绿色食品豌豆生产基地，签订豌豆长期收购合作协议，既解决了汾酒集团的原料问题，也解决了张北豌豆的销售问题，实现互利共赢，促进了张北县豌豆产业的迅速发展。

当前，河北省绿色食品和有机农产品的开发，在助力产业精准扶贫方面，取得了明显成效。截至2018年年底，全省62个贫困县已有136家企业、266个特色农产品获得绿色食品证书，分别占全省绿色食品企业数和产品数的42%和26%；有12家企业49个产品获得中绿华夏有机食品证书，分别占全省有机农产品企业数和产品数的33%和40%。农业农村部对口帮扶指导的环京津28个贫困县有89家企业、170个产品获得绿色食品证书；有10家企业31个产品获得中绿华夏有机食品证书。在贫困地区创建了9个全国绿色食品原料标准化生产基地，3个全国有机农业示范基地和有机农产品基地。

河北省围场县：旱作节水农业促进水资源高效利用①

农业农村部发展规划司

围场县作为国家重点生态功能区、京津冀重要水源涵养地，全县水浇地面积仅为耕地面积的35％，干旱缺水成为农业发展的最大"瓶颈"。近年来，围场县立足自身特点，本着"示范引导、集中投入、综合配套、效益放大"的原则，以项目实施为支点，以高效节水技术的基础设施改造为基础与核心，通过发展膜下滴灌、根区导灌、低压管灌等节水设施农业，积极引进、推广抗旱节水农作物新品种，统筹结合化肥农药减施与地膜回收利用等技术，以最低限度的用水量创造最佳的生产效益和经济效益，可持续利用和保护有限的水资源，解决水资源匮乏、水资源利用效率不高的问题，推进农业绿色发展。

一、基本做法

围场县高度重视农业绿色发展工作，在省农业厅的大力支持下，整合资金1.04亿元，大力实施旱作节水工程。

一是调结构。结合"镰刀湾"地区压减籽粒玉米的目标任务和实施旱作农业技术推广项目的基本要求，制定《结构调整暨休闲观光农业产业实施方案》，调减高耗水、低产出作物种植，累计压减籽粒玉米18万亩。

二是促转型。采取水肥药一体化综合技术示范，引领全县"粮改饲"，改变传统种植习惯，保证了种养平衡，结合农作物秸秆全量化试点项目，促进了"循环农业"发展。

三是做示范。建设3万亩马铃薯膜下滴灌水肥药一体化核心示范区，包括灌溉施肥智能化示范3 000亩、新型肥料示范面积1 000亩、马铃薯休闲观光农业示范、多功能地膜覆盖示范园区5 000亩、抗旱马铃薯品种展示示范150亩以及马铃薯水肥药一体化科研基地200亩。对智能化灌溉施肥、抗旱马铃薯品种、新型肥料、病虫害综合防治、机械化栽培、深松深耕等综合配套技术进行科学研究。

四是推技术。市、县成立技术指导小组并聘请中国农业大学的教授为首席专家，推广马铃薯抗旱品种、马铃薯膜下滴灌水肥一体化技术、测土配方施肥技术、优质马铃薯脱毒种薯、全程农机化技术、病虫害综合防治技术、旱作农业技术推广地膜覆盖技术、残膜回收与综合利用等技术。

五是重回收。以新旧地膜兑换再利用为手段，通过政府购买社会化服务方式，在地膜使用较多的地区积极开展废旧地膜回收工作，建立残膜回收网点19个，60万亩马铃薯地膜和25万亩蔬菜等经济作物残膜实现全部回收，同时推广加厚膜、降解膜使用，减少农业面源污染，保护生态环境。

六是配服务。开展坡改梯、小型农田水利建设，加强节水灌溉工程建设和节水改造，实施"机井—水泵—主管道—压力罐—滴灌分支—配件—供电—管理使用"的全程配套服务，配套使用膜下滴灌水肥一体化和水溶肥，每亩补贴541.34元，实现水肥资源的科学精确利用。

---

① 资料来源：农业农村部网站，2019年3月4日。

二、主要经验

强化组织保障。成立由县长任组长，主管副县长任副组长，相关部门主要负责同志任成员的领导小组，并出台了《关于加快国家农业可持续发展试验示范区建设　开展农业绿色发展先行先试工作的实施意见》。

一是创新推进机制。根据《旱作节水农业综合示范项目建设实施方案》，采用统一设计、统一设备、统一方法、统一建设、统一管理的"五统一"建设机制，划分出针对精灌区、灌溉区、漫灌旱作区的三种示范推广模式，给予膜下滴灌水肥一体化和水溶肥补贴，在项目区内集成多种抗旱、节水、增产技术。

二是集成资源要素。形成"九个一体化"，即项目设计"水、肥、药一体化"，实施主体"政、企、产、学、研、推一体化"，经营形式"产、储、加销一体化"，产业融合"一、二、三产一体化"，组织形式"新技术、新机制、新模式一体化"，资金投入"项目资金、财政资金、社会融资一体化"，政策支持"美丽乡村、精准脱贫、产业发展一体化"，推进路径"美丽农业、高效农业、有机农业、功能农业一体化"，预期效益"经济、生态、社会效益一体化"，为促进"美丽农业＋高效农业＋有机农业＋功能农业"同步发展起到了很好的示范带动作用。

三、工作成效

通过项目实施，3.33万亩核心示范区总计节本增效3 296万元，10万亩项目区农民人均增收1 625元，每年节约用水700万吨，减少化肥、农药使用量3 050吨，农田水利实现全覆盖，极大地改善了农业基础设施建设水平，促进了土地规模流转，优化了种植机构，提升了农业发展综合实力。示范区内经济效益、生态效益和社会效益"三重效益"充分释放，真正达到了"节水、节肥、节人工，提产、提质、提效益"，对于全县控制农业用水总量，减少农业面源污染，保护自然生态资源，推进农业绿色发展具有重要意义。

"东宁黑木耳"何以有"天价"

黑龙江省绿色食品发展中心　王勇男

东宁市先后被农业部、中国食用菌协会授予"全国食用菌十大主产基地县""全国食用菌标准化生产示范县""全国绿色农业黑木耳示范基地县""全国小蘑菇新农村建设十强县""中国黑木耳第一县"等 17 项殊荣。2010 年，农业部批准对"东宁黑木耳"实施农产品地理标志登记保护；2015 年，东宁黑木耳进入全国品牌价值榜区域品牌前十名，品牌价值已达 433.14 亿元。探索东宁黑木耳发展之路，体会十分深刻。

一、政策扶持是基础前提

东宁市委、市政府将黑木耳品牌建设作为县域经济发展战略和新农村建设的核心内容，高度重视，强力推进。制定中长期产业发展规划，在技术研发、示范推广、园区建设、灭菌厂建设、产品加工、品牌培育等方面，出台优惠政策全面扶持发展。制定了《东宁县黑木耳产业发展总体规划（2014—2018）》，并配套出台了《黑木耳产业总体规划实施方案》及《产业发展规划年度任务分解表》，以推动黑木耳全产业链协调发展、加速产业提档升级。设立每年 50 万元的黑木耳科技奖励基金，用于奖励新技术、新品种、新模式等方面的创新突破，以科技为支撑提升产业的发展潜力。投入 8 000 多万元，建成食用菌研究所 4 个、国家级示范园区 2 个、标准化生产基地 26 个，实现了生产的园区化。拿出 1 000 万元扶持建设了 100 家日加工 2 万袋以上的菌包厂、灭菌厂，使制菌初步生产实现了"工厂化"。建立市、镇、村三级产业服务网络，开通全国首家黑木耳电视科技频道，各村普及了网络传输系统，全市技术人员达到 300 多人，各类协会和合作社 100 多个，农村科技"明白人"上万人。协调金融信贷部门每年为菌农提供低息贷款 1 亿多元，为东宁黑木耳品牌发展提供了资金保障。

二、科技创新是不竭的动力

东宁市发挥自身是中国食用菌协会黑木耳分会会长单位的优势，与全国 20 多家科研院所建立协作关系，与黑龙江大学生命科学学院、黑龙江省科学院微生物研究所等单位联合开展产业技术攻关，并集全国各地之长，相继研发出多项先进技术，成为引领国内黑木耳技术研发的"硅谷"。当外地在采摘野生山木耳时，东宁就搞段栽；当外地在砍伐林木研究段栽时，东宁就用塑料袋装锯末子进行袋栽；当外地学会袋栽时，东宁就研究多孔小耳；当外地学会多孔小耳时，东宁的越冬耳、元宝耳、春秋连作、秋冬连作等多项新技术又走在了全国的最前列。有了科技的支撑，木耳价格由过去的每千克 20 元提高到 90 元，效益翻了一番多；外形酷似"金元宝"的"元宝耳"，每千克卖到 1 200 元，还供不应求。同时，通过考察交流、缔结友好城市等途径，东宁市向吉林、辽宁、浙江、内蒙古、新疆等 10 多个省份的 100 多个县市无偿提供了新技术成果，为全国黑木耳产业的技术进步做出了贡献。

三、市场建设是有效的牵动力量

按照市场牵龙头、龙头带基地、基地联农户的模式，举全市之力建成了全国最大的黑木耳批发市场——中国绥阳黑木耳批发大市场，并引进雨润集团投资建设了更大规模的市场平台。实践证明，市场建设对品牌的发展从源头上提供了可靠的保证，保证了东宁市及周边地区黑木耳产销顺畅，市场对生产的发展发挥了无可替代的作用。通过与渤海商品交易所进行积极合作，使东宁黑木耳进入电商化交易平台，从而实现传统交易与网上电子交易并行的"双轮驱动"的销售方式，在进一步带动销售的同时，还起到稳定全国黑木耳销售市场和平抑销售价格目的。

四、开展加工增值是有力的保障

东宁市不满足于黑木耳生产、流通第一县，努力做大做强黑木耳加工业、提高产品附加值，市委、市政府为此出台了《关于鼓励黑木耳加工业发展的优惠政策》，通过广泛开展政策宣传、积极发挥政策的鼓励引导作用，先后对市内一批有实力的外经贸企业进行了扶持，并面向全国开展战略招商，雨润、宏福、运福、双胜等一批加工企业如雨后春笋般迅速崛起，其中雨润黑木耳产业集群被省委、省政府确定为全省的重点项目。与两年前相比，东宁市的黑木耳加工能力提升了 5 倍，但东宁市不满足于目前的加工现状，在已建成全国最大的生产基地、全国最大的批发市场的基础上，正力争建成全国最大的加工基地，大幅度提高黑木耳产品的附加值。

五、社会化分工是必要条件

为积极延伸产业链，强化产业环节配置，完成了从菌需物资供应，到生产、加工、销售、研发各环节的社会化分工，使广大菌农从小生产、小作坊中解放出来，实施标准化生产。目前，全市有锯末加工经销企业 77 家，汇集销售东北三省 40％的锯末子和一部分俄罗斯远东地区的锯末子；发展菌需商店 19 家、草帘编织厂 16 家，销售网络覆盖全市，打个电话所有原材料可在半日内全部送到。同时，为方便菌农购买优质菌用物资，东宁市又筹建了东北三省第一家综合性菌需物资批发大市场，实行"一站式"服务，目前入驻企业和经销店 140 户，经销所有黑木耳生产所需的投入品。

此外，东宁市还培育木耳经销企业210多家、经纪人2 000多人；建成废弃菌袋回收企业15家，生产木质煤、活性炭、有机肥、塑料颗粒等再生资源，变"白色污染"为"金色收入"。高度完善的社会化分工促进标准化生产，营造了产业的"洼地"效应，有效地形成了配套、便利了生产、降低了成本、提高了效益。

六、节会宣传是得力举措

为扩大东宁黑木耳的品牌效益，着力推进了节会宣传，成功举办了东宁黑木耳节，承办了"小蘑菇新农村"建设现场会、中国食用菌协会黑木耳分会成立大会及分会年会、食用菌新产品新技术展销会、黑木耳产业高峰论坛等活动，踊跃参加产业年会、论坛峰会、烹饪大赛等业界节会，加强了与国内外黑木耳产学研各界的交流与合作。同时，结合节会宣传的需要创办了"中国黑木耳网"，在中央电视台财经频道等品牌栏目中介绍东宁黑木耳及其食药用价值，并与中国食用菌协会合作编辑出版了《中国黑木耳菜谱》《东宁黑木耳节专刊》和《中国黑木耳第一县——东宁》等大型宣传画册，使东宁黑木耳在国内外广为人知；强力整合品牌，建设全国性的黑木耳高层次网站，开展集中统一的对外宣传；在东宁黑木耳产产品包装上统一印制"东宁黑木耳"地理标志、"中国黑木耳第一县"字样和统一设计的Logo标志，大幅度提升了东宁与东宁黑木耳的知名度、美誉度和影响力。

富林公司：因林而富，为民而兴

黑龙江省绿色食品发展中心 李 钢

始建于 2001 年的大兴安岭富林山野珍品科技开发有限责任公司，地处黑龙江省大兴安岭地区加格达奇，是以林区食用菌、野生蓝莓等浆果为主要原料，运用现代食品加工高新技术进行林下资源、绿色有机食品精深加工的民营科技型企业。多年来，富林公司依托环境和资源优势，大力发展森林产业化经营，延长产业链，做大做强品牌，不仅实现了企业跨越式发展，而且探索了一条现代民营企业发展的新途径。先后获得"全国全面质量达标企业""国家有机食品生产基地""全国中小企业创新 100 强企业"和"全国守合同重信用单位"荣誉称号，是省级农业产业化龙头企业和出口企业。"永富"商标被黑龙江省委宣传部等 11 个部门评定为"黑龙江省杰出贡献品牌"，是"黑龙江省著名商标"和"黑龙江省名牌产品"。2018 年，公司实现销售收入过亿元，年均增长达到近 20％。总结该企业的发展思路和做法，给我们很多启示。

一、只有把基地夯实，才能确保企业发展有牢固的基础

富林公司视产品质量为生命，坚持按照有机标准选基地、建基地、管基地，切实保证了"源头"质量安全。公司基地被命名为"国家有机食品生产基地"、被省委统战部评定为"同心协力基地"。

一是精心选基地。富林公司所有的食用菌和野生蓝莓等原料生产基地都是选在方圆 5 千米和上风向 20 千米范围内无人烟特别是无污染源地区，具备先天的生态环境优势。目前，已在加格达奇区五岔沟村和塔河县建有野生蓝莓采集基地二处，总面积 1 500 公顷，年产蓝莓原料 500 吨；在塔河县秀峰林场建有食用菌基地一处，十八站鄂伦春民族乡一处，总面积 300 公顷，年产干食用菌原料 100 吨。

二是组织化生产。围绕原料生产，成立了食用菌农民专业合作社，有社员 72 人，辐射带动周边农户 220 户，并通过实行"三统一"制度，即菌种统一、技术统一、服务统一，切实推广使用新技术、增加产量、提升质量，取得了较好的综合效益。

三是全程化控制。公司基地设有专门的质量监督员，原料从种植到收获有完整记录，可人工追溯到产品产自哪个农户、哪个地块，种植的什么品种、什么时候除草、什么时候收货，都有严格的操作规程和详细的记录。

二、只有延长产业链，才能增强企业内生动能

富林公司以蓝莓、食用菌原料深加工为重点，延长产业链，拓展新领域，不断增强企业发展内在活力。

一是不断扩大企业规模。经过 10 多年的建设，富林公司规模不断扩大，实力不断增强。目前，总厂区占地面积 2 万余平方米，建筑面积 9 300 平方米，基地占地面积 1 500 公顷，基地厂房面积 4 万平方米；生产体系不断完善，加工能力不断提高。蓝莓车间有蓝莓、树莓等小浆果饮料、蓝莓果干、蓝莓果糕、蓝莓果糖、蓝莓固体饮料等生产线。食用菌车间有挑选车间、清洗车间、压缩车间、微波灭菌车间、包装车间。目前，公司已通过了 ISO9001：2008 质量管理体系认证。

二是不断提升加工能力。近年来，富林公司跟进科技发展潮流，大力研发、引进和应用先进的

生产技术和工艺，不断提升了生产加工能力。目前，公司冷冻车间浆果冷冻生产能力达1 200吨，蓝莓、食用菌系列产品已达208款，生产能力已达6 000吨，在全国同行业中位居前列。

三是不断延伸产业链。大力开展原料精深加工，延长产业链。目前富林公司已形成四大产品系列，即红酒产品系列，包括野生蓝莓红酒、野生蓝莓冰酒、野生蓝莓果酒、干型、半甜型蓝莓红酒；有机食用菌系列，包括有机木耳、野生榛蘑、有机猴头菇、有机黄蘑、有机白蘑、姬松茸等；休闲类食品系列，包括野生蓝莓果干、蓝莓果糕、蓝莓果糖、蓝莓果片；坚果系列，包括野生榛子、野生松子等。特别是从野生蓝莓中提取的花青素加工成的蓝莓花青素软胶囊，居同行业领先水平。

三、只有创新经营，才能多渠道推动"卖得好"

富林公司坚持"反弹琵琶"，把健全市场网络作为企业发展的关键，探新路，育品牌，拓渠道，不断提高"卖得好"的水平。

一是大力辟建营销网点。与大型超市合作或独资建设等形式，在全国主要城市建立营销网点（中心），构造辐射全国市以上城市的市场营销网络。先后与各地OLE超市、物美、天弘百货、新华百货、兴隆超市连锁、欧亚商业连锁、大商麦凯乐、新玛特等大型超市开展合作，设立高端专柜、店中店，并配备1~2名导购员进行消费引导，集中展示销售永富系列产品。目前，富林公司已在东北、华东、华南三大区域建立销售网点158个，还与北大荒集团、秋林里道斯集团、垦荒人集团、欧亚集团、机场商贸公司等大型企业进行战略合作，也为部分大型企业做贴牌加工。

二是强化精准营销。针对近年来高铁、空运发展快，出行人群增加的实际，在哈尔滨、长春、沈阳、大连、天津、青岛等地机场设立品牌店，重点满足中高端人群的需求。"永富"牌部分产品打入航空食品市场，成为飞行员及头等舱乘客餐食的配餐；永富休闲食品在2013年进入高铁一等座和商务座车厢，年销售量达到400万份。同时，还根据消费群体差异，强化目标销售，增强针对性。以商务消费群体为主，与喜达屋集团旗下的喜来登酒店建立长期合作关系，在酒店中设立专区和店中店开展销售；以"90后"消费群体为主，在各地万达购物中心和来福士广场设立品牌体验店，重点销售以木耳、蓝莓、榛子、松子为原料做成的曲奇饼干、果糕、蓝莓冰激凌、蓝莓气泡水等产品；以游客消费群体为主，在各地设有永富产品街面店，并提供免费快递、送货服务。

三是大力开展线上营销。已先后在京东商城、天猫、淘宝等平台建立旗舰店，销售额以每年

60%的速度递增。天猫永富旗舰店建店 1 年，店面访客流量突破 300 万人次，转换率 6%～7%，以天猫旗舰店为窗口，线上能够找到更精准适合的代理商，从而实现线上线下的"闭环"。充分借助成都糖酒会、上海中食会、哈洽会、绿博会、广交会等大型展会，展示推介和销售产品，并落地生根一批销售网点，培育一批忠实消费群体。承办中国·大兴安岭国际蓝莓节，辟建蓝莓及山特产品贸易平台，每年吸引参展客商 7 000 多人，媒体 70 多家，进一步叫响了品牌，拓展了市场。

四、只有反哺社会，才能构建利益共同体

在实现企业自身良性发展的同时，富林公司认真履行社会责任，塑造了企业良好形象，企业凝聚力和向心力得到增强，企业影响力和市场竞争力不断扩大。

一是积极提供就业岗位促增收。多年来企业始终心系周边村民的生活冷暖，积极提供就业岗位，努力做到"三个优先"（本地农户入企就业优先、贫困农户入企就业优先、下岗职工入企就业优先）。通过带领村民搞农产品深加工，开发新产品，延长产业链，稳步提高村民收入。近五年，企业每年安置周边农民和城镇下岗职工就业人数一直保持在 50 人以上，人均年工资达到 3.6 万元，同时，还培养了一批企业管理和技术人员，为当地农民再创业奠定了基础。

二是积极为林农致富开展服务。为了规避菌业松散的无序经营的弊端，成立了"塔河县富林食用菌专业合作社"，通过合作社进行有序经营，组织菌农按照国家有机标准进行生产。同时，成立了"塔河县富林食用菌协会"，组织生产户免费入会，进行免费培训、免费技术服务，解决技术疑难问题；聘任食用菌生产经验丰富的专家做常年技术顾问，设置 24 小时全天候技术热线，生产户遇到技术问题，随时可以咨询并得到解决。

三是切实为林农排忧解难。富林公司将"反哺"社会、为林农生产经营办实事作为企业的宗旨，竭诚为他们创造致富条件。通过免费提供菌袋包装物、免费运送菌袋到地头、免费装卸等举措，鼓励鄂伦春族群众发展食用菌生产，并以高于市场价格收购他们的产品。企业从 2013—2017 年还拿出部分资金对群众生产所需物资进行补贴、资金垫付，每年平均达 150 万元。富林公司还坚持定期走访鄂伦春族贫困农户，资助贫困学生完成学业、帮扶贫困家庭，对食用菌生产户进行补贴，累计已达 280 万元。

黑龙江省海伦市：秸秆综合利用增效益保蓝天①

马明超　程　瑶

日前，位于海伦市海北镇的黑龙江万佳新能源科技有限公司，刚刚投入使用的宽敞明亮的5 000平方米钢结构原料库格外引人注目。作为海伦市推行秸秆燃料化示范项目，该项目总投资3 000万元，占地面积3万平方米，共有生产线10条，年可生产生物质燃料4万吨，于2017年建设并投入生产，年可利用秸秆8万吨。

记者在海伦了解到，该市把推进秸秆综合利用作为杜绝露天焚烧、保护黑土地、改善农业生态环境的重要举措，2018年，全市可收集秸秆191.6万吨，计划利用155万吨，综合利用率达到80%以上。

"出地难"是秸秆利用最常碰到的瓶颈问题，为了解决这一难题，海伦在收集、存储、加工"三个环节"聚焦发力。收集环节，通过宣传、引导农民认识到秸秆也是重要农业资源，动员广大农民、种植大户、新型经营主体把秸秆收集作为农业生产的重要环节，及时打包出地。截至目前，海伦全市共购置秸秆打包机742台，组建秸秆打包合作社194个，基本满足秸秆离田需求。储存环节，海伦已在秸秆压块厂周边500米半径内远离村屯位置建设储存场116个，确保秸秆打包离田后有存放场地，能够及时通风、降低水分、避免霉烂。加工环节，通过科学规划秸秆燃料压块厂布局，认真选择经营主体，推动压块厂、打包合作社、储存场建立利益联结机制，海伦市压块厂已发展到42家，年生产能力35万吨。

在解决秸秆"出口"问题上，海伦通过秸秆燃料化、肥料化、饲料化、基料化、原料化等利用模式，建立秸秆收储运体系，使小秸秆真正实现"商品化""资源化"。推进燃料化利用，通过农户直燃、建设压块厂及热电联产项目，海伦燃料化利用秸秆总量可达到84万吨。

新上投资2.68亿元、装机容量30兆瓦的生物质热电联产项目即将投入运营；新规划建设的2个40兆瓦热电联产项目，选址已完成，正在进行招投标。与此同时，全市将推广使用户用小型生物质锅炉1万台，为生物质燃料寻求出口。推进肥料化利用，海伦落实机车和液压翻转犁291台（套），通过推广秸秆翻埋还田、碎混还田和免耕覆盖还田技术，直接还田55万亩。依托合作社、种植大户等规模经营主体，推广沤肥技术，沤肥还田3万亩。肥料化利用秸秆总量可达到49万吨。推进饲料化利用，利用秸秆资源优势，大力发展节粮型草食畜牧业。通过推广秸秆青黄贮饲料技术，饲料化利用秸秆可达到24万吨。在基料化方面，黑龙江黑臻生物科技有限公司食用菌菌包生产可消耗秸秆3 000吨。

在强化推进秸秆资源化利用过程中，海伦市政府通过政策扶持，大力发挥"三个作用"。一是发挥职能部门服务作用，在项目备案、规划选址、用地审批、环评批复等手续办理方面，给予全程指导、快速办结，涉及地方行政事业性收费全部减免，上级收费按最低标准执行。二是发挥财政资金撬动作用，共投入1.6亿元用于秸秆综合利用，给予经营主体还田离田机具补贴7 200万元，给予还田作业补贴3 660万元，给予压块厂建设补贴3 961万元，给予户用小型生物质锅炉安装补贴1 200万元。三是发挥社会资本主力军作用，坚持市场化运作，充分调动种植大户、新型经营主体、

---

① 资料来源：《黑龙江日报》，2018年12月1日第1版，原题为《肥料化、饲料化、原料化、基料化、燃料化——海伦秸秆综合利用增效益保蓝天》。

工商资本参与秸秆综合利用的积极性，共投入资金 3.68 亿元，确保建成的秸秆燃料企业能够长久运营，增加效益，实现多方共赢。

与此同时，海伦还将秸秆产业与脱贫攻坚相结合，每个秸秆打包合作社带动 30 户贫困户，每户入股 500 元，自 2018 年至 2020 年，每年给每户贫困户分红 1 000 元。将秸秆产业与黑土地保护相结合，2018 年，海伦市被农业农村部确定为黑土地保护与利用整建制推进试点县，项目批复后，通过精心组织，迅速推进，共落实秸秆还田面积 27 万亩。

居仁大米何以香飘四季

黑龙江省绿色食品发展中心　崔佳欣

截至 2018 年年底，黑龙江省农产品地理标志产品达到 127 个，登记保护数量居全国前列。这些产品源于黑土地，产自大森林，区域特殊，品质优良，工艺独特，每个产品都是一个传奇，都有一个美丽动人的故事，荟萃了黑龙江优质农产品的精华。居仁大米就是龙江地标产品集群中的一颗明珠，米味浓郁，香气绵长。

居仁大米米粒粗长饱满，晶莹剔透，千粒重 50～55 克，杂质总量、糠粉、矿物质、带壳稗粒、稻谷粒等检测结果均为 0。居仁大米富含锌和硒微量元素，粗蛋白含量大于 7%，直链淀粉含量大于 16%，支链淀粉（占淀粉）大于 80%，胶稠度大于 78 毫米，食味品质大于 80 分，口感较好。大米蒸煮后米粒油润有光泽，香味浓郁，入口香甜，香糯爽口有弹性，口感极佳，且冷饭不回生。

一、居仁大米生长的环境具有独特性

居仁镇位于哈尔滨市宾县西部，西接宾西经济开发区。居仁大米保护区地理环境独特，酷似麒麟之状，地貌为"三山二水五分田"，南依张广才岭余脉，西靠蚂克图河，东接丘陵漫岗，北邻松花江，猞猁河自南向北穿越全境，注入松花江，属于丘陵与平原的结合地带，耕地肥沃且多平原，适宜水稻种植，被誉为"鱼米之乡"。所处的松嫩平原是世界上仅存的三大黑土地之一，居仁处于其核心地带，地势低平，土质肥沃，自然肥力较高，水、土和大气仍维持较好的自然状态，空气质量常年达一级标准。

保护区灌溉水源为二龙山水库和猞猁河水，水源区森林茂密，环境优良，活水灌溉，而且二龙山是宾县县城居民用水，pH、汞、镉、铅、砷、六价铬、氟化物和粪大肠杆菌等均符合国家规定的标准，部分指标甚至没有显示。充足、优质的水资源为发展优质、高效和品牌大米提供了有利条件。

保护区属中温带大陆性季风气候区，年均气温 3.9℃，年平均日照时数为 2 700 小时以上，无霜期 145～150 天，年均降水量 700 毫米，多集中在 7～9 月。光、热、水同季，有利于农产品干物质积累，抑制病虫害繁殖，适于发展优质农作物。

二、居仁大米的生产方式具有特定性

在种植水稻上严格遵循和保持其特征，历经百个春秋，已形成特定的水稻生产种植方式。主要表现在以下几个方面：

（1）产地选择突出一个"优"字。气候、土壤等条件选择都好中选好、优中选优。如气候条件，年活动积温要在 2 700℃以上，年降水量在 700 毫米。选择土壤肥沃、耕性良好的土壤，产地环境质量符合《绿色食品　产地环境标准》（NY/T 391—2013）。

（2）品种选择突出一个"好"字。做到根据产地各项要求选择水稻品种，重点是选择高产、优质、抗逆性强的优良品种。

（3）生产管理突出一个"严"字。包括农业投入品方面的特殊使用规定：水稻生产以有机肥为主，化肥为辅，化肥必须与有机肥配合使用，有机肥料与无机氮的比例不超过 1∶1，禁止施用硝态氮肥；生产过程必须严格按照《绿色食品大米生产操作规程》等技术标准操作；生产过程中农药和化肥的使用必须符合《绿色食品　农药使用准则》（NT/T 393—2013）和《绿色食品　肥料使用准则》（NY/T 394—2013）。

施肥：增施农家肥，少施化肥。每公顷生产7 500千克稻谷，需发好倒细农肥22 500千克、鸡鸭粪2 250千克、草木灰2 250千克，要求做到全层施肥。插秧后到分蘖前，每公顷追返青分蘖肥75千克。采用海洋奇力有机生物肥叶面追肥，每公顷用量2千克。

除草：以人工除草为主。在水稻生育期，要进行人工挠根、人工薅草和人工除草，活土活水，提高水温地温，消灭杂草，促进水稻生长；荒草地块，可在水稻返青后，每公顷用苯噻酰草胺＋苄嘧磺隆1千克。施药后，保持水层3～5厘米，保水5～7天。

防虫灭病：采用生物防治技术，对稻瘟病可用生物性农药春雷霉或井冈霉素，每公顷450～750克1 000倍液叶喷，确保绿色食品水稻无污染、安全、优质、营养、高产。

产品收获：当籽粒的90％以上变黄成熟，穗轴有2/3黄熟，基部有很少一部分绿色籽粒存在时进行收获。收获时要在晴天上午9时以后割地，采用人工或机械收割；割后应捆成小捆进行自然晾晒，并经常翻动；当水分下降到15％时，再进行脱粒。要求不同品种单独收割、单独脱粒、单独贮藏，严禁品种混杂。要在晴天打场脱粒，以利于降低水分、保证纯度、提高商品质量。实行无公害稻谷与普通稻谷分收、分晒。禁止在公路、沥青路面及粉尘污染严重的地方脱粒、晒谷。

生产记录：居仁大米水稻生产的全过程，都建立了田间生产技术档案，做好化肥、农药的使用记载；专人保管化肥、农药；定期对水稻基地进行农药残留抽检。对在抽检过程中，发现使用高毒、高残留农药以及农药残留超标的，不得上市销售，并予以曝光。搞好整个生产过程的全面记载，并妥善保存，以备查阅。

三、居仁大米是前景看好的朝阳产业

居仁大米产地包括居仁镇的吉祥、三合等7个村，以及满井镇的6个村共计13个行政村，地理坐标为东经126°55′41″～128°19′17″、北纬45°30′37″～46°01′20″。地域保护范围面积30 635.64公顷，辖区水稻栽培面积2 000公顷，年产量1.5万吨。依托居仁大米良好的品质优势，地标骨干加工企业不断发展壮大，涌现出一批以居仁米业有限公司为代表的地标大米生产企业，年产优质大米1万吨左右，当地稻农收入普遍高于其他农户。特别是居仁米业有限公司生产的"居仁"牌大米，是当地居民待客的"佳肴"，远销北京、成都、昆明等城市，每千克售价在20元以上，优质优价的机制初步形成。

选择居仁大米，就是选择营养健康，就是选择美好生活。

上海市崇明区：打造都市现代绿色农业"高地"，勇当全市乡村振兴"主战场"①

欧阳蕾昵

一、概况

好风景的地方一定有好产品。面向全球、面向未来，崇明区始终致力于打响以绿色为底色，"两无化"为特色的崇明区域农产品品牌，积极推行绿色食品全覆盖，全面建成"1+16"绿色投入品封闭式管控体系，全区绿色食品认证率年内将达到80％。

好风景的地方一定有新经济。崇明区始终坚持"世界工厂、智能制造，大田农业、自然生长"的新理念，努力探索以"高科技、高品质、高附加值"为目标的现代农业创新发展之路。一手抓好传统农业生产的改造升级，推动土地精细化管理和流转管控；一手抓好国际高端项目的引进发展，吸引世界级选手共同杀出一条现代农业发展的血路。

好风景的地方一定有新机遇。崇明区打造了一批以港沿镇园艺村为代表的有特色、有产业、有内涵的乡村振兴示范村，形成了"白墙青瓦坡屋顶，林水相依满庭院"的崇明风貌。探索盘活利用农村"沉睡资源"，支持由全区269个村为股东的联扶公司实施项目建设，稳步促进集体经济发展。

今天的崇明，正紧紧把握实施乡村振兴战略、推进世界级生态岛建设和2021年第十届中国花卉博览会在崇明举办的重大机遇，坚持以全球视野为导向、世界级水平为标杆，加快农业供给侧结构性改革，着力推进美丽家园、绿色田园、幸福乐园建设，努力打造全国知名的都市现代绿色农业高地，勇当上海实施乡村振兴战略的主战场和先行区。

二、案例

1. 农药封闭式管控，为绿色农产品上一道"安全锁"

在崇明港沿绿色农资一站式服务展示门店，宽敞明亮的店内除了销售绿色农药外，还展示了各类生态肥料和无人植保机。门店里一面硕大的显示屏用来展示"农业大脑"。农户在这样新颖的农资店里买农药化肥，需要刷身份证，一刷之下，电脑屏幕上就能跳出该农户的地块位置、经营规模、种植类型等信息，后台也能迅速查到该农户的历史采购记录和废农药包装袋的回收记录等。如果购买频率异常、废农药包装袋有未回收记录，将直接影响农户享受的政策补贴。

2018年起，崇明启动绿色农资封闭式管控工作，管控体系包括政策保障、品种推荐、门店供应等环节。门店供应体系由1个总仓和16个农资门店组成，总仓位于崇明岛中部，是全区绿色农资存储配送中心，16个农资门店分布在崇明的16个农业乡镇，负责开展绿色补贴农药的供销服务，所有门店实行信息化管理，实现绿色补贴农药"销售、配送、回收"一体化运营。

为实现到2020年全区绿色食品认证率达到90％的目标，崇明对通过绿色、有机认证的生产主体实行绿色农药限额免费供应，对未通过绿色认证的生产主体按80％进行补贴，鼓励农户、经营主体进行绿色认证，推动绿色认证率提高。崇明专门成立了绿色农药推荐委员会，由组织技术部门

---

① 资料来源：《东方城乡报》，2019年9月26日第2版，原题为《崇明：打造都市现代绿色农业"高地"，勇当全市乡村振兴"主战场"》。

推荐、行业专家评审结合崇明土地土壤情况、农作物种植特点等制定绿色农药推荐目录，目录经公开公示后，推广应用于农业生产防治，引导农户合理使用绿色农药。此外，崇明还联动区市场监管局、浙江绿城第三方检测机构，建成区、镇、第三方联动的网格化监管工作体系，实现地产农产品全品类和规模化主体全覆盖监测，强化监测结果应用，不断提升崇明地产农产品品质和公信力。截至目前，全区绿色食品认证率达到75.3％，年内目标达到80％。

2. 拓展国际"朋友圈"，全力打造"海上花岛"

崇明有着500多年的花卉栽培历史，现有花卉种植面积近2.8万亩，拥有国内最大复瓣水仙花生产基地和华东地区最大的红掌鲜切花基地，全区基本形成东、中、西3个花卉苗木产业发展片区。近年来，崇明牢牢把握举办2021年第十届中国花卉博览会重大机遇，将花卉产业纳入都市现代绿色农业发展的重要范畴，通过做实规划、强化合作、壮大产业、做优产品、打响品牌、提升价值等举措全面提升花卉产业发展水平。

今年5月，崇明与全球知名花卉企业以色列丹泽格集团、荷兰阿玛达公司签署战略合作意向书，致力于共同打造崇明"海上花岛"。对外借力借智、加快集聚发展乃是崇明提升花卉产业水平的"秘诀"。据悉，崇明先后与荷兰、以色列等国家建立产业合作关系，与国内外知名高校、科研院所开展战略合作，重点引进和培育国内外优质花卉品种，对接荷兰国泰郁金香、莱恩集团来崇明开展花卉种苗种球基地建设。

为推动实施花卉产业全球招商，崇明还成功引进上海源怡种苗股份有限公司、上海优尼鲜花有限公司、上海虹华园艺有限公司等优质企业落户生态岛。目前，上海崇明智慧生态花卉园项目已完成9.3万平方米智能温室主体结构建设，2019年11月将投入试运行，预计年产花卉种苗2亿株、精品盆花1000万盆以上，年产值达8200万元。上海优尼鲜花有限公司落户崇明陈家镇打造的国际花卉产业园项目，也已完成施工设计准备，露地配套项目已基本完成地形构建，项目建成后，计划年生产球根类花卉2700万枝、切花切叶种苗2.8亿株，打造成为国内一流的以郁金香为代表品种的球根类鲜切花智能化生产基地和具有国际水平的智能化种苗基地。

依托生态水系、生态绿道、生态廊道，崇明全域可见的花溪、花径、花村、花宅加紧建设步伐，"一镇一特色""一镇一公园"格局逐渐清晰。一幅"岛在景中、景在岛里、处处是景、移步换景"的"海上花岛"美丽画卷正在缓缓开启。

3. 成熟一个推进一个，全年完成3 000户农民集中居住

一栋栋干净整齐的农家小院，白墙黛瓦，平实而又精致，掩映在绿荫中。村里道路整齐，绿化美观，配套设施齐全，环境非常优美，俨然一幅诗情画意的田园风光画。2019年7月，崇明首个农民集中居住项目在竖新镇正式交付，66户居民离开了世代居住的老宅，搬进了统一规划的别墅小区，背井不离乡，开始了全新的农村生活。而他们腾退出来的宅基地也将成为支持上海农村新产业、新业态发展重要引擎。

据统计，崇明户均宅基地占地为484平方米，通过集中居住，一方面可以提升乡村建筑设计水平，改善农户居住条件，保留保护好田园风光和乡土风情，另一方面通过零散宅基地的归并整合，可以腾出35％的土地，这些连成片的土地，可以用于发展规模化的农村新产业、新业态，助力乡村振兴。竖新镇农民集中居住一期项目是崇明首个启动建设的集中居住项目。该项目遵循崇明世界级生态岛建设要求，按照"大集中、小组团"模式布局，保持原有田园风貌和农村肌理，注重"中国元素、江南韵味、海岛特色"，充分展现现代文明和生态宜居的海岛乡村风貌。通过改善农民居住条件和农村环境，实现农村居民布局从自然形态向规划形态的转变，为农民集中居住提供更为便利的基础设施和公共服务资源，不断增强群众的获得感和幸福感。通过农民集中居住项目，推进土地的集约化利用，节约宝贵的土地资源，促进土地和空间资源的有效配置。

农民集中居住作为崇明区委、区政府的一项惠民实事工程，是贯彻落实乡村振兴的重要内容之一。为此，崇明出台了《农民集中居住实施办法》《农村村民住房建设管理规定》等政策文件，坚持以乡镇为单位，统筹推进全区 16 个涉农乡镇农民相对集中居住工作。计划到 2022 年，全区实现农民相对集中居住约 2 万户。全区规划建设 29 个集中居住点，并在 4 个乡镇进行试点。

集中居住，必须因地制宜、分类推进、以人为本、尊重农民意愿。目前，崇明主要采取平移集中居住、货币化置换和实物置换 3 种模式稳妥有序推动农民相对集中居住，农民也可选择在规划区域现有居民点上，采取风貌管控的"插花式"自建。其中，平移集中居住采用低层和多层住宅 2 种方案。经排摸，2019 年崇明 16 个涉农乡镇共计划实施 6 500 户左右集中居住，其中货币化置换 4 500 户，平移集中居住 2 000 户。

在乡村建筑风貌引导上，崇明形成适合本地区的"乡野花宅""水韵乡居"等五种方案类型作为引导、管控建房风貌的基础。下阶段，根据市级下达的全年 3 000 户目标，崇明将按照"成熟一个、推进一个"的原则，全面启动 16 个涉农乡镇的农民相对集中居住点建设。

三、展望

在世界级生态岛目标引领下，崇明乡村振兴工作将做出特色、做出品牌、做出标杆，坚持把发展都市现代绿色农业作为高水平、高质量实施乡村振兴战略的核心任务来抓，推动都市现代绿色农业"三高"发展。

坚定不移走好优质主体招大引强之路。全力推动已落地农业项目建设，加快形成以港沿智慧农业花卉园、正大 300 万羽蛋鸡场为代表的现代农业发展新形象。持续强化农业招商，吸纳更多世界级优质农业项目在崇落地。

坚定不移走好崇明农业提质增效之路。在大力推动全区绿色食品认证率达到 90％的同时，系统谋划提升全区绿色优质农产品公信度。聚焦蔬菜生产全过程，加快推进"机器换人"步伐。深化"两无化"生产体系建设，打造"两无化"系列农产品，研究推进化学肥料、化学农药不上岛。持续增强以"崇明"为地域标志的绿色农产品区域联盟和公共品牌的知名度，强化区域公共品牌监管与保护，畅通崇明特色农产品线上线下营销渠道，实现部分特色蔬果打入国际市场。

坚定不移走好崇明农业技术集成之路。依托崇明生态农业科创中心理事会单位及中以、中日、中荷等国际合作关系，汇聚顶尖智库，建成涵盖技术集成展示、培训教学和成果交易于一体的线上线下科创平台。打通六大子系统之间的数据鸿沟，形成流畅互连的农业数据中心，建立数字丰富、算法智能的"崇明农业大脑"。

坚定不移走好特色乡村融合发展之路。庙镇永乐村主要依托上海华宇药业公司和 3 个西红花农业种植合作社，注重"一村一品"发展，做大做强以西红花为主的优势农业产业；港西镇北双村主要依托三湾公路农业集聚带的现有农业旅游资源，结合核心区域风貌提升、水系打造等措施，整体提升三湾公路农业集聚带农业旅游能级，引进中青旅试点打造特色民宿，深化乡村旅游发展。

江苏省泰兴市：以种养结合推进畜禽粪污资源化利用①

吴春明　韩登军

最近，泰兴市畜禽粪污资源化利用经验在全国会议上作介绍。作为全国试点市获得项目资金3 650万元，全国有51家，江苏仅4家。

泰兴作为畜牧大市，现生猪存栏58万头、家禽540万羽、肉羊12万只、牛4 115头，年产生粪污187万吨，禽粪污处理利用设施81.6万立方米，规模养殖场粪污处理设施装备配套率已达92％。近年来，泰兴市将畜禽养殖污染治理暨粪污资源化利用列为该市为民十件实事、十大生态工程。通过减量化、无害化、资源化扎实推进畜禽粪污资源化利用。

建立奖励机制，采取"以奖促治、先建后补、打包下拨"的形式，每年安排2 000万元对非规模畜禽养殖密集村（居）的田头调节池建设、运粪车等治污设备、施用粪肥、运粪组织采购给予补助，对关闭的养殖场进行奖补。将畜禽养殖污染治理利用工作纳入泰兴市效能考核、绩效考核和差别化考核。对未按时序进度完成治理任务的乡镇或规模场予以问责或实行经济处罚。

泰兴市合理规划布局，统筹推进生态环境保护和畜牧业持续健康发展，杜绝"一刀切"式的禁养。按照"种养结合、畜地平衡"的原则，科学编制畜牧业发展规划，划定畜禽养殖禁养区、限养区、适养区，在重点乡镇预留200亩、重点村庄预留50亩连片土地，供符合环评要求的大中型标准化养殖场或屠宰加工场建设投产。对畜禽粪污资源化利用的目标任务、工作措施、奖补政策、保障措施及考核要求作了明确规定，为畜禽粪污治理建立了规范运行机制。

同时，通过科学分类指导，全面落实畜禽粪污资源化利用工作措施。将该市畜禽养殖场（户）分为非规模养殖密集村、中小规模养殖场（户）和大型养殖场（户）等三类进行畜禽养殖污染治理。对非规模养殖密集村进行"分户收集、集中处理、资源化利用"的畜禽粪污治理，主要推广"户用蓄粪池＋田间调节池＋大田利用"的畜禽粪污治理模式，通过农牧结合、以畜定池的方式，由政府出资定量定性定位建设田间调节池，采购运排粪污的配套设备，村成立社会化服务组织进行运营，实行有偿服务，市场化运作。泰兴市现已有18个村进行了治理，建成777座田间调节池，配套48辆运粪车，实现畜禽粪便从圈舍到农田施肥的无缝衔接。2018年将新选取12个村实施治理，新建田间调节池345个，实现所有栏存3 000头猪以上的非规模养殖密集村粪污治理全覆盖。

采用"蓄粪池（沼气池）＋田间调节池＋大田利用"的模式，对每个场（户）根据现有养殖规模，按照每上市一头猪配备0.4立方米蓄粪池的标准增建或新建粪污处理设施，粪污通过粪污输送管道和运粪车输送到田间调节池备用。全市712个中小规模养殖场（户）已建蓄粪池、堆粪场等设施15.8万立方米，田间调节池156座、粪污输送管道3 000米。

因场制宜实行"一场一策"的综合治理利用模式，鼓励大型规模场通过建设蓄粪池、沼气池、氧化塘、粪污输送管道、沼气发电系统、异位发酵床、有机肥厂、污水处理厂等方式进行粪污治理，最终为农田消纳利用。全市96个大型规模场已建设蓄粪池、沼气池、氧化塘等粪污设施，田间调节池126座，粪污输送管道2.4万米，日处理60吨的异位发酵床2处，年产7 000吨的有机肥厂2家，装机容量1兆瓦的沼气发电厂1家，日处理100～200吨的污水处理厂6家。通过深入开展生态健康养殖示范创建活动，大力推广技术可行、经济适用的农牧循环生产、畜禽粪便综合利用

---

①　资料来源：《泰州日报》，2018年1月29日第4版，原题为《泰兴市畜禽粪污资源化利用经验在全国会议上作介绍》。

模式，现拥有农业部畜禽养殖标准化示范场 6 家、江苏省生态健康养殖示范场 39 家。坐落于泰兴现代农业产业园区内的江苏洋宇生态农业有限公司，现存栏生猪 45 000 头、母猪 5 200 头，年上市 7 万头以上。公司已形成以沼气发酵为纽带、畜禽养殖与果林园艺相结合的"猪—沼—果—粮—经"生态循环模式，实现种养结合变废为宝和可持续发展。"洋宇粪污处理模式"已在全国推广。

福建省漳州市：探索"生态＋"模式，
推动农业绿色发展①

黄如飞　萧镇平　白志强　黄水成

虽已进入初冬时节，但漳州市平和县霞寨镇高寨村的旅游热度依然不减，观景台、登山漫道、柚海长廊，村庄的柚园四处都是兴奋的游客。当地结合富美乡村建设拓展"现代农业＋乡村旅游"农旅融合新业态，在蜜柚产量增长的基础上，加快产业转型升级，推进蜜柚绿色发展。

这是漳州市探索"生态＋"模式，推动农业绿色发展的一个缩影。漳州是首批整市建设的国家现代农业示范区、国家农业可持续发展试验示范区和农业绿色发展试点先行区、国家农业科技园区、全国农产品出口基地和绿色食品基地，也是国家森林城市、全国生态文明先行示范区。漳州市委、市政府认真遵循习近平总书记的指示精神，努力践行"绿水青山就是金山银山"的发展理念，积极探索"生态＋"发展模式，着力打响"清新福建、花样漳州"品牌。加快建设碧湖、西湖、西院湖、九十九湾湖、南湖和荔枝海、香蕉海、水仙花海、四季花海等"五湖四海"，积极构建城乡融合发展的农业可持续发展新格局，为富美新漳州建设增色添彩。

一、改变观念，推进绿色农业

"前几年刚试行低毒农药跟有机肥时，村民不理解，很少人响应。"平和县高寨村党支部书记卢溪河说，后来村民看到成效，纷纷改变做法，少施化肥农药，改用有机肥。

其实，像这样的例子在漳州还有许多。漳州地处南亚热带，雨量充沛，复种指数高，全市年经济作物种植面积800多万亩，农业总产值达795.5亿元，水果、蔬菜、乌龙茶等种植面积、产量、产值均位居全省前列。近年来，农户为追求较高的经济效益，存在重化肥轻有机肥，过量施用化肥导致土壤退化等突出问题。

漳州市委、市政府将化肥使用减量化列入国家农业绿色可持续发展、"十三五"现代农业发展规划、市委1号文件等实施方案、发展规划和工作计划的重要内容进行谋划，列入市对县党政领导生态环境保护责任制、生态文明建设和政府绩效等重要指标进行考核，列入农业绿色发展专项行动进行推动，化肥减量化行动由部门行为上升为党委、政府行为。

"立足华南区域生态和资源优势"，漳州市以建设国家农业可持续发展试验示范区和农业绿色发展试点先行区为契机，以化肥减量化专项行动为抓手，以"地力提升1112工程"为重点，健全完善增施有机肥体制机制，充分利用当地畜禽粪肥资源，深入实施有机肥替代化肥、秸秆还田、种植绿肥、测土配方施肥、耕地质量提升、果茶园覆草等示范项目和技术集成，调整化肥施用结构，改进施肥方式，用好土地产出好产品、卖出好价钱，促进农业绿色可持续发展。

大力推广耕地质量提升技术，做好"加法"提质减肥。组织实施"地力提升1112工程"，分区域、分作物建立示范区，集成推广化肥减量增效技术。年推广应用有机肥156万亩、稻田秸秆还田30万亩、豆科等绿肥20万亩、土壤调理剂25万亩、测土配方施肥技术255万亩，带动全市化肥年均使用量减少5%以上。目前，全市建成高产稳产高标准农田85万亩，耕地土壤有机质平均含量达2.45%。

---

① 资料来源：《福建日报》，2018年11月23日，原题为《探索"生态＋"模式，推动农业绿色发展》。

大力推广增施商品有机肥技术，做好"减法"替代减肥。从2013年开始，漳州市每年整合专项资金1.6亿元扶持有机肥示范推广。依托各地特色产业，每县建立村级百亩、乡镇千亩、县级万亩的"百千万"有机肥示范推广工程，带动商品有机肥使用面积60万亩。实施畜禽养殖废弃物资源化利用整县推进示范项目，南靖、漳浦等5个县分别列入国家级、省级畜禽粪污资源化利用整县推进项目，落实项目资金2.5亿元，重点培育发展畜禽养殖废弃物资源化利用第三方企业和社会化服务组织，从根本上打通有机肥及沼肥利用"最后一公里"，减少化肥使用量。

如位于南靖高新技术开发区的福建三炬生物科技有限公司，就是一家集微生物菌肥等研发、生产、销售与服务于一体的国家高新技术企业，公司以猪粪、谷糠、废菌渣等为原料，添加发酵复合菌、微生物菌剂等，生产生物有机肥，年有效利用猪粪3.65万吨以上、食用菌菌渣2万吨以上，年产值3 000多万元。现全市70家有机肥生产企业，年产有机肥50万吨，全市规模畜禽养殖废弃物资源化综合利用率95%以上，居全国、全省前列。

大力推广综合集成技术，做好"乘法"增效减肥。因地制宜推进科学精准施肥、水肥一体化、果茶绿草覆盖等集成技术，建立化肥减量增效技术集成示范点1 000个，测土配方施肥技术实现全覆盖，亩减少化肥施用量5.5千克。建立有机肥替代化肥示范片60个、面积6万亩。实施精准施肥"1111工程"，在10个县（市、区）每年扶持积极性高、特色产业种植面积大的农业新型经营主体1 000个，年实施精准施肥100万亩次，化肥使用量减少10%以上。平和县作为全国首批果菜茶有机肥替代化肥试点县，实施"百千万"有机肥示范工程，推广"有机肥＋配方肥""蜜柚＋沼液＋畜牧产业""有机肥＋水肥一体化""自然生草＋绿肥"等技术模式示范面积10万亩，示范核心产区和绿色生产基地化肥用量较上年减少20%以上。

二、扩大交流，发展特色农业

11月18日，第十届海峡两岸现代农业博览会·第二十届海峡两岸花卉博览会在漳州花博园正式开幕，主题是"特色农业、绿色发展"，来自美国、韩国、俄罗斯、荷兰等20多个国家，全国20多个省、自治区、直辖市及台湾地区的2 000多名客商、专家学者应邀参会，在此次博览会上，漳州的特色农业、现代农业格外引人注目。

漳州，是一个传统农业大市，农业的根本出路在于农业现代化。漳州以国家现代农业示范区为引领，加快建设一批核心示范园，形成"一区多园"发展格局。全市拥有省市级农民创业园、台湾农民创业园、现代渔业产业园等各级农业园区71个，规划面积220万亩，园区年产值超400亿元。如今，漳州的农业，闻名遐迩，被定为国家现代农业示范区、全国农业可持续发展试验示范区暨农业绿色发展试点先行区。

推动农业"走出去"是新时代赋予漳州的神圣使命。作为台胞主要祖籍地，漳州充分发挥全国首批海峡两岸农业合作实验区优势，扩大对台农业合作交流。全市农业累计利用台资19.3亿美元，居全国设区市首位。现代农业带动漳州获评"中国食品名城"，全市规模食品工业总产值1 735亿元，占全省25%以上；出口农产品货值45亿美元，占全省50%以上。东山县"一条鱼"加工出口20亿美元，居全国县级首位。

漳州特色农业发展成效显著，全市重点发展水果、水产、蔬菜、花卉、茶叶、畜禽、食用菌、林竹、中药材等九大特色产业，其中5个产业全产业链产值均超百亿元。漳州11个县（市、区）以及常山开发区，按照"一县一特色"，组织紫山、绿宝、锦兴等100多家国家级、省级龙头企业，展示平和琯溪蜜柚、诏安红星青梅、云霄枇杷、长泰芦柑等"三品一标"、中国驰名商标产品，以及漳州石斑鱼、白对虾等福建省十大渔业品牌产品。

建立农产品质量安全可追溯体系，发展绿色、有机产品，如农业质量可追溯的"一品一码"，通过农产品外包装上唯一的追溯码，消费者用手机扫描后就能了解到农产品从"田间到餐桌全过程"的信息，引导消费者了解和消费贴码产品，促进形成生产、销售、消费、监管共管共治合力。

此外，还培育"两朵花、三泡茶、四珍菌、六条鱼、十大果"特色品牌。品牌农业和外向型农业的发展提升漳州农业的美誉度和国际竞争力。

三、富美乡村　提升幸福指数

溪里清水流淌，岸上垂柳婆娑，有人在溪边垂钓，有人在树下休闲，如此美好静谧的画境，就发生在漳州龙海市浮宫镇的田头村。

"村子的'颜值'提高了，城里人都来玩"，村支书郭水发自豪地说。

"平时每天都近千人，要是周末会暴涨到两三千人。"平和县霞寨镇高寨村党支部书记卢溪河说，高寨村地处平和县西北部，是革命老区基点村，原来是典型的山区村，村道狭小泥泞，交通不便；村民经济收入低，土坯房随处可见，卫生环境脏、乱、差。2007年后全村开始大面积种植蜜柚，推行蜜柚产业的绿色发展，使得过去这座高山上的小村庄开始了翻天覆地的变化。2014年，借助当地打造富美村庄的契机，高寨村以蜜柚种植产业为基础，大力开发"三产"——乡村旅游业，充分挖掘当地资源，全面实施村容整洁，坚持规划先行，突出"柚海、人家、生态、远山"等元素，通过有机蜜柚基地，搭建柚海索桥和栈道，建设休闲漫道等，形成一条绿道景观长廊。

农村是农民生产生活的家园。漳州每年实施"一乡镇一示范"，按照田园风光、滨海渔村、特色村落和乡村旅游等四种类型，打造了456个富美乡村样板。开展农村环境"千村整治、百村示范"美丽乡村建设工程，推动"百村"污水治理，疏浚河道，畅通河网水系，修复水生态率达70%。每年新建30个乡镇污水处理设施，开展776个村庄污水治理，新改乡镇公厕120座。生活垃圾处理率达95%以上，生活污水处理率达90%，村庄绿化覆盖率达25%以上，一幅"河畅、水清、岸绿、景美"的乡村田园画卷呈现在我们的眼前。

绿色漳州美如画。漳州市把加快国家农业可持续发展试验示范区、农业绿色发展试点先行区建设作为全面贯彻落实习近平新时代中国特色社会主义思想，实施乡村振兴战略的重要抓手，紧紧围绕打造"生态＋"高效外向型农业绿色发展定位，不断总结提升，走出一条让农业更强、农村更美、农民更富的可持续发展之路。

浙江省：谱写农业绿色可持续发展的华美篇章①

浙江，诗画江南，鱼米之乡。

千里沃野，晚稻已颗粒归仓，粮食烘干中心里一排排高高耸立的烘干机开足马力，吐出金灿灿的稻粒，汇成了金色的海洋；错落有致、整齐排列的大棚里孕育着各类蔬果；绿树掩映、田园牧歌式的美丽牧场、生态园区点缀其间；休闲观光农业、创意农业、"互联网＋"农业如雨后春笋般涌现……一首产出高效、产品安全、资源节约、环境友好的农业绿色发展进行曲正在这里奏响。

十多年前，"绿水青山就是金山银山"科学论断在这里萌芽。十多年来，浙江全省上下始终坚持以此为遵循，坚定高效生态的现代农业发展方向不动摇，致力打通"绿水青山就是金山银山"的农业绿色发展通道，形成了率先实现农业绿色可持续发展的现实基础。2016年，浙江农林牧渔业总产值和增加值分别突破3 000亿元和2 000亿元大关，城乡居民收入比缩小到2.07：1，成为全国城乡差距最小的省份。现代生态循环农业试点省、海洋渔业可持续发展试点省、农产品质量安全示范省、畜牧业绿色发展示范省、农业"机器换人"示范省、土地确权登记颁证试点省等一批国字号试点示范在浙江落地生根、开花结果。

2017年12月8日，浙江被农业部等八部门认定为全国首个也是目前唯一一个整省推进的国家农业可持续发展试验示范区，同时成为首批农业绿色发展试点先行区。这份沉甸甸的荣誉，意味着浙江有条件，也有能力深化农业供给侧结构性改革，推动一二三产业深度融合发展，打造农业可持续发展示范区和农业绿色发展先行区；也意味着浙江将满怀信心和希望，努力在新时代开启新征程，为实施乡村振兴战略、实现农业农村现代化谱写高水平、高质量的浙江篇章。

一、走特色精品之路，引领农业迈向更高水平

浙江人多地少，农业生产经营成本较高，生产一般的大宗农产品比较效益不高也没有竞争力；同时，浙江地形地貌多样、生态优良、物种丰富、气候适宜，而且居民收入水平、消费水平较高，对农产品品种和品质的需求不断升级。资源要素制约加上市场需求牵引，促使浙江积极推动结构调整、产业升级，走富有浙江特点、体现高效生态的农业可持续发展之路。

2003年，根据新形势、新要求，浙江省委、省政府做出了发展高效生态农业的决策部署，"绿水青山就是金山银山"的科学论断在农业领域率先践行。十多年来，"特色精品农业""智慧农业""一二三产融合发展"等内涵不断拓展，但生态的底色始终不变，绿色发展的方向一往无前。

因为注重特色和精品，浙江着力于农业生产方式转变和体制机制创新，先后组织实施了产品质量、生态循环、新型主体、设施装备、"两化"（农业现代化和信息化）融合和科技服务六大提升行动和"打造整洁田园、建设美丽农业"行动，大力推进高效生态农业强省、特色精品农业大省建设，农业高效生态发展之路越走越宽。

2010年，浙江在全国率先启动农业"两区"（粮食生产功能区、现代农业园区）建设，累计建成粮食生产功能区10 172个、面积819万亩，现代农业园区818个、面积516.5万亩，粮食生产功

---

① 资料来源：《浙江日报》，2017年12月12日第12版，原题为《一张蓝图绘到底，美丽田园焕新颜——谱写农业绿色可持续发展的浙江篇章》。

能区粮食产量比面上提高 7％以上、现代农业园区亩均产值比区域外高 30％以上，粮食生产功能区建设经验连续 3 年写入中央 1 号文件并在全国推广。正是有了"两区"这个基础，浙江省在全国首批创建的 11 个国家现代农业产业园中，慈溪市和诸暨市双双入围，并分别获得 1 亿元的中央财政支持。

"互联网＋"是时代所趋。浙江积极推进农业"机器换人"，大力发展"智慧农业"，让传统农业插上互联网的翅膀，变得高大上。在台州绿沃川农场，高科技的应用展现出一幅绿色现代农场的发展图景：种植蔬菜不沾泥土，利用机械实现自动化流水线作业，宛如置身现代工厂车间。

"我们大棚内部的温度、光照、湿度全部由电脑自动控制，采用自动化的无土栽培技术，播种、收割、采摘都是由自动化调节，工人只需要在最后包装这一个阶段人工包装就可以了。"台州绿沃川农业有限公司技术总监陈清辉介绍，目前绿沃川有蔬菜水培基地面积约 30 亩，通过高技术的应用，绿沃川蔬菜不但亩产翻倍，而且种植时间也更加灵活，打破了蔬菜种植在空间和时间上的制约。

信息技术与现代农业的深度融合，也带来了农业全产业链的"裂变"。走进海盐县凤凰现代农业产业集聚区，浙江青莲食品股份有限公司打造的全国首个世界名猪文博园十分抢眼。2017 年 1 月，首届世界名猪文化节在这里开幕。通过"农业＋文化"的品牌运营，青莲食品已打造价值亿元涵盖种猪繁育、生态养殖、屠宰加工、冷链物流、连锁销售、文化旅游等环节的全产业链，并形成了横跨一产、二产、三产的产业布局。

在农业供给侧结构性改革背景下，如何推动浙江农业迈向更高水平？打造农业全产业链、推动一二三产业深度融合即是其中的关键招数，全省上下正在努力，让更多类似"青莲生猪"的农业全产业链串起农业特色产业的"珍珠"。

在海盐，通过推行"龙头企业＋专业合作社＋家庭农场""公司＋农户（农场）"等模式，仅浙江万好食品有限公司这一家龙头企业，通过发展蔬菜种植和加工就直接带动 1 000 多名合作社社员，并辐射带动周边 5 000 多个农民；在平阳，一鸣食品的奶牛全产业链规模已达 20 亿～30 亿元，发展势头迅猛，2016 年上缴税金达 1 亿多元；在安吉，一片小小的茶叶形成了一二三产业有机融合的省级示范性农业全产业链，2016 年茶叶产值达 22.58 亿元，全县 36 万名农民实现人均增收 6 000 多元……

在浙江全省，目前已建成茶叶、水果、畜牧、水产、竹木等示范性农业全产业链 39 条，年总产值超过 1 000 亿元。一条条全产业链的不断建立、延伸和拓展，提升了农业效益，加快推动了农业与二、三产业融合，从而打通了农业可持续发展的"任督二脉"，为农民持续增收注入了"洪荒之力"。浙江省以约占全国 1.1％的国土、1.3％的耕地面积，创造了占全国约 3％的农业增加值……

浙江省相关专家表示："浙江绿色发展起步早、基础牢，而农业能取得今天的成就，最基本的一条经验就是注重可持续发展，一张蓝图绘到底；同时坚持走高效生态农业道路，注重差异化、集聚化发展。"

"十三五"期间，浙江省将以农业"两区"为基础，着力建设 100 个一二三产业深度融合的现代农业园区、200 个集产业科技创业功能于一体的农业可持续发展示范园和 100 个特色农业强镇，并以主导产业和特色农产品为重点，努力打造 80 条产值在 10 亿元以上的省级示范性全产业链。

二、创生态循环模式，打造农业绿色发展高地

绿色是永续发展的重要条件，也是人民对美好生活的向往的重要体现。农业和环境最相融，农业本身就是绿色产业，绿水青山是农村的宝贵资源和独特优势。当农业各项改革进入深水区，原来

的"一招鲜吃遍天""头疼医头脚疼医脚"的粗放发展模式已不再适用，必须从内生动力出发，形成一套可持续发展的新机制，形成一种绿色发展的新格局。

"农业发展不仅要杜绝生态环境欠新账，而且要逐步还旧账，要打好农业面源污染治理攻坚战，作为资源小省同时又是农业强省的浙江，必须深度践行'绿水青山就是金山银山'科学论断，坚持绿色生态导向，切实转变农业发展方式。"浙江省相关领导强调。

于是，以绿色生态为导向的财政支农管理体制机制改革大力推进，53条绿色生态农业政策陆续出台，耕地、生态、资源保护补偿制度逐步建立完善，淳安等26县转型推动GDP绿色发展……无论是在顶层设计上，还是在行动落实上，浙江农业处处体现"绿色"印记。

"一控两减三基本"是发展生态循环农业的主要目标。浙江先后印发加快发展现代生态循环农业、加快推进高效节水灌溉工程建设、加快推进农作物秸秆综合利用、促进商品有机肥生产与应用和农药废弃包装物回收和集中处置等一系列政策意见，着力破解农业生产要素瓶颈，着力推动农业废弃物资源化、循环化利用，着力推广测土配方施肥等精准施肥用药技术，实现化肥农药减量增效。

目前，浙江"一控两减三基本"量化目标全面超额完成，农药、化肥在2013年就实现"零增长"，畜禽养殖粪污、农作物秸秆综合利用率分别达97%和92%，死亡动物无害化处理实现全覆盖，基本形成生产标准体系和质量监管体系。

在此基础上，浙江省自我加压、拉高标杆，积极开展"打造整洁田园、建设美丽农业"行动，通过科学布局种养业，合力确定养殖规模，按照土地承载能力和清洁生态美丽要求，集中建设1000个美丽牧场和1万家生态牧场，促进养殖业与种植业有机融合，全面实现畜禽养殖废弃物资源化利用，打造生态安全、环境友好型畜牧业。

让猪生活在美丽的森林公园里，把奶牛场建成国家AAAA级景区，在金华，美保龙和九峰两家养殖场，正颠覆着人们对养殖业的传统印象。走进美保龙的大门，欧式庄园般的养殖场，红棕色的管理用房、褐黑色的猪舍建筑和低调的科研中心，和谐地镶嵌在花园坡地中。而九峰牧场占地3000多亩的连片茶园绿意盎然，蔚为壮观，被老百姓誉为"不收门票的景区"。

九峰牧场的主人、佳乐乳业董事长夏济平介绍，九峰牧场采用"种-养-沼-肥"的循环模式，通过生物质能转换技术，将沼气系统、奶牛养殖场、牧草基地、蔬菜基地、苗木果树基地、茶园等六个功能区有机联系起来，实现了牧场废弃物零排放，提高资源综合利用率，成为富有魅力的园林式牧场。

"我的心愿是把这里打造成国家AAAA级景区。"夏济平说，依托优美的自然风光及奶牛养殖场，这里将打造成为以"自然、农业、奶牛"为主题，集休闲观光农业、奶制品制作体验、生态采摘、大小动物互动体验、农产品产销及网络购物于一体的产业化旅游综合体。在此基础上，再结合九峰山、寺平古村落、生态莘畈乡等旅游资源，发展全域旅游，使之成为金华旅游新名片。

金华养殖场的美丽蝶变只是浙江生态循环农业发展的一个缩影。以大型龙头企业和特色畜牧业原产地为基础，浙江正大力推进畜牧业功能拓展和产业融合发展。2016年，浙江已创建省级示范性美丽牧场300家，全面构建起"主体小循环、园区中循环、县域大循环"的农业生态循环体系，为"五水共治""四边三化""三改一拆"和浙江"大花园"建设提供了生态支撑。

三、享健康美好生活，提升百姓获得感幸福感

发展优质农产品是农业供给侧结构性改革的现实需要，也是广大人民群众的共同愿望。推进农业绿色发展，就是要增加优质、安全、特色农产品供给，促进农产品供给由主要满足"量"的需求向更加注重"质"的需求转变。

作为全国首个获批创建的国家农产品质量安全示范省，浙江近年来顺应绿色、健康消费需求，

一直将抓好农产品质量安全作为推进农业供给侧结构性改革的一大方向。一方面，通过对主要农产品生产和流通环节进行全过程综合管理，构建省、市、县统一的农产品质量安全追溯平台，确保"舌尖上的安全"；另一方面，实施农产品品牌发展战略，着力打造一批有影响力、有文化内涵的优质农产品区域公共品牌，提高农产品附加值和市场竞争力。

在丽水，通过做大做强"丽水山耕"区域品牌，可为旗下农产品实现平均溢价30%，农旅融合打开了从绿水青山向金山银山转化的通道；在衢州市衢江区，通过农药化肥减量、产品检测检验、质量安全追溯等，建起了有关放心农业的"八大体系"，成功入选第一批国家农产品质量安全县，2016年衢江区农村居民人均可支配收入比上年增长9.1%，增幅高于全省平均水平0.9个百分点；此外，仙居杨梅、奉化水蜜桃、临海蜜橘、塘栖枇杷、三门青蟹、金华两头乌等均走品牌化经营的道路，实现农业增效、农民增收。

"在浙江，品牌不是简单的名称，而是各类资源的蓄水池，发展的大引擎、大平台，是政府的职责所在，是农业增效的潜力所在，是农民增收的希望所在。"浙江省农业厅主要领导表示，区域公用品牌已经成为政府指导生产，主体对接市场的自觉行为，浙江将加大财政资金投入，支持农产品区域公用品牌培育和知名农产品品牌宣传。

生产方式更绿，产品更优，品牌更响，带来农产品价格更高，农民收入更好，浙江农业正形成一个良性循环。因为绿色发展，人民群众对生活环境的关注比任何时候都高，促进了生态建设和经济建设的发展。因为环境的改善和一二三产业的融合，产生生态红利，"农业＋旅游""农业＋互联网"等新业态不断涌出，农业的性质和功能正在发生转变，从原来单纯生产农产品，转为生产风景、教育和生活。

到湖州体验过休闲农业的人，会有一种产业"穿越"的感觉：在这里，不仅可以吃饭、喝茶、住宿，还可以走进大棚、果园体验农事耕作之趣，感受周边田园之美，勾起乡愁情结……乡村旅游带来了农村改革的第三次浪潮，让千千万万的浙江农民成为闯荡市场的主体，让城市居民有了另一个精神家园。

在全省休闲农业经营主体中，农民比重超过80%。2016年，全省仅休闲农业就接待游客1.5亿人次，休闲观光农业总产值达到293.9亿元。更重要的是，城里人来了，不但吃了住了，更直接从田头带走了农产品，给农民带来了额外收入。

农业市场要持续发展，生产关系必须理顺。为了进一步激发村集体经济的活力，浙江把农村土地确权登记颁证作为深化农村改革的重要内容，力争到2018年年底完成农村土地确权登记发证工作。"农村土地确权登记颁证最终目的是实现'死产变活权，活权生活钱'，从而让农民得到实惠。"浙江省农业厅相关负责人表示，土地确权能规范土地流转，保障农民公平分享土地增值收益，从而持续增加农民的财产性收入。

与此同时，一场没有硝烟的消除集体经济薄弱村攻坚战在全省打响。从浙北平原到瓯越之滨，从舟山群岛到浙西山区，浙江人民用勤劳与智慧积极探索乡村创业增收的新路径。

在遂昌，依托生态资源，将农旅融合作为壮大村级集体经济的优选产业，茶树坪村村集体流转了300亩高山梯田，在赶街公司助推下，通过网络众筹将高山大米卖出普通大米十倍的价格，电商扶贫已成为全国典范；在温州，通过结对的方式，实行"千个部门联千村"，并选派优秀干部到薄弱村担任"第一书记"，帮助95个薄弱村实现转化……

"天更蓝了，水更绿了、山更青了、环境更美了，农产品更安全了，咱农民腰包更鼓了。"老百姓这样形容浙江农村所发生的翻天覆地的变化：集体收入连年翻番，浙江农民收入增长速度比城市还要快。过去农村人羡慕城市里的生活，现在通过美丽乡村建设筑巢引凤，城里人都喜欢到农村来做客。因为环境更生态了，浙江农产品品质提高了，有机茶、有机蔬菜走出了国门，远销美国、日本等发达国家。

从农业"两区"到"一二三产业融合"，从"生态循环"到"绿色发展"，从"千万工程"到"美丽乡村"……十几年的不断沉淀和延续，绿色在浙江已成磅礴之势，绿色的发展理念逐步深入人心，农村生态环境不断改善，美丽乡村遍布浙江大地。浙江正以干在实处、走在前列、勇立潮头的精神，不断印证"绿水青山就是金山银山"的科学论断，也正迎来令人惊叹的生态和经济融合发展的乘法效应，为全国创造更多的浙江样本。

江西省永修县：推进统防绿防融合，
助力农药减量增效[①]

石志明　罗志娟　王　芳　吕　强　桂曼茹　陈前武

2008 年以来，永修县按照"预防为主、综合防治"植保方针，坚持"公共植保、绿色植保、科学植保"理念，为适应转变农业发展方式、建设现代农业的新形势，解决传统一家一户防控效率低、效果不佳和农田环境污染加重等难题，探索开展统防绿防技术融合模式，将其作为保障全县农产品有效供给和质量安全的关键抓手。

一、主要做法

（1）大力发展专业化统防统治。一是以植保装备现代化为突破口，整合农作物病虫害防治、粮食适度规模经营和全程社会化补助项目，实施购机奖补和作业补贴政策，推进大型植保机械快速增长。二是通过培训专业防治人员，提高其操作和维护植保机械的技能以及病虫害防治、安全用药能力。三是以行政推动和各项强农惠农政策扶持为抓手，开展县级专业化防治示范组织认定活动，推动专业防治组织做大做强。

（2）大力推广病虫害绿色防控。一是以水稻、柑橘、蔬菜、茶叶等主要农作物为重点，以物理诱控、生态调控、生物防治、安全用药技术为核心，集成推广适合不同作物、不同生态区域、不同层级农产品生产的简便易行、绿色环保、生态安全的病虫害绿色防控技术。二是通过举办绿色防控专题培训班、召开绿色防控现场会和媒体宣传、短信微信宣传等方式，广泛宣传绿色植保理念和绿色防控技术。三是创建绿色防控示范基地。重点示范推广应用灯诱、性诱、色板和统防统治融合技术，涵盖了水稻、棉花、果树、茶叶等主要农作物。

（3）推动统防绿防融合发展。一是技术融合。通过积极探索，全县逐步形成了一套适宜大面积推广的绿防统防融合技术，在水稻上重点融合应用稻田耕沤和种子消毒预防、灯诱性诱控虫、稻鸭（鳖、虾）综合种养治虫控草、生物农药及高效低毒农药控害、植保无人机和自走式喷杆喷雾机统防，做到农作物病虫害立体综合防控多措并举、协调配合。二是主体融合。以种植业合作社、专业防治组织和种植大户等新型农业经营主体作为统防绿防融合示范的实施主体，统一实施统防统治，统一应用绿色防控技术。三是项目融合。围绕绿色高产高效和化肥农药双减，在水稻上整合绿色高效创建、全程社会化服务、"四控一减"和统防统治与绿色防控融合等项目，在经济作物上依托现代农业发展、园艺作物标准园等项目，应用财政资金购置绿色防控产品、补贴统防统治，推进绿色防控与统防统治在多种作物上示范推广。

二、主要经验

（1）领导重视。县农业局成立由党政主要领导任组长的农药使用量零增长行动领导小组，同时成立由分管领导任组长，农业技术推广中心等单位负责人或专家为成员的技术专家组。

（2）完善机制。建立农企合作长效推广机制。积极推动粮食生产加工企业与优秀专业防治组织结对发展，参与统防绿防融合示范区建设，逐步形成以国家政策为导向、以统防绿防集成技术为支

[①] 资料来源：《农家科技》，2019 年 9 期，原题为《永修县推进统防绿防融合，助力农药减量增效》。

撑、以绿色农产品生产企业为龙头、以专业防治组织为依托、以统防绿防融合示范基地创建为抓手的长效推广机制。

（3）强化扶持。一是购机和作业补贴政策。2013 年出台 1 个合作社购买 1 台（含 1 台）以上大型植保机械补助 5 万元的政策。2013 年以后，对在核心示范基地开展农作物病虫害全程承包统防统治服务的，按作业费用的 50％进行补助；对不在核心示范基地开展统防统治服务的作业面积按每亩 20 元进行补助。二是奖励政策。每年从项目资金中单列 8 万～10 万元，开展县级示范专业化防治组织认定，扶持专业防治组织按照"七化"标准建设，促进专业防治组织高水平、高质量发展，积极打造精品专业防治组织。三是资金扶持政策。近年来，全县多方面整合项目资金，先后安排 200 余万元采购太阳能杀虫灯、性引诱剂和黏虫黄板等绿色防控物化产品，重点打造农作物病虫害统防绿防融合示范基地。

三、工作成效

（1）统防统治发展又快又好。2017 年 3 月，组织了 500 余人规模的植保无人机"飞防"现场演示会，吸引了全国 12 家无人机生产厂商齐聚万亩油菜花海，近 20 款无人机同台竞技，有力促进了大型植保机械的推广应用。截至 2018 年年底，全县专业防治组织达到 55 家，拥有大型植保机械 164 台，其中自走式喷杆喷雾机 74 台，植保无人机 90 台，日作业服务能力达 5.64 万亩次，全县统防统治服务面积达到 51.98 万亩次。创新建设了智慧农机作业远程监控管理系统进行严格监管，通过电脑和手机 App 对专业化统防统治进行实时监控、轨迹回放和作业面积自动计算。

（2）绿色防控技术推广快速普及。近年来全县共建成水稻、棉花、果树、茶叶等主要农作物绿色防控示范基地 15 个，核心示范面积 2.7 万亩，辐射带动面积 15.85 万亩，安装了太阳能杀虫灯 1 000 余盏，性引诱剂 20 万亩次，黏虫黄板 20 万余张。创新建立了多个稻鸭、稻鳖、稻虾等生态种养与绿防统防技术融合示范模式，得到了省、市领导的高度关注和充分肯定。2018 年 9 月 12 日，全省质量兴农万里行暨农作物病虫害绿色防控现场培训会在永修成功召开，省、市、县各级农业专家和企业代表 200 余人参会，会议开展了绿色防控技术培训，现场观摩了永修水稻、柑橘病虫害统防绿防融合推广成果。

（3）统防绿防融合示范成效显著。在云山集团、三角乡、立新乡开展的水稻病虫害专业化统防统治与绿色防控融合示范，集成推广应用耕沤灭螟、杀虫灯诱杀害虫、性引诱剂诱控二化螟和稻纵卷叶螟、稻鸭共育和稻虾（鳖）共生除草治虫、秧田送嫁药和穗期安全科学用药、植保无人机和自走式喷杆喷雾机统防统治等技术，产生了可喜的经济、社会和生态效益，示范区病虫为害损失减少 5％～15％，化学农药用量减少 30％～50％，防治次数减少 1～2 次，绿盲蝽和蜘蛛等天敌数量明显增加，生产的云居香米世家、云凤稻甲天下、宏康安心米和岭南青鸭稻米均达到绿色稻米标准，销售价格明显提高，均价都在每千克 20 元左右，且远销深圳、香港、澳门，产品供不应求，为推动农业绿色发展、打造"永修香米"地理标志品牌做出了积极贡献。

山东省：聚焦水产绿色养殖，
加快推进渔业高质量发展[①]

2018 年以来，习近平总书记多次对山东经略海洋和乡村振兴工作作出重要指示。山东省深入学习习近平总书记视察山东重要讲话、重要指示批示精神，以实施乡村振兴战略为引领，聚焦水产业绿色养殖，努力促进渔业提档升级，全省渔业高质量发展取得显著成效。

一、坚持规划引领，科学构建绿色发展总体布局

按照"多规合一"的要求，统筹生产发展与环境保护，加快编制养殖水域滩涂规划，全省 108 个水产养殖主产县区全部完成规划发布工作，8 个设区市已完成规划的编制发布工作，其他 8 个设区市完成了征求意见稿，力争 2019 年年底全面完成市级规划的编制发布工作。《山东省加快推进水产养殖业绿色发展实施方案》已完成部门会签，即将印发。《黄河三角洲百万亩国家生态渔业基地建设规划》的编制工作稳步推进。按照"生态优先、海陆统筹、持续利用"的原则，将全省渔业从远洋到内陆划分为五个绿色发展带，科学引领全省养殖水域滩涂利用总体布局。

二、坚持基础支撑，提升绿色养殖保障能力

扎实推进水产种业体系建设，以深远海增养殖品种为重点，2018 年以来新增省级以上原良种场 17 家，总保有量达到 80 家。全省国家级水产原良种场 15 家，居全国首位。全国"繁育推一体化"现代渔业种业示范场 11 家。全省具有规模的苗种场 2 600 余家，年育苗 5 000 亿单位以上。以南美白对虾为突破，探索建立联合育种平台，已达到年产 30 万对无特定病原优质种虾的能力，可满足我国北方南美白对虾养殖需求。烟台水产种业硅谷启动规划建设，现有 6 家国家级水产原良种场，密集程度居全国首位。水产苗种产地检疫试点工作扎实开展，全省电子出证系统已建成使用。疫病防控体系建设不断完善，实现了省—市—县—场的远程诊断视频会商。设定 50 处精准测报点、500 余处普通测报点进行重点监测，主要养殖区实现全覆盖，重大疫病防控和应急处置能力不断提高。

三、坚持创新发展，打造生态渔业发展新模式

扎实开展水产健康养殖示范创建，省级以上水产健康养殖示范场达到 500 余处，示范面积 17 万公顷，5 个县（市、区）获得"农业农村部渔业健康养殖示范县"称号。海洋牧场"生态方"泽潭模式、陆海接力明波模式、海湾多营养层次综合养殖长青模式等多种生态渔业模式在全省复制推广。创建了 4 家国家级稻渔综合种养示范区。构建了全省最大规模 16 万亩集中连片的"贝、藻、参"立体生态循环养殖区，"一亩海变成了三亩海"，实现了海域利用的净化高效、节能减排。全省半封闭、全封闭循环水工厂化养殖车间达到 350 万平方米，东营、滨州等地现代渔业园区实行灌排分设，"渔盐一体化"实现了海水的循环利用和零污染、零排放。

四、坚持科技提升，推进绿色养殖从离岸走向深海

加快科技创新步伐，发展深远海装备化养殖，高水平高标准推进海洋牧场建设，打造"海上绿

---

① 资料来源：农业农村部网站，2019 年 10 月 22 日，原题为《山东省农业农村厅：聚焦水产绿色养殖，加快推进渔业高质量发展》。供稿单位为山东省农业农村厅。

水青山"。截至目前，全省创建省级以上海洋牧场示范项目89处，其中32处获批为国家级海洋牧场示范区，占全国国家级海洋牧场示范区总数的37%。在全国率先建设海洋牧场观测网，已建成21处海底观测站，有效提高了水域环境质量状况掌控和应急处置能力。大力推进海洋牧场装备高端化智能化，建成海上多功能平台42座，为发展深远海养殖提供了"海上空间站"。莱州明波周长400米的大网围已经投入运行。有效养殖水体5万立方米，单次养殖产量达1500吨的大型智能深水网箱"深蓝1号"，已开赴黄海冷水团水域开展大西洋鲑等高价值冷水鱼类养殖。国内首座深水智能化坐底式网箱"长鲸一号"已正式运营。

五、坚持综合治理，稳步推进水产养殖污染防控

认真落实国家和省渤海区域环境综合治理攻坚战作战方案，制定印发《落实〈打好渤海区域环境综合治理攻坚战作战方案〉实施方案》，建立工作台账和调度制度。沿海各市结合中央环保督察整改、近海管理秩序集中整治、"碧海行动"等工作，已清理整治近岸违规海水养殖1.3万公顷，水产养殖污染防控取得初步成效。近年来，全省各级积极整改、整理池塘近2.8万公顷，改造升级工厂化养殖300万平方米，进一步改善了进排水条件，提高了养殖用水循环利用率，确保尾水达标排放。启动了近海生态养殖浮标更新试点工作，整治近海筏式、吊笼养殖用泡沫浮球，防止白色污染，拟更新生态、环保浮标500万个。印发水产养殖用药减量行动方案，加强对渔用兽药（化学药品、中草药）、渔用饲料、添加剂等投入品监测，2019年全省共安排监测样品380个，统筹推进海水养殖环境治理。

留住乡愁：大舜果园的有机农业之路

山东省鄄城县农业农村局　张志允
中国老科学技术工作者协会农业分会　宋曾民

2012年老兵陈安生衣锦还乡，脚踏故乡鄄城的土地却感到莫名的惆怅：家乡的菜、果、肉、面，都没有儿时的味道了！痛定思痛下决心，于2013年创立鄄城县大舜创新果园，开始生态有机农业征程第一步。

大舜创新果园坐落在千年古县——山东省鄄城县彭楼镇雷泽湖南岸，主要种植苹果、小麦、大豆，间作红薯、花生、葡萄、蔬菜等。园区初始流转土地748亩，其中果园338亩，有机基地410亩，种植大豆、小麦等，现已扩建到3 000余亩。历经几年的坚持与不懈奋斗，果园已连续5年获得南京国环有机产品认证中心颁发的有机苹果认证证书。

园区实践传统农法，参照中医辨证施治的手段管理，使用足量内蒙古优质羊粪有机肥，自制苹果、大蒜、辣椒酵素，利用庞大的蚯蚓群体和益生菌群，高效净化、活化土壤，改良结构，增加有机质，培肥地力，促进生物群多元化，快速除尽农药、化肥等有害残留。

园区坚持顺应自然的管理理念，拔强草留弱草，除高草留矮草。大量野草是虫群、菌群的栖息地和多样化美食，更是鸟类觅食的天堂，野草还田后为蚯蚓、虫群、益生菌大量繁殖提供有利条件，形成鸟与虫、虫与草、草与树、树与禾互生互助的良性生态系统。用秸秆还田方式，建立良好的田间群体结构和充足的有机质供应，用苦参碱和大蒜油、辣椒油等治理作物生长期间的严重虫害，实现"高产、优质、高效、绿色、生态、安全和可持续"的有机农业生产模式。

几年里付出辛勤劳动的还有土壤的"修复者"——蚯蚓。它们生在土壤中，昼伏夜出，以畜禽粪便和果园烂果树叶菜叶等为食，连同泥土一同吞入，排出有功能的"土壤改良剂"，使土壤疏松、提高肥力、促进果园增产，提高质量。如今，园区每亩已经达到120万余条蚯蚓。通过使用自制酵素产品，加快了自然界环境卫士——微生物的参与和繁衍生息。蚯蚓与微生物二者相辅相成，改良土壤结构，除尽农药、化肥等残留，实现植物、动物、微生物平衡发展、互利互助，形成一个人与自然和谐发展、包容的农业生态循环科学系统，提高经济效益。

园区采用"舜田模式"，实行高标准有机种植。一季农作物即可净化土壤，大豆78天、红薯73天达到179项无农残检出标准，小麦295天达到195项无农残检出标准；半年内能使园区每亩野生蚯蚓量达到20万～60万条，益生菌达到每克土1亿个以上。高效活化土壤的同时，逐步提升地力，恢复土壤生命力，增加土壤中矿物生命元素，还原植物营养，使所有产品都回到"小时候的味道"。园区已成为中国老科学技术工作者协会农业分会理事单位、全国合作经济发展工作委员会富硒产业专委会示范基地。

园区主产宫藤富士苹果含糖量4年前达15％以上，2018年最高达19.3％，2019年苹果含糖量最高达21.9％，不氧化，口感极佳。2018年，360亩齐黄34大豆亩产达到275.85千克，179项无农残检出，比全县大豆平均亩产高37.93％；所产大豆蛋白质、脂肪合计含量64％以上，豆香浓郁，营养丰富，加工的豆腐、豆浆、煮豆品质极佳，口感上好。土壤改良后，园区所种小麦有9种微量元素和粗纤维增加，维生素含量亦显著增加。园区采用秸秆还田，建立良好的田间群体结构和充足的有机质供应，195项无农残检出。

建园以来，园区在不断探索实践中成功打造了"舜田模式"，不使用化学农药、化肥、除草剂、激素、转基因品种，脚踏实地坚持真有机，顺应自然，优质高产，连续 5 年通过有机认证，所有作物纯天然、无公害、营养健康。

　　大舜果园取得的成绩，是国家及省、市、县专家精准技术指导，市、县政府大力支持的结果。作为国家林业先进县、农业大县、粮食生产基地县，鄄城县委、县政府高度重视"大舜有机种植模式"，大力推进林产品优质、高效、有机发展。菏泽市委副书记兼鄄城县委书记张伦就大舜果园有机种植模式批示意见指出，应大力发展有机种植模式，形成规模，增强品牌意识，加强宣传力度，打造全县黄河滩区原产地知名品牌。

　　目前"大舜有机种植模式"已在多地推广实施：鄄城县良园种植养殖专业合作社 400 亩，鄄城县古泉社区东何桥村张海武有机果园种植大豆面积 55 亩，菏泽春茂农业发展有限公司 200 亩，山东上上滩农业开发有限公司 470 亩等。园区以国内农、林科研院所和大专院校为技术依托，以院士工作站为抓手，以"大舜有机种植模式"为核心技术，将继续建设推广高标准可复制的有机农产品生产基地，实现人与自然和谐共生，推进各地农业绿色可持续发展。

山东省聊城市：以绿色农产品生产带动农业绿色发展[①]

农业农村部发展规划司

聊城市位于山东省西部，是优质粮食和瓜菜菌、肉蛋奶等"菜篮子"产品的主要供应基地，也是国家现代农业示范区、国家农业科技园区。近年来，聊城市牢固树立农业绿色发展理念，围绕节水节肥节药、农业废弃物资源化利用等重点任务，开展农业产地环境治理，大力发展绿色农产品，保障农产品质量安全，取得积极成效。

一、发展绿色生产，促进农产品产地环境清洁化

（1）开展农药减量使用及绿色防控。推广小麦、玉米大田专业化统防统治和绿色防控技术融合技术，绿色防控技术融合面积200多万亩次。开展高效低毒低残留农药的绿色防控技术试验示范，出台《聊城市禁止销售使用剧毒高毒农药管理规定》，近三年累计出动剧毒高毒农药暗访暗查执法人员710人次。大力推广统防统治技术，统防统治队伍已达520余支，从业人员4600多人，日作业能力28万亩，专业化统防统治面积达到700余万亩次。2018年全市农药使用量（折百）1 122.25吨，比2017年减少1.73%，提前三年完成2020年减少到1 200吨以下的目标。

（2）推动化肥减量使用。推广水肥同步管理和高效利用。2018年，全市水肥一体化面积达到28.2万亩，每亩可节水25%～40%，节肥30%～50%。累计推广高效缓控释肥料300余万亩，增产4.5万吨，节约化肥1万吨，节工100万个。2018年市财政列支500万元，在全市2.5万亩瓜菜、果树推广黄腐酸肥料4 550吨。在莘县实施果菜茶有机肥替代化肥示范县项目，基地面积2.8万亩，推广有机肥9 500吨，减少化肥用量600余吨。化肥使用量呈逐年下降趋势，2017年下降到40.56万吨。

（3）推进秸秆和畜禽粪污综合利用。组织实施了山东省秸秆综合利用试点项目，争取国家资金3 000万元，实施了秸秆粉碎还田、饲料化、秸秆有机肥等工程，全市秸秆综合利用率达到89%以上。通过建设大中型沼气项目，将畜禽废弃物转化为有机肥料，在大田和各种经济作物上进行大面积使用。2018年，全市畜禽粪便利用率为95.3%，畜禽养殖污水利用率为86.2%，综合利用率达到92.9%。

二、强化政策支持，大力发展绿色农产品

（1）出台绿色农产品激励政策。2013年，聊城市政府出台《关于建设聊城绿色农产品之都的意见》，对认证绿色、有机、地理标志农产品实施奖励政策，规定"新认定绿色奖励、有机食品、地理标志农产品分别奖励3万元、5万元和10万元"。对于再认定的绿色食品每个奖励2万元、有机食品每个奖励3万元。自2013年，市财政累计投入奖补资金3 374.5万元。

（2）增加对绿色食品生产资料和绿色食品原料标准化生产基地的奖补。新增绿色生资证书4个，全国绿色食品原料标准化生产基地2处（28.5万亩），2017年两处全国绿色食品原料标准生产基地进入创建期，绿色生资和原料标准化生产基地认证实现零突破。2018年市政府增加对绿色生资和原料标准化基地的奖补，分别为3万元、20万元。

[①] 资料来源：农业农村部网站，2019年9月18日。

（3）加强战略合作。2014 年，中国绿色食品发展中心与聊城市签订《共同推进聊城市绿色食品产业发展框架战略合作协议》，有力促进聊城绿色产业发展，自 2014 年起，聊城绿色食品增量、增幅连续 4 年得到快速增长。

三、加强市场监管，保障农产品质量安全

（1）开展农产品质量安全县创建。聊城市提出整建制创建省级农产品质量安全市的目标，市政府专门出台《关于整建制创建农产品质量安全市的意见》，指导全市开展创建工作。目前，农产品质量安全县创建达标率 100％。

（2）建立完善监管追溯体系建设。根据《聊城市追溯体系建设意见》，全市年资金投入近 2 000 万元，建设市、县监管追溯平台 12 个，在全省率先实现市、县农产品质量安全追溯体系全覆盖。目前，全市追溯点达到 1 114 个，其中农资经营店 918 家、农产品生产基 196 家。

（3）开展农产品质量安全检测。市、县两级农业农村部门建立农产品质量安全检测机构 9 家，并取得了监测资质。全市 153 家省、市级标准化生产基地及 136 个乡镇农安办（站）均配备了速测设备，严格落实日常检测制度。市、县两级开展定量监测 17 572 个，平均合格率 98.3％。对已认证的绿色食品生产企业每年年检。

（4）创新农产品营销模式。聊城市积极打造"聊胜一筹"农业区域品牌，深入实施"净菜进京入沪"工程，平均每天直供京沪和济南的可追溯蔬菜达 200 万斤，推动聊城市农产品实现优质优价。每年组织多家绿色食品生产企业参加各种农产品展销会，为聊城农产品走出去创造了有利条件。

湖北省咸宁市：坚持"五个导向、五个突出"，全力推进国家农业可持续发展试验示范区建设①

全省秋冬农业开发工作会议召开后，咸宁市积极深入学习传达全省秋冬农业开发工作会精神，按照湖北省委、省政府要求，总结交流各地推进秋冬农业开发工作作法与成效，对年底农业各项工作进行再动员、再部署、再落实、再推进，全力抓好秋冬农业综合开发暨绿色农业开发区建设，提升现代农业高质量发展。

一、坚持目标导向，突出顶层设计

一是成立高规格领导小组。市委书记丁小强任组长，市长王远鹤任常务副组长，统筹谋划推进各项工作。二是建立日常工作推进机制。建立发改、财政、环保、交通、农业等14家市直相关单位联席工作机制。建立市、县联系指导机制。明确一名县级领导、一个市直单位对应指导一个县（市、区），负责协调、检查、督办工作。建立厅市联络对接机制。主动到省农业厅与对口处室对接汇报，积极争取项目支持。三是制定高标准工作方案。高规格编制了《咸宁市农业绿色发展先行先试工作方案（2018—2020年）》，顶层设计"一区六园三十三景"发展布局。四是制定省考特色目标任务。示范区建设被省考评办确定为咸宁特色工作目标后，迅速征求相关责任单位意见，制定了《2018年度示范区建设省目标办考核目标责任分解表》，细化分解重点工作任务20项，明确任务清单和时间表，实行主要领导负责制。

二、坚持创新导向，突出先行先试

一是建设农高区和农业开发区域。在推进示范区建设过程中，以创新理念谋划建设7个绿色农业开发区，每个开发区5~10平方千米，集中展示绿色生产、产品加工、农村改革、农业品牌、清洁能源产业和适度规模经营。二是开展县级示范区方案评审。指导7个县（市、区、高新区）编制了示范区建设三年工作方案。目前，绿色农业开发区已经完成了选址、竖牌、实施方案的编制工作，正在进行招商引资工作。三是组织外出学习考察。示范区建设领导小组组织市直相关单位分管领导和各县（市、区）农业局主要负责人赴江苏进行了学习考察。

三、坚持产业导向，突出品牌培育

一是实施鄂南名优农产品培育工程，打造区域公共品牌。按照"整合扶强区域公用品牌、着力打造特色产品品牌、精心培育优势产业主导品牌"思路，打造"赤壁青砖茶""嘉鱼蔬菜""西凉湖桂花鱼""隐水枇杷"等知名农产品品牌。二是开展现代农业产业园创建。积极推进嘉鱼十里嘉园休闲农业园、赤壁市现代水果产业园和通山县九宫山茶业产业园3个省级现代农业产业园和12个市级现代农业产业园创建。三是大力培育农业产业化重点龙头企业。目前，全市市级及以上农业产业化重点龙头企业达244家。四是积极申报"全国一村一品示范村镇"。上半年新增咸安区高桥镇白水村（白水畈萝卜）、嘉鱼县陆溪镇（嘉鱼珍湖莲藕）等两个"全国一村一品示范村镇"。全市"全国一村一品示范村镇"达13个。

---

① 资料来源：《咸宁日报》，2018年11月13日第7版，原题为《坚持"五个导向、五个突出"，全力推进国家农业可持续发展试验示范区建设》。

四、坚持绿色导向，突出保护利用

一是转变绿色生产理念，实施"两精两减一增效"工程。在全市 29 个村开展精准测土配方施肥、精准施药，减少化肥、减少农药，增加农业生产效益。二是扎实推进畜禽养殖粪污综合利用。结合中央、省环保督查整改问题落实，全市创建畜禽养殖废弃物资源化利用整县推进示范点 30 个。全市畜禽养殖废弃物综合利用率达到 75%，"一场一策"典型治理经验得到省畜牧局肯定。三是加强水生生物资源修复。在斧头湖开展 500 亩生态修复试点工作，通过种植水草修复湖泊湖滨带，降低养殖湖泊水体富营养化程度。开展增殖放流。2018 年全市各级水产部门共投放青鱼、草鱼、鲢鱼等 98 344.2 万尾，累计投放资金 1 343.32 万元。四是大力实施绿色防控和统防统治。在潘家湾镇、渡普镇开展万亩蔬菜绿色防控示范，贺胜桥镇开展茶叶绿色防控示范，向阳湖镇开展水稻、油菜绿色防控示范。五是实施耕地质量保护项目。通过项目示范，全市种植绿肥面积达 22 万亩，辐射带动有机肥替减化肥实施面积 40.2 万亩。六是实施精准灭荒工程。已完成植树造林 17.75 万亩，占年度灭荒任务 15.5 万亩的 114.5%，精准灭荒工作进度在全省排名第一。七是狠抓重点水域执法。在西凉湖等水域开展了"三专两治一推进行动"。

五、坚持科技导向，突出人才带动

一是大力培育经营型带头人。2018 年全市培训高素质农民 3 000 人。二是大力培养技术性带头人。创新开展"绿色田野·我的乡村我的产业"系列活动，举办了首届"绿色田野杯"农村实用人才创业创新项目创意大赛，网上点击量超过 40 万次。三是大力推进智慧农业平台建设。深入实施农业信息技术进村入户工程，打造了"桂乡农匠 365""12316"市级农技服务平台。

关中黑猪香飘三秦大地，绿色品牌助力脱贫攻坚

陕西省农产品质量安全中心　王　璋　林静雅

周至县 2012 年被确定为秦巴山集中连片特殊困难地区。全县总面积 2 974 平方千米，其中山区占 76%，共有贫困村 107 个，总人口 69.17 万人，其中建档立卡贫困人口 11.34 万人，贫困发生率为 18.29%。周至的山区 4 镇和沿山 8 镇是贫困程度相对较深的区域，九峰乡永丰村就是其中的一个典型，基础设施薄弱、产业布局单一、群众增收乏力，脱贫难度相对较大，如何帮助当地农民脱贫，成为当地政府的一项艰巨的任务。

一、依托优势资源，发展关中黑猪产业

永丰村位于秦岭山脉第二主峰的首阳山区，环境优美，空气清新，生态环境良好，是发展特色优势产业的绝佳地。该村一直有饲养本地黑猪的习惯，村民户户饲养土猪（关中黑猪），黑猪肉具有肉质鲜美、肉色红润的特点，蛋白质含量高达 24.2%。西安首阳农业生态养殖有限公司恰好发现这一优势产业，选址永丰村成立公司。公司成立初期就明确了发展思路，以市场为导向、以品质为保障，打造种养加全程循环产业链，走"公司＋基地＋农户"的发展路子。

二、筚路蓝缕，艰苦创业

公司养殖场建在首阳山山区的坡地，建厂之初，荒草横生，在西北农林科技大学教授的设计下，开辟了平地建猪舍，缓坡建运动场，四周栽绿化树，占地 200 多亩的现代化养殖场拔地而起。创业初始，人员素质参差不齐，制度不健全，管理不规范，造成责任不明确、权责不清晰，发展遭遇瓶颈，产业停滞不前。为此公司广开言路、招贤纳士，聘请西北农林科技大学的教授为养殖场规划负责人，高薪招聘当地规模化养殖场管理精英、技术负责人搭建首阳养殖场管理框架，邀请方圆认证中心的工作人员帮健全规章制度，合理规范养殖行为，使公司的各项制度既切合实际，又有章可循。经过一年的养殖，400 头关中黑猪上市了，然而产品定位不准，产品亮点不突出，消费者不认可，产品卖不动，公司发展暂时陷入停滞之中。

三、机缘巧合，绿色助力发展

在 2012 年的一次宣传会上，公司领导首次听到绿色食品发展理念，"产自优良生态环境、按照绿色食品标准生产、实行全程质量控制并获得绿色食品标志使用权的安全、优质食用农产品及相关产品"的绿色食品概念，完全与公司发展思路相吻合。公司养殖的关中黑猪生长在秦岭山中，呼吸新鲜的空气，喝着山泉水，吃着当地自产的无污染玉米，公司认为自己的产品就是绿色产品，自然萌生了让产品更上一层楼的想法。随后，公司立即开始了关中黑猪肉的"绿色食品之旅"，对饲料基地提升换挡，实行绿色生产、绿色养殖，修订绿色管理制度，积极申报绿色食品。通过现场检查、环境检测、产品检测等，2013 年产品获得绿色认证，创立了"金永峰"品牌，成为陕西目前唯一一家绿色食品猪肉生产企业。

怎样保障产品品质、保护绿色品牌，当地政府和公司进行了深层次的考虑，制定了五大长远规划：保障绿色品质，占领西安猪肉高端市场，不断扩大养殖规模；稳步扩大绿色饲料原料基地，保障养殖饲料来源；保护环境、减量使用化肥、农药，发展绿色种植业；绿化荒坡、荒山、美化环

境、建立苗圃，扩大产业链；建立熟食生产线，提供就业岗位。

四、宣传绿色品牌，实现优质优价

怎样让老百姓能接受高价位绿色猪肉，让公司产品得到认可，让公司产品家喻户晓？公司以绿色食品为切入点，通过报纸、杂志、广播电台、电梯、LED 大屏及出租车等进行宣传，扩展产品知名度，再加上一系列的促销活动，让西安市民充分认识和了解企业和产品。公司大胆尝试在西安和周至开设关中黑猪肉体验店，其中周至县环山公路边高 15 米的巨大广告牌（"绿色关中黑猪肉——消失的味道"）和占地 2 000 平方米的生态体验餐厅吸引眼球，效果最好，引来大量食客品尝绿色关中黑猪肉的美味，产品也从整块销售，走向细分化，开发出了 30 多个品种，绿色品牌助力关中黑猪肉逐步打开了销量。

绿色食品证书也让他们打开大型商超的大门。2016 年，"金永丰"系列产品陆续进入到陕西麦德龙、华润 OLE、卜蜂莲花、陕西省军区军人服务社、苏宁生活超市、绿地等中高端商超市；2018 年 5 月正式进驻盒马鲜生，线上线下同时销售。2016 年公司销售比上年增长 9.63%，2017 年比上年增长 44.46%。2018 年，受经济形势及非洲猪瘟影响，猪肉行业严重受挫，市场整体业绩下滑，而公司的产品销售比上年增长了 10%，平均每月出栏 200 多头，单价从每千克 60 元增长到 80～90 元，年产值达到 2 000 万元。绿色生产在当地方兴未艾，永丰村及周边村绿色养殖户逐渐多起来。

五、饮水思源，带领村民脱贫奔小康

绿色关中黑猪肉的热销，带动了当地养殖业的发展，贫困户的养殖热情很高。怎么规范化绿色养殖呢？公司成了养殖合作社，带动贫困户走联合发展的道路；聘请西北农林科技大学的老师在基地搞养殖培训，提高农户的养殖水平；建立纯种繁育基地，不断优化品种，给贫困户提供优质商品猪；制定绿色养殖标准，供应绿色饲料，保障产品品质；依据市场订单，合理发展养殖规模。关中黑猪肉养殖周期为 10 个月，为保证市场供应，公司调减淡季生产量，增大贫困户在淡季的供应量，保障贫困户的利益。公司加大了绿色玉米的合同供应量，生产规模从最初的 2 000 亩扩大到 2 500

亩，产量从800吨达到1 000吨。

　　绿色养殖的发展也促进了绿色种植业的发展，当地猕猴桃种植是村集体的主要产业之一，以前种植业主要以产量取胜，猕猴桃品质较差，亩产值较低。为促进猕猴桃产业的健康发展，村集体成立了猕猴桃合作社，开始了绿色种植。公司2014年建立了600立方米的大型沼气站，年产沼液沼渣7 300吨，每年无偿供4 200吨的沼液、沼渣肥料用于生产绿色猕猴桃，使猕猴桃亩生产成本从1 500元降到1 000元，猕猴桃亩产值从7 000元增加到8 000元。绿色猕猴桃的种植使产品从低端市场走向了高端市场，公司开始在村合作社定制猕猴桃供应其会员，年定制量达到2 000盒。

　　为解决永丰村留守人员的就业问题，增加贫困户收入，2016年公司又投资1 000万元建立熟食生产线，常年为永丰村提供固定工作岗位80个，每年临时用工600人次，人均增收3 000元。在建设美丽乡村中，公司积极承包了养殖场后面的荒山300亩，带领贫困户建包含多树种的苗圃，为10个贫困群众提供工作岗位。2013—2018年公司绿色循环产业发展，贫困户人均年收入达到3 070元，带领30户贫困户脱贫。

　　做农业企业，投资长、见效慢、风险高，做一个好的产品更是成本高、利润薄。公司不忘初心，一直坚持绿色发展理念，用心养好猪，产好肉，带领周边群众脱贫致富，更多的是尽一份社会责任。他们把企业的发展和企业社会责任有机地结合起来，坚持"精准扶贫、精准脱贫"，立足周至绿色生态功能定位，在保护好秦岭北麓和渭河、黑河生态环境的前提下，聚力乡村振兴，加快现代都市农业、以经济发展带动群众致富，以产业发展促进农民增收，为建设西安国家中心城市生态美丽宜居后花园做出积极贡献。

镇巴县花园社区：开展质量提升行动，
助力绿色脱贫攻坚

陕西省农产品质量安全中心　王　珏　王转丽

2017 年 5 月以来，陕西省农产品质量安全中心驻村帮扶镇巴县长岭镇花园社区，开展产业扶贫精准脱贫工作。通过依托资源、合理布局、扶持主体、发展产业、提升质量、创建品牌等综合措施，花园社区的精准帮扶提升质量促产业模式正在形成，成为产业扶贫与质量提升的典范。

一、基本情况

镇巴县域是全国首批、陕西省目前唯一的国家生态保护与建设示范区和国家重点生态功能区（水源涵养）。花园社区位于镇巴县长岭镇，是秦巴山区集中连片贫困区的典型缩影。花园社区森林覆盖率在 70% 以上，山大林深，降水充沛，空气湿润，无环境污染。社区辖 10 个村民小组，493 户 1 639 人，林地 17 910 亩，耕地 3 925 亩。农业以水稻、玉米、马铃薯种植及猪、羊、牛、鸡养殖等为主，兼有椴木食用菌和香菇、树花菜、中药材等特色产品。

二、主要做法

坚持深入调研，制定产业发展规划，培育新型经营主体，加大资金投入力度，为花园社区产业高质量发展打下坚实基础。

（1）立足资源优势制定产业发展规划。充分利用优势资源，立足现有产业基础，充分尊重农户意愿，依托种养传统，借力对接市、县主导产业，制定《镇巴县长岭镇花园社区产业扶贫精准脱贫发展规划（2017—2020 年）》，村域层面全力发展茶产业和林下土鸡养殖，实施水稻等品质提升工程，贫困户层面以林下土鸡养殖、椴木食用菌、树花菜等特色产业为主，小种小养与适度规模并存，长期项目与短中期项目互补，面上推进，点上突破。

（2）培育新型经营主体发挥带动作用。协助社区成立"镇巴县长花生态农牧专业合作社"，设计注册"长岭望月"商标，通过合作社主体发挥带动作用，有效整合各类资源，统一管理，提升产品质量。将分散的种植养殖大户、农户和贫困户连接在一起，利用土地流转、协议订单，构建合作社与农户的利益联结机制。

（3）解放思想开阔眼界实现扶志扶智。先后 40 多次以宣讲、座谈、讨论等形式，面对村干部、农户、贫困户、春节返乡人员等不同人群，宣讲党的十九大精神、乡村振兴战略，宣传产业扶贫政策，分析产业发展现状，统一思想，振奋精神，增强全社区发展产业提升质量的积极性。组织镇政府、社区干部、茶企、合作社、专业大户和贫困户代表多次赴外地观摩学习、考察市场，开阔眼界，增长见识，明确产业发展方向，坚定发展信心。

（4）注入资金推进绿色产业快速发展。产业帮扶以来，省农安中心投入产业发展资金 205 万元，其中 40 万元用于支持镇巴县县级品牌打造、质量提升、安全保障和茶产业规划制定等，165 万直接用于花园社区产业发展，采取补贴、奖励、入股分红给村级集体经济等方式，给产业发展奠定了基础，激发了活力，资金支持对推动茶产业发展、林下养鸡、水稻品质提升和饲污分离项目快速发展发挥了积极作用。根据各项产业项目实施补贴方案，随着产业的发展还会追加产业扶贫资金投入。

（5）提高饲养质量实现生态宜居。选取八庙岭、花园两个小组推行饲污分离项目，24 户农户参与该项目，改变家家户户传统的养殖方式，达到改善人居环境、提高饲养质量的目的。逐户调研确定改造工程，由农户先行改造，改造完成后，通过验收直补资金。引导花园社区持续改善环境，真正实现生态宜居。

三、成效显现

依据规划，因地制宜，精准施策，扎实推动各个产业项目实施，发展效果已现，产业兴旺态势初显。

（1）高品质茶产业主导地位形成。引进茶业公司，采取"企业＋基地＋大户＋农户"的模式，以茶企流转土地发展茶园为主，农户以土地入股大户带动为辅的组织方式，茶企在花园小组流转土地 700 亩，大户在邱家坡承头发展 100 亩，撂荒的土地得到开发利用。农户土地流转增加资产性收益，在茶园务工增加工资性收入，茶企入驻不到一年，雇佣农户务工 100 余人，结算工资 14 万余元。按照陕西省农业规划院制定的发展规划，分三步走将花园打造为集绿色生产、休闲观光、采摘体验、品鉴销售于一体的高水平生态茶园。

（2）高质量水稻管理模式有序推进。实施水稻品质提升工程，引进市场认可度高、适应性强的优质品种黄华占，分别在花园、八庙岭和望月 3 个小组确定核心示范区，总面积 97.7 亩，53 个农户参与该项目，采用传统耕作方式，推广绿色栽培技术。水稻品质提升工程建立了"合作社＋农户"的管理方式，提出"三改四统一品二体系"的全产业链发展模式。提升工程依托长花农牧专业合作社实施，签订一个协议，制定一个标准，填写一个生产记录，严把生产过程，提升工程顺利推进，产量和品质都显著提高，合作社回收稻谷50 500多千克，收购价每千克 2.8 元，户均增收5 337元。

（3）高标准林下养鸡规模稳步扩大。为保证林下土鸡养殖规范有序高质量发展，项目采用"合作社＋品牌＋大户＋农户"的发展模式，签订三个协议，制定一个标准。合作社和大户签订品牌使用协议，大户按照土鸡养殖标准进行生产，产品的宣传和销售使用镇巴县长花生态农牧专业合作社"长岭望月"品牌；有带动能力的大户与农户双向选择，签订带动协议，大户提供鸡苗和技术；村

委会和大户签订监督协议，村委会对项目发展进行监督验收，给大户的基础带动补贴资金 3 年内返还给村集体 90％，用以壮大村级集体经济。项目实施以来，已经带动农户 36 户，总养殖规模已达 20 000 羽。

（4）绿色椴木食用菌发展迅速。以长花合作社为主体实施椴木食用菌栽培项目，共吸纳了 56 户贫困户 202 人发展椴木栽培食用菌，目前已建成 10 个大棚，发展椴木木耳 400 架、香菇 600 架。计划 2020 年发展到 10 万袋（架），产值 500 万元，持续带动贫困户增收 50 万元，使贫困户在家门口实现增收。

（5）品牌建设提升产品价值。长花合作社为主体，大米、香菇和木耳 3 个产品获得绿色食品标识使用许可；汉中大米、镇巴树花菜、镇巴黑木耳、镇巴香菇 4 个产品取得农产品地理标志使用授权；大米、木耳、香菇、树花菜、鸡和鸡蛋 6 个产品全部实现可追溯。同时，线上淘宝店铺成功注册，专业公司为产品设计包装，全方位展现"有一种奢侈叫传统"的产品特点，香菇、木耳、树花菜、大米、林下土鸡、土鸡蛋等系列产品正在通过网络走出深山。

甘肃省：地膜回收显成效，绿色方案解困局①

《甘肃农业》编辑部

"早在 1980 年，新疆生产建设兵团第八师石河子垦区就引进了地膜覆盖技术，快速实现了地膜植棉机械化。目前，新疆以及新疆兵团覆膜种植的农作物已由棉花扩展到番茄、玉米、甜菜、辣椒、瓜类等，总面积 5 000 余万亩，产生了巨大的经济效益。"中国工程院院士、新疆农垦科学院研究员陈学庚回忆。

自 20 世纪 70 年代末以来，我国引进地膜覆盖栽培技术。后来，地膜覆盖技术逐渐在玉米、棉花等作物中推广应用，这一技术使我国农作物的产量得到大幅提高，获得显著的经济效益，被人们誉为农业上的"白色革命"。据统计，2015 年，我国地膜覆盖面积达 2.75 亿亩，使用量达 145.5 万吨。而据预测，到 2024 年，我国地膜覆盖面积将达 3.3 亿亩，使用量超过 200 万吨。

由于增产效果明显，地膜覆盖技术在中国农业生产中迅速普及。"成也地膜，败也地膜"，如此大规模的地膜使用有利也有弊，一方面在农业提质增效方面起到了巨大的作用，另一方面却也对土壤环境造成严重危害，衍生出了"白色污染"这样的负面产物。一方面是提质增效的重要手段，而另一方面是导致村容不整、环境污染的"罪魁祸首"，如何处理二者之间的关系，既不损害农户利益，又能够控制污染，成了农村环境污染的重要课题。

近年来，甘肃省开展了大规模、多方面的农膜回收利用行动，效果良好，值得借鉴。

一、政府引导，强化监督，做好源头防控

目前传统农用塑料地膜材料主要是聚乙烯（PE），在自然环境条件下难以降解，加之缺乏有效的治理措施，废旧地膜在农田土壤中逐年增多，污染持续加剧。据统计，我国农田每年会新增 20 万~30 万吨不能降解的残留地膜，使土地板结、农作物减产，破坏生态环境。

而行政推动是经济欠发达地区防控地膜残留污染的有效方式，利用政府引导，强化监督体系，做好源头防控工作。

（1）明确目标，落实责任。甘肃省深入贯彻落实《甘肃省废旧农膜回收利用条例》，结合全域无垃圾专项治理明察暗访发现的相关问题，抽调部分市州农业环保站负责同志组成 4 个督查组，对全省 14 个市州、44 个重点覆膜县（市、区）的废旧农膜回收利用工作开展情况进行了交叉督查，达到了总结经验、发现问题、互相交流、推动工作的目的。根据农业农村部《农膜回收行动方案》要求和中央财政农业生产发展资金"创建 45 个废旧地膜回收利用示范县"的任务目标，省农业农村厅立即制定印发了《甘肃省农膜回收行动方案》和《甘肃省废旧地膜回收利用示范县建设方案》，对全省开展农膜回收行动及示范县建设进行了详细的安排部署，指出了开展农膜回收行动的重大意义，明确了总体思路、基本原则和行动目标，指出了重点任务、完善了技术措施、强调了重点工作，强化了保障措施。

（2）属地管理，重点防控。2018 年省委、省政府继续将废旧地膜回收利用工作列入省委 1 号文件，省农业农村厅将这项工作纳入了与各市州农牧部门签订的目标责任书之中，严格落实属地化

---

① 资料来源：《甘肃农业》，2018 年第 22 期，原题为《地膜回收显成效，绿色方案解困局——甘肃省废旧农膜回收利用工作综述》。

管理责任，层层传导压力，靠实乡、村两级农膜回收工作责任；明确享受资金扶持的企业实行包片回收责任制，督促回收加工企业落实回收责任；对纳入招标采购范围的农膜生产企业，要求严格执行供膜区废旧地膜回收协定。明确要求各级政府将废旧农膜回收利用与地膜覆盖技术推广工作同部署、同检查、同考核，对工作不得力、监管不到位、农田地膜残留问题突出的地方进行公开曝光和行政问责。深入贯彻落实《甘肃省废旧农膜回收利用条例》，督促各级农牧部门认真落实废旧农膜回收利用指导和监管责任，在春秋两季农资打假专项活动中，将地膜纳入监管和查处的重点，协调农牧、市场监管、供销社等部门共同开展联合执法和专项抽查，对检查出的不合格地膜样品涉及的产品及生产厂家进行通报和处罚，坚决打击省内超薄地膜、劣质地膜的生产、流通和使用。

（3）以奖代补，政策引领。收网点和加工利用企业是开展废旧地膜回收利用工作的根本和核心，只有健全网点，做强企业，才能从根本上拉动废旧地膜回收和加工利用两个环节的工作开展，实现变废为宝和资源化利用。一方面，全省健全标准网点保证残膜回收。按照"十有"标准，在45个废旧地膜回收利用示范县扶持新建了废旧地膜专业化回收网点200个，各示范县根据各地回收实际，合理布局网点，签订包片回收协议，督促网点以合理价格开展废旧地膜回收。各专业化回收网点积极参与开展"交旧领新""以旧换新"活动，并负责对包片区域内农民未捡拾干净的废旧地膜进行了清理回收。同时鼓励回收网点引进适用本地区的废旧地膜回收机械，开展机械回收。另一方面，扶持加工企业促进资源利用。采用"以奖代补"的方式，对各县废旧地膜回收加工龙头企业根据其回收加工量给予一定资金奖励，并督促其设置合理的回收价格，充分调动农民、商贩的交售积极性。各地农业环保部门与企业签订了废旧地膜回收利用任务书，确定了废旧地膜回收最低保护价及回收加工总量目标，通过项目带动与市场运作相结合的方式，捡拾、回收、利用等各环节有机衔接，充分调动了地膜生产销售企业、农业生产经营者、社会化服务组织、回收利用企业等多方积极性，共同推进废旧地膜回收利用工作，废旧地膜资源化利用水平不断提高。

（4）因地制宜，分区治理。开展项目带动是推进废旧农膜回收利用工作的有效手段。根据甘肃不同地区自然条件、资源禀赋和地膜使用特点，在中东部旱作农业区，结合国家旱作农业项目，广泛推广使用高标准地膜，全面实行"交旧领新"；研发改进适宜全膜双垄沟播种植模式的地膜回收机具，加快推进地膜捡拾机械化；大力推广"一膜多年用"技术，实现地膜减量化。在河西灌溉农业区，针对该区域长期大量使用超薄地膜，残膜碎片化比较严重现状，大力推广使用高标准地膜，建立"以旧换新"激励机制；积极研发能够与耕种收全程机械化相配套的地膜捡拾机具。在南部地区，全面推广使用高标准地膜，建立健全回收利用体系；研发小型、便携、高效的地膜捡拾机，采取人工与机械并行的方式捡拾回收地膜。

二、试验示范，多方探索，创新废膜降解新途径

在培育扶持废旧农膜回收利用市场，高效开展地膜回收利用的同时，全省还积极组织开展各类试验示范，研究地膜残留的危害性、筛选有效提高回收率的农技措施、探索地膜减量化使用和替代产品使用新技术。

（1）强化试验研究，开展可降解地膜应用试验示范。通过对2015—2017年可降解地膜对比试验所获数据进行筛选，选择了2家适用性良好的可降解地膜产品，按照2 000亩的规模，在山丹县开展了全生物可降解地膜在覆土马铃薯上的大田示范，全面综合评价全生物降解膜农田适应性，为在全省进一步示范推广可降解地膜提供科学依据。7月中旬，在山丹县举办了全国重大引领性农业技术现场观摩交流活动，充分展示了甘肃省以废旧地膜资源化利用和全生物可降解地膜替代技术为代表的地膜残留综合防控技术集成及基层农技推广体系改革创新工作。

（2）固本培基，开拓创新。科技是推进废旧农膜回收利用工作的重要支撑。一是为加强地膜应用和残膜污染监测，制定下发了《甘肃省农田地膜残留量监测工作方案》，在45个地膜回收利用示

范县按照每 10 万亩一个点的标准，建立废旧地膜残留长期定位监测点 200 个，各县区按照统一标准及时采集数据并处理上报，为摸清全省地膜残留底数及变化趋势提供数据支撑。二是组织省内农机生产企业、科研院所，研制适合不同地域特点的废旧地膜回收机械，先后开发出耙齿式残膜清理机、滚筒式残膜清理机、自卸式双升链卷轴废膜捡拾机等机型，为高效捡拾废旧农膜、实现专业化回收提供了关键保障。三是委托科研院所、高校或企业，对地膜替代技术和地膜减量化使用技术开展试验研究。项目委托单位兰州金土地塑料制品有限公司研发生产的环保高效地膜，厚度达 0.15～0.22 毫米，可反复使用 5～8 个种植周期，且在 8 个种植周期后，仍具有较好的完整性和较强的拉伸强度，可全部回收再利用，实现了地膜的减量化、全回收、零污染。目前，该项技术正在全省17 个县区的蔬菜作物上进行试验示范。四是组织开展地膜替代产品试验示范，依托农业农村部可降解地膜对比评价试验，初步筛选出适合特定区域、特定作物和特定种植模式的全生物降解地膜产品，在山丹、安定、榆中、永昌 4 个县开展应用示范，全面综合评价全生物降解膜农田适应性，为全省进一步示范推广全生物降解地膜提供科学依据。

三、宣传教育，积极引导，传播回收利用新理念

废旧地膜回收利用效率慢，成本高，即便有许多奖励政策和环保性能较好的可降解地膜，仍旧有许多农户存在"嫌麻烦""太贵""不划算"等思想。因此，做好宣传教育工作，积极引导，也是废旧农膜回收的重点与难点。

广泛宣传，积极引导，营造发展环境聚共识。引导全社会积极主动参与是做好废旧地膜回收利用工作的基础前提。通过承办全国及全省废旧农膜回收行动推进会，建立废旧农膜回收利用示范县，借助各种传统媒体和新媒体平台，广泛宣传废旧农膜残留污染危害和回收利用好处等举措，回收利用废旧地膜的社会氛围日趋浓厚，切实增强了农膜生产者、使用者、回收者、监管者自觉履行社会责任的积极性和主动性。特别是在旱作农业区粮食生产中，由于政策、宣传到位，农民捡拾回收废旧农膜的意识已经全面树立，基本做到了废旧地膜应收尽收，地膜残留污染问题得到了有效根治。以会宁县为例，该县常年地膜覆盖面积超过 130 万亩，现有规模以上加工企业 2 家、初级加工企业 8 家，乡村回收网点 28 个，常年从事废旧地膜收购的流动商贩有 50 多人。由于使用高标准易回收地膜已成为当地农民的普遍共识，加之回收每亩旧地膜可得 11 元左右的补偿收益，平均每户旧膜回收增收可达 200～300 元，带动形成了符合当地实际的废旧地膜回收利用体系。

"废旧农膜也是宝，回收利用不可少；国家专门定条例，鼓励回收有奖励；正宁农业科技县，农膜用量万吨计；一斤废膜不值钱，积少攒多也是利……除害兴利人有责，生态文明我做起。"甘肃省还创作了朗朗上口的农膜回收歌，用老百姓喜爱的方式，进行宣传教育，传播废旧农膜回收利用的理念。

自废旧农膜回收利用行动开展以来，甘肃省以中东部旱作农业区和河西灌溉农业区为重点区域，以玉米、马铃薯、蔬菜为重点作物，以高标准地膜应用、机械化捡拾、专业化回收、资源化利用为主攻方向，在全省启动建设 45 个地膜治理示范县，在临泽、广河、合水三县试点建立"谁生产、谁回收"的地膜生产者责任延伸制度，在山丹、永昌、榆中、安定等县开展了全生物降解地膜应用示范，在酒泉市肃州区等 17 个县区的蔬菜作物上开展了高效环保地膜试验示范，委托 2 家地膜生产企业开展了地膜减量化研究，委托 4 家机械研发企业及高校开展了残膜捡拾机械研发。2017年 45 个废旧地膜回收利用示范县建设项目共建成专业化回收网点 200 个，建立长期定位监测点228 个，扶持回收加工企业 152 家，推广高标准地膜1 891.54 万亩，高标准地膜推广率达 87.99%，回收废旧地膜 11.67 万吨，回收利用率达 80.56%，辐射带动全省地膜回收利用率达到 80.1%，废旧地膜回收利用工作水平持续提升，有力地推动了全省农业绿色发展。

十、附　录

国务院办公厅关于推进奶业振兴保障
乳品质量安全的意见①

国办发〔2018〕43 号

各省、自治区、直辖市人民政府，国务院各部委、各直属机构：

奶业是健康中国、强壮民族不可或缺的产业，是食品安全的代表性产业，是农业现代化的标志性产业和一二三产业协调发展的战略性产业。近年来，我国奶业规模化、标准化、机械化、组织化水平大幅提升，龙头企业发展壮大，品牌建设持续推进，质量监管不断加强，产业素质日益提高，为保障乳品供给、促进奶农增收作出了积极贡献，但也存在产品供需结构不平衡、产业竞争力不强、消费培育不足等突出问题。为推进奶业振兴，保障乳品质量安全，提振广大群众对国产乳制品信心，进一步提升奶业竞争力，经国务院同意，现提出以下意见。

一、总体要求

（一）指导思想。全面贯彻党的十九大和十九届二中、三中全会精神，以习近平新时代中国特色社会主义思想为指导，认真落实党中央、国务院决策部署，统筹推进"五位一体"总体布局和协调推进"四个全面"战略布局，坚定不移贯彻新发展理念，按照高质量发展的要求，以实施乡村振兴战略为引领，以优质安全、绿色发展为目标，以推进供给侧结构性改革为主线，以降成本、优结构、提质量、创品牌、增活力为着力点，强化标准规范、科技创新、政策扶持、执法监督和消费培育，加快构建现代奶业产业体系、生产体系、经营体系和质量安全体系，不断提高奶业发展质量效益和竞争力，大力推进奶业现代化，做大做强民族奶业，为决胜全面建成小康社会提供有力支撑。

（二）基本原则。

创新驱动，绿色发展。强化科技创新，推动管理制度改革，推进节本增效，提高奶业综合生产能力。因地制宜，合理布局，种养结合，草畜配套，促进养殖废弃物资源化利用，推动奶业生产与生态协同发展。

利益联结，共享共赢。坚持产业一体化发展方向，延伸产业链，建立奶农和乳品企业之间稳定的利益联结机制，推进形成风险共担、利益共享的产业格局，增强奶农抵御市场风险的能力，实现一二三产业协调发展。

问题导向，重点攻关。针对当前奶业发展不平衡不充分的问题，以关键环节和重点难点为突破口，着力提高奶业供给体系的质量和效率，提升乳品质量安全水平，更好适应消费需求总量和结构变化。

市场主导，政府支持。处理好政府与市场的关系，充分发挥市场在资源配置中的决定性作用，强化乳品企业市场主体作用，优化资源配置，增强发展活力。更好发挥政府在宏观调控、政策引导、支持保护、监督管理等方面的作用，维护公平有序的市场环境。

（三）主要目标。到 2020 年，奶业供给侧结构性改革取得实质性成效，奶业现代化建设取得明显进展。奶业综合生产能力大幅提升，100 头以上规模养殖比重超过 65%，奶源自给率保持在 70% 以上。产业结构和产品结构进一步优化，婴幼儿配方乳粉的品质、竞争力和美誉度显著提升，

---

① 资料来源：中央人民政府网站，2018 年 6 月 11 日。此处摘录略有删减。

乳制品供给和消费需求更加契合。乳品质量安全水平大幅提高，产品监督抽检合格率达到99％以上，消费信心显著增强。奶业生产与生态协同发展，养殖废弃物综合利用率达到75％以上。到2025年，奶业实现全面振兴，基本实现现代化，奶源基地、产品加工、乳品质量和产业竞争力整体水平进入世界先进行列。

二、加强优质奶源基地建设

（四）**优化调整奶源布局**。突出重点，巩固发展东北和内蒙古产区、华北和中原产区、西北产区，打造我国黄金奶源带。积极开辟南方产区，稳定大城市周边产区。以荷斯坦牛等优质高产奶牛生产为主，积极发展乳肉兼用牛、奶水牛、奶山羊等其他奶畜生产，进一步丰富奶源结构。

（五）**发展标准化规模养殖**。开展奶牛养殖标准化示范创建，支持奶牛养殖场改扩建、小区牧场化转型和家庭牧场发展，引导适度规模养殖。支持奶牛养殖大县整县推进种养结合，发展生态养殖。推广应用奶牛场物联网和智能化设施设备，提升奶牛养殖机械化、信息化、智能化水平。加强奶牛口蹄疫防控和布病、结核病监测净化工作，做好奶牛常见病防治。

（六）**加强良种繁育及推广**。建立全国奶牛育种大数据和遗传评估平台，完善种牛质量评价制度，构建现代奶牛遗传改良技术体系和组织管理体系。扩大奶牛生产性能测定范围，加快应用基因组选择技术。支持奶牛育种联盟发展，联合开展青年公牛后裔测定。大力引进和繁育良种奶牛，打造高产奶牛核心育种群，建设一批国家核心育种场。加大良种推广力度，提升良种化水平，提高奶牛单产量。

（七）**促进优质饲草料生产**。推进饲草料种植和奶牛养殖配套衔接，就地就近保障饲草料供应，实现农牧循环发展。建设高产优质苜蓿示范基地，提升苜蓿草产品质量，力争到2020年优质苜蓿自给率达到80％。推广粮改饲，发展青贮玉米、燕麦草等优质饲草料产业，推进饲草料品种专业化、生产规模化、销售市场化，全面提升种植收益、奶牛生产效率和养殖效益。

三、完善乳制品加工和流通体系

（八）**优化乳制品产品结构**。统筹发展液态乳制品和干乳制品。因地制宜发展灭菌乳、巴氏杀菌乳、发酵乳等液态乳制品，支持发展奶酪、乳清粉、黄油等干乳制品，增加功能型乳粉、风味型乳粉生产。鼓励使用生鲜乳生产灭菌乳、发酵乳和调制乳等乳制品。

（九）**提高乳品企业竞争力**。引导乳品企业与奶源基地布局匹配、生产协调。鼓励企业兼并重组，提高产业集中度，培育具有国际影响力和竞争力的乳品企业。依法淘汰技术、能耗、环保、质量、安全等不达标的产能，做强做优乳制品加工业。支持企业开展产品创新研发，优化加工工艺，完善质量安全管理体系，增强运营管理能力，降低生产成本，提升产品质量和效益。支持奶业全产业链建设，促进产业链各环节分工合作、有机衔接，有效控制风险。

（十）**建立现代乳制品流通体系**。发展智慧物流配送，鼓励建设乳制品配送信息化平台，支持整合末端配送网点，降低配送成本。促进乳品企业、流通企业和电商企业对接融合，推动线上线下互动发展，促进乳制品流通便捷化。鼓励开拓"互联网＋"、体验消费等新型乳制品营销模式，减少流通成本，提高企业效益。支持低温乳制品冷链储运设施建设，制定和实施低温乳制品储运规范，确保产品安全与品质。

（十一）**密切养殖加工利益联结**。培育壮大奶农专业合作组织，推进奶牛养殖存量整合，支持有条件的养殖场（户）建设加工厂，提高抵御市场风险能力。支持乳品企业自建、收购养殖场，提高自有奶源比例，促进养殖加工一体化发展。建立由县级及以上地方人民政府引导，乳品企业、奶农和行业协会参与的生鲜乳价格协商机制，乳品企业与奶农双方应签订长期稳定的购销合同，形成稳固的购销关系。开展生鲜乳质量第三方检测试点，建立公平合理的生鲜乳购销秩序。规范生鲜乳购销行为，依法查处和公布不履行生鲜乳购销合同以及凭借购销关系强推强卖兽药、饲料和养殖设备等行为。

四、强化乳品质量安全监管

（十二）健全法规标准体系。研究完善乳品质量安全法规，健全生鲜乳生产、收购、运输和乳制品加工、销售等管理制度。修订提高生鲜乳、灭菌乳、巴氏杀菌乳等乳品国家标准，严格安全卫生要求，建立生鲜乳质量分级体系，引导优质优价。制定液态乳加工工艺标准，规范加工行为。制定发布复原乳检测方法等食品安全国家标准。监督指导企业按标依规生产。

（十三）加强乳品生产全程管控。落实乳品企业质量安全第一责任，建立健全养殖、加工、流通等全过程乳品质量安全追溯体系。加强源头管理，严格奶牛养殖环节饲料、兽药等投入品使用和监管。引导奶牛养殖散户将生鲜乳交售到合法的生鲜乳收购站。任何单位和个人不得擅自加工生鲜乳对外销售。实施乳品质量安全监测计划，严厉打击非法收购生鲜乳行为以及各类违法添加行为。对生鲜乳收购站、运输车、乳品企业实行精准化、全时段管理，依法取缔不合格生产经营主体。健全乳品质量安全风险评估制度，及时发现并消除风险隐患。

（十四）加大婴幼儿配方乳粉监管力度。严格执行婴幼儿配方乳粉相关法律法规和标准，强化婴幼儿配方乳粉产品配方注册管理。婴幼儿配方乳粉生产企业应当实施良好生产规范、危害分析和关键控制点体系等食品安全质量管理制度，建立食品安全自查制度和问题报告制度。按照"双随机、一公开"要求，持续开展食品安全生产规范体系检查，对检查发现的问题要从严处理。严厉打击非法添加非食用物质、超范围超限量使用食品添加剂、涂改标签标识以及在标签中标注虚假、夸大的内容等违法行为。严禁进口大包装婴幼儿配方乳粉到境内分装。大力提倡和鼓励使用生鲜乳生产婴幼儿配方乳粉，支持乳品企业建设自有自控的婴幼儿配方乳粉奶源基地，进一步提高婴幼儿配方乳粉品质。

（十五）推进行业诚信体系建设。构建奶业诚信平台，支持乳品企业开展质量安全承诺活动和诚信文化建设，建立企业诚信档案。充分运用全国信用信息共享平台和国家企业信用信息公示系统，推动税务、工信和市场监管等部门实现乳品企业信用信息共享。建立乳品企业"黑名单"制度和市场退出机制，加强社会舆论监督，形成市场性、行业性、社会性约束和惩戒。

五、加大乳制品消费引导

（十六）树立奶业良好形象。积极宣传奶牛养殖、乳制品加工和质量安全监管等方面的成效，定期发布乳品质量安全抽检监测信息，展示国产乳制品良好品质，提升广大群众对我国奶业的认可度。推介休闲观光牧场，组织开展乳品企业公众开放日活动，让消费者切身感受牛奶安全生产的全过程，激发消费活力。

（十七）着力加强品牌建设。实施奶业品牌战略，激发企业积极性和创造性，培育优质品牌，引领奶业发展。通过行业协会等第三方组织，推介产品优质、美誉度高的品牌，扩大消费市场。发挥骨干乳品企业引领作用，促进企业大联合、大协作，提升中国奶业品牌影响力。

（十八）积极引导乳制品消费。大力推广国家学生饮用奶计划，增加产品种类，保障质量安全，扩大覆盖范围。开展公益宣传，加大公益广告投放力度，强化乳制品消费正面引导。普及灭菌乳、巴氏杀菌乳、奶酪等乳制品营养知识，倡导科学饮奶，培育国民食用乳制品的习惯。加强舆情监测，及时回应社会关切，营造良好舆论氛围。

六、完善保障措施

（十九）加大政策扶持力度。在养殖环节，重点支持良种繁育体系建设、标准化规模养殖、振兴奶业苜蓿发展行动、种养结合、奶牛场疫病净化、养殖废弃物资源化利用和生鲜乳收购运输监管体系建设；在加工环节，重点支持婴幼儿配方乳粉企业兼并重组、乳品质量安全追溯体系建设。地方人民政府要统筹规划，合理安排奶畜养殖用地。鼓励社会资本按照市场化原则设立奶业产业基金，放大资金支持效应。强化金融保险支持，鼓励金融机构开展奶畜活体抵押贷款和养殖场抵押贷款等信贷产品创新，推进奶业保险扩面、提标，合理厘定保险费率，探索开展生鲜乳目标价格保险试点。

（二十）**加强奶业市场调控。** 完善奶业生产市场信息体系，开展产销动态监测，及时发布预警信息，引导生产和消费。充分发挥行业协会作用，引导各类经营主体自觉维护和规范市场竞争秩序。顺应奶业国际化趋势，实行"引进来"和"走出去"相结合，促进资本、资源和技术等优势互补，增强自我发展能力。

（二十一）**强化科技支撑和服务。** 开展奶业竞争力提升科技行动，推动奶业科技创新，在奶畜养殖、乳制品加工和质量检测等方面，提高先进工艺、先进技术和智能装备应用水平。加强乳制品新产品研发，满足消费多元化需求。完善奶业社会化服务体系，加大技术推广和人才培训力度，提升从业者素质，提高生产经营管理水平。

（二十二）**切实加强组织领导。** 各地区、各有关部门要根据本意见精神，按照职责分工，加大工作力度，强化协同配合，制定和完善具体政策措施，抓好贯彻落实。农业农村部要会同有关部门对本意见落实情况进行督查，并向国务院报告。

国务院办公厅

2018 年 6 月 3 日

关于进一步促进奶业振兴的若干意见①

农牧发〔2018〕18号

各省、自治区、直辖市人民政府，国务院各部门、直属机构：

为贯彻落实《国务院办公厅关于推进奶业振兴保障乳品质量安全的意见》（以下简称《意见》）和全国奶业振兴工作推进会议精神，进一步明确目标任务，突出工作重点，加大政策支持力度，促进奶业振兴发展，经国务院同意，现提出如下意见。

一、目标任务

按照《意见》要求，以实现奶业全面振兴为目标，优化奶业生产布局，创新奶业发展方式，建立完善以奶农规模化养殖为基础的生产经营体系，密切产业链各环节利益联结，提振乳制品消费信心，力争到2025年全国奶类产量达到4 500万吨，切实提升我国奶业发展质量、效益和竞争力。

二、加快确立奶农规模化养殖的基础性地位

（一）支持农户适度规模养殖发展。研究完善促进农户规模奶牛养殖发展的政策措施，积极发展奶牛家庭牧场，培育壮大奶农合作组织，加强奶农培训和奶业社会化服务体系建设，构建"奶农＋合作社＋公司"的奶业发展模式，先行在内蒙古、黑龙江、河北等奶业主产省（区）试点，培育适度规模奶牛养殖主体。（农业农村部牵头）

（二）支持奶农发展乳制品加工。推进一二三产业融合发展，出台金融信贷支持、用地用电保障等相关配套政策，支持具备条件的奶牛养殖场、合作社生产带有地方特色的乳制品。（发展改革委、工业和信息化部、财政部、自然资源部、农业农村部、人民银行、市场监管总局、银保监会等部门分工负责）加快修订乳制品工业产业政策，放宽对乳制品加工布局的半径和日处理能力等限制。鼓励奶农、合作社将奶牛养殖与乳制品加工、增值服务等结合起来，在严格执行生产许可、食品安全标准等法律法规标准，确保乳品质量安全的前提下，推行生产加工销售一体化，发展居民小区和周边酒店、饭店、商店乳制品供应，重点生产巴氏杀菌乳、发酵乳、奶酪等乳制品，通过直营、电商等服务当地和周边群众，积极培育鲜奶消费市场，满足高品质、差异化、个性化需求。（工业和信息化部、农业农村部、市场监管总局等部门分工负责）

（三）强化养殖保险和贷款支持。完善奶牛养殖保险政策，提高保障水平，减少养殖风险。鼓励地方结合实际探索开展生鲜乳目标价格保险试点，稳定养殖收益预期。将符合条件的中小牧场贷款纳入全国农业信贷担保体系予以支持。（财政部、农业农村部、人民银行、银保监会等部门分工负责）

三、降低奶牛饲养成本

（四）大力发展优质饲草业。推进农区种养结合，探索牧区半放牧、半舍饲模式，研究推进农牧交错带种草养牛，将粮改饲政策实施范围扩大到所有奶牛养殖大县，大力推广全株玉米青贮。（农业农村部牵头）研究完善振兴奶业苜蓿发展行动方案，支持内蒙古、甘肃、宁夏等优势产区大

---

① 资料来源：农业农村部网站，2018年12月28日。

规模种植苜蓿，鼓励科研创新，提高国产苜蓿产量和质量。（农业农村部、财政部分工负责）总结一批降低饲草料成本、就地保障供应的典型案例予以推广。（农业农村部负责）

（五）**提升饲草料生产加工和养殖装备水平。** 对牧场购置符合条件的全混合日粮（TMR）配制以及其他养殖、饲草料加工机械纳入农机购置补贴范围。（农业农村部、财政部分工负责）加强对苜蓿等饲草料收获加工机械的研发和推广支持。（工业和信息化部、农业农村部等部门分工负责）

四、提高奶牛生产效率

（六）**增加奶牛良种供应。** 支持国家奶牛（奶山羊）核心育种场和种公牛站建设，完善良种繁育体系，培育国产精品奶牛良种，提高良种繁育和推广能力。（农业农村部、发展改革委等部门分工负责）

（七）**扩大奶牛精准饲喂规模。** 提高奶牛生产性能测定中心服务能力，扩大测定奶牛范围，逐步覆盖所有规模牧场，通过测定牛奶成分调整饲草料配方，实现奶牛精准饲喂管理。（农业农村部、发展改革委、财政部分工负责）

（八）**支持养殖和粪污处理利用设施建设。** 引导地方政府加强中小牧场标准化改造提升，重点支持圈舍改造、养殖设施设备和挤奶机械更新。把符合条件的奶牛养殖粪污处理利用纳入畜禽粪污资源化利用项目支持范围，分步实施，改造达标。（农业农村部、发展改革委、财政部等部门分工负责）

（九）**加强奶业社会化服务体系建设。** 支持奶牛养殖社会化服务体系建设，创新奶牛养殖技术服务模式，加大牧场主和业务骨干培训力度。积极开展良种奶牛繁育、饲养管理、疫病防控、养牛机械维护、生产资料采购和产品加工销售等服务，促进奶业节本提质增效。推进全国数字奶业信息服务云平台建设。（农业农村部牵头，科技部等部门分工负责）

五、做强做优乳制品加工业

（十）**优化乳制品结构。** 发展适销对路的低温乳制品，支持和引导奶酪、黄油等干乳制品生产，开发羊奶、水牛奶、牦牛奶等特色乳制品。鼓励使用生鲜乳生产灭菌乳、发酵乳、调制乳和婴幼儿配方乳粉等乳制品。（工业和信息化部、农业农村部、市场监管总局等部门分工负责）

（十一）**提升乳制品竞争力。** 鼓励乳品企业加强冷链储运设施建设。力争3年内在规模以上企业建立乳品质量安全追溯体系与危害分析和关键控制点体系。支持开展乳制品创新研发，优化加工工艺和产品结构，完善冷链运输体系和质量安全体系，增强运营管理能力，降低生产流通成本和销售价格，提高产品质量和效益。（工业和信息化部、商务部、市场监管总局等部门分工负责）

（十二）**增强国产婴幼儿配方乳粉竞争力。** 完善良好生产规范体系，继续执行最严格的监管制度，力争3年内显著提升国产婴幼儿配方乳粉的品质、竞争力和美誉度，提高市场占有率。依托现有机构，加强婴幼儿配方乳粉核心营养成分等研发，增强为企业服务能力。（发展改革委、科技部、工业和信息化部、财政部、农业农村部、市场监管总局等部门分工负责）

六、促进养殖加工融合发展

（十三）**支持加工企业反哺奶农。** 采取加工企业与奶农相互持股等形式，建立互利共赢的纽带。采用养殖圈舍和奶牛入股、补贴资金入股等方式，鼓励加工企业通过二次分红、溢价收购、利润保障等支持奶农，切实保障奶农合理收益，引导养殖向专精发展。（工业和信息化部、财政部、农业农村部等部门分工负责）

（十四）**整顿生鲜乳收购秩序。** 奶业主产省（区）省级人民政府要采取有力举措，抓紧建立生鲜乳价格协商机制，保障养殖、加工环节的合理收益。监督签订和履行规范的生鲜乳收购合同，排除霸王条款，严肃查处违反合同约定和"潜规则"行为。依法查处和公布不履行生鲜乳购销合同以及凭借购销关系强推强卖兽药、饲料和养殖设备等行为。（农业农村部牵头，工业和信息化部、市场监管总局等部门分工负责）

七、提升乳品质量安全水平

（十五）积极推行第三方检测。鼓励有条件的奶业主产省（区）采取补贴、购销双方付费的方式，探索建立地市级的生鲜乳收购第三方质量检测中心，明确检测权威，减少生鲜乳购销质量争议。加强检测技术研发和资源共享，为奶农检测提供便利，做到节约成本，公平公正。支持奶业大县、企业和有条件的奶农自建乳品检验检测体系。（农业农村部牵头，工业和信息化部、财政部、市场监管总局等部门分工负责）

（十六）加强乳品质量安全监管。建立健全乳品质量标准体系，修订食品安全国家标准规定，制定复原乳检测方法食品安全国家标准和液态乳加工工艺标准。（工业和信息化部、农业农村部、卫生健康委、市场监管总局等部门分工负责）加强乳品质量安全监管能力建设，着力提升基层监管水平。加强乳品生产加工、储存运输、经营销售等环节的质量安全监管和抽检监测，针对不同生产类型和规模，创新监管方式，加大监管密度，确保乳品质量安全。加大乳品质量安全监管信息发布力度，提高监管工作的透明度和公信力。（农业农村部、市场监管总局等部门分工负责）严格落实复原乳标识制度，依法查处使用复原乳但不标识的企业。（市场监管总局牵头，工业和信息化部、农业农村部等部门分工负责）

八、推动主产省（区）率先实现奶业振兴

（十七）加大工作推进力度。奶业主产省（区）要落实奶业振兴责任，立足环境、资源承载力和市场需求，按照对标国际、示范国内的要求，制定本省（区）奶业振兴方案，提出推进奶业振兴的目标、任务和政策措施，并报农业农村部、工业和信息化部等有关部门备案；强化组织协调和督促指导，率先实现奶业全面振兴。国务院有关部门要在政策和技术等方面，加大对主产省（区）奶业振兴的支持力度。（发展改革委、工业和信息化部、财政部、农业农村部、市场监管总局等部门分工负责）

九、大力引导和促进乳制品消费

（十八）加强宣传引导。加大奶业公益宣传，支持在主流媒体和新媒体上大力宣传奶业成效，树立中国奶业的良好形象，提升广大群众的认知度和信任度。倡导科学饮奶，普及巴氏杀菌乳、灭菌乳、奶酪等乳制品营养知识，培育国民食用乳制品特别是干乳制品的习惯。发挥行业协会自律作用，引导乳品企业立足于"让每一个中国人都能喝上好奶"的定位，研发生产适合不同消费群体的乳制品，避免过度包装和广告，切实让利于民。（中央宣传部、中央网信办、工业和信息化部、农业农村部、商务部、卫生健康委、市场监管总局等部门分工负责）

各地区、各有关部门要强化责任落实，按照本意见要求，结合自身实际，明确目标任务和责任分工，确保推进奶业振兴各项工作落到实处。

农业农村部　发展改革委　科技部

工业和信息化部　财政部　商务部

卫生健康委　市场监管总局　银保监会

2018 年 12 月 24 日

关于加快推进水产养殖业绿色
发展的若干意见[①]

各省、自治区、直辖市人民政府，国务院各部委、各直属机构：

近年来，我国水产养殖业发展取得了显著成绩，为保障优质蛋白供给、降低天然水域水生生物资源利用强度、促进渔业产业兴旺和渔民生活富裕作出了突出贡献，但也不同程度存在养殖布局和产业结构不合理、局部地区养殖密度过高等问题。为加快推进水产养殖业绿色发展，促进产业转型升级，经国务院同意，现提出以下意见。

一、总体要求

（一）指导思想。全面贯彻党的十九大和十九届二中、三中全会精神，以习近平新时代中国特色社会主义思想为指导，认真落实党中央、国务院决策部署，围绕统筹推进"五位一体"总体布局和协调推进"四个全面"战略布局，践行新发展理念，坚持高质量发展，以实施乡村振兴战略为引领，以满足人民对优质水产品和优美水域生态环境的需求为目标，以推进供给侧结构性改革为主线，以减量增收、提质增效为着力点，加快构建水产养殖业绿色发展的空间格局、产业结构和生产方式，推动我国由水产养殖业大国向水产养殖业强国转变。

（二）基本原则。

坚持质量兴渔。紧紧围绕高质量发展，将绿色发展理念贯穿于水产养殖生产全过程，推行生态健康养殖制度，发挥水产养殖业在山水林田湖草系统治理中的生态服务功能，大力发展优质、特色、绿色、生态的水产品。

坚持市场导向。处理好政府与市场的关系，充分发挥市场在资源配置中的决定性作用，增强养殖生产者的市场主体作用，优化资源配置，提高全要素生产率，增强发展活力，提升绿色养殖综合效益。

坚持创新驱动。加强水产养殖业绿色发展体制机制创新，完善生产经营体系，发挥新型经营主体的活力和创造力，推动科学研究、成果转化、示范推广、人才培训协同发展和一二三产业融合发展。

坚持依法治渔。完善水产养殖业绿色发展法律法规，加强普法宣传、提升法治意识，坚持依法行政、强化执法监督，依法维护养殖渔民合法权益和公平有序的市场环境。

（三）主要目标。到 2022 年，水产养殖业绿色发展取得明显进展，生产空间布局得到优化，转型升级目标基本实现，人民群众对优质水产品的需求基本满足，优美养殖水域生态环境基本形成，水产养殖主产区实现尾水达标排放；国家级水产种质资源保护区达到 550 个以上，国家级水产健康养殖示范场达到 7 000 个以上，健康养殖示范县达到 50 个以上，健康养殖示范面积达到 65％以上，产地水产品抽检合格率保持在 98％以上。到 2035 年，水产养殖布局更趋科学合理，养殖生产制度和监管体系健全，养殖尾水全面达标排放，产品优质、产地优美、装备一流、技术先进的养殖生产现代化基本实现。

[①]　资料来源：农业农村部网站，2019 年 2 月 20 日。

二、加强科学布局

（四）加快落实养殖水域滩涂规划制度。统筹生产发展与环境保护，稳定水产健康养殖面积，保障养殖生产空间。依法加强养殖水域滩涂统一规划，科学划定禁止养殖区、限制养殖区和允许养殖区。完善重要养殖水域滩涂保护制度，严格限制养殖水域滩涂占用，严禁擅自改变养殖水域滩涂用途。

（五）优化养殖生产布局。开展水产养殖容量评估，科学评价水域滩涂承载能力，合理确定养殖容量。科学确定湖泊、水库、河流和近海等公共自然水域网箱养殖规模和密度，调减养殖规模超过水域滩涂承载能力区域的养殖总量。科学调减公共自然水域投饵养殖，鼓励发展不投饵的生态养殖。

（六）积极拓展养殖空间。大力推广稻渔综合种养，提高稻田综合效益，实现稳粮促渔、提质增效。支持发展深远海绿色养殖，鼓励深远海大型智能化养殖渔场建设。加强盐碱水域资源开发利用，积极发展盐碱水养殖。

三、转变养殖方式

（七）大力发展生态健康养殖。开展水产健康养殖示范创建，发展生态健康养殖模式。推广疫苗免疫、生态防控措施，加快推进水产养殖用兽药减量行动。实施配合饲料替代冰鲜幼杂鱼行动，严格限制冰鲜杂鱼等直接投喂。推动用水和养水相结合，对不宜继续开展养殖的区域实行阶段性休养。实行养殖小区或养殖品种轮作，降低传统养殖区水域滩涂利用强度。

（八）提高养殖设施和装备水平。大力实施池塘标准化改造，完善循环水和进排水处理设施，支持生态沟渠、生态塘、潜流湿地等尾水处理设施升级改造，探索建立养殖池塘维护和改造长效机制。鼓励水处理装备、深远海大型养殖装备、集装箱养殖装备、养殖产品收获装备等关键装备研发和推广应用。推进智慧水产养殖，引导物联网、大数据、人工智能等现代信息技术与水产养殖生产深度融合，开展数字渔业示范。

（九）完善养殖生产经营体系。培育和壮大养殖大户、家庭渔场、专业合作社、水产养殖龙头企业等新型经营主体，引导发展多种形式的适度规模经营。优化水域滩涂资源配置，加强对水域滩涂经营权的保护，合理引导水域滩涂经营权向新型经营主体流转。健全产业链利益联结机制，发展渔业产业化经营联合体。建立健全水产养殖社会化服务体系，实现养殖户与现代水产养殖业发展有机衔接。

四、改善养殖环境

（十）科学布设网箱网围。推进养殖网箱网围布局科学化、合理化，加快推进网箱粪污残饵收集等环保设施设备升级改造，禁止在饮用水水源地一级保护区、自然保护区核心区和缓冲区等开展网箱网围养殖。以主要由农业面源污染造成水质超标的控制单元等区域为重点，依法拆除非法的网箱围网养殖设施。

（十一）推进养殖尾水治理。推动出台水产养殖尾水污染物排放标准，依法开展水产养殖项目环境影响评价。加快推进养殖节水减排，鼓励采取进排水改造、生物净化、人工湿地、种植水生蔬菜花卉等技术措施开展集中连片池塘养殖区域和工厂化养殖尾水处理，推动养殖尾水资源化利用或达标排放。加强养殖尾水监测，规范设置养殖尾水排放口，落实养殖尾水排放属地监管职责和生产者环境保护主体责任。

（十二）加强养殖废弃物治理。推进贝壳、网衣、浮球等养殖生产副产物及废弃物集中收置和资源化利用。整治近海筏式、吊笼养殖用泡沫浮球，推广新材料环保浮球，着力治理白色污染。加强网箱网围拆除后的废弃物综合整治，尽快恢复水域自然生态环境。

（十三）发挥水产养殖生态修复功能。鼓励在湖泊水库发展不投饵滤食性、草食性鱼类等增养殖，实现以渔控草、以渔抑藻、以渔净水。有序发展滩涂和浅海贝藻类增养殖，构建立体生态养殖系统，增加渔业碳汇。加强城市水系及农村坑塘沟渠整治，放养景观品种，重构水生生态系统，美化水系环境。

五、强化生产监管

（十四）规范种业发展。完善新品种审定评价指标和程序，鼓励选育推广优质、高效、多抗、安全的水产养殖新品种。严格新品种审定，加强新品种知识产权保护，激发品种创新各类主体积极性。建立商业化育种体系，大力推进"育繁推一体化"，支持重大育种创新联合攻关。支持标准化扩繁生产，加强品种性能测定，提升水产养殖良种化水平。完善水产苗种生产许可管理，严肃查处无证生产，切实维护公平竞争的市场秩序。完善种业服务保障体系，加强水产种质资源库和保护区建设，保护我国特有及地方性种质资源。强化水产苗种进口风险评估和检疫，加强水生外来物种养殖管理。

（十五）加强疫病防控。落实全国动植物保护能力提升工程，健全水生动物疫病防控体系，加强监测预警和风险评估，强化水生动物疫病净化和突发疫情处置，提高重大疫病防控和应急处置能力。完善渔业官方兽医队伍，全面实施水产苗种产地检疫和监督执法，推进无规定疫病水产苗种场建设。加强渔业乡村兽医备案和指导，壮大渔业执业兽医队伍。科学规范水产养殖用疫苗审批流程，支持水产养殖用疫苗推广。实施病死养殖水生动物无害化处理。

（十六）强化投入品管理。严格落实饲料生产许可制度和兽药生产经营许可制度，强化水产养殖用饲料、兽药等投入品质量监管，严厉打击制售假劣水产养殖用饲料、兽药的行为。将水环境改良剂等制品依法纳入管理。依法建立健全水产养殖投入品使用记录制度，加强水产养殖用药指导，严格落实兽药安全使用管理规定、兽用处方药管理制度以及饲料使用管理制度，加强对水产养殖投入品使用的执法检查，严厉打击违法用药和违法使用其他投入品等行为。

（十七）加强质量安全监管。强化农产品质量安全属地监管职责，落实生产经营者质量安全主体责任。严格检测机构资质认定管理、跟踪评估和能力验证，加大产地养殖水产品质量安全风险监测、评估和监督抽查力度，深入排查风险隐患。加快推动养殖生产经营者建立健全养殖水产品追溯体系，鼓励采用信息化手段采集、留存生产经营信息。推进行业诚信体系建设，支持养殖企业和渔民合作社开展质量安全承诺活动和诚信文化建设，建立诚信档案。建立水产品质量安全信息平台，实施有效监管。加快养殖水产品质量安全标准制（修）订，推进标准化生产和优质水产品认证。

六、拓宽发展空间

（十八）推进一二三产业融合发展。完善利益联结机制，推动养殖、加工、流通、休闲服务等一二三产业相互融合、协调发展。积极发展养殖产品加工流通，支持水产品现代冷链物流体系建设，提升从池塘到餐桌的全冷链物流体系利用效率，引导活鱼消费向便捷加工产品消费转变。推动传统水产养殖场生态化、休闲化改造，发展休闲观光渔业。在有条件的革命老区、民族地区和边疆地区等贫困地区，结合本地区资源特点，引导发展多种形式的特色水产养殖，增加建档立卡贫困人口收入。实施水产养殖品牌战略，培育全国和区域优质特色品牌，鼓励发展新型营销业态，引领水产养殖业发展。

（十九）加强国际交流与合作。鼓励科研院所、大专院校开展对外水产养殖技术示范推广。统筹利用国际国内两个市场、两种资源，结合"一带一路"建设等重大战略实施，培育大型水产养殖企业。鼓励和支持渔业企业开展国际认证认可，扩大我国水产品影响力，促进水产品国际贸易稳定协调发展。

七、加强政策支持

（二十）**多渠道加大资金投入。**建立政府引导、生产主体自筹、社会资金参与的多元化投入机制。鼓励地方因地制宜支持水产养殖绿色发展项目。将生态养殖有关模式纳入绿色产业指导目录。探索金融服务养殖业绿色发展的有效方式，创新绿色生态金融产品。鼓励各类保险机构开展水产养殖保险，有条件的地方将水产养殖保险纳入政策性保险范围。支持符合条件的水产养殖装备纳入农机购置补贴范围。

（二十一）**强化科技支撑。**加强现代渔业产业技术体系和国家渔业产业科技创新联盟建设，依托国家重点研发计划重点专项，加大对深远海养殖科技研发支持，加快推进实施"种业自主创新重大项目"。加强绿色安全的生态型水产养殖用药物研发。支持绿色环保的人工全价配合饲料研发和推广，鼓励鱼粉替代品研发。积极开展绿色养殖技术模式集成和示范推广，打造区域综合整治样板。发挥基层水产技术推广体系作用，培训新型职业渔民。

（二十二）**完善配套政策。**将养殖水域滩涂纳入国土空间规划，按照"多规合一"要求，做好相关规划的衔接。支持工厂化循环水、养殖尾水和废弃物处理等环保设施用地，保障深远海网箱养殖用海，落实水产养殖绿色发展用水用电优惠政策。养殖用海依法依规免征海域使用金。

八、落实保障措施

（二十三）**严格落实责任。**健全省负总责、市县抓落实的工作推进机制，地方人民政府要严格执行涉渔法律法规，在规划编制、项目安排、资金使用、监督管理等方面采取有效措施，确保绿色发展各项任务落实到位。

（二十四）**依法保护养殖者权益。**稳定集体所有养殖水域滩涂承包经营关系，依法确定承包期。完善水产养殖许可制度，依法核发养殖证。按照不动产统一登记的要求，加强水域滩涂养殖登记发证。依法保护使用水域滩涂从事水产养殖的权利。对因公共利益需要退出的水产养殖，依法给予补偿并妥善安置养殖渔民生产生活。

（二十五）**加强执法监管。**建立健全生态健康养殖相关管理制度和标准，完善行政执法与刑事司法衔接机制。按照严格规范公正文明执法要求，加强水产养殖执法。落实"双随机、一公开"要求，加强事中事后执法检查。强化普法宣传，增强养殖生产经营主体尊法守法意识和能力。

（二十六）**强化督促指导。**将水产养殖业绿色发展纳入生态文明建设、乡村振兴战略的目标评价内容。对绿色发展成效显著的单位和个人，按照有关规定给予表彰；对违法违规或工作落实不到位的，严肃追究相关责任。

农业农村部　生态环境部　自然资源部

国家发展和改革委员会　财政部　科学技术部

工业和信息化部　商务部

国家市场监督管理总局　中国银行保险监督管理委员会

2019 年 1 月 11 日

农业农村部办公厅关于印发
《2019 年种植业工作要点》的通知①

农办农〔2019〕1 号

各省、自治区、直辖市农业农村（农牧）厅（委、局），新疆生产建设兵团农业局：

为贯彻党的十九大精神，落实中央农村工作会议、中央 1 号文件和全国农业农村厅局长会议部署，围绕实施乡村振兴战略，紧扣深化农业供给侧结构性改革这一主线，守住国家粮食安全底线，持续推动质量兴农和绿色发展，全面推进种植业高质量发展，我部制定了《2019 年种植业工作要点》。现印发你们，请结合本地实际，切实抓好落实，为实现乡村振兴、决胜全面建成小康社会作出贡献。

农业农村部办公厅
2019 年 2 月 2 日

2019 年种植业工作要点

2018 年，全国种植业系统认真贯彻落实中央和农业农村部的决策部署，坚持稳中求进工作总基调，深入贯彻新发展理念，以实施乡村振兴战略为总抓手，以推进农业供给侧结构性改革为主线，坚持质量兴农、绿色兴农、效益优先，稳定优化粮食生产，持续推进结构调整，大力推进绿色发展，加快促进种植业转型升级，取得了积极进展。粮食再获好收成，总产量达到 13 158 亿斤，棉油糖、果菜茶等农产品供给充裕。优质绿色农产品比重提升，种植结构和区域布局更趋合理。绿色发展取得新突破，化肥、农药使用量实现负增长，耕地轮作休耕制度试点面积扩大到 3 000 万亩。种植业形势持续稳中向好，为经济社会发展大局提供了有力支撑。

2019 年是新中国成立 70 周年，是决胜全面建成小康社会第一个百年奋斗目标的关键之年，保障国家粮食安全、巩固种植业发展好形势，对有效应对各种风险挑战、确保经济持续健康发展和社会大局稳定具有重大意义。2019 年种植业工作的总体思路是：深入贯彻习近平新时代中国特色社会主义思想，全面落实党的十九大和十九届二中、三中全会及中央经济工作会议、中央农村工作会议精神和全国农业农村厅局长会议部署，牢牢把握稳中求进工作总基调，落实高质量发展要求，坚持农业农村优先发展，以实施乡村振兴战略为总抓手，对标全面建成小康社会"三农"工作必须完成的硬任务，适应国内外复杂形势变化对种植业发展提出的新要求，创新思路谋发展，聚焦重点抓落实，围绕"巩固、增强、提升、畅通"深化农业供给侧结构性改革，稳定粮食生产，保障重要农产品供给，调整优化种植结构，加快推动绿色发展，全面推进种植业高质量发展，以优异成绩庆祝新中国成立 70 周年。

在重点任务上，着力守住"一条底线"、突出"两个重点"，坚持"三个注重"。"一条底线"，就是守住国家粮食安全底线。坚持不懈稳定粮食生产，推动藏粮于地、藏粮于技落实落地，确保粮食播种面积基本稳定、总产量稳定在 2018 年水平。将稻谷、小麦作为必保品种，稳定玉米生产，确保谷物基本自给、口粮绝对安全。"两个重点"：一是质量兴农。落实高质量发展要求，推进农业供给侧结构性改革往深里做、往细里做，继续调减低质、低效和不对路品种，增加紧缺和绿色优质农产品供给，实施大豆振兴计划，扩大大豆种植，合理调整粮经饲结构，推进种植业由增产导向转向提质导向。二是绿色发展。调整农业投入结构，持续推进化肥农药减量增效，扩大果菜茶有机肥替代化肥试点和全程绿色防控替代化学防治试点，保持化肥农药使用量负增长。深入推进耕地轮作休耕制度试点，加快节水农业发展，开展农药化肥包装废弃物回收，促进生产生态系统循环衔接。"三个注重"：一是注重创新驱动。加快突破种植业关键核心技术，推动绿色投入品、农机农艺融合等领域自主创新。深入推进绿色高质高效行动，加快先进实用技术集成创新与推广应用。二是注重产业升级。积极发展果菜茶、食用菌、杂粮杂豆、薯类、蚕桑、中药材等特色产业，健全产业标准体系，扶持发展统防统治等生产性服务，推进品牌创建，促进一二三产业融合发展。三是注重基础建设。加快划定"两区"。巩固"大棚房"问题整治成果，严格设施农用地管理。加强农药管理体系建设，控制农药产业风险。

一、坚持底线思维，确保国家粮食安全和重要农产品有效供给

1. 稳住粮食生产。完善稻谷、小麦最低收购价，玉米、大豆生产者补贴政策，更好发挥市场机制作用。完善粮食主产区利益补偿机制，保护农民种粮积极性和地方政府抓粮积极性。加强政策宣传，引导农民合理安排种植结构，力争稻谷、小麦等口粮品种面积稳定在8亿亩。强化粮食安全省长责任制考核，落实地方政府粮食安全主体责任。继续开展稳定发展粮食生产延伸绩效管理，推动各级农业农村部门形成上下联动、齐抓共管的工作格局。

2. 提升大豆和油料供给能力。落实加强油料生产保障供给的意见，组织实施大豆振兴计划，推进大豆良种增产增效行动，进一步提高大豆补贴标准，扩大东北、黄淮海地区大豆面积，研发推广高产高油高蛋白新品种。大力发展长江流域油菜生产，推进新品种新技术示范推广和全程机械化。扩大黄淮海地区花生种植。力争全年大豆和油料面积增加500万亩以上。

3. 保证棉糖自给水平。完善棉花、糖料扶持政策，促进棉糖生产向优势产区集中，鼓励规模化生产，力争将棉花面积稳定在5 000万亩、糖料面积稳定在2 300万亩左右，保证必要的自给水平。积极推广高品质棉花、"双高"甘蔗，因地制宜推进全程机械化生产，集成推广轻简化优质高效栽培技术模式，降低用工成本，提高产品质量和生产效益。

4. 巩固提高生产能力。配合做好粮食生产功能区和重要农产品生产保护区划定工作，确保按期完成10.58亿亩划定任务。加快建设集中连片、旱涝保收、稳产高产、生态友好的高标准农田，优先建设口粮田，全年新增高标准农田8 000万亩以上，到2020年确保建成8亿亩高标准农田。恢复启动新疆优质棉生产基地建设，将糖料蔗"双高"基地建设范围覆盖到划定的所有保护区。推进耕地质量建设，加强华北地区地下水超采综合治理、重金属污染耕地治理修复和种植结构调整试点。

5. 按时保质完成"大棚房"问题专项清理整治行动。严守耕地保护红线，全面落实保护永久基本农田特殊保护制度，坚决遏制农地非农化乱象。坚决打赢"大棚房"问题专项清理整治这场硬仗，把清理排查贯穿专项行动全过程，深入查、彻底查、反复查，倒排工期、挂牌督办，坚决整治、加快整改，确保按时保质完成清理整治任务。巩固"大棚房"问题清理整治成果，推进设施农业健康有序发展。

6. 加快技术集成创新推广。结合实施乡村振兴科技支撑行动，开展绿色高质高效行动。选择325个重点县整建制推进，聚集重点作物，突出大豆、油菜等市场紧缺产品及蚕桑、中药材等特色作物。聚焦重点环节，加快突破种植业关键核心技术，推动绿色投入品、农机农艺融合等领域自主创新，集成"全环节"标准化绿色高效技术模式，构建"全过程"社会化服务体系，打造"全链条"产业融合模式，引领"全县域"农业绿色高质量发展。

7. 推进科学防灾减灾。 加强灾情监测预警，密切与气象部门沟通会商，研判全年气象年景和灾害发生趋势，关注厄尔尼诺现象对农业生产的影响，及早制定应对预案。顺应天时调整种植结构，发展适应性种植，推进主动避灾。根据灾害发生情况和作物生育进程，制定防灾减灾技术方案，组织专家和农技人员深入生产一线，落实防灾减灾关键技术，推进科学抗灾。指导农民搞好生产恢复，加大对重灾区支持力度，实现有效救灾。

8. 加强重大病虫疫情防控。 继续实施植物保护工程，完善重大病虫疫情田间监测网点，全面推行重大病虫疫情智能化、自动化、标准化监测预警。加强小麦赤霉病、水稻"两迁"害虫、稻瘟病、玉米螟、黏虫、蝗虫等迁飞性、流行性、暴发性病虫害统防统治、联防联控和应急防治，确保总体危害损失率控制在 5％以内。密切关注大豆点蜂缘蝽、草地贪夜蛾等新发病虫发展动态，强化技术研发储备。突出抓好柑橘黄龙病、苹果蠹蛾、红火蚁、马铃薯甲虫等重大植物疫情阻截防控，强化海南、甘肃等良种繁育基地疫情监测与检疫监管，深入推进跨区植物检疫执法行动，遏制重大植物疫情蔓延成灾。

二、坚持优化供给，持续推进种植结构调整

9. 优化种植结构。 巩固非优势区玉米结构调整成果，适当调减低质低效区水稻种植，调减东北地下水超采区井灌稻种植。继续优化华北地下水超采区和新疆塔里木河流域地下水超采区种植结构，减少高耗水作物。适当调减西南西北条锈病菌源区和江淮赤霉病易发区的小麦。合理调整粮经饲结构，发展青贮玉米、苜蓿等优质饲草料生产。

10. 增加绿色优质农产品供给。 大力发展优质稻米、专用小麦、优质食用大豆、"双低"油菜、高品质棉花、高产高糖甘蔗等，提升产品品质，提高种植效益。因地制宜发展多样性特色产业，积极发展果菜茶、食用菌、杂粮杂豆、薯类、中药材、蚕桑、花卉等产业，支持建设一批特色农产品优势区，拓宽农民增收渠道。落实《全国道地药材生产基地建设规划（2018—2025 年）》，加快打造一批特色道地药材基地。稳定设施蔬菜面积，优化区域布局，保障蔬菜均衡供应。

11. 推进马铃薯主食开发。 组织科研、生产、加工等部门联合攻关，促进马铃薯主食产业提档升级。继续实施马铃薯主食产品及产业开发试点，优化原料薯供应，筛选一批干物质含量高、具有功能性成分的加工专用型品种，为加工企业提供稳定可靠的原料薯来源。优化主食加工工艺，完善产品配方及工艺流程，提高全粉含量，开发色香味形俱佳的新一代主食产品。推进产业深度融合，支持企业新建一批主食加工生产线，扩大主食加工产能。广泛开展宣传，组织主食产品消费体验、特定群体营养餐、大众群体放心餐活动，推动主食产品进超市、进社区、进学校。

12. 促进产业融合发展。 推进种养结合，以养带种、以种促养，实现资源循环利用。促进产加销衔接，大力发展订单生产，支持主产区农产品就地加工转化增值。支持新型服务组织开展代耕代种、统防统治等农业生产性服务，为一家一户提供全程社会化服务，促进小农户和现代农业发展有机衔接。在茶叶、油菜、水果等优势产区，因地制宜发展休闲采摘、观光旅游等新产业新业态，促进农旅融合，挖掘种植业外部增收潜力。

三、坚持绿色引领，加快推进发展方式转变

13. 持续推进化肥减量增效。 深入开展化肥使用量零增长行动，保持化肥使用量负增长，确保到 2020 年化肥利用率提高到 40％以上。继续选择 300 个县开展化肥减量增效试点，加强农企合作，加快技术集成创新，组织专家分区域、分作物提炼一批化肥减量增效技术模式，建设一批化肥减量技术服务示范基地，为农民提供全程技术服务。结合延伸绩效管理，将化肥使用量负增长目标任务分解到省、市、县。加强宣传引导，普及化肥减量增效技术，增强科学施肥意识。

14. 深入推进有机肥替代化肥。 结合实施农业绿色发展五大行动，继续在苹果、柑橘、设施蔬

菜、茶叶优势产区开展果菜茶有机肥替代化肥试点，将试点规模扩大到175个县，将实施范围扩大到东北设施蔬菜。探索政府购买服务等方式，撬动社会资本参与果菜茶有机肥替代化肥行动，引导农民多用有机肥。对首批100个有机肥替代化肥试点县，系统总结技术规程、推广模式、运行机制，加快形成可复制、可推广的组织方式和技术模式，推进有机肥替代化肥在更大范围实施。

15. 持续推进农药减量增效。深入开展农药使用量零增长行动，转变病虫防控方式，大力推广化学农药替代、精准高效施药、轮换用药等科学用药技术。加快新型植保机械推广应用步伐，进一步提高农药施用效率和利用率。大力扶持发展植保专业服务组织，提高防控组织化程度，强化示范引领和技术培训，不断提高统防统治覆盖率和技术到位率。在粮食主产区和果菜茶优势区，打造一批全程绿色防控示范样板，带动引领农药大面积减量增效，力争主要农作物病虫绿色防控覆盖率达到30％以上，继续保持农药使用量负增长。

16. 加快发展节水农业。结合实施国家节水行动，在干旱半干旱地区，以玉米、马铃薯、棉花、蔬菜、瓜果等作物为重点，以提高天然降水和灌溉用水利用效率为主攻方向，大力推广旱作农业技术。在农田基础设施较好、有灌溉条件的地区，采用膜下滴灌、浅埋滴灌、垄膜沟灌等模式，建立灌溉施肥制度，配套水溶肥料，实现水肥耦合。在干旱缺水、地下水超采等地区，以蓄集和高效利用自然降水为核心，采用新型软体集雨技术，充分利用窖面、设施棚面及园区道路等作为集雨面，蓄集自然降水，实现集雨补灌。继续组织实施墒情监测，应用现代化手段完善墒情监测网络体系，为指导农民适墒播种、抗旱保墒、高效节水灌溉提供科学依据。

17. 扩大耕地轮作休耕制度试点。进一步完善组织方式、技术模式和政策框架，巩固耕地轮作休耕制度试点成果。调整优化试点区域，将东北地区已实施3年到期的轮作试点面积退出，重点支持长江流域水稻油菜、黄淮海地区玉米大豆轮作试点；适当增加黑龙江地下水超采区井灌稻休耕试点面积，并与三江平原灌区田间配套工程相结合，推进以地表水置换地下水。鼓励试点省探索生态修复型、地力提升型、供求调节型等轮作休耕模式，丰富绿色种植制度内涵。继续开展试点区耕地质量监测、卫星遥感监测、第三方评估，确保完成3 000万亩轮作休耕试点任务。

四、坚持质量兴农，促进种植业提质增效

18. 推进标准化生产。加快制定修订一批肥料安全性标准。完善农药标准框架，制定修订农药残留标准1 000项，加快农药分析方法通用标准制定。推进按标生产，在绿色高质高效示范县、果菜茶有机肥替代化肥示范县，加快集成组装一批标准化绿色高质高效技术模式，建设全程绿色标准化生产示范基地，鼓励龙头企业、农民合作社、家庭农场等新型经营主体按标生产，发挥示范引领作用。

19. 优化产地环境。实施设施蔬菜净土工程，针对设施蔬菜土壤连作障碍突出问题，选择一批设施蔬菜大县大市，开展土壤改良治理试点，推广轮作倒茬、深翻深耕、土壤消毒、增施有机肥等技术模式，缓解连作障碍，减轻土传病害。开展农药包装废弃物回收试点，防止农药包装废弃物污染，保障公众健康，保护生态环境。

20. 推进园艺产品提质增效。在打造优质粮棉油糖生产基地的同时，实施园艺产品提质增效工程。加快品种改良，选育一批适销对路、熟期合理、品质优良的品种，通过搜集恢复、提纯复壮、抢救保护，恢复一批传统特色当家品种。结合实施现代种业提升工程，建设一批果菜茶、中药材、食用菌等特色作物良种繁育基地，促进品种更新换代。加快品质提升，推进果茶优势产区老果茶园改造，重点改造园龄20年以上的老果茶园，提高优质果茶供给水平。推广绿色高质高效技术模式，果菜茶产品质量合格率保持在98％以上。

21. 加强品牌建设。依托产业联盟、行业协会及大型企业集团，在粮食主产区、果菜茶优势产区创建地域特色突出、产品特性鲜明的区域公共品牌，加快培育一批品质好、叫得响、占有率高的

知名大品牌。按照"拾回老味道、重塑老品牌、恢复老技艺、开发新产品"的思路，创新品牌营销推介，塑造一批国家级农业品牌，创响一批"土字号""乡字号"特色产品品牌，办好中国国际茶叶博览会等展会，树立品牌形象，提升品牌知名度。

22. 强化质量安全监管。 按照农业高质量发展和绿色发展新要求，严格农药使用监管。开展高毒农药和老旧农药风险监测评价，建立农药禁限用和淘汰的预警机制。加快小宗作物群组化试验研究，逐步解决小宗作物用药短缺问题。加强农药安全使用间隔期的监督检查，率先在果菜茶规模生产主体实行农药使用档案记录制度，加大违规使用高毒、高风险农药的查处力度，提升科学用药和农产品质量安全水平。

23. 扎实推进产业扶贫。 聚焦"三区三州"等深度贫困地区和定点扶贫地区，选准特色产业，明确帮扶措施，加大对深度贫困地区特色产业发展的资金投入力度，着眼资源优势，发展长效扶贫产业，提高贫困人口参与度和直接受益水平。在贫困地区加力推进化肥、农药减量增效，促进节本增效、增产增效。坚持扶贫与扶志扶智相结合，继续开展"万名农技人员进山上坝行动"，组织种植业专家组深入贫困地区开展技术指导，加大特色产业技能培训，增强发展内生动力。支持贫困地区开展特色产品产销对接，着力解决产销脱节、风险保障不足等问题。

五、坚持依法行政，加力推进种植业法制建设

24. 强化农药监管能力建设。 全面贯彻《农药管理条例》，落实各级农业农村部门农药监管职责，强化农药监管队伍及能力建设，加快构建农药生产、经营、使用等信息监测网络，建立健全农药质量追溯体系和诚信体系。完善工作规则，优化办事流程，创新服务方式，提高农药依法监管和科学管理的水平。研究农药产业政策，优化产业布局，促进农药产业高质量发展和绿色发展。

25. 规范行政审批。 完善农药登记评审制度，严格评审标准，规范评审程序，落实信息公开制度。优化肥料登记审批制度，精简审批事项，将部分肥料品种审批登记权限下放。推进肥料登记评审委员会换届，修订评审委员会章程，规范审批流程，严格审批制度。全面落实技术审查规定，加强对检测机构监督管理，完善肥料登记信息发布制度。规范国外引种检疫审批，完善专家评审和风险评估制度，强化后续监管，保障引种安全。

26. 严格行政执法。 加强农药市场监管，按照"双随机一公开"的要求，重点开展农药隐性添加、出口转内销等专项检查，对主要农药市场、"黑名单"农药企业加大抽查力度，严肃查处制售假劣农药等违法行为。在关键季节组织开展农药行业安全生产检查，指导督促农药生产者、经营者、使用者落实安全生产主体责任，防范发生安全生产事故。加强肥料市场监管，组织开展肥料产品质量监督抽查，维护农民和合法企业利益。加强信息公开，对农药、肥料、国外引种检疫行政审批和执法监管信息及时依法公开。

27. 加快立法进程。 推动《农作物病虫害防治条例》出台，制（修）订《农作物病虫害分类管理办法》《植物检疫条例实施细则》《农药包装废弃物回收处理管理办法》等部门规章。研究制定肥料包装废弃物回收处理管理办法。加强《肥料管理条例》立法调研，积极推动立法进程。

农业农村部办公厅关于印发
《2019 年畜牧兽医工作要点》的通知①

农办牧〔2019〕14 号

各省（自治区、直辖市）畜牧兽医（农业农村、农牧）厅（局、委），新疆生产建设兵团畜牧兽医局：

为深入贯彻中央农村工作会议和中央 1 号文件精神，全面落实全国农业农村厅局长会议部署，切实抓好 2019 年畜牧兽医各项工作，我部制定了《2019 年畜牧兽医工作要点》。现印发你们，请结合实际，狠抓落实，确保各项工作如期完成。

农业农村部办公厅
2019 年 1 月 30 日

2019 年畜牧兽医工作要点

2018 年，各级畜牧兽医部门坚决贯彻落实党中央、国务院决策部署，紧扣高质量发展主题，继续深化畜牧业供给侧结构性改革，扎实抓好动物疫病防控和兽医卫生监管工作，不断推进畜牧业增产增收和提质提效。畜牧业综合生产能力总体稳固，肉类产量继续保持在 8 500 万吨以上；畜禽养殖效益总体好于常年，养猪业略有盈利，蛋鸡、肉鸡、肉牛、肉羊养殖效益均高于上年；饲料、兽药、生鲜乳、屠宰等重点领域的质量安全风险得到有效管控，全年未发生重大质量安全事件；产业转型升级持续推进，预计畜禽养殖规模化率超过 60％，比上年提高 2 个百分点；畜牧业绿色发展取得积极进展，全国畜禽粪污综合利用率达到 70％；兽医卫生风险管控能力不断增强，非洲猪瘟疫情得到有效控制，其他重大动物疫病疫情形势平稳。

2019 年是全面建成小康社会的关键之年，各级畜牧兽医部门要全面把握实施乡村振兴战略对畜牧业发展的总体要求，主动入位，准确对标，谋划好推进畜牧业转型升级、保障畜产品有效供给等大事，统筹好防控非洲猪瘟、促进生猪产销衔接等难事，落实好畜产品质量安全监管、奶业振兴等要事，完成好畜禽粪污资源化利用、促生长类抗菌药物饲料添加剂退出等时限要求明确的急事。总体思路是：认真学习贯彻习近平新时代中国特色社会主义思想，聚焦实施乡村振兴战略和打赢脱贫攻坚战的新任务、新要求，深入落实中央农村工作会议、全国农业农村厅局长会议决策部署，以"优供给、强安全、保生态"为目标，以稳生猪、防疫病、减兽药、治粪污、调结构为重点，深化畜牧业供给侧结构性改革，加快转变畜牧业发展方式，稳步提升畜牧业综合生产能力和核心竞争力；强化饲料兽药等投入品风险管控，毫不松懈地抓好屠宰肉品和生鲜乳质量监测与专项整治，巩固提升畜产品质量安全保障能力；打好非洲猪瘟防控攻坚战，加快构建从养殖到屠宰全链条兽医卫生风险控制闭环，加快补齐产业链中生物安全薄弱环节，着力提升动物疫病防控能力；践行绿色发展理念，大力推进畜禽养殖废弃物资源化利用，严格规范病死畜禽无害化处理，持续提升畜牧业可持续发展能力。

---

① 资料来源：农业农村部网站，2019 年 2 月 11 日。

一、打好非洲猪瘟防控攻坚战

1. 严格疫情报告与处置。 印发非洲猪瘟疫情应急实施方案，加强检测和评估，科学实施扑杀封锁措施。严格落实新发疫情扑杀、消毒、无害化处理等处置措施，严防扩散蔓延。进一步强化疫情溯源调查，及时发现和消除隐患。严格规范疫情报告制度，强化疫情举报核查，对用餐厨剩余物喂猪、不主动报告疫情、不配合疫情处置、私自处置偷卖病死猪造成疫情传播的，一律追究法律责任。

2. 全面加强疫情防控措施。 推动建立分区防控和运行协调监督机制，积极开展中南区分区防控试点。总结前期防控实践，进一步优化完善防控措施。进一步压实各方责任，落实调运监管、禁止使用餐厨剩余物喂猪等关键防控措施。实施屠宰环节及猪血粉原料饲料产品的非洲猪瘟检测，降低疫情传播风险。对饲用血液制品生产企业进行全面核查，落实管控措施，清理取缔不合格生产企业。协调有关部门建立餐厨剩余物收集、存储、运输和处理全链条管理体系。

3. 着力提升防控能力。 指导养猪场户特别是规模化猪场和种猪场严格落实清洗消毒等防控措施，改善防疫条件，主动加强防疫管理。支持生猪养殖场户发展标准化规模养殖，提高生物安全管理水平。组织优势科研力量，加快疫苗、诊断试剂研发进程。强化基层畜牧兽医体系能力建设，满足疫情防控工作需要。

二、全面强化其他动物疫病防控

4. 统筹抓好重大动物疫病防控。 印发实施国家动物疫病强制免疫计划，落实优先防治病种免疫工作，做好免疫效果监测评价。制定实施国家动物疫病监测与流行病学调查计划，强化监测结果分析、应用。着力推进强制免疫疫苗招标采购制度改革，逐步实现养殖场自主采购、财政直补。推进区域化管理，以无疫区和无疫小区为抓手，加快区域化建设进程，逐步改善区域动物卫生状况。印发实施动物疫病净化指导意见，制定养殖场动物疫病净化评估规范，继续推进养殖场动物疫病净化。在做好重大动物疫病防控工作的同时，研究推进畜禽常见病防治工作。继续加强重大动物疫病延伸绩效管理，督促落实各项防控措施。

5. 着力抓好布病等重点人畜共患病防控。 以县为单位，继续推进布病、奶牛结核病"两病"净化场、净化区建设，分区逐步净化"两病"。印发畜间布病控制与净化方案，继续实施布病分区防治策略，推进区域联防联控，完善布病防控相关调运措施，进一步降低布病传播风险。做好动物狂犬病防疫工作。继续做好包虫病免疫、驱虫，有效降低家畜包虫病感染率。持续做好家畜血吸虫病查治，推动消除血吸虫病。

三、努力保障畜产品有效供给

6. 千方百计稳定生猪生产。 统筹抓好生产发展和疫病防控，严格执行调运监管规定，积极引导出栏肥猪"点对点"调运和产销衔接，保障种猪、仔猪有序调运，有效解决生猪压栏和仔猪补栏问题。加强生猪产销形势研判，强化信息预警与指导服务，提振养殖信心。落实生猪调控预案，推动有关部门适时开展中央冻猪肉收储与投放等调控政策。落实"菜篮子"市长负责制，指导南方地区和大中城市稳定养殖规模，保证一定的自给率。推动加大生猪养殖信贷支持力度。

7. 扎实推动奶业振兴。 深入贯彻落实《国务院办公厅关于推进奶业振兴保障乳品质量安全的意见》和九部委《关于进一步促进奶业振兴的若干意见》。加强优质奶源基地建设，发展奶牛家庭牧场和奶农合作组织。推广"奶农＋合作社＋公司"发展模式，支持和指导奶农发展乳制品加工。探索开展生鲜乳目标价格保险试点，将符合条件的中小牧场纳入全国农业信贷担保体系予以支持。实施振兴奶业苜蓿发展行动，提升奶牛生产性能测定中心服务能力，启动牧场主和业务骨干培训计划。整顿生鲜乳收购秩序，建立生鲜乳价格协商机制，推动依法查处不履行购销合同及强推强卖投入品的行为。举办中国奶业20强峰会，推广国家学生饮用奶计划，实施小康牛奶行动，推介第三批全国奶牛休闲观光牧场。

8. 促进畜禽养殖提档升级。继续开展畜禽养殖标准化示范创建，进一步完善创建工作方案，突出向贫困地区倾斜，突出养殖场环境控制和生物安全水平，继续创建100家全国畜禽养殖标准化示范场，切实发挥示范场的引领带动作用。强化畜禽良种推广与应用，支持地方开展种猪拍卖等优良种畜推广活动。组织开展家畜繁殖员职业技能鉴定，提升从业人员素质，编制畜牧养殖业机械化发展规划。探索规模养殖场规范化备案管理新路径。推动完善畜牧业发展设施农田地政策。

四、积极调整优化产业结构

9. 积极推进粮改饲。以东北地区和北方农牧交错带为重点，继续扩大粮改饲政策覆盖面和实施规模，完成粮改饲面积1 200万亩以上。开展粮改饲品种适应性筛选推广，因地制宜扩大全株青贮玉米、苜蓿、燕麦、黑麦草、甜高粱等优质饲草种植面积，推动种植结构向粮经饲统筹方向转变。大力培育发展社会化专业收贮服务组织，探索建立优质饲草料机械化收割、规模化加工和商品化销售模式，加快推进饲草产业化发展。总结提炼粮改饲推进成效和组织管理经验，开展全方位宣传报道，营造全面助推粮改饲的舆论氛围。

10. 大力发展现代草牧业。推进农牧交错带农牧业结构调整，支持张家口坝上地区开展草牧业发展试点。开展草牧业典型调查，统计监测草牧业生产经营分布情况。加强饲草种质资源保护利用、草品种区域试验、种子抽检等工作，推动饲草良种繁育体系建设，加快选育推广优质国产草种。组织实施牧区畜牧良种补贴项目，以肉牛肉羊为重点，严把种公牛和种公羊质量关，加强政策宣传引导，加快品种改良步伐。开展草原畜牧业转型升级研究，深入剖析难点问题，找准工作着力点。推动将肉牛肉羊纳入优势农产品保险政策支持范围。

11. 积极发展特色畜牧业。编制发布《全国马产业发展规划》。继续落实蜂业质量提升行动项目，总结地方成效做法和经验，推动恢复蜜蜂运输绿色通道政策，启动全国养蜂业发展规划编制工作。开展奶山羊、驴、兔、水禽等地方特色产业发展研究。

12. 建立生猪产销区域化衔接机制。综合考虑行政地理区域相邻、动物疫病防控协同、生猪产销互补等因素，在全国实施非洲猪瘟等重大动物疫病分区防控策略，在区域内统一推进动物疫病防控、统一协调生猪及其产品调运监管、统一调整优化相关产业布局。强化区域间沟通协调、联防联控，有效降低疫情扩散风险，保障生猪及产品稳定供应。调整优化生猪产业布局，支持大型生猪养殖企业集团在省域范围内或大区内全产业链发展。

13. 优化畜禽屠宰产能布局。构建科学、高效、系统的屠宰环节质量安全保障体系，推动出台屠宰行业规范有序发展的指导意见，保障人民群众肉品消费安全。会同生态环境部门联合开展生猪屠宰资格审核清理活动，坚决关停不符合设立条件的屠宰场点，维护屠宰行业正常发展秩序。实施屠宰行业转型升级行动，以生猪屠宰标准化创建为抓手，提升屠宰行业规模化、机械化、标准化生产水平。

五、大力推进畜禽养殖废弃物资源化利用

14. 落实资源化利用责任。组织开展2018年度畜禽养殖废弃物资源化利用工作考核，强化考核结果应用，压实地方政府属地管理责任。落实规模养殖场主体责任，推行"一场一策"，确保大型规模养殖场粪污处理设施装备配套率在年底前达到100%。指导长江经济带、环渤海地区、东北四省（区）等区域加大畜禽粪污资源化利用工作力度。落实北京、天津、上海、江苏、浙江、山东、福建七省整省（市）推进畜禽粪污资源化利用协议，确保提前一年完成目标任务。

15. 加快资源化利用整县推进。 加大项目实施力度，实现畜牧大县全覆盖。加强项目监督管理，制定项目管理办法，引导畜牧大县建立部门协同工作机制和畜禽粪污资源化利用机制。推行受益者付费机制，培育社会化服务组织，探索市场化粪污治理模式。落实畜禽养殖废弃物资源化利用机械敞开补贴政策，通过农机新产品补贴试点等方式，加强畜禽养殖废弃物贮运、处理和利用机具设备推广应用。

16. 完善资源化利用路径。 印发种养结合指导意见，以南方水网地区为重点，促进生猪和奶牛粪污全量就近就地低成本还田利用，推进循环农业发展。以大规模养殖场为重点，探索建立养分管理制度。持续开展畜禽粪污重金属监测，协同推进养殖源头减量。完善畜禽粪污资源化利用标准体系，围绕源头减量、过程控制、末端利用等环节，推动液体粪污还田使用。落实打赢蓝天保卫战三年行动计划，印发臭气减排技术指导意见，指导养殖场户减少氨挥发排放。

17. 严格规范病死畜禽无害化处理。 总结推广专业无害化处理场建设、运行典型模式，提升病死畜禽处理的规范化水平。指导各地合理规划建设无害化处理设施，支持畜牧大县建设集中专业处理场，跨区域建设收集处理体系，提高集中处理比例。推动完善养殖环节无害化处理补助政策，保障收集处理体系有效运行。加强无害化处理监管，落实养殖场户主体责任和部门监管职责，规范无害化处理监管措施和程序，提高信息化监管能力。

六、着力提升质量安全水平

18. 进一步强化饲料兽药风险管控。 严格落实"双随机一公开"监管机制，开展饲料产品监督抽检和饲料企业现场监督检查，严厉打击违法违规行为。建立健全以质量安全为核心的饲料工业标准体系。实施饲料质量卫生、违禁物质和药物饲料添加剂专项监测和风险预警。加强全链条兽药质量安全监管，实施监督抽检和风险监测计划，按照新修订的从重处罚公告严惩重处违法违规行为，并针对相关兽医器械实施风险监测。深入实施动物源细菌耐药性监测计划、动物及动物产品兽药残留监控计划。制定实施药物饲料添加剂退出方案。开展兽用抗菌药专项整治，实施"科学使用兽用抗菌药"百千万接力公益行动，推进兽用抗菌药使用减量化行动试点。全力推进兽药追溯实施工作，进一步规范兽药生产企业追溯数据上传工作，力争兽药经营企业全部实施追溯，在养殖企业开展追溯试点。

19. 保障肉品和生鲜乳质量安全水平。 开展生猪屠宰标准化创建活动，推行"集中屠宰、品牌经营、冷链流通、冷鲜上市"，严厉打击屠宰环节违法违规行为。围绕肉牛肉羊和生猪养殖、收购贩运和屠宰全环节开展"瘦肉精"专项整治行动。加强对奶牛养殖、生鲜乳收购运输等重点环节监管，实施生鲜乳质量安全监测计划，完善监管监测信息系统。探索建立地市级的生鲜乳收购第三方质量检测中心，推动奶业大县、企业和有条件的奶农自建乳品检验检测体系。

20. 切实加强兽医卫生监管。 推进生猪等畜禽及畜禽产品检疫和追溯体系建设，规范动物卫生证章标志管理和使用。强化生猪调运监管，推动构建生猪运输车辆备案等管理制度，加强动物卫生公路检查站能力建设，全面提升活畜禽运输环节生物安全水平。开展兽医体系效能评估，提高兽医卫生监管能力。持续推进兽医社会化服务规范发展，加强执业兽医、乡村兽医诊疗活动管理，逐步实施"一点注册、多点行医"执业兽医管理模式，扩大执业兽医计算机考试范围。加强实验室能力建设，组织开展实验室比对和考核工作。强化实验室生物安全监管，组织开展高级别动物病原微生物实验室监督检查。推动实验室生物安全审批制度改革，规范实验室管理行政审批。

七、做好行业管理基础性工作

21. 持续推进畜牧兽医监测预警。 按照预算改革要求，调整完善畜牧业生产监测方案和工作制度，充分调动社会力量参与，建立政府主导、稳定可靠的合作关系，做到工作力度不减、队伍不散、数据不断、数据质量不下降。通过政府购买服务、建立产业大数据联盟等方式,大力支持畜牧业龙头企业大数据建设,推广普及智能养殖设备和信息设备,实现平台共建、数据共享。推广"数字奶业信息服务云平台",扩大养殖场数据自动化采集试点范围,实现精准动态监测。推进饲料企业全口径月度监测。加大信息服务力度,及时发布生猪存栏指数、市场价格、重大疫情等信息,通过"掌上牧云"等手机客户端开展信息入户活动,科学引导生产调整。

22. 建好用好养殖场直联直报信息平台。研究制定监管监测一体化制度,规范政府、生产经营单位在数据产生、使用、共享、公开中的权利和义务,做到共建共享。建立数据定期更新机制,与行政许可、项目管理、金融保险挂钩,进一步强化平台建设运营制度建设。深入开展省部共建活动,加大推广应用力度,促进广大养殖场户日常生产经营行为与平台业务深度融合。加快推进畜禽粪污利用过程监控试点,完善直联直报平台的视频采集和运输车轨迹监控等功能。

23. 推进畜牧兽医信息资源整合。规范畜牧兽医监管监测报表制度,实现畜牧兽医监管监测"一张表";加快推进畜牧兽医业务协同,实现监管监测"一套数";对畜牧兽医生产、贩运、销售、加工等经营单位实行备案信息统一管理,实行每一个经营单位全国联网"一个码"。统筹推进畜牧业综合信息平台建设。重点推进生猪产业链监管信息化工作,打通养殖场备案、动物防疫条件审查、检疫出证、运输车辆备案,以及饲料等行政许可在线出证等方面的信息,开展更精准的"点对点"和区域化管理,动态监测、跟踪评估、分析研判非洲猪瘟疫情变化和生猪产销形势,为统筹疫情防控和生产保供提供有力支撑。

24. 加强畜牧兽医法制建设。加快畜牧兽医领域法律法规及配套规章制(修)订进程,扎实推进依法行政。加快推进《动物防疫法》《生猪屠宰管理条例》修订出台,继续推进《乳品质量安全监督管理条例》《兽药管理条例》修订工作。组织做好畜牧兽医行业数据采集报送、动物病原微生物实验室生物安全、畜禽养殖管理、乳品质量监管、饲料评审、兽药注册及生产质量管理、动物防疫条件审查、动物检疫管理、畜禽屠宰质量安全监管、畜禽养殖废弃物资源化利用等方面部门规章、规范性文件的制(修)订工作。

25. 加强国际交流合作。办好非洲猪瘟防控国际研讨会。配合做好"乡村振兴"国际研讨会等重大活动相关服务工作。履行国际义务,及时对外通报国内动物疫情。深化与国际组织的合作,积极参与世界动物卫生组织全球大会、全球跨境动物疫病防控、中国—东南亚口蹄疫防控行动计划、联合国粮农组织澜—湄区域跨境动物疫病防控合作等国际机构活动,推动实施全球和区域相关项目。组织开展相关国际公约履约工作。充分发挥我国国际参考实验室和协作中心作用,深入参与国际动物卫生规则标准制(修)订工作,推动国际规则标准转化。强化多边和双边交流合作。加强前瞻性、针对性研究,参与兽医涉外事务磋商谈判,推动签署和实施政府间兽医双多边协议、协定。组织开展国(境)外动物卫生信息风险评估,会同有关部门制定并发布禁令解禁令。加强非洲猪瘟等动物疫病防控技术和管理经验交流。探索开拓多元海外市场模式,推动畜牧兽医相关技术、产品和服务走出去。

26. 深入推进畜牧业产业扶贫工作。按照农业农村部脱贫攻坚三年行动总体安排,完善扶贫工作机制,制定年度扶贫工作计划,细化重点措施,明确任务目标。加强与其他行业单位合作,促进生产支持与防疫服务,拓展产业扶贫渠道,提升质量和水平。进一步做好"三区三州"深度贫困地区对口帮扶工作,落实有关支持措施。加大环京津贫困地区金融支持畜牧业发展扶贫试点工作力度,鼓励引导草食畜牧业发展资源优势突出的贫困县参与"保险+融资"合作扶贫机制,建设一批以牛羊为主打产品的特色养殖基地。以武陵山区、"三区三州"深度贫困地区、大兴安岭南麓片区为重点,兼顾其他贫困地区,进一步扩大金融支持畜牧业发展扶贫覆盖面。积极探索实践产业扶贫新模式新机制,及时梳理汇总扶贫成果,切实加强宣传引导。

27. 加强政风行风建设。持续深入学习贯彻习近平新时代中国特色社会主义思想,树牢"四个意识"，坚定"四个自信"。始终坚持把政治建设摆在首位，切实做到"两个维护"，坚决贯彻落实习近平总书记等中央领导同志关于畜牧兽医工作的重要批示指示。不忘初心，牢记使命，坚定贯彻新发展理念，积极应对新形势新挑战，敢于担当责任，勇于直面困难，创造性开展工作，坚决防止不想为、不愿为、不敢为、假作为等问题。力戒形式主义、官僚主义，坚决整治门好进脸好看不办事、调门高行动少、拖沓敷衍等懒政庸政怠政现象。令行禁止，严格执行非洲猪瘟防控"八项禁令"，确保打好打赢攻坚战。强化责任担当，坚决纠正疫区封锁到期后不解禁、实施限制调运措施层层加码、没有正当理由拒开检疫证等推脱责任的错误做法。严厉查处不重实效重包装的做法，确保粪污资源化利用目标任务如期完成。严格落实中央八项规定精神，加强廉政建设，端正思想作风，严明工作纪律，树立为民、务实、清廉的良好政风行风。

农业农村部办公厅关于印发
《2019 年渔业渔政工作要点》的通知①

农办渔〔2019〕5 号

各省、自治区、直辖市及计划单列市农业农村厅（局）、福建省海洋与渔业局、青岛市海洋发展局、厦门市海洋与渔业局、新疆生产建设兵团水产局：

2018 年，全国渔业渔政系统坚决贯彻落实党中央国务院有关决策部署，在农业农村部党组和地方各级党委政府的坚强领导下，紧密围绕"提质增效、减量增收、绿色发展、富裕渔民"的目标任务，加快推进渔业供给侧结构性改革，深入推进渔业转型升级，持续推进渔业绿色、安全、融合、开放、规范发展，渔业发展质量不断提升。2019 年是新中国成立 70 周年，也是决胜全面建成小康社会的关键之年。为贯彻落实好党中央国务院有关部署要求，推动渔业高质量绿色发展取得新进展，我部研究制定了《2019 年渔业渔政工作要点》。现印发给你们，请结合各地实际，抓好相关工作落实。

农业农村部办公厅
2019 年 1 月 30 日

2019 年渔业渔政工作要点

2019 年全国渔业渔政系统要以习近平新时代中国特色社会主义思想为指导，深入学习贯彻党的十九大和十九届二中、三中全会精神，落实中央农村工作会、全国农业农村厅局长会议有关决策部署，围绕实施乡村振兴战略，抓住农业农村优先发展的有利时机，主动对标全面建成小康社会"三农"工作必须完成的硬任务，把握稳中求进总基调，以渔业供给侧结构性改革为主线，坚持提质增效、减量增收、绿色发展、富裕渔民，进一步深化渔业改革开放，不断创新体制机制，加快推进渔业高质量发展，努力开创现代化渔业强国建设新局面。重点做好以下工作。

一、深入推进渔业高质量绿色发展

（一）突出抓好水产养殖业绿色发展

贯彻实施《关于加快推进水产养殖业绿色发展的若干意见》，举办全国水产养殖业绿色发展现场会和高峰论坛。各地要出台具体实施方案，明确任务书、时间表和路线图，切实推进水产养殖业绿色发展。落实养殖水域滩涂规划编制和发布，推进规划全覆盖，依法依规开展水域滩涂养殖登记发证。实施传统池塘升级改造，推进养殖尾水治理，大力推广循环水养殖、内陆生态增殖、稻渔综合种养、近海多营养层级立体养殖等生态健康养殖模式，开展集装箱养殖和池塘尾水生态处理技术示范。不断提高养殖设施和装备水平，加大深水抗风浪养殖网箱和深远海大型智能养殖装备示范推广力度。深入开展水产健康养殖示范，扩大稻渔综合种养规模，全国稻渔综合种养面积达到3 200万亩以上。推进水产种业规范发展，建设育繁推一体化商业化育种体系，完善水产苗种生产许可管理。

---

① 资料来源：农业农村部网站，2019 年 2 月 1 日。

（二）大力推进一二三产业融合发展

贯彻落实习近平总书记考察查干湖时"保护生态和发展生态旅游相得益彰，这条路要扎实走下去"的指示精神，以大水面生态渔业为重点推进产业融合发展，组织成立国家大水面生态渔业科技创新联盟，召开全国大水面生态渔业发展现场会，推动出台大水面渔业发展指导性意见，总结推广大水面可持续利用模式。推进休闲渔业发展，结合中国农民丰收节举办休闲渔业推广活动，加大最美渔村、渔业民俗节庆活动、渔业文化遗产等宣传推介力度，开展休闲渔业发展监测，发布休闲渔业产业发展报告。推动加工业转型升级，开展水产品加工技术供需对接活动，发布主导品种发展报告，加快水产品品牌创建。积极培训渔业一二三产业融合带头人、创业创新和管理人才，推进以渔业为主导产业的现代产业园建设。加强渔业信息化建设，推动全国渔业管理数据互联互通，积极发展互联网＋现代渔业。

（三）持续提升远洋渔业发展质量

继续以"零容忍"态度依法查处违规远洋渔业行为，完善远洋渔业"黑名单"制度，严厉打击IUU。严控远洋渔船规模，建立远洋渔业企业履约综合评价制度。完善远洋渔船船位监测系统，在公海渔船上推广使用电子渔捞日志，试点建立远洋渔船远程视频监控系统。研究建立职业化科学观察员制度，推动实施港口检查措施。建立国际鱿鱼发展指数，做大做强鱿鱼产业。加快推进国家远洋渔业基地和海外渔业综合基地建设，稳妥有序推进南极磷虾开发。积极参与区域渔业管理组织事务，推进双边远洋渔业合作，展现负责任渔业大国形象。

（四）积极开展渔业产业扶贫

实施 2019 年渔业产业扶贫及援疆援藏行动，深入推进渔业定点扶贫、深度贫困地区扶贫、环京津扶贫、片区扶贫、援疆援藏。巩固提升稻渔综合种养产业扶贫效果，完善推广盐碱水渔农综合利用产业扶贫模式，推动打造冷水鱼、集装箱养殖等新型产业扶贫模式，举办现场观摩与培训活动，加强技术指导和人才培养。

二、深入推进水生生物资源养护和修复

（五）全面落实长江水生生物保护工作

贯彻实施《国务院办公厅关于加强长江水生生物保护工作的意见》，落实《长江流域重点水域禁捕和建立补偿制度实施方案》，积极推进长江流域等重点水域禁捕工作，完成 332 个水生生物保护区的渔民退捕工作，全面禁止保护区内生产性捕捞。贯彻实施《农业农村部关于调整长江流域专项捕捞管理制度的通告》，开展长江水生生物资源与环境本底调查，编制并发布《长江流域水域生态年度公报》。研究编制《长江珍稀水生生物保护工程建设规划（2019—2023）》，组织实施三峡水库等大型水电站生态调度。

（六）着力强化渔业资源养护修复

完善内陆禁渔期制度，在海河、辽河、松花江、钱塘江实施禁渔期制度，实现内陆七大重点流域禁渔期制度全覆盖。坚持不懈抓好海洋伏季休渔。按照 2020 年年底前沿海全部省份实施限额捕捞制度的要求，扩大限额捕捞试点范围，完成国内海洋捕捞总产量压减目标任务。贯彻落实习近平总书记重要指示和全国海洋牧场建设现场会精神，加快推进现代化海洋牧场建设和试点示范，建设国家级海洋牧场示范区 10 个以上，组织编制海洋牧场系列技术规范。组织开展全国放鱼日等重大增殖放流活动，全年增殖放流水生生物苗种 300 亿尾以上。做好渔业生态环境监测，开展水产养殖业污染源普查。开展近海渔业资源监测和评估，发布近海渔业资源状况公报和我国近岸海域主要鱼类产卵场分布图。强化涉渔工程对渔业资源环境影响专题评价的审查工作，严格落实有关生态补偿措施。

（七）不断加强水生野生动物保护

组织实施中华白海豚、长江江豚、中华鲟、长江鲟、斑海豹、海龟保护行动计划，加强重点濒危物种的保护和管理。推进开展国家重点保护水生野生动物物种资源和栖息地调查。加强水生野生动物履约与对外交流合作，妥善应对有关重点议题。加强水生野生动物保护科普宣传，开展水生野生动物保护宣传月活动。

三、深入推进渔船渔港综合管理改革

（八）切实加强渔船渔具管控

加大海洋捕捞渔民减船转产力度，层层落实责任，完成海洋捕捞机动渔船和功率数压减目标任务，加强指导、监督和定期通报，开展集中拆解活动，加大宣传力度。按照新修订的《渔业捕捞许可管理规定》的要求，明确渔船分类分级分区管理的具体措施，完善配套制度，加强事中事后监管，加快推进渔船管理改革。加强南沙渔业管理，完善港澳流动渔民管理机制。深入贯彻落实习近平总书记关于清理整治"绝户网"的重要指示批示精神，继续组织实施清网行动，突出重点，加大对使用禁用渔具、使用不符合规定网目尺寸的拖网和张网、在渤海违规使用拖网等行为的检查力度，确保行动取得实效。

（九）继续深化渔港综合管理改革

落实《全国沿海渔港建设规划（2018—2025年）》，加强渔港建设，抓好渔港升级改造项目实施工作，促进渔港经济区建设。加快推进渔港综合管理改革，推进出台《关于加快推进渔港振兴的意见》。在重点渔区、渔港试行港长制，压实渔港综合管理主体责任，提升渔港综合监管效能；推进大中型渔船渔获物定点上岸试点，逐步构建渔获物可追溯管理体系；推进渔业执法关口前移，依靠信息化和组织化落实渔船进出港报告制度，推动依港管人、管船、管渔获，依港保安、兴业、促振兴。落实《渤海综合治理攻坚战行动计划》，全面摸底排查渤海渔港基础数据并编制渔港目录，开展以渤海为重点的全国渔港综合治理攻坚。建立健全沿海渔港水域污染监测体系，整治港容港貌，疏浚港池航道，规范渔船停泊，提升污染防治设施装备建设和监督管理水平。

四、深入推进渔业走出去

（十）不断深化渔业国际合作

稳妥开展周边渔业协定的谈判与执行，做好周边协定水域作业渔船管理工作，联合周边国家开展水生生物增殖放流活动，推动完善澜沧江—湄公河"1+5"水生生物保护合作平台。加强双边渔业合作，做好与美国、欧盟等的对话合作，稳定合作机制，深入推进渔业走出去，服务"一带一路"建设。积极开展多边渔业谈判，推动加入南印度洋渔业协定和港口国措施协定，参加联合国可持续渔业决议磋商、海洋生物多样性协定谈判、鱼类种群协定磋商等国际渔业治理规则制定，发出中国声音，贡献中国智慧，促进全球渔业可持续发展。

（十一）积极促进水产品国际贸易

积极参与应对中美贸易摩擦，妥善做好对美水产品贸易工作。积极参与世界贸易组织渔业补贴谈判，争取公平合理的渔业发展政策。加强水产品国际贸易监测和分析，支持参加国际渔业博览会，积极开拓国际、国内水产品市场，促进水产品国际贸易。

五、切实加强渔业执法和监管

（十二）着力加强渔政执法

召开全国渔业执法工作座谈会，开展"中国渔政亮剑2019"系列渔政执法行动，做好涉渔"三无"船舶和"绝户网"清理取缔、伏季休渔、打击电鱼、安全生产、边境交界水域、长江、黄河等大江大河流域禁渔等重点执法行动。指导各地依法履行对养殖持证、苗种生产等水产养殖监督执法职责。加强渔政执法队伍建设，做好全国渔业执法先进集体和先进个人评选表彰。建立渔业执法案件举报受理中心，开展重点水域渔政执法效能评估。研究建立对严重渔业违法行为人实施部门联合惩戒制度。研究编制《长江渔政执法装备能力建设规划》。

（十三）坚持不懈抓好安全监管

强化渔业安全生产监管，组织开展渔业安全应急技能大比武、渔业安全应急业务大培训、渔业水上突发事件应急演练和渔业安全生产专项整治等活动。健全渔业安全生产约谈机制，严格落实属地管理责任和企业主体责任。指导推进渔船编组生产，不断提高渔业生产组织化水平，提升自救互救能力。加强渔业无线电管理。积极推进渔业互助保险体制改革，推动渔业自然灾害保险试点，指导渔业保险规范有序发展。强化水产品质量安全监管，开展产地水产品兽药残留监测，力争产地水产品监测合格率保持在 98% 以上。组织海水贝类产品卫生监测，切实加强海水贝类生产区域管理。开展水产养殖"用药减量"行动和水产养殖规范用药科普下乡活动，推动非规范水产养殖用兽药依法管理，积极应对水产品质量安全舆情。强化水生生物安全监管，完善渔业官方兽医队伍，扩大水产苗种产地检疫和监督执法试点范围。继续实施国家重大水生动物疫病专项监测、风险评估和阳性场净化处理，加强重大疫病应急防控，推进无规定疫病水产苗种场建设。

六、切实加强渔业发展支持保障

（十四）不断完善法律政策体系

加快推进《渔业法》修订，修改完善《水产新品种审定办法》《远洋渔业管理规定》《水生野生动植物保护特许利用办法》《渤海生物资源管理规定》《长江水生生物资源保护规定》《南沙渔业管理规定》等部门规章，研究出台和修订完善重大涉渔案件挂牌督办、渔政执法联查通报等配套制度，不断完善渔业法律法规体系。切实抓好中央财政部门预算、渔业油补政策调整和水生生物增殖放流专项转移支付以及基本建设项目实施管理，确保项目和资金执行进度。督促各地按照"省长负责制"要求，加强渔业油补政策调整一般性转移支付项目实施，着重抓好"退坡"资金使用和管理，注重规模效益。深入推进渔业油补政策改革，研究制定改革方案。

（十五）不断推进创新发展

加强科技创新，发挥现代农业产业技术体系、国家农业科技创新联盟、国家水产品加工技术研发中心作用，推动重大关键共性技术研发，提升产业素质和竞争力。加快渔业高质量绿色发展相关标准制（修）订。加强水产推广体系建设，发布《乡村振兴战略下加强水产技术推广工作的指导意见》，开展水产技术员职业技能大赛和职业渔民培训。积极推进浙江省国家海洋渔业可持续发展试点和舟山市国家绿色渔业实验基地建设。加强渔业统计工作，及时监测发布渔情信息，不断完善统计指标，客观科学反映渔业高质量绿色发展成效。立足新机构新职能新要求，加强自身建设，强化部门协作，建立健全科学高效的渔业渔政工作体制机制。贯彻落实全面从严治党、加强政治建设要求，不断强化渔业渔政行风建设。

2019 年乡村产业工作要点①

农业农村部乡村产业发展司

编者按：为深入贯彻落实中央农村工作会议、《中共中央　国务院关于坚持农业农村优先发展做好"三农"工作若干意见》精神和《农业农村部关于做好 2019 年农业农村工作的实施意见》部署，围绕农村一二三产业融合发展，聚焦重点产业，聚集资源要素，强化创新引领，培育发展新动能，构建特色鲜明、布局合理、创业活跃、联农紧密的乡村产业体系，农业农村部乡村产业发展司制定了《2019 年乡村产业工作要点》，指导各地结合实际抓好落实。

2018 年，乡村产业系统认真贯彻落实中央和农业农村部的部署，以实施乡村振兴战略为总抓手，以推进农业供给侧结构性改革为主线，贯彻新发展理念，围绕农村一二三产业融合发展，聚焦重点，加大力度，强化措施，乡村产业发展取得积极成效。产业融合渐成趋势，农产品精深加工有序推进，新产业新业态层出不穷，农村创新创业风生水起，实现良好开局。

2019 年，是新中国成立 70 周年，是全面建成小康社会关键之年，促进乡村产业发展，意义重大，任务艰巨。2019 年，乡村产业工作的总体思路是：以习近平新时代中国特色社会主义思想为指导，全面贯彻党的十九大精神和实施乡村振兴战略部署，牢固树立新发展理念，贯彻"巩固、增强、提升、畅通"方针，坚持推动高质量发展，坚持农业农村优先发展，以实现农业农村现代化为总目标，以农业供给侧结构性改革为主线，围绕农村一二三产业融合发展，聚焦重点产业，聚集资源要素，强化创新引领，培育发展新动能，构建特色鲜明、布局合理、创业活跃、联农紧密的乡村产业体系，确保乡村产业发展取得新进展，以优异的成绩庆祝新中国成立 70 周年。

在发展目标上，要聚焦乡村产业振兴。2019 年要夯实基础，力争用 3～5 年时间，乡村产业振兴取得重要进展，乡村产业体系基本建立，供给结构适应性明显增强，绿色发展模式更加成形，经营方式体系初步构建，城乡居民收入差距持续缩小，农民就地就近就业明显增多，城乡融合发展格局初步形成。

在工作要求上，要强化"三个统筹"：一是统筹农业内部产业协调发展。依托种养业，提升种养业，一产往后延，二产两头连，三产走精端，推进粮经饲统筹、农牧渔循环、产加销一体、农文旅结合和一二三产业融合发展。二是统筹农业外部相关产业协同发展。与工业、商贸、文旅、物流、信息等跨界融合，推动乡村产业在生产两端、农业内外、城乡两头高位嫁接、相互交融、协调发展。三是统筹各方力量合力推进。与发改、财政、工信、住建、交通、文旅、自然资源、生态环保、市场监管等部门协同推进，促进科研院校与企业双向对接，形成上下联动、内外互动、多方助动的工作格局。

一、加力推进融合发展，增强乡村产业发展聚合力

（一）推进主体深度融合。支持发展行政区域范围内产业关联度高、辐射带动力强的大型产业化联合体，积极发展分工明确、优势互补、风险共担、利益共享的中型产业化联合体，鼓励发展农业企业、农民合作社与农户采取订单生产、股份合作的小型产业化联合体。发展壮大农民合作社，培育农民合作社联合社，探索发展公司化合作社，支持家庭农场与农民合作社联合，实现抱团

---

① 资料来源：农业农村部网站，2019 年 3 月 4 日。

发展。

（二）**推进业态深度融合。**引导新型经营主体以规模化、特色化、专业化经营为融合点，跨界配置农业和现代产业元素，促进产业深度交叉融合，形成"农业＋"多业态发展态势。推进规模种植与林牧渔融合，发展林下种养、稻渔共生等业态。推进农业与加工流通融合，发展中央厨房、直供直销、会员农业等业态。推进农业与文化、旅游、教育、康养等产业融合，发展创意农业、亲子体验、功能农业等业态。推进农业与信息产业融合，发展数字农业等业态。

（三）**搭建产业融合载体。**支持建设一批一二三产业融合、产加销一体、产业链条完整的现代乡村产业园。加快建设一批标准原料基地、精深加工转化、区域主导产业、紧密利益联结于一体的农业产业强镇，实现多主体参与、多要素聚集、多业态发展、多模式推进的融合格局。新创建一批主业强、百业兴、人气旺的农业产业强镇，认定一批农村一二三产业融合发展先导区。

二、大力发展农产品精深加工，打造乡村产业发展高地

（一）**促进加工装备升级。**落实农业农村部等15部门《关于促进农产品精深加工高质量发展若干政策措施的通知》，构建以企业为主体、产学研用协同的创新机制，引导加工企业工艺技术"鸟枪换炮"、生产流程"机器换人"、营销渠道"电商换市"，推动加工企业由小变大、加工程度由初变深、加工产品由粗变精。研发推广一批有知识产权的加工关键技术装备，指导相关社会组织推介中国100强农产品加工企业。

（二）**加强精深加工基地建设。**按照"粮头食尾""农头工尾"要求，支持粮食生产功能区、重要农产品生产保护区、特色农产品优势区集成政策、集聚要素、集中服务、集合企业，建设一批有原料基地、有企业带动、有科技引领、有服务配套的农产品精深加工园区。实施农产品产地初加工项目，支持新型经营主体建设保鲜、储藏、分级、包装等初加工设施，使产品通过后整理适宜进入精深加工。鼓励县域发展农产品精深加工，建成一批农产品专业村镇和加工强县。认定一批产业规模大、创新能力强、示范带动好的全国农产品精深加工示范基地。

（三）**推进副产物综合利用。**推行低消耗、少排放、可循环的乡村绿色生产方式，加快推进种养加循环一体化，建立乡村有机废弃物收集、转化和利用网络体系。集成推广智能化、信息化设施装备，推进清洁加工，促进加工副产物循环梯次综合利用，开发新能源、新材料、新产品等，实现资源循环利用、多次增值、节能减排。推介一批农产品及加工副产物综合利用典型模式。

三、聚力发展特色产业，拓展乡村产业发展空间

（一）**加快开发特色资源。**编制实施乡村特色产业发展规划，因地制宜发展特色种养、特色食品、特色编织、特色制造和特色手工业等乡土产业，增加特色品牌产品和个性服务供给，满足市场多元化需求。开发乡土特色文化产业和创意产品，保护传统技艺，传承乡村文化根脉。

（二）**加快特色农产品基地建设。**积极发展多样化特色粮、油、薯、果、菜、茶、菌、中药材、养殖、林特花卉苗木等特色种养，加快建设绿色循环种植基地、配套发展加工物流，推动特色产品高质量发展。扩大绿色循环优质高效特色项目实施范围，建设一批绿色优质高效特色产品基地。

（三）**培育"一村一品"示范村镇。**发挥村镇农业资源和自然生态比较优势，发掘"人无我有、人有我优、人优我特"的稀有资源，开展差异化竞争，推进整村开发、一村带多村、多村连成片，打造"一村一品、一县一业"，夯实产业基础，厚植区域经济发展新优势。认定第九批"一村一品"示范村镇。

（四）**创响特色农产品品牌。**按照"有标采标、无标创标、全程贯标"要求，制定不同区域不同产品的技术规程和产品标准，创响一批"独一份""特别特""好中优"的"土字号""乡字号"品牌。发布一批全国乡村特色产业名录。开展生产标准化、特征标识化、营销电商化"三化"试点

示范行动，实现营销扁平化、质量可追溯。

四、培育壮大龙头企业，增强乡村产业发展活力

（一）扩大龙头企业队伍。实施新型经营主体培育工程，引导龙头企业采取兼并重组、股份合作、资产转让等形式，建立大型农业企业集团，打造知名企业品牌，提升龙头企业在乡村产业振兴中的带动能力。鼓励龙头企业下沉重心，布局到县乡村，向重点产区和优势区集聚。完善《农业产业化国家重点龙头企业认定和运行监测管理办法》，新认定一批农业产业化国家重点龙头企业。

（二）培育产业化联合体。围绕农村产业融合发展，支持龙头企业牵头，与农民合作社、家庭农场、广大农户分工协作，组建要素优化配置、生产专业分工、收益共同分享的农业产业化联合体，创建原料基地优、加工能力强、产品质量高、品牌效应大的示范联合体。引导联合体共同制定章程、明确权利责任、完善治理机制，完善利益联结机制，发挥各主体优势，提高农户参与度，增强产业链竞争力。扩大农业产业化联合体支持政策创新试点范围，探索有效的工作机制和政策支持体系。

（三）完善联农带农机制。引导新型经营主体与小农户建立契约型、股权型利益联结机制，推广"订单收购＋分红""土地流转＋优先雇用＋社会保障""农民入股＋保底收益＋按股分红"等多种利益联结方式。落实农业农村部等6部门《关于开展土地经营权入股发展农业产业化经营试点的指导意见》，鼓励各地根据当地实际自行选点开展试点，创新土地经营权入股的实现形式，有序推进土地经营权入股农业产业化经营。

五、积极发展乡村休闲旅游，增添乡村产业发展亮点

（一）打造休闲旅游精品。实施休闲农业和乡村旅游精品工程，挖掘蕴含的特色景观、农耕文化、乡风民俗等优质资源，丰富文化内涵，拓展农业功能，开发特色产品，发掘村落历史，建设一批设施完备、功能多样的休闲观光园区、乡村民宿、农耕体验、康养基地等，培育一批"一村一景""一村一韵"美丽休闲乡村，打造特色突出、主题鲜明的休闲农业和乡村旅游精品。新推介一批中国美丽休闲乡村和乡村休闲旅游示范县。

（二）丰富休闲旅游业态。强化规划设计和创新创意，充分利用移动互联网、物联网、虚拟现实等手段，提升"农家乐""农事体验"等传统业态，发展高端民宿、康养基地、摄影基地等高端业态，探索农业主题公园、教育农园、创意农业、深度体验、新型疗养等新型业态。会同发改、财政、文旅、教育等部门，改造提升一批乡村休闲旅游基础设施。

（三）提升休闲旅游管理水平。加快制定修订一批技术规程和服务标准，用标准创响品牌、用品牌吸引资本、用资本汇聚资源。组织开展休闲农业和乡村旅游人才培训，培养一批素质强、善经营的行业发展管理和经营人才。对休闲农业和乡村旅游的聚集区开展督促检查，保障服务规范、运营安全。开展各具特色、形式多样的主题活动，继续推出"春观花""夏纳凉""秋采摘""冬农趣"活动。

六、促进农村创新创业升级，增强乡村产业发展新动能

（一）培育创新创业群体。落实《国务院关于推进创新创业高质量发展打造"双创"升级版的意见》，优化农村创新创业环境，提升创新创业带动就业能力，增强科技创新引领作用，增强乡村产业发展内生动力。以政策推动、乡情感动、项目带动，搭建能人返乡、企业兴乡和市民下乡平台，吸引各类人才到农村创业创新。实施农村创新创业"百县千乡万名带头人"培育行动，加大各方资源支持本地农民兴业创业力度，鼓励农民就地就近创业，引导农民工在青壮年时返乡创业。

（二）拓宽创新创业领域。支持返乡下乡人员、"田秀才"、"土专家"、"乡创客"创办特色种

养、加工流通、休闲旅游、电子商务、农商直供、中央厨房等新业态，培育发展网络化、智能化、精细化现代乡村产业新模式。培育各类新型融合业态，积极发展"互联网＋创业创新""生鲜电商＋冷链宅配""中央厨房＋食材冷链配送"等业态，推行智能生产、经营平台、物流终端、产业联盟和资源共享等新模式。举办农村创业创新项目创意大赛，宣传推介第三批全国农村创新创业带头人、第一批全国优秀乡村企业家典型和第二批全国农村创新创业典型县。

（三）**搭建创新创业平台。**整合政府、企业、社会等多方资源，按照"政府搭建平台、平台聚集资源、资源服务创新创业"要求，推动各类要素向农村创新创业集聚，创建一批具有区域特色的农村双创示范园区（基地），引导有条件的龙头企业建设云平台，发展众创、众筹、众包、众扶模式。会同国务院相关部门建设 100 个国家农村创业创新示范园区（基地），确认 100 个农村创业创新人员培训、实训、见习、实习和孵化基地。务实办好全国新农民新技术创业创新博览会，展示新成就，交流新经验，实现新发展。

七、大力推动产业扶贫，助力打赢脱贫攻坚战

（一）**支持发展特色产业。**发掘贫困地区的资源优势、景观优势和文化底蕴，开发有独特优势的特色产品，在有条件的地方打造"一村一品"示范村镇和休闲旅游精品点。支持贫困地区打造特色产品品牌。农业产业化强镇和绿色循环优质高效特色产业项目，尽可能向集中连片贫困地区倾斜。农产品产地初加工项目，要支持贫困地区建设储藏、烘干、保鲜等设施。

（二）**引导龙头企业建基地。**依托贫困地区的资源优势，引导龙头企业与贫困地区合作创建绿色食品、有机农产品原料标准化基地，带动贫困户进入大市场。组织农业产业化国家重点龙头企业与农业农村部定点扶贫县合作，开发农业资源，拓展产品市场，以产业带动扶贫。

（三）**开展农产品产销对接。**组织贫困地区农业企业参加中国农产品加工业投资贸易洽谈会等博览、会展等活动，举办扶贫专场，促进产销对接，带动品牌提升。组织国内大型加工、采购销售、投融资企业、科研单位赴贫困地区开展县企、村企对接活动，促进直销直供、原料基地建设、招商引资等项目对接。

关于认定中国特色农产品优势区（第二批）的通知①

农市发〔2019〕2号

各省、自治区、直辖市农业农村（农牧）、畜牧兽医、农垦、渔业厅（局、委、办），农办，林业草原、发展改革、财政、科技、自然资源、生态环境、水利主管部门，新疆生产建设兵团农业局，黑龙江省农垦总局，广东省农垦总局，内蒙古、吉林、龙江、大兴安岭、长白山森工（林业）集团公司：

为贯彻落实中央1号文件和中央农村工作会议关于推进特色农产品优势区创建的部署，根据《农业农村部　国家林业和草原局　国家发展改革委　财政部　科技部　自然资源部关于组织开展第二批"中国特色农产品优势区"申报认定工作的通知》（农市发〔2018〕4号）和《特色农产品优势区建设规划纲要》的具体要求，经县市（垦区、林区）申请、省级推荐、部门初审、专家评审、网上公示等程序，决定认定湖北省随州市随州香菇中国特色农产品优势区等84个地区为中国特色农产品优势区（第二批）（名单见附件）。现将有关事项通知如下。

一、深刻认识建设特色农产品优势区的重要意义

建设特色农产品优势区是党中央、国务院的重大决策部署，是推动农业供给侧结构性改革、推进农业绿色发展、带动传统农业区和贫困地区脱贫致富、提高农产品质量效益和竞争力的重要举措。要以习近平新时代中国特色社会主义思想为指导，贯彻落实创新、协调、绿色、开放、共享的发展理念，坚持市场导向和绿色发展，以区域资源禀赋和产业比较优势为基础，以经济效益为中心，以农民增收为目的，进一步加大创建力度，加大资金投入，完善标准体系，强化科技支撑，改进基础设施，加强品牌建设和主体培育，促进优势特色产业做大做强，辐射带动农民持续增收，促进乡村振兴战略的顺利实施。

二、切实加强特色农产品优势区创建的组织领导

各地要按照中央部署要求，加强特色农产品优势区创建工作，建立健全由政府主要领导牵头、行业部门具体落实、相关部门支持配合的工作协调机制，统筹协调推进特优区建设重大事宜，及时解决遇到的重大问题，组织制定特优区建设实施方案，出台相关配套政策，加大对特优区建设的支持。制定特优区管理细则，坚决杜绝重认定申报、轻建设管理的现象。积极引导各类企业、农民合作社、家庭农场、普通农户参与特优区建设，形成高位推动、上下联合、多方共建的创建机制。

三、扎实推动特色农产品优势区创建工作

各地要以《特色农产品优势区建设规划纲要》《中国特色农产品优势区创建认定标准》为指导，围绕调整优化结构和突出特色优势，进一步做好产业布局，推动有条件的、适宜发展特色产业的县市编制本地区建设规划。按照分级创建、分级认定、分级管理的要求，积极开展省级特色农产品优势区创建与认定工作，推动形成国家级、省级两级特优区体系。省级农业农村、农办、林业和草原、发展改革、财政、科技、自然资源、生态环境、水利主管部门要加强对特色农产品优势区创建

---

① 资料来源：农业农村部网站，2019年1月21日。

工作的指导、服务和监督，推动出台本地的支持性政策和措施，打造特色鲜明、优势聚集、产业融合、市场竞争力强的特色农产品优势区。

　　附件：中国特色农产品优势区名单（第二批）

农业农村部　中央农村工作领导小组办公室

国家林业和草原局　国家发展和改革委员会　财政部

科技部　自然资源部　生态环境部　水利部

2019 年 1 月 17 日

附件

中国特色农产品优势区名单（第二批）

1. 湖北省随州市随州香菇中国特色农产品优势区
2. 河北省怀来县怀来葡萄中国特色农产品优势区
3. 吉林省洮南市洮南绿豆中国特色农产品优势区
4. 河北省内丘县富岗苹果中国特色农产品优势区
5. 四川省资中县资中血橙中国特色农产品优势区
6. 四川省广安市广安区广安龙安柚中国特色农产品优势区
7. 山西省沁县沁州黄小米中国特色农产品优势区
8. 山东省寿光市寿光蔬菜中国特色农产品优势区
9. 安徽省黄山市黄山区太平猴魁中国特色农产品优势区
10. 广西壮族自治区融安县融安金桔中国特色农产品优势区
11. 山东省沂源县沂源苹果中国特色农产品优势区
12. 湖北省十堰市武当道茶中国特色农产品优势区
13. 重庆市石柱县石柱黄连中国特色农产品优势区
14. 山西省忻州市忻州杂粮中国特色农产品优势区
15. 山东省烟台市福山区福山大樱桃中国特色农产品优势区
16. 浙江省杭州市临安区临安山核桃中国特色农产品优势区
17. 广西壮族自治区玉林市玉州区玉林三黄鸡中国特色农产品优势区
18. 宁夏回族自治区中卫市中卫香山硒砂瓜中国特色农产品优势区
19. 江苏省东台市东台西瓜中国特色农产品优势区
20. 四川省眉山市眉山晚橘中国特色农产品优势区
21. 云南省漾濞县漾濞核桃中国特色农产品优势区
22. 辽宁省鞍山市鞍山南果梨中国特色农产品优势区
23. 广西壮族自治区河池市宜州区宜州桑蚕茧中国特色农产品优势区
24. 重庆市江津区江津花椒中国特色农产品优势区
25. 陕西省大荔县大荔冬枣中国特色农产品优势区
26. 甘肃省榆中县兰州高原夏菜中国特色农产品优势区
27. 河北省安国市安国中药材中国特色农产品优势区
28. 湖北省宜昌市宜昌蜜桔中国特色农产品优势区
29. 福建省福鼎市福鼎白茶中国特色农产品优势区
30. 海南省三亚市三亚芒果中国特色农产品优势区
31. 宁夏回族自治区灵武市灵武长枣中国特色农产品优势区

32. 河北省涉县涉县核桃中国特色农产品优势区

33. 广西壮族自治区钦州市钦南区钦州大蚝中国特色农产品优势区

34. 广东省仁化县仁化贡柑中国特色农产品优势区

35. 四川省合江县合江荔枝中国特色农产品优势区

36. 山东省滨州市沾化区沾化冬枣中国特色农产品优势区

37. 辽宁省盘山县盘山河蟹中国特色农产品优势区

38. 安徽省砀山县砀山酥梨中国特色农产品优势区

39. 福建省宁德市蕉城区宁德大黄鱼中国特色农产品优势区

40. 云南省文山州文山三七中国特色农产品优势区

41. 河北省晋州市晋州鸭梨中国特色农产品优势区

42. 宁夏回族自治区西吉县西吉马铃薯中国特色农产品优势区

43. 湖南省湘潭县湘潭湘莲中国特色农产品优势区

44. 内蒙古自治区乌兰察布市乌兰察布马铃薯中国特色农产品优势区

45. 山东省汶上县汶上芦花鸡中国特色农产品优势区

46. 广西壮族自治区平南县平南石硖龙眼中国特色农产品优势区

47. 新疆维吾尔自治区叶城县叶城核桃中国特色农产品优势区

48. 安徽省霍山县霍山石斛中国特色农产品优势区

49. 重庆市潼南区潼南柠檬中国特色农产品优势区

50. 山西省吉县吉县苹果中国特色农产品优势区

51. 广东农垦湛江剑麻中国特色农产品优势区

52. 贵州省织金县织金竹荪中国特色农产品优势区

53. 江苏省苏州市吴中区洞庭山碧螺春中国特色农产品优势区

54. 湖南省汝城县汝城朝天椒中国特色农产品优势区

55. 甘肃省静宁县静宁苹果中国特色农产品优势区

56. 云南省华坪县华坪芒果中国特色农产品优势区

57. 甘肃省岷县岷县当归中国特色农产品优势区

58. 浙江省余姚市余姚榨菜中国特色农产品优势区

59. 四川省安岳县安岳柠檬中国特色农产品优势区

60. 江西省婺源县婺源绿茶中国特色农产品优势区

61. 重庆市巫山县巫山脆李中国特色农产品优势区

62. 河南省杞县杞县大蒜中国特色农产品优势区

63. 江苏省南京市高淳区固城湖螃蟹中国特色农产品优势区

64. 河南省泌阳县泌阳夏南牛中国特色农产品优势区

65. 广东省潮州市潮州单丛茶中国特色农产品优势区

66. 云南省腾冲市槟榔江水牛中国特色农产品优势区

67. 云南省宾川县宾川柑橘中国特色农产品优势区

68. 内蒙古自治区赤峰市赤峰小米中国特色农产品优势区

69. 江苏省海门市海门山羊中国特色农产品优势区

70. 贵州省都匀市都匀毛尖中国特色农产品优势区

71. 青海省海西蒙古族藏族自治州柴达木枸杞中国特色农产品优势区

72. 天津市宝坻区宝坻黄板泥鳅中国特色农产品优势区

73. 内蒙古自治区通辽市科尔沁牛中国特色农产品优势区

74. 新疆生产建设兵团第一师阿拉尔市阿拉尔红枣中国特色农产品优势区
75. 新疆维吾尔自治区若羌县若羌红枣中国特色农产品优势区
76. 江西省崇仁县崇仁麻鸡中国特色农产品优势区
77. 内蒙古自治区鄂托克旗阿尔巴斯绒山羊中国特色农产品优势区
78. 河南省平舆县平舆白芝麻中国特色农产品优势区
79. 上海市崇明区崇明清水蟹中国特色农产品优势区
80. 新疆维吾尔自治区鄯善县吐鲁番葡萄中国特色农产品优势区
81. 陕西省富平县富平奶山羊中国特色农产品优势区
82. 西藏自治区工布江达县藏猪中国特色农产品优势区
83. 黑龙江省东宁市东宁黑木耳中国特色农产品优势区
84. 西藏自治区类乌齐县牦牛中国特色农产品优势区

关于公布第二批国家农业绿色发展先行区名单的通知[①]

农规发〔2019〕23号

各省、自治区、直辖市、新疆生产建设兵团农业农村、发展改革、科技、财政、自然资源、生态环境、水利、林业与草原厅（委、局）：

按照《农业农村部办公厅关于开展第二批国家农业绿色发展先行区评估确定工作的通知》（农办规〔2019〕12号）和《国家农业可持续发展试验示范区（农业绿色发展先行区）管理办法（试行）》要求，在地方人民政府申请、省级择优推荐、部委复核确认的基础上，农业农村部、国家发展改革委、科技部、财政部、自然资源部、生态环境部、水利部、国家林草局评估确定了第二批41个国家农业绿色发展先行区（以下简称"先行区"，具体名单见附件）。现就有关事项通知如下。

一、深入开展先行先试工作

国家农业绿色发展先行区是推进农业绿色发展的综合性试验示范平台。各先行区要认真贯彻落实中办国办《关于创新体制机制推进农业绿色发展的意见》，立足当地资源禀赋、区域特点和突出问题，着力创新和提炼形成以绿色技术体系为核心、绿色标准体系为基础、绿色产业体系为关键、绿色经营体系为支撑、绿色政策体系为保障、绿色数字体系为引领的区域农业绿色发展典型模式，将先行区建设成为绿色技术试验区、绿色制度创新区、绿色发展观测点，为面上农业的绿色发展转型升级发挥引领作用。

要创新绿色技术体系，依托优势科研单位，在耕地、水等农业资源保护利用、化肥农药减量增效、农业废弃物资源化利用、农村人居环境整治等方面加快创新革命性、颠覆性的农业绿色发展技术。要健全绿色标准体系，以技术创新为基础，建设农业绿色生产标准化试验基地，建立符合绿色发展要求的行业标准和地方标准，完善农业绿色发展标准体系。要延伸绿色产业体系，拓展农业绿色发展产业链，发展农业绿色投入品供给产业、完善绿色农产品产地加工体系、推动绿色农业新产业新业态发展。要强化绿色经营体系，加强农业绿色生产技术培训推广应用，培养农业绿色生产经营队伍，建立农业绿色发展固定观察点，逐步形成以绿色为导向的农业经营体系。要完善绿色政策体系，探索建立有利于绿色技术推广和大规模应用的政策体系，逐步健全农业绿色发展制度，加大执法监督力度。要研发绿色数字体系，用信息化全面改造升级农业技术、标准、产业、经营、政策支持体系，加快数字农业农村建设。

二、积极强化政策支持

各地要加快建立以绿色生态为导向的农业补贴制度，强化农业绿色发展先行先试支撑体系建设。积极支持建立农业绿色发展固定观察点，系统持续收集农业资源环境数据。探索绿色金融服务先行先试地区的有效方式，加大绿色信贷及专业化担保支持力度，创新绿色生态农业保险产品，加大政府和社会资本合作（PPP）的推广应用。

[①]　资料来源：农业农村部网站，2019年9月11日。

三、持续做好监测评估

各先行区每半年梳理一次工作进展情况，每年底开展总结，认真分析评估农业绿色发展先行先试工作成效及存在问题。各省（自治区、直辖市）农业农村主管部门会同相关厅局负责对先行区建设情况进行监测评价，加强工作调度，汇总形成本省（区、市）的半年工作进展和年度总结报告，并于每年6月30日、12月15日前报送农业农村部等有关部门。农业农村部会同有关部门对先行区建设情况进行阶段评估，对评估不合格的限期整改，整改不到位的取消"国家农业绿色发展先行区"资格。

四、切实加强组织领导

农业绿色发展是实施乡村振兴战略的重要内容。各先行区所在地人民政府要建立由党委或政府主要领导牵头的先行区建设领导小组，建立农业绿色发展推进机制，把农业绿色发展纳入领导干部任期生态文明建设责任制内容，结合实际研究制定实施方案，明确目标任务、职责分工，列出路线图、时间表。省级农业农村部门会同有关部门负责本省（自治区、直辖市）先行区建设的组织领导和工作指导，要按照省级人民政府的部署和要求，切实推动本省（自治区、直辖市）农业绿色发展先行先试。农业农村部、国家发展改革委、科技部、财政部、自然资源部、生态环境部、水利部、国家林草局等8部门组成的先行区建设协调小组负责总体组织协调工作。

第一批国家农业绿色发展先行区按此通知精神优化充实试验示范方案。

附件：第二批国家农业绿色发展先行区名单

农业农村部　国家发展和改革委员会　科技部　财政部
自然资源部　生态环境部　水利部　国家林业和草原局
2019年10月24日

附件

第二批国家农业绿色发展先行区名单
（共41个）

1. 海南省国家农业绿色发展先行区
2. 北京市大兴区国家农业绿色发展先行区
3. 天津市西青区国家农业绿色发展先行区
4. 河北省平山县国家农业绿色发展先行区
5. 河北省曲周县国家农业绿色发展先行区
6. 山西省万荣县国家农业绿色发展先行区
7. 内蒙古自治区科尔沁右翼前旗国家农业绿色发展先行区
8. 辽宁省凌海市国家农业绿色发展先行区
9. 吉林省和龙市国家农业绿色发展先行区
10. 黑龙江省兰西县国家农业绿色发展先行区
11. 上海市松江区国家农业绿色发展先行区
12. 江苏省如皋市国家农业绿色发展先行区
13. 江苏省常州市新北区国家农业绿色发展先行区
14. 安徽省岳西县国家农业绿色发展先行区
15. 安徽省休宁县国家农业绿色发展先行区

16. 福建省永泰县国家农业绿色发展先行区
17. 江西省万载县国家农业绿色发展先行区
18. 江西省泰和县国家农业绿色发展先行区
19. 山东省齐河县国家农业绿色发展先行区
20. 河南省济源市国家农业绿色发展先行区
21. 湖北省大冶市国家农业绿色发展先行区
22. 湖北省十堰市郧阳区国家农业绿色发展先行区
23. 湖南省浏阳市国家农业绿色发展先行区
24. 湖南省新宁县国家农业绿色发展先行区
25. 广东省德庆县国家农业绿色发展先行区
26. 广西壮族自治区田东县国家农业绿色发展先行区
27. 重庆市开州区国家农业绿色发展先行区
28. 重庆市武隆区国家农业绿色发展先行区
29. 四川省成都市青白江区国家农业绿色发展先行区
30. 四川省泸县国家农业绿色发展先行区
31. 贵州省松桃县国家农业绿色发展先行区
32. 贵州省金沙县国家农业绿色发展先行区
33. 云南省大理市国家农业绿色发展先行区
34. 云南省弥勒市国家农业绿色发展先行区
35. 西藏自治区白朗县国家农业绿色发展先行区
36. 陕西省洋县国家农业绿色发展先行区
37. 甘肃省广河县国家农业绿色发展先行区
38. 青海省湟源县国家农业绿色发展先行区
39. 宁夏回族自治区中宁县国家农业绿色发展先行区
40. 新疆维吾尔自治区奇台县国家农业绿色发展先行区
41. 新疆生产建设兵团第六师共青团农场国家农业绿色发展先行区

农民合作社已成为振兴乡村的中坚力量①

农业农村部农村合作经济指导司

新中国成立后，我们党在经过土地改革，实行"耕者有其田"的基础上，逐步组织引导农民通过发展互助组、初级社等形式，把农民组织起来，迅速解放和发展了农业生产力。之后，以生产、供销、信用为主的"三大合作社"在农村普遍建立起来。随着农业社会主义改造任务的提前完成，进入人民公社时期，我国农业合作社发展道路也经历了20多年的曲折探索。改革开放以来，我国农民群众在家庭承包经营的基础上，开展生产经营合作的意愿不断增强，合作实践不断丰富。为满足农民群众合作起来的需求，2007年7月1日《中华人民共和国农民专业合作社法》正式实施，自此我国农民合作社走上了依法发展的快车道。

一是数量快速增长。到2019年7月底，全国依法登记的农民合作社达220.7万家。农民合作社通过共同出资、共创品牌、共享利益，组建1万多家联合社。通过国家、省、市、县级示范社四级联创，目前县级以上示范社18万家，国家示范社近8 500家。

二是带动能力增强。农民合作社辐射带动全国近一半的农户。普通农户分别占农民合作社成员的98.2%和农民合作社理事长的91.2%。

三是产业分布广泛。农民合作社产业涵盖粮棉油、肉蛋奶、果蔬茶等主要产品生产，并由种养业向农产品加工、休闲观光旅游农业、民间工艺制作和服务业延伸，其中种植业占54.7%，养殖业占25.8%，服务业占7.7%，林业和其他产业占11.8%。

四是服务水平提升。农民合作社为成员提供农资供应、农机作业、技术信息等统一服务，能够提供产加销一体化服务的农民合作社占比53.4%。8.7万家农民合作社拥有注册商标，4.6万家农民合作社通过了"三品一标"农产品质量认证。一些地方在专业合作的基础上，开展农民合作社信用合作、互助保险、土地股份等合作，由单一要素联合向资金、技术、土地、闲置农房等多要素合作转变。

农民合作社在有关法律制度和支持政策的保障激励下快速发展，已成为农民群众的组织者、乡村资源要素的激活者、乡村产业发展的引领者和农民权益的维护者，在建设现代农业、助力脱贫攻坚、带领农民增收致富中发挥了重要作用。

——成为组织服务小农户的重要载体。农民合作社成员以农民为主体，为成员提供农业生产经营服务，组织小农户"抱团"闯市场，帮助小农户克服势单力薄、分散经营的不足，推进规模化、标准化生产经营，引领小农户与现代农业发展有机衔接。

——成为激活农村资源要素的重要平台。农民合作社通过整合土地、闲置农房、资金、技术等资源要素，形成集聚效应，为乡村振兴注入了活力。大学毕业生、返乡农民工、各类回乡人士、工商资本等，通过参社办社进行创业创新，全国有3.5万家农民合作社创办加工企业等经济实体，2万家发展农村电子商务，7 300多家进军休闲农业和乡村旅游。

——成为维护农民权益的重要力量。农民合作社通过优质优价、就地加工等提升农业经营综合效益，增加了成员家庭经营收入；通过促进富余劳动力转移就业，提高了农民工资性收入；通过引导成员多种形式出资获取分红，扩大了农民财产性收入来源。农民合作社特有的"一人一票"治理

---

① 资料来源：农业农村部网站，2019年9月16日。

机制，在乡村治理中推进了农村民主管理。农民合作社为每个成员平均返还盈余 1 402.5 元。全国有 385.1 万个建档立卡贫困户加入农民合作社。

农业农村部会同有关部门认真贯彻落实农民专业合作社法，采取有力举措，强化指导扶持服务，初步构建起法律法规、指导服务和扶持政策"三大体系"。

一是农民合作社法律法规体系逐步形成。按照农民专业合作社法的有关规定，国务院制定了《农民专业合作社登记管理条例》，有关部门制定了农民合作社示范章程、财务会计、登记办法等规章制度，20 个省份出台了地方性法规，15 个省份制定了推动农民合作社规范发展的具体意见，逐步形成以农民专业合作社法为核心、地方性法规为支撑、规章制度相配套的法律法规体系。新修订的农民专业合作社法经十二届全国人大常委会第三十一次会议审议通过，由第八十三号主席令公布，自 2018 年 7 月 1 日起施行。修订后的法律赋予农民合作社平等的市场地位，丰富了成员出资、合作类型，完善了成员资格，为加快构建现代农业经营体系提供了坚强的法治保障。

二是多层级指导服务体系初步建立。2013 年 7 月，经国务院批准，农业部会同国家发展和改革委员会、财政部、水利部、国家税务总局、国家工商行政管理总局、国家林业局、中国银行业监督管理委员会、中华全国供销合作总社等部门和单位建立了全国农民合作社发展部际联席会议制度，形成了依法推进农民合作社发展的强大合力。大多数地方陆续建立了领导小组、联席会议制度，加强对农民合作社的指导。各地打造农民合作社辅导员队伍，开展多种形式的结对帮扶，为农民合作社提供了全方位服务。

三是扶持政策体系日益完善。经国务院同意，中央农村工作领导小组办公室、农业农村部、国家市场监督管理总局、国家税务总局等部门联合出台意见，开展农民合作社规范提升行动，引导农民合作社规范发展、示范创建，依法为农民合作社的组织建设、登记注册、税务管理提供指导服务。2017 年 5 月，中共中央办公厅、国务院办公厅印发了《关于加快构建政策体系培育新型农业经营主体的意见》，进一步系统构建了支持农民合作社等新型农业经营主体的扶持政策体系。

新中国农业科技发展70年[①]

农业农村部科技教育司

1949年，中华人民共和国成立，中国农业科技发展开启了新的历史篇章。在历届中央领导集体的坚强领导下，在一代代农业科技工作者的共同努力下，我国农业科技发展面貌发生了翻天覆地的变化，中国农业科技发展发生了从小到大、从弱到强的历史性变化。目前，我国农业科技创新整体水平已进入世界第二方阵，农业科技进步贡献率达到58.3%，为保障国家粮食安全、促进农民增收和农业绿色发展发挥了重要作用，已成为促进我国农业农村经济增长最重要的驱动力。

70年来，从几个农业试验场，发展成全球最完整的农业科技创新体系。目前，我国农业科技创新体系从中央到地方层级架构完整，机构数量、人员规模、产业和学科覆盖面均为全球之最。在科研体系建设方面，在新中国成立前的北平、淮安、保定、济南等几个农业试验场的基础上，迅速建立了中央、省、地市三级农业科研机构系统。改革开放迎来了科学技术事业发展的春天，政策环境、制度环境和投入支持环境得到了较大改善。目前，我国地市级以上农业科研机构的数量达到了1 035个。在技术推广体系建设方面，农业技术推广体系先后经历了艰难的创建期、市场和体制改革双重冲击下"线断人散网破"阵痛期和新时代"一主多元"的融合发展期。各级农技推广机构认真履行先进实用技术推广、动植物疫病及农业灾害的监测预报和防控等职责，为农业农村持续稳定发展作出了重大贡献。在教育培训体系建设上，我国农民教育培训体系先后经历了农民业余学校、识字运动委员会、干部学校、"五七大学"、各级农业广播电视学校和"一主多元"的现代新型职业农民教育培训体系，在提高农民科学生产、文明生活和创新经营的科学文化素质方面，起到了积极的促进作用。

70年来，从"靠天吃饭"的传统生产，发展成良种良法配套、农机农艺融合的现代农业技术体系。新中国成立后，毛泽东主席提出了"农业八字宪法"，一直到今天，都对实现科学种田起到了积极作用和深远影响。在品种培育上，我国农业生产的种子来源在很长一段时期是农民自留种，以矮化育种、远缘杂交、杂种优势利用等为代表的重大技术突破，促成了5～6次作物品种更新换代，粮食单产从新中国成立初期的69千克/亩增加到目前375千克/亩，良种覆盖率达到96%以上。在病虫害防治上，新中国成立初期，面临蝗虫连年起飞成灾、小麦条锈病爆发蔓延、棉铃虫肆虐为害，几乎没有有效防治手段。经过几代人的努力，逐步建立起科学有效的病虫害监测预警与防控技术体系，没有发生大面积重大生物灾害。在设施农业上，从北方冬季只能吃上储存的萝卜、白菜，到依靠设施农业生产，实现了新鲜蔬菜和水果的周年供应，打破了水、温、光等自然条件对农业生产的限制，从塑料大棚、拱棚到现代日光温室和连栋温室，形成持续发展、总面积达到其他国家总和5倍以上的设施农业规模。

70年来，从依靠"一把尺子一杆秤"的科研手段，发展成设施完备、装备精良的科技创新条件平台体系。我国农业科技条件平台建设从点到面、从小范围到大规模，实现了历史性转变，发生了翻天覆地的变化。在农业科研基础条件建设方面，先后出台了一系列的科研条件能力建设规划，配备了一大批科学仪器设备，实施了科研单位的房屋修缮、基础设施改善、仪器设备购置及升级改造，大大改善了各级农业科研机构科技基础条件。在科学与工程研究类平台方面，建设了农作物基

[①] 资料来源：农业农村部网站，2018年9月16日。

因资源与基因改良国家重大科学工程、国家动物疾病防控高等级生物安全实验室等一大批国家重大科技基础设施，以及国家实验室、国家重点实验室和部省级农业重点实验室，拥有了一批农业领域的"国之重器"。在技术创新与成果转化类平台建设方面，围绕产业共性关键技术和工程化技术、重大装备及产品研发等，建成了一批国家工程实验室、国家工程技术研究中心、国家农作物改良中心（分中心），加速了农业科技成果转化和产业化。在基础支撑与条件保障类平台建设方面，围绕农业科技基础性长期性工作，建成了一批国家野外观测研究站、农业部野外观测试验站、国家农作物种质资源库（圃）和国家农业科学数据中心，夯实了农业科学技术研究基础。

70年来，从"人扛牛拉"传统生产方式，发展成了机械化自动化智能化的现代生产方式。我国农业生产方式实现了从人畜力为主向机械作业为主的历史性跨越，目前全国农作物耕种收综合机械化率超过67%，在部分领域、部分环节逐步实现"机器换人"，显著增强了农业综合生产能力。在农机装备研制方面，"东方红"200马力拖拉机填补了国内大马力拖拉机空白，先后研制了4 000多种耕整地、种植机械、田间管理、收获、产后处理和加工等机械装备。在主要作物主要环节全程全面机械化方面，小麦生产基本实现全程机械化，水稻、玉米耕种收机械化率超过80%，油菜、花生、大豆、棉花机械化作业水平大幅提高，畜禽水产养殖、果菜茶、设施园艺等设施化、机械化取得长足发展。在农业生产信息化精准化智能化方面，经过近40年的引进消化和创新发展，2018年我国农业数字经济占行业增加值比重已达7.3%；农产品网络零售额保持高速增长，2018年达到2 305亿元。我国智能农机与机器人、无人机植保服务、农业物联网、植物工厂和农业大数据等板块占全球农业科技市场比例，分别达到34%、45%、34%、30%和30%。

70年来，从"大水、大肥、大药"的粗放生产方式，转变为资源节约环境友好的绿色发展方式。我国的基本国情、资源禀赋和发展的阶段性特征，决定了必须走"一控两减三基本"的绿色发展道路。在农业节约用水上，20世纪50年代以来，我国先后建成了400多个灌溉试验站，在旱作节水、滴灌喷灌等科技领域的理论方法、关键技术、重要装备以及管理规范等方面涌现出一大批优秀成果，节水灌溉面积达到4.66亿亩。在化肥农药科学施用上，从20世纪七八十年代增产导向的过量施用，向目前提质导向的科学施用转变，实现了化肥农药从过量施用到现在的零增长、负增长转变。全面推广了测土配方施肥、水肥一体化的施肥模式，实施了有机肥替代化肥行动。创制了一批高效低毒农药和生物农药，农作物生物防控技术迅猛发展。在农业废弃物资源化利用上，农作物秸秆从单纯的燃料化向燃料化、原料化、饲料化、肥料化、基料化等多用途综合利用转变。畜禽养殖废弃物由直接排放向集中处理、循环利用转变，农膜使用带来的耕地"白色污染"，正在通过机械捡拾、统一回收处理、生物降解等方式逐步得到控制和解决。

70年来，我国在推进农业科技事业发展中，继承、发扬和积累了一些宝贵的好经验和好做法，主要是始终坚持党对农业科技工作的领导，始终遵循农业和农业科技发展自身规律，始终坚持走中国特色农业科技自主创新道路，始终坚持推进农业科技体制机制改革创新，始终坚持集中力量办大事的制度优势，始终坚持规划引领和法制保障。

新中国农业遗传资源保护与利用 70 年[①]

农业农村部种业管理司

作物种质资源和畜禽遗传资源（统称农业遗传资源）是人类社会赖以生存和发展的重要物质基础，是保障粮食安全和农业科技创新的战略资源。在悠久的历史长河中，中华民族发现、驯化、培育了大量作物、畜禽遗传资源和农家品种，承载着华夏文明生生不息的基因密码，成为传承中华农耕文明的重要载体，推动着农业生产持续发展和人类社会不断进步。70 年来，在党和政府的重视关怀下，农业遗传资源工作从几乎"一穷二白"到现在建成了较完善的资源保护与利用体系，有力支撑了作物、畜禽突破性品种培育与推广，显著提升了我国种业国际竞争力和农业综合生产能力，为国家粮食安全和重要农产品有效供给做出了突出贡献。

一、资源总量持续增加

我国分别于 1956—1957 年、1979—1984 年组织开展了两次全国性农作物种质资源、地方品种的收集、整理工作，并持续开展了区域性农作物种质资源调查收集工作，2015 年启动第三次全国农作物种质资源普查与收集行动，已在 18 个省、自治区、直辖市 1 041 个县（市、区）开展，新收集资源 4.9 万多份，当前，我国作物种质资源总量突破 50 万份，位居世界第二。1954—1956 年、2006—2010 年先后开展了两次全国畜禽遗传资源调查，基本查清了我国畜禽遗传资源状况，畜禽地方品种达 550 多个，占全球的 1/6。农业遗传资源普查收集工作的开展，不仅保护了一批珍稀濒危、濒临灭绝的资源，而且发现了一大批性状优异、有较高利用价值的遗传资源材料，为研究我国作物、畜禽起源、演化、分类、品种遗传改良等奠定了坚实基础。

二、保护体系逐步健全

新中国成立后，我国的作物种质资源保护、研究与创新利用体系逐步建立健全，并逐步发展成为重要的科学研究领域，实现了从无到有的跨越，当前，我国已成为位居世界前列的种质资源大国，正在向种质资源强国迈进。全国建立了以作物种质长期库为核心，复份库与 10 座中期库、43 个种质圃为支撑、206 个原生境保护区（点）为补充的作物种质资源保护基础设施体系，建立了199 个国家级、458 个省级畜禽遗传资源保种场、保护区、基因库相配套的畜禽遗传资源保护基础设施体系。进入 21 世纪，全国统一的农业遗传资源信息化体系、鉴定评价体系建设有序推进，农业遗传资源保护体系框架加快建立健全，有力支撑了保护工作的开展。

三、开发利用成效明显

据统计，我国作物育成品种中，80% 以上含有国家作物种质资源库圃资源的遗传背景。53% 的畜禽地方品种得到产业化开发利用，一批具有成百上千年历史的作物农家品种，如上隆香糯、九山生姜、彭州大蒜等一直是地方特色产业发展的源头支撑。资源收集保护与鉴定评价、发掘创制与育种应用等工作的开展，有力支撑了突破性新品种的培育推广，推动实现了农作物矮秆化、杂交化等历次农业绿色革命，持续提升了我国种业自主创新能力。当前，我国农作物自主品种占 95% 以上，

[①] 资料来源：农业农村部网站，2018 年 9 月 16 日。

畜禽核心种源自给率达到 64%，品种对农业增产的贡献率达到 45%。

　　70 年来，我国农业遗传资源保护与利用取得举世瞩目的成就，为保障国家粮食安全、生物安全和生态安全提供了有力支撑。新的时代，新起点，新的征程，农业遗传资源保护与利用必将为建设现代化种业强国、实施乡村振兴战略实现中华民族伟大复兴做出新的更大贡献。

中国农业植物新品种保护事业蓬勃发展①

农业农村部种业管理司

习近平总书记指出，"要下决心把民族种业搞上去，抓紧培育具有自主知识产权的优良品种，从源头上保障国家粮食安全"。强化植物新品种保护是实施国家知识产权战略、建设知识产权强国的重要内容，也是发展现代种业、保障国家粮食安全的重要支撑。我国于 1997 年正式实施《植物新品种保护条例》（以下简称《条例》），特别是党的十八大以来，在党中央、国务院的坚强领导下，在中央有关部门、各个地方以及社会各界的共同参与下，农业植物新品种保护取得了显著成效，为推动现代种业创新发展提供了强有力支撑。

一、农业植物新品种保护成效显著

截至 2018 年年底，我国农业植物新品种总申请量超过 2.6 万件，授权近 1.2 万件，2018 年申请量达到 4 800 多件，相当于前 10 年的植物新品种保护申请总量，年申请量连续两年位居世界第一，成效十分显著，促进农业发展中发挥了积极作用。主要表现在：

一是促进了植物新品种的选育创新。授权品种中涌现出郑单958、扬两优6号、济麦22、中黄13 等优良品种，推动了品种更新换代，良种在农业科技贡献率中的比重达到 45%，为我国现代种业发展奠定了坚实的基础。

二是加快了优良品种的推广应用。据统计，目前我国水稻、玉米、小麦、棉花、大豆五大主要农作物 70% 以上的主导品种都申请了品种保护，推广面积占其主导品种推广总面积的 80%，品种保护为保障我国粮食安全做出了重要贡献。

三是推动了现代种业的快速发展。在品种权的有效激励下，国内种子企业投资育种的积极性不断增强，企业正逐步成为商业化育种的主体。2018 年前 50 强企业年研发投入约占销售收入的 7%，特别是《国务院关于加快推进现代农作物种业发展的意见》（国发〔2011〕8 号）发布以来，企业品种权年申请量已经连续 8 年位列第一，涌现出隆平高科、垦丰种业、登海种业等一批拥有自主知识产权、具有较强竞争力的大型骨干种子企业，极大地促进了种业的繁荣发展。

四是带动了农民脱贫致富。随着保护范围的扩大，授权品种正向多样化、特色化、品牌化发展，创造了较高的经济效益和社会效益。我国选育并保护的金艳猕猴桃是全球三大优良品种之一，出口到欧洲每枚能卖 1 欧元。人工栽培的羊肚菌新品种每亩种一季就能带来 5 万元的收入，为种植户带来了良好收益。五彩油菜花、陕茶1号新品种在青海、陕西等贫困地区的推广应用，为推动当地脱贫致富发挥了重要作用。

二、农业植物新品种保护工作的经验做法

20 多年来，我国农业植物新品种保护事业取得长足发展，法律制度框架基本建立，审查测试体系逐步健全，维权执法不断加强，国际交流合作日益深化。主要做法有：

一是加强法规制度建设。我国参加的是国际植物新品种保护公约 1978 年文本。按照公约精神，结合实际，农业部先后出台了与《条例》配套的实施细则（农业部分）、复审规定、侵权处理、品

---

① 资料来源：农业农村部网站，2019 年 9 月 12 日。

种命名规定等规章，累计发布 11 批农业植物新品种保护名录，保护植物属（种）191 个。修订《中华人民共和国种子法》，将植物新品种保护内容单列一章，提升了品种权的法律地位。

二是加强技术队伍建设。开展测试新技术研究，发布测试指南标准 250 多项。设立了繁殖材料保藏中心，在全国主要生态区建立 1 个植物新品种测试中心、27 个测试分中心和 3 个专业测试站。定期开展测试技术培训，直接培训人员超过 1 万人次，间接培训人员超过 10 万人次，培养了一支担当能力强的专业测试队伍。成立了中国种子协会植物新品种保护专业委员会等行业组织，引导 60 多家中介服务机构开展品种权代理、展示、交易、维权等服务。

三是加强行政维权执法。成立了 3 届复审委员会，县级以上农业主管部门均设立了植物新品种保护行政执法机构，并与最高人民法院及北京、上海、广州知识产权法院等司法部门有效衔接。多年来持续开展维权打假专项行动、品种权执法专项检查、制种基地督查等工作，侵权案件减少 36%；审理利合 228、龙聚 1 号等品种权复审案件，发布植物新品种保护十大典型案例，进一步优化了种业营商环境。

四是加强国际合作交流。主动参与植物新品种保护国际事务，积极派员到联盟秘书处工作，加强与国际组织的联络；启动植物品种权国际申请平台，为引进国外品种和国内品种"走出去"提供便利；积极发挥区域组织作用，对"澜湄国家"和中亚五国举办植物新品种保护国际培训，帮助"一带一路"沿线国家研究和建立植物新品种保护制度。

三、新时代植物新品种保护发展的新形势、新任务

面对我国新品种保护存在的大而不强、多而不优、保护力度不够、侵权成本较低、维权手段较少等新问题，亟须构建植物新品种保护"严保护、大保护、快保护、同保护"新格局。

一是加快研究制定农业植物新品种保护发展规划，明确发展目标和重点任务，完善审查测试体系建设，加快构建具有中国特色的农业植物新品种保护体系。

二是加快推动《条例》修订进程。研究建立实质性派生品种制度、全面放开保护名录、延长保护期限等，不断提升农业植物新品种保护水平。加快推进在水稻攻关组内试行实质性派生品种制度，提高水稻育种创新水平。加大品种保护信息公开力度。

三是不断营造良好的种业营商环境。加快分子鉴定等新技术研究应用，加大对侵权假冒行为的查处和执法力度。建立申请人承诺机制，推进品种权信用体系建设，推动将品种权纳入知识产权严重失信主体联合惩戒清单。

四是推进国际交流合作。积极参与国际事务，履行国际义务。推动亚洲区域合作，加强与"一带一路"沿线国家合作交流，为国内外育种者营造公平竞争的市场环境。

农机购置补贴：农民满意的强农惠农政策①

农业农村部农业机械化管理司

农业机械是现代农业的重要物质基础和先进农业技术的重要载体。没有农业机械化，就没有农业农村现代化。党中央、国务院高度重视发展农业机械化，在 2004 年中央 1 号文件中，明确要求"提高农业机械化水平，对农民个人、农场职工、农机专业户和直接从事农业生产的农机服务组织购置和更新大型农机具给予一定补贴"。为此，中央财政于当年设立实施农机购置补贴政策。同年 11 月 1 日，《中华人民共和国农业机械化促进法》颁布，明确中央财政、省级财政应当分别安排专项资金，对农民和农业生产经营组织购买先进适用的农业机械给予补贴，标志着我国农业机械化进入依法促进的全新时期，也为农机购置补贴政策的实施提供了法律保障。

政策实施以来，中央财政支持力度逐步加大并稳定，年度资金规模最高达 237.5 亿元。截至 2018 年年底，中央财政累计安排 2 047 亿元，扶持 3 300 多万农户购置农机具 4 300 多万台（套），大幅提升了农业物质技术装备水平，有力推动了现代农业建设，取得了显著成效。一是推动农业生产方式实现历史性转变。2018 年全国农机总动力达到 10.04 亿千瓦，较政策实施前增长 112%；全国农作物耕种收综合机械化率超过 69%，较政策实施前提高 36.6 个百分点。农业生产已从主要依靠人力畜力转向主要依靠机械动力，进入机械化为主导的新阶段，广大农民从"面朝黄土背朝天"的繁重体力劳动中解放出来。二是带动了农机工业成长壮大。在补贴政策带动下，我国农机工业经历了较长时期的高速发展，逐步成长为世界农机制造大国。目前，我国农机装备制造已基本涵盖各个门类，能够生产 14 大类 50 个小类 4 000 多种农机产品，支撑农业机械化发展的物质基础保障体系趋于完备。三是促进农业生产性服务业加快发展。2018 年全国农机户总数 4 080 万个；农机化作业服务组织 19.2 万个，其中农机合作社 7.26 万个；农机跨区作业面积 3.11 亿亩，农机合作社作业面积 7.76 亿亩；农机化经营服务总收入 4 718 亿元。农机大户、农机合作社、农机专业协会、农机作业公司等新型作业组织不断涌现，服务领域由粮食作物快速向农业各产业拓展，订单作业、跨区作业、全程托管等服务模式推陈出新，农机社会化服务成为农民增收的一个重要渠道和农业生产性服务业的主力军，在推进小农户与现代农业发展有机衔接中发挥着重要桥梁作用。农机购置补贴利农助工、一举多得，在中央财政组织的第三方绩效考核中，获"政策实现度高"最高等级评价。

政策实施以来，农业农村部与有关部门紧紧围绕关键环节工作，锐意改革创新，务求抓实落细。一是"补什么"方面，紧紧围绕中央农业战略需求确定补贴范围，助力农业供给侧结构性改革。坚持保障国家粮食安全和重要农产品有效供给不动摇，将粮棉油糖等主要作物生产全程机械化所需重点机具全部纳入补贴范围。坚持以绿色生态为导向，将推广农业绿色增产技术所用、畜禽粪污资源化利用所需等机具纳入补贴范围。支持开展老旧农机报废更新补贴，实施区域由 2012 年的 11 个省份逐步扩大至全国。适应农业结构调整需要，于 2016 年起开展农机新产品补贴试点，实施区域由最初的 3 个省扩大至全国，在 19 个省份开展农机购置补贴引导植保无人飞机规范应用试点。二是"补多少"方面，科学处理促进发展与兼顾公平的关系，合理确定补贴标准。政策实施初期，补贴标准主要按农机价格一定比例确定。2008 年起实行定额补贴，主要按照不超过全国或省域内

---

① 资料来源：农业农村部网站，2019 年 9 月 11 日。

同类农机产品市场均价的 30％测算补贴定额，切实减少对市场的影响。充分考虑边远贫困民族等特殊特定区域农机物流成本高、价格贵的实际，支持西藏和新疆南疆地区开展差别化试点，允许按当地农机市场均价的 30％足额测算补贴定额。三是"怎么补"方面，切实尊重农民主体地位和自主选择权，不断提高购机农户满意度。逐步形成"自主购机、定额补贴、县级结算、直补到卡（户）"的操作方式。农民由差价购机逐步转为自主购机，市场主体地位得以充分尊重，议价自主性大为提高；确定补贴对象由初期的摇号抓阄过渡为"按需申请、应补尽补"，购机农户不再面对"一补难求"；补贴资金由省级财政与企业结算转为县级财政直接兑付农户，彻底消除资金支付环节的权力寻租风险；补贴申领从经销商代办转为农民直接申办，通过手机 App 申请补贴，"最多跑一次"成为现实。同时，辅之以全方位信息公开和高效的便民服务，农民获得感和满意度持续提升。四是"怎么管"方面，坚持不懈加强制度建设，确保政策高效规范廉洁实施。逐步形成了以资金管理办法、实施指导意见为核心，分档投档、信息公开、内部控制、绩效考核、违规查处等方面相配套的制度体系，做到用制度管钱、靠制度管事、依制度管权。探索创新补贴资金使用与管理方式，着力开辟政策实施新路径，2019 年在北京、上海、江西开展农机购置综合补贴试点，在四川省开展农机化发展综合奖补试点。

2018 年 12 月，国务院印发《关于加快推进农业机械化和农机装备产业转型升级的指导意见》，明确提出"稳定实施农机购置补贴政策"。各级农业农村部门认真贯彻落实党中央国务院决策部署，将更多更好的新型农机具纳入补贴范围，鼓励通过抵押贷款、融资租赁、贷款贴息等方式支持农民群众筹措购机资金，并积极借助信息技术持续提升政策实施便利度，最大程度发挥政策效应，为农业机械化向全程全面高质高效升级和实施乡村振兴战略提供有力的装备技术支撑。

农机跨区作业：农业社会化服务的成功实践①

农业农村部农业机械化管理司

2019 年"三夏"期间，全国共投入 64 万台联合收割机抢收小麦，大喂入量收割机占比超过 70％，单机收获效率比上年提高 30％以上，小麦机收水平达到 96％，老旧联合收割机逐渐退出跨区机收队伍。基于北斗导航的自动驾驶计亩测产联合收割机、免耕精量播种机等智能农机从田间试验步入夏收夏种一线，开启了"三夏"无人作业新模式。装备的更新换代带来机收效率的显著提高，"三夏"期间全国日机收面积过千万亩的天数达到 14 天，比上年多 3 天，单日机收最高 2 100 万亩。

农机跨区作业是中国农民的又一个伟大创举。改革开放以来，我国农村实行以家庭承包经营为基础，统分结合的双层经营体制。人均耕地不足 1.4 亩，农民户均耕地只有 7.6 亩左右，不及欧盟国家的 1/40、美国的 1/400。发展农业机械化，必须解决好农户一家一户小规模生产和机械化大规模作业之间的矛盾。以联合收割机跨区机收为代表的农机跨区作业为解决这个难题找到了一条重要的途径。通过跨区作业，开展社会化服务，有效提高了农机的利用率，增加了农机手的效益，满足了农民对农机作业的需求，大幅度提高了机械化水平，解决了"有机户有机没活干、无机户有活没机干"的矛盾。在生产方式上实现了规模化经营，开辟了我国小规模农业使用大型农业机械进行规模化、标准化、集约化、产业化、现代化生产的现实道路，有效地促进了农业稳定发展和农民持续增收。

一、加快了农业机械化发展

农机跨区作业，以提高农机的利用率为手段，以增加农机经营主体的收益为目标，扩大了农机应用范围，最大限度地提高了农机投资回报率，调动了农民投资农机、发展生产的积极性，加快了农业机械化进程。现在，十几个粮食主产省每年组织几十万台联合收割机转战大江南北，联合收割机年作业时间由 10～15 天增加到 2 个月以上。全国谷物联合收割机的保有量由跨区作业开始初期 1997 年的 14.1 万台增加到 2018 年的 205 万台，小麦机收水平由 1997 年 54％提高到 2018 年的 95％，水稻和玉米机收水平分别超过 88％、70％。我国已基本实现了小麦生产机械化，黄淮海主产省小麦机收率接近 100％。

二、保障了农业丰产丰收

联合收割机的广泛使用，大大加快了小麦的收割进度。县域内的小麦收割时间由半个月缩短为 3～5 天。现在，一个农户从收到种一般只需两三个小时，为秋粮生产赢得了宝贵的农时，奠定了秋粮丰产的基础。跨区作业的发展，有效地提高了劳动生产率，满足了农业生产"春争日""夏争时"的要求，改变了过去因天气变化造成的丰产而不丰收的难题。与人工相比，联合收割机作业可降低粮食收获损失 3％～5％。

---

① 资料来源：农业农村部网站，2019 年 9 月 11 日。

三、支持了农村劳动力转移

通过农机跨区作业，有效地解决了劳动力季节性不足的矛盾，把劳动力从繁忙季节的劳动中解放出来，为劳动力稳定转移创造了条件，使得农村劳动力"转得出、稳得住"。全国1亿名外出务工农民不再农忙季节返乡收粮。农业机械化已成为农村劳动力稳定转移的推动力量，支持了粮食主产区劳务经济的发展。

四、发展了农机服务产业

随着农机跨区作业的发展壮大，促进了农机社会化服务组织迅速发展，带动了农机技术培训、信息服务、维修及零配件供应以及农机物流等相关产业的发展，逐步形成了一条以跨区作业为支柱的农机社会化服务产业链，推动了农业机械化服务业的发展。2018年，全国各类农机作业服务组织总数达到19.15万个，从业人员近215万人。2019年，"三夏"参加农机跨区作业的农机作业合作社数量超6万个，成为农村服务业的一支重要力量。

五、促进了农民增收

通过开展农机跨区作业，不仅支持一部分农民从土地上转移出来，增加了农业外部收入，一部分农民还专门从事农机经营服务活动，依靠农机致富。2018年，全国有4 750万名农民从事农机服务业，农机作业服务总收入已达3 530万元，农机社会化服务已经成为农民增收的一个重要渠道。

农机跨区作业，是农业机械化发展和农业社会化服务的成功实践。探索出了一条以"农民自主、政府扶持，市场引导、社会服务，共同利用、提高效益"为主要特征的中国特色农业机械化发展道路。走出了一条农业社会化服务促进农业现代化的新路子。在农业现代化进程中"人减、机增"的趋势不可逆转，对农机装备和农机作业的需求将呈现出刚性增长的态势。当前，我国农业机械化已经进入中级发展阶段。农民对农机作业的需求越来越迫切，农业对农机应用的依赖越来越明显，对农机跨区作业提出了新要求。农机跨区作业正由夏季向全年四季扩展，由小麦向水稻、玉米等作物延伸，由机收向机耕、机插、机播等领域拓展，订单作业和耕、种、管、收等生产全过程"一条龙"作业服务发展迅速，农机合作社等服务组织已经成为跨区作业的有生力量。跨区作业的发展进入了一个新的时期，将在加快推进农业机械化，建设现代农业和推动乡村振兴做出新的更大的贡献！

深入推进农村集体产权制度改革[①]

农业农村部政策与改革司

农村集体产权制度改革，是农村改革中具有"四梁八柱"性质的重要改革，关系构建实施乡村振兴战略的制度基础，对保障农民权益、完善乡村治理具有重大的意义。2016 年，《中共中央　国务院关于稳步推进农村集体产权制度改革的意见》（以下简称《意见》）正式发布，对这项改革进行了顶层设计、全面部署。中央农村工作领导小组办公室、农业农村部深入贯彻落实中央关于深化农村集体产权制度改革的部署要求，积极会同有关部门，坚持纵深推进、多点突破，狠抓改革落实，推动改革不断取得新进展、实现新突破。

一、全面开展资产清产核资，农村集体"家底"加快明晰

开展清产核资，摸清集体家底，是农村集体产权制度改革的第一场硬仗，也是改革的基础性工作。按照《意见》要求，从 2017 年开始，力争用 3 年左右时间基本完成集体资产清产核资。2018 年 3 月，国务院在河北正定召开全国农村集体资产清产核资工作推进会议，专门就清产核资工作做了动员部署。为落实会议精神，农业农村部联合有关部门积极指导地方实施清产核资工作。同时，开发了全国农村集体资产清产核资系统并成功上线运行，为规范开展这项工作提供了技术支撑。自 2018 年起，中央财政累计投入专项转移支付资金 6 亿元。截至 2019 年 7 月底，全国已有 59.2 万个村完成清产核资工作，占总村数的 99％。目前，这项工作已进入最后冲刺阶段，各地正在紧锣密鼓开展清产核资验收工作。

二、稳步扩大改革试点范围，典型示范效应不断提升

折股量化资产搞股份合作，是农村集体产权制度改革的重头戏，也是最难啃的一块"硬骨头"。按照《意见》要求，从 2017 年开始，力争用 5 年左右时间基本完成经营性资产股份合作制改革。贯彻落实中央部署，我们积极稳妥有序推动这项改革，2015 年以来共组织开展了四批试点。目前，中央试点单位共包括 15 个省、89 个地市、442 个县，加上地方自主确定的省级试点单位，各级试点单位已经覆盖到全国 80％左右的县。各试点单位坚持先行先试、大胆探索，加紧推进改革，在清产核资、成员确认、股权设置等方面积累了丰富的实践经验，并陆续成立了一批农村集体经济组织。在推进改革过程中，一方面，指导各试点地区积极探索拓宽集体资产量化范围，除对经营性资产折股量化，还对政府拨款、减免税费等方式形成的资产确权到农民集体，并探索量化为本集体成员特别是贫困人口持有的股份；另一方面，做好农村集体经济组织登记赋码工作，明确了集体经济组织的市场主体地位。2018 年 11 月，全国农村集体产权制度改革试点推进会议首次为安徽小岗股份经济合作社等 10 个农村集体经济组织颁发了登记证书，标志着我国农村集体经济组织有了合法统一的"身份证"。同时，还会同中央组织部、财政部积极扶持集体经济发展，计划从 2018 年到 2022 年，在全国范围内扶持 10 万个左右行政村发展壮大集体经济。2019 年 6 月，农业农村部印发《关于进一步做好贫困地区集体经济薄弱村发展提升工作的通知》，明确了加快薄弱村集体产权制度改革等六方面重点工作。

[①]　资料来源：农业农村部网站，2019 年 9 月 11 日。

三、各项改革任务落地生根，产权改革取得明显成效

在各级党委、政府的领导下，经过农业农村等相关部门的共同努力，农村集体产权制度改革已经取得了明显成效，给集体和农民带来了实实在在的好处。一是保障了农民集体成员权利。改革摸清了集体家底、厘清了成员边界，通过资产确权到户、成员民主决策，使广大农民群众在物质利益和民主权利两方面都有了更多获得感。二是提升了集体经济发展活力。改革明晰了农村产权关系，盘活了农村集体资产，激活了农村各类要素，促进了集体经济不断发展壮大，提升了村集体的"自我造血"能力。三是释放了产权制度改革红利。改革密切了集体与农民的利益联结，拓宽了农民增收渠道，使集体成员既看得见集体资产，又摸得着改革红利，集体成员说，"分得一分钱，既是一份钱，也是一份权"。四是提升了基层组织战斗力。基层干部普遍反映，改革后集体的凝聚力和向心力增强了，以前"散"的农民又重新"聚"起来了，党在农村的执政基础也进一步夯实了。

截至目前，全国已有超过 15 万个村完成了改革，共确认集体成员 3 亿多人，农民群众在改革中有了更多实实在在的获得感、幸福感。

巩固完善家庭承包经营制度①

农业农村部政策与改革司

新中国成立以来，在总结正反两方面经验教训的基础上，经过亿万农民的长期实践探索，我国确立了农村集体所有、农民家庭承包经营的农村土地制度，形成了以家庭承包经营为基础，统分结合的双层经营体制，对我国农业农村发展产生了重大而深刻的影响。特别是党的十八大以来，以习近平同志为核心的党中央对深化农村土地制度改革作出了一系列重大决策部署，建立了承包地"三权分置"制度，明确了第二轮土地承包到期后再延长30年的政策，我国农村家庭承包经营制度不断巩固和完善。

1950年，我国颁布《中华人民共和国土地改革法》，在全国农村开展大规模的土地改革，到1952年基本完成。土地改革使全国3亿名多无地或少地的农民分到了约7亿亩土地，消灭了封建土地所有制，实行了"耕者有其田"的土地制度，解放了农业生产力，农民生产积极性空前高涨。新中国成立之初，全国粮食总产量为2 000多亿斤，1952年达到3 000多亿斤。

改革开放以来，我国不断完善农村土地制度，在小岗村等地农民的创新实践基础上，逐步确立了家庭承包经营制度，赋予农民更加充分的生产经营自主权，极大调动了农民生产积极性，有力促进了农业农村经济发展。1984年我国粮食产量达到8 000多亿斤，比1978年增长了33.6%。2018年粮食总产量达到13 158亿斤，比1949年增加4.8倍；人均粮食产量472千克，比1949年增加1.3倍。其他重要农产品生产全面发展。粮食等农产品的有效供给，确保了国家粮食安全，为不断改善全国人民的食品消费结构、提高生活水平作出了重要贡献。随着农业和农村经济结构的不断调整、农民非农就业和收入不断增长，农民的收入和生活水平不断提高，2018年，农村居民人均可支配收入14 617元，扣除物价因素，比1949年实际增加40倍。

进入21世纪特别是党的十八大以来，中央出台了一系列改革举措，稳定农村土地承包关系，巩固完善农村基本经营制度。2013年中央1号文件明确提出，用5年时间基本完成农村土地承包经营权确权登记颁证工作，妥善解决承包地块面积不准、四至不清等问题。习近平总书记指出，建立土地承包经营权登记制度，是实现土地承包关系稳定的保证，要把这项工作抓紧抓实，真正让农民吃上"定心丸"。截至2018年年底，全国共有2 838个县（市、区）和开发区开展了农村承包地确权登记颁证工作，涉及2亿多户农户，妥善解决了约54万起土地承包纠纷，化解了大量久拖未决历史遗留问题，确权给农户14.8亿亩承包地，全国农村承包地确权登记颁证工作基本完成。通过确权，摸清了承包地底数，将边界清晰、面积准确的集体耕地确认给承包农户；规范了承包合同，完整记载了农民家庭的成员、所承包地块的面积、位置等；颁发了权属证书，承包农户行使占有、使用、流转、收益等权利以及维护合法权益有了法定凭证。确权工作的开展，进一步稳固了农村土地承包关系，切实保障了农民群众的承包地权益。

随着工业化、城镇化深入推进，大量农业人口转移到城镇，农村土地流转规模不断扩大，新型农业经营主体蓬勃发展，土地承包权主体同经营权主体分离的现象越来越普遍。习近平总书记指出，深化农村改革，完善农村基本经营制度，要好好研究农村土地所有权、承包权、经营权三者之间的关系。顺应农民保留土地承包权、流转土地经营权的意愿，把农民土地承包经营权分为承包权

---

① 资料来源：农业农村部网站，2019年9月11日。

和经营权，实现承包权和经营权分置并行，这是我国农村改革的又一次重大创新。2016 年，中共中央办公厅、国务院办公厅印发《关于完善农村土地所有权承包权经营权分置办法的意见》，对"三权分置"作出系统全面的制度安排。实行"三权分置"，坚持集体所有权，稳定农户承包权，放活土地经营权，实现了农民集体、承包农户、新型农业经营主体对土地权利的共享，为促进农村资源要素合理配置、引导土地经营权流转、发展多种形式适度规模经营奠定了制度基础，使我国农村基本经营制度焕发出新的生机和活力。截至 2018 年年底，全国家庭承包耕地流转面积 5.39 亿亩。

　　2018 年 12 月 29 日，第十三届全国人大常委会审议通过了关于修改农村土地承包法的决定，新修订的《中华人民共和国农村土地承包法》将中央关于"长久不变""三权分置"等有关制度安排转化为法律规定，进一步保障了农民权益，为乡村振兴打下了坚实的制度基础。

农村改革试验区的历史贡献与主要成效[①]

农业农村部政策与改革司

自 1987 年党中央国务院批准建立第一批农村改革试验区以来，农村改革试验区已经走过了 30 多年的历程，在改革的浪潮中发挥了深化农村改革排头兵、先行军作用。特别是党的十八大以来，农村改革试验区围绕农村改革的重点领域和关键环节，进行了多角度、多层次的改革探索，取得了显著成效，为全面深化改革提供了重要经验和有益参考。

一、农村改革试验区的历史贡献

20 世纪 80 年代，为给农村改革全局探索路子、积累经验，农村改革试验区应运而生。根据 1987 年中央 5 号文件《把农村改革引向深入》提出"有计划地建立改革试验区"的意见，国务院批准建立了第一批农村改革试验区。

此后几年，近 30 个全国农村改革试验区围绕 20 多个试验主题和上百个试验项目开展了先行先试，创造了许多"最早"或"第一"。安徽阜阳作为首个试验区，在乡镇企业特别是民营中小企业制度创新方面开创先河；广西玉林、河南新乡试验区最早启动粮食购销体制改革试验，对形成 1990 年全国的"稳购、压销、提价、包干"的粮改方案和此后进行的购销同价改革，起到了重要参考作用；贵州湄潭试验区首创的"增人不增地，减人不减地"经验，写进了中央文件，在全国提倡推广；陕西延安试验区的"退耕还林草"试点，受到中央领导重视，得到原林业部等有关部委的肯定并在实践中加以推广；湖南怀化、安徽阜阳、贵州湄潭试验区的"农村税费改革"，为中央制定全国性的农村税费改革试点方案提供了重要参考。可以说，农村改革试验区对推动农村改革的伟大实践发挥了不可或缺的作用，在思想、理论、制度创新方面做出了历史性贡献，在 20 世纪农村改革波澜壮阔的图景中，写下了浓墨重彩的一笔。

二、新形势下农村改革试验区成效显著

为进一步发挥好农村改革试验区先行军的作用，2010 年，中央启动了新形势下的农村改革试验区工作，建立了由中央农村工作领导小组直接领导，农业部、中央农办、中组部等 20 个部门单位组成的农村改革试验区工作联席会议制度，对新时期加强农村改革试验区工作进行了全面部署。2011 年、2014 年先后确定了 58 个试验区，承担了 226 批次改革试验任务，为农村改革顶层设计提供了丰富素材，有力推动了农村改革全局发展。

1. 形成了系统全面的试验内容

新形势下农村改革试验区的试点内容全面性特征更加明显，各试验区围绕深化农村土地制度、深化农村集体产权制度改革、构建新型农业经营体系、完善农业支持保护政策、建立现代农村金融制度、健全城乡融合发展体制机制、完善乡村治理体系等方面，在试点项目设计和试点内容细化上下了更大功夫，基本编织了一张覆盖农村改革各个领域的大网。

2. 产生了影响全局的试点经验

党的十八大以来，农村改革试验区开展了生动丰富的实践创新活动，江西余江、贵州湄潭、四

[①] 资料来源：农业农村部网站，2019 年 9 月 11 日。

川巴中市巴州区等试验区创新农村土地优化配置体制机制，有效维护了农民土地权益；贵州六盘水试验区探索的"资源变资产、资金变股金、农民变股东"改革，盘活了农村资源资产；安徽宿州、山东东平等试验区创新农业经营方式，促进了各类经营主体有机衔接、共同发展；上海闵行、浙江温州等试验区探索农村集体资产明晰产权和运营管理的规范路径，赋予了农民更多财产权利；重庆永川、河南信阳、贵州毕节等试验区改进涉农财政资金使用方式，提高了财政资金支农效力；湖南沅陵、河北玉田、安徽金寨、广西田东等试验区探索完善农村金融服务体系，提高了农村金融服务可得性和便利性；广东清远、河南新乡、湖北秭归等试验区探索健全自治、法治、德治相结合的乡村治理体系，为实现农村长治久安夯实了基础。

3. 收获了日益丰富的改革红利

农村改革试验区坚持边"破"边"立"，在归纳总结实践经验的基础上努力推动制度创新，很多已转化成为政策内容和法律法规条文，为深化全国农村改革提供了可学可鉴的制度成果。据统计，截至 2018 年年底，试验区已有 144 项试验成果在省部级以上政策文件制定和法律法规制（修）订中得到体现，几乎涵盖了农村改革的所有重点领域。农村改革试验正在转化为发展新动能，改革红利的"外溢效应"正日益显现。

新中国成立 70 周年农业对外合作[①]

农业农村部国际合作司

新中国成立 70 年来，中国农业全面深化改革，不断扩大对外开放，开展互利共赢合作，取得了举世瞩目的成就，为世界农业发展和粮食安全作出了重要贡献。特别是党的十八大以来，以习近平同志为核心的党中央统筹国内国际两个大局，顺应中国与世界深度融合、命运与共的大趋势，把握"开放是国家繁荣发展必由之路"的历史规律，奉行互利共赢的开放战略，推动农业国际合作不断迈上新台阶、取得新突破、站在新起点。

一、农业国际合作机制日益健全

目前，我国已与全球 140 多个国家建立了长期稳定的农业合作关系，与 60 多个国家建立了稳定的农业合作机制。中美全面经济对话、中俄总理定期会晤、中德总理年度磋商等政府间重要双边机制下，农业是重要组成部分。多边机制方面，我国与联合国粮食及农业组织、联合国世界粮食计划署、世界动物卫生组织、国际农业研究磋商组织、世界贸易组织、国际农业发展基金、世界银行、上海合作组织、国际植物新品种保护联盟、非洲联盟等组织建立了长期稳定的农业合作关系，形成了中国与联合国粮食及农业组织"粮食安全特别计划"框架下的"南南合作"、东盟与中日韩农业合作、上海合作组织农业合作、中国-中东欧国家农业经贸合作论坛、中国—中东欧国家农业合作促进联合会等机制，加入了 8 个区域性渔业管理组织。农业合作成为领导人出访、高层互访的重点关注、重要议题，成为"一带一路"倡议的重要内容和基础支撑，成为新型大国关系的重要组成部分，成为改善外交关系的重点领域，成为与新建交国的优先合作领域。农业国际合作积极践行习近平总书记新型国际关系外交思想，构建双边农业合作关系，深化新型大国农业合作，拓展与发展中国家农业合作，促进农业对外科技、贸易、投资等方面的务实共赢合作。

二、农业"走出去"方兴未艾

改革开放以来，我国农业科技水平和综合生产能力的逐步提升，农业"走出去"企业经营实力和国际竞争力的不断增强，使农业"走出去"实现了从无到有的转变。随着加入世界贸易组织、"一带一路"倡议提出，农业对外投资合作在新的动能下快速发展，我国农业由长期以来的"引进来"开始逐渐转变为"引进来"与"走出去"并重。截至 2018 年年底，我国农业对外投资存量超过 189.8 亿美元，较 2003 年年底增加了 22 倍，境外设立农业企业超过 850 家，平均投资规模超过 2 000 万美元，投资 500 万元以上的项目覆盖全球 96 个国家和地区。

农业的"走出去"促进了我国农业先进品种技术、优势产能与合作国农业资源的有机结合，带动当地粮食、经作、畜牧、农产品加工等产业发展。与此同时，中资农业企业积极履行社会责任、兴建公益设施，当前累计雇佣参与国员工超过 10 万人，向当地贡献大量税收和外汇；与投资相关的农业技术试验示范、培训推广等工作普遍受到当地欢迎，为发展中国家改善农民生活、实现粮食安全做出重要贡献，在服务了当地社会稳定、经济发展的同时，增进了相互间的民心相通、政治互信。

[①] 资料来源：农业农村部网站，2019 年 9 月 11 日。

三、农产品贸易快速发展

改革开放初期，由于工业产品国际竞争力弱，劳动密集型农产品是出口创汇的主要来源。随着经济发展、城市化推进和居民消费结构升级，对农产品的刚性需要和多元化需求不断增加。加入世界贸易组织后，我成为全世界最开放的农产品市场之一，承诺的农产品关税水平（15.2%），只有世界平均关税的1/4，取消了农产品出口补贴，按照世贸规则调整完善了农产品进出口法律法规和管理制度。随着市场开放度的大幅提升，农产品贸易快速发展。2018年，中国农产品贸易额达到2 178.8亿美元，自2001年以来年均增长12.8%。我已成为全球第二大农产品贸易国，是谷物、棉花、大豆、猪肉、羊肉最大的进口国，蔬菜、水产品最大的出口国。粮棉油糖等大宗农产品的进口弥补了国内不足，畜产品、水产品等进口丰富了农产品市场供给，特色优势产品出口带动了国内产业提质增效和农民就业增收。

四、农业科技合作成果突出

科技支撑是推动农业对外合作的核心要件。近年来，我国农业科技合作范围不断扩大，以中国农业科学院为例，农业技术和产品遍布全球亚、非、美、欧150多个国家和地区，育种、植物保护、畜牧医药、农用机械等领域的60余项新技术和新产品实现了走出去；与83个国家和地区、38个国际组织、7个跨国公司、盖茨基金会等建立合作关系，正式签订82份科技合作协议；与美国、加拿大、日本、荷兰、澳大利亚、巴西等国家科研院所，与国际水稻研究所等共建联合实验室/联合研究中心62个；在巴西、比利时、澳大利亚和哈萨克斯坦建立4个海外联合实验室，拥有联合国粮食及农业组织和世界动物卫生组织参考实验室6个；协调国内单位与13个国外机构办事处合作，当前开展的国际合作项目已覆盖到全国20多个省、自治区、直辖市，项目总数达250多项；组织实施盖茨基金会"绿色超级稻项目"，在亚洲和非洲15个目标国家推广超级稻，三期项目经费超过4 100万美元，是我国历史上最大的国际农业科技合作项目。

2018 年全国绿色食品统计年报[①]

中国绿色食品发展中心

绿色食品发展总体情况

指　标	单　位	数　量
当年获证单位数	个	5 969
当年获证产品数	个	13 316
获证单位总数	个	13 203
获证产品总数	个	30 932
国内年销售额	亿元	4 557
出口额	亿美元	32.1
产地环境监测面积	亿亩	1.57

注：获证单位总数为截至 2018 年 12 月 10 日有效使用绿色食品标志的单位总数；获证产品总数为截至 2018 年 12 月 10 日有效使用绿色食品标志的产品总数。

绿色食品产品结构

（按产品类别）

产品类别	产品数（个）	比重（%）
农林及加工产品	23 986	77.5
畜禽类产品	1 698	5.5
水产类产品	663	2.1
饮品类产品	2 684	8.7
其他产品	1 901	6.2
合计	**30 932**	**100.0**

注：其他产品指方便主食品、糕点、糖果、果脯蜜饯、食盐、淀粉、调味品、食品添加剂。

分类别绿色食品获证产品数量与产量

（按 5 大类 57 类产品）

产　品	数量（个）	产量（万吨）
一、农林产品及其加工产品	**23 986**	**7 352.15**
小麦	97	117.88
小麦粉	834	501.92
大米	4 598	1 548.30
大米加工品	64	10.82
玉米	220	354.27
玉米加工品	194	49.90

[①] 资料来源：中国绿色食品发展中心网站，2019 年 7 月 10 日。

（续）

产　品	数量（个）	产量（万吨）
大豆	163	95.59
大豆加工品	263	64.55
油料作物产品	95	12.04
食用植物油及其制品	395	99.81
糖料作物产品	-	-
机制糖	80	340.51
杂粮	377	103.87
杂粮加工品	357	40.62
蔬菜	8 788	2 017.64
冷冻蔬菜	63	14.61
蔬菜加工品	135	24.01
鲜果类	5 341	1 281.58
干果类	344	45.84
果类加工品	206	15.23
食用菌及山野菜	669	171.33
食用菌及山野菜加工品	67	0.81
其他食用农林产品	501	321.33
其他农林加工品	135	119.68
二、畜禽类产品	**1 698**	**103.40**
猪肉	321	9.85
牛肉	423	4.48
羊肉	234	1.52
禽肉	111	8.48
其他肉类	5	0.83
肉食加工品	150	1.26
禽蛋	153	15.27
蛋制品	76	3.02
液体乳	47	51.05
乳制品	34	6.03
蜂产品	144	1.60
三、水产类产品	**663**	**22.42**
水产品	508	16.81
水产加工品	155	5.61
四、饮品类产品	**2 684**	**507.26**
瓶装饮用水	90	338.61
碳酸饮料	-	-
果蔬汁及饮料	103	33.73
固体饮料	14	0.10
其他饮料	53	9.84

（续）

产　品	数量（个）	产量（万吨）
冷冻饮品	23	0.68
精制茶	1 867	8.88
其他茶	140	1.16
白酒	133	8.43
啤酒	47	93.69
葡萄酒	91	3.09
其他酒类	123	9.06
五、其他产品	**1 901**	**2 021.22**
方便主食品	318	29.05
糕点	136	3.69
糖果	31	0.45
果脯蜜饯	80	4.81
食盐	632	1 634.67
淀粉	206	237.39
调味品	494	100.32
食品添加剂	4	10.85
总计	**30 932**	**10 006.44**

分地区有效用标绿色食品企业数与产品数

地　区	企业数（家）	产品数（个）
总　计	**13 203**	**30 932**
北　京	64	289
天　津	58	172
河　北	323	986
山　西	135	269
内蒙古	313	947
辽　宁	480	1 040
吉　林	337	984
黑龙江	1 025	2 700
上　海	350	534
江　苏	1 113	2 464
浙　江	866	1 356
安　徽	1 202	2 960
福　建	378	662
江　西	304	645
山　东	1 523	3 667
河　南	332	722
湖　北	628	1 706
湖　南	566	1 380

（续）

地　区	企业数（家）	产品数（个）
广　东	324	597
广　西	147	204
海　南	55	103
重　庆	513	1 214
四　川	525	1 281
贵　州	78	137
云　南	384	1 158
西　藏	15	36
陕　西	196	324
甘　肃	475	1 092
青　海	101	404
宁　夏	104	261
新　疆	283	604
境　外	6	34

分地区有效用标绿色食品企业数与产品数

地　区	企业数（家）	产品数（个）
总　计	**13 203**	**30 932**
北　京	64	289
天　津	58	172
河　北	323	986
山　西	135	269
内蒙古	313	947
辽　宁	480	1 040
吉　林	337	984
黑龙江	1 025	2 700
上　海	350	534
江　苏	1 113	2 464
浙　江	866	1 356
安　徽	1 202	2 960
福　建	378	662
江　西	304	645
山　东	1 523	3 667
河　南	332	722
湖　北	628	1 706
湖　南	566	1 380
广　东	324	597
广　西	147	204
海　南	55	103

（续）

地　区	企业数（家）	产品数（个）
重　庆	513	1 214
四　川	525	1 281
贵　州	78	137
云　南	384	1 158
西　藏	15	36
陕　西	196	324
甘　肃	475	1 092
青　海	101	404
宁　夏	104	261
新　疆	283	604
境　外	6	34

分地区当年绿色食品获证企业数与产品数

地　区	企业数（家）	产品数（个）
总　计	**5 969**	**13 316**
北　京	21	94
天　津	21	44
河　北	147	437
山　西	76	134
内蒙古	175	486
辽　宁	204	423
吉　林	156	395
黑龙江	423	1 096
上　海	238	356
江　苏	485	1 014
浙　江	391	570
安　徽	589	1 310
福　建	175	320
江　西	125	244
山　东	620	1 454
河　南	182	333
湖　北	274	626
湖　南	268	622
广　东	130	243
广　西	53	68
海　南	28	54
重　庆	263	610
四　川	233	514
贵　州	57	106

（续）

地　区	企业数（家）	产品数（个）
云　南	183	584
西　藏	4	4
陕　西	59	94
甘　肃	227	589
青　海	28	154
宁　夏	37	90
新　疆	93	216
境　外	4	32

绿色食品产地环境监测面积

产　地	单位	面积	比　重（%）
农作物种植	万亩	7 675.26	48.79
粮食作物	万亩	6 290.94	39.99
油料作物	万亩	328.28	2.09
糖料作物	万亩	245.45	1.56
蔬菜瓜果	万亩	786.69	5.00
其他农作物	万亩	23.90	0.15
果园	万亩	808.50	5.14
茶园	万亩	277.32	1.76
林地	万亩	462.53	2.94
草场	万亩	3 287.16	20.89
水产养殖	万亩	551.60	3.51
其他	万亩	2 670.03	16.97
合计	万亩	15 732.39	100.00

注：其他指蜜源植物、湖盐等面积。

全国绿色食品原料标准化生产基地总体情况

指　标	单位	数量
创建单位	个	481
基地数	个	680
种植面积	亿亩	1.64
总产量	亿吨	1.065
带动农户	万户	2 111
对接企业	家	2 644

分产品类别绿色食品原料标准化生产基地面积与产量

类　别	基地数（个）	面积（万亩）	产量（万吨）	带动农户（万户）
粮食作物	349.0	10 260.9	6 029.5	1 287.6
油料作物	105.0	3 214.4	564.8	328.6

（续）

类　别	基地数（个）	面积（万亩）	产量（万吨）	带动农户（万户）
糖料作物	3.0	85.0	138.5	2.7
蔬菜	80.0	1 224.9	2 163.4	243.6
水果	95.0	1 118.1	1 558.7	151.6
茶	31.0	314.0	111.4	59.3
其他	17.0	179.7	86.0	37.6
总计	680.0	16 397.0	10 652.3	2 111.0

注：其他类包括枸杞、金银花、坚果等产品。

分地区绿色食品原料标准化生产基地面积与产量

地　区	基地数（个）	面积（万亩）	产量（万吨）
全国总计	680	16 397.0	10 652.3
北　京	3	18.5	29.5
天　津	1	11.2	5.6
河　北	13	147.6	101.0
山　西	3	24.0	20.5
内 蒙 古	46	1 672.5	1 079.4
辽　宁	19	350.4	189.5
吉　林	23	371.4	232.1
黑 龙 江	157	6 375.1	2 994.8
上　海	2	33.3	18.4
江　苏	48	1 789.9	1 227.7
安　徽	45	841.1	392.9
浙　江	4	23.3	13.8
福　建	16	148.8	90.7
江　西	44	833.2	544.1
山　东	24	344.3	365.5
河　南	3	60.2	33.7
湖　北	21	288.1	320.0
湖　南	41	592.6	551.2
广　东	6	64.3	73.4
广　西	3	28.4	38.9
四　川	61	902.9	865.2
云　南	1	6.7	3.3
陕　西	4	162.0	217.6
甘　肃	16	187.7	174.2
宁　夏	14	196.7	151.6
青　海	8	105.4	76.5
新　疆	54	817.4	841.2

全国绿色食品生产资料获证企业与产品数

产品类别	企业（家）	产品（个）
肥料	84	184
农药	18	65
饲料及饲料添加剂	33	153
兽药	1	1
食品添加剂	17	23
总计	**153**	**426**

分地区绿色食品生产资料获证企业与产品数

地　区	企业（家）	产品（个）
北　京	4	15
天　津	4	5
河　北	9	22
内蒙古	7	26
辽　宁	4	11
吉　林	1	1
黑龙江	11	22
上　海	3	11
江　苏	16	39
浙　江	6	16
安　徽	3	5
福　建	2	18
山　东	17	41
河　南	12	26
湖　北	2	3
湖　南	8	8
广　东	7	36
广　西	3	4
重　庆	1	3
四　川	9	35
云　南	5	42
陕　西	3	8
青　海	13	15
新　疆	2	7
境　外	1	7
总　计	**153**	**426**

注：境外1个企业（生产地为德国、韩国）。

全国农产品地理标志登记信息汇总表（2018）[①]

2008—2018 年农产品地理标志登记数量

年份	产品数（个）
2008	121
2009	81
2010	333
2011	300
2012	212
2013	328
2014	213
2015	204
2016	212
2017	238
2018	281
总计	**2 523**

农产品地理标志产品结构
（按产品类别）

产品类别	产品数（个）	比重（%）
一、种植业产品	**1 917**	**75.98**
蔬菜	416	16.49
果品	687	27.23
粮食	318	12.60
食用菌	71	2.81
油料	61	2.42
糖料	4	0.16
茶叶	148	5.87
香料	17	0.67
药材	147	5.83
花卉	22	0.87
烟草	13	0.52
棉麻蚕桑	8	0.32
热带作物	2	0.08

① 资料来源：依据中国绿色食品发展中心网站 2019 年 8 月 5 日《全国农产品地理标志登记产品信息汇总表（截至 2019 年 6 月 24 日）》整理。制表：路华卫。

（续）

产品类别	产品数（个）	比重（%）
其他植物	3	0.12
二、畜牧业产品	**403**	**15.97**
肉类产品	345	13.67
蛋类产品	13	0.52
奶制品	0	0.00
蜂类产品	37	1.47
其他畜牧产品	8	0.32
三、渔业产品	**203**	**8.05**
水产动物	197	7.81
水生植物	3	0.12
水产初级加工品	3	0.12
总计	**2 523**	**100.00**

农产品地理标志地区分布

地　区	产品数（个）
北　京	13
天　津	8
河　北	37
山　西	143
内　蒙　古	107
辽　宁	90
吉　林	19
黑　龙　江	127
上　海	14
江　苏	61
浙　江	69
安　徽	62
福　建	79
江　西	83
山　东	323
河　南	103
湖　北	143
湖　南	67
广　东	33
广　西	113
海　南	24
重　庆	48
四　川	169

（续）

地　　区	产品数（个）
贵　　州	63
云　　南	81
西　　藏	19
陕　　西	96
甘　　肃	92
青　　海	59
宁　　夏	59
新　　疆	81
新疆兵团	38
总　　计	**2 523**

图书在版编目（CIP）数据

中国绿色农业发展报告.2019/刘连馥主编.—北京：中国农业出版社，2019.12
ISBN 978-7-109-26353-6

Ⅰ.①中… Ⅱ.①刘… Ⅲ.①绿色农业－农业发展－研究报告－中国－2019 Ⅳ.①F323

中国版本图书馆 CIP 数据核字（2019）第 289151 号

中国农业出版社出版
地址：北京市朝阳区麦子店街 18 号楼
邮编：100125
责任编辑：陈 瑨 吴洪钟
责任校对：巴洪菊
印刷：北京通州皇家印刷厂
版次：2019 年 12 月第 1 版
印次：2019 年 12 月北京第 1 次印刷
发行：新华书店北京发行所
开本：889mm×1194mm 1/16
印张：35.75
字数：1 000 千字 插页：2
定价：600.00 元